T0224781

EL ORIGEN DEL SOL

EL ORIGEN DEL SOL

Rafael Velázquez

Order this book online at www.trafford.com
or email orders@trafford.com

Most Trafford titles are also available at major online book retailers.

© Copyright 2012 Rafael Velázquez.
All rights reserved. No part of this publication may be reproduced, stored in a retrieval
system, or transmitted, in any form or by any means, electronic, mechanical, photocopying,
recording, or otherwise, without the written prior permission of the author.

Primera Edición
Richie Copy, Soluciones Digitales, 2011.

Composición y diagramación:
Lic. Luis Mercedes De la Cruz

Diseño de cubierta:
Lic. Luis Mercedes De la Cruz

Impresión:
Richie Copy, Soluciones Digitales

Printed in the United States of America.

ISBN: 978-1-4669-1643-2 (sc)
ISBN: 978-1-4669-1644-9 (e)

Library of Congress Control Number: 2012902951

Trafford rev. 02/21/2012

www.trafford.com

North America & international
toll-free: 1 888 232 4444 (USA & Canada)
phone: 250 383 6864 ♦ fax: 812 355 4082

EL ORIGEN DEL SOL

Y OTROS SISTEMAS SOLARES

MASA DEL PROTÓN

$$M \text{ Protón} = (a \times 10^{-m}_{Kg^{-2}})^{2 - (-m) + n}$$

$$= a^2 \times 10^{-m \times 2 + m + n}_{Kg}$$

$$= a^2 \times 10^{-m+0}_{Kg}$$

$$= a^2 \times 10^{-m+1}_{Kg}$$

RAFAEL VELÁZQUEZ

Dedicatoria

❖ A mi esposa Sonia.

❖ A mis hijos: Diego, Yahaira, Carolina.

❖ A mis nietos: Justin, Jonathan, Carolyn Rose,

Elijah, Karina.

❖ A mi tío Federico (Fellé) Velázquez, *a su*

memoria.

❖ A la memoria de Doña Julia Contreras y Casado, por haberse encargado de la lactancia después del nacimiento del autor; a Don Antonio Subero y Doña Rosa Contreras de Subero, por haberse adueñado, primero de la crianza de mi Madre Doña Estebanía De los Santos González, de mi hermana Rosa Milagros y de la mía propia, desde los tres años de edad.

❖ A mi madre con todo corazón, Doña Estebanía De los Santos González y a Rosa Milagros Velázquez, mi hermana querida.

Reconocimientos

Mis reconocimientos al joven *Lic. Luis Mercedes De la Cruz De la Cruz,* corrector de estilo y a la vez, diagramador; a la gentil estudiante universitaria, hacendosa y honesta digitadora y futura psicóloga industrial, *Evelyn Rivas Rivas y su compañero de labor, Ramón C. Castillo Belliard*, por sus valiosos aportes. A la joven digitadora y también estudiante universitaria, *Ruth E. González Bouret*, dedicada joven y laboriosa incansable, por utilizar todo su talento en la confección de esta humilde obra. A la Ingeniera *Ysidra Cornelio (Selennys)*, gran amiga mía, y al **Sr. Alfonso Rivas Rivas,** por poner sus empresas y equipoa computarizados a mi disposición, sin cuya ayuda el lector no tuviera hoy este bello texto en sus manos. Gracias infinitas a todos los antes mencionados, especialmente a la **Sra. Griselda Segura De Cabrera y Marlenys Segura Díaz. Al Ing. Civil** *Vinicio Subero,* **padre,** _mi hermano de crianza,_ por ayudarme a comprobar la correspondencia existente entre los cálculos hechos en el texto y la fórmula que fue diseñada para tal propósito. *A Diego Velazquez y Jonathan Pena por el excellente trabajo de enviar los correos electronicos del autor del libro a la editora Trafford. DEBO, FINAL MENTE, DARLE LAS GRACIAS AL SENOR NICK ARDEN POR TERMINAR DE COMPLETAR LAS CORRECCIONES DEL TEXTO.*

A mi inolvidable tío *Federico (Fellé) Velázquez,* _hombre honorable,_ de noble carácter, de valentía increíble, de prodigiosa memoria, de elocuente oratoria, evocador de episodios acaecidos en sus momentos de laboriosidad. A la memoria de él. Amén.

Georgy Antonovich Gamow

Nacido el 04 de marzo de 1904,
en Odessa, Rusia,
Fallecido el 19 de agosto de 1968 ,
en , Boulder, Colorado, USA.

INDICE

A modo de introducción

La idea de llevar la masa del electrón a la masa del Sol me surgió un día, luego de cavilar con los ojos cerrados, sentado en un mueble de la sala y las piernas acomodadas en otro mueble, que habia colocado, como de costumbre, a mi frente. Yo acostumbro a cerrar los ojos de modo que no me entre en ellos ni un reflejo de claridad, luego de abandonar la mesa donde por lo común hago mi trabajo.

Cuando es de día, cubro mis ojos con mis párpados apretados gentilmente, para evitar la claridad de la luz del Sol, y cuando termino de calcular por las noches suelo también ocultar mis ojos bajo mis párpados para evitar que los rayos de la luz de la lámpara de tubo alumbren mis pupilas. Aprovecho el momento para decir que desde hace aproximadamente tres años le solicité a la compañía de electricidad que me cortaran el servicio eléctrico, el cual era absolutamente deficiente, y la tarifa por el cobro de un servicio que no recibía, era demasiado elevado. De modo que opté por vivir sin luz eléctrica; y en lugar de alumbrarme con la luz de una bombilla, me decidí a comprar dos lámparas de tubo que funcionan con trementina.

Decía que cerraba los ojos para dejarlos descansar mientras mi cerebro trabajaba junto conmigo pensando en cómo llevar la masa de una diminuta e invisible partícula, de apenas 9.109×10^{-31}kg de masa a otra de mucho mayor masa, que es la del Sol, pero que desde Plutón es visto como un punto luminoso, como una estrella cualquiera, la cual tiene una enorme masa de 1.991×10^{30}kg, que vendría a ser, por su exponente positivo, su polo o masa opuesta. ¿Cómo convertir un objeto con una minúscula masa y de un minúsculo e invisible tamaño en un objeto o astro que es a todas luces visible y de un enorme tamaño? El secreto está – pensé – en aumentar la masa del electrón incrementando su exponente, y su masa toda. Si multiplico la masa por sí misma – me decía, mientras permanecí con mis ojos cerrados -, esto es 9.109×10^{-31}kg, ésta se convertiría en $82.973\ 881 \times 10^{-31}$kg. Sin embargo, mi interés no era sólo multiplicar la cifra por sí misma, sino también aumentar la masa de la partícula, es decir, del electrón. ¿Cómo hacerlo entonces? Simplemente – me dije – "disminuyendo" y aumentando al mismo el valor del exponente, para que la masa de la partícula aumente.

Entré entonces, a un terreno harto conocido: "muevo el punto con un espacio hacia la izquierda –pensé -, y aumento la cifra en un dígito". Perfecto. Al mover el punto hacia la izquierda en una cifra, al mismo tiempo aumenta la cantidad de la misma – me decía a mí mismo – o mejor dicho, seguía manteniendo una conversación en silencio con mi propio cerebro. Éste órgano no me oponía obstáculo alguno, más bien me conducía por el sendero escogido, con los ojos permaneciendo cerrados para que la luz que había en la sala, si era de noche, o la que entraba desde afuera, si era de día, no fuera capaz de ¨opacar¨ la claridad que estaba creando mi pensamiento.

Mover el punto hacia la derecha implica disminuir la cifra. De manera que me pareció que tenía la solución de cómo convertir un electrón en una estrella. No niego que a la par con el entusiasmo que sentía con la idea, una sutil incertidumbre me embargaba a veces. Entonces abandoné el mueble donde permanecía extasiado, ya con los ojos abiertos y el ánimo lleno de optimismo y de entusiasmo. Escribí en una página del cuaderno la masa completa del electrón, $(9109\ 389\ 7\ (54)\ \times\ 10^{-31}kg^{-2})$. Tomé la calculadora y me puse a multiplicar la cifra por sí misma a ver qué ocurría. El resultado que apareció en la pantalla de la calculadora de doce dígitos fue la siguiente: 82.980 981 (69) 02. A esta larga cifra le agregué su potencia con su debido signo de multiplicación. Es decir: 82.980 981 (69) 02 x $10^{-31}kg$, seguido de la palabra kilogramo de modo abreviado. Como al mover el punto un espacio hacia la izquierda la cifra aparecía ante mí del modo que sigue: 8.298 098 1 (69) 02. Por un instante me creí ser un creador de una regla que ya existe, y creé mi propio estilo de escribir la cifra, tal como el lector la acaba de leer. Pero la cifra está incompleta, le hace falta la potencia, seguida de la abreviatura de la unidad en kilogramo. Me dispuse, entonces, a agregarle ambas cosas instantáneamente; porque una -- la cifra escrita más arriba-- no puede permanecer ni un solo instante sin los otros dos recursos matemáticos reglamentarios; es decir, la potencia con su unidad en kilogramos. De modo que escribí la cifra de nuevo y sin miedo alguno, supuse que había logrado comunicar lo que me indicaba la razón.

La nueva cifra revelaba un novedoso valor para la masa del electrón. En lugar de ser 9.109 x $10^{-31}kg$, ésta había sufrido una modificación y a la vez, un leve aumento: 8.298 x $10^{-30}kg$. ¿Por qué $10^{-30}kg$ y no $10^{-31}kg$? Simplemente porque al mover el punto hacia la izquierda automáticamente, aumentaba un dígito en el exponente de la potencia; y en vez de quedarse siendo como estaba al principio, ésta acababa de experimentar una transformación convirtiéndose en mayor masa para el electrón; porque al contrario de lo que pudiera pensarse, cuando un exponente cambia de 10^{-31}kg a 10^{-30}kg, la cifra a la cual pertenece dicho exponente aumenta el valor de la misma. Y no sólo lo dicho ántes, sino que la masa del electrón ha sufrido una transformación.

Mientras tanto, si la cifra se sigue multiplicando por sí misma, en lugar de resultar 8.298 x 10^{-30}kg, se convertirá en 68.856 8 (04) x 10^{-30}kg. Pero para que esta cifra aumente la masa del electrón, se tiene necesariamente que rodar de nuevo el punto hacia la izquierda y "rebajarle" un dígito al exponente. Entonces tendríamos una nueva masa para el electrón. Esta sería 6.886 x 10^{-29}kg. Si continuamos multiplicando, esta última cifra se convertiría en 4.741 259 4(57) 09 x 10^{-28}kg; luego en 2.247 954 1(23) 94 x 10^{-27}kg; después en 5.053 297 (43) 33 x 10^{-26}kg; posteriormente en 2.553 581 x 10^{-25}kg; otra vez en 6.520 780 x 10^{-25}kg, pero sin cambiar el exponente, pues al multiplicar 2.553 x 2.553 el resultado, 6.517 809, no permite que el punto sea movido. Es como si la cifra fuera presentada ante nuestros ojos con un cero sumado al exponente del modo siguiente: 2.553 x 2.553 = 6.518 x 10^{-25+0}kg, debido a que el punto se mantuvo sin movilidad después del primer digito.

Pero esto sólo no resuelve el descubrimiento. Este descubrimiento trae consigo otra interrogante: ¿Cómo es posible multiplicar por sí misma la cifra que precede a una potencia matemática sin que ésta esté sometida al mismo procedimiento? ¿Cómo elevar la cifra que precede al exponente al cuadrado y no al exponente mismo? Sin duda, que se está ante un dilema que se tiene que resolver, y de la única manera que se le puede dar solución es con una fórmula, aunque este método no constituya la solución a la solución, valga la redundancia, de los problemas que se tienen que resolver y a la teoría que estamos tratando de desarrollar.

Una fórmula sería $a^2 \times 10 \text{ kg}^{-m+o}$; otra fórmula sería $a^2 \times 10 \text{ kg}^{-m+1}$. Estas dos fórmulas serían la manera más simple de resolver los problemas para encontrar los múltiplos que resulten al multiplicar la masa deseada, donde $-m$ vendría a ser el exponente negativo de la potencia y m el exponente positivo, eso es cuando se tenga que subir la cifra cuesta arriba hasta alcanzar el exponente de la masa deseada; pongamos la masa del Sol, como ejemplo. De la misma manera que a^2 representa una cantidad determinada al cuadrado, o m o $-m$ representen otras cantidades determinadas, el cero (0), y el número uno (1), deben estar representados por una letra o símbolo, que sería la letra n.

Pero resulta que si la cifra que precede a la potencia se tiene que elevar al cuadrado, del mismo modo la potencia debe ser elevada al cuadrado, porque ambas cantidades no están separadas; antes bien, la una no está completa sin la otra, aunque la fórmula que se ha presentado anteriormente sugiera que no se debe crear otra fórmula, sino dejar la que hemos dado más arriba como la definitiva. Otra fórmula podría ser la siguiente, pero más complicada: Me = $(a \times 10^{-m}kg^{-2})^{2-(-m)+n}$; en donde *Me* viene a ser la masa que va a ser calculada, en este caso la del electrón (e); a^2 vendría a ser la cifra que precede a la potencia $\times\ 10^{-m}$; (-m) (2) y (m) (2) vendría a ser el exponente multiplicado por el número dos (2), que indica que la cantidad completa está siendo elevada al cuadrado; los exponentes -(-m) y -(+m), representan los exponentes que se irán, respectivamente, a sumar o a restar; y n quiere decir el número 0,1,2,3… etc, que indica los espacios que el punto debe ser mudado, cuando haya necesidad de hacerlo.

Si desciframos o describimos la fórmula anterior y sustituimos sus signos por sus respectivos significantes, la fórmula tendría la siguiente lectura: masa del electrón, (Me), es igual a la masa del electrón al cuadrado, en la que *a* viene a ser 9.109 abreviada, multiplicada por el exponente $10^{-31}kg^{-2}$, que vendría a ser $10^{-62}kg^{-2}$, menos el valor del exponente mismo (-m=10^{-31}kg), más el número de veces (n), que el punto se mueve hacia la izquierda o se queda en el mismo espacio que ocupaba antes; en este último caso, se emplea el cero después del exponente. Vista de otro modo, la fórmula descrita se vería del modo siguiente: M*electrón*= $(9.109 \times 10^{-31}kg^{-2})^{2-(-31)+0}$ ó también, $(9.109 \times 10^{-31}kg^{-2})^{2-(-31)+1}$, o respectivamente, Me=$a^2 \times 10^{-31 \times 2+31+0}$kg; o Me= a2 $\times\ 10^{-31 \times 2(-31)+1}$kg.

Estas dos últimas fórmulas, las cuales se ven muy complicadas, son las más apropiadas; pero si se desea eliminar el cuadrado al kg^2, se debe escribir la masa que será calculada con una dimensión de masa igual a kg^{-2}, con el fin de que se pueda eliminar el kg^2 y quedar solamente kg. En otras palabras, la masa con la que se ha de trabajar debe tener la cifra con su exponente acompañado del kg^{-2}, para que luego de ser calculada la masa dada, resulte en kilogramo (kg), solamente, no en kg^2 ni en kg^{-2}. La masa del electrón sería 9.109 x 10⁻

^{31}kg^{-2}, no 9.109 x 10^{-31}kg únicamente, para que la cifra resultante que ha sido elevada al cuadrado sea igual a 8.298 x 10^{-30}kg.

Episodios ocurridos en torno al proyecto

Supongo que cada persona que decide realizar un proyecto, ya sea el de establecer un negocio, el de estudiar, el de proponerse a escribir un libro, el de pintar un cuadro, o el de exhibir una obra de teatro, etc, tiene alguna anécdota o episodio que divulgar. En mi caso particular, luego de haber hecho varios cálculos con las masas de varias partículas o átomos, con los cuales pude descubrir la masa del Sol y las de los demás astros del sistema solar, lo primero que hice fue comunicárselo a mi familia en San José de Ocoa, de donde soy oriundo, la cual la componen mi madre, mi hermana y mis sobrinos. Todos los demás escucharon la noticia con cierta alegría y con prudencia. "¿Cómo va a ser tío?" –me dijo José Rafael-, el más comedido de mis tres sobrinos. "Me alegra mucho tío, y de veras le deseo éxito en su proyecto". Mi hermana Rosa sonrió un tanto complacida, y a Francisco y a Rosanna no les recuerdo haberme dicho nada al respecto. Pero yo sé que le noticia les complacía, a pesar de que yo había escrito otro libro que no tuvo ningún éxito. Ese libro se titula ***"Cartas de un Inmigrante Dominicano a su Excelencia el presidente George W. Bush: La Teoría de Isaac Newton sobre la Tierra, ¿Es real o un mito científico?"*** Mercadear el escrito en ambos idiomas, el inglés y el español, y aunque fue publicado primero en inglés, fue un rotundo fracaso; pues yo mismo siendo el autor del libro, me puse a ofrecerlo a las librería ***Barnes & Noble y Border*** en los Estados Unidos de América; y me lo rechazaron con la excusa de que dichas librerías no realizaban o no realizan directamente negocios con los escritores, sino fundamentalmente con los editores del libro; y otras clases de pretextos. El caso es que tanto mi hermana como mis sobrinos estaban al tanto del destino que había tenido el primer libro.

Mi madre no entendía nada de eso. Sin embargo, cuando yo les di la noticia de que había descubierto la fórmula de cómo calcular la masa del Sol y las de los demás astros, mi madre dio un paso hacia atrás sorprendida, diciendo claramente, y a viva voz: ¡Ay, mi hijo se ha vuelto loco; dizque ahora encontró cómo se formó el Sol, que son cosas que fueron creadas por Dios!.

Yo no niego que la reacción de mi madre me cogió desprevenido. Calificarme de que yo era "loco" me caló los oídos estremeciéndome el cuerpo por dentro. No tuve otro remedio que aceptar la maternal reprimenda y del tiro – más bien fuetazo verbal- no tuve otro remedio que acercarme a ella para abrazarle y, besándola cariñosamente a la cara, le decía: "¿Quién es el loco mamá, quién es el loco, eh?".

Posteriormente, le dije la nueva a mi familia en los Estados Unidos, y la respuesta de todos fue de que si yo me estaba exponiendo otra vez a tener otro fracaso, como el causado por el libro ya mencionado. "En vez de darte calidad de vida con el dinero de tu pensión te pones a gastarlo en algo que tú sabes que nadie se va a interesar". Esa que me hablaba de esa manera era Sonia, mi esposa, la que había jurado junto conmigo ante el sacerdote que nos había casado que me iba a querer en "las buenas y en las malas". Y yo, bien dolido, le respondí: "si te hablara de que estoy consiguiendo dinero, en lugar de escribiendo un libro, te pusieras de lo más contenta". La respuesta que me devolvió mi compañera matrimonial fue "¡Ay fulano! Tú no coges experiencia. A ti hay que dejarte hacer lo que quieras". Lo mismo me dijo mi hija Yahaira, que al parecer había heredado la misma manera de pensar de su madre. Diego sólo me preguntó: Papi ¿pero quién crees tú que va a comprar un libro que las páginas sólo tienen número; que en sus páginas, en lugar de palabras sólo se leen números?. Sentí que con esas palabras mi hijo hacía blanco precisamente en el centro del cerebro donde está ubicada la masa cerebral que resguarda la impresionante idea que para mí acababa de nacer dentro de mi cabeza. Parece que Carolina, mi hija menor, sintió compasión por mí cuando le di la noticia; sólo me preguntó que cómo me sentía, agregando: te quiero mucho Papi, dándole el tratamiento correcto a un buen padre como soy yo. Muy diferente a los que adversaban contra mis planes.

En otros de mis viajes a mi pueblo natal, fui a visitar a la señora Doña Farida Subero viuda Martínez, la ex esposa del fenecido Dr. Américo Martínez, y dicha señora me preguntó que si estaba escribiendo algún otro libro; yo le respondí que sí; y ella me preguntó que cuál iba a ser su título, a lo cual le respondí, que se titularía *El orígen del Sol*. En la residencia donde vive la señora Subero, estaba de visita su hermana Danilda Subero, a quien hacía medio siglo que yo no la veía, y otra amiga que andaba con ella, profesional universitaria, la cual me preguntó que si no había sido Dios el que creó el Sol; que cómo yo sabía como Dios lo había hecho. Entonces, yo le respondí que Dios creó el Sol pero que yo había encontrado la fórmula de cómo Él lo había creado.

Otro episodio que no debo pasar por alto, fue el que me sucedió a la mañana siguiente cuando, luego de haber hecho los cálculos de los numerosos múltiplos de la masa del electrón, y calcular la masa del Sol, con tanto júbilo, que de pronto, ví cómo fuera del apartamento, la luz del Sol aumentaba fuera de lo común. Al yo ver dicho acontecimiento, expresé para mis adentros esa frase que todos los que vivimos en occidente enseguida nos surge en nuestras cabezas ¡Oh Dios mío! ¿Qué es lo que veo? Y hasta pensé que había sido una reacción que nacía de mis adentros, tan fuerte que mis ojos se abrían absorbiendo la claridad o luz del Sol, como si fuera un síntoma psicosomático, causado por mi salud mental. Pero no: juro por mi madre que está viva, que lo que presencié en aquel momento no fue efecto de la mente sino de la realidad. Muchos pensamientos me vinieron a la mente, entre otros que coincidió el sorprendente hallazgo de la masa del Sol con una nube de vapor acuoso que se había echado a un lado para que el astro alumbrara de tal forma, o que tal vez, el giro de la Tierra y su atmósfera toda, había movido alguna nube que interrumpía el paso de los rayos del Sol. Y otras ideas más las cuales no quiero divulgar, para no quitarle cientificidad a mis criterios.

He aquí otra anécdota. Por esos días vivía en mi casa una amiga santiaguense llamada Milagros Capellán. Esta muchacha tenía por costumbre sembrar plantas exóticas en la galería del apartamento o en el lugar en donde ella viviera. Yo había traído un puño de malagueta, una frutilla del árbol del mismo nombre, que mi tío Pascual, uno de los hermanos de mi madre, tuvo la gentiliza de mostrarme en Rancho Arriba, un municipio de San José de Ocoa. Yo nunca había visto un árbol de malagueta aunque sí conocía la malagueta. El caso es que yo le pregunté a mi tío que si podía llevarme algunas frutillas de la aromática especia y él me dijo que sí. Mientras arrancaba las diminutas frutas, de paso me di cuenta de que las hojas del árbol de malagueta tienen un parecido a las hojas de las matas de naranja agria, las cuales por sorpresa mía tienen un olor bastante agradable. Tomarse un té de estas hojas aromáticas es una de las maravillas que la naturaleza le ha dispensado al ser humano. El caso es que me traje del conuco de mi tío las frutas susodichas y un paquete de hojas de malaguetas para hacer un té con ambas partes del arbusto.

Al llegar a mi casa, Milagros y yo nos pusimos a sembrar las malaguetas en un tarro de barro. Para realizar nuestro propósito, buscamos un poco de tierra negra que había afuera. Echamos la tierra en el tarro y sobre ella regamos las célebres semillas de malagueta. Le rociábamos agua a la tierra que contenía el tarro y nos pusimos a esperar a que las matitas de malagueta nacieran. Al cabo de tres o cuatro días surgían unas plantitas pequeñitas dentro del tarro, con dos diminutas hojitas verdes. El fenómeno natural nos llenó de alegría. Las roceábamos hasta que adquirieron el debido tamaño para ser transplantadas. Cuando las matitas alcanzaron buen tamaño, mi amiga y yo las trasladamos en el espacio del frente del apartamento a donde tengo sembradas algunas matas con flores que le sirven de adorno al frente del edificio, algo así como un jardín sin cuidado alguno. Sembramos las matitas, le rociamos agua de nuevo y fueron creciendo hasta ponerse grandes.

Las hojas que pendían de las matas eran grandes, y en nada se parecían a las hojas de la malagueta. Pero yo no me había percatado de ese detalle tan importante, pues en mi mente se había borrado la forma y el olor de las hojas de malagueta. La gente que pasaba por el frente del edificio, me decía que si ahora "me había cogido" con sembrar yerbas en frente del edificio. Yo les respondía que las matas no eran yerbas, como ellos suponían, sino matas de malagueta.

Las hojas de dichas matas que crecían eran bien grandes y de un verde diferente al verde de la hoja de malagueta ¡qué memoria la mía! Yo discutía y discutía con la gente que al pasar me decía lo contrario, y les respondía que yo mismo había traído las semillas del campo y que la misma Milagros era testigo de que eran matas de malagueta, y las cuales eran semillas de malagueta. Las matas crecían con rapidez, y de la rama salían como unas finas y delicadas pelusillas. La forma de las hojas que yo había visto en el campo, y con las que había hecho un par de sabrosos brebarios, se me habían bajado al *piso* que hay más debajo de mi memoria, tal vez al sótano de mi subconsciente. Quiero decirles, lectores míos, que ni por asomo aparecía la imagen de cómo era la forma de la mata descrita en mi cabeza.

Las matas crecían erguidas; y un día aparecieron varios puntitos amarillos; unos capullos que guardaban en su interior algo de ese mismo color. Cuando dichos capullos comenzaron a abrirse, para sorpresa mía y la de mis vecinos, unas flores amarillas grandes se abrían de los mismos. ¡Eran unos hermosos girasoles! La gente que pasaba tenían que pararse y contemplar aquella maravilla que la naturaleza había cultivado o trastocado frente a mi casa, medio a medio al ventanal de cristal. Venían gentes a tomarles fotos con cámaras modernas. Las flores parecían soles amarillos, resplandecientes y adornadas con unos círculos concéntricos que se entrelazaban entre sí, tan hermosamente, que aquello parecía la personificación de la maravilla. Mientras tanto, yo seguía calculando las masas del protón, del neutrón, y de otras partículas que integran el núcleo de los átomos y las masas mismas de todos los átomos y de sus isótopos.

El último episodio que vale destacar en torno a este proyecto es el de que en mi hoy difunto tío Federico (Fellé) Velázquez, se negaba a aceptar que la Tierra se movía. Mi tío tenía 98 años, aún no cumplidos. Esa negación a él le surgía cada vez que él y mis primos o sea sus hijos y yernos, nos juntábamos por las tardes a conversar sobre muchísimos temas, entre ellos los de mi proyecto. La mayoría de los tertulianos teníamos la información de que la Tierra gira alrededor del Sol. Sin embargo, uno de los primos, César, que tenia también esta información se negaba rotundamente a que una nave espacial norteamericana había descendido en la Luna, y con personas a bordo; lo que mi primo alegaba era que los norteamericanos buscaron un terreno en los Estados Unidos que se pareciera a la superficie de la Luna, los cuales hicieron allí sus maniobras y nos hicieron creer que habían llegado a dicho astro. A mi primo, lástima me da decirlo, no ha nacido ése que le quite esa idea de la cabeza; entre los tertulianos de los domingos, en casa de mi tío Fellé, debo mencionar a Enmanuel, César, José Vélazquez y, por último, a Amaury Pichardo, uno de los yernos de mi tío Fellé.

Por otro lado, el viejo no creía que la Tierra se movía. Todos nosotros vivíamos alrededor de un sector que le llaman el Hipódromo, adonde se celebran carreras de caballos; mi tío defendía su tesis diciendo que si ése fuera el caso - y ahí ponía mucho énfasis- a sus 98 años, decía él, con ademanes en sus manos "esta casa", no se cansaba de repetirnos, chocara con el Hipódromo cada vez que la Tierra diera una vuelta, "como ustedes mis queridos hijos y sobrinos, me quieren hacer creer a mí". Decía también: yo les creo todo lo demás que ustedes me dicen: como que el Sol se mueve; porque en toda mi larga vida lo he visto con mis propios ojos que sale en el oriente y se pone en occidente, como dicen; y también como lo he escuchado en la radio muchas veces de boca de hombres que son inteligentes y no se van a poner a decir una cosa por otra. ***El caso es que mi tío falleció en el año 2010***, negando una verdad que todos conocemos; que la Tierra como planeta se mueve alrededor del Sol, como hace muchos años lo había planteado el astrónomo italiano Galileo Galilei, afirmación que incluso según la historia le costó la vida, por contraponer una ley física universal a las leyes divinas, también universales.

Algunas informaciones sobre los astros del sistema solar.

EL SOL. La masa del Sol es, como se sabe, 1.991 x 10^{30}kg^2. El Sol es una estrella pero pequeña, según las informaciones obtenidas de nuestras fuentes. También se le llama, por su tamaño, *"estrella enana"*. La masa del Sol comprende 99.98 % de las masas del sistema solar entero. Eso quiere decir, que las masas de los planetas que componen el sistema solar es de apenas 0.02% con respecto a la enorme masa del Sol.

Según la descripción estructural que del Sol nos da Sir Patrick Moore, el autor del **ATLAS DEL UNIVERSO**, el luminoso astro está formado por un núcleo, una capa radiactiva que bordea al núcleo, una capa convectiva que proporciona un movimiento de calor interno debido a los altibajos de temperatura en el interior de la estrella; en torno a esta capa de convección está la fotósfera, luego la cromósfera y, por último, la corona.

Podemos dar una idea de que las masas calculadas que terminan en las potencias 10^{24} y 10^{25} podrían formar el núcleo del Sol; la capa radiactiva podría estar conformada por las masas que terminan en los exponentes 10^{26} y 10^{28}, la capa de convección tal vez estaría formada por las masas cuya potencia es 10^{29} y las otras capas, como la fotósfera, cromósfera y la corona, por las masas con los exponentes mezclados 10^{29} y 10^{30}.

El Sol está compuesto por los siguientes elementos químicos: el helio, neón, sodio, magnesio, hidrógeno, hierro, calcio, calcio ionizado, carbón, oxígeno, nitrógeno, silicón, azufre y menos de 6% de otros elementos. Los pesos atómicos de los elementos mencionados son:

Hidrógeno (H) 1.0079 U

Helio (He) 4.00260 U

Carbono (C) 12.011 U

Nitrógeno (Ni) 14.0067U

Oxigeno (O) 15.9994 U

Neón (Ne) 20.180 U

Sodio (Na) 22.98987 U

Magnesio (Mg) 124. 305 U

Silicio (Si) 28.086 U

Azufre (S) 32.066 U

Calcio (Ca) 40.08 U

<u>Hierro (Fe) 55.847 U</u>

Total <u>22.548 459 U</u>

12

= 1.879 038 25 U

Esta masa atómica (U o Uma) representa una masa energía en Mev de 1,750.6 Mev, dato que se consigue cuando se multiplica el promedio de la masa atómica de todos los elementos antes mencionados por la masa energía del carbono (11,179.9 Mev) y su resultado se divide entre la masa atómica del carbono (12.000000 U) o la masa atómica de cualquier otro elemento. La masa energía correspondiente a 1.879 038U es 1,750.6 Mev. El resultado es $3.121\ 046\ 058\ 37 \times 10^{-27}\text{kg}^2$.

Los múltiplos de la masa arriba escrita son los siguientes:

$3.121\ 046\ 058\ 37 \times 10^{-27}\text{kg}^2$	$2.122\ 091 \times 10^{-20}\text{kg}^2$	$1.632\ 036 \times 10^{-14}\text{kg}^2$
$9.740\ 928 \times 10^{-27}\text{kg}^2$	$4.503\ 270 \times 10^{-20}\text{kg}^2$	$2.663\ 543 \times 10^{-14}\text{kg}^2$
$9.488\ 568 \times 10^{-26}\text{kg}^2$	$2.027\ 944 \times 10^{-19}\text{kg}^2$	$7.094\ 462 \times 10^{-14}\text{kg}^2$
$9.003\ 293 \times 10^{-25}\text{kg}^2$	$4.112\ 559 \times 10^{-19}\text{kg}^2$	$5.033\ 139 \times 10^{-13}\text{kg}^2$
$8.105\ 929 \times 10^{-24}\text{kg}^2$	$1.691\ 314 \times 10^{-18}\text{kg}^2$	$2.533\ 249 \times 10^{-12}\text{kg}^2$
$6.570\ 609 \times 10^{-23}\text{kg}^2$	$2.860\ 545 \times 10^{-18}\text{kg}^2$	$6.417\ 353 \times 10^{-12}\text{kg}^2$
$4.317\ 291 \times 10^{-22}\text{kg}^2$	$8.182\ 722 \times 10^{-18}\text{kg}^2$	$4.118\ 242 \times 10^{-11}\text{kg}^2$
$1.863\ 900 \times 10^{-21}\text{kg}^2$	$6.695\ 694 \times 10^{-17}\text{kg}^2$	$1.695\ 991 \times 10^{-10}\text{kg}^2$
$3.474\ 125 \times 10^{-21}\text{kg}^2$	$4.483\ 232 \times 10^{-16}\text{kg}^2$	$2.876\ 388 \times 10^{-10}\text{kg}^2$
$1.206\ 954 \times 10^{-20}\text{kg}^2$	$2.009\ 937 \times 10^{-15}\text{kg}^2$	$8.273\ 612 \times 10^{-10}\text{kg}^2$
$1.456\ 739 \times 10^{-20}\text{kg}^2$	$4.039\ 847 \times 10^{-15}\text{kg}^2$	$6.845\ 266 \times 10^{-9}\text{kg}^2$

$4.685\,767 \times 10^{-8} \text{kg}^2$	$9.783\,038 \times 10^{9} \text{kg}^2$	$2.805\,434 \times 10^{26} \text{kg}^2$
$2.195\,641 \times 10^{-7} \text{kg}^2$	$9.570\,784 \times 10^{10} \text{kg}^2$	$7.870\,462 \times 10^{26} \text{kg}^2$
$4.820\,842 \times 10^{-7} \text{kg}^2$	$9.159\,991 \times 10^{11} \text{kg}^2$	$6.194\,417 \times 10^{27} \text{kg}^2$
$2.324\,052 \times 10^{-6} \text{kg}^2$	$8.390\,543 \times 10^{12} \text{kg}^2$	$3.837\,080 \times 10^{28} \text{kg}^2$
$5.401\,221 \times 10^{-6} \text{kg}^2$	$7.040\,122 \times 10^{13} \text{kg}^2$	$1.472\,319 \times 10^{29} \text{kg}^2$
$2.917\,318 \times 10^{-5} \text{kg}^2$	$4.956\,332 \times 10^{14} \text{kg}^2$	$2.167\,723 \times 10^{29} \text{kg}^2$
$8.510\,749 \times 10^{-5} \text{kg}^2$	$2.456\,523 \times 10^{15} \text{kg}^2$	$4.699\,024 \times 10^{29} \text{kg}^2$
$7.243\,285 \times 10^{-4} \text{kg}^2$	$6.034\,505 \times 10^{15} \text{kg}^2$	$2.208\,082 \times 10^{30} \text{kg}^2$
$5.246\,517 \times 10^{-3} \text{kg}^2$	$3.641\,525 \times 10^{16} \text{kg}^2$	$4.875\,630 \times 10^{30} \text{kg}^2$
$2.752\,595 \times 10^{-2} \text{kg}^2$	$1.326\,071 \times 10^{17} \text{kg}^2$	$2.377\,177 \times 10^{31} \text{kg}^2$
$7.576\,779 \times 10^{-2} \text{kg}^2$	$1.758\,464 \times 10^{17} \text{kg}^2$	
$5.740\,758 \times 10^{-1} \text{kg}^2$	$3.092\,197 \times 10^{17} \text{kg}^2$	
$3.295\,631 \times 10^{1} \text{kg}^2$	$9.561\,685 \times 10^{17} \text{kg}^2$	
$1.086\,118 \times 10^{2} \text{kg}^2$	$9.142\,582 \times 10^{18} \text{kg}^2$	
$1.179\,653 \times 10^{2} \text{kg}^2$	$8.358\,682 \times 10^{19} \text{kg}^2$	
$1.391\,581 \times 10^{2} \text{kg}^2$	$6.986\,756 \times 10^{20} \text{kg}^2$	
$1.936\,500 \times 10^{2} \text{kg}^2$	$4.881\,477 \times 10^{21} \text{kg}^2$	
$3.750\,032 \times 10^{2} \text{kg}^2$	$2.382\,882 \times 10^{22} \text{kg}^2$	
$1.406\,274 \times 10^{3} \text{kg}^2$	$5.678\,126 \times 10^{22} \text{kg}^2$	
$1.977\,608 \times 10^{3} \text{kg}^2$	$3.224\,112 \times 10^{23} \text{kg}^2$	
$3.910\,934 \times 10^{3} \text{kg}^2$	$1.039\,489 \times 10^{24} \text{kg}^2$	
$1.529\,540 \times 10^{4} \text{kg}^2$	$1.080\,539 \times 10^{24} \text{kg}^2$	
$2.339\,494 \times 10^{4} \text{kg}^2$	$1.167\,565 \times 10^{24} \text{kg}^2$	
$5.473\,234 \times 10^{4} \text{kg}^2$	$1.363\,209 \times 10^{24} \text{kg}^2$	
$2.995\,629 \times 10^{5} \text{kg}^2$	$1.858\,339 \times 10^{24} \text{kg}^2$	
$8.973\,795 \times 10^{5} \text{kg}^2$	$3.453\,424 \times 10^{24} \text{kg}^2$	
$8.052\,899 \times 10^{6} \text{kg}^2$	$1.192\,614 \times 10^{25} \text{kg}^2$	
$6.484\,919 \times 10^{7} \text{kg}^2$	$1.422\,328 \times 10^{25} \text{kg}^2$	
$4.205\,418 \times 10^{8} \text{kg}^2$	$2.023\,019 \times 10^{25} \text{kg}^2$	
$1.768\,554 \times 10^{9} \text{kg}^2$	$4.092\,606 \times 10^{25} \text{kg}^2$	
$3.127\,784 \times 10^{9} \text{kg}^2$	$1.674\,943 \times 10^{26} \text{kg}^2$	

5.650 971 x10^{31}kg^2

El Sol 1.991 x10^{30}kg^2

(Ejercicio 1A). Encuentre la masa del Sol del promedio de las masas de los elementos químicos más representativos que ayudan a formar la estrella que todos conocemos como Sol. Utilice las cifras siguientes:

2.208 082 x10^{30}kg^2

4.699 024 x10^{29}kg^2

2.167 723 x10^{29}kg^2

3.837 080 x10^{28}kg^2

7.870 462 x10^{26}kg^2

2.805 434 x10^{26}kg^2

1.674 943 x10^{26}kg^2

8.73 x10^{25}kg^2

9.9 x10^{24}kg^2

Solución:

$$
\begin{array}{rl}
& 2.208\ 082 \text{ x}10^{30}\text{kg}^2 \\
- & \underline{0.469\ 902 \text{ x}10^{30}\text{kg}^2} \\
& 1.738\ 180 \text{ x}10^{30}\text{kg}^2 \\
+ & \underline{0.216\ 773 \text{ x}10^{30}\text{kg}^2} \\
& 1.954\ 953 \text{ x}10^{30}\text{kg}^2 \\
+ & \underline{0.038\ 370 \text{ x}10^{30}\text{kg}^2} \\
& 1.993\ 323 \text{ x}10^{30}\text{kg}^2 \\
- & \underline{0.000\ 787 \text{ x}10^{30}\text{kg}^2} \\
& 1.992\ 546 \text{ x}10^{30}\text{kg}^2 \\
- & \underline{0.000\ 280 \text{ x}10^{30}\text{kg}^2} \\
& 1.992\ 266 \text{ x}10^{30}\text{kg}^2 \\
- & \underline{0.002\ 167 \text{ x}10^{30}\text{kg}^2} \\
& 1.992\ 096 \text{ x}10^{30}\text{kg}^2
\end{array}
$$

- $\underline{0.000\ 087\ \text{x}10^{30}\text{kg}^2}$

    1.992 009 x10^{30}kg^2

- $\underline{0.000\ 009\ \text{x}10^{30}\text{kg}^2}$

    1.991 999 x10^{30}kg^2

Esta es la masa del Sol de las masas que componen el Sol interior y exteriormente, según los expertos en astrofísica.

MERCURIO. La masa de Mercurio es 3.18 x 10^{23}kg^{-}2. Es el primer planeta que gira entorno al Sol. Su velocidad alcanza 48km/seg., (casi 30 millas por segundos). Su rotación sobe sí misma es de casi 60 días, y da una vuelta alrededor del sol en aproximadamente en 88 días. Posee una temperatura diurna de 350°C y de menos de 170°C durante las noches.

Mercurio está compuesto por un 70% de hierro y el resto de su masa se compone de material rocoso. La fuerza de gravedad de este planeta es de un poco más de un tercio (0.38) de la gravedad de la Tierra, la cual es de 8.9 m/seg^2 (8.9seg/seg.). Es decir, la fuerza de gravedad de Mercurio es de apenas 3.382 m/seg^2, lo que indica que la velocidad de los objetos que caen sobre su superficie, es menor que la velocidad de caída de los mismos objetos sobre la superficie de la Tierra.

La masa de Mercurio es igual a 3.18 x 10^{23}kg. Este dato coincide con los cálculos hechos a la masa original del electrón en kilogramos. Las cifras serán vistas a continuación.

Utilizando las cifras siguientes derivadas del múltiplo de la masa del electrón se encuentra la masa de Mercurio:

    5.907 68 x 10^{23}kg^{-2}

    2.430 57 x 10^{23}kg^{-2}

    2.220 37 x 10^{22}kg^{-2}

    4.712 09 x 10^{21}kg^{-2}

    2.170 73 x 10^{21}kg^{-2}

    4.659 11 x 10^{20}kg^{-2}

Solución:

$$5.907\ 68 \times 10^{23} \text{kg}^{-2}$$
$$-\ \underline{2.430\ 57 \times 10^{23} \text{kg}^{-2}}$$
$$3.477\ 31 \times 10^{23} \text{kg}^{-2}$$
$$-\ \underline{2.220\ 37 \times 10^{22} \text{kg}^{-2}}$$
$$3.255\ 28 \times 10^{23} \text{kg}^{-2}$$
$$-\ \underline{0.047\ 12 \times 10^{23} \text{kg}^{-2}}$$
$$3.208\ 16 \times 10^{23} \text{kg}^{-2}$$
$$-\ \underline{0.021\ 70 \times 10^{23} \text{kg}^{-2}}$$
$$3.186\ 46 \times 10^{23} \text{kg}^{-2}$$
$$-\ \underline{0.004\ 65 \times 10^{23} \text{kg}^{-2}}$$
$$3.181\ 81 \times 10^{23} \text{kg}^{-2}$$

El resultado anterior es la masa de Mercurio derivada del múltiplo de la masa del electrón.

VENUS. La masa abreviada de Venus es $4.88 \times 10^{24} \text{kg}^{-2}$. Es el segundo planeta después del Sol, su masa es 15.3 veces mayor que la masa de Mercurio, este dato se consigue dividiendo la masa de Venus sobre la masa de Mercurio.

Mientras Mercurio tiene un diámetro de 4,878 km., (3,030 millas), Venus posee un diámetro de 12,104 km., (7,523 millas). El diámetro es la distancia que existe desde un extremo del planeta hasta el otro extremo del mismo. A la mitad del diámetro se le conoce por el nombre de radio.

Antes de la era espacial se conocía muy poco acerca de Venus. Por las noches aparece como el más brillante astro del cielo, tal vez porque las nubes o la atmósfera que lo rodean reflejan la luz del Sol.

La atmósfera de Venus abarca alrededor de 400 km., (250 millas) hacia arriba, luego giran entorno al planeta varias capas de nubes. Estas nubes y la atmósfera en general están conformadas por más de un 96% de dióxido de carbono (CO_2), y la parte restante está formada de nitrógeno. Como puede bien uno inferir es imposible que en Venus exista vida, ya que la atmósfera no contiene oxigeno (O_2), sino es en combinación con el carbono (C). Las nubes contienen también acido sulfúrico (H_2SO_4).

Venus tiene un periodo de rotación de más de 243 días. El planeta gira de Este a Oeste, contrariamente a la rotación de la Tierra. Su presión atmosférica es 90 veces mayor que la de la Tierra sobre el nivel del mar. Venus orbita al Sol cada 225 días, mientras que la Tierra lo hace en 365 ó 366 días. El planeta a que aludimos gira casi en forma circular alrededor del Sol; en otras palabras su rotación podría considerarse un tanto elíptica. La rotación entorno al Sol dura menos días que la rotación de la Tierra alrededor del Sol porque Venus está obviamente más próximo al Sol que la Tierra misma.

Venus y la Tierra son en el espacio lo que dos electrones son en un átomo de helio (He). En el átomo de helio (He) en su capa $1S^2$ un electrón gira hacia arriba y otro gira hacia abajo; ésto es, en sentidos contrarios.

Con respecto al tamaño de Venus y la Tierra es muy poco lo que se llevan entre sí, ambos por su tamaño parecen dos planetas gemelos. Mientras la masa de Venus es de 4.88×10^{24}kg, la de la Tierra es de 5.98×10^{24}kg, con una diferencia a favor de la Tierra de 1.22kg.

La masa de Venus del electrón

Las cifras a utilizarse son:

$$3.490\ 07 \times 10^{24}\text{kg}^{-2}$$
$$2.430\ 57 \times 10^{23}\text{kg}^{-2}$$
$$4.930\ 08 \times 10^{22}\text{kg}^{-2}$$
$$2.220\ 37 \times 10^{22}\text{kg}^{-2}$$
$$2.170\ 73 \times 10^{21}\text{kg}^{-2}$$

Solución

$$3.490\ 07 \times 10^{24}kg^{-2}$$
$$+\underline{2.430\ 57 \times 10^{23}kg^{-2}}$$
$$3.733\ 12 \times 10^{24}kg^{-2}$$

Luego se redondea: $3.733\ 12 \times 10^{24}kg^{-2}$ en:

$$4.331\ 2 \times 10^{24}kg^{-2}$$
$$+\underline{0.493\ 0 \times 10^{24}kg^{-2}}$$
$$4.824\ 23 \times 10^{24}kg^{-2}$$
$$+\underline{0.022\ 20 \times 10^{24}kg^{-2}}$$
$$4.846\ 43 \times 10^{24}kg^{-2}$$
$$+\underline{0.049\ 30 \times 10^{24}kg^{-2}}$$
$$4.895\ 73 \times 10^{24}kg^{-2}$$
$$-\underline{0.004\ 71 \times 10^{24}kg^{-2}}$$
$$4.891\ 02 \times 10^{24}kg^{-2}$$

LA TIERRA. La masa de la Tierra ha sido calculada en $5.98 \times 10^{24}kg$. La Tierra todos la conocemos. Es el planeta o lugar en donde habitamos. Está constituida por un 70% de agua y un 30% de tierra, en combinación con rocas, arenas y otras sílices.

La atmósfera está constituida de un 70% de nitrógeno y 20% de oxigeno, el gas que nos permite a los seres vivos respirar para poder vivir. El agua (H^2O) está compuesta de hidrogeno y de oxigeno; sin ella ni el oxigeno no podríamos vivir en el planeta. El oxigeno nos ayuda para realizar la combustión, tales como encender un fogón, quemar un monte, incinerar la basura y soldar los metales, entre otras actividades que realiza el hombre. Sin embargo, el nitrógeno evita que toda combustión avance más de lo necesario. Trabaja no como un extinguidor de fuego, sino como un controlador del mismo, especialmente el causado por las innumerables guerras que han tenido lugar en la Tierra desde que el hombre apareció sobre dicho plantea.

La atmósfera de la Tierra, vista desde ella misma, tiene un color azul en los días soleados y gris cuando está nublado. La atmósfera de Venus, en cambio, es de color blanco, según las informaciones obtenidas con sus binoculares el propio SIR Patrick Moore, el autor del "libro enciclopédico El atlas del universo", el cual utilizamos como fuente de referencia.

El periodo orbital de la Tierra es de casi 24 horas, mientras que el periodo orbital de Venus es de un poco más de 243 días, tomando más tiempo en girar en sí mismo que en dar una vuelta completa alrededor del Sol.

En otro orden de ideas, si comparamos el número de horas que tarde Venus en dar una rotación sobre sí mismo, alcanzaría la suma de 5,832 horas (es decir, 243 días por 24 horas). En esas 5,832 horas la fuerza de gravedad en la superficie del planeta es de 0.90 mientras que en 24 horas, es decir, un día, la Tierra gira sobre sí misma una vez y su fuerza de gravedad es de 9.8 m/seg^2. sin embargo, según nuestros cálculos en base al tiempo de rotación de ambos astros parecidos, la fuerza de gravedad influye por la cantidad de tiempo que duran en llevar a cabo una rotación, como el autor de este libro pensaba y escribió en su tesis del libro *"La gravedad de Isaac Newton sobre la Tierra: ¿Es real o un mito científico?" Cyber Color Print Center 2007*, aunque la fuerza de gravedad de la Tierra es de 9.8 m/seg^2 ésta hace un giro sobre sí misma de 24 horas, como se dijo antes. En cambio, la fuerza de gravedad de Venus en su superficie es de 0.90m/seg^2 debido a que su rotación es de 5,832 horas sobre sí misma. Es posible que esta enorme diferencia de rotación se deba a que primero el planeta Venus posee una presión atmosférica de 96 atm mayor que la de la Tierra, lo cual no le permita girar más rápido y otra razón podría ser que la fuerza de atracción ejercida por el Sol hacia Venus sea mayor que la fuerza de atracción que ejercería sobre la Tierra. Mientras el Sol está a 108.2 millones de kilómetros de Venus, la Tierra dista de la estrella uno 150 millones de kilómetros.

Ni Mercurio ni Venus tiene satélite natural o Luna como la tiene la Tierra. No sabría decir en que consiste la influencia de la Luna sobre la rotación de la Tierra, que a realiza más libremente que Venus, el cual no tiene Luna.

Venus parece más bien una Luna de Sol que debido, a su despaciosa rotación axial y sideral parece más un planeta que sirve de escudo a la Tierra de los rayos solares. La Luna o satélite terrestre tarda 27 horas en darle una hora a la Tierra un día tras otro, y 27 horas más para dar una vuelta sobre sí misma. En ésto Venus se parece a la Luna. Con la única salvedad de que la Luna tarda 27 horas, como ya se dijo en dar una vuelta entorno a la Tierra e igualmente emplea la misma cantidad de tiempo para rotar sobre su eje. En cambio, Venus tarda más en dar una vuelta sobre sí misma que alrededor del Sol, y esa característica debe de tener su razón de ser.

Podríamos conjeturar que Venus se formó antes que la Tierra, aunque ambos planetas posean una diferencia de masa de apenas 1.225kg. Después de Venus haberse formado, suponemos se formó la Tierra, sino al mismo tiempo casi al mismo tiempo; pero la Luna probablemente tuvo su origen primero porque su masa es igual a 736×10^{22}kg, y debió de formarse antes de los dos planetas.

MARTE. La masa de Marte es 6.42×10^{23}kg. Es el cuarto planeta del sistema solar. Al principio, se creía que la superficie de este planeta era lisa y sin protuberancias. Pero luego del paso primero de los dos satélites de la NASA Mariner 4 en Julio de 1965 y segundo de Mariner 9, el 13 de Noviembre de 1971, la idea que se tenía de Marte cambió totalmente. El primer satélite espacial pasó a una distancia del planeta que superó los 9,000km (más de 6,000 millas). El segundo se acercó a más 1,600km., (más de 900 millas), lo suficiente como para desde esa distancia ver detalles de planetas no antes vistos.

Lo primero que se supo fue que su atmósfera no era tan densa como los científicos suponían, sino más bien como la que rodea a la de la Tierra, con la diferencia de que en lugar de aire conformado por oxigeno y nitrógeno, la atmósfera de Marte está compuesta de dióxido de carbono (CO^2), el cual se condensa durante el invierno en el polo sur, en cuya lugar es más denso que en el polo norte. Las dos capas polares contienen hielo de agua. Además de dióxido de carbono, la atmósfera de Marte está compuesta de nitrógeno y de otros elementos gaseosos. La superficie está llena de volcanes, muchos de ellos gigantes, como el llamado el Monte de los Olimpos, el cual tiene una altura de más de 25km (15 millas). La superficie en general es rocosa y color rojiza o anaranjada.

Su rotación sideral, es decir, alrededor del Sol es de 687 días aproximadamente, y gira sobre sí misma cada 24 horas, como la Tierra. Su fuerza de gravedad es de 0.380m/seg., y la velocidad que se necesita para que un cohete deje su superficie debe ser de un poco más de 5km/seg. (3.0 millas/seg.). Su diámetro en el ecuador es de 6,794km, mientras el de la Tierra es de 12,756km (7,654 millas), además del tiempo que dura en dar un giro completo alrededor del Sol, Marte posee también un periodo sinódico de 780 días.

La distancia de Marte con respecto al Sol es de 207 millones de kilómetros (más de 124 millas) y con respecto a la Tierra unos 60 millones de kilómetros (36 millones de millas). Su densidad es de 4 en comparación con los 5.52 de la Tierra. Su fuerza de gravedad es muy baja con respecto a la de la Tierra. Mientras que la aceleración de caída en la Tierra es de aproximadamente $8.9km/seg^2$, la aceleración en Marte es $0.38km/seg^2$. La temperatura de la superficie en Marte es -23°C, mientras que en la Tierra la temperatura es de 22°C. es doblemente es más frío Marte que en la Tierra.

LA LUNA. La masa de la Luna es 736×10^{22}kg.
Todos sabemos algo sobre la Luna. Sabemos que es el satélite natural de la Tierra, que es básicamente rocosa y que contiene el mineral hierro en su interior, y que tarda exactamente el mismo intervalo en dar una vuelta rotacional y traslacional, en este último caso alrededor de la Tierra que es de 27 horas.

La Luna es 0.8125 veces menor que la Tierra. La Luna es 81 veces menor que la Tierra o a la inversa, la Tierra tiene una masa en kilogramos 81 veces mayor que la Luna. Esto se consigue con los siguientes datos:

$$\frac{5\text{-}98 \times 10^{24}\text{kg}}{7.36 \times 10^{22}\text{kg}} = 0.8125 \times 10^{24\text{-}22}\text{kg}$$

$$= 0.8125 \times 10^2\text{kg}$$
$$= 81.25 \text{ veces}$$

Para conseguir esta cifra entera se corre el punto que hay después del cero (0.8125) dos veces a la derecha, con lo cual se elimina el exponente 10^2kg.

La relación de masa entre la Luna y la Tierra es como sigue:

De la Luna   0.01%
De la Tierra   81

Además de los datos ofrecidos, sabemos que la gravedad de ambos cuerpos celestes son diferentes. Por ejemplo, si la gravedad en la Tierra es de 1 la de la Luna es de 0.165. La gravedad de la Tierra es de 6.25 (1.0 / 0.165 = 6.25) mayor que la de la Luna, y la de la Luna es (0.165 / 1= 0.165). Es decir, la gravedad de la Luna sobre la de la Tierra es de 0.165 / 6.25 = 0.0264. En otras palabras. 0.02 / 6.25 ó 0.165 / 6.25. O simplemente 0.1 / 6.2, que por lo general se dice que la gravedad de la Luna es igual a 1/6 de la velocidad de la Tierra.

JÚPITER. La masa de Júpiter es de 1.90 x 10^{27}kg.

Júpiter es el planeta de mayor tamaño de sistema solar. El Sol es 1050 veces mayor que este planeta. Su superficie está conformada de gases. A su alrededor contiene varias bandas de diferentes colores, especialmente de color entre blanco, azul y crema. Las bandas son onduladas y hay algunas más anchas que otras. El disco que forma el planeta es plano debido a la velocidad de su rotación.

Un año en la Tierra tiene 365 días; sin embargo, un año en Júpiter es casi 12 veces mayor que un año en la Tierra, aproximadamente de 4380 días, pero un día en Júpiter dura menos de 10 horas en lugar de las 24 que tarda en la Tierra. Las nubes que rodean a Júpiter son muy frías y según los datos científicos el núcleo o centro del planeta está formado de silicato. Alrededor del centro existe una gruesa capa de hidrogeno liquido, tan comprimido que adquiere las mismas características del metal. Más allá del núcleo hay una capa de hidrogeno molecular liquido, y sobre esta capa viene entonces la atmósfera gaseosa, la cual alcanza una altura de cerca de 1000km (algo más de 600 millas). La atmósfera está formada en más de un 80% de hidrogeno. El resto de esta cantidad está constituida de helio.

Júpiter es una fuente importante de ondas de radio, lo cual fue descubierto accidentalmente en 1955 por investigadores norteamericanos.

Júpiter no es circular sino oval, debido a la velocidad de su rotación sobre sí mismo. Al contrario de la Tierra, que contiene una Luna, Júpiter contiene 16 lunas o satélites naturales. El primer satélite dista del planeta joviano 128,000km (mientras la Luna está a una distancia de aproximadamente 148,00km de la Tierra) y el décimo sexto satélite queda a una distancia del gigantesco planeta de 23,700 millones de kilómetros (14,220,000 millas).

La Tierra y Júpiter están separados por 594 millones de kilómetros (356 millas) y entre Júpiter y Marte, este último y la Tierra están separados por tan sólo 80 ó 78.3 millones de kilómetros. Hay una distancia aproximada de 550 millones de kilómetros (330.06 millas). Entre Marte y Júpiter hay una zona donde giran centenares de miles o quizás millones de meteoritos o asteroides.

La mayoría de los asteroides son pequeños. Uno de ellos, nombrado ceres, tiene 900km (560 millas de diámetros), y según nuestra fuente de información sólo uno es visto a simple vista, y lleva por nombre Vesta. Existe también una franja de 20 asteroides que tienen hasta 260 kilómetros (156 millas de diámetros).

Los asteroides están en su mayoría localizados entre Marte y Júpiter, pero existen contados de ellos como el que se llama 243 *Ida* que se mueve alrededor del Sol a una distancia promedio de 429 millones de kilómetros (266 millones alrededor del Sol) y lo hace un periodo de tiempo de casi cinco (5) años. Este asteroide posee su satélite *¡increíble!*. Un asteroide satélite de otro asteroide, llamado *Dactyl*. Pero *Ida* forma parte de un grupo llamado *Koronis*, no viaja solo y su diámetro es un kilómetro 0.6 millas.

Otro asteroide, de nombre *Phaethon ó 3200 Phaethon* llega tan lejos su órbita hasta la órbita de Mercurio. Según la imagen dibujada en nuestra fuente *Phaethon* sale o parte de los millares de asteroides y hace u recorrido en una órbita elíptica que atraviesa las órbitas de Marte, de la Tierra, de Venus, de Mercurio hasta entrar a la mitad de la órbita del Sol, luego de cruzar la órbita de Mercurio e ir detrás del Sol en una órbita que oscila entre 20 millones de kilómetros (12 millones de millas) y 389 millones de kilómetros (241 de millas) recorriendo un 70% de la distancia que existe entre Marte y Júpiter.

Marte tiene dos satélites o lunas que lo orbitan y debido al aspecto irregular de ellas se supone que son dos asteroides que la orbitan. Ni Venus ni Mercurio poseen satélites.

SATURNO. La masa de Saturno es $5.68 \times 10^{26} kg^{-2}$

Saturno ocupa el sexto lugar en orden desde el Sol. Su masa es 3 1/3 mayor que la masa de Júpiter ($1.90 \times 10^{27} kg$ / $5.68 \times 10^{26} kg$) = $0.33450 \times 10^{27-26} kg$ ($0.33450 \times 10^{1} kg = 3.3450 \times 10^{0} kg^{-2}$). Su distancia del Sol es 1,348 millones de kilómetros (808.8 millones de millas) y entre Júpiter y él existe una diferencia de distancia de 607.0 millones de kilómetros (364.2 millones de millas). Es decir, casi el doble de la distancia entre él y Júpiter.

Mientras Júpiter tarda casi 12 años en dar una rotación alrededor del Sol, Saturno dura casi el triple. Mientras el periodo rotacional de la Tierra es de 23 horas 56 minutos y 04 segundo, Júpiter y Saturno giran, respectivamente, entono a sí mismos en 9 horas 55 minutos 30 segundo y 10 hora 13 minutos y 59 segundos.

La temperatura de Saturno es de 1.15°C mientras que la de Júpiter es de 2.63°C, lo que implica que sea menos frío porque está a una distancia más próximo al Sol que Saturno, mientras la Tierra tiene un diámetro de 12,755km, el diámetro de Saturno es de más de 50km (30,000 millas).

La densidad de la Tierra como ya sabemos es de 525, mientras que la de Saturno es mucho menor, de 1.27km/cm^3. Si Júpiter es vistoso por sus franjas de colores, Saturno lo es por la forma de sus anillos. No cabe duda de que acaso existe una inteligencia en ese gran cerebro que es el espacio.

Saturno posee hasta ahora 18 satélites naturales o lunas. Los satélites tienen sus propios nombres, que son: Pan, Atlas, Prometheus, Pandora, Epimetheus, Janus, Mimas, Enceladus, Tathys, Telesto, Calypso, Dione, Helene, Rhea, Titan, Hyperion, Iapetus y Phoebe. Gracias a unos vehículos espaciales enviados por los norteamericano, el Voyager I y II, en (1980) y el II (1981) se obtuvieron imágenes de dichos satélites. Pero antes de estas dos naves espaciales fue el Pioneer 11, el que pasó cerca de 21,000km (12,600 millas) cerca del planeta. Saturno contiene varios anillos con diferentes características y nombres de letras: A,B,C,D,E,F,G. Es muy difícil decir donde empiezan o terminan los anillos. Pero se cree que el anillo E, se extiende hasta la órbita de Rhea, el mayor de todos los satélites, que alcanza más de 500,000km (313,000 millas), desde Saturno se sabe ya los anillos están formados por pequeñas partículas hechas de hielo de agua ordinaria.

Saturno es un planeta fascinante, una maravilla de la naturaleza espacial.

URANO. La masa de Urano es 8.68 x 10^{25}kg^2.

Urano también es un planeta gigante. Contiene 21 satélites o lunas. Su diámetro es de 51,118km (30,600 millas). Su distancia del Sol es de 2,738 millones de kilómetros (1,642.8 millones de millas). Gira alrededor del Sol cada 84 años. Rota sobre sí mismo cada 17 horas 14 minutos. Tiene 14.6 veces la masa de la Tierra. Su densidad es 1.27 mientras que la Saturno es 0.71, lo que quiere decir que ambos son planetas gaseoso. Su temperatura es bien fría por debajo de los -210°C. La gravedad es de 1.17m/seg., casi la misma que la de Saturno.

N EPTUNO. La masa de Neptuno es $1.032 \times 10^{26} kg^2$

Neptuno es el octavo planeta en orden desde el Sol. Fue visto por primera vez en 1946 desde el observatorio en Berlín. Fue bautizado con ese nombre mitológico que quiere decir *"dios del océano"*, por su color parecido al de las aguas del mar, azul o azul-verdoso. Está localizado en una órbita a más de 1,700,000 millones de kilómetros (1,031 millones de millas de Urano), y de 4,500km (2,700 millas) del Sol.

Su diámetro es de 50,538km (30,323 millas). Orbita al Sol cada 165 años aproximadamente. Gira sobre sí mismo en 17 horas y 14 segundos. Tiene 57 veces el volumen de la Tierra y su densidad es de $1.77km.cm^3$. Su gravedad es $1.2m/seg^2$ y la velocidad de escape se calcula en 23.9km/seg. Su temperatura superficial es de -220°C. Neptuno tiene 5 anillos y ocho satélites cuyos nombres son: Naiad, Thalassa, Despina, Galatea, Larissa, Proteus, Tritón y Nereida (Nereid). Cada uno de ellos tiene los siguientes datos: distancia de Neptuno en kilómetros, periodo orbital calculado en días, inclinación orbital, excentricidad orbital, diámetro y magnitud, gracias a los datos obtenidos por el hombre a través de la nave espacial norteamericana Voyager II, que pasó a 4,425 millas del planeta el 25 de Agosto de 1989. Es un planeta donde se originan fuertes vientos. La parte más alta de su atmósfera es de hidrogeno en un 85%.

P LUTÓN. La masa de Plutón es $1.4 \times 10^{22} kg^2$.

Plutón tiene un solo satélite, llamado *Charon*. Sin embargo, no se considera a *Charon* un satélite de Plutón porque posee un diámetro que es la mitad del diámetro de Plutón. El periodo orbital de *Charon* es de 6.3 días alrededor del planeta. *Charon* tiene un diámetro de 1,270km (762 millas). El diámetro de Plutón entorno al cual gira *Charon*, es de 2,324km (1,394 millas). El descubridor de Plutón fue *Clyde Tombaugh*, en una fotografía tomada en 1980, cincuenta años después de su descubrimiento en 1930.

Breve historia del átomo

Toda persona que haya terminado el octavo grado tiene una idea de lo que significa el vocablo *Átomo*. Pero tal vez no sabe que *Átomo* proviene del griego átomos, palabra compuesta del prefijo **a**, que significa falta o negación, y **temno** que quiere decir cortar, dividir. En latín se escribe *atomus,* y tiene el mismo significado que el que tiene en la lengua griega. La palabra se utiliza a menudo en física y química, y el diccionario la define como una "estructura que forma la unidad básica de todo elemento y que es la menor partícula capaz de intervenir en una combinación química". El término *elemento,* a su vez, se define como toda "sustancia constituida por átomos de iguales propiedades químicas, por lo que es imposible por métodos químicos descomponerlas en otras máas sencillas". De ahí que el prefijo *a* de la palabra átomo indique o niegue la división de dicha diminuta estructura.

Fue el filósofo griego Demócrito el primero en exponer el tema o idea de que toda la materia (ya sea sólida, líquida o gaseosa) está formada por numerosas partículas en extremo diminutas e indivisibles a las que llamo átomos, término que, como ya se ha indicado, significa inseparable, indestructible. La idea de Demócrito se mantuvo, a pesar de que no fue aceptada por algunos filósofos de su época, como Platón y Aristóteles.

Demócrito vivió en el siglo V a. C. Sin embargo, no fue sino hasta principios del siglo XIX, específicamente en 1808, cuando un científico inglés llamado John Dalton (1766-1844), reformuló la idea desarrolladla por el filósofo griego, lo cual marcó, según los expertos en la materia, la era de la química moderna.

De acuerdo con lo anteriormente dicho, el átomo es una unidad ensamblada que está formada por un núcleo y varias capas. El átomo más sencillo es el de hidrógeno (cuyo símbolo químico es una H mayúscula). El átomo de hidrógeno contiene una partícula o corpúsculo llamado protón que le sirve a su vez de núcleo; alrededor de este núcleo gira otra partícula que es 1836 veces más pequeña que el protón. Como el átomo de hidrógeno sólo contiene un protón y un electrón, la unidad y funcionamiento de esta estructura atómica tan pequeña e invisible a simple vista, se mantiene gracias a un sistema que trabaja en base al trabajo combinado entre la electricidad y el magnetismo, generado por ambas partículas. En ese pequeño sistema se verifica un roce entre el protón y el electrón que origina una débil corriente eléctrica capaz de mantener unidas a las dos partículas por medio de una interrelación entre sus dos cargas, una positiva (la del protón) y otra negativa (la del electrón). Dicha interrelación no es sólo de atracción sino también de rechazo o repulsión. La fuerza que mantiene esta interrelación se mide en Coulombs o Joules y tiene una magnitud de 1.60×10^{-19} Joules o de 1.60×10^{-19} Coulombs. Se abrevian también del modo siguiente: 1.60×10^{-19} J o 1.60×10^{-19} C. Las palabras Joules y Coulombs se derivan de los nombres de los dos científicos gracias a los cuales se conoce la conciliación de ambas fuerzas de atracción y repulsión. Por medio de la primera el protón y el electrón se mantienen unidos en pareja, permitiendo un pequeñísimo espacio entre los dos y por medio de la segunda se mantienen distantes sin que se acerquen a más de 10^{-12} metros, es decir, a una longitud equivalente a una trillonésima de un metro. Es decir, igual a un metro dividido en un millón de millón de partes, distancia que es del todo imposible de ser observada a simple vista y sólo en observable con la ayuda de un microscopio electrónico.

Joules es una dimensión que proviene del físico inglés James Prescott Joule (1818-1889). Este físico anglosajón se distinguió desde muy joven, por desarrollar además, las teorías sobre la equivalencia mecánica del calor, la conversión entre la energía mecánica y la energía térmica. (Raymond Chang, química, McGawHill, p. 181). La palabra Coulomb, y además, unidad de dimensión eléctrica proviene del nombre Charles Augustín Coulomb (1736-1806), físico francés que se destacó pos sus investigaciones sobre la electricidad y el magnetismo, entre otros inventos. La "dimensión" no es más que una medida, ya sea de masa (Kg), volumen (Cm^3) o tiempo (T, C^2). Las dimensiones de Coulomb y Joules son magnitudes de "trabajo", de "energía" y de "calor".

Las dimensiones pueden ser en (cm), en metros (m) y hasta en kilómetros (km). También pueden hacer mención a la masa como el kilogramo (kg), el gramo (g) y otros. Podrían también referirse al tiempo, como el segundo (s), el minuto (min), la hora (h), el día, el año y el año luz. También pueden referirse a la rapidez o movimiento, como por ejemplo m/s (metro por segundo), cm/s, pie/s, milla/h. y otras dimensiones menos conocidas o usadas en la vida diaria.

Algunas dimensiones equivalen a otras dimensiones. Por ejemplo, un metro equivale a 100 centímetros (ó 10^2cm); un kilogramo es lo mismo que 10^3 gramos (1000 gramos), etc. Un minuto equivale a 60 segundos, una hora es igual a 3,600 segundos, etc. Por último 1.602 x 10^{-19} Joule equivale a 1eV (electrovolt), lo mismo que 1.602 x 10^{-19}C; es decir, 1J =1C= 1eV, etc.

Un grupo de átomos de hidrógeno forman el elemento químico gaseoso que lleva el mismo nombre. Todos los átomos de hidrógeno tienen las mismas características, al igual que el átomo de cualquier otro elemento. Cuando los átomos de una misma sustancia se unen entre sí forman lo que se llama molécula. Además del núcleo el átomo está formado por capas y subcapas llamadas orbitales. Todo átomo está compuesto por tres partículas bien reconocidas: el protón, el neutrón y el electrón.

Un átomo puede tener un solo protón o un solo electrón, como el átomo de hidrógeno. El hidrógeno no contiene neutrón. Como su nombre lo indica el neutrón es una partícula que posee carga eléctrica neutra, es decir, ni positiva como la carga del protón, ni negativa como la del electrón. Sin embargo, el hidrógeno (también llamado Protio, en su estado natural) tiene otros dos isótopos o derivados: el deuterio y el tritio. El protio o hidrógeno contiene, como ya se sabe, un protón y un electrón. El deuterio, en cambio, posee un protón y un neutrón. Por último el tritio, en cambio, posee dos neutrones y un protón. La palabra deuterio proviene del griego *deyteros* que significa segundo en orden. Tritio debe de significar tercero, aunque el diccionario no lo consigna.

EL PROTÓN

Tal como se dijo antes el protón es 1836 veces mayor que el electrón. Sin embargo, ambas partículas tienen la misma carga eléctrica. La masa en kilogramo del protón es 1.672 62 x 10^{-27} Kg. Para encontrar el duplo de la masa del protón se debe usar la fórmula:

M protón: $= a^2$ x $10^{-m \times 2 + m + n}$, donde n puede ser un número entre 0, 1, 2,3…, hasta el infinito (∞).

M protón $= (1.672 \ 62 \ \text{kg}^{-2})^2$ x $10^{-54 + 27 + n}$

A continuación los duplos de la masa del protón:

= 2.799 657 (66) 44 x 10^{-27+0} Kg-^{2}.

= 2.799 657 (66) 44 x 10^{-27} Kg.

7.826 888 4 (07) 17 x 10^{-27} Kg.

6.126 018 2 (13) 82 x 10^{-26} Kg.

3.752 809 9 (91) 56 x 10^{-25} Kg.

1.408 358 2 (26) 26 x 10^{-24} Kg.

1.983 472 8 (93) 47 x 10^{-24} Kg.

3.934 164 7 (19) 13 x 10^{-24} Kg.

1.547 765 2 (03) 72 x 10^{-23} Kg.

2.395 577 1 (25) 84 x 10^{-23} Kg.

5.738 789 7 (65) 84 x 10^{-23} Kg.

3.293 370 7 (97) 65 x 10^{-22} Kg.

1.084 629 1 (21) 08 x 10^{-21} Kg.

1.176 420 3 (30) 29 x 10^{-21} Kg.

1.383 964 7 (93) 51 x 10^{-21} Kg.

1.915 358 5 (49) 67 x 10^{-21} Kg.

3.668 598 3 (73) 79 x 10^{-21} Kg.

1.345 861 4 (02) 81 x 10^{-20} Kg.

1.811 342 9 (15) 57 x 10^{-20} Kg.

3.280 963 1 (57) 78 x 10^{-20} Kg.

1.076 471 9 (24) 27 x 10^{-19} Kg.

1.158 791 8 (03) 74 x 10^{-19} Kg.

1.342 798 4 (44) 41 x 10^{-19} Kg.

1.803 107 (66) 23 x 10^{-19} Kg.

3.251 197 2 (41) 84 x 10^{-19} Kg.

1.057 028 3 (50) 53 x 10^{-18} Kg.

1.117 308 9 (33) 82 x 10^{-18} Kg.

1.248 379 2 (53) 59 x 10^{-18} Kg.

1.558 450 7 (60) 79 x 10^{-18} Kg.

2.428 768 7 (73) 80 x 10^{-18} Kg.

5.898 917 7 (56) 58 x 10^{-18} Kg.

3.479 723 0 (69) 88 x 10^{-17} Kg.

1.210 047 2 (64) 30 x 10^{-16} Kg.

1.466 151 0 (97) 46 x 10^{-16} Kg.

1.775 285 0 (45) 40 x 10^{-16} Kg.

2.149 599 0 (40) 57 x 10^{-16} Kg.

4.620 776 0 (35) 21 x 10^{-16} Kg.

2.135 157 1 (16) 75 x 10^{-15} Kg.

4.558 895 9 (13) 20 x 10^{-15} Kg.

2.078 353 1 (94) 73 x 10^{-14} Kg.

4.319 552 0 (02) 04 x 10^{-14} Kg.

1.865 852 9 (49) 79 x 10^{-13} Kg.

3.481 407 2 (30) 24 x 10^{-13} Kg.

1.212 019 6 (30) 27 x 10^{-12} Kg.

1.468 991 5 (84) 15 x 10^{-12} Kg.

2.157 936 2 (74) 30 x 10^{-12} Kg.

4.656 688 9 (63) 93 x 10^{-12} Kg.

2.168 475 2 (10) 65 x 10^{-11} Kg.

4.702 284 (73) 92 x 10^{-11} Kg.

2.211 148 1 (76) 66 x 10^{-10} Kg.

4.889 176 2 (59) 14 x 10^{-10} Kg.

2.390 404 4 (49) 29 x 10^{-9} Kg.

5.714 033 4 (31) 18 x 10^{-9} Kg.

3.265 017 8 (05) 26 x 10^{-8} Kg.

1.066 034 1 (26) 86 x 10^{-7} Kg.

1.136 428 7 (59) 63 x 10^{-7} Kg.

1.291 470 3 (25) 71 x 10^{-7} Kg.

1.667 895 6 (02) 18 x 10^{-7} Kg.

2.781 875 7 (39) 77 x 10^{-7} Kg.

7.738 832 6 (31) 13 x 10^{-7} Kg.

5.988 953 0 (49) 26 x 10^{-6} Kg.

3.586 755 8 (62) 55 x 10^{-5} Kg.

1.286 481 7 (61) 75 x 10^{-4} Kg.

1.655 035 3 (23) 31 x 10^{-4} Kg.

2.739 141   (92) 14 x 10^{-4} Kg.

7.502 898 4 (65) 57 x 10^{-4} Kg.

5.629 348 5 (38) 46 x 10^{-3} Kg.

3.168 956 4 (96) 74 x 10^{-2} Kg.

1.004 228 5 (27) 82 x 10^{-1} Kg.

1.008 474 9 (36) 08 x 10^{-1} Kg.

1.017 021   (69) 67 x 10^{-1} Kg.

1.034 333 1 (31) 55 x 10^{-1} Kg.

1.069 845 0 (27) 02 x 10^{-1} Kg.

1.144 568 3 (81) 83 x 10^{-1} Kg.

1.310 036 7 (80) 68 x 10^{-1} Kg.

1.716 196 3 (66) 73 x 10^{-1} Kg.

2.945 329 9 (69) 07 x 10^{-1} Kg.

8.674 968   (62) 67 x 10^{-1} Kg.

7.525 508 0 (67) 42 x 10^{1} Kg.

5.663 327 1 (67) 28 x 10^{2} Kg.

3.207 327 4 (60) 27 x 10^{3} Kg.

1.028 694 9 (43) 74 x 10^{4} Kg.

1.058 213 2 (87) 27 x 10^{4} Kg.

1.119 815 3 (61) 35 x 10^{4} Kg.

1.253 986   (44) 34 x 10^{4} Kg.

1.572 482 0 (00) 23 x 10^{4} Kg.

2.472 699 6 (41) 04 x 10^{4} Kg.

6.114 243 5 (14) 79 x 10^{4} Kg.

3.738 397 3 (75) 81 x 10^{5} Kg.

1.397 561 4 (93) 94 x 10^{6} Kg.

1.953 178 1 (29) 34 x 10^{6} Kg.

3.814 904 8 (04) 93 x 10^{6} Kg.

1.455 349 8 (67) 06 x 10^{7} Kg.

2.118 043 2 (35) 55 x 10^{7} Kg.

4.486 107 1 (47) 65 x 10^{7} Kg.

2.012 515 7 (34) 01 x 10^{8} Kg.

4.050 219 5 (79) 63 x 10^{8} Kg.

1.640 427 8 (64) 32 x 10^{9} Kg.

2.691 003 5 (77) 97 x 10^{9} Kg.

7.241 500 2 (56) 64 x 10^{9} Kg.

5.243 932 5 (96) 69 x 10^{10} Kg.

2.749 882 9 (07) 86 x 10^{11} Kg.

7.561 856 0 (06) 94 x 10^{11} Kg.

5.718 166 6 (26) 96 x 10^{12} Kg.

3.269 742 9 (57) 36 x 10^{13} Kg.

1.069 121 9 (00) 72 x 10^{14} Kg.

1.143 021 6 (38) 59 x 10^{14} Kg.

1.306 498 4 (66) 07 x 10^{14} Kg.

1.706 938 2 (41) 84 x 10^{14} Kg.

2.913 638 1 (61) 45 x 10^{14} Kg.

8.489 287 3 (35) 85 x 10^{14} Kg.

7.206 799 9 (47) 06 x 10^{15} Kg.

5.193 796 5 (47) 69 x 10^{16} Kg.

2.697 552 2 (57) 87 x 10^{17} Kg.

7.276 788 1 (83) 93 x 10^{17} Kg.

5.295 164 6 (27) 37 x 10^{18} Kg.

2.803 876 8 (43) 09 x 10^{19} Kg.

7.861 725 3 (51) 21 x 10^{19} Kg.

6.180 672 5 (49) 78 x 10^{20} Kg.

3.820 071 3 (16) 76 x 10^{21} Kg.

1.459 294 4 (86) 51 x 10^{22} Kg.

2.129 540 3 (98) 35 x 10^{22} Kg.

4.534 942 3 (08)   20 x 10^{22} Kg.

2.056 570 1 (73) 87 x 10^{23} Kg.

4.229 480 8 (80) 05 x 10^{23} Kg.

1.788 850 8 (51) 47 x 10^{24} Kg.

3.199 987   (36) 88   x 10^{24} Kg.

1.023 991 9 (16) 04 x 10^{25} Kg.

1.048 559 4 (44) 11 x 10^{25} Kg.

1.099 476 9 (07) 83 x 10^{25} Kg.

1.208 849 4 (70) 85 x 10^{25} Kg.

1.461 317 0 (43) 17 x 10^{25} Kg.

2.135 447 5 (00) 65 x 10^{25} Kg.

4.560 136 0 (27) 81 x 10^{25} Kg.

2.079 484   (05)   x 10^{25} Kg.

4.324 253 9 (52) 46 x 10^{25} Kg.

1.869 917 2 (24) 53 x 10^{26} Kg.

3.496 590 4 (26) 59 x 10^{26} Kg.

1.222 614 4 (61) 13 x 10^{27} Kg.

1.494 786 1 (20) 56 x 10^{27} Kg.

2.234 385 5 (46) 21 x 10^{27} Kg.

4.992 478 7 (69) 11 x 10^{27} Kg.

2.492 484 4 (26)   x 10^{28} Kg.

6.212 478 6 (13) 85 x 10^{28} Kg.

3.859 489 0 (52) 75 x 10^{29} Kg.

1.489 565 5 (74) 82 x 10^{30} Kg.

2.218 805 6 (01) 68 x 10^{30} Kg.

4.923 098 2 (98) 04 x 10^{30} Kg.

2.423 689 6 (85) 21 x 10^{31} Kg.

La masa del Sol de la masa del protón.

La masa del Sol es 1.991 x 10^{30}Kg^2

Haga uso de las cifras siguientes:

2.218 805x 10^{30}Kg^2

3.859 489 x 10^{29}Kg^2

6.212 478 x 10^{28}Kg^2

2.492 484 x 10^{28}Kg^2

2.234 385 x 10^{27}Kg^2

4.992 478 x 10^{27}Kg^2

1.494 786 x 10^{27}Kg^2

Solución del problema:

$2.218\ 805\ \times\ 10^{30}\text{Kg}^2$

$-\ 0.385\ 948\ \times\ 10^{30}\text{Kg}^2$

$1.832\ 856\ \times\ 10^{30}\text{Kg}^2$

$+\ 0.062\ 124\ \times\ 10^{30}\text{Kg}^2$

$1.894\ 981\ \times\ 10^{30}\text{Kg}^2$

$+\ 0.002\ 234\ \times\ 10^{30}\text{Kg}^2$

$1.897\ 215\ \times\ 10^{30}\text{Kg}^2$

$+\ 0.001\ 494\ \times\ 10^{30}\text{Kg}^2$

$1.898\ 710\ \times\ 10^{30}\text{Kg}^2$

Redondear:

$1.898\ 710\ \times\ 10^{30}\text{Kg}^2$

$=1.987\ \ \ 10\ \times\ 10^{30}\text{Kg}^2$

$=1.991\ \ \ \ 0\ \times\ 10^{30}\text{Kg}^2$

Ésta es la masa del Sol proveniente de la masa abreviada del protón, la cual es: $1.672\ \ 62\ \times\ 10^{-27}\text{Kg}$

Mercurio

La masa de Mercurio es $3.18\ \times\ 10^{23}\text{Kg}$.

Para encontrar la masa del Mercurio de la masa del protón, se tienen que utilizar las cifras siguientes:

$4.229\ 480\ 8\ (80)\ 05\ \times\ 10^{23}\ \text{kg}^2$

$4.534\ 942\ 3\ (08)\ 20\ \times\ 10^{22}\ \text{kg}^2$

$2.129\ 540\ 3\ (98)\ 35\ \times\ 10^{22}\ \text{kg}^2$

$1.459\ 294\ 4\ (86)\ 51\ \times\ 10^{22}\ \text{kg}^2$

$3.820\ 071\ 3\ (16)\ 76\ \times\ 10^{21}\ \text{kg}^2$

$6.180\ 672\ 5\ (49)\ 78\ \times\ 10^{20}\ \text{kg}^2$

Solución:

$$4.229\ 480 \times 10^{23}\ \text{kg}^2$$
$$\underline{-0.453\ 494 \times 10^{23}\ \text{kg}^2}$$
$$3.775\ 986 \times 10^{23}\ \text{kg}^2$$
$$\underline{-0.212\ 954 \times 10^{23}\ \text{kg}^2}$$
$$3.563\ 032 \times 10^{23}\ \text{kg}^2$$
$$\underline{-0.145\ 929 \times 10^{23}\ \text{kg}^2}$$
$$3.417\ 103 \times 10^{23}\ \text{kg}^2$$
$$\underline{-0.038\ 200 \times 10^{23}\ \text{kg}^2}$$
$$3.378\ 903 \times 10^{23}\ \text{kg}^2$$
$$\underline{-0.006\ 180 \times 10^{23}\ \text{kg}^2}$$
$$3.372\ 223 \times 10^{23}\ \text{kg}^2$$

Lo dicho anteriormente quiere decir que la cifra que mas se aproxima a la masa de Mercurio posee un digito por encima de su potencia. Es decir, que en lugar de ser $3.18 \times 10^{23}\text{Kg}^2$ la masa que se obtiene es $3.19\ 865 \times 10^{24}\text{Kg}^2$ o, simplemente $3.19 \times 10^{24}\text{Kg}^2$. Esta cifra se consigue por medio de la resta a la cifra principal de las masas que terminan en el exponente 10^{22}. Esas cifras son las siguientes:

$$3.199\ 865 \times 10^{24}\text{Kg}^2$$
$$4.534\ 942 \times 10^{22}\text{Kg}^2$$
$$2.129\ 540 \times 10^{22}\text{Kg}^2$$
$$1.459\ 294 \times 10^{22}\text{Kg}^2$$

Solución:
$$3.199\ 865 \times 10^{24}\text{Kg}^2$$
$$\underline{-\ 0.004\ 534 \times 10^{24}\text{Kg}^2}$$
$$3.195\ 331 \times 10^{24}\text{Kg}^2$$
$$\underline{-\ 0.002\ 129 \times 10^{24}\text{Kg}^2}$$
$$3.193\ 202 \times 10^{24}\text{Kg}^2$$
$$\underline{-\ 0.001\ 459 \times 10^{24}\text{Kg}^2}$$
$$3.191\ 743 \times 10^{24}\text{Kg}^2$$

El resultado anterior es el que mas se aproxima a la masa de Mercurio: 3.18 x 10^{23}Kg

Venus: la masa de Venus es 4.88 x 10^{24}Kg^2.

La masa más aproximada a la de Venus es 4.988 837 x 10^{24}Kg^2. Se consigue con sólo sumar dos cifras cuyas potencias terminan en 10^{24}. Estas cifras son las siguientes, las cuales dan el resultado de la masa de Venus:

$$\begin{array}{r} 1.788\ 850\ \text{x}\ 10^{24}\text{Kg}^2 \\ +\ 3.199\ 987\ \text{x}\ 10^{24}\text{Kg}^2 \\ \hline 4.988\ 837\ \text{x}\ 10^{24}\text{Kg}^2 \\ -\ 0.003\ 820\text{x}\ 10^{24}\text{Kg}^2 \\ \hline 4.985\ 017\ \text{x}\ 10^{24}\text{Kg}^2 \end{array}$$

Entre la cifra anterior y la masa de Venus existe una diferencia mínima, la cual es como sigue: (4.98 x 10^{24}Kg^2 - 4.88 x 10^{24}Kg^2) = 0.10 Kg^2 la cual no es una gran diferencia.

La Tierra: la masa de la Tierra es igual a 5.98 x 10^{24}Kg^2.

Las cifras utilizadas fueron las siguientes:

$$4.988\ 837\ \text{x}\ 10^{24}\text{Kg}^2$$
$$1.023\ 991\ \text{x}\ 10^{24}\text{Kg}^2$$
$$4.534\ 942\ \text{x}\ 10^{22}\text{Kg}^2$$
$$1.459\ 294\ \text{x}\ 10^{22}\text{Kg}^2$$

Solución:

$$\begin{array}{r} 3.199\ 987\ \text{x}\ 10^{24}\ \text{kg}^2 \\ +1.788\ 850\ \text{x}\ 10^{24}\ \text{kg}^2 \\ \hline 4.988\ 837\ \text{x}\ 10^{24}\ \text{kg}^2 \end{array}$$

Redondear:

$$4.988\ 837\ \text{x}\ 10^{24}\ \text{kg}^2$$
$$= 5.9837\ \text{x}\ 10^{24}\ \text{kg}^2$$

El resultado anterior se corresponde con la masa de la Tierra.

Marte: la masa de Marte es 6.42 x 10^{23}Kg^2.

Las cifras que al ser sumadas se aproximan a la masa de Marte son las siguientes:

4.229 480 x 10^{23}Kg^2.

2.056 570 x 10^{23}Kg^2.

1.459 294 x 10^{22}Kg^2.

7.861 725 x 10^{19}Kg^2.

Solución:

$$4.229\ 480\ \text{x}\ 10^{23}\text{Kg}^2.$$
$$\underline{+\ 2.056\ 570\ \text{x}\ 10^{23}\text{Kg}^2.}$$
$$6.286\ 050\ \text{x}\ 10^{23}\text{Kg}^2.$$
$$\underline{+\ 0.145\ 929\ \text{x}\ 10^{23}\text{Kg}^2.}$$
$$6.431\ 979\ \text{x}\ 10^{23}\text{Kg}^2.$$
$$\underline{-\ 0.007\ 861\ \text{x}\ 10^{23}\text{Kg}^2.}$$
$$6.424\ 118\ \text{x}\ 10^{23}\text{Kg}^2.$$

La cifra anterior equivale a la masa de Marte.

Júpiter: la masa de Júpiter es 1.90 x 10^{27}Kg. Las cifras que deben utilizarse para encontrar la masa de este planeta son las siguientes:

4.560 136 x 10^{24} Kg^2

1.494 786 x 10^{27} Kg^2

3.496 590 x 10^{26} Kg^2

2.079 484 x 10^{25} Kg^2

4.324 253 x 10^{25} Kg^2

2.135 447 x 10^{24} Kg^2

Solución:

$$1.494\ 786\ \text{x}\ 10^{27}\text{Kg}^2$$
$$\underline{+\ 0.349\ 659\ \text{x}\ 10^{27}\text{Kg}^2}$$
$$1.844\ 445\ \text{x}\ 10^{27}\text{Kg}^2$$
$$\underline{+\ 0.043\ 242\ \text{x}\ 10^{27}\text{Kg}^2}$$
$$1.887\ 687\ \text{x}\ 10^{27}\text{Kg}^2$$
$$\underline{+\ 0.020\ 7948\ \text{x}\ 10^{27}\text{Kg}^2}$$
$$1.908\ 4818\ \text{x}\ 10^{27}\text{Kg}^2$$
$$\underline{-\ 0.004\ 5601\ \text{x}\ 10^{27}\text{Kg}^2}$$
$$1.903\ 9217\text{x}\ 10^{27}\text{Kg}^2$$
$$\underline{-\ 0.002\ 1354\ \text{x}\ 10^{27}\text{Kg}^2}$$
$$1.901\ 7863\ \text{x}\ 10^{27}\text{Kg}^2$$

Cualquiera de los últimos resultados podría representar la masa de Júpiter

<u>Saturno</u>: la masa de Saturno es 5.68 x 10^{26} Kg. Las cifras para hallar la masa de este planeta son las siguientes:

$$3.496\ 590\ \text{x}\ 10^{26}\text{Kg}^2$$
$$1.869\ 917\ \text{x}\ 10^{26}\text{Kg}^2$$
$$4.324\ 253\ \text{x}\ 10^{25}\text{Kg}^2$$
$$4.560\ 136\ \text{x}\ 10^{24}\text{Kg}^{-2}$$
$$2.135\ 447\ \text{x}\ 10^{24}\text{Kg}^{-2}$$
$$1.461\ 317\ \text{x}\ 10^{24}\text{Kg}^{-2}$$
$$1.208\ 849\text{x}\ 10^{24}\text{Kg}^{-2}$$
$$1.099\ 476\ \text{x}\ 10^{24}\text{Kg}^{-2}$$
$$1.048\ 559\text{x}\ 10^{24}\text{Kg}^{-2}$$

Solución con cifras semicompletas:

$$3.496\ 590\ \text{x}\ 10^{26}\text{Kg}^2$$
$$\underline{+\ 1.869\ 917\ \text{x}\ 10^{26}\text{Kg}^2}$$
$$5.366\ 507\ \text{x}\ 10^{26}\text{Kg}^2$$
$$\underline{+\ 0.432\ 4253\ \text{x}\ 10^{26}\text{Kg}^2}$$
$$5.798\ 9323\ \text{x}\ 10^{26}\text{Kg}^2$$
$$\underline{-\ 0.045\ 6013\ \text{x}\ 10^{26}\text{Kg}^2}$$
$$5.753\ 3310\ \text{x}\ 10^{26}\text{Kg}^2$$
$$\underline{-\ 0.021\ 3544\ \text{x}\ 10^{26}\text{Kg}^2}$$
$$5.731\ 9766\ \text{x}\ 10^{26}\text{Kg}^2$$
$$0.014\ 6131\ \text{x}\ 10^{26}\text{Kg}^2$$
$$5.717\ 3635\ \text{x}\ 10^{26}\text{Kg}^2$$
$$\underline{-\ 0.012\ 0884\ \text{x}\ 10^{26}\text{Kg}^2}$$
$$5.705\ 2851\ \text{x}\ 10^{26}\text{Kg}^2$$
$$\underline{-\ 0.010\ 9947\ \text{x}\ 10^{26}\text{Kg}^2}$$
$$5.694\ 2904\ \text{x}\ 10^{26}\text{Kg}^2$$
$$\underline{-\ 0.010\ 4855\ \text{x}\ 10^{26}\text{Kg}^2}$$
$$5.683\ 8049\ \text{x}\ 10^{26}\text{Kg}^2$$

La respuesta anterior es la masa de Saturno.

Urano: la masa de Urano es $8.68 \text{ x } 10^{25}\text{Kg}$.

Para hallar la masa de Urano hay que hacer una adecuación de cifras y luego redondear el resultado. Las cifras son las siguientes:

$$4.324\ 253\ \text{x}\ 10^{25}\ \text{Kg2}$$
$$2.079\ 484\ \text{x}\ 10^{25}\ \text{Kg2}$$
$$1.788\ 850\ \text{x}\ 10^{24}\ \text{Kg}^2$$
$$3.199\ 987\ \text{x}\ 10^{24}\ \text{Kg}^2$$
$$1.023\ 991\text{x}\ 10^{24}\ \text{Kg}^2 \qquad 10^{25}\ \text{Kg}$$

1.048 559x 10^{24} Kg^2 17.526 612 x 10^{24} Kg^2

1.099 476x 10^{24} Kg^2=   1.7526 612 x 10^{25} Kg^2

1.208 849x 10^{24} Kg^2

1.461 317x 10^{24} Kg^2

2.135 447x 10^{24} Kg^2

4.560 136 x 10^{24} Kg^2

4.229 480x 10^{23} Kg^2

(0.4229 480x 10^{24} Kg^2)

2.056 570   x 10^{23} Kg^2

(0.2056 570   x 10^{24} Kg^2)

<u>Solución para Urano: 8.68 x 10^{25} Kg.</u>

4.324 253 x 10^{25} Kg^2

2.079 484 x 10^{25} Kg^2

6.403 737 x 10^{25} Kg^2

0.4560 136 x 10^{25} Kg^2

6.8590 873 x 10^{25} Kg^2

0.2135 447 x 10^{25} Kg^2

6.8726 320 x 10^{25} Kg^2

0.1461 317 x 10^{25} Kg^2

7.0187 637 x 10^{25} Kg^2

0.1208 849 x 10^{25} Kg^2

7.1396 486 x 10^{25} Kg^2

0.1099 476 x 10^{25} Kg^2

8.2495 962 x 10^{25} Kg^2

0.1048 559 x 10^{25} Kg^2

8.3544 521 x 10^{25} Kg^2

0.1023 991 x 10^{25} Kg^2

8.4568 512 x 10^{25} Kg^2

0.1788 850 x 10^{25} Kg^2

$8.6357\ 362\ \ x\ \ 10^{25}\ Kg^2$

$\underline{0.04229\ 480\ \ x\ \ 10^{25}\ Kg^2}$

$8.67799\ 842\ \ x\ \ 10^{25}\ Kg^2$

$$= 8.68\ x\ 10^{25} Kg^2$$

Redondear aquí: $8.6779\ \ 9842\ \ x\ 10^{25} Kg^2$

$=\ \ 8.678\ \ 9842$

$=\ \ 8.679\ \ 842$

$=\ \ 8.68\ \ 842\ \ x\ 10^{25}\ kg^2$

Neptuno: la masa de Neptuno es $1.03\ \ x\ \ 10^{26} Kg^2$

Para hallar la masa de Neptuno se tienen que usar las potencias 10^{27}, 10^{26} y 10^{24}. Las cifras que deben utilizarse son las siguientes:

$1.869\ 917\ 2\ (24)\ 53\ x\ 10^{26}\ kg^2$

$4.324\ 253\ 9\ (52)\ 46\ x\ 10^{25}\ kg^2$

$2.079\ 484\ (05)\ x\ 10^{25}\ kg^2$

$1.461\ 317\ 0\ (43)\ 17\ x\ 10^{25} kg^2$

$3.199\ 987\ (36)\ 88\ x\ 10^{24}\ kg^2$

Solución:

$1.869\ 917\ x\ 10^{26}\ kg^2$

$\underline{-0.432\ 425\ x\ 10^{26}\ kg^2}$

$1.437\ 492\ x\ 10^{26}\ kg^2$

$\underline{-0.207\ 948\ x\ 10^{26}\ kg^2}$

$1.229\ 546\ x\ 10^{26}\ kg^2$

$\underline{-0.146\ 131\ x\ 10^{26}\ kg^2}$

$1.063\ 415\ x\ 10^{26}\ kg^2$

$\underline{-0.031\ 999\ x\ 10^{26}\ kg^2}$

$1.032\ 416\ x\ 10^{26}\ kg^2$

Esta cifra representa la masa de Neptuno.

Plutón: la masa de Plutón es $1.4 \times 10^{22} \text{kg}^2$

Para hallar la masa de Plutón se tienen que usar las potencias 10^{19}, 10^{20}, 10^{21} y 10^{22}. Las cifras que deben utilizarse son las siguientes:

$$1.459\ 294\ 4\ (86)\ 51 \times 10^{22} \text{Kg}^2$$
$$7.068\ 725\ 3\ (51)\ 21 \times 10^{19} \text{Kg}^2$$

Solución:

$$1.459\ 294\ 4\ (86)\ 51 \times 10^{22} \text{Kg}^2$$
$$\underline{-0.007\ 068\ 7\ (25)\ 35 \times 10^{19} \text{Kg}^2}$$
$$1.452\ 226 \times 10^{22} \text{Kg}^2$$

Esta cifra representa la masa de Plutón.

La Luna: la masa de la Luna es $7.36 \times 10^{22} kg^2$

Para hallar la masa de la Luna se tienen que usar las cifras 10^{19}, 10^{20}, 10^{21} y 10^{22}. Las cifras que deben utilizarse son las siguientes:

$4.534\ 942\ 3\ (08)\ 20 \times 10^{22} Kg^2$

$2.129\ 540\ 3\ (98)\ 35 \times 10^{22} Kg^2$

$1.459\ 294\ 4\ (86)\ 51 \times 10^{22} Kg^2$

$3.820\ 071\ 3\ (16)\ 76 \times 10^{21} Kg^2$

Solución:

Esta cifra representa la masa de la Luna.

EL NEUTRÓN

Un estudio no muy profundo de la estructura del átomo enseña que esta "unidad básica" que constituye la materia está formada, además del protón y el electrón, de otra partícula llamada neutrón, la cual carece de carga eléctrica pero no de masa. La masa en kilogramo del neutrón es igual a $1.674\ 93 \times 10^{-27}$Kg, un tanto mayor que la masa en la misma unidad (kilogramo) del protón. Como la masa del protón es $1.672\ 62 \times 10^{-27}$Kg, la diferencia de masa de estas dos partículas es de apenas $(1.674\ 93 \times 10^{-27}$Kg $- 1.672\ 62 \times 10^{-27}Kg)\ 0.297\ 69 \times 10^{-27}$Kg. como es de suponerse, entre el protón y el neutrón existen otras diferencias de "masas". Ambas partículas poseen diferentes masas atómicas.

Los múltiplos de la masa del neutrón son las siguientes. Ya que una masa es aproximadamente igual a $1.674\ 93 \times 10^{-27}$Kg, los múltiplos de esta masa se obtienen por medio de la aplicación de la formula M neut. $= a^2 \times 10^{-m \times 2 - (-m) + n}$ que es la misma formula que se utiliza para calcular los múltiplos de las masa del protón y del electrón, entre otras partículas atómicas y subatómicas que pueden o no formar parte de los átomos. La formula m neutrón $= a^2 \times 10^{-27 \times 2 + m + n}$ viene de m neutrón $= (a \times 10^{-m})^{2 + m + n}$, donde, como ya se sabe, *-m* representa el exponente negativo, *-m x 2*, el exponente multiplicado por 2, *± m*, el mismo valor del exponente *–m*, y *n*, un numero que va de 0, 1, 2,3… hasta el infinito (∞). Los cálculos para hallar los múltiplos de la masa del neutrón son los siguientes:

$1.674\ 93 \times 10^{-27}$Kg^{-2}

$2.805\ 3 \times 10^{-27}$Kg

$7.869\ 7 \times 10^{-27}$Kg

$6.193\ 21 \times 10^{-26}$Kg

$3.835\ 585\ 0 \times 10^{-25}$Kg

$1.471\ 171\ 2\ (29)\ 22 \times 10^{-24}$Kg

$2.164\ 344\ 7\ (85)\ 68 \times 10^{-24}$Kg

$4.684\ 388\ 35 \times 10^{-24}$Kg

$2.194\ 349\ 4\ (21)\ 36 \times 10^{-23}$Kg

$4.815\ 169\ 3\ (83)\ 02 \times 10^{-23}$Kg

$2.318\ 585\ 6\ (18)\ 71 \times 10^{-22}$Kg

$5.375\ 839 \times 10^{-22}$Kg

$2.889\ 964\ 4\ (95) \times 10^{-21}$Kg

$8.351\ 894\ 7\ (82)\ 36 \times 10^{-21}$Kg

$6.975\ 414\ 6\ (45)\ 56 \times 10^{-20}$Kg

$4.865\ 640\ 9\ (47)\ 74 \times 10^{-19}$Kg

2.367 446 1 (83) 23 x 10^{-18}Kg

5.604 801 4 (30) 49 x 10^{-18}Kg

3.141 379 9 (07) 42 x 10^{-17}Kg

9.868 267 7 (22) 74 x 10^{-17}Kg

9.738 270 7 (84) 76 x 10^{-16}Kg

9.483 391 7 (87) 73 x 10^{-15}Kg

8.993 471 9 (79) 95 x 10^{-14}Kg

8.088 253 8 (25) 41 x 10^{-13}Kg

6.541 984 9 (94) 42 x 10^{-12}Kg

4.279 756 7 (66) 72 x 10^{-11}Kg

1.831 631 7 (98) 22 x 10^{-10}Kg

3.354 875 0 (44) 25 x 10^{-10}Kg

1.125 518 6 (56) 25 x 10^{-9}Kg

1.266 792 2 (45) 56 x 10^{-9}Kg

1.604 762 5 (93) 41 x 10^{-9}Kg

2.575 262 (98) 12 x 10^{-9}Kg

6.631 979 4 (22) 33 x 10^{-9}Kg

4.398 315 1 (05) 82 x 10^{-8}Kg

1.934 517 5 (77) x 10^{-7}Kg

3.742 358 2 (55) 72 x 10^{-7}Kg

1.400 524 5 (31) 41 x 10^{-6}Kg

1.961 468 9 (63) 08 x 10^{-6}Kg

3.847 360 4 (93) 12 x 10^{-6}Kg

1.480 218 (27) 64 x 10^{-5}Kg

2.191 046 1 (45) 78 x 10^{-5}Kg

4.800 683 2 (12) 93 x 10^{-5}Kg

2.304 655 9 (31) 09 x 10^{-4}Kg

5.311 438 (96) 07 x 10^{-4}Kg

2.821 138 3 (83) 32 x 10^{-3}Kg

7.958 821 7 (77) 84 x 10^{-3}Kg

6.334 284 4 (09) 14 x 10^{-2}Kg

4.012 315 8 (97) 58 x 10^{-1}Kg

1.609 869 8 (86) 19 x 10^{1}Kg

2.591 674 6 (10) 98 x 10^{1}Kg

6.716 777 2 (89) 19 x 10^{1}Kg

4.511 509 7 (15) 25 x 10^{2}Kg

2.035 371 9 (91) 07 x 10^{3}Kg

4.142 739 1 (42) 03 x 10^{3}Kg

1.716 228 7 (59) 89 x 10^{4}Kg

2.945 441 1 (56) 27 x 10^{4}Kg

8.675 623 6 (05) 04 x 10^{4}Kg

7.526 644 4 (93) 63 x 10^{5}Kg

5.665 037 7 (33) 34 x 10^{6}Kg

3.209 265 2 (52) 01 x 10^{7}Kg

1.029 938 3 (45) 77 x 10^{8}Kg

1.060 772 9 (96) 08 x 10^{8}Kg

1.125 239 3 (49) 21 x 10^{8}Kg

1.266 163 5 (92) 98 x 10^{8}Kg

1.603 170 2 (44) 18 x 10^{8}Kg

2.570 154 8 (31) 82 x 10^{8}Kg

6.605 695 8 (59) 52 x 10^{8}Kg

4.363 521 7 (78) 84 x 10^{9}Kg

1.904 322 (31) 44 x 10^{10}Kg

3.625 338 7 (38) 36 x 10^{10}Kg

1.314 308 0 (96) 78 x 10^{11}Kg

1.727 405 7 (73) 26 x 10^{11}Kg

2.983 930 7 (05) 49 x 10^{11}Kg

8.903 842 4 (55) 16 x 10^{11}Kg

7.927 841 0 (46) 63 x 10^{12}Kg

6.285 066 3 (66) 06 x 10^{13}Kg

3.950 205 9 (22) 57 x 10^{14}Kg

1.560 412 6 (83) 07 x 10^{15}Kg

2.434 887 7 (41) 48 x 10^{15}Kg   1.368 014 4 (67) 01 x 10^{23}Kg

5.928 678 3 (13) 60 x 10^{15}Kg   1.871 463 5 (81) 94 x 10^{23}Kg

3.514 922 6 (54) 61 x 10^{16}Kg   3.502 375 9 (38) 52 x 10^{23}Kg

1.235 468 1 (26) 78 x 10^{17}Kg   1.226 663 7 (21) 47 x 10^{24}Kg

1.526 381 4 (92) 28 x 10^{17}Kg   1.504 703 8 (85) 57 x 10^{24}Kg

2.329 840 4 (59) 97 x 10^{17}Kg   2.264 133 7 (83) 24 x 10^{24}Kg

5.428 156 5 (68) 91 x 10^{17}Kg   5.126 301 1 (78) 84 x 10^{24}Kg

2.946 488 3 (73) 66 x 10^{18}Kg   2.627 897 0 (02) 57 x 10^{25}Kg

8.681 793 7 (36) 11 x 10^{18}Kg   6.905 842 6 (56) 11 x 10^{25}Kg

7.537 354 2 (479 63 x 10^{19}Kg   4.769 066 2 (79) 09 x 10^{26}Kg

5.681 170 9 (05) 42 x 10^{20}Kg   2.274 399 3 (17) 43 x 10^{27}Kg

3.227 570 2 (85) 65 x 10^{21}Kg   5.172 892 2 (55) 12 x 10^{27}Kg

1.041 720 9 (94) 88 x 10^{22}Kg   2.675 881   (42) 83 x 10^{28}Kg

1.085 182 6 (31) 17 x 10^{22}Kg   7.160 341 4 (18) 32 x 10^{28}Kg

1.177 621 3 (42) 99 x 10^{22}Kg   5.127 048 9 (22) 69 x 10^{29}Kg

1.386 792 0 (27) 46 x 10^{22}Kg   2.628 663 0 (65) 56 x 10^{30}Kg

1.923 192 1 (27) 42 x 10^{22}Kg   6.909 869 5 (12) 23 x 10^{30}Kg

3.698 667 9 (58) 97 x 10^{22}Kg

El Sol: la masa del Sol es 1.991 x 10^{30}Kg. Encuentre la masa del Sol con los múltiplos de la masa del Neutrón. Utilice las siguientes cifras:

2.628 663 x 10^{30}Kg

5.127 048 x 10^{29}Kg

7.160 341 x 10^{28}Kg

2.675 881 x 10^{28}Kg

5.172 892 x 10^{27}Kg

2.274 399 x 10^{27}Kg

4.769 066 x 10^{26}Kg

6.905 842 x 10^{25}Kg

Solución: 2.628   663 x 10^{30}Kg

-   0.512   704 x 10^{30}Kg

2.115   959 x 10^{30}Kg

-   0.071   603 x 10^{30}Kg

2.044   356 x 10^{30}Kg

-   0.02675   881 x 10^{30}Kg

2.0175   679 x 10^{30}Kg

-   0.0051   728 x 10^{30}Kg

2.0123   951 x 10^{30}Kg

-   0.0022   743 x 10^{30}Kg

_____

2.0101   208 x 10^{30}Kg

-   0.0004   769 x 10^{30}Kg

2.0096   439 x 10^{30}Kg

-   0.0006   905 x 10^{30}Kg

2.0089   534 x 10^{30}Kg

Masa del Sol   - 1.991

0.017 (La masa del Sol salió en los cálculos mayor en 0.017 que la masa real del Sol que es 1.991 x 10^{30}Kg^2).

Mercurio: Encuentre la masa de Mercurio (3.18 x 10^{23}Kg) del múltiplo de la masa del neutrón. Utilice las siguientes cifras:

3.502 375 x 10^{23}Kg

3.698 667 x 10^{22}Kg

1.923 192 x 10^{22}Kg

1.386 792 x 10^{22}Kg

1.177 621 x 10^{22}Kg

3.227 570 x 10^{21}Kg

Solución:

$3.502\ 375 \times 10^{23} \text{Kg}$

$-\quad \underline{0.369\ 866 \times 10^{23} \text{Kg}}$

$3.132\ 509 \times 10^{23} \text{Kg}$

$+\quad \underline{0.019\ 231 \times 10^{23} \text{Kg}}$

$3.151\ 740 \times 10^{23} \text{Kg}$

$+\quad \underline{0.013\ 867 \times 10^{23} \text{Kg}}$

$3.165\ 607 \times 10^{23} \text{Kg}$

$+\quad \underline{0.011\ 776 \times 10^{23} \text{Kg}}$

$3.177\ 383 \times 10^{23} \text{Kg}$

$+\quad \underline{0.003\ 227 \times 10^{23} \text{Kg}}$

$3.180\ 610 \times 10^{23} \text{Kg}$

Venus: Encuentre la masa de Venus (4.88×10^{24}Kg) de los múltiplos de la masa del neutrón. Utilice las cifras siguientes:

$5.126\ 301 \times 10^{24} \text{Kg}$

$3.502\ 375 \times 10^{23} \text{Kg}$

$1.871\ 146 \times 10^{23} \text{Kg}$

$1.368\ 014 \times 10^{23} \text{Kg}$

$3.698\ 667 \times 10^{22} \text{Kg}$

$1.923\ 192 \times 10^{22} \text{Kg}$

Solución:

$5.126\ 301 \times 10^{24} \text{Kg}$

$-\quad \underline{0.350\ 237 \times 10^{24} \text{Kg}}$

$4.776\ 064 \times 10^{24} \text{Kg}$

$+\quad \underline{0.187\ 146 \times 10^{24} \text{Kg}}$

$4.826\ 409 \times 10^{24} \text{Kg}$

$+\quad \underline{0.036\ 986 \times 10^{24} \text{Kg}}$

$4.863\ 395 \times 10^{24} \text{Kg}$

$+\quad \underline{0.019\ 231 \times 10^{24} \text{Kg}}$

$4.882\ 626 \times 10^{24} \text{Kg}$

Júpiter: Encuentre la masa de Júpiter (1.90 x 10^{27}Kg) con los múltiplos de la masa del neutrón. Utilice las siguientes cifras:

$$2.274 \ 399 \ x \ 10^{27}Kg$$
$$4.769 \ 066 \ x \ 10^{26}Kg$$
$$6.905 \ 842 \ x \ 10^{25}Kg$$

Solución: $2.274 \ 399 \ x \ 10^{27}Kg$

‒ $\underline{0.476 \ 906 \ x \ 10^{27}Kg}$

$1.897 \ 493 \ x \ 10^{27}Kg^2$ (se redondea el 8 a 9 que es el numero que le sigue)

= $1.97 \ 493 \ x \ 10^{27}Kg^2$* (el 8 se redondea con el 9 que le sigue a la cifra

‒ $\underline{0.06 \ 905 \ x \ 10^{27}Kg}$ anterior)

$1.90 \ 588 \ x \ 10^{27}Kg$

Este total es la masa de Júpiter.

Saturno: Busque la masa de Saturno (5.68 x 10^{26}Kg) con los múltiplos de la masa del neutrón que siguen a continuación:

$$4.769 \ 066 \ x \ 10^{26}Kg$$
$$6.905 \ 842 \ x \ 10^{25}Kg$$
$$2.627 \ 897 \ x \ 10^{25}Kg$$
$$5.126 \ 301 \ x \ 10^{24}Kg$$
$$1.226 \ 663 \ x \ 10^{24}Kg$$
$$5.126 \ 301 \ x \ 10^{24}Kg$$
$$1.504 \ 703 \ x \ 10^{24}Kg$$
$$3.502 \ 375 \ x \ 10^{23}Kg$$

Solución: $4.769\ 066\ \times\ 10^{26}\text{Kg}$

+ $\underline{0.690\ 584\ \times\ 10^{26}\text{Kg}}$

$5.459\ 650\ \times\ 10^{26}\text{Kg}$

+ $\underline{0.262\ 789\ \times\ 10^{26}\text{Kg}}$

$5.722\ 439\ \times\ 10^{26}\text{Kg}$

− $\underline{0.051\ 263\ \times\ 10^{26}\text{Kg}}$

$5.671\ 176\ \times\ 10^{26}\text{Kg}$

+ $\underline{0.012\ 266\ \times\ 10^{26}\text{Kg}}$

$5.683\ 443\ \times\ 10^{26}\text{Kg}$

Urano: Halle la masa de este planeta ($8.68\ \times\ 10^{25}\text{Kg}$) haciendo uso de los múltiplos de la masa del neutrón que se ofrecen a continuación:

$6.905\ 842\ \times\ 10^{25}\text{Kg}$

$2.627\ 897\ \times\ 10^{25}\text{Kg}$

$5.126\ 301\ \times\ 10^{24}\text{Kg}$

$2.264\ 133\ \times\ 10^{24}\text{Kg}$

$3.502\ 375\ \times\ 10^{23}\text{Kg}$

Solución: $6.905\ 842\ \times\ 10^{25}\text{Kg}$

+ $\underline{2.627\ 897\ \times\ 10^{25}\text{Kg}}$

$9.533\ 739\ \times\ 10^{25}\text{Kg}$

− $\underline{0.512\ 630\ \times\ 10^{25}\text{Kg}}$

$9.021\ 109\ \times\ 10^{25}\text{Kg}$

− $\underline{0.226\ 413\ \times\ 10^{25}\text{Kg}}$

$8.795\ 796\ \times\ 10^{25}\text{Kg}$

− $\underline{0.150\ 470\ \times\ 10^{25}\text{Kg}}$

$8.645\ 326\ \times\ 10^{25}\text{Kg}$

+ $\underline{0.035\ 023\ \times\ 10^{25}\text{Kg}}$

$8.680\ 349\ \times\ 10^{25}\text{Kg}$

El total anterior es la masa de Urano.

Neptuno: Encuentre la masa de este planeta, Neptuno (1.03×10^{26}Kg), con los múltiplos de la masa del neutrón que se dan a continuación:

$9.533\ 739 \times 10^{25}$Kg

$5.126\ 301 \times 10^{24}$Kg

$2.264\ 133 \times 10^{23}$Kg

$3.502\ 37 \times 10^{23}$Kg

$1.871\ 463 \times 10^{23}$Kg

Solución No. 1:

$\qquad\qquad 9.533\ 739 \times 10^{25}$Kg

$\quad + \quad \underline{0.512\ 630 \times 10^{25}}$Kg

$\qquad\qquad 10.046\ 369 \times 10^{25}$Kg

Solución No. 2:

$\qquad\qquad 1.004\ 636 \times 10^{26}$Kg

$\quad + \quad \underline{0.022\ 641 \times 10^{26}}$Kg

$\qquad\qquad 1.026\ 277 \times 10^{26}$Kg $^{\rightarrow}$ se podría redondear y encontrar la masa)

$\quad + \quad \underline{0.003\ 502 \times 10^{26}}$Kg

$\qquad\qquad 1.029\ 780 \times 10^{26}$Kg

$\quad + \quad \underline{0.001\ 871 \times 10^{26}}$Kg

$\qquad\qquad 1.031\ 651 \times 10^{26}$Kg

Plutón: La masa aproximada de Plutón es 1.4×10^{22}Kg. Solo existe una cifra con la cual se puede encontrar la masa de este planeta, la cual es $1.386\ 792 \times 10^{22}$Kg^2. Esta masa se puede redondear de la manera siguiente:

$\qquad\quad 1.386\ 792 \times 10^{22}$Kg

$= \quad 1.386\ 82 \times 10^{22}$Kg

$= \quad 1.387\ 2 \times 10^{22}$Kg

$= \quad 1.392 \times 10^{22}$Kg

$= \quad 1.42 \times 10^{22}$Kg

$= \quad 1.4 \times 10^{22}$Kg

La Luna: La masa de la Luna es 7.36 x 10^{22}Kg. Encuentre la masa de la Luna con las siguientes masas provenientes del neutrón.

$$3.698 \ 667 \ x \ 10^{22}Kg$$

$$1.923 \ 192 \ x \ 10^{22}Kg$$

$$1.386 \ 792 \ x \ 10^{22}Kg$$

$$0.322 \ 757 \ x \ 10^{21}Kg$$

$$7.537 \ 354 \ x \ 10^{19}Kg$$

$$5.429 \ 8 \quad x \ 10^{18}Kg$$

Solución:

$$
\begin{array}{lr}
 & 3.698 \ 667 \ x \ 10^{22}Kg \\
+ & \underline{1.923 \ 192 \ x \ 10^{22}Kg} \\
 & 5.611 \ 759 \ x \ 10^{22}Kg \\
+ & \underline{1.386 \ 792 \ x \ 10^{22}Kg} \\
 & 7.008 \ 651 \ x \ 10^{22}Kg \\
+ & \underline{0.322 \ 757 \ x \ 10^{22}Kg} \\
 & 7.331 \ 408 \ x \ 10^{22}Kg \\
+ & \underline{0.007 \ 537 \ x \ 10^{22}Kg} \\
 & 7.338 \ 945 \ x \ 10^{22}Kg \\
+ & \underline{0.000 \ 054 \ x \ 10^{22}Kg} \\
 & 7.338 \ 999 \ x \ 10^{22}Kg \\
= & 7.349 \ 99 \ \ x \ 10^{22}Kg \\
= & 7.735 \ 9 \ \ \ x \ 10^{22}Kg \\
= & 7.36 \ \ \ \ \ \ \ x \ 10^{22}Kg \\
\end{array}
$$

La cifra anterior representa la masa de la Luna.

¿QUÉ ES EL ELECTRÓN?

E l electrón es una partícula invisible a simple vista que forma parte del átomo de cualquier elemento. Su masa es 9.109 389 7 (54) x 10^{-31} Kg., y su carga eléctrica 1.602 17 33 (49) x 10^{-19}C (la letra C significa Coulombs), en honor a su descubridor, Charles Coulomb (1736-1806), quien era un físico de origen francés.

La palabra electrón, que proviene de la palabra griega *elekctrón,* significa ámbar. Los griegos de la antigüedad, que tenían la propensión natural de hacer raras o extraordinarias observaciones de lo que veían ocurrir en la naturaleza de esta resina que provenía y aun proviene de un árbol, y que al endurecerse se convertía en ese material transparente y amarillento llamado ámbar, hacían experimentos con la piedra frotándola contra un tejido de tela o una porción de piel de animal, y notaban que algo extraño sucedía en el tejido o en la piel cuando éstos se acercaban a objetos más livianos; ambas piezas tenían el poder de atraer dichos objetos livianos.

Esos objetos livianos, como pajas de yerba seca o, polvillos microscópicos de cualquier materia, plumas de aves, tejidos de telas livianas, acaso hojas secas de árbol. Cuenta la historia que el fenómeno fue estudiado por el médico de la reina Isabel Primera de Inglaterra; el científico y médico William Gilbert(1540-1603), quien inventó el término descriptivo *eléctrica,* el cual proviene de la palabra griega antes descrita.

Otros científicos, como Benjamín Franklin, norteamericano, se interesaron por el mismo fenómeno y fue este último (1706-1790) quien investigó el fenómeno de la electricidad y el magnetismo, los cuales están íntimamente relacionados.

El primer experimento consciente con la finalidad de descifrar dicho fenómeno, fue hacer uso no ya del ámbar, sino de otras piezas o materiales sólidos, como una varilla o vara de lacre, que sirve para sellar y/o cerrar las cartas, hecho a base de laca con trementina. La laca es una sustancia que proviene de una resina, al igual que el ámbar de color rojo oscuro (el ámbar es amarillento y transparente), que son formadas en las ramas de unos árboles que tienen su origen el Oriente Medio, con la sudación que producen las picaduras de insectos. La laca sirve para barnizar, dar color y brillo a la madera. También es utilizada en la preparación de pintura. En estos dos últimos casos cabe señalar, que el material del cual se saca dicha resina laca sirve de pegamento.

Pues bien: si este material se frota contra la ropa de lana, o bien un trozo de vidrio hace fricción con un paño de seda, una chispa eléctrica se origina. Esta chispa producida por el frote o calentamiento entre los dos diferentes materiales se provoca cuando se tratan de acercar al material lacrado y la tira o pedazo de cristal. Me explico de nuevo: los dos materiales frotados, uno contra el tejido de seda (la materia lacrada) y el otro con el material hecho de lana (el trozo de cristal o vidrio) hace saltar una chispa cuando se acercan. Pero al mismo tiempo se encontró que una fuerza de atracción tenía lugar entre ellos. Eso quiere decir, que uno de ellos poseía carga eléctrica negativa y la otra carga eléctrica positiva. Como ya se sabe, la carga negativa se representa con el signo de restar (-) y la carga positiva, con el signo de sumar (+). Ahora quisiera citar otro aspecto del experimento descrito. El científico Linus Carl Pauling (1901-1994), Premio Nóbel de ambas distinciones, de Química (1954) y de la Paz (1962), nos los describe así en su celebre libro **Química General** (pág. 40): "Si el objeto de sellar que ha sido cargado eléctricamente al ser frotado con el tejido de lana se suspende de un hilo y el material de cristal se acerca a un extremo de él, este extremo se torcerá hacia el pedazo de cristal. Un electrificado material de sellar es rechazado, sin embargo, por un material de sellar similar, y también un material de cristal electrificado es rechazado por un material de sellar similar".

Las conclusiones a las que se llegó, es que existen dos clases de electricidad, y que una clase de electricidad de cargas opuestas se atraen, y que otra clase de electricidad con cargas iguales se rechazan.

Benjamín Franklin, nacido en Boston en 1706 y fallecido en Filadelfia en 1790, quien también inventó el pararrayos, postuló que cuando se frotaba el tejido de tela contra el cristal "algo" se transfería de la tela al objeto de cristal, y entonces él describió el experimento, o su idea o presunción de que el cristal se cargaba con carga positiva, queriendo decir que había en el objeto de cristal un exceso de corriente eléctrica, que había sido transferida a dicho objeto debida de la frotación, y que el pedazo de seda quedaba con una deficiencia de carga, y por tanto, para él constituía la parte cargada negativamente.

Franklin, fue sincero al dudar de lo que el mismo postulaba según el premio novel de Química, Linus Pauling, ahora se sabe que cuando se frota un objeto de cristal contra un tejido de seda los electrones, se pasan del cristal al tejido, y por esa razón él piensa que Franklin tomó la decisión equivocada. Tampoco queda bien claro cuando el ganador de los premios Nobel termina la última oración de largo párrafo; sólo se limitó a decir que el Señor Franklin hizo la decisión equivocada. Para aclarar este caso que también quiero asumir que el cristal tiene carga negativa, porque parte de sus electrones se transfieren a la tela de seda, y la tela de seda es la parte eléctrica negativa, por que es la que recibe los electrones del pedazo de cristal. En conclusión, el pedazo de cristal viene a representar el electrón en el átomo por ejemplo, de hidrógeno, que sólo contiene un electrón, y el pedazo de tela de seda viene a ser el protón, que es el que recibe el acercamiento del electrón.

El electrón tiene una antipartícula, el positrón (de carga positiva), pero aunque la ciencia registra que ambas partículas poseen idéntica masa nuestros cálculos nos revelan que las masas de las dos partículas existe una leve o casi imperceptible cantidad masa a favor del positrón: $9.109\ 389\ 7\ (54) \times 10^{-31}$ Kg.

La masa del electrón es una constante, la cual es $9.109\ 389\ 7\ (54) \times 10^{-31}$ kg. Esta constante se relaciona con otra constante en Mev del electrón: $0.510\ 999\ 06\ (15)$ Mev $/C^2$. (C^2, quiere decir la velocidad de la luz al cuadrado, la cual es de 3×10^8 m/seg.). Entre estas dos constantes o cantidades existe una relación:

$$(9.109\ 389\ 7\ (54) \times 10^{-31}\ kg^{-2}, \longrightarrow 0.510\ 999\ 06\ (15)\ \text{Mev} /c^2),$$

Cálculos de la masa del electrón para conseguir la masa de los astros del sistema solar.

$8.298\,098\,1(69)\,02 \times 10^{-31}$ kg^{-2}	$7.893\,77 \times 10^{-22}$ kg	$5.476\,29 \times 10^{-11}$ kg
$8.298\,098\,1 \times 10^{-30}$ kg	$6.231\,17 \times 10^{-21}$ kg	$2.998\,97 \times 10^{-10}$ kg
$6.885\,843\,3 \times 10^{-29}$ kg	$3.882\,75 \times 10^{-20}$ kg	$8.993\,85 \times 10^{-10}$ kg
$3.934\,529 \times 10^{-28}$ kg	$1.507\,57 \times 10^{-19}$ kg	$8.088\,94 \times 10^{-9}$ kg
$1.548\,05 \times 10^{-27}$ kg	$2.272\,79 \times 10^{-19}$ kg	$6.543\,10 \times 10^{-8}$ kg
$2.396\,46 \times 10^{-27}$ kg	$5.165\,57 \times 10^{-19}$ kg	$4.281\,21 \times 10^{-7}$ kg
$5.743\,05 \times 10^{-27}$ kg	$2.668\,31 \times 10^{-18}$ kg	$1.832\,88 \times 10^{-6}$ kg
$3.298\,26 \times 10^{-26}$ kg	$7.119\,92 \times 10^{-18}$ kg	$3.359\,46 \times 10^{-6}$ kg
$1.087\,85 \times 10^{-25}$ kg	$5.069\,32 \times 10^{-17}$ kg	$1.128\,60 \times 10^{-5}$ kg
$1.183\,42 \times 10^{-25}$ kg	$2.569\,80 \times 10^{-16}$ kg	$1.273\,73 \times 10^{-5}$ kg
$1.400\,50 \times 10^{-25}$ kg	$6.603\,91 \times 10^{-16}$ kg	$1.622\,41 \times 10^{-5}$ kg
$1.961\,40 \times 10^{-25}$ kg	$4.361\,17 \times 10^{-15}$ kg	$2.632\,22 \times 10^{-5}$ kg
$3.847\,11 \times 10^{-25}$ kg	$1.901\,98 \times 10^{-14}$ kg	$6.928\,60 \times 10^{-5}$ kg
$1.480\,02 \times 10^{-24}$ kg	$3.617\,54 \times 10^{-14}$ kg	$4.800\,56 \times 10^{-4}$ kg
$2.190\,48 \times 10^{-24}$ kg	$1.308\,66 \times 10^{-13}$ kg	$2.304\,53 \times 10^{-3}$ kg
$4.798\,22 \times 10^{-24}$ kg	$1.712\,59 \times 10^{-13}$ kg	$5.310\,90 \times 10^{-3}$ kg
$2.302\,29 \times 10^{-23}$ kg	$2.932\,99 \times 10^{-13}$ kg	$2.820\,56 \times 10^{-2}$ kg
$5.300\,55 \times 10^{-23}$ kg	$8.602\,43 \times 10^{-13}$ kg	$7.955\,60 \times 10^{-2}$ kg
$2.809\,58 \times 10^{-22}$ kg	$7.400\,19 \times 10^{-12}$ kg	$6.329\,16 \times 10^{-1}$ kg

$4.005\,83 \times 10^0$ kg	$1.249\,21 \times 10^8$ kg	$2.612\,61 \times 10^{19}$ kg
$1.604\,66 \times 10^1$ kg	$1.560\,54 \times 10^8$ kg	$6.825\,77 \times 10^{19}$ kg
$2.574\,95 \times 10^1$ kg	$2.435\,29 \times 10^8$ kg	$4.659\,11 \times 10^{20}$ kg
$6.630\,41 \times 10^1$ kg	$5.930\,67 \times 10^8$ kg	$2.170\,73 \times 10^{21}$ kg
$4.396\,24 \times 10^2$ kg	$3.517\,29 \times 10^9$ kg	$4.712\,09 \times 10^{21}$ kg
$1.932\,69 \times 10^3$ kg	$1.237\,13 \times 10^{10}$ kg	$2.220\,37 \times 10^{22}$ kg
$3.735\,31 \times 10^3$ kg	$1.530\,50 \times 10^{10}$ kg	$4.930\,08 \times 10^{22}$ kg
$1.395\,25 \times 10^4$ kg	$2.342\,44 \times 10^{10}$ kg	$2.430\,57 \times 10^{23}$ kg
$1.946\,74 \times 10^4$ kg	$5.487\,06 \times 10^{10}$ kg	$5.907\,68 \times 10^{23}$ kg
$3.789\,79 \times 10^4$ kg	$3.010\,79 \times 10^{11}$ kg	$3.490\,07 \times 10^{24}$ kg
$1.436\,25 \times 10^5$ kg	$9.064\,87 \times 10^{11}$ kg	$1.218\,06 \times 10^{25}$ kg
$2.062\,83 \times 10^5$ kg	$8.217\,19 \times 10^{12}$ kg	$1.483\,68 \times 10^{25}$ kg
$4.255\,29 \times 10^5$ kg	$6.752\,23 \times 10^{13}$ kg	$2.201\,30 \times 10^{25}$ kg
$1.810\,75 \times 10^6$ kg	$4.559\,26 \times 10^{14}$ kg	$4.845\,76 \times 10^{25}$ kg
$3.278\,83 \times 10^6$ kg	$2.078\,69 \times 10^{15}$ kg	$2.348\,14 \times 10^{26}$ kg
$1.075\,07 \times 10^7$ kg	$4.320\,95 \times 10^{15}$ kg	$5.513\,77 \times 10^{26}$ kg
$1.155\,78 \times 10^7$ kg	$1.867\,06 \times 10^{16}$ kg	$3.040\,17 \times 10^{27}$ kg
$1.335\,84 \times 10^7$ kg	$3.485\,94 \times 10^{16}$ kg	$9.242\,65 \times 10^{27}$ kg
$1.784\,47 \times 10^7$ kg	$1.215\,18 \times 10^{17}$ kg	$8.542\,66 \times 10^{28}$ kg
$3.184\,34 \times 10^7$ kg	$1.476\,67 \times 10^{17}$ kg	$7.297\,71 \times 10^{29}$ kg
$1.014\,04 \times 10^8$ kg	$2.180\,55 \times 10^{17}$ kg	$5.329\,67 \times 10^{30}$ kg
$1.028\,20 \times 10^8$ kg	$4.754\,82 \times 10^{17}$ kg	$2.836\,27 \times 10^{31}$ kg
$1.057\,20 \times 10^8$ kg	$2.260\,83 \times 10^{18}$ kg	$8.044\,46 \times 10^{31}$ kg
$1.117\,68 \times 10^8$ kg	$5.111\,37 \times 10^{18}$ kg	

La de calcular uno por uno, se debe a que de esta manera podemos calcular o saber las cifras que sumadas o restadas (en la mayoría de los casos son sumadas) resulten en las masas de los astros del sistema solar.

Según los científicos físicos los electrones son partículas estables y pueden derivar en otros electrones. El símbolo del electrón es (e⁻) con una carga negativa de (-1) y su contraparte o antipartícula (e⁺), de signo positivo. A esta antipartícula del electrón se le conoce con el nombre de positrón. El electrón, como ya antes dijimos, posee una carga de -1 en la unidad "e" y una masa en la unidad Mev igual a 0.511, la forma abreviada de 0.510 999 06 (15) Mev/C².

Las siglas Mev significan Mega electro–Volt. Para que el lector tenga una idea de lo que se dice en este párrafo; citemos lo que uno de nuestros textos de Física (*Física para Ciencias e Ingeniería, Tomo II*) nos dice al respecto: "Una unidad de energía utilizada comúnmente en la física atómica y nuclear es el electrón Volt (eV), el cual se define como" la energía que un electrón (o protón) gana o pierde al moverse a través de una diferencia de potencial de I V. Puesto que I V= I J/C, y puesto que la carga fundamental es de aproximadamente 1.60 x n10⁻¹⁹C. V= 1.60 x 10⁻¹⁹J.

Por ejemplo – sigue explicando el texto -, un electrón en el haz de un tubo de imagen de televisión típico puede tener una rapidez de 3.5 x 10⁷ m/s. esto corresponde a una energía cinética (o de movimiento, R. V.) de 5.6 x 10⁻¹⁶J, que es equivalente a 3.5 x 10³ eV. Un electrón con estas características tiene que acelerarse desde el reposo a través de una diferencia de potencial de 3.5 Kv para alcanzar esta rapidez". Aquí termina la cita, pág.771 del texto mencionado.

Hay ciertas palabras que el lector no entenderá, pero al final de este libro habrá un glosario con palabras y sus definiciones.

Antes de proseguir, es conveniente que se explique qué significa la ecuación IV= IJ/C. para ésto hay que realizar una función matemática simple:

$$IV= \frac{1.60 \times 10^{-19}\ Joules}{1.60 \times 10^{-19}\ Coulombs}$$

Como 10^{-19}J dividida entre $10^{-19\,(-)\,-19}$J/C, los signos iguales negativos que se multiplican, como (-) (-19) en la división anterior, dan un signo positivo (+), de modo que 10^{-19}C, que es el denominador de la división, al realizarse el proceso de la división, el signo de 10^{-19} Joules (que se llama numerador) se cancela con el signo más (+) de 10^{+19}C, y los dos se cancelan desapareciendo de la división, quedando sólo 1.60/ 1.60, lo que equivale a 1. Como la J de Joule y la C de Coulomb no desaparecen, por eso es que IV= IJ/C. Todo lo dicho anteriormente, es con el fin de formar o hacerle recordar al lector algunas reglas matemáticas o conceptos que nos brindan las ciencias, en este caso específico el álgebra y la física.

Mercurio. 3.18×10^{23}kg

(Ejercicio 1B). Encuentre la masa de Mercurio con el promedio de las masas de los elementos químicos que constituyen el 95% de la masa solar. Utilice las masas que se dan a continuación:

$3.224\ 112 \times 10^{23}$kg

$4.881\ 477 \times 10^{21}$kg

$6.986\ 756 \times 10^{20}$kg

Solución:

$3.224\ 112 \times 10^{23}$kg

$-\ \underline{0.048\ 814 \times 10^{23}\text{kg}}$

$3.175\ 298 \times 10^{23}$kg

$+\ \underline{0.006\ 986 \times 10^{23}\text{kg}}$

$3.182\ 284 \times 10^{23}$kg

La masa del primer planeta después del Sol, Mercurio, se forma de las masas calculadas. No cabe duda (es nuestra hipótesis o suposición) del que el núcleo del planeta lo constituye la masa 6.986 756 $\times 10^{20}$kg. La próxima capa de elementos moleculares lo constituye la masa 4.881 477 $\times 10^{21}$kg, la cual recubre al núcleo. Luego viene el manto de Mercurio cuya masa es la más externa y probablemente la constituya la masa del planeta 3.182 284 $\times 10^{23}$kg. Existe un equilibrio de atracción – repulsión entre el núcleo de Mercurio y sus capas externas, debido a que su masa se formó de manera exacta de las otras submasas que componen al primer planeta del sistema solar. No cabe duda de que las leyes que rigen su rotación sobre sí mismo y entorno al Sol, así como la distancia que nos separa de éste, se cumple rigurosamente.

Venus. 4.88 $\times 10^{24}$kg

(Ejercicio 1C). Encuentre la masa del segundo planeta, Venus, del promedio de las masas de los elementos que constituyen el 95% de la masa del Sol. Utilice las cifras que se dan a continuación:

3.453 424 $\times 10^{24}$kg

1.363 209 $\times 10^{24}$kg

5.678 126 $\times 10^{22}$kg

4.881 477 $\times 10^{21}$kg

Solución:

$$\begin{array}{r} 3.453\ 424 \times 10^{24}\text{kg} \\ +\ \underline{1.363\ 209 \times 10^{24}\text{kg}} \\ 4.816\ 633 \times 10^{24}\text{kg} \\ +\ \underline{0.056\ 781 \times 10^{24}\text{kg}} \\ 4.873\ 414 \times 10^{24}\text{kg} \\ +\ \underline{0.004\ 881 \times 10^{24}\text{kg}} \end{array}$$

4.878 895 $\times 10^{24}$kg

Redondear: 4.878 295 $\times 10^{24}$kg^2

  = 4.88 295 $\times 10^{24}$kg^2

  = 4.88 $\times 10^{24}$kg^2

La masa de Venus se forma sin dificultad alguna del promedio de la energía de los elementos que constituyen la masa de la estrella más cercana de la Tierra. Es muy probable que el núcleo de Venus esté formado en esta oportunidad de la masa 4.881 477 $\times 10^{21}$kg^2. En torno al núcleo, que se supone estar formado del elemento hierro (Fe), hay dos envolturas fusionadas que podrían ser 5.678 126 $\times 10^{22}$kg y 1.363 209 $\times 10^{24}$kg, y en torno a ellas el duplo de la primera masa (es decir, de 5.678 $\times 10^{24}$kg), la cual es 3.224 112 $\times 10^{24}$kg. El total de todas estas masas da el total de la masa del planeta: 4.88 $\times 10^{24}$kg. Con toda seguridad que de ser el 95% de los elementos que constituyen la masa del Sol, según los científicos, este planeta se rige por las mismas leyes astrofísicas que rigen a los demás planetas el sistema solar.

La Tierra. 5.98 $\times 10^{24}$kg

(Ejercicio 1D). Encuentre la masa de la Tierra utilizando el promedio en kg de las masas de los elementos que componen la masa del Sol. Utilice las siguientes cifras derivadas del múltiplo de sus masas:

1.858 339 $\times 10^{24}$kg

1.039 489 $\times 10^{24}$kg

3.453 424 $\times 10^{24}$kg

3.224 112 $\times 10^{23}$kg

5.678 126 $\times 10^{22}$kg

2.382 882 $\times 10^{22}$kg

4.881 477 $\times 10^{21}$kg

6.986 756 $\times 10^{20}$kg

Solución:

$$
\begin{array}{ll}
 1.858\ 339 \times 10^{24}\text{kg} & 6.028\ 841 \times 10^{24}\text{kg} \\
+ \underline{1.039\ 489 \times 10^{24}\text{kg}} & - \underline{0.056\ 781 \times 10^{24}\text{kg}} \\
 2.897\ 828 \times 10^{24}\text{kg} & 5.972\ 060 \times 10^{24}\text{kg} \\
+ \underline{3.453\ 424 \times 10^{24}\text{kg}} & + \underline{0.004\ 881 \times 10^{24}\text{kg}} \\
 6.351\ 252 \times 10^{24}\text{kg} & 5.976\ 941 \times 10^{24}\text{kg} \\
- \underline{0.322\ 411 \times 10^{24}\text{kg}} &
\end{array}
$$

Redondear: 5.976 941 x10^{24}kg

   = 5.97741 x10^{24}kg

   = 5.98 41 x10^{24}kg

   = 5.98 x10^{24}kg

Es probable que el núcleo de la Tierra esté formado por la masa 4.881 477 x10^{21}kg. En torno al núcleo, se podrían encontrar las capas moleculares, inmediatamente después del núcleo, 1.039 489 x10^{24}kg, y 1.858 339 x10^{24}kg y una proporción de masa equivalente a 3.074 232 x10^{24}kg alrededor del planeta. Esta proporción se consigue restándole a la masa 3.453 424 x10^{24}kg la masa 3.224 11 x10^{23}kg y la masa 5.6781 x10^{22}kg. De igual modo, la Tierra se forma al igual que los otros planetas terráqueos y al igual que ellos se rige por las leyes que rigen a los demás planetas, que no es más que las leyes físicas que rigen el giro de uno o varios electrones alrededor de su núcleo conformado por uno o varios protones de carga positiva, sea el núcleo monopolar o bipolar, con carga únicamente positiva, o con una combinación de cargas positivas o negativas.

Marte. 6.42 x10^{23}kg

(Ejercicio 1E). Encuentre la masa de Marte del múltiplo de la masa del electrón, con las siguientes cifras:

4.684 781 x10^{23}kg (redondear esta cifra, del modo siguiente:)

4.684 781 x10^{23}kg
= 5.847 81 x10^{23}kg
= 6.47 81 x10^{23}kg

Restarle luego,

5.363 126 x10^{20}kg

Solución:

$6.47\ 81\ x10^{23}kg$

$-\ \underline{0.05\ 36\ x10^{23}kg}$

$6.42\ 45\ x10^{23}kg$

La Luna. $7.36\ x10^{22}kg$

(Ejercicio 1F). Encuentre la masa de la Luna con las masas promediadas del 95% de los elementos de la tabla periódica que integran la masa del Sol. Utilice los datos que se dan a continuación:

$5.678\ 126\ x10^{22}kg$

$2.382\ 882\ x10^{22}kg$

$4.881\ 477\ x10^{21}kg$

$6.986\ 756\ x10^{20}kg$

$8.358\ 682\ x10^{19}kg$

$9.561\ 685\ x10^{17}kg$

Solución 1:

La masa de la Luna se puede calcular de dos maneras. Un cálculo natural da la masa 7.494 636 $x10^{22}kg$ con un excedente de 0.13 $x10^{22}kg$. La segunda manera se hace redondeando la misma cifra que se redondeó para calcular la masa de Marte. Calculemos ambas masas por los datos que se poseen:

$5.678\ 126\ x10^{22}kg$ $-\ \underline{0.069\ 867\ x10^{22}kg}$

$+\ \underline{2.382\ 882\ x10^{22}kg}$ $7.502\ 994\ x10^{22}kg$

$8.061\ 008\ x10^{22}kg$ $-\ \underline{0.008\ 358\ x10^{22}kg}$

$-\ \underline{0.488\ 147\ x10^{22}kg}$ $7.494\ 636\ x10^{22}kg$

$7.572\ 861\ x10^{22}kg$

La segunda forma sería redondeando de nuevo la cifra 5.678 126 x10^{22}kg en 6.78 126 x10^{22}kg.

6.781 26 x10^{22}kg
+ 0.488 14 x10^{22}kg
7.269 40 x10^{22}kg
+ 0.069 86 x10^{22}kg
7.347 51 x10^{22}kg
+ 0.000 09 x10^{22}kg
7.347 60 x10^{22}kg

Redondear: 7.347605 x10^{22}kg

=   7.35605 x10^{22}kg

=   7.3605 x10^{22}kg

=   7.36 x10^{22}kg

Esta última cifra es la masa calculada de la Luna. Existen dos coincidencia, o mejor decir tres. La primera es que las masas de Marte y la Luna tengan el exponente 10^{22}, cuando éste debía ser el de la Luna y la potencia 10^{23}, debía ser, según los datos científicos que se tienen a mano, para las masas de Marte. La segunda coincidencia es la que se tiene que redondear el primer digito de la cifra que les sirve a ambos astros de base para calcular sus bases. La tercera y última coincidencia es que se tuvieron que redondear las cifras que resultaron ser las masas de ambos astros.

Júpiter. 1.90 x10^{27}kg

(Ejercicio 1G). Encuentre la masa de Júpiter con los datos siguientes, con los componentes químicos de la masa del Sol:

1.674 943 x10^{27}kg

2.023 019 x10^{25}kg

3.453 424 x10^{24}kg

1.858 339 x10^{24}kg

1.363 209 x10^{24}kg

5.678 126 x10^{22}kg

Solución:

   1.674 943 x10^{26}kg

+ 0.202 301 x10^{26}kg

   1.887 244 x10^{26}kg

   1.97 244 x10^{26}kg (se redondea)

- 0.034 53 x10^{26}kg

   1.937 91 x10^{26}kg

- 0.018 58 x10^{26}kg

   1.919 33 x10^{26}kg

- 0.013 63 x10^{26}kg

   1.905 70 x10^{26}kg

- 0.000 56 x10^{26}kg

   1.905 14 x10^{26}kg

El lugar de Júpiter formarse con el exponente 10^{27}kg se formó con el exponente 10^{26}kg, o sea, con un digito menos en su potencia.

Saturno. 5.68 x10^{26}kg

(Ejercicio 1H). Encuentre la masa de Saturno de los elementos que forman el Sol. Utilice las siguientes cifras:

7.870 462 x10^{26}kg

1.674 943 x10^{26}kg

4.092 606 x10^{25}kg

3.224 112 x10^{23}kg

Solución:

$\quad$ 7.870 462 x10^{26}kg

- $\underline{1.674\ 943\ \text{x}10^{26}\text{kg}}$

$\quad$ 6.195 519 x10^{26}kg

+ $\underline{0.409\ 260\ \text{x}10^{26}\text{kg}}$

$\quad$ 5.686 259 x10^{26}kg

- $\underline{0.003\ 224\ \text{x}10^{26}\text{kg}}$

$\quad$ 5.683 035 x10^{26}kg

Esta es la masa de Saturno.

Urano. 8.68 x10^{25}kg

(Ejercicio 1I). Halle la masa de Urano de los elementos que componen la masa solar. Utilice las siguientes cifras:

4.092 606 x10^{25}kg

2.023 019 x10^{25}kg

1.422 328 x10^{25}kg

1.192 614 x10^{25}kg

3.453 424 x10^{24}kg

1.363 209 x10^{24}kg^2

Solución:

$8.730\ 567\ x10^{25}kg$

$-\ \underline{0.034\ 534\ x10^{25}kg}$

$8.696\ 033\ x10^{25}kg$

$-\ \underline{0.013\ 632\ x10^{25}kg}$

$8.682\ 403\ x10^{25}kg$

Esta es la masa de Urano de los componentes químicos que integran la masa del Sol

Neptuno. $1.03\ x10^{26}kg$

(Ejercicio 1J). Descubra la masa de Neptuno de los elementos químicos que forman la masa del Sol. Utilice las siguientes cifras:

$1.674\ 943\ x10^{26}kg$

$4.092\ 60\ x10^{25}kg$

$2.023\ 01\ x10^{25}kg$

$1.858\ 3\ x10^{24}kg$

$1.363\ 2\ x10^{24}kg$

Solución:

$1.674\ 943\ x10^{26}kg^2$

$-\ \underline{0.409\ 260\ x10^{26}kg^2}$

$1.265\ 683\ x10^{26}kg^2$

$-\ \underline{0.202\ 301\ x10^{26}kg^2}$

$1.063\ 382\ x10^{26}kg^2$

$-\ \underline{0.018\ 583\ x10^{26}kg^2}$

$1.044\ 799\ x10^{26}kg^2$

$-\ \underline{0.013\ 632\ x10^{26}kg^2}$

$1.031\ 167\ x10^{26}kg^2$

Esta es la masa de Neptuno.

Plutón.

$2.876\,313 \times 10^{21}$kg

$+\ \underline{8.273\,177 \times 10^{21}\text{kg}}$

$11.149\,490 \times 10^{21}$kg

$-\ \underline{0.536\,312 \times 10^{21}\text{kg}}$

$11.685\,802 \times 10^{21}$kg

$+\ \underline{0.073\,233 \times 10^{21}\text{kg}}$

$11.769\,035 \times 10^{21}$kg

$= 1.1769 \times 10^{22}$kg

$= 1.269 \times 10^{22}$kg

$= 1.39 \times 10^{22}$kg

$= 1.4 \times 10^{22}$kg

La masa del Sol. La masa del Sol es 1.991×10^{30}kg.

Para obtener la masa del Sol del electrón tenemos que utilizar la cifra 2.83627×10^{31}kg y la cifra 7.29771×10^{29}kg. La suma de estas dos cifras nos da un total de 2.91×10^{31}kg. Aunque esta cifra no representa necesariamente la masa del Sol, la cual es 1.991×10^{30}kg, si se redondea esta cifra en 2.91×10^{30}kg, la masa del Sol podría ser obtenida con las cifras mencionadas anteriormente. Así:

$$2.83627 \times 10^{31}\text{kg}$$
$$+\ \underline{0.07297 \times 10^{31}\text{kg}}$$
$$2.90924 \times 10^{31}\text{kg}$$

Si se redondea esta cifra nos daría la masa del Sol redondeada; es decir, 2.90924×10^{31}kg redondeada sería igual a 2.9124×10^{31}kg. Esta cifra representa la masa del Sol pero con un digito más en su potencia. Es decir, el lugar de 2.91×10^{30}kg obtendríamos 2.91×10^{31}kg. La masa que en los cálculos hechos a la masa del electrón correspondiente a la potencia

10^{30}kg, que es la potencia a la que está elevada la masa del Sol, es 5.32967 x 10^{30}kg. Esta masa es (5.32967 x 10^{30}kg / 1.991 x 10^{30}kg) es 2.67688 x 10^{30}kg mayor que la masa del Sol. Si descomponemos 2.91 x 10^{31}kg para obtener la masa exacta del Sol, sólo se tiene que escribir 1.991 x 10^{31}kg. Es la masa del Sol pero con un digito más en su potencia.

Mercurio. La masa de Mercurio es 3.18 x 10^{23}kg. Para encontrar la masa de Mercurio del electrón se tienen que utilizar las siguientes cifras:

$$5.907\ 68 \times 10^{23}\text{kg}$$
$$2.430\ 08 \times 10^{23}\text{kg}$$
$$2.220\ 37 \times 10^{22}\text{kg}$$
$$4.712\ 09 \times 10^{21}\text{kg}$$
$$2.170\ 73 \times 10^{21}\text{kg}$$
$$4.659\ 11 \times 10^{20}\text{kg}$$

Solución:

$$\begin{array}{r}
5.907\ 68 \times 10^{23}\text{kg} \\
- \ \underline{2.430\ 08 \times 10^{23}\text{kg}} \\
3.477\ 60 \times 10^{23}\text{kg} \\
- \ \underline{0.222\ 04 \times 10^{23}\text{kg}} \\
3.255\ 56 \times 10^{23}\text{kg} \\
- \ \underline{0.047\ 12 \times 10^{23}\text{kg}} \\
3.208\ 44 \times 10^{23}\text{kg} \\
- \ \underline{0.021\ 70 \times 10^{23}\text{kg}} \\
3.186\ 74 \times 10^{23}\text{kg} \\
- \ \underline{0.004\ 65 \times 10^{23}\text{kg}} \\
3.182\ 09 \times 10^{23}\text{kg}
\end{array}$$

Esta es la masa correspondiente a Mercurio del electrón (positrón).

Venus. La masa de Venus es 4.88×10^{24}kg. Para hallar la masa de Venus se deben utilizar las siguientes masas:

$$3.490\ 07 \times 10^{24}\text{kg}$$
$$2.430\ 08 \times 10^{23}\text{kg}$$
$$2.220\ 37 \times 10^{22}\text{kg}$$
$$5.907\ 68 \times 10^{23}\text{kg}$$
$$4.712\ 09 \times 10^{21}\text{kg}$$

Solución:

1) $3.490\ 07 \times 10^{24}$kg
   $+\ \underline{0.243\ 08 \times 10^{24}\text{kg}}$
   $3.733\ 15 \times 10^{24}$kg

Se redondea 3.73315×10^{24}kg en $4.33\ 15 \times 10^{24}$kg.

$4.33\ 15 \times 10^{24}$kg
$+\ \underline{0.49\ 30 \times 10^{24}\text{kg}}$
$4.82\ 45 \times 10^{24}$kg
$+\ \underline{0.02\ 21 \times 10^{24}\text{kg}}$
$4.84\ 66 \times 10^{24}$kg
$+\ \underline{0.04\ 93 \times 10^{24}\text{kg}}$
$4.89\ 59 \times 10^{24}$kg
$-\ \underline{0.00\ 47 \times 10^{24}\text{kg}}$
$4.89\ 32 \times 10^{24}$kg
$-\ \underline{0.00\ 21 \times 10^{24}\text{kg}}$
$4.89\ 10 \times 10^{24}$kg

(Debido a que un número que precede a otro número mayor de 5 se puede redondear, del mismo modo, en los cálculos específicos de las masas de los astros, si un número que precede a otro número que es menor que 5, se podría disminuir un digito a ese mismo número si el SI lo llegara a aceptar como válido. En este caso 4.89 10 x 10^{24}kg, el 9 precede al 1, que es menor que 5, lo que representaría quitarle un 1 al 9 y disminuirlo a 8, con lo cual se consigue la masa del planeta, es decir, 4.88 10 x 10^{24}kg).

2)   4.33 75 x 10^{24}kg
+0.59 07 x 10^{24}kg
4.92 82 x 10^{24}kg
- 0.04 93 x 10^{24}kg
4.87 89 x 10^{24}kg
- 0.00 47 x 10^{24}kg
4.88 42 x 10^{24}kg

La Tierra. La masa de la Tierra es 5.98 x 10^{24}kg. Para hallar la masa de la Tierra se tienen que utilizar las siguientes cifras:

3.490 07 x 10^{24}kg

2.430 08 x 10^{23}kg

5.907 68 x 10^{23}kg

4.930 08 x 10^{22}kg

2.220 37 x 10^{22}kg

4.712 09 x 10^{21}kg

2.170 73 x 10^{21}kg

4.659 11 x 10^{20}kg

Solución:

$$3.490\ 07 \times 10^{24} \text{kg}$$
$$+ \underline{0.243\ 08\ \times 10^{24} \text{kg}}$$
$$3.733\ 15 \times 10^{24} \text{kg } \underline{\text{(Se redondea)}}$$

$$4.33\ 15 \times 10^{24} \text{kg}$$
$$+ \underline{0.59\ 07 \times 10^{24} \text{kg}}$$
$$4.92\ 82 \times 10^{24} \text{kg } \textbf{(Se toma esta cifra)}$$
$$- \underline{0.04\ 93 \times 10^{24} \text{kg}}$$
$$4.87\ 89 \times 10^{24} \text{kg}$$
$$- \underline{0.00\ 04 \times 10^{24} \text{kg}}$$
$$4.87\ 85 \times 10^{24} \text{kg}$$

Tomamos la cifra $4.92\ 82 \times 10^{24}$kg y la convertimos, luego en sumarle $4.930\ 08 \times 10^{22}$kg, en $4.98\ 75 \times 10^{24}$kg a esta cifra le sumamos $2.220\ 37 \times 10^{22}$kg, lo cual nos da un total de $4.99\ 97 \times 10^{24}$kg. Luego convertimos esta cifra. Así:

$$5.99\ 70 \times 10^{24} \text{kg}$$
$$- \underline{0.00\ \ 47 \times 10^{24} \text{kg}}$$
$$5.99\ 23 \times 10^{24} \text{kg}$$
$$- \underline{0.00\ 21 \times 10^{24} \text{kg}}$$
$$5.99\ 02 \times 10^{24} \text{kg}$$
$$- \underline{0.00\ 04 \times 10^{24} \text{kg}}$$
$$5.98\ 98 \times 10^{24} \text{kg}$$

Esta es la masa de la Tierra derivada de la masa del electrón (positrón).

La Luna. La masa de la Luna es 7.36×10^{22}kg. Para encontrar la masa de este satélite natural se tienen que usar las siguientes masas o cifras del múltiplo de la masa del electrón:

$4.930\ 08 \times 10^{22}$kg

$2.220\ 37 \times 10^{22}$kg

$2.170\ 73 \times 10^{21}$kg

$6.825\ 77 \times 10^{19}$kg

Solución:

$$
\begin{aligned}
&\ 4.930\ 08 \times 10^{22}\text{kg}\\
&\underline{+\ 2.220\ 37 \times 10^{22}\text{kg}}\\
&\ 7.150\ 45 \times 10^{22}\text{kg}\\
&\underline{+\ 0.217\ 07 \times 10^{22}\text{kg}}\\
&\ 7.367\ 52 \times 10^{22}\text{kg}\\
&\underline{-\ 0.006\ 82 \times 10^{22}\text{kg}}\\
&\ 7.360\ 70 \times 10^{22}\text{kg}
\end{aligned}
$$

Esta es la masa de la Luna proveniente de la masa del electrón (positrón).

Marte. La masa de Marte es 6.42×10^{23}kg. Para hallar la masa de este planeta se tienen que utilizar las cifras siguientes:

$5.907\ 68 \times 10^{23}$kg

$4.930\ 08 \times 10^{22}$kg

$2.170\ 73 \times 10^{21}$kg

Solución:

$$
\begin{aligned}
&\ 5.907\ 68 \times 10^{23}\text{kg}\\
&\underline{+\ 0.493\ 00 \times 10^{23}\text{kg}}\\
&\ 6.400\ 68 \times 10^{23}\text{kg}\\
&\underline{+\ 0.021\ 70 \times 10^{23}\text{kg}}\\
&\ 6.422\ 38 \times 10^{23}\text{kg}
\end{aligned}
$$

Esta es la masa de Marte derivada de los múltiplos de la masa del electrón (positrón).

Júpiter. La masa de Júpiter es 1.90×10^{27}kg. En los múltiplos derivados de la masa del electrón, la masa que aparecer con la potencia de este planeta es igual a $3.040\ 17 \times 10^{27}$kg. Sin embargo, existe otra cifra con un digito menos en su exponente, la cual es $2.348\ 14 \times 10^{26}$kg. Si a esta cifra le sumamos $3.490\ 07 \times 10^{24}$kg obtendríamos la masa siguiente:

$$
\begin{array}{r}
2.348\ 14 \times 10^{26}\text{kg} \\
-\ \underline{0.484\ 57 \times 10^{26}\text{kg}} \\
1.853\ 57 \times 10^{26}\text{kg} \\
+\ \underline{0.034\ 90 \times 10^{26}\text{kg}} \\
1.888\ 47 \times 10^{26}\text{kg} \\
-\ \underline{0.005\ 90 \times 10^{26}\text{kg}} \\
1.882\ 57 \times 10^{26}\text{kg} \\
-\ \underline{0.002\ 43 \times 10^{26}\text{kg}} \\
1.880\ 14 \times 10^{26}\text{kg}
\end{array}
$$

Si redondeamos la cifra $1.880\ 14 \times 10^{26}$kg a 1.90×10^{26}kg se obtiene una masa aproximada de Júpiter derivada del múltiplo de la masa del electrón (positrón).

Saturno. La masa de Saturno es 5.68×10^{26}kg. Para encontrar la masa de Saturno de los múltiplos de la masa del electrón se deben utilizar las cifras siguientes:

$$5.513\ 77 \times 10^{26}\text{kg}$$
$$7.150\ 45 \times 10^{22}\text{kg}$$
$$2.220\ 37 \times 10^{22}\text{kg}$$
$$4.930\ 08 \times 10^{22}\text{kg}$$
$$8.338\ 25 \times 10^{23}\text{kg}$$
$$2.430\ 57 \times 10^{23}\text{kg}$$
$$5.907\ 68 \times 10^{23}\text{kg}$$
$$1.483\ 68 \times 10^{25}\text{kg}$$

Solución:

1) $5.513\ 77 \times 10^{26}$kg $\qquad\qquad$ $8.338\ 25 \times 10^{23}$kg

$\quad$ + $0.148\ 36 \times 10^{26}$kg $\qquad\qquad$ + $0.715\ 04 \times 10^{23}$kg

$\qquad$ $5.662\ 13 \times 10^{26}$kg $\qquad\qquad$ $9.053\ 29 \times 10^{23}$kg

$\quad$ + $0.034\ 90 \times 10^{26}$kg

$\qquad$ $5.697\ 03 \times 10^{26}$kg

$\quad$ - $0.009\ 05 \times 10^{26}$kg

$\qquad$ $5.685\ 98 \times 10^{26}$kg

La cifras a usarse:

$5.513\ 77 \times 10^{26}$kg

$2.201\ 30 \times 10^{25}$kg

$3.490\ 07 \times 10^{24}$kg

$8.338\ 25 \times 10^{23}$kg

2) $5.513\ 77 \times 10^{26}$kg

$\quad$ + $0.220\ 13 \times 10^{26}$kg

$\qquad$ $5.733\ 90 \times 10^{26}$kg

$\quad$ - $0.034\ 90 \times 10^{26}$kg

$\qquad$ $5.699\ 00 \times 10^{26}$kg

$\quad$ - $0.008\ 33 \times 10^{26}$kg

$\qquad$ $5.680\ 67 \times 10^{26}$kg

Urano. La masa de Urano es 8.68×10^{25}kg. Para encontrar la masa de Urano de los múltiplos de la masa del electrón deben utilizarse las cifras siguientes:

$4.845\ 76 \times 10^{25}$kg

$1.483\ 68 \times 10^{25}$kg

$2.201\ 30 \times 10^{25}$kg

$3.490\ 07 \times 10^{24}$kg

$5.907\ 68 \times 10^{23}$kg

$4.930\ 08 \times 10^{22}$kg

$2.222\ 03 \times 10^{22}$kg

Solución:

$$4.845\ 76 \times 10^{25} kg$$
$$+\ \underline{1.218\ 06 \times 10^{25} kg}$$
$$6.063\ 82 \times 10^{25} kg$$
$$+\ \underline{2.201\ 00 \times 10^{25} kg}$$
$$8.265\ 12 \times 10^{25} kg$$
$$+\ \underline{0.349\ 00 \times 10^{25} kg}$$
$$8.614\ 12 \times 10^{25} kg$$
$$+\ \underline{0.059\ 07 \times 10^{25} kg}$$
$$8.673\ 20 \times 10^{25} kg$$
$$+\ \underline{0.004\ 93 \times 10^{25} kg}$$
$$8.678\ 13 \times 10^{25} kg$$
$$-\ \underline{0.002\ 22 \times 10^{25} kg}$$
$$8.680\ 35 \times 10^{25} kg$$

Esta es la masa de Urano derivada del electrón (positrón).

Neptuno. La masa de Neptuno es $1.03 \times 10^{26} kg$. Las masas a utilizarse son las siguientes:

1)
$$4.845\ 76 \times 10^{25} kg$$
$$2.201\ 30 \times 10^{25} kg$$
$$1.483\ 68 \times 10^{25} kg$$
$$\underline{1.218\ 06 \times 10^{25} kg}$$
$$9.748\ 80 \times 10^{25} kg$$
$$+\ \underline{0.349\ 07 \times 10^{25} kg}$$

$10.097\ 80 \times 10^{25} kg$ (Redondeando $10.097\ 80 \times 10^{25} kg$ es igual a):

$$=\ 1.009\ 78 \times 10^{26} kg$$
$$=\ 1.0178 \times 10^{26} kg$$
$$=\ 1.028 \times 10^{26} kg$$
$$=\ 1.03 \times 10^{22} kg$$

Cifras a utilizarse para Neptuno:

2)

$$9.744\ 88 \times 10^{25} kg$$
$$3.490\ 07 \times 10^{24} kg$$
$$5.907\ 68 \times 10^{23} kg$$
$$2.430\ 57 \times 10^{23} kg$$
$$4.930\ 08 \times 10^{22} kg$$
$$2.220\ 37 \times 10^{22} kg$$

Plutón. La masas de Plutón es aproximadamente de $1.4 \times 10^{22} kg$. Para hallar la masa de Plutón del múltiplo de la masa del electrón se deben utilizar las cifras siguientes:

$$9.627\ 22 \times 10^{17} kg$$
$$7.719\ 67 \times 10^{18} kg$$
$$9.438\ 38 \times 10^{19} kg$$
$$4.712\ 09 \times 10^{21} kg$$
$$2.170\ 73 \times 10^{21} kg$$
$$4.659\ 11 \times 10^{20} kg$$

Solución:

$$6.882\ 82 \times 10^{21} kg$$
$$+\ \underline{0.465\ 91 \times 10^{21} kg}$$
$$7.348\ 73 \times 10^{21} kg$$
$$+\ \underline{0.094\ 38 \times 10^{21} kg}$$
$$7.443\ 11 \times 10^{21} kg$$
$$+\ \underline{0.007\ 71 \times 10^{21} kg}$$
$$7.450\ 83 \times 10^{21} kg$$
$$+\ \underline{0.000\ 96 \times 10^{21} kg}$$
$$7.451\ 79 \times 10^{21} kg$$

Entonces:

$$2.220\ 37 \times 10^{22} \text{kg}$$
$$-\ \underline{0.745\ 18 \times 10^{22} \text{kg}}$$
$$1.474\ 19 \times 10^{22} \text{kg}$$

Esta es la masa aproximada de Plutón derivada de la masa del electrón (positrón).

Los múltiplos de la masa del electrón, $9.109\ 389\ 7\ (54) \times 10^{-31}$ kg^{-2}, son:

$8.298\ 098\ 1\ (69)\ 02 \times 10^{-31}$ kg	$7.119\ 92 \times 10^{-18}$ kg	$2.304\ 53 \times 10^{-3}$ kg
$8.298\ 098\ 1 \times 10^{-30}$ kg	$5.069\ 32 \times 10^{-17}$ kg	$5.310\ 90 \times 10^{-3}$ kg
$6.885\ 843\ 3 \times 10^{-29}$ kg	$2.569\ 80 \times 10^{-16}$ kg	$2.820\ 56 \times 10^{-2}$ kg
$3.934\ 529 \times 10^{-28}$ kg	$6.603\ 91 \times 10^{-16}$ kg	$7.955\ 60 \times 10^{-2}$ kg
$1.548\ 05 \times 10^{-27}$ kg	$4.361\ 17 \times 10^{-15}$ kg	$6.329\ 16 \times 10^{-1}$ kg
$2.396\ 46 \times 10^{-27}$ kg	$1.901\ 98 \times 10^{-14}$ kg	$4.005\ 83 \times 10^{0}$ kg
$5.743\ 05 \times 10^{-27}$ kg	$3.617\ 54 \times 10^{-14}$ kg	$1.604\ 66 \times 10^{1}$ kg
$3.298\ 26 \times 10^{-26}$ kg	$1.308\ 66 \times 10^{-13}$ kg	$2.574\ 95 \times 10^{1}$ kg
$1.087\ 85 \times 10^{-25}$ kg	$1.712\ 59 \times 10^{-13}$ kg	$6.630\ 41 \times 10^{1}$ kg
$1.183\ 42 \times 10^{-25}$ kg	$2.932\ 99 \times 10^{-13}$ kg	$4.396\ 24 \times 10^{2}$ kg
$1.400\ 50 \times 10^{-25}$ kg	$8.602\ 43 \times 10^{-13}$ kg	$1.932\ 69 \times 10^{3}$ kg
$1.961\ 40 \times 10^{-25}$ kg	$7.400\ 19 \times 10^{-12}$ kg	$3.735\ 31 \times 10^{3}$ kg
$3.847\ 11 \times 10^{-25}$ kg	$5.476\ 29 \times 10^{-11}$ kg	$1.395\ 25 \times 10^{4}$ kg
$1.480\ 02 \times 10^{-24}$ kg	$2.998\ 97 \times 10^{-10}$ kg	$1.946\ 74 \times 10^{4}$ kg
$2.190\ 48 \times 10^{-24}$ kg	$8.993\ 85 \times 10^{-10}$ kg	$3.789\ 79 \times 10^{4}$ kg
$4.798\ 22 \times 10^{-24}$ kg	$8.088\ 94 \times 10^{-9}$ kg	$1.436\ 25 \times 10^{5}$ kg
$2.302\ 29 \times 10^{-23}$ kg	$6.543\ 10 \times 10^{-8}$ kg	$2.062\ 83 \times 10^{5}$ kg
$5.300\ 55 \times 10^{-23}$ kg	$4.281\ 21 \times 10^{-7}$ kg	$4.255\ 29 \times 10^{5}$ kg
$2.809\ 58 \times 10^{-22}$ kg	$1.832\ 88 \times 10^{-6}$ kg	$1.810\ 75 \times 10^{6}$ kg
$7.893\ 77 \times 10^{-22}$ kg	$3.359\ 46 \times 10^{-6}$ kg	$3.278\ 83 \times 10^{6}$ kg
$6.231\ 17 \times 10^{-21}$ kg	$1.128\ 60 \times 10^{-5}$ kg	$1.075\ 07 \times 10^{7}$ kg
$3.882\ 75 \times 10^{-20}$ kg	$1.273\ 73 \times 10^{-5}$ kg	$1.155\ 78 \times 10^{7}$ kg
$1.507\ 57 \times 10^{-19}$ kg	$1.622\ 41 \times 10^{-5}$ kg	$1.335\ 84 \times 10^{7}$ kg
$2.272\ 79 \times 10^{-19}$ kg	$2.632\ 22 \times 10^{-5}$ kg	$1.784\ 47 \times 10^{7}$ kg
$5.165\ 57 \times 10^{-19}$ kg	$6.928\ 60 \times 10^{-5}$ kg	$3.184\ 34 \times 10^{7}$ kg
$2.668\ 31 \times 10^{-18}$ kg	$4.800\ 56 \times 10^{-4}$ kg	$1.014\ 04 \times 10^{8}$ kg

$1.028\ 20 \times 10^{8}$ kg	$2.078\ 69 \times 10^{15}$ kg	$2.430\ 57 \times 10^{23}$ kg
$1.057\ 20 \times 10^{8}$ kg	$4.320\ 95 \times 10^{15}$ kg	$5.907\ 68 \times 10^{23}$ kg
$1.117\ 68 \times 10^{8}$ kg	$1.867\ 06 \times 10^{16}$ kg	$3.490\ 07 \times 10^{24}$ kg
$1.249\ 21 \times 10^{8}$ kg	$3.485\ 94 \times 10^{16}$ kg	$1.218\ 06 \times 10^{25}$ kg
$1.560\ 54 \times 10^{8}$ kg	$1.215\ 18 \times 10^{17}$ kg	$1.483\ 68 \times 10^{25}$ kg
$2.435\ 29 \times 10^{8}$ kg	$1.476\ 67 \times 10^{17}$ kg	$2.201\ 30 \times 10^{25}$ kg
$5.930\ 67 \times 10^{8}$ kg	$2.180\ 55 \times 10^{17}$ kg	$4.845\ 76 \times 10^{25}$ kg
$3.517\ 29 \times 10^{9}$ kg	$4.754\ 82 \times 10^{17}$ kg	$2.348\ 14 \times 10^{26}$ kg
$1.237\ 13 \times 10^{10}$ kg	$2.260\ 83 \times 10^{18}$ kg	$5.513\ 77 \times 10^{26}$ kg
$1.530\ 50 \times 10^{10}$ kg	$5.111\ 37 \times 10^{18}$ kg	$3.040\ 17 \times 10^{27}$ kg
$2.342\ 44 \times 10^{10}$ kg	$2.612\ 61 \times 10^{19}$ kg	$9.242\ 65 \times 10^{27}$ kg
$5.487\ 06 \times 10^{10}$ kg	$6.825\ 77 \times 10^{19}$ kg	$8.542\ 66 \times 10^{28}$ kg
$3.010\ 79 \times 10^{11}$ kg	$4.659\ 11 \times 10^{20}$ kg	$7.297\ 71 \times 10^{29}$ kg
$9.064\ 87 \times 10^{11}$ kg	$2.170\ 73 \times 10^{21}$ kg	$5.329\ 67 \times 10^{30}$ kg
$8.217\ 19 \times 10^{12}$ kg	$4.712\ 09 \times 10^{21}$ kg	$2.836\ 27 \times 10^{31}$ kg
$6.752\ 23 \times 10^{13}$ kg	$2.220\ 37 \times 10^{22}$ kg	
$4.559\ 26 \times 10^{14}$ kg	$4.930\ 08 \times 10^{22}$ kg	
$8.044\ 46 \times 10^{31}$ kg		

Del electrón cuya masa es 9. 109 389 7 (54) x 10^{-31} Kg^{-2}. La fórmula que por ahora hemos formulado podría ser: $M_P = A^2 \times 10^{-m \times 2-(-m)+n}$, donde M_P quiere decir la masa del planeta y n podría representar un numero desde 0, 1, 2, 3… hasta el infinito.

El método usado es el que sigue: la masa del electrón (e⁻) en kilogramos (Kg) es 9.109 389 7 (54) x 10^{-31} Kg. Nosotros utilizamos la calculadora para multiplicar esta cantidad por sí misma, que viene a ser el **duplo** de ella. Por ejemplo: 9. 109 389 7 (54) x 10^{-31} Kg multiplicada por 9. 109 389 7 (54) x 10^{-31} Kg, es decir, por sí misma, da la cantidad siguiente: 82. 98 098 1 (69) 02 x 10^{-62} Kg^2. Presentada la cantidad de otra manera, como debe ser matemáticamente, seria $(9.\ 109\ 389\ 7)\ (54) \times 10^{-31}$ Kg)^2. La cantidad que nos da es la misma que mostramos anteriormente: $82.\ 98\ 098\ \ 1\ (69)\ 02 \times 10^{-62}$ Kg^2. El orden y el paréntesis de los dígitos (69) es más bien una invención de nuestra parte, los cuales no tienen que seguirse al pie de la letra. Debido a que la cantidad en kilogramos de cualquier masa de una partícula dada es Kg y no Kg^2, nosotros preferimos escribir la abreviación de kilogramo(Kg) para poder eliminar el número dos que se deriva cuando encerramos la cifra entera al cuadrado para indicar que la cantidad buscada se va a multiplicar dos veces por sí misma. Como bien saben los estudiantes la cantidad a multiplicarse por sí misma es en el caso que nos concierne: $9.\ 109\ 389\ 7\ (54)$, que es parte de la masa en Kg del electrón, multiplicada por el exponente –m $(10^{-m})^2$, al cuadrado. Mientras las otras cifras que se inician con 9. 109 y terminan en (54) en paréntesis se multiplican dos veces el exponente 10^{-31} elevado al mismo dos (2) que encierra la cantidad total, se multiplica el -31 que contiene la base (el número 10) por 2, pero no por sí mismo 2 veces. De modo que $(10^{-31}$ Kg)^2 es igual a 10^{-62} Kg^{-2}. Pero como la cantidad que deseamos es Kg solamente y no Kg^2 al cuadrado, lo deseado es escribir dentro de la cifra que va dentro del paréntesis la abreviación de Kg^{-2}, esto así para eliminar o evitar que el Kg salga al cuadrado, salvo que el SI (Sistema Internacional) de las unidades y las reglas por las que se rigen las matemáticas, digan lo contrario y acepten la palabra kilogramo (Kg) al cuadrado. Pero resulta que de hacerse lo último, el Kg^2 requeriría ser elevado hasta el infinito.

Para que las cifras resulten como las hemos diseñado, según nuestra fórmula tentativa, que por ahora será individualizada, es decir, de acuerdo a la masa específica calculada, y no generalizada, que sería una fórmula global que incluya a cada cantidad o a cada masa individual, que más adelante tendremos el tiempo y el conocimiento para formarla o formularla.

Por ahora si nos lo permite el **SI,** nosotros daremos la fórmula de la masa para el electrón (e$^-$) de la fórmula siguiente:

$$
\begin{pmatrix}
Mp = a^2 \times 10^{-m-(-m)+n}\ Kg^2 \\
= a^2 \times 10^{-m+m+n}\ Kg^{-2} \\
= a^2 \times 10^{-m+m+n}\ Kg.
\end{pmatrix}
$$

Para que se entienda la fórmula, usaremos los mismos dígitos de la masa del electrón en kilogramos, que es igual, como ya sabemos, a 9. 109 389 7 (54) x 10^{-31} Kg. En a^2= 9. 109 389 7 (54) y 10^{-m} sería 10^{-31}. 10^{-m2} + (-31), que es igual a $10^{-62+31} = 10^{-31+n}$, donde **n** viene a ser un número del 0 hasta el infinito. Es decir, $10^{-m2+m+0,\ 1,\ 2,3...}$, etc. En 10^{-m2} el dos (2) significa que el número representado por *m* se multiplica por dos, no al cuadrado. Entonces, ya conocida la fórmula empírica hasta que un especialista la analice o la estudie, la misma fórmula para la masa del electrón será:

Me = (9. 109 389 7) (54) (x 10^{-31} Kg^{-2})^2 que sería (9. 109 389 7) (54)^2 = a^2 multiplicado por ($10^{-31+m+n}$ Kg^{-2})^2, donde *m* viene a ser la cifra + (-31) anterior pero no al cuadrado. La a^2 es la que va con la base 10 del exponente (10^{-31})^2 = 10^{-m2}. Cuando 10^{-m2+m} se expresan por ejemplo, siendo +m = + (-31), $-m^2$ (o m^2) es igual a 31 representado por + *m* y el resultado es el mismo -31 pero se le suma un número que puede ser 0, 1, 2, 3, etc. Que será el número que va a controlar el duplo de la masa lo más exactamente posible. Por ejemplo, multipliquemos la masa del electrón (*Me*), que es igual a 9. 109 389 7 (54) por sí misma. La cantidad que nos da es: 82. 98 098 1 (69) 02. Pero si a esta cifra incompleta le agregamos el exponente (10^{-31} Kg^{-2})^2, el resultado nos dará 10^{-62} Kg^{-2}, el menos dos (-2) de kilogramo (Kg^{-2}) va a desaparecer porque en lugar de añadírsele el número dos que encerraría el paréntesis, éste se cancela con el número 2 del Kg^2 (Kg^{-2}) porque es positivo y el otro 2 del paréntesis es negativo.

Ahora bien: el número representado por la letra *n* en la fórmula es el número de veces que el punto de la cantidad resultante se va a mover hacia la izquierda hasta lograr la cifra que parezca a la cifra original y que va a ser multiplicada una vez por sí misma.

En otras palabras, las cifras que resulten de multiplicar 9. 109 389 7 (54) por sí misma, o sea 82. 98 098 1 (69) 02, se convertirá en 8. 298 098 1 (69) 02 porque el punto que había después del número 82. 9... se movió hacia la izquierda, quedando el número otra vez 8. 29 para ser multiplicado por sí mismo como hicimos al principio con 9. 109..., en este caso la letra *n* de la fórmula representa al número 1, porque el punto se movió una vez hacia la izquierda. En caso de que en lugar de 82.9, si multiplicamos esta última por sí misma la cantidad que obtendríamos seria 6872.41, pero si queremos trabajar como desde el inicio de nuestros cálculos tendremos que mudar a **n** (0, 1, 2, 3, etc.) tres veces o más hacia la izquierda, así tendremos más control de los valores calculados aunque sean más trabajosos. Para mostrar las cifras que queremos en la pantalla de la calculadora, sólo tenemos que presionar la tecla de signo *x* (igual a "por") y luego la tecla igual (=), y ahí obtendremos el múltiplo buscado. Si el punto se muda de la izquierda a la derecha o lo dejamos así y seguimos presionando *x* ó =, o simplemente =, y dejamos que el punto se mueva hacia la derecha cuantos lugares le tocaren moverse, o simplemente controlamos nosotros mismos el movimiento del punto con la finalidad de estar más seguros de que nuestros resultados serán realmente los buscados. Al rodar el punto hacia la izquierda es como si sumáramos un número al exponente negativo que sea, entonces el número cambia de -31 a -30, de -30 a -29, y llegar a cero (10^0), y luego empezar con dígitos positivos: 10^1, 10^2, 10^3, etc., que se leen diez a la 1, diez a las 2 o 10 elevado a las tres y así sucesivamente, hasta llegar al 10^{30} o al exponente que se desee.

Por otro lado si el punto, luego de realizar la multiplicación, no se mueve, entonces el exponente no cambia. Por Ejemplo: 1.291 133 8 (91) 40 x 10^{-15} Kg

Multiplicado por si mismo nos da el siguiente resultado: 2.67 (25) 52 x 10^{-15} Kg

Esta cantidad multiplicada por sí misma nos da el próximo resultado.

2.778 978 1 (03) 59 x 10^{-15} Kg

Como se nota, el exponente sigue siendo el mismo. Pero si el punto cae en la segunda cifra, al exponente se le suma un número positivo (+) y éste cambia de 10^{-15} a 10^{-14}, como se espera, representando una cantidad mayor que la anterior. Si seguimos multiplicando las cifras anteriores el resultado sería: 7.722 719 3 (00) x 23 10^{-15} Kg.

Como puede notarse, el exponente es el mismo. Pero al seguir multiplicado estas cifras se convierten en las siguientes: 59.64 039 3 (39) 01 x 10^{-15} Kg. Pero al moverle el punto hacia la izquierda le sumamos un digito y éste resulta en 10^{-14} Kg, y las cifras anteriores así: 5. 965 039 3 (39) 01 x 10^{-14} Kg. Si continuamos multiplicando: 5. 964 039 3 (39) 01 x 10^{-14} Kg se convierte en: 35.56 976 5 (23) 72 x 10^{-14} Kg, o lo que es lo mismo: 3. 556 976 5 (23) 72 x 10^{-13} Kg.

Enseguida, demos continuidad al desarrollo de la multiplicación de la masa del electrón, hasta buscar las masas del Sol, los planetas y la Luna. La masa del electrón (e^-) es igual a: 9. 109 389 7 (54) x 10^{-31} Kg. Por último, cuando se multiplica una cifra o masa en la que no hay necesidad de rodar el punto, lo único que se tiene que hacer es sumarle al exponente de dicha cifra o masa el número (0). Así: 1.215 18 x 10^{17} kg^{-2} por sí misma es igual a 1.476 67 x 10^{17} kg. En este caso a la cifra 1.215 18 x 10^{17+0} kg^{-2}, se le ha agregado un cero al exponente, lo que no le permite ningún cambio a la cifra siguiente.

Resultados de la masa del neutrón

En un principio se hicieron los cálculos de la masa incompleta del neutrón, es decir, de 1.674 93... x 10^{-27} Kg. Dicha masa fue multiplicada por si misma 99 veces hasta la ultima cifra, 6.909 869(12) 23 x 10^{30} Kg. Con dichos múltiplos se pudieron encontrar las masas de todos los astros, tal como se han mostrado ya varias veces. Sin embargo, la masa del sol no se "forma" tal cual es, 1.991 x 10^{30} Kg, sino como 2.0089 534 x 10^{30} Kg, pese a todos los esfuerzos por encontrar la masa exacta del Sol.

No conforme con este resultado se hicieron nuevos cálculos utilizando la masa completa del neutrón, 1.674 928 6 (10) x 10^{-27} Kg., en este caso salió la masa del Sol. Pero mientras en los primeros cálculos se pudieron obtener las masas exactas de todos los astros, menos la del Sol, en los segundo cómputos se pudo hallar la masa del Sol, como se dijo antes, la masa de Venus se obtuvo con un digito menos. En lograr su masa exacta, 4.88 x 10^{24} Kg., se hicieron los cálculos debidos hasta encontrar 4.88 x 10^{23} Kg, y en vez de acertar con la masa de la Tierra (5.98 x 10^{24} Kg) se obtuvo una masa con un digito por encima de su potencia normal: 5.98 x 10^{25} Kg.

Se podría concluir que con las tres partículas: el protón, el neutrón y el electrón, se puede calcular la masa del Sol especialmente, y las masas de los demás astros, aunque con las incongruencias en algunos de los valores de sus masas.

La masa del Sol derivada de otras partículas

La masa del Sol no sólo puede conseguirse de los cálculos hasta ahora hechos al protón, al neutrón y al electrón. El Sol puede calcularse de la partícula sigma (Σ) de 1,189.0 Mev (con una cifra completa de 1.991 592 4 x 10^{30} Kg) de sigma (Σ) de 1,193.0 Mev (cuya masa solar es 1.991 166 x 10^{30} Kg); de la partícula omega (Ω) de 1,672 Mev / C^2 (igual a 1.991 x 10^{31} Kg); de la partícula lambda (Λ) de 1,116 Mev / C^2 (1.9908 x 10^{30} Kg); del pión (π) de 139.6 Mev / C^2 cuya masa en Kg., es de 2.489 084 51 (45) x 10^{-28} Kg., del pión (π) de carga neutra 135.0 Mev / C^2, cuya masa en Kg es 2.406

984 x 10-28 Kg.; de la partícula eta (η) de 548 Mev / C^2, cuya masa energía es igual a 9.769 414 (56) 96 x 10^{-28} Kg., (la masa del Sol se obtiene de dos maneras con los múltiplos generados por esta partícula); de otra partícula nuclear llamada kaón (K) de 494.0 Mev / C2, cuya energía es 8.808 078 (43) 97 x 10^{-28} Kg., y la masa del Sol que se obtiene tiene un digito más: la masa del Sol que se obtiene es 1.991 061 x 10^{31} Kg; otro calculo del Sol derivado del kaón de 498.0 Mev / C^2 nos da la cifra del Sol siguiente: 1.991 166 x 10^{30} Kg.

De las partículas leptónicas (palabra ésta que significa liviano, pequeño) el Sol no se forma, pero en su lugar se consigue una masa equivalente a 2.141 888 x 10^{29} Kg. se sabe que la masa del Sol es igual a 1.991 x 10^{30} Kg, pero si se pudiera redondear la misma el resultado fuera 2.91 x 10^{30} Kg, ó 3.10 x 10^{30} Kg. Si se quiere saber cuanto más es la masa del Sol con respecto a la masa obtenido del muón (μ) (de 105.7 Mev / C^2), sólo se tendría primera que llevar a la potencia 10^{30} la cifra obtenida, 2.141 888 x 10^{29} Kg, a 0.214 1 888 x 10^{30} Kg. Luego se procedería a restar una cifra de la otra: 1.991 x 10^{30} Kg – 0.214 2 x 10^{30} Kg = 1.776 8 x 10^{30} Kg. Esta cifra que redondeada sería igual a 1.777 x 10^{30} Kg, faltaría esta cifra para que la masa del Sol se forme del muón (μ). Del muón (μ-), sin embargo, se forman, a demás de Venus y la Tierra las masas de los demás planetas.

Del tau (τ), de 1,777 Mev / C^2 de masa energía, el Sol se forma con un digito menos en el exponente de su potencia; así: 1.991 77 x 10^{29} Kg ó 0.1991 x 10^{30} Kg. También se pueden obtener las masas de los demás astros del sistema solar. La masa primigenia del tau es 3.168 412 x 10^{-27} Kg.

El electrón (e-), al igual que el tau y el muón pertenece al grupo de partículas leptónicas. También del electrón, como se ha comprobado en esta introducción a "El origen del Sol", se forma dicha estrella.

De las partículas que se consideran mensajeras o que sirven de enlace a otras partículas, las W+ y W-, que poseen idéntica masa energía en Mev de 80,400 Mev / C^2, la masa del Sol se puede calcular a partir de la masa primera de dichas partículas, que es de 1.433 541 5 (11) 24 x 10^{-25} Kg. La masa del Sol calculada responde a la cifra 2.329 3512 x 10^{30} Kg. Esta masa es mayor que la masa del Sol en la proporción de (2.329 x 10^{30} Kg / 1.991 x 10^{30} Kg) de 1.169 kilogramos al cuadrado (Kg^2). Un ajuste hecho a la masa con tal de que se asemeje a la masa del Sol salió con dígitos menos en su potencia, así: 1.990 893 4 x 10^{28} Kg. con los múltiplos de las partículas W+ y W- se forman las masas de los demás planetas, con excepción de la masa de Neptuno (1.03 x 10^{26} Kg).

La masa del Sol derivada de algunos elementos de la tabla periódica

Con la masa proporcionada de los elementos llamados lantanoides, del grupo de los elementos químicos del 57 al 71 - lantano (La), Cerio (Ce), praseodimio (Pr), neodimio (Nd), praseodimio 61 (Pm), samario (Sm), europio (Eu), gadolimio (Gd), terbio (Tb), disprosio (Dy), holmio (Ho), erbio (Er), tulio (Tm), iterbio (Yb), y lutecio (Lu) – de una masa energía promedio igual a 80,969.7 Mev, y de una masa atómica (u) entre 86.297 731 (u) y 86.909 266 (u) y de una masa inicial de 1.442 162 3 (34) 71 x 10^{-25} Kg, se forma la masa del Sol con la cifra siguiente: 1.889 524 x 10^{30} Kg, la cual al ser redondeada da el resultado 1.99 x 10^{30} Kg. También se obtienen las masas de Mercurio, la Tierra, la Luna, Marte, Júpiter (1.90 29 300 x 10^{26} Kg, con un digito menos en el exponente); Saturno no se forma Urano tampoco, pero Neptuno se formó y también Plutón.

De la partícula mensajera Z° de 91,190 Mev, de masa original igual a 1.624 197 4 (87) 49 x 10^{-25} Kg, se forman el Sol (1.991 35 x 10^{29} Kg, con un digito menos); la Tierra (5.957 x 10^{24} Kg), la Luna (7.375 776 x 10^{21} Kg, con un digito menos en el exponente); Mercurio (con una masa aproximada de 3.30 x 10^{23} Kg, en lugar de 3.18 x 10^{23} Kg); Venus (4.877 239 x 10^{23} Kg, con un digito menos); Júpiter (1.90 x 10^{28} Kg, con un digito demás); Saturno (5.694 123 x 10^{26} Kg, en vez de 5.68 x 10^{26} Kg); Urano (8.68 x 10^{26} Kg, en lugar de 8.68 x 10^{25} Kg, con un digito por encima de la masa calculada del planeta); Neptuno, en vez de (1.03 x 10^{26} Kg, se forma con 1.044 x 10^{26} Kg); y Plutón no se forma.

Del rubidio (Rb) con energía de 79, 686.9 Mev y masa en Kg., original de 1.419 977 5 (84) 99 x 10^{-25} Kg^{-2}, se forma una masa cercana a la del Sol 1.991 x 10^{28} Kg. Los planetas que se forman son: Mercurio, Venus, la Tierra, la Luna (en vez de 7.36 x 10^{22} Kg, se consigue con 7.36 x 10^{23} Kg); Marte, Júpiter (1.91 x 10^{28} Kg, en lugar de 1.90 x 10^{27} Kg); Saturno, Urano, Neptuno y Plutón (1.4 x 10^{22} Kg, en vez de 1.4 x 10^{22} Kg). Del rubidio (Rb) radiactivo -87 (número atómico, A) de masa energía 81,053.5 Mev y masa original de (1.444 329 6 (60) 22 x 10^{-25} Kg), se forma una masa que se aproxima a la del Sol, esto es de (2.063 x 10^{30} Kg, en lugar de 1.991 x 10^{30} Kg); Mercurio se forma, Venus también, la

Tierra, la Luna con un digito más en el exponente; Marte (6.42×10^{24} Kg, en vez de 6.42×10^{23} Kg); también se forma un planeta de masa cercana a la de Júpiter (1.90×10^{27} Kg, con una masa superior 1.90×10^{29} Kg); Saturno (5.68×10^{25} Kg, en vez de 5.68×10^{26} Kg); Urano se forma pero no Neptuno; Plutón fue calculado, en vez de (1.4×10^{22} Kg, se obtuvo 1.491 ó 1.5×10^{22} Kg).

El Sol sale también de la masa del elemento molibdeno. La Tierra, la Luna, Venus (4.88×10^{25} Kg, con un digito más); Júpiter se obtiene con una masa de (2.09×10^{27} Kg, en vez de 1.90×10^{27} Kg); si la masa de Júpiter pudiera ser redondeada ésta sería a (2.0×10^{27} Kg); Saturno, Urano, Neptuno (1.03×10^{25} Kg, con un digito menos) y Plutón también sus masas fueron calculadas.

De los metales alcalinotérreos también fueron calculados el Sol (1.991×10^{29} Kg), con un digito menos en el exponente, Mercurio ($0.318\ 2 \times 10^{23}$ Kg), Venus (4.885×10^{25} Kg, con un digito por encima de la masa de dicho planeta); la Tierra (5.96×10^{24} Kg, en lugar de 5.98×10^{24} Kg); la Luna; Marte (6.44×10^{23} Kg, en vez de 6.42×10^{23} Kg); Júpiter ($1.910\ 4 \times 10^{26}$ Kg, en vez de 1.90×10^{27} Kg); Urano (8.67×10^{26} Kg, en lugar de 8.68×10^{25} Kg); Neptuno (1.108×10^{26} Kg, en vez de 1.03×10^{26} Kg); y Plutón (1.403×10^{22} Kg). Los metales alcalinotérreos comprenden el berilio (Be), el magnesio (Mg), el Calcio (Ca), el estroncio (Sr), el bario (Ba), y el radio (Ra). La masa energía original de estos metales es ($1.448\ 828\ 1\ (97)\ 37 \times 10^{-27}$ Kg).

De los elementos del grupo IA, o sea de los metales llamados alcalinos, como el litio (Li), el sodio (Na), el potasio (K), el rubidio (Rb), el cesio (Cs) y el francio (Fr), también se forman los astros del sistema solar. La masa energía en Mev derivada del promedio de las masas atómicas (u o uma) de estos elementos es 79,256.9 Mev y su masa energía promedio en Kg es igual a $1.412\ 306\ 2\ (52)\ 39 \times 10^{-25}$ Kg. Del múltiplo de la masa promedio de los metales alcalinos se calculan las masas del Sol (1.991×10^{-29} Kg, con un digito menos en su exponente). También se forma Mercurio con un digito menos (0.318×10^{23} Kg ó 3.18×10^{22} Kg); Venus se origina con un digito más (4.885×10^{25} Kg); la Tierra se calcula pero no con la misma masa (5.96×10^{24} Kg, en lugar de 5.98×10^{24} Kg); la Luna se forma con su masa exacta; Marte se obtiene aunque un tanto irregular (6.44 x 10^{23} Kg en vez de 6.42 x 10^{23} Kg); Júpiter sale con un digito menos y con cierta irregularidad (1.910 471 6 x 10^{26} Kg, en lugar de 1.90 x 10^{27} Kg, como debe aparecer); Urano se forma un tanto descuadrado (8.672 773 x 10^{26} Kg, en lugar de 8.68 x 10^{26} Kg); Neptuno sale casi con su masa (1.03 x 10^{26} Kg, (en su lugar se forma 1.038 49 x 10^{26} Kg). Plutón se forma sin dificultad.

Una nueva revisión de los múltiplos de la masa de los alcalinotérreos da como resultado una masa exacta del Sol (1.991 39 x 10^{39} Kg); la masa de Mercurio, luego de un redondeo de sus cifras, sale siendo (3.180 x 10^{23} Kg, tal como se espera); Venus se forma con una masa perfecta (4.881 5 x 10^{24} Kg); la Tierra se forma con una digito por encima (5.983 223 x 10^{25} Kg); Marte sale como tal, luego de un redondeo de sus cifras (6.422 x 10^{23} Kg); Júpiter se obtiene con un digito más en su exponente (1.911 262.0 x 10^{28} Kg, en lugar de 1.90 x 10^{27} Kg); la Luna se forma con un digito extra (7.373 008 x 10^{23} Kg, en lugar de 7.36 x 10^{22} Kg); Saturno se forma sin dificultad (5.68 x 10^{26} Kg); Urano se obtiene con cierta inexactitud (8.737 20 x 10^{25} Kg, en lugar de 8.68 x 10^{25} Kg); el cálculo de Neptuno sale de (1.037 5 x 10^{25} Kg, en lugar de 1.03 x 10^{26} Kg); Plutón no se forma (?).

De los elementos del grupo 3A, cinco en total, entre ellos el boro (B), el aluminio (Al), el galio (Ga), el indio (In) y el talio (Tl), cuya masa energía en Mev promedio es igual a 79,511.9 Mev y su masa energía en Kg, igual a (1.416 842 (97) 12 x 10^{-25} Kg, se forman el Sol con un número menos en su exponente (1.991 x 10^{29} Kg); Venus (4.88 x 10^{24} Kg); la Tierra (5.98 x 10^{24} Kg); la Luna (7.36 x 10^{22} Kg); Marte (6.42 x 10^{23} Kg); Júpiter (1.90 x 10^{27} Kg); Urano (8.68 x 10^{25} Kg); Saturno (5.68 x 10^{26} Kg); Urano (8.68 x 10^{25} Kg); Neptuno (1.03 x 10^{26} Kg) éste no se forma. Una masa cercana a la masa de Plutón (1.4 x 10^{22} Kg, se obtiene 1.7 x 10^{22} Kg).

El Sol y los elementos del grupo 4A de la tabla periódica

A este grupo pertenecen el carbono (C) el Silicio (Si), el germanio (Ge), el estaño (Sn) y el plomo (Pb). La masa energía en Mev promedio es 81,728.8 Mev y su masa original en Kg es igual a (1.456 353 1 (03) 04 x 10^{-25} Kg).

De este grupo de elementos se forman el Sol con un digito menos (1.991 x 10^{29} Kg); Mercurio es calculado con un digito más (3.18 x 10^{24} Kg, en vez de 3.18 x 10^{23} Kg); Venus se calcula mostrando su propia masa (es decir, 4.88 x 10^{24} Kg, luego de que se redondeada el número 3 de la única cifra terminada en 1024: 3.795 x 1024 Kg a 4.95 x 10^{24} Kg2 y restándole la cifra 6.160 44 x 10^{-23} Kg, dando la masa deseada 4.88 x 10^{24} Kg); la Tierra se forma con un digito más en su exponente (5.98 x 1025 Kg en vez de 5.98 x 10^{24} Kg); la Luna se logra calcular con su masa tal cual es (7.36 x 10^{22} Kg); la masa de Marte sale tal cual es (6.42 x 1023 Kg); Júpiter se logra calcular con su propia masa (1.905 x 10^{27} Kg); Saturno llega a calcularse con su masa luego de un pequeño redondeo (5.68 x 10^{26} Kg); Urano no se forma (8.197 4 741 x 10^{25} Kg en vez de 8.68 x 10^{25} Kg), Neptuno se forma con su masa (1.03 x 10^{26} Kg); Plutón también se calcula con su masa (1.4 x 10^{22} Kg)

El sistema solar de los elementos de los 5A

A este grupo pertenecen el nitrógeno (N) el fósforo (P), el arsénico (As), *__el antimonio (Sb)__* y el bismuto (Bi). La masa energía promedio en Mev de estos elementos es 83,968.9 Mev y su masa inicial en Kg es igual a (1.496 281 2 (31) 19 x 10^{-25} Kg2).

De esta masa primigenia se forma el Sol con un digito más en su potencia (1.991 x 10^{31} Kg2); Mercurio se obtiene con un digito menos (3.18 x 10^{22} Kg); la masa de Venus se obtiene (4.88 x 10^{24} Kg); la masa de la Tierra carece de 0.02 décimas para alcanzar su masa, en lugar de (5.98 x 10^{24} Kg) sólo alcanza llegar a (5.98 x 10^{24} Kg); la Luna se obtiene con su propia masa (7.36 x 10^{22} Kg); Saturno se forma tal cual es (5.68 x 10^{26} Kg); Urano se pasa de su masa (8.90 x 10^{25} Kg en lugar de 8.68 x 10^{25} Kg); Neptuno se forma con u dígito menos en su exponente (1.03 x 10^{25} Kg); Plutón también se forma (1.4 x 10^{22} Kg).

Los elementos del grupo 6A

A este grupo pertenecen el oxigeno (O), el azufre (S), el selenio (Ce), el tenecio (T), y el polonio (Po). La masa energía promedio de estos elementos en Mev es 81,692.8 Mev, y su masa promedio en Kg es igual a (1.455 722 2 (73) 57 x 10^{-27} Kg) del múltiplo de esta última cifra el Sol se forma con su masa correspondiente (1.991 x 10^{30} Kg); se forma otra vez con (1.990 451 x 10^{30} Kg ó 1.99 x 10^{30} Kg); se forma de nuevo con un digito menos (1.991 x 10^{29} Kg); se forma por cuarta y última vez con su masa exacta (1.991 x 10^{30} Kg); Mercurio se forma con una digito menos (3.18 x 10^{22} Kg en lugar de 3.18 x 10^{23} Kg); Venus se forma también con un digito menos (4.88 x 10^{23} Kg en lugar de 4.88 x 10^{24} Kg); la masa de la Tierra se obtiene tal cual es (5.98 x 10^{24} Kg); Marte se consigue con un número menos en lugar de (6.42, se forma con 6.41 x 10^{23} Kg) poseyendo el mismo exponente; Júpiter, al igual que el Sol se forman de tres maneras diferentes, que son las siguientes: 1.930 x 10^{27} Kg, 1.90 x 10^{26} Kg, 1.900 x 10^{27} Kg; Saturno se forma con su esperada masa (5.68 x 10^{26} Kg); Urano se forma con un digito menos en vez de (8.68 x 10^{25} Kg) se forma con (8.68 x 10^{24} Kg); Urano se forma también pero con un digito por encima (8.68 x 10^{26} Kg). La masa de Neptuno es (1.03 x 10^{26} Kg pero con los elementos del grupo 6A se forma una masa de (1.04 x 10^{26} Kg); la Luna se forma (7.36 x 10^{22} Kg); Plutón no se obtiene.

Los elementos del grupo 7A: Los Halógenos

Los átomos de estos elementos se caracterizan por su fuerte electronegatividad, que no es mas que su particularidad de captar electrones libres y en transformarse en iones negativos, o aniones como se les conoce, en contra posición a los iones positivos o cationes. Pertenecen a este grupo el flúor (F), el cloro (Cl), el bromo (Br), el yodo (Y), y el astuto (At).

La masa energía promedio de todos estos elementos en Mev es de 89,178.8 Mev, y su masa en Kg, corresponde a la cifra (1.589 118 1(24) 26 x 10^{-25} Kg2). De los 123 múltiplos que se derivan de dicha masa contribuyen a formar la masa que coincide con la masa del Sol ($1.987\ 1\ 76 \times 10^{30}$ Kg) o simplemente (1.991×10^{30} Kg). La masa de Mercurio puede computarse (3.18×10^{23} Kg) sin dificultad alguna; se descubre la masa de Venus, tal cual es (4.88×10^{24} Kg); la Tierra se forma también con igual facilidad (5.98×10^{24} Kg); la masa de la Luna se computa pero con un digito más, o sea en lugar de (7.36×10^{22} Kg) se forma una masa igual a (7.36×10^{23} Kg); Júpiter se forma pero en lugar de (1.9×10^{27} Kg2) se consigue ($1.912\ 348 \times 10^{27}$ Kg) o simplemente (1.91×10^{27} Kg); la masa de Saturno ($5.682\ 1 \times 10^{26}$ Kg) se calcula sin dificultad, Urano también se forma ($8.681\ 717 \times 10^{25}$ Kg); Neptuno (cuya masa es 1.03×10^{26} Kg) se puede alterar su resultado de ($9.837\ 135\ 3 \times 10^{25}$ Kg) con sólo redondear el 9, que preside al 8 en (1.09×10^{26} Kg), resultado que se estima redondeando el 9 en 10.3 por el 8 que le sigue en (9.83×10^{25} Kg), procedimiento matemático que facilita encontrar su masa que de otro modo no puede obtenerse; Plutón puede computarse luego de redondear la cifra ($1.361\ 552 \times 10^{22}$ Kg), (igual 1.4×10^{22} Kg), vale hacer notar que todos los astros se forman de los elementos conocidos como halógenos.

El sistema solar de los gases nobles 8A

Se les llama gases nobles al grupo compuesto por ***el helio (He), el xenón (Xe), el neón (Ne), el kriptón (Kr), y el radón (Rn).*** La masa energía promedio en Mev es de 77,570.9 Mev / C2, y su masa en Kg equivalente es igual a ($1.83\ 098\ 6(66)\ 62 \times 10^{-25}$ Kg2) y su masa atómica (u) promedio es ($83.261\ 123$ (uma).

Del múltiplo de la masa en Kg se forma el Sol con un digito menos (1.991×10^{29} Kg); Mercurio se obtiene con su masa correspondiente (3.18×10^{23} Kg); Venus se descubre también (4.88×10^{24} Kg); la Tierra por igual (5.98×10^{24} Kg), luego de hacerle un redondeo a la cifra ($5.685\ 57\ 01 \times 10^{24}$ Kg); la Luna se forma pro en vez de (7.36 con 7.37×10^{22} Kg); Marte se forma luego de redondear la cifra 6.4181×10^{24} Kg, (6.42×10^{24} Kg en lugar de 6.42×10^{23} Kg); Júpiter se forma (1.90×10^{27} Kg); Saturno se forma, pero en vez de (5.68×10^{26} Kg), se consigue (5.67×10^{26} Kg), luego de redondear la cifra; Urano se detiene (8.68×10^{25} Kg), luego de ser redondeada la cifra (8.48894×10^{25} Kg); Neptuno se consigue con un digito más, en vez de $(1.03 \times 10^{26}$ Kg$)$ se forma $(1.03 \times 10^{27}$ Kg$)$; Plutón también se forma de los gases nobles $(1.427\ 062 \times 10^{22}$ Kg$)$.

Los metales de transición. Lantano (La)

Estos metales (27 en total) son el titanio (Ti), el vanadio (V), el cromo (Cr), el maganeso (Mn), el hierro (Fe), el cobalto (Co), el níquel (Ni), el cobre (Cu), el zirconio (Zr), el niobio (Nb), el molibdeno (Mo), el tecnecio (Tc), el rutenio (Ru), el rodio (Rh), el paladio (Pd), el mercurio (Ag), el hafnio (Hf), el tantalio (Ta), el wolframio (w) o tungsteno, el remio (Re), el osmio (Os), el iridio (Ir), el Platino (Pt) y el oro (Au). Todos estos metales se caracterizan porque no están solos en la naturaleza sino en grupos, de ahí su facilidad de combinarse los unos a los otros. La masa atómica promedio es igual a 118. 215 277 (uma). Su masa en Mev es de 110,136.7 Mev / C2, y su masa promedio en Kg es igual a $(1.963\ 750\ 3(90)\ 06 \times 10^{-25}$ Kg$)$. De esta cifra se computaron 120 múltiplos.

La masa del Sol se forma de los elementos de transición $(1.991 \times 10^{30}$ Kg$)$, luego de ajustar o redondear la cifra $(1.797\ 889 \times 10^{30}$ Kg$)$; otra masa que se aproxima a la del Sol es $(2.005\ 010 \times 10^{30}$ Kg$)$; la masa $(3.183\ 619 \times 10^{23}$ Kg$)$, da como resultado la masa de Mercurio $(3.18 \times 10^{23}$ Kg$)$; la masa total $(4.885\ 427\ 05 \times 10^{24}$ Kg$)$ resulta en la masa de Venus $(4.88 \times 10^{24}$ Kg$)$; la masa $(5.8986719 \times 10^{23}$ Kg$)$ se aproxima a la masa de la Tierra $(5.98 \times 10^{24}$ Kg$)$; la Luna se forma luego de ajustar el total de resultado de su masa $(7.339\ 870 \times 10^{23}$ Kg$)$ pero con un digito más (la masa de la Luna debe ser 7.36×10^{22} Kg$)$; la masa de Marte $(6.42 \times 10^{23}$ Kg$)$ se obtiene con esta cifra entera de los metales de transición $(6.442063 \times 10^{23}$ Kg$)$, Júpiter se forma $(1.90 \times 10^{27}$ Kg$)$ por medio de la cifra $(1.897\ 069 \times 10^{27}$ Kg$)$, Saturno puede conseguirse de dos maneras: una que da la cifra $(5.677\ 008\ 443 \times 10^{26}$ Kg$)$ y la otra forma es la que da la cifra $(5.678\ 383 \times 10^{26}$ Kg$)$; la masa de Saturno es $(5.68 \times 10^{26}$ Kg$)$; Urano se forma $(8.68 \times 10^{25}$ Kg$)$, luego de redondear la cifra $(8.657\ 793\ 70 \times 10^{26}$ Kg$)$ con un digito de más $(8.68 \times 10^{2^6}$ Kg$)$; Neptuno se consigue con solo sumar y restar 3 cifras hasta alcanzar el total de $(1.028\ 430 \times 10^{26}$ Kg$)$ que equivale a $(1.03 \times 10^{26}$ Kg$)$; Plutón $(1.4 \times 10^{22}$ Kg$)$ se consigue a través del total $(1.454\ 000 \times 10^{22}$ Kg$)$.

Los elementos del grupo al cual pertenecen el zinc (Zn), el cadmio (Cd) y el mercurio (Hg)

El promedio de la masa atómica (u) de estos tres elementos es 125.93. La masa energía en Mev de dicha masa atómica equivale a 117,323.7 Mev y una masa en Kg correspondiente a $(2.091\ 896\ 0\ (55) \times 10^{-25}$ Kg). Luego de obtener 123 múltiplos de la masa inicial anterior, los astros que se forman son los siguientes: el Sol $(1.991 \times 10^{30}$ Kg) de la cifra $(1.988\ 417 \times 10^{30}$ Kg) que representa la cifra total de la estrella más cercana a la Tierra; Mercurio se forma con una masa que posee un digito menos en su potencia con la cifra $(3.193\ 379 \times 10^{22}$ Kg) en vez de $(3.18 \times 10^{23}$ Kg); Venus, cuya masa es calculada en $(4.88 \times 10^{24}$ Kg), se computa con una cifra igual a $(4.877\ 198 \times 10^{24}$ Kg); la Tierra, cuya masa ha sido calculada en $(5.98 \times 10^{24}$ Kg), se consigue por medio del redondeo de la cifra $(5.867\ 808 \times 10^{25}$ Kg) que contiene un digito extra en su potencia.; la Luna se forma sin que haya la necesidad de reformar la masa obtenida, que es de $(7.360\ 091 \times 10^{22}$ Kg);Marte se materializa sin que exista de manera alguna $(6.425\ 240 \times 10^{23}$ Kg); la masa de Júpiter se calcula en $(1.90 \times 10^{27}$ Kg) sin embargo, en los cálculos de los elementos del grupo aludido (zinc, cadmio, mercurio) la masa que se forma de Júpiter no es la misma, ya que tiene dos dígitos menos en su exponente en la masa total $(1.900\ 235 \times 10^{25}$ Kg) ó $(0.190 \times 10^{26}$ Kg) para acercar esta masa a la masa de dicho planeta; la masa de Saturno se logra pero con un digito menos en su potencia $(5.68 \times 10^{25}$ Kg) en lugar de $(5.68 \times 10^{26}$ Kg); Urano se forma no con su propia potencia $(8.68 \times 10^{25}$ Kg) sino con un digito por encima $(8.680\ 146 \times 10^{26}$ Kg); Neptuno se consigue pero con un digito más, en vez de ser $(1.03 \times 10^{26}$ Kg) se forma una masa igual a $(1.0188\ 175 \times 10^{27}$ Kg), (al redondear dicha cifra el 1.0188, que precede al doble ocho, se redondea primero a 1.028 y luego a $1.031\ 175 \times 10^{27}$ Kg); Plutón $(1.4 \times 10^{22}$ Kg) se obtiene por medio de la cifra $(1.443\ 661 \times 10^{22}$ Kg).

El Sol de las tierras raras y los actinoides

Los actinoides son una familia de elementos encabezados por el elemento actinio (Ac). Todos los elementos que le siguen son radiactivos naturales o artificiales. El actinio tiene carácter metálico y es un elemento radiactivo natural "elemento radiactivo natural". Son 15 elementos en total: el actinio (Ac), el torio (Th), el protactino (Pa), el uranio (u), el neptunio (Np), el plutonio (Pu), el americio (Am), el curio (Cm), el berkerio (Bk), el californio (Cf), el einstenio (Es), el fermio (Fm), el mendelevio (Md), el nobelio (No) y el laurencio (Lr). Algunos nombres de estos elementos se derivan de los nombres de sus descubridores, por ejemplo, el einstenio, se deriva del nombre del físico Albert Einsten; el fermio, se deriva del físico italiano Enrico Fermi; el mendelevio del físico ruso Dmiti I. Mendelyeer; el laurencio, se deriva del nombre del químico francés Antoine Laurent Lavosier; y otros derivados de nombre de cientificos.

La masa atómica (u) de todos estos elementos desde el primero, el actinio, hasta el último el laurencio, está comprendida en 227.03 hasta 262.11 (u). la masa atómica promedio es de 245.200 666 (u) y su masa energía correspondiente en Mev es igual a 228,443.7 Mev. A esta masa energía corresponde una masa en Kg de ($4.073\ 170\ 0(72)\ 92 \times 10^{-25}$ Kg), no está demás aclarar que un kilogramo equivale a 2.2 libras. Los 106 múltiplos derivados de la masa inicial forman los astros siguientes: el Sol (1.991×10^{30} Kg) con un digito menos en la cifra (1.86913×10^{29} Kg); Mercurio se forma con su masa (3.18×10^{23} Kg) con la cifra completa (3.184868×10^{23} Kg); Venus (4.88×10^{24} Kg) se obtiene por medio de la masa que sigue: ($4.884\ 809 \times 10^{24}$ Kg); la Tierra (5.98×10^{24} Kg) se consigue con la masa ($5.878\ 196\ 094 \times 10^{24}$ Kg) luego de hacer un redondeo a la cifra; la Luna se forma con un digito más del exponente ya conocido (7.36×10^{22} Kg) con la masa completa ($7.361\ 926 \times 10^{23}$ Kg); Marte (6.42×10^{23} Kg) se obtiene con la cifra ($6.418\ 552 \times 10^{23}$ Kg); la masa de Júpiter no se obtiene como tal (1.90×10^{27} Kg), sino con la cifra o masa ($2.039\ 451 \times 10^{27}$ Kg); recuérdese que aunque la masa de Júpiter esté ya establecida científicamente, si redondeamos 1.90×10^{27} Kg, obtendríamos la masa (2.0 ó 2×10^{27} Kg) que es la misma masa que se obtuvo arriba; la masa de Saturno (5.68×10^{26} Kg) se consigue con la larga cifra ($5.597\ 648 \times 10^{26}$ Kg) luego de ser redondeada; Urano (8.68×1025 Kg) se obtiene por medio de la cifra (3.99 x 10^{25} Kg), la masa de Neptuno (1.03 x 10^{26} Kg) se calcula luego de ajustar la masa calculada para este astro de (1.035 145 x 10^{26} Kg); la masa de Plutón (1.4 x 10^{22} Kg) se obtiene con un digito más en la cifra o masa (1.406 534 x 10^{23} Kg).

La masa atómica de todos los elementos de la tabla periódica.

Encontrar los astros del sistema solar del peso atómico (U) de todos los elementos de la tabla periódica y luego promediarlos. La masa o peso atómico de todos los elementos de la tabla periódica suma 14,626. 454000U. Los elementos sumados fueron 109. La masa total dividida entre los 109 elementos de un total de masa atómica igual a 134.187 654U. La masa atómica del cesio es 132.9054U, cifra que corresponde al número atómico -133 del cesio (Cs), cuya masa atómica o peso atómico es igual a 132. 905 436U. La abundancia porcentual del cesio mencionado es de 100%. También existe el cesio de número atómico de masa (A)-134, el cual es radiactivo, y aunque el texto no especifica el porcentaje, sí dice que su vida promedio es de 2 años y un mes; al cabo de dicho tiempo se desintegra. La masa atómica (U) del cesio-radiactivo-134 es de 133.906 703U. La suma de estas dos masas atómicas del cesio es igual a 266.812 139U, cifra que al ser dividida entre las dos masas sumadas arroja el promedio de masa 133.406 0695U. Se podría decir que el peso atómico promedio está entre el cesio-133 y 134, pero más próximo al cesio radiactivo. De todos los elementos de la tabla periódica, el cesio es el átomo con mayor radio atómico. Este radio atómico es de 265 picómetros. Por tanto, es el átomo de mayor tamaño. Pero su radio iónico es de tan sólo 169 picómetros, lo cual se debe a que es un catión (cuya carga neta es positiva) y esto lo hace más pequeño que otros iones (como el anión nitrógeno (N^{3-}), de 171 pm; el azufre (S^{2-}), de 184 pm; el cloro^{-}, de 181 pm; el selenio (Se^{2-}), de 198 pm; el bromo (Br) de 195pm; el tecnecio (Te^{2-}), de 221 pm y el yodo (I^{-}), de 216 pm. La razón de que el catión o anión cesio sea una vez más pequeño que el nitrógeno, es que el cesio contiene, respectivamente, 48 protones más que el anión nitrógeno, y la nube de electrones que posee el cesio atraída fuertemente por su carga neta positiva. 39 protones más que el azufre; 38 protones más que el cloro; 21 protones más que el anión selenio; 20 protones más que el anión bromo; 12 protones más que el tecnecio; y, por último 2 protones más que el yodo.

Según los expertos, los átomos o iones que poseen carga neta negativa son más pequeños que los iones o aniones, los cuales contienen carga negativa. Esto se debe a que los aniones poseen en sus nubes electrónicas electrones que se mueven libremente porque el núcleo posee menos protones y hay más repulsión entre los electrones. En cambio, los cationes atraen con mayor fuerza a sus electrones porque poseen más protones y hay menos repulsiones entre las nubes de electrones. El químico Dr. Chang quiere ilustrarnos con varios ejemplos. Uno de ellos es el de tres elementos isoelectrónicos (es decir, que poseen el mismo número de electrones), los cuales son el aluminio (Al^{3+}), el magnesio (Mg^{2+}) y el sodio (Na^{+}). Estos tres elementos (cationes) poseen el mismo número de electrones, pero el químico mencionado nos dice que el ión Al^{3+} tiene un protón más que el magnesio mg^{2+}, y por tanto, su radio es menor; ob.cit., pág. 301.

Como se necesita saber la masa en kg de la masa atómica resultante, luego de sumar todas las masas atómicas de los 109 elementos y promediarlas, podríamos utilizar los datos que nos brinda el carbono para, primero, conseguir la energía en Mev de la masa atómica promedio. Luego, como ha sido costumbre a lo largo de este trabajo, utilizamos dos datos del protón, esto es, sus dos masas en kg y en Mev, para obtener la masa en kg de la masa atómica promedio conseguida, la cual es de 133.406 0695 U ó Uma.

La masa atómica y la energía del carbono son 12.000 000U y 11,179.9 Mev. Conociendo estos dos valores encontraremos entonces la energía de la masa promediada de los 109 elementos.

Mev de la masa energía promediada es igual a

$$\frac{(133.406\ 069U) \times (11,179.9\ Mev)}{12.00\ U}$$

$$= \frac{1,491,466.9\ U.Mev}{12.00U} = 124,288.9\ Mev$$

Como la masa del protón en kg es de 1.673 x10^{-27}kg^2 y su masa energía de 938.4 Mev, la masa en kg de la masa atómica promediada y de su energía es la siguiente:

$$\frac{(1.673 \text{ x}10^{-27}\text{kg}^2) \text{ x } (124,288.9 \text{ Mev})}{938.4 \text{ Mev}}$$

$$= \frac{207,935.4 \text{ x}10^{-27}\text{kg}^2 \text{ x } \cancel{\text{Mev}}}{938.4 \cancel{\text{Mev}}}$$

$= 221.584\ 920\ 48(1) \text{ x}10^{-27}$kg

$= 2.215\ 849\ 2\ (04)\ 81$ x10^{25}kg^{-2}. Esta es la masa en kg de la masa atómica de todos los elementos de la tabla periódica. Encontremos ahora el múltiplo de esta masa:

2.215 849 x10^{-25}kg-^{2}	1.953 070 x10^{-16}kg	8.738 522 x10^{-8}kg
4.909 987 x10^{-25}kg	3.814 483 x10^{-16}kg	7.636 177 x10^{-7}kg
2.410 797 x10^{-24}kg	1.455 028 x10^{-15}kg	5.831 121 x10^{-6}kg
5.811 946 x10^{-24}kg	2.117 107 x10^{-15}kg	6.400 197 x10^{-5}kg
3.377 872 x10^{-23}kg	4.482 142 x10^{-15}kg	1.156 134 x10^{-4}kg
1.141 002 x10^{-22}kg	2.008 960 x10^{-14}kg	1.336 646 x10^{-4}kg
1.301 885 x10^{-22}kg	4.035 921 x10^{-14}kg	1.786 622 x10^{-4}kg
1.694 906 x10^{-22}kg	1.628 866 x10^{-13}kg	3.192 021 x10^{-4}kg
2.872 709 x10^{-22}kg	2.653 205 x10^{-13}kg	1.018 900 x10^{-3}kg
8.252 460 x10^{-22}kg	7.039 500 x10^{-13}kg	1.038 157 x10^{-3}kg
6.810 307 x10^{-21}kg	4.955 457 x10^{-12}kg	1.077 771 x10^{-3}kg
4.638 031 x10^{-25}kg	2.455 655 x10^{-11}kg	1.161 591 x10^{-3}kg
2.151 134 x10^{-19}kg	6.030 245 x10^{-11}kg	1.349 293 x10^{-3}kg
4.627 377 x10^{-19}kg	3.636 385 x10^{-10}kg	1.820 593 x10^{-3}kg
2.141 262 x10^{-18}kg	1.322 330 x10^{-9}kg	3.314 561 x10^{-3}kg
4.585 004 x10^{-18}kg	1.748 556 x10^{-9}kg	1.098 631 x10^{-2}kg
2.102 226 x10^{-17}kg	3.057 450 x10^{-9}kg	1.205 991 x10^{-2}kg
4.419 355 x10^{-17}kg	9.348 006 x10^{-9}kg	1.456 828 x10^{-2}kg

$2.122\ 349 \times 10^{-2}$kg	$1.354\ 424 \times 10^{9}$kg	$1.645\ 043 \times 10^{19}$kg
$4.504\ 365 \times 10^{-2}$kg	$1.834\ 466 \times 10^{9}$kg	$2.706\ 166 \times 10^{19}$kg
$2.028\ 931 \times 10^{-1}$kg	$3.365\ 268 \times 10^{9}$kg	$7.323\ 337 \times 10^{19}$kg
$4.116\ 561 \times 10^{-1}$kg	$1.132\ 503 \times 10^{10}$kg	$5.363\ 126 \times 10^{20}$kg
$1.694\ 608 \times 10^{1}$kg	$1.282\ 563 \times 10^{10}$kg	$2.876\ 313 \times 10^{21}$kg
$2.871\ 696 \times 10^{1}$kg	$1.644\ 968 \times 10^{10}$kg	$8.273\ 177 \times 10^{21}$kg
$8.246\ 639 \times 10^{1}$kg	$2.705\ 922 \times 10^{10}$kg	$6.844\ 546 \times 10^{22}$kg
$6.800\ 707 \times 10^{2}$kg	$7.322\ 015 \times 10^{10}$kg	$4.684\ 781 \times 10^{23}$kg
$4.624\ 961 \times 10^{3}$kg	$5.361\ 190 \times 10^{11}$kg	$2.194\ 717 \times 10^{24}$kg
$2.139\ 027 \times 10^{4}$kg	$2.874\ 236 \times 10^{12}$kg	$4.816\ 784 \times 10^{24}$kg
$4.575\ 436 \times 10^{4}$kg	$8.261\ 234 \times 10^{12}$kg	$2.320\ 141 \times 10^{25}$kg
$2.093\ 462 \times 10^{5}$kg	$6.824\ 800 \times 10^{13}$kg	$5.383\ 054 \times 10^{25}$kg
$4.382\ 583 \times 10^{5}$kg	$4.657\ 789 \times 10^{14}$kg	$2.897\ 727 \times 10^{26}$kg
$1.920\ 704 \times 10^{6}$kg	$2.169\ 500 \times 10^{15}$kg	$8.396\ 826 \times 10^{26}$kg
$3.689\ 104 \times 10^{6}$kg	$4.706\ 731 \times 10^{15}$kg	$7.050\ 669 \times 10^{27}$kg
$1.360\ 948 \times 10^{7}$kg	$2.215\ 332 \times 10^{16}$kg	$7.971\ 193 \times 10^{28}$kg
$1.852\ 182 \times 10^{7}$kg	$4.907\ 697 \times 10^{16}$kg	$2.471\ 276 \times 10^{29}$kg
$3.430\ 578 \times 10^{7}$kg	$2.408\ 549 \times 10^{17}$kg	$6.107\ 207 \times 10^{29}$kg
$1.176\ 886 \times 10^{8}$kg	$5.801\ 109 \times 10^{17}$kg	$3.729\ 978 \times 10^{30}$kg
$1.385\ 062 \times 10^{8}$kg	$3.365\ 287 \times 10^{18}$kg	$1.391\ 273 \times 10^{31}$kg
$1.918\ 398 \times 10^{8}$kg	$1.132\ 515 \times 10^{19}$kg	$1.935\ 642 \times 10^{31}$kg
$3.680\ 251 \times 10^{8}$kg	$1.282\ 592 \times 10^{19}$kg	$3.746\ 710 \times 10^{31}$kg

EJERCICIOS

Encuentre las masas de los astros del sistema solar en las masas de los siguientes elementos de la tabla periódica de uranio (U), neptunio (NP), plutonio (PT). La masa promedio de estos elementos químicos es:

$2.263\ 984 \times 10^{-17}$kg	$4.467\ 042 \times 10^{-15}$kg	$7.040\ 598 \times 10^{-13}$kg
$5.125\ 626 \times 10^{-17}$kg	$2.269\ 609 \times 10^{-14}$kg	$4.957\ 002 \times 10^{-12}$kg
$2.627\ 205 \times 10^{-16}$kg	$5.151\ 128 \times 10^{-14}$kg	$2.457\ 187 \times 10^{-11}$kg
$6.902\ 204 \times 10^{-16}$kg	$2.653\ 412 \times 10^{-13}$kg	$6.037\ 768 \times 10^{-11}$kg

$3.645\ 464\ \text{x}10^{-10}\text{kg}$

$1.328\ 941\ \text{x}10^{-9}\text{kg}$

$1.766\ 085\ \text{x}10^{-9}\text{kg}$

$3.119\ 057\ \text{x}10^{-9}\text{kg}$

$9.728\ 518\ \text{x}10^{-9}\text{kg}$

$9.464\ 407\ \text{x}10^{-8}\text{kg}$

$8.957\ 500\ \text{x}10^{-7}\text{kg}$

$8.023\ 681\ \text{x}10^{-6}\text{kg}$

$6.437\ 945\ \text{x}10^{-5}\text{kg}$

$4.144\ 714\ \text{x}10^{-4}\text{kg}$

$1.717\ 865\ \text{x}10^{-3}\text{kg}$

$2.951\ 063\ \text{x}10^{-3}\text{kg}$

$8.708\ 774\ \text{x}10^{-3}\text{kg}$

$7.584\ 275\ \text{x}10^{-2}\text{kg}$

$5.752\ 123\ \text{x}10^{-1}\text{kg}$

$3.308\ 692\ \text{x}10^{1}\text{kg}$

$1.094\ 744\ \text{x}10^{2}\text{kg}$

$1.198\ 466\ \text{x}10^{2}\text{kg}$

$1.436\ 321\ \text{x}10^{2}\text{kg}$

$2.063\ 020\ \text{x}10^{2}\text{kg}$

$4.256\ 053\ \text{x}10^{2}\text{kg}$

$1.811\ 399\ \text{x}10^{3}\text{kg}$

$3.281\ 166\ \text{x}10^{3}\text{kg}$

$1.076\ 605\ \text{x}10^{4}\text{kg}$

$1.159\ 079\ \text{x}10^{4}\text{kg}$

$1.343\ 464\ \text{x}10^{4}\text{kg}$

$1.804\ 896\ \text{x}10^{4}\text{kg}$

$3.257\ 650\ \text{x}10^{4}\text{kg}$

$1.061\ 228\ \text{x}10^{5}\text{kg}$

$1.126\ 206\ \text{x}10^{5}\text{kg}$

$1.268\ 341\ \text{x}10^{5}\text{kg}$

$1.608\ 689\ \text{x}10^{5}\text{kg}$

$2.587\ 881\ \text{x}10^{5}\text{kg}$

$6.697\ 130\ \text{x}10^{5}\text{kg}$

$4.485\ 156\ \text{x}10^{6}\text{kg}$

$2.011\ 662\ \text{x}10^{7}\text{kg}$

$4.046\ 786\ \text{x}10^{7}\text{kg}$

$1.637\ 648\ \text{x}10^{8}\text{kg}$

$2.681\ 891\ \text{x}10^{8}\text{kg}$

$7.192\ 541\ \text{x}10^{8}\text{kg}$

$5.173\ 266\ \text{x}10^{9}\text{kg}$

$2.676\ 268\ \text{x}10^{10}\text{kg}$

$7.162\ 411\ \text{x}10^{10}\text{kg}$

$5.130\ 013\ \text{x}10^{11}\text{kg}$

$2.631\ 703\ \text{x}10^{12}\text{kg}$

$6.925\ 863\ \text{x}10^{12}\text{kg}$

$4.796\ 758\ \text{x}10^{13}\text{kg}$

$2.300\ 889\ \text{x}10^{14}\text{kg}$

$5.294\ 093\ \text{x}10^{14}\text{kg}$

$2.802\ 742\ \text{x}10^{15}\text{kg}$

$7.855\ 363\ \text{x}10^{15}\text{kg}$

$6.170\ 673\ \text{x}10^{16}\text{kg}$

$3.807\ 721\ \text{x}10^{17}\text{kg}$

$1.449\ 874\ \text{x}10^{18}\text{kg}$

$2.102\ 135\ \text{x}10^{18}\text{kg}$

$4.418\ 974\ \text{x}10^{18}\text{kg}$

$1.952\ 733\ \text{x}10^{19}\text{kg}$

$3.813\ 168\ \text{x}10^{19}\text{kg}$

$1.454\ 025\ \text{x}10^{20}\text{kg}$

$2.114\ 190\ \text{x}10^{20}\text{kg}$

$4.469\ 803\ \text{x}10^{20}\text{kg}$

$1.997\ 913\ \text{x}10^{21}\text{kg}$

$3.991\ 660\ \text{x}10^{21}\text{kg}$

$1.593\ 335\ \text{x}10^{22}\text{kg}$

$2.538\ 717\ \text{x}10^{22}\text{kg}$

$6.445\ 084\ \text{x}10^{22}\text{kg}$

$4.153\ 911\ \text{x}10^{23}\text{kg}$

$1.725\ 497\ \text{x}10^{24}\text{kg}$

$2.977\ 343\ \text{x}10^{24}\text{kg}$

$8.864\ 572\ \text{x}10^{24}\text{kg}$

$7.858\ 064\ \text{x}10^{25}\text{kg}$

$6.174\ 918\ \text{x}10^{26}\text{kg}$

$3.812\ 961\ \text{x}10^{27}\text{kg}$

$1.453\ 867\ \text{x}10^{28}\text{kg}$

$2.113\ 730\ \text{x}10^{28}\text{kg}$

$4.467\ 856\ \text{x}10^{28}\text{kg}$

$1.996\ 173\ \text{x}10^{29}\text{kg}$

$3.984\ 709\ \text{x}10^{29}\text{kg}$

$1.587\ 791\ \text{x}10^{30}\text{kg}$

$2.521\ 080\ \text{x}10^{30}\text{kg}$

$6.355\ 845\ \text{x}10^{30}\text{kg}$

Torio (Th); protactinio (Pa). Masa atómica 232.0381U.

Masa en kilogramos:

$2.207\ 003 \times 10^{-17}$kg	$1.849\ 179 \times 10^{-6}$kg	$8.284\ 762 \times 10^{5}$kg
$4.870\ 865 \times 10^{-17}$kg	$3.419\ 463 \times 10^{-6}$kg	$6.863\ 728 \times 10^{6}$kg
$2.372\ 533 \times 10^{-16}$kg	$1.169\ 273 \times 10^{-5}$kg	$4.711\ 076 \times 10^{7}$kg
$5.628\ 914 \times 10^{-16}$kg	$1.367\ 200 \times 10^{-5}$kg	$2.219\ 424 \times 10^{8}$kg
$3.168\ 468 \times 10^{-15}$kg	$1.869\ 235 \times 10^{-5}$kg	$4.925\ 843 \times 10^{8}$kg
$1.003\ 919 \times 10^{-14}$kg	$3.494\ 042 \times 10^{-5}$kg	$2.426\ 393 \times 10^{9}$kg
$1.007\ 857 \times 10^{-14}$kg	$1.220\ 833 \times 10^{-4}$kg	$5.887\ 387 \times 10^{9}$kg
$1.015\ 769 \times 10^{-14}$kg	$1.490\ 434 \times 10^{-4}$kg	$3.466\ 132 \times 10^{10}$kg
$1.031\ 786 \times 10^{-14}$kg	$2.221\ 394 \times 10^{-4}$kg	$1.201\ 407 \times 10^{11}$kg
$1.064\ 584 \times 10^{-14}$kg	$4.934\ 592 \times 10^{-4}$kg	$1.443\ 380 \times 10^{11}$kg
$1.133\ 339 \times 10^{-14}$kg	$2.435\ 020 \times 10^{-3}$kg	$2.083\ 346 \times 10^{11}$kg
$1.284\ 458 \times 10^{-14}$kg	$5.929\ 325 \times 10^{-3}$kg	$4.340\ 331 \times 10^{11}$kg
$1.649\ 832 \times 10^{-14}$kg	$3.515\ 689 \times 10^{-2}$kg	$1.883\ 847 \times 10^{12}$kg
$2.721\ 946 \times 10^{-14}$kg	$1.236\ 007 \times 10^{-1}$kg	$3.548\ 881 \times 10^{12}$kg
$7.408\ 994 \times 10^{-14}$kg	$1.527\ 714 \times 10^{-1}$kg	$1.259\ 455 \times 10^{13}$kg
$5.489\ 319 \times 10^{-13}$kg	$2.333\ 910 \times 10^{-1}$kg	$1.586\ 228 \times 10^{13}$kg
$30.13\ 263 \times 10^{-12}$kg	$5.447\ 139 \times 10^{-1}$kg	$2.516\ 121 \times 10^{13}$kg
$9.079\ 755 \times 10^{-12}$kg	$2.963\ 133 \times 10^{1}$kg	$6.330\ 865 \times 10^{13}$kg
$8.244\ 195 \times 10^{-11}$kg	$8.803\ 878 \times 10^{1}$kg	$4.004\ 985 \times 10^{14}$kg
$6.496\ 675 \times 10^{-10}$kg	$7.750\ 828 \times 10^{2}$kg	$1.606\ 394 \times 10^{15}$kg
$4.619\ 480 \times 10^{-9}$kg	$6.007\ 534 \times 10^{3}$kg	$2.580\ 503 \times 10^{15}$kg
$2.133\ 959 \times 10^{-8}$kg	$3.609\ 046 \times 10^{4}$kg	$6.658\ 999 \times 10^{15}$kg
$4.553\ 783 \times 10^{-8}$kg	$1.302\ 521 \times 10^{5}$kg	$4.434\ 227 \times 10^{16}$kg
$2.073\ 694 \times 10^{-7}$kg	$1.696\ 563 \times 10^{5}$kg	$1.966\ 237 \times 10^{17}$kg
$4.300\ 208 \times 10^{-7}$kg	$2.878\ 326 \times 10^{5}$kg	$3.866\ 090 \times 10^{17}$kg

$1.494\ 665\ \times 10^{18}$kg	$2.325\ 583\ \times 10^{22}$kg	$4.616\ 591\ \times 10^{28}$kg
$2.234\ 024\ \times 10^{18}$kg	$5.408\ 337\ \times 10^{22}$kg	$2.131\ 291\ \times 10^{29}$kg
$4.990\ 867\ \times 10^{18}$kg	$2.925\ 011\ \times 10^{23}$kg	$4.542\ 404\ \times 10^{29}$kg
$2.490\ 875\ \times 10^{19}$kg	$8.555\ 689\ \times 10^{23}$kg	$2.063\ 343\ \times 10^{30}$kg
$6.204\ 461\ \times 10^{19}$kg	$7.319\ 982\ \times 10^{24}$kg	$4.257\ 386\ \times 10^{30}$kg
$3.849\ 534\ \times 10^{20}$kg	$5.358\ 214\ \times 10^{25}$kg	$1.812\ 534\ \times 10^{31}$kg
$1.481\ 891\ \times 10^{21}$kg	$2.871\ 046\ \times 10^{26}$kg	$3.285\ 280\ \times 10^{31}$kg
$2.196\ 003\ \times 10^{21}$kg	$8.242\ 906\ \times 10^{26}$kg	
$4.822\ 430\ \times 10^{21}$kg	$6.794\ 550\ \times 10^{27}$kg	

Bismuto (Bi), polonio (Po), astato (As), radón (Rd), francio (Fr), radio (Ra), actinio (At). Masa atómica en común 208.9803U.

Masa común en kilogramos:

$1.987\ 692\ 2(00)\ 12\ \times 10^{-20}$kg	$1.419\ 722\ \times 10^{-15}$kg	$5.027\ 610\ \times 10^{-7}$kg
$9.950\ 920\ \times 10^{-20}$kg	$2.015\ 611\ \times 10^{-15}$kg	$2.527\ 686\ \times 10^{-6}$kg
$1.560\ 977\ \times 10^{-19}$kg	$4.062\ 691\ \times 10^{-15}$kg	$6.389\ 200\ \times 10^{-6}$kg
$2.436\ 649\ \times 10^{-19}$kg	$1.650\ 545\ \times 10^{-14}$kg	$4.082\ 188\ \times 10^{-5}$kg
$5.937\ 260\ \times 10^{-19}$kg	$2.724\ 301\ \times 10^{-14}$kg	$1.666\ 426\ \times 10^{-4}$kg
$3.525\ 106\ \times 10^{-18}$kg	$7.421\ 820\ \times 10^{-14}$kg	$2.776\ 975\ \times 10^{-4}$kg
$1.242\ 637\ \times 10^{-17}$kg	$5.508\ 342\ \times 10^{-13}$kg	$7.711\ 595\ \times 10^{-4}$kg
$1.544\ 148\ \times 10^{-17}$kg	$3.034\ 183\ \times 10^{-12}$kg	$5.946\ 869\ \times 10^{-3}$kg
$2.384\ 394\ \times 10^{-17}$kg	$9.206\ 271\ \times 10^{-12}$kg	$3.536\ 526\ \times 10^{-2}$kg
$5.685\ 338\ \times 10^{-17}$kg	$8.475\ 543\ \times 10^{-11}$kg	$1.250\ 701\ \times 10^{-2}$kg
$3.232\ 307\ \times 10^{-16}$kg	$7.183\ 483\ \times 10^{-10}$kg	$1.564\ 254\ \times 10^{-2}$kg
$1.044\ 781\ \times 10^{-15}$kg	$5.160\ 243\ \times 10^{-9}$kg	$2.446\ 892\ \times 10^{-2}$kg
$1.091\ 568\ \times 10^{-15}$kg	$2.662\ 811\ \times 10^{-8}$kg	$5.987\ 284\ \times 10^{-2}$kg
$1.191\ 521\ \times 10^{-15}$kg	$7.090\ 564\ \times 10^{-8}$kg	$3.584\ 757\ \times 10^{-1}$kg

$1.285\ 048\ x10^{1}kg$	$1.805\ 426\ x10^{10}kg$	$5.563\ 339\ x10^{19}kg$
$1.651\ 350\ x10^{1}kg$	$3.259\ 565\ x10^{10}kg$	$3.095\ 074\ x10^{20}kg$
$2.726\ 958\ x10^{1}kg$	$1.062\ 476\ x10^{11}kg$	$9.579\ 486\ x10^{20}kg$
$7.436\ 302\ x10^{1}kg$	$1.128\ 857\ x10^{11}kg$	$9.176\ 655\ x10^{21}kg$
$5.529\ 859\ x10^{2}kg$	$1.274\ 318\ x10^{11}kg$	$8.421\ 100\ x10^{22}kg$
$3.057\ 935\ x10^{3}kg$	$1.623\ 886\ x10^{11}kg$	$7.091\ 494\ x10^{23}kg$
$9.350\ 966\ x10^{3}kg$	$2.637\ 008\ x10^{11}kg$	$5.028\ 928\ x10^{24}kg$
$8.744\ 058\ x10^{4}kg$	$6.953\ 812\ x10^{11}kg$	$2.529\ 012\ x10^{25}kg$
$7.645\ 855\ x10^{5}kg$	$4.835\ 550\ x10^{12}kg$	$6.395\ 905\ x10^{25}kg$
$5.845\ 910\ x10^{6}kg$	$2.338\ 255\ x10^{13}kg$	$4.090\ 760\ x10^{26}kg$
$3.417\ 466\ x10^{7}kg$	$5.468\ 437\ x10^{13}kg$	$1.673\ 431\ x10^{27}kg$
$1.167\ 907\ x10^{8}kg$	$2.989\ 287\ x10^{14}kg$	$2.800\ 374\ x10^{27}kg$
$1.364\ 008\ x10^{8}kg$	$8.935\ 841\ x10^{14}kg$	$7.842\ 097\ x10^{27}kg$
$1.860\ 518\ x10^{8}kg$	$7.984\ 925\ x10^{15}kg$	$6.149\ 849\ x10^{28}kg$
$3.461\ 530\ x10^{8}kg$	$6.375\ 903\ x10^{16}kg$	$3.782\ 065\ x10^{29}kg$
$1.198\ 209\ x10^{9}kg$	$4.065\ 214\ x10^{17}kg$	$1.430\ 401\ x10^{30}kg$
$1.435\ 729\ x10^{9}kg$	$1.625\ 596\ x10^{18}kg$	$2.046\ 048\ x10^{30}kg$
$2.061\ 317\ x10^{9}kg$	$2.731\ 076\ x10^{18}kg$	$4.186\ 315\ x10^{30}kg$
$4.249\ 031\ x10^{9}kg$	$7.458\ 779\ x10^{18}kg$	

Plomo (Pb). Masa atómica 207.2U.

La masa en kilogramos 1.970 759 0(80) 48 $x10^{-20}kg^{-2}$

$3.883\ 891\ x10^{-20}kg$	$7.186\ 978\ x10^{-18}kg$	$2.567\ 333\ x10^{-14}kg$
$1.508\ 461\ x10^{-19}kg$	$5.165\ 265\ x10^{-17}kg$	$6.591\ 202\ x10^{-14}kg$
$2.275\ 455\ x10^{-19}kg$	$2.667\ 996\ x10^{-16}kg$	$4.344\ 395\ x10^{-13}kg$
$5.177\ 696\ x10^{-19}kg$	$7.118\ 206\ x10^{-16}kg$	$1.887\ 377\ x10^{-12}kg$
$2.680\ 853\ x10^{-18}kg$	$5.066\ 886\ x10^{-15}kg$	$3.562\ 192\ x10^{-12}kg$

$1.268\ 921 \times 10^{-11}$kg	$1.507\ 987 \times 10^{2}$kg	$4.901\ 770 \times 10^{18}$kg
$1.610\ 161 \times 10^{-11}$kg	$2.274\ 025 \times 10^{2}$kg	$2.402\ 734 \times 10^{19}$kg
$2.592\ 619 \times 10^{-11}$kg	$5.171\ 190 \times 10^{2}$kg	$5.773\ 135 \times 10^{19}$kg
$6.721\ 678 \times 10^{-11}$kg	$2.674\ 120 \times 10^{3}$kg	$3.332\ 909 \times 10^{20}$kg
$4.518\ 095 \times 10^{-10}$kg	$7.150\ 922 \times 10^{3}$kg	$1.110\ 828 \times 10^{21}$kg
$2.041\ 318 \times 10^{-9}$kg	$5.113\ 569 \times 10^{4}$kg	$1.233\ 939 \times 10^{21}$kg
$4.166\ 982 \times 10^{-9}$kg	$2.614\ 859 \times 10^{5}$kg	$1.522\ 606 \times 10^{21}$kg
$1.736\ 373 \times 10^{-8}$kg	$6.837\ 490 \times 10^{5}$kg	$2.318\ 330 \times 10^{21}$kg
$3.014\ 994 \times 10^{-8}$kg	$4.675\ 127 \times 10^{6}$kg	$5.374\ 657 \times 10^{21}$kg
$9.090\ 192 \times 10^{-8}$kg	$2.185\ 682 \times 10^{7}$kg	$2.888\ 694 \times 10^{22}$kg
$8.263\ 159 \times 10^{-7}$kg	$4.777\ 205 \times 10^{7}$kg	$8.344\ 554 \times 10^{22}$kg
$6.827\ 980 \times 10^{-6}$kg	$2.282\ 169 \times 10^{8}$kg	$6.963\ 159 \times 10^{23}$kg
$4.662\ 131 \times 10^{-5}$kg	$5.208\ 298 \times 10^{8}$kg	$4.864\ 558 \times 10^{24}$kg
$2.173\ 547 \times 10^{-4}$kg	$2.712\ 637 \times 10^{9}$kg	$2.350\ 852 \times 10^{25}$kg
$4.724\ 307 \times 10^{-4}$kg	$7.358\ 401 \times 10^{9}$kg	$5.528\ 506 \times 10^{25}$kg
$2.231\ 908 \times 10^{-3}$kg	$5.414\ 607 \times 10^{10}$kg	$3.054\ 227 \times 10^{26}$kg
$4.981\ 415 \times 10^{-3}$kg	$2.931\ 797 \times 10^{11}$kg	$9.328\ 303 \times 10^{26}$kg
$2.481\ 449 \times 10^{-2}$kg	$8.595\ 436 \times 10^{11}$kg	$8.701\ 724 \times 10^{27}$kg
$6.157\ 592 \times 10^{-2}$kg	$7.388\ 152 \times 10^{12}$kg	$7.572\ 000 \times 10^{28}$kg
$3.791\ 594 \times 10^{-1}$kg	$5.458\ 479 \times 10^{13}$kg	$5.733\ 519 \times 10^{29}$kg
$1.437\ 618 \times 10^{-0}$kg	$2.979\ 499 \times 10^{14}$kg	$3.287\ 324 \times 10^{30}$kg
$2.066\ 747 \times 10^{-0}$kg	$8.877\ 419 \times 10^{14}$kg	$1.080\ 650 \times 10^{31}$kg
$4.271\ 446 \times 10^{-0}$kg	$7.880\ 858 \times 10^{15}$kg	$1.167\ 804 \times 10^{31}$kg
$1.824\ 525 \times 10^{1}$kg	$6.210\ 793 \times 10^{16}$kg	$1.363\ 767 \times 10^{31}$kg
$3.328\ 891 \times 10^{1}$kg	$3.857\ 395 \times 10^{17}$kg	$1.859\ 860 \times 10^{31}$kg
$1.108\ 152 \times 10^{2}$kg	$1.487\ 949 \times 10^{18}$kg	$3.459\ 082 \times 10^{31}$kg
$1.228\ 001 \times 10^{2}$kg	$2.213\ 994 \times 10^{18}$kg	

Talio (Tl). Masa atómica 204.383U

La masa en kilogramos: 1.943 965 x10^{-20}kg^{-2}

3.779 001 x10^{-20}kg	3.029 076 x10^{-5}kg	7.510 050 x10^{9}kg
1.428 085 x10^{-19}kg	9.175 306 x10^{-5}kg	5.640 086 x10^{10}kg
2.039 428 x10^{-19}kg	8.148 625 x10^{-4}kg	3.181 057 x10^{11}kg
4.159 267 x10^{-19}kg	7.087 325 x10^{-3}kg	1.011 912 x10^{12}kg
1.729 950 x10^{-18}kg	5.023 018 x10^{-2}kg	1.023 967 x10^{12}kg
2.992 729 x10^{-18}kg	2.523 071 x10^{-1}kg	1.048 509 x10^{12}kg
8.956 431 x10^{-18}kg	6.365 891 x10^{-1}kg	1.099 371 x10^{12}kg
8.021 766 x10^{-17}kg	4.052 457 x10^{-0}kg	1.208 618 x10^{12}kg
6.434 874 x10^{-16}kg	1.642 241 x10^{1}kg	1.460 758 x10^{12}kg
4.140 760 x10^{-15}kg	2.696 956 x10^{1}kg	2.133 816 x10^{12}kg
1.714 589 x10^{-14}kg	7.273 572 x10^{1}kg	4.553 171 x10^{12}kg
2.939 818 x10^{-14}kg	5.290 485 x10^{2}kg	2.073 136 x10^{13}kg
8.642 530 x10^{-14}kg	2.798 924 x10^{3}kg	4.297 895 x10^{13}kg
7.469 334 x10^{-13}kg	7.833 976 x10^{3}kg	1.847 190 x10^{14}kg
5.579 095 x10^{-12}kg	6.137 118 x10^{4}kg	3.412 113 x10^{14}kg
3.112 630 x10^{-11}kg	3.766 422 x10^{5}kg	1.164 251 x10^{15}kg
9.688 468 x10^{-11}kg	1.418 593 x10^{6}kg	1.355 482 x10^{15}kg
9.386 641 x10^{-10}kg	2.012 407 x10^{7}kg	1.837 332 x10^{15}kg
8.810 904 x10^{-9}kg	4.049 784 x10^{6}kg	3.375 792 x10^{15}kg
7.763 203 x10^{-8}kg	1.640 075 x10^{7}kg	1.139 597 x10^{16}kg
6.026 732 x10^{-7}kg	2.689 847 x10^{7}kg	1.298 682 x10^{16}kg
3.632 150 x10^{-6}kg	7.235 280 x10^{7}kg	1.686 575 x10^{16}kg
1.319 251 x10^{-5}kg	5.234 928 x10^{8}kg	2.844 535 x10^{16}kg
1.740 424 x10^{-5}kg	2.740 447 x10^{9}kg	8.091 384 x10^{16}kg

$6.547\,050\ \text{x}10^{17}\text{kg}$	$4.273\,223\ \text{x}10^{22}\text{kg}$	$7.829\,145\ \text{x}10^{26}\text{kg}$
$4.286\,386\ \text{x}10^{18}\text{kg}$	$1.826\,043\ \text{x}10^{23}\text{kg}$	$6.129\,551\ \text{x}10^{27}\text{kg}$
$1.837\,310\ \text{x}10^{19}\text{kg}$	$3.334\,435\ \text{x}10^{23}\text{kg}$	$3.757\,140\ \text{x}10^{28}\text{kg}$
$3.375\,711\ \text{x}10^{19}\text{kg}$	$1.111\,846\ \text{x}10^{24}\text{kg}$	$1.411\,610\ \text{x}10^{29}\text{kg}$
$1.139\,542\ \text{x}10^{20}\text{kg}$	$1.236\,201\ \text{x}10^{24}\text{kg}$	$1.992\,643\ \text{x}10^{29}\text{kg}$
$1.298\,557\ \text{x}10^{20}\text{kg}$	$1.528\,194\ \text{x}10^{24}\text{kg}$	$3.970\,629\ \text{x}10^{29}\text{kg}$
$1.686\,251\ \text{x}10^{20}\text{kg}$	$2.335\,377\ \text{x}10^{24}\text{kg}$	$1.576\,589\ \text{x}10^{30}\text{kg}$
$2.843\,442\ \text{x}10^{20}\text{kg}$	$5.453\,989\ \text{x}10^{24}\text{kg}$	$2.485\,635\ \text{x}10^{30}\text{kg}$
$8.085\,165\ \text{x}10^{20}\text{kg}$	$2.974\,600\ \text{x}10^{25}\text{kg}$	$6.178\,385\ \text{x}10^{30}\text{kg}$
$6.536\,989\ \text{x}10^{21}\text{kg}$	$8.848\,245\ \text{x}10^{25}\text{kg}$	

Mercurio (Hg). La masa atómica 200.59U

La masa en kilogramos: $1.907\,888\ \text{x}10^{-20}\text{kg}^{-2}$

$3.640\,039\ \text{x}10^{-20}\text{kg}$	$1.454\,748\ \text{x}10^{-12}\text{kg}$	$1.311\,776\ \text{x}10^{-5}\text{kg}$
$1.324\,988\ \text{x}10^{-19}\text{kg}$	$2.116\,293\ \text{x}10^{-12}\text{kg}$	$1.720\,757\ \text{x}10^{-5}\text{kg}$
$1.755\,595\ \text{x}10^{-19}\text{kg}$	$4.478\,698\ \text{x}10^{-12}\text{kg}$	$2.961\,006\ \text{x}10^{-5}\text{kg}$
$3.082\,116\ \text{x}10^{-19}\text{kg}$	$2.005\,873\ \text{x}10^{-11}\text{kg}$	$8.767\,558\ \text{x}10^{-5}\text{kg}$
$9.499\,440\ \text{x}10^{-19}\text{kg}$	$4.023\,530\ \text{x}10^{-11}\text{kg}$	$7.687\,007\ \text{x}10^{-4}\text{kg}$
$9.023\,937\ \text{x}10^{-18}\text{kg}$	$1.618\,879\ \text{x}10^{-10}\text{kg}$	$5.909\,008\ \text{x}10^{-3}\text{kg}$
$8.143\,144\ \text{x}10^{-17}\text{kg}$	$2.620\,771\ \text{x}10^{-10}\text{kg}$	$3.491\,638\ \text{x}10^{-2}\text{kg}$
$6.631\,080\ \text{x}10^{-16}\text{kg}$	$6.868\,442\ \text{x}10^{-10}\text{kg}$	$1.219\,153\ \text{x}10^{-1}\text{kg}$
$4.397\,122\ \text{x}10^{-15}\text{kg}$	$4.717\,550\ \text{x}10^{-9}\text{kg}$	$1.486\,336\ \text{x}10^{-1}\text{kg}$
$1.933\,468\ \text{x}10^{-14}\text{kg}$	$2.225\,528\ \text{x}10^{-8}\text{kg}$	$2.209\,195\ \text{x}10^{-1}\text{kg}$
$3.738\,300\ \text{x}10^{-14}\text{kg}$	$4.952\,976\ \text{x}10^{-8}\text{kg}$	$4.880\,546\ \text{x}10^{-1}\text{kg}$
$1.397\,489\ \text{x}10^{-13}\text{kg}$	$2.453\,197\ \text{x}10^{-7}\text{kg}$	$2.381\,973\ \text{x}10^{-0}\text{kg}$
$1.952\,976\ \text{x}10^{-13}\text{kg}$	$6.018\,177\ \text{x}10^{-7}\text{kg}$	$5.673\,796\ \text{x}10^{-0}\text{kg}$
$3.814\,116\ \text{x}10^{-13}\text{kg}$	$3.621\,845\ \text{x}10^{-6}\text{kg}$	$3.219\,196\ \text{x}10^{1}\text{kg}$

$1.036\ 322 \times 10^{2}$kg	$8.392\ 707 \times 10^{12}$kg	$2.430\ 744 \times 10^{21}$kg
$1.073\ 964 \times 10^{2}$kg	$7.043\ 753 \times 10^{13}$kg	$5.908\ 518 \times 10^{21}$kg
$1.153\ 400 \times 10^{2}$kg	$4.961\ 446 \times 10^{14}$kg	$3.491\ 059 \times 10^{22}$kg
$1.330\ 332 \times 10^{2}$kg	$2.461\ 595 \times 10^{15}$kg	$1.218\ 749 \times 10^{23}$kg
$1.769\ 783 \times 10^{2}$kg	$6.059\ 450 \times 10^{15}$kg	$1.485\ 349 \times 10^{23}$kg
$3.132\ 133 \times 10^{2}$kg	$3.671\ 693 \times 10^{16}$kg	$2.206\ 264 \times 10^{23}$kg
$9.810\ 262 \times 10^{2}$kg	$1.348\ 133 \times 10^{17}$kg	$4.867\ 603 \times 10^{23}$kg
$9.624\ 125 \times 10^{3}$kg	$1.817\ 463 \times 10^{17}$kg	$2.369\ 356 \times 10^{24}$kg
$9.262\ 379 \times 10^{4}$kg	$3.303\ 173 \times 10^{17}$kg	$5.613\ 849 \times 10^{24}$kg
$8.579\ 166 \times 10^{5}$kg	$1.091\ 095 \times 10^{18}$kg	$3.151\ 530 \times 10^{25}$kg
$7.360\ 210 \times 10^{6}$kg	$1.190\ 489 \times 10^{18}$kg	$9.932\ 145 \times 10^{25}$kg
$5.417\ 270 \times 10^{7}$kg	$1.417\ 265 \times 10^{18}$kg	$9.864\ 751 \times 10^{26}$kg
$2.934\ 681 \times 10^{8}$kg	$2.008\ 640 \times 10^{18}$kg	$9.731\ 332 \times 10^{27}$kg
$8.612\ 355 \times 10^{8}$kg	$4.034\ 635 \times 10^{18}$kg	$9.469\ 883 \times 10^{28}$kg
$7.417\ 266 \times 10^{9}$kg	$1.627\ 828 \times 10^{19}$kg	$8.967\ 868 \times 10^{29}$kg
$5.501\ 584 \times 10^{10}$kg	$2.649\ 826 \times 10^{19}$kg	$8.042\ 265 \times 10^{30}$kg
$3.026\ 742 \times 10^{11}$kg	$7.021\ 579 \times 10^{19}$kg	
$9.161\ 172 \times 10^{11}$kg	$4.930\ 258 \times 10^{20}$kg	

Oro (Au). Masa atómica 196.9665U.

La masa en kilogramos 1.873 424 $\times 10^{-20}$kg^{-2}

$3.509\ 718 \times 10^{-20}$kg	$2.810\ 048 \times 10^{-18}$kg	$2.284\ 764 \times 10^{-15}$kg
$1.231\ 812 \times 10^{-19}$kg	$7.896\ 371 \times 10^{-18}$kg	$5.220\ 146 \times 10^{-15}$kg
$1.517\ 362 \times 10^{-19}$kg	$6.235\ 268 \times 10^{-17}$kg	$2.724\ 993 \times 10^{-14}$kg
$2.302\ 387 \times 10^{-19}$kg	$3.887\ 857 \times 10^{-16}$kg	$7.425\ 587 \times 10^{-14}$kg
$5.300\ 988 \times 10^{-19}$kg	$1.511\ 543 \times 10^{-15}$kg	$5.513\ 934 \times 10^{-13}$kg

$3.040\ 347\ \text{x}10^{-12}\text{kg}$	$5.390\ 864\ \text{x}10^{2}\text{kg}$	$2.260\ 184\ \text{x}10^{20}\text{kg}$
$9.243\ 711\ \text{x}10^{-12}\text{kg}$	$2.906\ 142\ \text{x}10^{3}\text{kg}$	$5.108\ 432\ \text{x}10^{20}\text{kg}$
$8.544\ 621\ \text{x}10^{-11}\text{kg}$	$8.445\ 663\ \text{x}10^{3}\text{kg}$	$2.609\ 608\ \text{x}10^{21}\text{kg}$
$7.301\ 054\ \text{x}10^{-10}\text{kg}$	$7.132\ 922\ \text{x}10^{4}\text{kg}$	$6.810\ 057\ \text{x}10^{21}\text{kg}$
$5.330\ 540\ \text{x}10^{-9}\text{kg}$	$5.087\ 858\ \text{x}10^{5}\text{kg}$	$4.637\ 687\ \text{x}10^{22}\text{kg}$
$2.841\ 465\ \text{x}10^{-8}\text{kg}$	$2.588\ 630\ \text{x}10^{6}\text{kg}$	$2.150\ 814\ \text{x}10^{23}\text{kg}$
$8.073\ 928\ \text{x}10^{-8}\text{kg}$	$6.701\ 007\ \text{x}10^{6}\text{kg}$	$4.626\ 003\ \text{x}10^{23}\text{kg}$
$6.518\ 832\ \text{x}10^{-7}\text{kg}$	$4.490\ 350\ \text{x}10^{7}\text{kg}$	$2.139\ 991\ \text{x}10^{24}\text{kg}$
$4.249\ 517\ \text{x}10^{-6}\text{kg}$	$2.016\ 324\ \text{x}10^{8}\text{kg}$	$4.579\ 562\ \text{x}10^{24}\text{kg}$
$1.805\ 839\ \text{x}10^{-5}\text{kg}$	$4.065\ 565\ \text{x}10^{8}\text{kg}$	$2.097\ 239\ \text{x}10^{25}\text{kg}$
$3.261\ 057\ \text{x}10^{-5}\text{kg}$	$1.652\ 882\ \text{x}10^{9}\text{kg}$	$4.398\ 411\ \text{x}10^{25}\text{kg}$
$1.\ 063\ 449\ \text{x}10^{-4}\text{kg}$	$2.732\ 020\ \text{x}10^{9}\text{kg}$	$1.934\ 602\ \text{x}10^{26}\text{kg}$
$1.130\ 925\ \text{x}10^{-4}\text{kg}$	$7.463\ 938\ \text{x}10^{9}\text{kg}$	$3.742\ 686\ \text{x}10^{26}\text{kg}$
$1.278\ 992\ \text{x}10^{-4}\text{kg}$	$5.571\ 037\ \text{x}10^{10}\text{kg}$	$1.400\ 770\ \text{x}10^{27}\text{kg}$
$1.635\ 822\ \text{x}10^{-4}\text{kg}$	$3.103\ 645\ \text{x}10^{11}\text{kg}$	$1.962\ 157\ \text{x}10^{27}\text{kg}$
$2.675\ 915\ \text{x}10^{-4}\text{kg}$	$9.632\ 616\ \text{x}10^{11}\text{kg}$	$3.850\ 062\ \text{x}10^{27}\text{kg}$
$7.160\ 521\ \text{x}10^{-4}\text{kg}$	$9.278\ 730\ \text{x}10^{12}\text{kg}$	$1.482\ 298\ \text{x}10^{28}\text{kg}$
$5.127\ 306\ \text{x}10^{-3}\text{kg}$	$8.609\ 484\ \text{x}10^{13}\text{kg}$	$2.197\ 207\ \text{x}10^{28}\text{kg}$
$2.628\ 927\ \text{x}10^{-2}\text{kg}$	$7.412\ 321\ \text{x}10^{14}\text{kg}$	$4.827\ 720\ \text{x}10^{28}\text{kg}$
$6.911\ 258\ \text{x}10^{-2}\text{kg}$	$5.494\ 251\ \text{x}10^{15}\text{kg}$	$2.330\ 688\ \text{x}10^{29}\text{kg}$
$4.776\ 549\ \text{x}10^{-1}\text{kg}$	$3.018\ 679\ \text{x}10^{16}\text{kg}$	$5.432\ 110\ \text{x}10^{29}\text{kg}$
$2.281\ 542\ \text{x}10^{0}\text{kg}$	$9.112\ 425\ \text{x}10^{16}\text{kg}$	$2.950\ 782\ \text{x}10^{30}\text{kg}$
$5.205\ 438\ \text{x}10^{0}\text{kg}$	$8.303\ 629\ \text{x}10^{17}\text{kg}$	$8.707\ 118\ \text{x}10^{30}\text{kg}$
$2.709\ 658\ \text{x}10^{1}\text{kg}$	$6.895\ 026\ \text{x}10^{18}\text{kg}$	
$7.342\ 250\ \text{x}10^{1}\text{kg}$	$4.754\ 139\ \text{x}10^{19}\text{kg}$	

Platino (Pt). Masa atómica 195.08U.

La masa en kilogramos: 1.855 481 x10^{-20}kg^{-2}

3.442 810 x10^{-20}kg	2.838 021 x10^{-10}kg	8.652 772 x10^{5}kg
1.185 294 x10^{-19}kg	8.054 368 x10^{-10}kg	7.487 047 x10^{6}kg
1.404 922 x10^{-19}kg	6.487 284 x10^{-9}kg	5.605 587 x10^{7}kg
1.973 806 x10^{-19}kg	4.208 486 x10^{-8}kg	3.142 261 x10^{8}kg
3.895 911 x10^{-19}kg	1.771 135 x10^{-7}kg	9.873 804 x10^{8}kg
1.517 812 x10^{-18}kg	3.136 921 x10^{-7}kg	9.749 201 x10^{9}kg
2.303 754 x10^{-18}kg	9.840 279 x10^{-7}kg	9.504 692 x10^{10}kg
5.307 282 x10^{-18}kg	9.683 109 x10^{-6}kg	9.033 918 x10^{11}kg
2.816 725 x10^{-17}kg	9.376 260 x10^{-5}kg	8.161 167 x10^{12}kg
7.933 940 x10^{-17}kg	8.791 426 x10^{-4}kg	6.660 465 x10^{13}kg
6.294 740 x10^{-16}kg	7.728 918 x10^{-3}kg	4.436 180 x10^{14}kg
3.962 376 x10^{-15}kg	5.973 617 x10^{-2}kg	1.967 969 x10^{15}kg
1.510 042 x10^{-14}kg	3.568 411 x10^{-1}kg	3.872 903 x10^{15}kg
2.465 033 x10^{-14}kg	1.273 355 x10^{-0}kg	1.499 938 x10^{16}kg
6.076 388 x10^{-14}kg	1.621 435 x10^{-0}kg	2.249 815 x10^{16}kg
3.692 249 x10^{-13}kg	2.629 051 x10^{-0}kg	5.061 668 x10^{16}kg
1.363 270 x10^{-12}kg	6.911 912 x10^{-0}kg	2.562 048 x10^{17}kg
1.858 506 x10^{-12}kg	4.777 454 x10^{1}kg	6.564 092 x10^{17}kg
3.454 048 x10^{-12}kg	2.282 406 x10^{2}kg	4.308 730 x10^{18}kg
1.193 044 x10^{-11}kg	5.209 380 x10^{2}kg	1.856 515 x10^{19}kg
1.423 355 x10^{-11}kg	2.713 764 x10^{3}kg	3.446 651 x10^{19}kg
2.025 941 x10^{-11}kg	7.364 519 x10^{3}kg	1.187 940 x10^{20}kg
4.104 440 x10^{-11}kg	5.423 614 x10^{4}kg	1.411 202 x10^{20}kg
1.684 642 x10^{-10}kg	2.941 559 x10^{5}kg	1.991 493 x10^{20}kg

$3.966\ 047 \times 10^{20}$kg	$3.888\ 715 \times 10^{23}$kg	$3.127\ 433 \times 10^{27}$kg
$1.572\ 952 \times 10^{21}$kg	$1.512\ 210 \times 10^{24}$kg	$9.780\ 837 \times 10^{27}$kg
$2.474\ 180 \times 10^{21}$kg	$2.286\ 781 \times 10^{24}$kg	$9.566\ 478 \times 10^{28}$kg
$6.121\ 570 \times 10^{21}$kg	$5.229\ 368 \times 10^{24}$kg	$9.151\ 751 \times 10^{29}$kg
$3.747\ 363 \times 10^{22}$kg	$2.734\ 629 \times 10^{25}$kg	$8.375\ 455 \times 10^{30}$kg
$1.404\ 272 \times 10^{23}$kg	$7.478\ 198 \times 10^{25}$kg	
$1.971\ 982 \times 10^{23}$kg	$5.592\ 345 \times 10^{26}$kg	

Iridio (Ir). Masa atómica 192.2U.

La masa en kilogramos: 1.828 088 $\times 10^{-20}$kg^{-2}

$3.341\ 906 \times 10^{-20}$kg	$3.110\ 843 \times 10^{-15}$kg	$1.832\ 003 \times 10^{-5}$kg
$1.116\ 834 \times 10^{-19}$kg	$9.677\ 347 \times 10^{-15}$kg	$3.356\ 237 \times 10^{-5}$kg
$1.247\ 318 \times 10^{-19}$kg	$9.365\ 104 \times 10^{-14}$kg	$1.126\ 432 \times 10^{-4}$kg
$1.555\ 803 \times 10^{-19}$kg	$8.770\ 518 \times 10^{-13}$kg	$1.268\ 850 \times 10^{-4}$kg
$2.420\ 524 \times 10^{-19}$kg	$7.692\ 199 \times 10^{-12}$kg	$1.609\ 982 \times 10^{-4}$kg
$5.858\ 936 \times 10^{-19}$kg	$5.916\ 992 \times 10^{-11}$kg	$2.592\ 043 \times 10^{-4}$kg
$3.432\ 713 \times 10^{-18}$kg	$3.501\ 080 \times 10^{-10}$kg	$6.718\ 691 \times 10^{-4}$kg
$1.178\ 352 \times 10^{-17}$kg	$1.225\ 756 \times 10^{-9}$kg	$4.514\ 081 \times 10^{-3}$kg
$1.388\ 514 \times 10^{-17}$kg	$1.502\ 478 \times 10^{-9}$kg	$2.037\ 693 \times 10^{-2}$kg
$1.927\ 971 \times 10^{-17}$kg	$2.257\ 442 \times 10^{-9}$kg	$4.152\ 193 \times 10^{-2}$kg
$3.717\ 074 \times 10^{-17}$kg	$5.096\ 044 \times 10^{-9}$kg	$1.724\ 071 \times 10^{-1}$kg
$1.381\ 664 \times 10^{-16}$kg	$2.596\ 967 \times 10^{-8}$kg	$2.972\ 422 \times 10^{-1}$kg
$1.908\ 995 \times 10^{-16}$kg	$6.744\ 238 \times 10^{-8}$kg	$8.835\ 295 \times 10^{-1}$kg
$3.644\ 263 \times 10^{-16}$kg	$4.548\ 474 \times 10^{-7}$kg	$7.806\ 245 \times 10^{0}$kg
$1.328\ 065 \times 10^{-15}$kg	$2.068\ 862 \times 10^{-6}$kg	$6.093\ 746 \times 10^{1}$kg
$1.763\ 758 \times 10^{-15}$kg	$4.280\ 191 \times 10^{-6}$kg	$3.713\ 374 \times 10^{2}$kg

$1.378\,914 \times 10^{3}$kg	$8.001\,868 \times 10^{11}$kg	$1.622\,663 \times 10^{23}$kg
$1.901\,406 \times 10^{3}$kg	$6.402\,990 \times 10^{12}$kg	$2.633\,038 \times 10^{23}$kg
$3.615\,345 \times 10^{3}$kg	$7.099\,828 \times 10^{13}$kg	$6.932\,889 \times 10^{23}$kg
$1.307\,072 \times 10^{4}$kg	$1.680\,859 \times 10^{14}$kg	$4.806\,495 \times 10^{24}$kg
$1.708\,435 \times 10^{4}$kg	$2.825\,287 \times 10^{14}$kg	$2.310\,239 \times 10^{25}$kg
$2.918\,758 \times 10^{4}$kg	$7.982\,249 \times 10^{14}$kg	$5.337\,208 \times 10^{25}$kg
$8.519\,150 \times 10^{4}$kg	$6.371\,629 \times 10^{15}$kg	$2.848\,579 \times 10^{26}$kg
$7.257\,592 \times 10^{5}$kg	$4.059\,766 \times 10^{16}$kg	$8.114\,406 \times 10^{26}$kg
$5.267\,264 \times 10^{6}$kg	$1.648\,170 \times 10^{17}$kg	$6.584\,359 \times 10^{27}$kg
$2.774\,407 \times 10^{7}$kg	$2.716\,466 \times 10^{17}$kg	$4.335\,379 \times 10^{28}$kg
$7.697\,338 \times 10^{7}$kg	$7.379\,190 \times 10^{17}$kg	$1.879\,551 \times 10^{29}$kg
$5.924\,902 \times 10^{8}$kg	$5.445\,244 \times 10^{18}$kg	$3.532\,712 \times 10^{29}$kg
$3.510\,446 \times 10^{9}$kg	$2.965\,069 \times 10^{19}$kg	$1.248\,005 \times 10^{30}$kg
$1.232\,323 \times 10^{10}$kg	$8.791\,634 \times 10^{19}$kg	$1.557\,517 \times 10^{30}$kg
$1.518\,621 \times 10^{10}$kg	$7.729\,284 \times 10^{20}$kg	$2.425\,860 \times 10^{30}$kg
$2.306\,210 \times 10^{10}$kg	$5.974\,183 \times 10^{21}$kg	$5.884\,800 \times 10^{30}$kg
$5.318\,606 \times 10^{10}$kg	$3.569\,087 \times 10^{22}$kg	
$2.828\,757 \times 10^{11}$kg	$1.273\,838 \times 10^{23}$kg	

Osmio (Os). Masa atómica 190. 2U.

La masa en kilogramos: $1.809\,065 \times 10^{-20}$kg^{-2}

$3.272\,718 \times 10^{-20}$kg	$2.999\,680 \times 10^{-19}$kg	$1.846\,723 \times 10^{-15}$kg
$1.071\,068 \times 10^{-19}$kg	$8.998\,085 \times 10^{-19}$kg	$3.410\,389 \times 10^{-15}$kg
$1.147\,187 \times 10^{-19}$kg	$8.096\,554 \times 10^{-18}$kg	$1.163\,075 \times 10^{-14}$kg
$1.316\,039 \times 10^{-19}$kg	$6.555\,419 \times 10^{-17}$kg	$1.352\,744 \times 10^{-14}$kg
$1.731\,958 \times 10^{-19}$kg	$4.297\,352 \times 10^{-16}$kg	$1.829\,917 \times 10^{-14}$kg

$3.348\ 598\ \times 10^{-14}$kg	$5.368\ 841\ \times 10^{-11}$kg	$4.998\ 485\ \times 10^{-5}$kg
$1.121\ 311\ \times 10^{-13}$kg	$2.882\ 445\ \times 10^{-10}$kg	$2.498\ 486\ \times 10^{-4}$kg
$1.257\ 338\ \times 10^{-13}$kg	$8.308\ 491\ \times 10^{-10}$kg	$6.242\ 432\ \times 10^{-4}$kg
$1.580\ 899\ \times 10^{-13}$kg	$6.903\ 102\ \times 10^{-9}$kg	$3.896\ 796\ \times 10^{-3}$kg
$2.499\ 244\ \times 10^{-13}$kg	$4.765\ 283\ \times 10^{-8}$kg	$1.518\ 502\ \times 10^{-2}$kg
$6.246\ 223\ \times 10^{-13}$kg	$2.270\ 792\ \times 10^{-7}$kg	$2.305\ 849\ \times 10^{-2}$kg
$3.901\ 531\ \times 10^{-12}$kg	$5.156\ 497\ \times 10^{-7}$kg	$5.316\ 942\ \times 10^{-2}$kg
$1.522\ 194\ \times 10^{-11}$kg	$2.658\ 946\ \times 10^{-6}$kg	$2.826\ 987\ \times 10^{-1}$kg
$2.317\ 075\ \times 10^{-11}$kg	$7.069\ 997\ \times 10^{-6}$kg	$7.991\ 856\ \times 10^{-1}$kg

Desde ahora en adelante se va a omitir el $\times 10^{-0}$kg, debido a que las posibilidades de hallar las masas de los astros es cuando se usa después de $\times 10^{-1}$kg^2 a el $\times 10^{1}$kg^2 en lugar de $\times 10^{0}$kg^2. Esto significa que en lugar de escribir $\times 10^{-1+1}$kg^2, se debe escribir $\times 10^{-1+2}$kg^2 para que dé el resultado $\times 10^{1}$kg^2. Este método puede ser retroactivo.

$6.386\ 977\ \times 10^{1}$kg	$9.115\ 428\ \times 10^{8}$kg	$9.719\ 652\ \times 10^{17}$kg
$4.079\ 348\ \times 10^{2}$kg	$8.309\ 103\ \times 10^{9}$kg	$9.447\ 163\ \times 10^{18}$kg
$1.664\ 108\ \times 10^{3}$kg	$6.904\ 119\ \times 10^{10}$kg	$8.924\ 890\ \times 10^{19}$kg
$2.769\ 256\ \times 10^{3}$kg	$4.766\ 686\ \times 10^{11}$kg	$7.965\ 367\ \times 10^{20}$kg
$7.668\ 781\ \times 10^{3}$kg	$2.272\ 130\ \times 10^{12}$kg	$6.344\ 707\ \times 10^{21}$kg
$5.881\ 020\ \times 10^{4}$kg	$5.162\ 576\ \times 10^{12}$kg	$4.025\ 531\ \times 10^{22}$kg
$3.458\ 640\ \times 10^{5}$kg	$2.665\ 219\ \times 10^{13}$kg	$1.620\ 490\ \times 10^{23}$kg
$1.196\ 219\ \times 10^{6}$kg	$7.103\ 395\ \times 10^{13}$kg	$2.625\ 989\ \times 10^{23}$kg
$1.430\ 940\ \times 10^{6}$kg	$5.045\ 823\ \times 10^{14}$kg	$6.895\ 819\ \times 10^{23}$kg
$2.047\ 590\ \times 10^{6}$kg	$2.546\ 033\ \times 10^{15}$kg	$4.755\ 232\ \times 10^{24}$kg
$4.192\ 625\ \times 10^{6}$kg	$6.482\ 285\ \times 10^{15}$kg	$2.261\ 224\ \times 10^{25}$kg
$1.757\ 810\ \times 10^{7}$kg	$4.202\ 002\ \times 10^{16}$kg	$5.113\ 134\ \times 10^{25}$kg
$3.089\ 898\ \times 10^{7}$kg	$1.765\ 682\ \times 10^{17}$kg	$2.614\ 414\ \times 10^{26}$kg
$9.547\ 475\ \times 10^{7}$kg	$3.117\ 635\ \times 10^{17}$kg	$6.835\ 161\ \times 10^{26}$kg

4.671 942 x10^{27}kg	2.269 760 x10^{29}kg	7.044 348 x10^{30}kg
2.182 704 x10^{28}kg	5.151 814 x10^{29}kg	
7.764 200 x10^{28}kg	2.654 179 x10^{30}kg	

Yodo (I). Masa atómica 126.9045U

La masa en kilogramos: 1.145 718 x10^{-20}kg^{-2}

1.312 671 x10^{-20}kg	3.992 704 x10^{-7}kg	1.969 965 x10^{5}kg
1.723 106 x10^{-20}kg	1.594 168 x10^{-6}kg	3.880 762 x10^{5}kg
2.969 095 x10^{-20}kg	2.541 373 x10^{-6}kg	1.506 031 x10^{6}kg
8.815 529 x10^{-20}kg	6.458 581 x10^{-6}kg	2.238 130 x10^{6}kg
7.771 356 x10^{-19}kg	4.171 327 x10^{-5}kg	5.144 417 x10^{6}kg
6.039 398 x10^{-18}kg	1.739 997 x10^{-4}kg	2.646 502 x10^{7}kg
3.647 433 x10^{-17}kg	3.027 590 x10^{-4}kg	7.003 977 x10^{7}kg
1.330 377 x10^{-16}kg	9.166 301 x10^{-4}kg	4.905 569 x10^{8}kg
1.769 903 x10^{-16}kg	8.402 108 x10^{-3}kg	2.406 461 x10^{9}kg
3.132 557 x10^{-16}kg	7.059 543 x10^{-2}kg	5.791 056 x10^{9}kg
9.812 916 x10^{-16}kg	4.983 714 x10^{-1}kg	3.353 633 x10^{10}kg
9.629 333 x10^{-15}kg	2.483 741 x10^{1}kg	1.124 685 x10^{11}kg
9.272 406 x10^{-14}kg	6.168 970 x10^{1}kg	1.264 917 x10^{11}kg
8.597 751 x10^{-13}kg	3.805 620 x10^{2}kg	1.600 016 x10^{11}kg
7.392 133 x10^{-12}kg	1.448 274 x10^{3}kg	2.560 053 x10^{11}kg
5.464 363 x10^{-11}kg	2.097 499 x10^{3}kg	6.553 873 x10^{11}kg
2.985 927 x10^{-10}kg	4.399 503 x10^{3}kg	4.295 326 x10^{12}kg
8.915 760 x10^{-10}kg	1.935 563 x10^{4}kg	1.844 982 x10^{13}kg
7.949 078 x10^{-9}kg	3.746 404 x10^{4}kg	3.403 961 x10^{13}kg
6.318 784 x10^{-8}kg	1.403 554 x10^{5}kg	1.158 695 x10^{14}kg

$1.342\,574 \times 10^{14}$kg	$1.449\,721 \times 10^{18}$kg	$7.800\,222 \times 10^{25}$kg
$1.802\,507 \times 10^{14}$kg	$2.101\,692 \times 10^{18}$kg	$6.084\,347 \times 10^{26}$kg
$3.249\,033 \times 10^{14}$kg	$4.417\,110 \times 10^{18}$kg	$3.701\,928 \times 10^{27}$kg
$1.055\,621 \times 10^{15}$kg	$1.951\,086 \times 10^{19}$kg	$1.370\,427 \times 10^{28}$kg
$1.114\,337 \times 10^{15}$kg	$3.806\,740 \times 10^{19}$kg	$1.878\,071 \times 10^{28}$kg
$1.241\,748 \times 10^{15}$kg	$1.449\,127 \times 10^{20}$kg	$3.527\,152 \times 10^{28}$kg
$1.541\,938 \times 10^{15}$kg	$2.099\,969 \times 10^{20}$kg	$1.244\,080 \times 10^{29}$kg
$2.377\,574 \times 10^{15}$kg	$4.409\,871 \times 10^{20}$kg	$1.547\,736 \times 10^{29}$kg
$5.652\,858 \times 10^{15}$kg	$1.944\,696 \times 10^{21}$kg	$2.395\,489 \times 10^{29}$kg
$3.195\,481 \times 10^{16}$kg	$3.781\,843 \times 10^{21}$kg	$5.738\,367 \times 10^{29}$kg
$1.021\,110 \times 10^{17}$kg	$1.430\,233 \times 10^{22}$kg	$3.292\,886 \times 10^{30}$kg
$1.042\,665 \times 10^{17}$kg	$2.045\,569 \times 10^{22}$kg	$1.084\,309 \times 10^{31}$kg
$1.087\,151 \times 10^{17}$kg	$4.184\,353 \times 10^{22}$kg	$1.175\,728 \times 10^{31}$kg
$1.181\,898 \times 10^{17}$kg	$1.750\,881 \times 10^{23}$kg	$1.382\,336 \times 10^{31}$kg
$1.396\,884 \times 10^{17}$kg	$3.065\,585 \times 10^{23}$kg	$1.910\,854 \times 10^{31}$kg
$1.951\,286 \times 10^{17}$kg	$9.397\,811 \times 10^{23}$kg	$3.651\,364 \times 10^{31}$kg
$3.807\,520 \times 10^{17}$kg	$8.831\,887 \times 10^{24}$kg	

Renio (Re). Masa atómica 186.207U.

La masa en kilogramos: $1.771\,086 \times 10^{-20}$kg^{-2}

$3.136\,747 \times 10^{-20}$kg	$3.543\,119 \times 10^{-14}$kg	$2.095\,981 \times 10^{-11}$kg
$9.839\,185 \times 10^{-20}$kg	$1.255\,369 \times 10^{-13}$kg	$4.393\,138 \times 10^{-11}$kg
$9.680\,957 \times 10^{-19}$kg	$1.575\,953 \times 10^{-13}$kg	$1.929\,966 \times 10^{-10}$kg
$9.372\,093 \times 10^{-18}$kg	$2.483\,628 \times 10^{-13}$kg	$3.724\,772 \times 10^{-10}$kg
$8.783\,613 \times 10^{-17}$kg	$6.168\,412 \times 10^{-13}$kg	$1.387\,393 \times 10^{-9}$kg
$7.715\,187 \times 10^{-16}$kg	$3.804\,931 \times 10^{-12}$kg	$1.924\,859 \times 10^{-9}$kg
$5.952\,411 \times 10^{-15}$kg	$1.447\,750 \times 10^{-11}$kg	$3.705\,084 \times 10^{-9}$kg

$1.372\,765 \times 10^{-8}$kg	$1.223\,474 \times 10^{5}$kg	$6.911\,050 \times 10^{16}$kg
$1.884\,484 \times 10^{-8}$kg	$1.496\,890 \times 10^{5}$kg	$4.776\,261 \times 10^{17}$kg
$3.551\,280 \times 10^{-8}$kg	$2.240\,681 \times 10^{5}$kg	$2.281\,267 \times 10^{18}$kg
$1.261\,159 \times 10^{-7}$kg	$5.020\,654 \times 10^{5}$kg	$5.204\,179 \times 10^{18}$kg
$1.590\,522 \times 10^{-7}$kg	$2.520\,697 \times 10^{6}$kg	$2.708\,348 \times 10^{19}$kg
$2.529\,762 \times 10^{-7}$kg	$6.353\,914 \times 10^{6}$kg	$7.335\,152 \times 10^{19}$kg
$6.399\,698 \times 10^{-7}$kg	$4.037\,223 \times 10^{7}$kg	$5.380\,446 \times 10^{20}$kg
$4.095\,614 \times 10^{-6}$kg	$1.629\,917 \times 10^{8}$kg	$2.894\,920 \times 10^{21}$kg
$1.677\,405 \times 10^{-5}$kg	$2.656\,629 \times 10^{8}$kg	$8.380\,562 \times 10^{21}$kg
$2.813\,690 \times 10^{-5}$kg	$7.057\,682 \times 10^{8}$kg	$7.023\,382 \times 10^{22}$kg
$7.916\,853 \times 10^{-5}$kg	$4.981\,087 \times 10^{9}$kg	$4.932\,790 \times 10^{23}$kg
$6.267\,656 \times 10^{-4}$kg	$2.481\,123 \times 10^{10}$kg	$2.433\,242 \times 10^{24}$kg
$3.928\,352 \times 10^{-3}$kg	$6.155\,974 \times 10^{10}$kg	$5.920\,667 \times 10^{24}$kg
$1.543\,195 \times 10^{-2}$kg	$3.789\,602 \times 10^{11}$kg	$3.505\,430 \times 10^{25}$kg
$2.381\,451 \times 10^{-2}$kg	$1.436\,108 \times 10^{12}$kg	$1.228\,803 \times 10^{26}$kg
$5.671\,311 \times 10^{-2}$kg	$1.436\,108 \times 10^{12}$kg	$1.509\,959 \times 10^{26}$kg
$3.216\,377 \times 10^{-1}$kg	$2.062\,408 \times 10^{12}$kg	$2.279\,976 \times 10^{26}$kg
$1.034\,508 \times 10^{1}$kg	$4.253\,530 \times 10^{12}$kg	$5.198\,294 \times 10^{26}$kg
$1.070\,207 \times 10^{1}$kg	$1.809\,252 \times 10^{13}$kg	$2.702\,226 \times 10^{27}$kg
$1.145\,343 \times 10^{1}$kg	$3.273\,393 \times 10^{13}$kg	$7.302\,029 \times 10^{27}$kg
$1.311\,812 \times 10^{1}$kg	$1.071\,510 \times 10^{14}$kg	$5.331\,964 \times 10^{28}$kg
$1.720\,852 \times 10^{1}$kg	$1.148\,134 \times 10^{14}$kg	$2.842\,984 \times 10^{29}$kg
$2.961\,333 \times 10^{1}$kg	$1.318\,213 \times 10^{14}$kg	$8.082\,558 \times 10^{29}$kg
$8.769\,497 \times 10^{1}$kg	$1.737\,686 \times 10^{14}$kg	$6.532\,775 \times 10^{30}$kg
$7.690\,407 \times 10^{2}$kg	$3.019\,555 \times 10^{14}$kg	$4.267\,715 \times 10^{31}$kg
$5.914\,237 \times 10^{3}$kg	$9.117\,714 \times 10^{14}$kg	$1.821\,339 \times 10^{32}$kg
$3.497\,820 \times 10^{4}$kg	$8.313\,272 \times 10^{15}$kg	$3.317\,278 \times 10^{32}$kg

Tungsteno (Walframio) (W). Masa atómica 183.85U.

La masa en kilogramos: 1.748 668 x10^{-20}kg^{-2}

3.057 840 x10^{-20}kg	3.996 270 x10^{-10}kg	5.185 235 x10^{-1}kg
9.350 388 x10^{-20}kg	1.597 017 x10^{-9}kg	2.688 667 x10^{1}kg
8.742 977 x10^{-19}kg	2.550 465 x10^{-9}kg	7.228 930 x10^{1}kg
7.643 965 x10^{-18}kg	6.504 875 x10^{-9}kg	5.225 743 x10^{2}kg
5.843 020 x10^{-17}kg	4.231 339 x10^{-8}kg	2.730 839 x10^{3}kg
3.414 089 x10^{-16}kg	1.790 423 x10^{-7}kg	7.457 485 x10^{3}kg
1.165 600 x10^{-15}kg	3.205 617 x10^{-7}kg	5.561 409 x10^{4}kg
1.358 624 x10^{-15}kg	1.027 598 x10^{-6}kg	3.092 927 x10^{5}kg
1.845 859 x10^{-15}kg	1.055 958 x10^{-6}kg	9.566 199 x10^{5}kg
3.407 199 x10^{-15}kg	1.115 047 x10^{-6}kg	9.151 216 x10^{6}kg
1.160 900 x10^{-14}kg	1.243 331 x10^{-6}kg	8.374 476 x10^{7}kg
1.347 690 x10^{-14}kg	1.545 874 x10^{-6}kg	7.013 185 x10^{8}kg
1.816 268 x10^{-14}kg	2.389 727 x10^{-6}kg	4.918 477 x10^{9}kg
3.298 831 x10^{-14}kg	5.710 796 x10^{-6}kg	2.419 141 x10^{10}kg
1.088 229 x10^{-13}kg	3.261 319 x10^{-5}kg	5.852 246 x10^{10}kg
1.184 242 x10^{-13}kg	1.063 620 x10^{-4}kg	3.424 879 x10^{11}kg
1.402 430 x10^{-13}kg	1.131 288 x10^{-4}kg	1.172 979 x10^{12}kg
1.966 812 x10^{-13}kg	1.279 813 x10^{-4}kg	1.375 881 x10^{12}kg
3.868 350 x10^{-13}kg	1.637 922 x10^{-4}kg	1.893 050 x10^{12}kg
1.496 413 x10^{-12}kg	2.682 788 x10^{-4}kg	3.583 640 x10^{12}kg
2.239 254 x10^{-12}kg	7.197 356 x10^{-4}kg	1.284 247 x10^{13}kg
5.014 260 x10^{-12}kg	5.180 194 x10^{-3}kg	1.649 292 x10^{13}kg
2.514 280 x10^{-11}kg	2.683 441 x10^{-2}kg	2.720 166 x10^{13}kg
6.321 606 x10^{-11}kg	7.200 858 x10^{-2}kg	7.399 304 x10^{13}kg

$5.474\ 970 \times 10^{14}$kg	$1.606\ 441 \times 10^{20}$kg	$4.086\ 128 \times 10^{25}$kg
$2.997\ 530 \times 10^{15}$kg	$2.580\ 654 \times 10^{20}$kg	$1.669\ 644 \times 10^{26}$kg
$8.985\ 186 \times 10^{15}$kg	$6.659\ 775 \times 10^{20}$kg	$2.787\ 713 \times 10^{26}$kg
$8.073\ 357 \times 10^{16}$kg	$4.435\ 261 \times 10^{21}$kg	$7.771\ 345 \times 10^{26}$kg
$6.517\ 909 \times 10^{17}$kg	$1.967\ 154 \times 10^{22}$kg	$6.039\ 381 \times 10^{27}$kg
$4.248\ 314 \times 10^{18}$kg	$3.869\ 695 \times 10^{22}$kg	$3.647\ 413 \times 10^{28}$kg
$1.804\ 817 \times 10^{19}$kg	$1.497\ 454 \times 10^{23}$kg	$1.330\ 362 \times 10^{29}$kg
$3.257\ 365 \times 10^{19}$kg	$2.242\ 368 \times 10^{23}$kg	$1.769\ 863 \times 10^{29}$kg
$1.061\ 043 \times 10^{20}$kg	$5.028\ 216 \times 10^{23}$kg	$3.132\ 416 \times 10^{30}$kg
$1.125\ 812 \times 10^{20}$kg	$2.528\ 296 \times 10^{24}$kg	$9.812\ 036 \times 10^{30}$kg
$1.267\ 454 \times 10^{20}$kg	$6.392\ 283 \times 10^{24}$kg	

Tantalio (Ta). Masa atómica 180.9479U

La masa en kilogramos: 1.721 065 x10^{-20}kg^{-2}

$2.962\ 065 \times 10^{-20}$kg	$2.011\ 386 \times 10^{-12}$kg	$1.718\ 250 \times 10^{-5}$kg
$8.773\ 832 \times 10^{-20}$kg	$4.045\ 674 \times 10^{-12}$kg	$2.952\ 383 \times 10^{-5}$kg
$7.698\ 013 \times 10^{-19}$kg	$1.636\ 748 \times 10^{-11}$kg	$8.716\ 569 \times 10^{-5}$kg
$5.925\ 540 \times 10^{-18}$kg	$2.678\ 945 \times 10^{-11}$kg	$7.597\ 858 \times 10^{-4}$kg
$3.511\ 677 \times 10^{-17}$kg	$7.176\ 751 \times 10^{-11}$kg	$5.772\ 746 \times 10^{-3}$kg
$1.233\ 187 \times 10^{-16}$kg	$5.150\ 576 \times 10^{-10}$kg	$3.332\ 459 \times 10^{-2}$kg
$1.520\ 752 \times 10^{-16}$kg	$2.652\ 843 \times 10^{-9}$kg	$1.110\ 528 \times 10^{-1}$kg
$2.312\ 688 \times 10^{-16}$kg	$7.037\ 578 \times 10^{-9}$kg	$1.233\ 274 \times 10^{-1}$kg
$5.348\ 527 \times 10^{-16}$kg	$4.952\ 750 \times 10^{-8}$kg	$1.520\ 965 \times 10^{-1}$kg
$2.860\ 674 \times 10^{-15}$kg	$2.452\ 973 \times 10^{-7}$kg	$2.313\ 335 \times 10^{-1}$kg
$8.183\ 459 \times 10^{-15}$kg	$6.017\ 080 \times 10^{-7}$kg	$5.351\ 520 \times 10^{-1}$kg
$6.696\ 900 \times 10^{-14}$kg	$3.620\ 525 \times 10^{-6}$kg	$2.863\ 846 \times 10^{1}$kg
$4.484\ 848 \times 10^{-13}$kg	$1.310\ 820 \times 10^{-5}$kg	$8.201\ 789 \times 10^{1}$kg

$6.726\ 935\ x10^{2}$kg	$6.775\ 600\ x10^{13}$kg	$9.898\ 212\ x10^{21}$kg
$4.525\ 165\ x10^{3}$kg	$4.590\ 876\ x10^{14}$kg	$9.797\ 461\ x10^{22}$kg
$2.047\ 712\ x10^{4}$kg	$2.107\ 614\ x10^{15}$kg	$9.599\ 025\ x10^{23}$kg
$4.193\ 126\ x10^{4}$kg	$4.442\ 040\ x10^{15}$kg	$9.214\ 129\ x10^{24}$kg
$1.758\ 230\ x10^{5}$kg	$1.973\ 171\ x10^{16}$kg	$8.490\ 017\ x10^{25}$kg
$3.091\ 375\ x10^{5}$kg	$3.893\ 407\ x10^{16}$kg	$7.208\ 039\ x10^{26}$kg
$9.556\ 605\ x10^{5}$kg	$1.515\ 862\ x10^{17}$kg	$5.195\ 583\ x10^{27}$kg
$9.132\ 870\ x10^{6}$kg	$2.297\ 838\ x10^{17}$kg	$2.699\ 409\ x10^{28}$kg
$8.340\ 933\ x10^{7}$kg	$5.280\ 060\ x10^{17}$kg	$7.286\ 810\ x10^{28}$kg
$6.957\ 116\ x10^{8}$kg	$2.787\ 903\ x10^{17}$kg	$5.309\ 760\ x10^{29}$kg
$4.840\ 147\ x10^{9}$kg	$7.772\ 407\ x10^{18}$kg	$2.819\ 355\ x10^{30}$kg
$2.342\ 702\ x10^{10}$kg	$6.041\ 032\ x10^{19}$kg	$7.948\ 767\ x10^{30}$kg
$5.488\ 254\ x10^{10}$kg	$3.649\ 406\ x10^{20}$kg	$6.318\ 289\ x10^{31}$kg
$3.012\ 093\ x10^{10}$kg	$1.331\ 817\ x10^{21}$kg	$3.992\ 078\ x10^{31}$kg
$9.072\ 708\ x10^{11}$kg	$1.773\ 736\ x10^{21}$kg	$1.593\ 669\ x10^{32}$kg
$8.231\ 403\ x10^{12}$kg	$3.146\ 142\ x10^{21}$kg	$2.539\ 781\ x10^{32}$kg

Hafnio (Hf). Masa atómica 178.49U.

La masa en kilogramos: $1.697\ 687\ x10^{-20}$kg^{-2}

$2.882\ 141\ x10^{-20}$kg	$6.972\ 329\ x10^{-16}$kg	$9.468\ 636\ x10^{-11}$kg
$8.306\ 741\ x10^{-20}$kg	$4.865\ 522\ x10^{-15}$kg	$8.965\ 507\ x10^{-10}$kg
$6.900\ 195\ x10^{-19}$kg	$2.367\ 330\ x10^{-14}$kg	$8.038\ 032\ x10^{-9}$kg
$4.761\ 269\ x10^{-18}$kg	$5.604\ 255\ x10^{-14}$kg	$6.460\ 996\ x10^{-8}$kg
$2.266\ 969\ x10^{-17}$kg	$3.140\ 768\ x10^{-13}$kg	$4.174\ 447\ x10^{-7}$kg
$5.139\ 148\ x10^{-17}$kg	$9.864\ 426\ x10^{-13}$kg	$1.742\ 601\ x10^{-6}$kg
$2.641\ 084\ x10^{-16}$kg	$9.730\ 691\ x10^{-12}$kg	$3.036\ 660\ x10^{-6}$kg

$9.221\ 304\ \text{x}10^{-6}\text{kg}$	$1.150\ 649\ \text{x}10^{10}\text{kg}$	$4.908\ 019\ \text{x}10^{21}\text{kg}$
$8.503\ 245\ \text{x}10^{-5}\text{kg}$	$1.323\ 994\ \text{x}10^{10}\text{kg}$	$2.408\ 865\ \text{x}10^{22}\text{kg}$
$7.230\ 518\ \text{x}10^{-4}\text{kg}$	$1.752\ 960\ \text{x}10^{10}\text{kg}$	$5.802\ 631\ \text{x}10^{22}\text{kg}$
$5.228\ 040\ \text{x}10^{-3}\text{kg}$	$3.072\ 869\ \text{x}10^{10}\text{kg}$	$3.367\ 053\ \text{x}10^{23}\text{kg}$
$2.733\ 240\ \text{x}10^{-2}\text{kg}$	$9.442\ 526\ \text{x}10^{10}\text{kg}$	$1.133\ 704\ \text{x}10^{24}\text{kg}$
$7.470\ 604\ \text{x}10^{-2}\text{kg}$	$8.916\ 131\ \text{x}10^{11}\text{kg}$	$1.285\ 286\ \text{x}10^{24}\text{kg}$
$5.580\ 993\ \text{x}10^{-1}\text{kg}$	$7.949\ 739\ \text{x}10^{12}\text{kg}$	$1.651\ 961\ \text{x}10^{24}\text{kg}$
$3.114\ 749\ \text{x}10^{1}\text{kg}$	$6.319\ 835\ \text{x}10^{13}\text{kg}$	$2.728\ 977\ \text{x}10^{24}\text{kg}$
$9.701\ 662\ \text{x}10^{1}\text{kg}$	$3.994\ 032\ \text{x}10^{14}\text{kg}$	$7.477\ 315\ \text{x}10^{24}\text{kg}$
$9.412\ 225\ \text{x}10^{2}\text{kg}$	$1.595\ 229\ \text{x}10^{15}\text{kg}$	$5.546\ 251\ \text{x}10^{25}\text{kg}$
$8.858\ 999\ \text{x}10^{3}\text{kg}$	$2.544\ 756\ \text{x}10^{15}\text{kg}$	$3.076\ 090\ \text{x}10^{26}\text{kg}$
$7.848\ 186\ \text{x}10^{4}\text{kg}$	$6.475\ 787\ \text{x}10^{15}\text{kg}$	$9.462\ 332\ \text{x}10^{26}\text{kg}$
$6.159\ 402\ \text{x}10^{5}\text{kg}$	$4.193\ 582\ \text{x}10^{16}\text{kg}$	$8.953\ 573\ \text{x}10^{27}\text{kg}$
$3.793\ 824\ \text{x}10^{6}\text{kg}$	$1.758\ 613\ \text{x}10^{17}\text{kg}$	$8.016\ 646\ \text{x}10^{28}\text{kg}$
$1.439\ 310\ \text{x}10^{7}\text{kg}$	$3.092\ 721\ \text{x}10^{17}\text{kg}$	$6.426\ 662\ \text{x}10^{29}\text{kg}$
$2.071\ 614\ \text{x}10^{8}\text{kg}$	$9.564\ 926\ \text{x}10^{17}\text{kg}$	$4.130\ 199\ \text{x}10^{30}\text{kg}$
$4.291\ 586\ \text{x}10^{8}\text{kg}$	$9.148\ 782\ \text{x}10^{18}\text{kg}$	$1.705\ 854\ \text{x}10^{31}\text{kg}$
$1.841\ 771\ \text{x}10^{9}\text{kg}$	$8.370\ 021\ \text{x}10^{19}\text{kg}$	$2.909\ 940\ \text{x}10^{31}\text{kg}$
$3.392\ 122\ \text{x}10^{9}\text{kg}$	$7.005\ 725\ \text{x}10^{20}\text{kg}$	$8.467\ 755\ \text{x}10^{31}\text{kg}$

Lutecio (Lu). Masa atómica 174.967U.

La masa en kilogramos: $1.664\ 178\ \text{x}10^{-20}\text{kg}^{-2}$

$2.769\ 490\ \text{x}10^{-20}\text{kg}$	$1.1197\ 831\ \text{x}10^{-17}\text{kg}$	$1.796\ 240\ \text{x}10^{-16}\text{kg}$
$7.670\ 076\ \text{x}10^{-20}\text{kg}$	$1.434\ 813\ \text{x}10^{-17}\text{kg}$	$3.226\ 480\ \text{x}10^{-16}\text{kg}$
$5.883\ 008\ \text{x}10^{-19}\text{kg}$	$2.058\ 690\ \text{x}10^{-17}\text{kg}$	$1.041\ 017\ \text{x}10^{-15}\text{kg}$
$3.460\ 978\ \text{x}10^{-18}\text{kg}$	$4.238\ 207\ \text{x}10^{-17}\text{kg}$	$1.083\ 717\ \text{x}10^{-15}\text{kg}$

$1.174\,443 \times 10^{-15}$kg	$1.653\,541 \times 10^{-6}$kg	$5.514\,301 \times 10^{10}$kg
$1.379\,317 \times 10^{-15}$kg	$2.734\,198 \times 10^{-6}$kg	$3.040\,751 \times 10^{11}$kg
$1.902\,516 \times 10^{-15}$kg	$7.475\,839 \times 10^{-6}$kg	$9.246\,171 \times 10^{11}$kg
$3.619\,570 \times 10^{-15}$kg	$5.588\,817 \times 10^{-5}$kg	$8.549\,168 \times 10^{12}$kg
$1.310\,128 \times 10^{-14}$kg	$3.123\,488 \times 10^{-4}$kg	$7.300\,828 \times 10^{13}$kg
$1.716\,437 \times 10^{-14}$kg	$9.756\,177 \times 10^{-4}$kg	$5.341\,897 \times 10^{14}$kg
$2.946\,157 \times 10^{-14}$kg	$9.518\,299 \times 10^{-3}$kg	$2.853\,587 \times 10^{15}$kg
$8.679\,846 \times 10^{-14}$kg	$9.059\,802 \times 10^{-2}$kg	$8.142\,959 \times 10^{15}$kg
$7.533\,973 \times 10^{-13}$kg	$8.208\,002 \times 10^{-1}$kg	$6.630\,778 \times 10^{16}$kg
$5.646\,076 \times 10^{-12}$kg	$6.737\,130 \times 10^{1}$kg	$4.396\,722 \times 10^{17}$kg
$3.221\,784 \times 10^{-11}$kg	$4.538\,892 \times 10^{2}$kg	$1.933\,116 \times 10^{18}$kg
$1.037\,989 \times 10^{-10}$kg	$2.060\,154 \times 10^{3}$kg	$3.736\,940 \times 10^{18}$kg
$1.077\,721 \times 10^{-10}$kg	$4.244\,237 \times 10^{3}$kg	$1.396\,472 \times 10^{19}$kg
$1.160\,830 \times 10^{-10}$kg	$1.801\,355 \times 10^{4}$kg	$1.950\,136 \times 10^{19}$kg
$1.347\,544 \times 10^{-10}$kg	$3.244\,882 \times 10^{4}$kg	$3.803\,030 \times 10^{19}$kg
$1.815\,877 \times 10^{-10}$kg	$1.052\,925 \times 10^{5}$kg	$1.446\,304 \times 10^{20}$kg
$3.297\,410 \times 10^{-10}$kg	$1.108\,653 \times 10^{5}$kg	$2.091\,796 \times 10^{20}$kg
$1.087\,291 \times 10^{-9}$kg	$1.229\,111 \times 10^{5}$kg	$4.375\,610 \times 10^{20}$kg
$1.182\,203 \times 10^{-9}$kg	$1.510\,715 \times 10^{5}$kg	$1.914\,596 \times 10^{21}$kg
$1.397\,604 \times 10^{-9}$kg	$2.282\,260 \times 10^{5}$kg	$3.665\,680 \times 10^{21}$kg
$1.953\,299 \times 10^{-9}$kg	$5.208\,712 \times 10^{5}$kg	$1.343\,721 \times 10^{22}$kg
$3.815\,379 \times 10^{-9}$kg	$2.713\,068 \times 10^{6}$kg	$1.805\,587 \times 10^{22}$kg
$1.455\,712 \times 10^{-8}$kg	$7.360\,741 \times 10^{6}$kg	$3.260\,146 \times 10^{22}$kg
$2.119\,097 \times 10^{-8}$kg	$5.418\,051 \times 10^{7}$kg	$1.062\,855 \times 10^{23}$kg
$4.490\,574 \times 10^{-8}$kg	$2.935\,528 \times 10^{8}$kg	$1.129\,661 \times 10^{23}$kg
$2.016\,525 \times 10^{-7}$kg	$8.617\,327 \times 10^{8}$kg	$1.276\,135 \times 10^{23}$kg
$4.066\,375 \times 10^{-7}$kg	$7.425\,834 \times 10^{9}$kg	$1.628\,522 \times 10^{23}$kg

$2.652\ 085\ \text{x}10^{23}\text{kg}$	$1.656\ 545\ \text{x}10^{27}\text{kg}$	$1.142\ 949\ \text{x}10^{30}\text{kg}$
$7.033\ 557\ \text{x}10^{23}\text{kg}$	$2.744\ 142\ \text{x}10^{27}\text{kg}$	$1.306\ 334\ \text{x}10^{30}\text{kg}$
$4.947\ 093\ \text{x}10^{24}\text{kg}$	$7.530\ 318\ \text{x}10^{27}\text{kg}$	$1.706\ 510\ \text{x}10^{30}\text{kg}$
$2.447\ 373\ \text{x}10^{25}\text{kg}$	$5.670\ 569\ \text{x}10^{28}\text{kg}$	$2.912\ 176\ \text{x}10^{30}\text{kg}$
$5.989\ 635\ \text{x}10^{25}\text{kg}$	$3.215\ 536\ \text{x}10^{29}\text{kg}$	$8.480\ 772\ \text{x}10^{30}\text{kg}$
$3.587\ 573\ \text{x}10^{26}\text{kg}$	$1.033\ 967\ \text{x}10^{30}\text{kg}$	
$1.287\ 068\ \text{x}10^{27}\text{kg}$	$1.069\ 088\ \text{x}10^{30}\text{kg}$	

Iterbio ( ). Masa atómica 173.04U.

La masa en kilogramos: 1.645 850 $\text{x}10^{-20}\text{kg}^{-2}$

$2.708\ 822\ \text{x}10^{-20}\text{kg}$	$5.108\ 707\ \text{x}10^{-11}\text{kg}$	$7.415\ 966\ \text{x}10^{-2}\text{kg}$
$7.337\ 720\ \text{x}10^{-20}\text{kg}$	$2.609\ 888\ \text{x}10^{-10}\text{kg}$	$5.499\ 656\ \text{x}10^{-1}\text{kg}$
$5.384\ 214\ \text{x}10^{-19}\text{kg}$	$6.811\ 519\ \text{x}10^{-10}\text{kg}$	$3.024\ 621\ \text{x}10^{1}\text{kg}$
$2.898\ 976\ \text{x}10^{-18}\text{kg}$	$4.639\ 680\ \text{x}10^{-9}\text{kg}$	$9.148\ 336\ \text{x}10^{1}\text{kg}$
$8.404\ 063\ \text{x}10^{-18}\text{kg}$	$2.152\ 663\ \text{x}10^{-8}\text{kg}$	$8.369\ 206\ \text{x}10^{2}\text{kg}$
$7.062\ 828\ \text{x}10^{-17}\text{kg}$	$4.633\ 959\ \text{x}10^{-8}\text{kg}$	$7.004\ 361\ \text{x}10^{3}\text{kg}$
$4.988\ 354\ \text{x}10^{-16}\text{kg}$	$2.147\ 358\ \text{x}10^{-7}\text{kg}$	$4.906\ 108\ \text{x}10^{4}\text{kg}$
$2.488\ 368\ \text{x}10^{-15}\text{kg}$	$4.611\ 146\ \text{x}10^{-7}\text{kg}$	$2.406\ 989\ \text{x}10^{5}\text{kg}$
$6.191\ 977\ \text{x}10^{-15}\text{kg}$	$2.126\ 267\ \text{x}10^{-6}\text{kg}$	$5.796\ 599\ \text{x}10^{5}\text{kg}$
$3.834\ 058\ \text{x}10^{-16}\text{kg}$	$4.521\ 012\ \text{x}10^{-6}\text{kg}$	$3.356\ 579\ \text{x}10^{6}\text{kg}$
$1.470\ 000\ \text{x}10^{-13}\text{kg}$	$2.043\ 955\ \text{x}10^{-5}\text{kg}$	$1.126\ 662\ \text{x}10^{7}\text{kg}$
$2.160\ 900\ \text{x}10^{-13}\text{kg}$	$4.177\ 752\ \text{x}10^{-5}\text{kg}$	$1.269\ 368\ \text{x}10^{7}\text{kg}$
$4.669\ 489\ \text{x}10^{-13}\text{kg}$	$1.745\ 361\ \text{x}10^{-4}\text{kg}$	$1.611\ 297\ \text{x}10^{7}\text{kg}$
$2.180\ 413\ \text{x}10^{-12}\text{kg}$	$3.046\ 288\ \text{x}10^{-4}\text{kg}$	$2.596\ 279\ \text{x}10^{7}\text{kg}$
$4.754\ 203\ \text{x}10^{-12}\text{kg}$	$9.279\ 871\ \text{x}10^{-4}\text{kg}$	$6.740\ 667\ \text{x}10^{7}\text{kg}$
$2.260\ 244\ \text{x}10^{-11}\text{kg}$	$8.611\ 600\ \text{x}10^{-3}\text{kg}$	$4.543\ 659\ \text{x}10^{8}\text{kg}$

$2.064\,484 \times 10^{9}$kg	$7.455\,389 \times 10^{14}$kg	$3.584\,027 \times 10^{23}$kg
$4.262\,094 \times 10^{9}$kg	$5.558\,283 \times 10^{15}$kg	$1.284\,525 \times 10^{24}$kg
$1.816\,545 \times 10^{10}$kg	$3.089\,451 \times 10^{16}$kg	$1.650\,006 \times 10^{24}$kg
$3.299\,836 \times 10^{10}$kg	$9.544\,713 \times 10^{16}$kg	$2.722\,520 \times 10^{24}$kg
$1.088\,892 \times 10^{11}$kg	$9.110\,154 \times 10^{17}$kg	$7.412\,116 \times 10^{24}$kg
$1.185\,685 \times 10^{11}$kg	$8.299\,491 \times 10^{18}$kg	$5.493\,946 \times 10^{25}$kg
$1.405\,851 \times 10^{11}$kg	$6.888\,156 \times 10^{18}$kg	$3.018\,344 \times 10^{26}$kg
$1.976\,417 \times 10^{11}$kg	$4.744\,670 \times 10^{19}$kg	$9.110\,404 \times 10^{27}$kg
$3.906\,225 \times 10^{11}$kg	$2.251\,189 \times 10^{20}$kg	$8.299\,946 \times 10^{28}$kg
$1.525\,860 \times 10^{12}$kg	$5.067\,854 \times 10^{20}$kg	$6.888\,912 \times 10^{29}$kg
$2.328\,248 \times 10^{12}$kg	$2.568\,314 \times 10^{21}$kg	$4.745\,710 \times 10^{30}$kg
$5.420\,742 \times 10^{12}$kg	$6.596\,239 \times 10^{21}$kg	$2.252\,177 \times 10^{31}$kg
$2.938\,445 \times 10^{13}$kg	$4.351\,037 \times 10^{22}$kg	$5.072\,301 \times 10^{31}$kg
$8.634\,459 \times 10^{13}$kg	$1.893\,152 \times 10^{23}$kg	

Tulio (Tl). Masa atómica 168.9342U.

La masa en kilogramos: $1.606\,798 \times 10^{-20}$kg^{-2}

$2.581\,800 \times 10^{-20}$kg	$6.439\,839 \times 10^{-15}$kg	$1.941\,067 \times 10^{-9}$kg
$6.665\,695 \times 10^{-20}$kg	$4.147\,153 \times 10^{-14}$kg	$3.767\,744 \times 10^{-9}$kg
$4.443\,149 \times 10^{-19}$kg	$1.719\,887 \times 10^{-13}$kg	$1.419\,589 \times 10^{-8}$kg
$1.974\,157 \times 10^{-18}$kg	$2.958\,014 \times 10^{-13}$kg	$2.015\,235 \times 10^{-8}$kg
$3.897\,298 \times 10^{-18}$kg	$8.749\,850 \times 10^{-13}$kg	$4.061\,172 \times 10^{-8}$kg
$1.518\,893 \times 10^{-17}$kg	$7.655\,988 \times 10^{-12}$kg	$1.649\,312 \times 10^{-7}$kg
$2.307\,037 \times 10^{-17}$kg	$5.861\,415 \times 10^{-11}$kg	$2.720\,231 \times 10^{-7}$kg
$5.322\,422 \times 10^{-17}$kg	$3.435\,619 \times 10^{-10}$kg	$7.399\,659 \times 10^{-7}$kg
$2.832\,818 \times 10^{-16}$kg	$1.180\,348 \times 10^{-9}$kg	$5.475\,496 \times 10^{-6}$kg
$8.024\,861 \times 10^{-16}$kg	$1.393\,222 \times 10^{-9}$kg	$2.998\,106 \times 10^{-5}$kg

$8.988\,640 \times 10^{-5}$ kg	$1.580\,210 \times 10^{7}$ kg	$2.487\,103 \times 10^{22}$ kg
$8.079\,565 \times 10^{-4}$ kg	$2.497\,066 \times 10^{7}$ kg	$6.185\,685 \times 10^{22}$ kg
$6.527\,938 \times 10^{-3}$ kg	$6.235\,339 \times 10^{7}$ kg	$3.826\,270 \times 10^{23}$ kg
$4.261\,397 \times 10^{-2}$ kg	$3.887\,945 \times 10^{8}$ kg	$1.464\,034 \times 10^{24}$ kg
$1.815\,951 \times 10^{-1}$ kg	$1.511\,611 \times 10^{9}$ kg	$2.143\,396 \times 10^{24}$ kg
$3.297\,678 \times 10^{-1}$ kg	$2.284\,470 \times 10^{9}$ kg	$4.594\,147 \times 10^{24}$ kg
$1.087\,468 \times 10^{1}$ kg	$5.221\,090 \times 10^{9}$ kg	$2.110\,619 \times 10^{25}$ kg
$1.182\,587 \times 10^{1}$ kg	$2.725\,978 \times 10^{10}$ kg	$4.454\,714 \times 10^{25}$ kg
$1.398\,512 \times 10^{1}$ kg	$7.430\,957 \times 10^{10}$ kg	$1.984\,448 \times 10^{26}$ kg
$1.955\,838 \times 10^{1}$ kg	$5.521\,913 \times 10^{11}$ kg	$3.938\,036 \times 10^{26}$ kg
$3.825\,303 \times 10^{1}$ kg	$3.049\,152 \times 10^{12}$ kg	$1.550\,812 \times 10^{27}$ kg
$1.463\,294 \times 10^{2}$ kg	$9.298\,331 \times 10^{12}$ kg	$2.405\,020 \times 10^{27}$ kg
$2.141\,230 \times 10^{2}$ kg	$8.644\,037 \times 10^{13}$ kg	$5.784\,122 \times 10^{27}$ kg
$4.584\,868 \times 10^{2}$ kg	$7.471\,938 \times 10^{14}$ kg	$3.345\,607 \times 10^{28}$ kg
$2.102\,101 \times 10^{3}$ kg	$5.582\,986 \times 10^{15}$ kg	$1.119\,308 \times 10^{29}$ kg
$4.418\,831 \times 10^{3}$ kg	$3.116\,973 \times 10^{16}$ kg	$1.252\,852 \times 10^{29}$ kg
$1.952\,607 \times 10^{4}$ kg	$9.715\,526 \times 10^{16}$ kg	$1.569\,639 \times 10^{29}$ kg
$3.812\,676 \times 10^{4}$ g	$9.439\,146 \times 10^{17}$ kg	$2.463\,767 \times 10^{29}$ kg
$1.453\,649 \times 10^{5}$ kg	$8.909\,748 \times 10^{18}$ kg	$6.070\,150 \times 10^{29}$ kg
$2.113\,098 \times 10^{5}$ kg	$7.938\,361 \times 10^{19}$ kg	$3.684\,672 \times 10^{30}$ kg
$4.465\,184 \times 10^{5}$ kg	$6.301\,758 \times 10^{20}$ kg	$1.357\,681 \times 10^{31}$ kg
$1.993\,786 \times 10^{6}$ kg	$3.971\,215 \times 10^{21}$ kg	$1.843\,297 \times 10^{31}$ kg
$3.975\,186 \times 10^{6}$ kg	$1.577\,055 \times 10^{22}$ kg	$3.397\,746 \times 10^{31}$ kg

Erbio (Er). Masa atómica 167.26U.

La masa en kilogramos: 1.590 874 x10^{-20}kg^{-2}

2.530 881 x10^{-20}kg	2.223 447 x10^{-7}kg	2.472 998 x10^{8}kg
6.405 359 x10^{-20}kg	4.943 716 x10^{-7}kg	6.115 722 x10^{8}kg
4.102 863 x10^{-19}kg	2.444 033 x10^{-6}kg	3.740 206 x10^{9}kg
1.683 348 x10^{-18}kg	5.973 299 x10^{-6}kg	1.398 914 x10^{10}kg
2.833 662 x10^{-18}kg	3.568 031 x10^{-5}kg	1.956 960 x10^{10}kg
8.029 641 x10^{-18}kg	1.273 084 x10^{-4}kg	3.829 695 x10^{10}kg
6.447 514 x10^{-17}kg	1.620 744 x10^{-4}kg	1.466 656 x10^{11}kg
4.157 044 x10^{-16}kg	2.626 811 x10^{-4}kg	2.151 081 x10^{11}kg
1.728 102 x10^{-15}kg	6.900 140 x10^{-4}kg	4.627 151 x10^{11}kg
2.986 336 x10^{-15}kg	4.761 193 x10^{-3}kg	2.141 052 x10^{12}kg
8.918 206 x10^{-15}kg	2.266 896 x10^{-2}kg	4.584 107 x10^{12}kg
7.953 440 x10^{-14}kg	5.138 820 x10^{-2}kg	2.101 403 x10^{13}kg
6.325 722 x10^{-13}kg	2.640 747 x10^{-1}kg	4.415 898 x10^{13}kg
4.001 476 x10^{-12}kg	6.973 546 x10^{-1}kg	1.950 016 x10^{14}kg
1.601 181 x10^{-11}kg	4.863 035 x10^{-0}kg	3.802 562 x10^{14}kg
2.563 780 x10^{-11}kg	2.364 911 x10^{1}kg	1.445 948 x10^{15}kg
6.572 972 x10^{-11}kg	5.592 806 x10^{1}kg	2.090 766 x10^{15}kg
4.320 396 x10^{-10}kg	3.127 948 x10^{2}kg	4.371 304 x10^{15}kg
1.866 582 x10^{-9}kg	9.784 060 x10^{2}kg	1.910 830 x10^{16}kg
3.484 131 x10^{-9}kg	9.572 783 x10^{3}kg	3.651 272 x10^{16}kg
1.213 917 x10^{-8}kg	9.163 818 x10^{4}kg	1.333 178 x10^{17}kg
1.473 595 x10^{-8}kg	8.397 557 x10^{5}kg	1.777 365 x10^{17}kg
2.171 484 x10^{-8}kg	7.051 897 x10^{6}kg	3.159 029 x10^{17}kg
4.715 344 x10^{-8}kg	4.972 925 x10^{7}kg	9.979 467 x10^{17}kg

$9.958\,977 \times 10^{18}$kg	$1.218\,866 \times 10^{27}$kg	$1.022\,071 \times 10^{30}$kg
$9.918\,123 \times 10^{19}$kg	$1.485\,634 \times 10^{27}$kg	$1.044\,630 \times 10^{30}$kg
$9.836\,917 \times 10^{20}$kg	$2.207\,110 \times 10^{27}$kg	$1.091\,251 \times 10^{30}$kg
$9.676\,494 \times 10^{21}$kg	$4.871\,336 \times 10^{27}$kg	$1.190\,830 \times 10^{30}$kg
$9.363\,454 \times 10^{22}$kg	$2.372\,992 \times 10^{28}$kg	$1.418\,078 \times 10^{30}$kg
$8.767\,428 \times 10^{23}$kg	$5.631\,091 \times 10^{28}$kg	$2.010\,946 \times 10^{30}$kg
$7.686\,780 \times 10^{24}$kg	$3.170\,919 \times 10^{29}$kg	$4.043\,903 \times 10^{30}$kg
$5.908\,660 \times 10^{25}$kg	$1.005\,472 \times 10^{30}$kg	$1.635\,315 \times 10^{30}$kg
$3.491\,226 \times 10^{26}$kg	$1.010\,975 \times 10^{30}$kg	$2.674\,255 \times 10^{30}$kg

Holmio (Hm). Masa atómica 146.9303U.

La masa en kilogramos: $1.568\,715 \times 10^{-20}$kg^{-2}

$2.460\,868 \times 10^{-20}$kg	$3.921\,624 \times 10^{-14}$kg	$2.222\,828 \times 10^{-4}$kg
$6.055\,875 \times 10^{-20}$kg	$1.537\,913 \times 10^{-13}$kg	$4.940\,964 \times 10^{-4}$kg
$3.667\,362 \times 10^{-19}$kg	$2.365\,178 \times 10^{-13}$kg	$2.441\,312 \times 10^{-3}$kg
$1.344\,954 \times 10^{-18}$kg	$5.594\,071 \times 10^{-13}$kg	$5.960\,008 \times 10^{-3}$kg
$1.808\,903 \times 10^{-18}$kg	$3.129\,363 \times 10^{-12}$kg	$3.552\,170 \times 10^{-2}$kg
$3.272\,133 \times 10^{-18}$kg	$9.792\,913 \times 10^{-12}$kg	$1.261\,791 \times 10^{-1}$kg
$1.070\,685 \times 10^{-17}$kg	$9.590\,115 \times 10^{-11}$kg	$1.592\,117 \times 10^{-1}$kg
$1.146\,367 \times 10^{-17}$kg	$9.197\,032 \times 10^{-10}$kg	$2.534\,839 \times 10^{-1}$kg
$1.314\,158 \times 10^{-17}$kg	$8.458\,539 \times 10^{-9}$kg	$6.425\,411 \times 10^{-1}$kg
$1.727\,013 \times 10^{-17}$kg	$7.154\,689 \times 10^{-8}$kg	$4.128\,590 \times 10^{-0}$kg
$2.982\,576 \times 10^{-17}$kg	$5.118\,958 \times 10^{-7}$kg	$1.704\,0526 \times 10^{1}$kg
$8.895\,763 \times 10^{-17}$kg	$2.620\,373 \times 10^{-6}$kg	$2.905\,409 \times 10^{1}$kg
$7.913\,461 \times 10^{-16}$kg	$6.866\,358 \times 10^{-6}$kg	$8.441\,403 \times 10^{1}$kg
$6.262\,287 \times 10^{-15}$kg	$4.714\,687 \times 10^{-5}$kg	$7.125\,729 \times 10^{2}$kg

$5.077\ 602\ \times 10^{3}$kg	$2.504\ 368\ \times 10^{13}$kg	$3.430\ 735\ \times 10^{22}$kg
$2.578\ 204\ \times 10^{4}$kg	$6.271\ 862\ \times 10^{13}$kg	$1.176\ 994\ \times 10^{23}$kg
$6.647\ 140\ \times 10^{4}$kg	$3.933\ 626\ \times 10^{14}$kg	$1.385\ 316\ \times 10^{23}$kg
$4.418\ 448\ \times 10^{5}$kg	$1.547\ 341\ \times 10^{15}$kg	$1.919\ 101\ \times 10^{23}$kg
$1.952\ 268\ \times 10^{6}$kg	$2.394\ 265\ \times 10^{15}$kg	$3.682\ 952\ \times 10^{23}$kg
$3.811\ 352\ \times 10^{6}$kg	$5.732\ 509\ \times 10^{15}$kg	$1.356\ 413\ \times 10^{24}$kg
$1.452\ 640\ \times 10^{7}$kg	$3.286\ 166\ \times 10^{16}$kg	$1.839\ 858\ \times 10^{24}$kg
$2.110\ 164\ \times 10^{7}$kg	$1.079\ 889\ \times 10^{17}$kg	$3.385\ 079\ \times 10^{24}$kg
$4.452\ 795\ \times 10^{7}$kg	$1.166\ 160\ \times 10^{17}$kg	$1.145\ 876\ \times 10^{25}$kg
$1.982\ 738\ \times 10^{8}$kg	$1.359\ 930\ \times 10^{17}$kg	$1.313\ 032\ \times 10^{25}$kg
$3.931\ 253\ \times 10^{8}$kg	$1.849\ 409\ \times 10^{17}$kg	$1.724\ 054\ \times 10^{25}$kg
$1.545\ 475\ \times 10^{9}$kg	$3.420\ 316\ \times 10^{17}$kg	$2.972\ 362\ \times 10^{25}$kg
$2.388\ 495\ \times 10^{9}$kg	$1.169\ 856\ \times 10^{18}$kg	$8.834\ 937\ \times 10^{25}$kg
$5.704\ 909\ \times 10^{9}$kg	$1.368\ 563\ \times 10^{18}$kg	$7.805\ 611\ \times 10^{26}$kg
$3.254\ 598\ \times 10^{10}$kg	$1.872.966\ \times 10^{18}$kg	$6.092\ 757\ \times 10^{27}$kg
$1.059\ 241\ \times 10^{11}$kg	$3.508\ 004\ \times 10^{18}$kg	$3.712\ 169\ \times 10^{28}$kg
$1.121\ 992\ \times 10^{11}$kg	$1.230\ 609\ \times 10^{19}$kg	$1.378\ 020\ \times 10^{29}$kg
$1.258\ 866\ \times 10^{11}$kg	$1.514\ 399\ \times 10^{19}$kg	$1.898\ 940\ \times 10^{29}$kg
$1.584\ 744\ \times 10^{11}$kg	$2.293\ 405\ \times 10^{19}$kg	$3.605\ 974\ \times 10^{29}$kg
$2.511\ 415\ \times 10^{11}$kg	$5.259\ 708\ \times 10^{19}$kg	$1.300\ 304\ \times 10^{30}$kg
$6.307\ 209\ \times 10^{11}$kg	$2.766\ 453\ \times 10^{20}$kg	$1.690\ 793\ \times 10^{30}$kg
$3.978\ 089\ \times 10^{12}$kg	$7.653\ 266\ \times 10^{20}$kg	$2.858\ 781\ \times 10^{30}$kg
$1.582\ 519\ \times 10^{13}$kg	$5.857\ 248\ \times 10^{21}$kg	$8.172\ 629\ \times 10^{30}$kg

Disprosio (Dy). Masa atómica 162.50U.

La masa en kilogramos: 1.545 602 $\times 10^{-20}$kg^{-2}

2.388 888 $\times 10^{-20}$kg	9.703 090 $\times 10^{-10}$kg	2.209 867 $\times 10^{3}$kg
5.706 788 $\times 10^{-20}$kg	9.414 995 $\times 10^{-9}$kg	4.883 516 $\times 10^{3}$kg
3.256 743 $\times 10^{-19}$kg	8.864 214 $\times 10^{-8}$kg	2.384 873 $\times 10^{4}$kg
1.060 637 $\times 10^{-18}$kg	7.857 430 $\times 10^{-7}$kg	5.687 620 $\times 10^{4}$kg
1.124 952 $\times 10^{-18}$kg	6.173 920 $\times 10^{-6}$kg	3.234 902 $\times 10^{5}$kg
1.265 517 $\times 10^{-18}$kg	3.811 729 $\times 10^{-5}$kg	1.046 459 $\times 10^{6}$kg
1.601 534 $\times 10^{-18}$kg	1.452 928 $\times 10^{-4}$kg	1.095 077 $\times 10^{6}$kg
2.564 913 $\times 10^{-18}$kg	2.111 000 $\times 10^{-4}$kg	1.199 195 $\times 10^{6}$kg
6.578 782 $\times 10^{-18}$kg	4.456 324 $\times 10^{-4}$kg	1.438 069 $\times 10^{6}$kg
4.328 038 $\times 10^{-17}$kg	1.985 882 $\times 10^{-3}$kg	2.068 042 $\times 10^{6}$kg
1.873 191 $\times 10^{-16}$kg	3.943 730 $\times 10^{-3}$kg	4.276 801 $\times 10^{6}$kg
3.508 846 $\times 10^{-16}$kg	1.555 301 $\times 10^{-2}$kg	1.829 103 $\times 10^{7}$kg
1.231 200 $\times 10^{-15}$kg	2.418 961 $\times 10^{-2}$kg	3.345 619 $\times 10^{7}$kg
1.515 855 $\times 10^{-15}$kg	5.851 375 $\times 10^{-2}$kg	1.119 316 $\times 10^{8}$kg
2.297 816 $\times 10^{-15}$kg	3.423 859 $\times 10^{-1}$kg	1.252 869 $\times 10^{8}$kg
5.279 960 $\times 10^{-15}$kg	1.172 281 $\times 10^{0}$kg	1.569 682 $\times 10^{8}$kg
2.787 798 $\times 10^{-14}$kg	1.374 244 $\times 10^{0}$kg	2.463 903 $\times 10^{8}$kg
7.771 820 $\times 10^{-14}$kg	1.888 547 $\times 10^{0}$kg	6.070 822 $\times 10^{8}$kg
6.040 118 $\times 10^{-13}$kg	3.566 610 $\times 10^{0}$kg	3.685 488 $\times 10^{9}$kg
3.648 303 $\times 10^{-12}$kg	1.272 071 $\times 10^{1}$kg	1.358 282 $\times 10^{10}$kg
1.331 011 $\times 10^{-11}$kg	1.618 165 $\times 10^{1}$kg	1.844 931 $\times 10^{10}$kg
1.771 592 $\times 10^{-11}$kg	2.618 459 $\times 10^{1}$kg	3.403 772 $\times 10^{10}$kg
3.138 538 $\times 10^{-11}$kg	6.856 327 $\times 10^{1}$kg	1.158 566 $\times 10^{11}$kg
9.850 426 $\times 10^{-11}$kg	4.700 923 $\times 10^{2}$kg	1.342 277 $\times 10^{11}$kg

$1.801\ 707\ \text{x}10^{11}\text{kg}$	$1.353\ 813\ \text{x}10^{17}\text{kg}$	$2.880\ 381\ \text{x}10^{23}\text{kg}$
$3.246\ 150\ \text{x}10^{11}\text{kg}$	$1.832\ 810\ \text{x}10^{17}\text{kg}$	$8.296\ 598\ \text{x}10^{23}\text{kg}$
$1.053\ 749\ \text{x}10^{12}\text{kg}$	$3.359\ 195\ \text{x}10^{17}\text{kg}$	$6.883\ 354\ \text{x}10^{24}\text{kg}$
$1.110\ 387\ \text{x}10^{12}\text{kg}$	$1.128\ 419\ \text{x}10^{18}\text{kg}$	$4.738\ 056\ \text{x}10^{25}\text{kg}$
$1.232\ 959\ \text{x}10^{12}\text{kg}$	$1.273\ 329\ \text{x}10^{18}\text{kg}$	$2.244\ 917\ \text{x}10^{26}\text{kg}$
$1.520\ 188\ \text{x}10^{12}\text{kg}$	$1.621\ 368\ \text{x}10^{18}\text{kg}$	$5.039\ 656\ \text{x}10^{26}\text{kg}$
$2.310\ 974\ \text{x}10^{12}\text{kg}$	$2.628\ 835\ \text{x}10^{18}\text{kg}$	$2.539\ 813\ \text{x}10^{27}\text{kg}$
$5.340\ 603\ \text{x}10^{12}\text{kg}$	$6.910\ 778\ \text{x}10^{18}\text{kg}$	$6.450\ 654\ \text{x}10^{27}\text{kg}$
$2.852\ 204\ \text{x}10^{13}\text{kg}$	$4.775\ 885\ \text{x}10^{19}\text{kg}$	$4.161\ 094\ \text{x}10^{28}\text{kg}$
$8.135\ 068\ \text{x}10^{13}\text{kg}$	$2.280\ 908\ \text{x}10^{20}\text{kg}$	$1.731\ 470\ \text{x}10^{29}\text{kg}$
$6.617\ 933\ \text{x}10^{14}\text{kg}$	$5.202\ 542\ \text{x}10^{20}\text{kg}$	$2.997\ 990\ \text{x}10^{29}\text{kg}$
$4.379\ 704\ \text{x}10^{15}\text{kg}$	$2.706\ 644\ \text{x}10^{21}\text{kg}$	$8.987\ 944\ \text{x}10^{29}\text{kg}$
$1.918\ 181\ \text{x}10^{16}\text{kg}$	$7.325\ 925\ \text{x}10^{21}\text{kg}$	$8.079\ 314\ \text{x}10^{30}\text{kg}$
$3.679\ 420\ \text{x}10^{16}\text{kg}$	$5.366\ 918\ \text{x}10^{22}\text{kg}$	

Terbio (Tb). Masa atómica 158.9253U.

La masa en kilogramos: $1.511\ 602\ \text{x}10^{-20}\text{kg}^{-2}$

$2.284\ 942\ \text{x}10^{-20}\text{kg}$	$3.077\ 767\ \text{x}10^{-13}\text{kg}$	$8.983\ 549\ \text{x}10^{-6}\text{kg}$
$5.220\ 961\ \text{x}10^{-20}\text{kg}$	$9.472\ 651\ \text{x}10^{-13}\text{kg}$	$8.070\ 416\ \text{x}10^{-5}\text{kg}$
$2.725\ 843\ \text{x}10^{-19}\text{kg}$	$8.973\ 113\ \text{x}10^{-12}\text{kg}$	$6.513\ 162\ \text{x}10^{-4}\text{kg}$
$7.430\ 222\ \text{x}10^{-19}\text{kg}$	$8.051\ 676\ \text{x}10^{-11}\text{kg}$	$4.242\ 128\ \text{x}10^{-3}\text{kg}$
$5.520\ 821\ \text{x}10^{-18}\text{kg}$	$6.482\ 949\ \text{x}10^{-10}\text{kg}$	$1.799\ 565\ \text{x}10^{-2}\text{kg}$
$3.047\ 946\ \text{x}10^{-17}\text{kg}$	$4.202\ 863\ \text{x}10^{-9}\text{kg}$	$3.238\ 436\ \text{x}10^{-2}\text{kg}$
$9.289\ 979\ \text{x}10^{-17}\text{kg}$	$1.766\ 405\ \text{x}10^{-8}\text{kg}$	$1.048\ 747\ \text{x}10^{-1}\text{kg}$
$8.630\ 371\ \text{x}10^{-16}\text{kg}$	$3.120\ 189\ \text{x}10^{-8}\text{kg}$	$1.099\ 870\ \text{x}10^{-1}\text{kg}$
$7.448\ 330\ \text{x}10^{-15}\text{kg}$	$9.135\ 583\ \text{x}10^{-8}\text{kg}$	$1.209\ 714\ \text{x}10^{-1}\text{kg}$
$5.547\ 762\ \text{x}10^{-14}\text{kg}$	$9.478\ 159\ \text{x}10^{-7}\text{kg}$	$1.463\ 409\ \text{x}10^{-1}\text{kg}$

$2.141\,567 \times 10^{-1}$ kg	$4.743\,527 \times 10^{8}$ kg	$7.634\,983 \times 10^{18}$ kg
$4.586\,310 \times 10^{-1}$ kg	$2.250\,105 \times 10^{9}$ kg	$5.829\,296 \times 10^{19}$ kg
$2.103\,424 \times 10^{0}$ kg	$5.062\,975 \times 10^{9}$ kg	$3.398\,069 \times 10^{20}$ kg
$4.424\,394 \times 10^{0}$ kg	$2.563\,372 \times 10^{10}$ kg	$1.154\,687 \times 10^{21}$ kg
$1.957\,526 \times 10^{1}$ kg	$6.570\,877 \times 10^{10}$ kg	$1.333\,304 \times 10^{21}$ kg
$3.831\,909 \times 10^{1}$ kg	$4.317\,643 \times 10^{11}$ kg	$1.777\,699 \times 10^{21}$ kg
$1.468\,353 \times 10^{2}$ kg	$1.864\,204 \times 10^{12}$ kg	$3.160\,216 \times 10^{21}$ kg
$2.156\,061 \times 10^{2}$ kg	$3.475\,257 \times 10^{12}$ kg	$9.986\,966 \times 10^{21}$ kg
$4.648\,601 \times 10^{2}$ kg	$1.207\,741 \times 10^{13}$ kg	$9.973\,949 \times 10^{22}$ kg
$2.160\,949 \times 10^{3}$ kg	$1.458\,639 \times 10^{13}$ kg	$9.947\,967 \times 10^{23}$ kg
$4.669\,703 \times 10^{3}$ kg	$2.127\,630 \times 10^{13}$ kg	$9.896\,205 \times 10^{24}$ kg
$2.180\,612 \times 10^{4}$ kg	$4.526\,809 \times 10^{13}$ kg	$9.793\,488 \times 10^{25}$ kg
$4.755\,071 \times 10^{4}$ kg	$2.049\,200 \times 10^{14}$ kg	$9.591\,240 \times 10^{26}$ kg
$2.261\,070 \times 10^{5}$ kg	$4.199\,222 \times 10^{14}$ kg	$9.199\,190 \times 10^{27}$ kg
$5.112\,439 \times 10^{5}$ kg	$1.763\,346 \times 10^{15}$ kg	$8.462\,510 \times 10^{28}$ kg
$2.613\,703 \times 10^{6}$ kg	$3.109\,392 \times 10^{15}$ kg	$7.161\,407 \times 10^{29}$ kg
$6.831\,446 \times 10^{6}$ kg	$9.668\,319 \times 10^{15}$ kg	$5.128\,576 \times 10^{30}$ kg
$4.666\,866 \times 10^{7}$ kg	$9.347\,640 \times 10^{16}$ kg	$2.630\,229 \times 10^{31}$ kg
$2.177\,964 \times 10^{8}$ kg	$8.737\,838 \times 10^{17}$ kg	$6.918\,106 \times 10^{31}$ kg

Gadolinio (Gd). Masa atómica 157.25U.

La masa en kilogramos: $1.495\,668 \times 10^{-20}$ kg^{-2}

$2.237\,023 \times 10^{-20}$ kg	$3.933\,030 \times 10^{-18}$ kg	$3.278\,214 \times 10^{-16}$ kg
$5.004\,272 \times 10^{-20}$ kg	$1.546\,873 \times 10^{-17}$ kg	$1.074\,669 \times 10^{-15}$ kg
$2.504\,273 \times 10^{-19}$ kg	$2.392\,816 \times 10^{-17}$ kg	$1.154\,914 \times 10^{-15}$ kg
$6.271\,387 \times 10^{-19}$ kg	$5.725\,569 \times 10^{-17}$ kg	$1.333\,826 \times 10^{-15}$ kg

$1.779\ 093\ \times 10^{-15}$kg	$2.073\ 799\ \times 10^{-8}$kg	$3.561\ 376\ \times 10^{7}$kg
$3.165\ 173\ \times 10^{-15}$kg	$4.300\ 642\ \times 10^{-8}$kg	$1.268\ 340\ \times 10^{8}$kg
$1.001\ 832\ \times 10^{-14}$kg	$1.849\ 552\ \times 10^{-7}$kg	$1.608\ 687\ \times 10^{8}$kg
$1.003\ 667\ \times 10^{-14}$kg	$3.420\ 845\ \times 10^{-7}$kg	$2.587\ 875\ \times 10^{8}$kg
$1.007\ 348\ \times 10^{-14}$kg	$1.170\ 218\ \times 10^{-6}$kg	$6.697\ 100\ \times 10^{8}$kg
$1.014\ 750\ \times 10^{-14}$kg	$1.369\ 410\ \times 10^{-6}$kg	$4.485\ 114\ \times 10^{9}$kg
$1.029\ 719\ \times 10^{-14}$kg	$1.875\ 284\ \times 10^{-6}$kg	$2.011\ 625\ \times 10^{10}$kg
$1.060\ 321\ \times 10^{-14}$kg	$3.516\ 693\ \times 10^{-6}$kg	$4.046\ 637\ \times 10^{10}$kg
$1.124\ 282\ \times 10^{-14}$kg	$1.236\ 713\ \times 10^{-5}$kg	$1.637\ 527\ \times 10^{11}$kg
$1.264\ 010\ \times 10^{-14}$kg	$1.529\ 459\ \times 10^{-5}$kg	$2.681\ 495\ \times 10^{11}$kg
$1.597\ 722\ \times 10^{-14}$kg	$2.339\ 247\ \times 10^{-5}$kg	$7.190\ 419\ \times 10^{11}$kg
$2.552\ 716\ \times 10^{-14}$kg	$5.472\ 078\ \times 10^{-5}$kg	$5.170\ 213\ \times 10^{12}$kg
$6.516\ 359\ \times 10^{-14}$kg	$2.994\ 364\ \times 10^{-4}$kg	$2.673\ 110\ \times 10^{13}$kg
$4.246\ 293\ \times 10^{-13}$kg	$8.966\ 219\ \times 10^{-4}$kg	$7.145\ 519\ \times 10^{13}$kg
$1.803\ 101\ \times 10^{-12}$kg	$8.039\ 308\ \times 10^{-3}$kg	$5.105\ 844\ \times 10^{14}$kg
$3.251\ 174\ \times 10^{-12}$kg	$6.463\ 048\ \times 10^{-2}$kg	$2.606\ 964\ \times 10^{15}$kg
$1.057\ 013\ \times 10^{-11}$kg	$4.177\ 099\ \times 10^{-1}$kg	$6.796\ 263\ \times 10^{15}$kg
$1.117\ 277\ \times 10^{-11}$kg	$1.744\ 815\ \times 10^{0}$kg	$4.618\ 920\ \times 10^{16}$kg
$1.248\ 308\ \times 10^{-11}$kg	$3.044\ 382\ \times 10^{0}$kg	$2.133\ 442\ \times 10^{17}$kg
$1.558\ 273\ \times 10^{-11}$kg	$9.268\ 266\ \times 10^{0}$kg	$4.551\ 576\ \times 10^{17}$kg
$2.428\ 215\ \times 10^{-11}$kg	$8.590\ 076\ \times 10^{1}$kg	$2.071\ 685\ \times 10^{18}$kg
$5.896\ 230\ \times 10^{-11}$kg	$7.378\ 940\ \times 10^{2}$kg	$4.291\ 878\ \times 10^{18}$kg
$3.476\ 553\ \times 10^{-10}$kg	$5.444\ 876\ \times 10^{3}$kg	$1.842\ 022\ \times 10^{19}$kg
$1.208\ 642\ \times 10^{-9}$kg	$2.964\ 668\ \times 10^{4}$kg	$3.393\ 046\ \times 10^{19}$kg
$1.460\ 817\ \times 10^{-9}$kg	$8.789\ 258\ \times 10^{4}$kg	$1.151\ 276\ \times 10^{20}$kg
$2.133\ 986\ \times 10^{-9}$kg	$7.725\ 106\ \times 10^{5}$kg	$1.325\ 437\ \times 10^{20}$kg
$4.553\ 898\ \times 10^{-9}$kg	$5.967\ 727\ \times 10^{6}$kg	$1.756\ 784\ \times 10^{20}$kg

$3.086\,292 \times 10^{20}$kg	$2.108\,506 \times 10^{25}$kg	$5.424\,937 \times 10^{27}$kg
$9.525\,202 \times 10^{20}$kg	$4.445\,799 \times 10^{25}$kg	$2.942\,994 \times 10^{28}$kg
$9.072\,948 \times 10^{21}$kg	$1.976\,512 \times 10^{26}$kg	$8.661\,218 \times 10^{28}$kg
$8.231\,838 \times 10^{22}$kg	$3.906\,603 \times 10^{26}$kg	$7.501\,167 \times 10^{29}$kg
$6.776\,317 \times 10^{23}$kg	$1.526\,155 \times 10^{27}$kg	$5.626\,751 \times 10^{30}$kg
$4.591\,847 \times 10^{24}$kg	$2.329\,149 \times 10^{27}$kg	$3.166\,032 \times 10^{31}$kg

Europio (Eu). Masa atómica 151.96U.

La masa en kilogramos: $1.430\,134 \times 10^{-20}$kg^{-2}

$2.045\,284 \times 10^{-20}$kg	$1.318\,394 \times 10^{-10}$kg	$4.000\,667 \times 10^{0}$kg
$4.183\,189 \times 10^{-20}$kg	$7.738\,164 \times 10^{-10}$kg	$1.600\,533 \times 10^{1}$kg
$1.749\,907 \times 10^{-19}$kg	$3.021\,217 \times 10^{-10}$kg	$2.561\,708 \times 10^{1}$kg
$3.062\,176 \times 10^{-19}$kg	$9.127\,753 \times 10^{-10}$kg	$6.562\,349 \times 10^{1}$kg
$9.376\,927 \times 10^{-19}$kg	$8.331\,588 \times 10^{-9}$kg	$4.306\,443 \times 10^{2}$kg
$8.792\,676 \times 10^{-18}$kg	$6.941\,536 \times 10^{-8}$kg	$1.854\,545 \times 10^{3}$kg
$7.731\,116 \times 10^{-17}$kg	$4.818\,492 \times 10^{-7}$kg	$3.439\,337 \times 10^{3}$kg
$5.977\,016 \times 10^{-16}$kg	$2.321\,787 \times 10^{-6}$kg	$1.182\,904 \times 10^{4}$kg
$3.572\,472 \times 10^{-15}$kg	$5.390\,695 \times 10^{-6}$kg	$1.399\,263 \times 10^{4}$kg
$1.276\,255 \times 10^{-14}$kg	$2.905\,959 \times 10^{-5}$kg	$1.957\,937 \times 10^{4}$kg
$1.628\,828 \times 10^{-14}$kg	$8.444\,601 \times 10^{-5}$kg	$3.833\,517 \times 10^{4}$kg
$2.653\,082 \times 10^{-14}$kg	$7.131\,129 \times 10^{-4}$kg	$1.469\,585 \times 10^{5}$kg
$7.038\,845 \times 10^{-14}$kg	$5.085\,300 \times 10^{-3}$kg	$2.159\,682 \times 10^{5}$kg
$4.954\,534 \times 10^{-13}$kg	$2.586\,028 \times 10^{-2}$kg	$4.664\,226 \times 10^{5}$kg
$2.454\,741 \times 10^{-12}$kg	$6.687\,542 \times 10^{-2}$kg	$2.175\,500 \times 10^{6}$kg
$6.025\,753 \times 10^{-12}$kg	$4.472\,322 \times 10^{-1}$kg	$4.732\,804 \times 10^{6}$kg
$3.630\,970 \times 10^{-11}$kg	$2.000\,166 \times 10^{0}$kg	$2.239\,943 \times 10^{7}$kg

$5.017\ 347\ \times 10^{7}$kg	$6.051\ 157\ \times 10^{16}$kg	$1.058\ 586\ \times 10^{24}$kg
$2.517\ 377\ \times 10^{8}$kg	$3.661\ 650\ \times 10^{17}$kg	$1.120\ 605\ \times 10^{24}$kg
$6.337\ 188\ \times 10^{8}$kg	$1.340\ 768\ \times 10^{18}$kg	$1.255\ 755\ \times 10^{24}$kg
$4.015\ 995\ \times 10^{9}$kg	$1.797\ 659\ \times 10^{18}$kg	$1.573\ 922\ \times 10^{24}$kg
$1.612\ 822\ \times 10^{10}$kg	$3.231\ 579\ \times 10^{18}$kg	$2.486\ 684\ \times 10^{24}$kg
$2.601\ 195\ \times 10^{10}$kg	$1.044\ 310\ \times 10^{19}$kg	$6.183\ 602\ \times 10^{24}$kg
$6.766\ 220\ \times 10^{10}$kg	$1.090\ 584\ \times 10^{19}$kg	$3.823\ 693\ \times 10^{25}$kg
$4.578\ 173\ \times 10^{11}$kg	$1.189\ 375\ \times 10^{19}$kg	$1.462\ 063\ \times 10^{26}$kg
$2.095\ 967\ \times 10^{12}$kg	$1.414\ 613\ \times 10^{19}$kg	$2.137\ 629\ \times 10^{26}$kg
$4.393\ 078\ \times 10^{12}$kg	$2.001\ 131\ \times 10^{19}$kg	$4.569\ 458\ \times 10^{26}$kg
$1.929\ 914\ \times 10^{13}$kg	$4.004\ 526\ \times 10^{19}$kg	$2.087\ 994\ \times 10^{27}$kg
$3.724\ 568\ \times 10^{13}$kg	$1.603\ 622\ \times 10^{20}$kg	$4.359\ 722\ \times 10^{27}$kg
$1.387\ 241\ \times 10^{14}$kg	$2.571\ 606\ \times 10^{20}$kg	$1.900\ 717\ \times 10^{28}$kg
$1.924\ 438\ \times 10^{14}$kg	$6.613\ 160\ \times 10^{20}$kg	$3.612\ 728\ \times 10^{28}$kg
$3.703\ 463\ \times 10^{14}$kg	$4.373\ 389\ \times 10^{21}$kg	$1.305\ 180\ \times 10^{29}$kg
$1.371\ 564\ \times 10^{15}$kg	$1.912\ 653\ \times 10^{22}$kg	$1.703\ 496\ \times 10^{29}$kg
$1.881\ 189\ \times 10^{15}$kg	$3.658\ 244\ \times 10^{22}$kg	$2.901\ 899\ \times 10^{29}$kg
$3.538\ 872\ \times 10^{15}$kg	$1.338\ 275\ \times 10^{23}$kg	$8.421\ 022\ \times 10^{29}$kg
$1.252\ 361\ \times 10^{16}$kg	$1.790\ 980\ \times 10^{23}$kg	$7.091\ 361\ \times 10^{30}$kg
$1.568\ 410\ \times 10^{16}$kg^{2}	$3.207\ 610\ \times 10^{23}$kg	
$2.459\ 909\ \times 10^{16}$kg	$1.028\ 876\ \times 10^{24}$kg	

Samario (Sm). Masa atómica 150.36U.

La masa en kilogramos: 1.357 479 $\times 10^{-20}$kg^{-2}

$1.842\ 750\ \times 10^{-20}$kg	$1.153\ 098\ \times 10^{-19}$kg	$1.767\ 934\ \times 10^{-19}$kg
$3.395\ 731\ \times 10^{-20}$kg	$1.329\ 637\ \times 10^{-19}$kg	$3.125\ 593\ \times 10^{-19}$kg

$9.769\ 337 \times 10^{-19}$kg	$7.081\ 417 \times 10^{-2}$kg	$1.208\ 342 \times 10^{12}$kg
$9.543\ 994 \times 10^{-18}$kg	$5.014\ 647 \times 10^{-1}$kg	$1.460\ 092 \times 10^{12}$kg
$9.108\ 783 \times 10^{-17}$kg	$2.514\ 668 \times 10^{0}$kg	$2.131\ 869 \times 10^{12}$kg
$8.296\ 994 \times 10^{-16}$kg	$6.323\ 559 \times 10^{0}$kg	$4.544\ 868 \times 10^{12}$kg
$6.884\ 011 \times 10^{-15}$kg	$3.998\ 740 \times 10^{1}$kg	$2.065\ 582 \times 10^{13}$kg
$4.738\ 961 \times 10^{-14}$kg	$1.598\ 992 \times 10^{2}$kg	$4.266\ 632 \times 10^{13}$kg
$2.245\ 776 \times 10^{-13}$kg	$2.556\ 777 \times 10^{2}$kg	$1.820\ 415 \times 10^{14}$kg
$5.043\ 510 \times 10^{-13}$kg	$6.537\ 111 \times 10^{2}$kg	$3.313\ 913 \times 10^{14}$kg
$2.543\ 699 \times 10^{-12}$kg	$4.273\ 382 \times 10^{3}$kg	$1.098\ 202 \times 10^{15}$kg
$6.470\ 406 \times 10^{-12}$kg	$1.826\ 180 \times 10^{4}$kg	$1.206\ 047 \times 10^{15}$kg
$4.186\ 616 \times 10^{-11}$kg	$3.334\ 933 \times 10^{4}$kg	$1.454\ 551 \times 10^{15}$kg
$1.752\ 775 \times 10^{-10}$kg	$1.112\ 178 \times 10^{5}$kg	$2.115\ 720 \times 10^{15}$kg
$3.072\ 227 \times 10^{-10}$kg	$1.236\ 940 \times 10^{5}$kg	$4.476\ 272 \times 10^{15}$kg
$9.438\ 552 \times 10^{-10}$kg	$1.530\ 021 \times 10^{5}$kg	$2.003\ 701 \times 10^{16}$kg
$8.908\ 627 \times 10^{-9}$kg	$2.340\ 964 \times 10^{5}$kg	$4.014\ 818 \times 10^{16}$kg
$7.936\ 364 \times 10^{-8}$kg	$5.480\ 114 \times 10^{5}$kg	$1.611\ 877 \times 10^{17}$kg
$6.298\ 588 \times 10^{-7}$kg	$3.003\ 165 \times 10^{6}$kg	$2.598\ 147 \times 10^{17}$kg
$3.967\ 221 \times 10^{-6}$kg	$9.019\ 000 \times 10^{6}$kg	$6.750\ 371 \times 10^{17}$kg
$1.573\ 884 \times 10^{-5}$kg	$8.134\ 236 \times 10^{7}$kg	$4.556\ 751 \times 10^{18}$kg
$2.477\ 112 \times 10^{-5}$kg	$6.616\ 579 \times 10^{8}$kg	$2.076\ 398 \times 10^{19}$kg
$6.136\ 087 \times 10^{-5}$kg	$4.377\ 912 \times 10^{9}$kg	$4.311\ 429 \times 10^{19}$kg
$3.765\ 157 \times 10^{-4}$kg	$1.916\ 612 \times 10^{10}$kg	$1.858\ 842 \times 10^{20}$kg
$1.417\ 640 \times 10^{-3}$kg	$3.673\ 401 \times 10^{10}$kg	$3.455\ 294 \times 10^{20}$kg
$2.009\ 705 \times 10^{-3}$kg	$1.349\ 388 \times 10^{11}$kg	$1.193\ 906 \times 10^{21}$kg
$4.038\ 917 \times 10^{-3}$kg	$1.820\ 848 \times 10^{11}$kg	$1.425\ 412 \times 10^{21}$kg
$1.631\ 285 \times 10^{-2}$kg	$3.315\ 488 \times 10^{11}$kg	$2.031\ 800 \times 10^{21}$kg
$2.661\ 093 \times 10^{-2}$kg	$1.099\ 246 \times 10^{12}$kg	$4.128\ 212 \times 10^{21}$kg

$1.704\ 213\ \text{x}10^{22}\text{kg}$	$1.862\ 775\ \text{x}10^{27}\text{kg}$	$1.449\ 128\ \text{x}10^{30}\text{kg}$
$2.904\ 344\ \text{x}10^{22}\text{kg}$	$3.469\ 933\ \text{x}10^{27}\text{kg}$	$2.099\ 974\ \text{x}10^{30}\text{kg}$
$8.435\ 216\ \text{x}10^{22}\text{kg}$	$1.204\ 043\ \text{x}10^{28}\text{kg}$	$4.409\ 890\ \text{x}10^{30}\text{kg}$
$7.115\ 288\ \text{x}10^{23}\text{kg}$	$1.449\ 721\ \text{x}10^{28}\text{kg}$	$1.944\ 713\ \text{x}10^{31}\text{kg}$
$5.062\ 733\ \text{x}10^{24}\text{kg}$	$2.101\ 692\ \text{x}10^{28}\text{kg}$	$3.781\ 911\ \text{x}10^{31}\text{kg}$
$2.563\ 126\ \text{x}10^{25}\text{kg}$	$4.417\ 111\ \text{x}10^{28}\text{kg}$	$1.430\ 285\ \text{x}10^{32}\text{kg}$
$6.569\ 618\ \text{x}10^{25}\text{kg}$	$1.951\ 087\ \text{x}10^{29}\text{kg}$	$2.045\ 716\ \text{x}10^{32}\text{kg}$
$4.315\ 988\ \text{x}10^{26}\text{kg}$	$3.806\ 742\ \text{x}10^{29}\text{kg}$	

Neodimio (Nd). Masa atómica 144.24U.

Praseodimio (Pm). Masa atómica 144.24U.

La masa en kilogramos. 1.302 227 x10^{-20}kg^{-2}

$1.695\ 795\ \text{x}10^{-20}\text{kg}$	$1.284\ 505\ \text{x}10^{-12}\text{kg}$	$1.157\ 846\ \text{x}10^{-3}\text{kg}$
$2.875\ 721\ \text{x}10^{-20}\text{kg}$	$1.649\ 955\ \text{x}10^{-12}\text{kg}$	$1.340\ 608\ \text{x}10^{-3}\text{kg}$
$8.269\ 775\ \text{x}10^{-20}\text{kg}$	$2.722\ 352\ \text{x}10^{-12}\text{kg}$	$1.797\ 230\ \text{x}10^{-3}\text{kg}$
$6.838\ 919\ \text{x}10^{-19}\text{kg}$	$7.411\ 200\ \text{x}10^{-12}\text{kg}$	$3.230\ 037\ \text{x}10^{-3}\text{kg}$
$4.677\ 081\ \text{x}10^{-18}\text{kg}$	$5.492\ 589\ \text{x}10^{-11}\text{kg}$	$1.043\ 314\ \text{x}10^{-2}\text{kg}$
$2.187\ 509\ \text{x}10^{-17}\text{kg}$	$3.016\ 854\ \text{x}10^{-10}\text{kg}$	$1.088\ 504\ \text{x}10^{-2}\text{kg}$
$4.785\ 197\ \text{x}10^{-17}\text{kg}$	$9.101\ 410\ \text{x}10^{-10}\text{kg}$	$1.184\ 843\ \text{x}10^{-2}\text{kg}$
$2.289\ 811\ \text{x}10^{-16}\text{kg}$	$8.283\ 566\ \text{x}10^{-9}\text{kg}$	$1.403\ 853\ \text{x}10^{-2}\text{kg}$
$5.243\ 237\ \text{x}10^{-16}\text{kg}$	$6.861\ 748\ \text{x}10^{-8}\text{kg}$	$1.970\ 803\ \text{x}10^{-2}\text{kg}$
$2.749\ 153\ \text{x}10^{-15}\text{kg}$	$4.708\ 358\ \text{x}10^{-7}\text{kg}$	$3.884\ 065\ \text{x}10^{-2}\text{kg}$
$7.557\ 845\ \text{x}10^{-15}\text{kg}$	$2.216\ 864\ \text{x}10^{-6}\text{kg}$	$1.508\ 596\ \text{x}10^{-1}\text{kg}$
$5.712\ 102\ \text{x}10^{-14}\text{kg}$	$4.914\ 486\ \text{x}10^{-6}\text{kg}$	$2.275\ 864\ \text{x}10^{-1}\text{kg}$
$3.262\ 811\ \text{x}10^{-13}\text{kg}$	$2.415\ 218\ \text{x}10^{-5}\text{kg}$	$5.179\ 558\ \text{x}10^{-1}\text{kg}$
$1.064\ 594\ \text{x}10^{-12}\text{kg}$	$5.833\ 278\ \text{x}10^{-5}\text{kg}$	$2.682\ 782\ \text{x}10^{0}\text{kg}$
$1.133\ 604\ \text{x}10^{-12}\text{kg}$	$3.402\ 714\ \text{x}10^{-4}\text{kg}$	$7.197\ 320\ \text{x}10^{0}\text{kg}$

$5.180\ 141 \times 10^{1}$kg	$2.379\ 360 \times 10^{13}$kg	$6.258\ 505 \times 10^{22}$kg
$2.683\ 386 \times 10^{2}$kg	$5.661\ 356 \times 10^{13}$kg	$3.916\ 889 \times 10^{23}$kg
$7.200\ 565 \times 10^{2}$kg	$3.205\ 095 \times 10^{14}$kg	$1.534\ 202 \times 10^{24}$kg
$5.184\ 813 \times 10^{3}$kg	$1.027\ 263 \times 10^{15}$kg	$2.353\ 775 \times 10^{24}$kg
$2.688\ 229 \times 10^{4}$kg	$1.055\ 271 \times 10^{15}$kg	$5.540\ 261 \times 10^{24}$kg
$7.226\ 577 \times 10^{4}$kg	$1.113\ 597 \times 10^{15}$kg	$3.069\ 449 \times 10^{25}$kg
$5.222\ 342 \times 10^{5}$kg	$1.240\ 098 \times 10^{15}$kg	$9.421\ 520 \times 10^{25}$kg
$2.727\ 286 \times 10^{6}$kg	$1.537\ 844 \times 10^{15}$kg	$8.876\ 504 \times 10^{26}$kg
$7.438\ 089 \times 10^{6}$kg	$2.364\ 964 \times 10^{15}$kg	$7.879\ 233 \times 10^{27}$kg
$5.532\ 517 \times 10^{7}$kg	$5.593\ 058 \times 10^{15}$kg	$6.208\ 232 \times 10^{28}$kg
$3.060\ 874 \times 10^{8}$kg	$3.128\ 230 \times 10^{16}$kg	$3.854\ 214 \times 10^{29}$kg
$9.368\ 953 \times 10^{8}$kg	$9.785\ 824 \times 10^{16}$kg	$1.485\ 497 \times 10^{30}$kg
$8.777\ 729 \times 10^{9}$kg	$9.576\ 236 \times 10^{17}$kg	$2.206\ 701 \times 10^{30}$kg
$7.704\ 853 \times 10^{10}$kg	$9.170\ 430 \times 10^{18}$kg	$4.869\ 532 \times 10^{30}$kg
$5.936\ 476 \times 10^{11}$kg	$8.409\ 678 \times 10^{19}$kg	$2.371\ 234 \times 10^{31}$kg
$3.524\ 175 \times 10^{12}$kg	$7.072\ 269 \times 10^{20}$kg	$5.622\ 751 \times 10^{31}$kg
$1.241\ 981 \times 10^{13}$kg	$5.001\ 700 \times 10^{21}$kg	
$1.542\ 517 \times 10^{13}$kg	$2.501\ 700 \times 10^{22}$kg	

Praseodimio (Pm). Masa atómica 140.9076U.

La masa en kilogramos: 1.272 141 $\times 10^{-20}$kg^{-2}

$1.618\ 344 \times 10^{-20}$kg	$4.900\ 800 \times 10^{-18}$kg	$1.226\ 151 \times 10^{-15}$kg
$2.619\ 037 \times 10^{-20}$kg	$2.401\ 784 \times 10^{-17}$kg	$1.503\ 447 \times 10^{-15}$kg
$6.859\ 356 \times 10^{-20}$kg	$5.768\ 567 \times 10^{-17}$kg	$2.260\ 354 \times 10^{-15}$kg
$4.705\ 077 \times 10^{-19}$kg	$3.327\ 637 \times 10^{-16}$kg	$5.109\ 201 \times 10^{-15}$kg
$2.213\ 775 \times 10^{-18}$kg	$1.107\ 317 \times 10^{-15}$kg	$2.610\ 393 \times 10^{-14}$kg

$8.814\ 154\ \text{x}10^{-14}\text{kg}$

$4.643\ 269\ \text{x}10^{-13}\text{kg}$

$2.155\ 995\ \text{x}10^{-12}\text{kg}$

$4.648\ 316\ \text{x}10^{-12}\text{kg}$

$2.160\ 684\ \text{x}10^{-11}\text{kg}$

$4.668\ 559\ \text{x}10^{-11}\text{kg}$

$2.179\ 544\ \text{x}10^{-10}\text{kg}$

$4.750\ 414\ \text{x}10^{-10}\text{kg}$

$2.256\ 643\ \text{x}10^{-9}\text{kg}$

$5.092\ 441\ \text{x}10^{-9}\text{kg}$

$2.593\ 296\ \text{x}10^{-8}\text{kg}$

$6.725\ 184\ \text{x}10^{-8}\text{kg}$

$4.522\ 810\ \text{x}10^{-7}\text{kg}$

$2.045\ 581\ \text{x}10^{-6}\text{kg}$

$4.184\ 403\ \text{x}10^{-6}\text{kg}$

$1.750\ 923\ \text{x}10^{-5}\text{kg}$

$3.065\ 731\ \text{x}10^{-5}\text{kg}$

$9.398\ 708\ \text{x}10^{-5}\text{kg}$

$8.833\ 572\ \text{x}10^{-4}\text{kg}$

$7.803\ 200\ \text{x}10^{-3}\text{kg}$

$6.088\ 994\ \text{x}10^{-2}\text{kg}$

$3.707\ 585\ \text{x}10^{-1}\text{kg}$

$1.374\ 618\ \text{x}10^{0}\text{kg}$

$1.889\ 577\ \text{x}10^{0}\text{kg}$

$3.570\ 502\ \text{x}10^{0}\text{kg}$

$1.274\ 848\ \text{x}10^{1}\text{kg}$

$1.625\ 239\ \text{x}10^{1}\text{kg}$

$2.641\ 404\ \text{x}10^{1}\text{kg}$

$6.977\ 017\ \text{x}10^{1}\text{kg}$

$4.867\ 877\ \text{x}10^{2}\text{kg}$

$2.369\ 622\ \text{x}10^{3}\text{kg}$

$5.615\ 112\ \text{x}10^{3}\text{kg}$

$3.152\ 948\ \text{x}10^{4}\text{kg}$

$9.941\ 084\ \text{x}10^{4}\text{kg}$

$9.882\ 516\ \text{x}10^{5}\text{kg}$

$9.766\ 413\ \text{x}10^{6}\text{kg}$

$9.538\ 283\ \text{x}10^{7}\text{kg}$

$9.097\ 885\ \text{x}10^{8}\text{kg}$

$8.277\ 152\ \text{x}10^{9}\text{kg}$

$6.851\ 124\ \text{x}10^{10}\text{kg}$

$4.693\ 790\ \text{x}10^{11}\text{kg}$

$2.203\ 167\ \text{x}10^{12}\text{kg}$

$4.853\ 946\ \text{x}10^{12}\text{kg}$

$2.356\ 079\ \text{x}10^{13}\text{kg}$

$5.551\ 110\ \text{x}10^{13}\text{kg}$

$3.081\ 483\ \text{x}10^{14}\text{kg}$

$9.495\ 539\ \text{x}10^{14}\text{kg}$

$9.016\ 526\ \text{x}10^{15}\text{kg}$

$8.129\ 775\ \text{x}10^{16}\text{kg}$

$6.609\ 325\ \text{x}10^{17}\text{kg}$

$4.368\ 318\ \text{x}10^{18}\text{kg}$

$1.908\ 220\ \text{x}10^{19}\text{kg}$

$3.641\ 304\ \text{x}10^{19}\text{kg}$

$1.325\ 910\ \text{x}10^{20}\text{kg}$

$1.758\ 037\ \text{x}10^{20}\text{kg}$

$3.090\ 696\ \text{x}10^{20}\text{kg}$

$9.552\ 402\ \text{x}10^{20}\text{kg}$

$9.124\ 838\ \text{x}10^{21}\text{kg}$

$8.326\ 268\ \text{x}10^{22}\text{kg}$

$6.932\ 673\ \text{x}10^{23}\text{kg}$

$4.806\ 196\ \text{x}10^{24}\text{kg}$

$2.309\ 952\ \text{x}10^{25}\text{kg}$

$5.335\ 881\ \text{x}10^{25}\text{kg}$

$2.847\ 163\ \text{x}10^{26}\text{kg}$

$8.106\ 339\ \text{x}10^{26}\text{kg}$

$6.571\ 274\ \text{x}10^{27}\text{kg}$

$4.318\ 164\ \text{x}10^{28}\text{kg}$

$1.864\ 654\ \text{x}10^{29}\text{kg}$

$3.476\ 935\ \text{x}10^{29}\text{kg}$

$1.208\ 908\ \text{x}10^{30}\text{kg}$

$1.461\ 459\ \text{x}10^{30}\text{kg}$

$2.135\ 863\ \text{x}10^{30}\text{kg}$

$4.561\ 910\ \text{x}10^{30}\text{kg}$

Cerio (Ce). Masa atómica 140.12U.

La masa en kilogramos: 1.265 030 x10^{-20}kg^{-2}

1.600 303 x10^{-20}kg	3.271 527 x10^{-10}kg	1.109 301 x10^{1}kg
2.560 970 x10^{-20}kg	1.070 289 x10^{-9}kg	1.230 550 x10^{1}kg
6.558 568 x10^{-20}kg	1.145 519 x10^{-9}kg	1.514 254 x10^{1}kg
4.301 482 x10^{-19}kg	1.312 214 x10^{-9}kg	2.292 965 x10^{1}kg
1.850 274 x10^{-18}kg	1.721 906 x10^{-9}kg	5.257 692 x10^{1}kg
3.423 517 x10^{-18}kg	2.964 963 x10^{-9}kg	2.764 332 x10^{2}kg
1.172 046 x10^{-17}kg	8.791 005 x10^{-9}kg	7.641 534 x10^{2}kg
1.373 693 x10^{-17}kg	7.728 178 x10^{-8}kg	5.839 304 x10^{3}kg
1.887 034 x10^{-17}kg	5.972 473 x10^{-7}kg	3.409 748 x10^{4}kg
3.560 900 x10^{-17}kg	3.567 044 x10^{-6}kg	1.162 638 x10^{5}kg
1.268 001 x10^{-16}kg	1.272 380 x10^{-5}kg	1.351 727 x10^{5}kg
1.607 828 x10^{-16}kg	1.618 952 x10^{-5}kg	1.827 167 x10^{5}kg
2.585 110 x10^{-16}kg	2.621 006 x10^{-5}kg	3.338 540 x10^{5}kg
6.682 798 x10^{-16}kg	6.869 672 x10^{-5}kg	1.114 584 x10^{6}kg
4.465 979 x10^{-15}kg	4.719 240 x10^{-4}kg	1.242 299 x10^{6}kg
1.994 497 x10^{-14}kg	2.227 123 x10^{-3}kg	1.543 308 x10^{6}kg
3.978 020 x10^{-14}kg	4.960 077 x10^{-3}kg	2.381 801 x10^{6}kg
1.582 464 x10^{-13}kg	2.460 237 x10^{-2}kg	5.672 977 x10^{6}kg
2.504 194 x10^{-13}kg	6.052 766 x10^{-2}kg	3.218 267 x10^{7}kg
6.270 987 x10^{-13}kg	3.663 597 x10^{-1}kg	1.035 724 x10^{8}kg
3.932 528 x10^{-12}kg	1.342 194 x10^{0}kg	1.072 725 x10^{8}kg
1.546 478 x10^{-11}kg	1.801 487 x10^{0}kg	1.150 740 x10^{8}kg
2.391 595 x10^{-11}kg	3.245 356 x10^{0}kg	1.324 203 x10^{8}kg
5.719 727 x10^{-11}kg	1.053 233 x10^{1}kg	1.753 513 x10^{8}kg

$3.074\,809 \times 10^{8}$kg	$4.553\,172 \times 10^{17}$kg	$1.864\,961 \times 10^{25}$kg
$9.454\,456 \times 10^{8}$kg	$2.073\,137 \times 10^{18}$kg	$3.478\,081 \times 10^{25}$kg
$8.938\,673 \times 10^{9}$kg	$4.297\,899 \times 10^{18}$kg	$1.209\,705 \times 10^{26}$kg
$7.989\,988 \times 10^{10}$kg	$1.847\,194 \times 10^{19}$kg	$1.463\,386 \times 10^{26}$kg
$6.383\,992 \times 10^{11}$kg	$3.412\,126 \times 10^{19}$kg	$2.141\,500 \times 10^{26}$kg
$4.075\,535 \times 10^{12}$kg	$1.164\,260 \times 10^{20}$kg	$4.586\,024 \times 10^{26}$kg
$1.660\,999 \times 10^{13}$kg	$1.355\,502 \times 10^{20}$kg	$2.103\,162 \times 10^{27}$kg
$2.758\,918 \times 10^{13}$kg	$1.837\,386 \times 10^{20}$kg	$4.423\,290 \times 10^{27}$kg
$7.611\,632 \times 10^{13}$kg	$3.375\,989 \times 10^{21}$kg	$1.956\,550 \times 10^{28}$kg
$5.793\,694 \times 10^{14}$kg	$1.139\,730 \times 10^{22}$kg	$3.828\,087 \times 10^{28}$kg
$3.356\,689 \times 10^{15}$kg	$1.298\,985 \times 10^{22}$kg	$1.465\,425 \times 10^{29}$kg
$1.126\,736 \times 10^{16}$kg	$1.687\,362 \times 10^{22}$kg	$2.147\,472 \times 10^{29}$kg
$1.269\,534 \times 10^{16}$kg	$2.847\,192 \times 10^{22}$kg	$4.611\,638 \times 10^{29}$kg
$1.611\,718 \times 10^{16}$kg	$8.106\,506 \times 10^{22}$kg	$2.126\,721 \times 10^{30}$kg
$2.597\,637 \times 10^{16}$kg	$6.571\,544 \times 10^{23}$kg	$4.522\,943 \times 10^{30}$kg
$6.747\,719 \times 10^{16}$kg	$4.318\,520 \times 10^{24}$kg	

Lantano (La). Masa atómica 138.905U.

La masa en kilogramos: $1.254\,061 \times 10^{-20}$kg^{-2}

$1.572\,670 \times 10^{-20}$kg	$2.184\,077 \times 10^{-17}$kg	$7.122\,234 \times 10^{-13}$kg
$2.473\,292 \times 10^{-20}$kg	$4.770\,194 \times 10^{-17}$kg	$5.072\,622 \times 10^{-12}$kg
$6.117\,177 \times 10^{-20}$kg	$2.275\,475 \times 10^{-16}$kg	$2.573\,149 \times 10^{-11}$kg
$3.741\,985 \times 10^{-19}$kg	$5.177\,787 \times 10^{-16}$kg	$6.621\,100 \times 10^{-11}$kg
$1.400\,245 \times 10^{-18}$kg	$2.680\,948 \times 10^{-15}$kg	$4.383\,897 \times 10^{-10}$kg
$1.960\,688 \times 10^{-18}$kg	$7.187\,486 \times 10^{-15}$kg	$1.921\,855 \times 10^{-9}$kg
$3.844\,297 \times 10^{-18}$kg	$5.165\,996 \times 10^{-14}$kg	$3.693\,530 \times 10^{-9}$kg
$1.477\,862 \times 10^{-17}$kg	$2.668\,751 \times 10^{-13}$kg	$1.364\,216 \times 10^{-8}$kg

$1.861\,086 \times 10^{-8} kg$	$1.632\,145 \times 10^{5} kg$	$6.702\,973 \times 10^{21} kg$
$3.463\,642 \times 10^{-8} kg$	$2.663\,897 \times 10^{5} kg$	$4.492\,985 \times 10^{22} kg$
$1.199\,681 \times 10^{-7} kg$	$7.096\,349 \times 10^{5} kg$	$2.018\,691 \times 10^{23} kg$
$1.439\,236 \times 10^{-7} kg$	$5.035\,818 \times 10^{6} kg$	$4.075\,115 \times 10^{23} kg$
$2.071\,402 \times 10^{-7} kg$	$2.535\,946 \times 10^{7} kg$	$1.660\,656 \times 10^{24} kg$
$4.290\,706 \times 10^{-7} kg$	$6.431\,024 \times 10^{7} kg$	$2.757\,780 \times 10^{24} kg$
$1.841\,016 \times 10^{-6} kg$	$4.135\,808 \times 10^{8} kg$	$7.605\,354 \times 10^{24} kg$
$3.389\,341 \times 10^{-6} kg$	$1.710\,490 \times 10^{9} kg$	$5.784\,141 \times 10^{25} kg$
$1.148\,763 \times 10^{-5} kg$	$2.925\,778 \times 10^{9} kg$	$3.345\,629 \times 10^{26} kg$
$1.319\,657 \times 10^{-5} kg$	$8.560\,182 \times 10^{9} kg$	$1.119\,323 \times 10^{27} kg$
$1.741\,496 \times 10^{-5} kg$	$7.327\,671 \times 10^{10} kg$	$1.252\,884 \times 10^{27} kg$
$3.032\,810 \times 10^{-5} kg$	$5.369\,477 \times 10^{11} kg$	$1.569\,720 \times 10^{27} kg$
$9.197\,940 \times 10^{-5} kg$	$2.883\,129 \times 10^{12} kg$	$2.464\,021 \times 10^{27} kg$
$8.460\,210 \times 10^{-4} kg$	$8.312\,433 \times 10^{12} kg$	$6.071\,403 \times 10^{27} kg$
$7.157\,515 \times 10^{-3} kg$	$6.909\,654 \times 10^{13} kg$	$3.686\,193 \times 10^{28} kg$
$5.123\,002 \times 10^{-2} kg$	$4.774\,332 \times 10^{14} kg$	$1.358\,802 \times 10^{29} kg$
$2.624\,515 \times 10^{-1} kg$	$2.279\,425 \times 10^{15} kg$	$1.846\,343 \times 10^{29} kg$
$6.888\,083 \times 10^{-1} kg$	$5.195\,778 \times 10^{15} kg$	$3.408\,984 \times 10^{29} kg$
$4.744\,569 \times 10^{0} kg$	$2.699\,611 \times 10^{16} kg$	$1.162\,117 \times 10^{30} kg$
$2.251\,093 \times 10^{1} kg$	$7.287\,903 \times 10^{16} kg$	$1.350\,517 \times 10^{30} kg$
$5.067\,423 \times 10^{1} kg$	$5.311\,353 \times 10^{17} kg$	$1.823\,897 \times 10^{30} kg$
$2.567\,877 \times 10^{2} kg$	$2.821\,047 \times 10^{18} kg$	$3.326\,600 \times 10^{30} kg$
$6.593\,996 \times 10^{2} kg$	$7.958\,310 \times 10^{18} kg$	$1.106\,627 \times 10^{31} kg$
$4.348\,078 \times 10^{3} kg$	$6.333\,470 \times 10^{19} kg$	$1.224\,623 \times 10^{31} kg$
$1.890\,579 \times 10^{4} kg$	$4.011\,284 \times 10^{20} kg$	$1.499\,701 \times 10^{31} kg$
$3.574\,289 \times 10^{4} kg$	$1.609\,040 \times 10^{21} kg$	$2.249\,105 \times 10^{31} kg$
$1.277\,554 \times 10^{5} kg$	$2.589\,010 \times 10^{21} kg$	$5.058\,476 \times 10^{31} kg$

Bario (Ba). Masa atómica 137.33U.

La masa en kilogramos: 1.239 842 x10^{-20}kg^{-2}

1.239 842 x 10^{-20}kg	4.594 310 x 10^{-6}kg	7.530 535 x 10^{5}kg
1.537 208 x 10^{-20}kg	2.110 768 x 10^{-5}kg	5.670 896 x 10^{6}kg
2.363 010 x 10^{-20}kg	4.455 345 x 10^{-5}kg	3.215 906 x 10^{7}kg
5.583 819 x 10^{-20}kg	1.985 010 x 10^{-4}kg	1.034 205 x 10^{8}kg
3.117 904 x 10^{-19}kg	3.940 266 x 10^{-4}kg	1.069 580 x 10^{8}kg
9.721 327 x 10^{-19}kg	1.552 570 x 10^{-3}kg	1.144 003 x 10^{8}kg
9.450 420 x 10^{-18}kg	2.410 474 x 10^{-3}kg	1.308 743 x 10^{8}kg
8.931 044 x 10^{-17}kg	5.810 386 x 10^{-3}kg	1.712 810 x 10^{8}kg
7.976 356 x 10^{-16}kg	3.376 058 x 10^{-2}kg	2.933 718 x 10^{8}kg
6.362 225 x 10^{-15}kg	1.139 777 x 10^{-1}kg	8.606 706 x 10^{8}kg
4.047 791 x 10^{-14}kg	1.299 092 x 10^{-1}kg	7.407 540 x 10^{9}kg
1.638 461 x 10^{-13}kg	1.687 640 x 10^{-1}kg	5.487 164 x 10^{10}kg
2.684 556 x 10^{-13}kg	2.848 129 x 10^{-1}kg	3.010 897 x 10^{11}kg
7.206 845 x 10^{-13}kg	8.111 843 x 10^{-1}kg	9.065 506 x 10^{11}kg
5.193 862 x 10^{-12}kg	6.580 199 x 10^{0}kg	8.218 339 x 10^{12}kg
2.697 620 x 10^{-11}kg	4.329 903 x 10^{1}kg	6.754 111 x 10^{13}kg
7.277 157 x 10^{-11}kg	1.874 806 x 10^{2}kg	4.561 801 x 10^{14}kg
5.295 702 x 10^{-10}kg	3.514 897 x 10^{2}kg	2.081 003 x 10^{15}kg
2.804 446 x 10^{-9}kg	1.235 450 x 10^{3}kg	4.330 575 x 10^{15}kg
7.864 921 x 10^{-9}kg	1.526 338 x 10^{3}kg	1.875 388 x 10^{16}kg
6.185 598 x 10^{-8}kg	2.329 708 x 10^{3}kg	3.517 083 x 10^{16}kg
3.826 287 x 10^{-7}kg	5.427 542 x 10^{3}kg	1.236 987 x 10^{17}kg
1.464 047 x 10^{-6}kg	2.945 821 x 10^{4}kg	1.530 137 x 10^{17}kg
2.143 434 x 10^{-6}kg	8.677 865 x 10^{4}kg	2.341 321 x 10^{17}kg

$5.481\ 788 \times 10^{17}$kg	$2.054\ 892 \times 10^{24}$kg	$3.908\ 568 \times 10^{26}$kg
$3.005\ 000 \times 10^{18}$kg	$4.222\ 582 \times 10^{24}$kg	$1.527\ 690 \times 10^{27}$kg
$9.030\ 026 \times 10^{18}$kg	$1.783\ 020 \times 10^{25}$kg	$2.333\ 838 \times 10^{27}$kg
$8.154\ 138 \times 10^{19}$kg	$3.179\ 161 \times 10^{25}$kg	$5.446\ 803 \times 10^{27}$kg
$6.648\ 997 \times 10^{20}$kg	$1.010\ 706 \times 10^{26}$kg	$2.966\ 766 \times 10^{28}$kg
$4.420\ 916 \times 10^{21}$kg	$1.021\ 528 \times 10^{26}$kg	$8.801\ 705 \times 10^{28}$kg
$1.954\ 450 \times 10^{22}$kg	$1.043\ 519 \times 10^{26}$kg	$7.747\ 002 \times 10^{29}$kg
$3.819\ 876 \times 10^{22}$kg	$1.088\ 932 \times 10^{26}$kg	$6.001\ 605 \times 10^{30}$kg
$1.459\ 145 \times 10^{23}$kg	$1.185\ 774 \times 10^{26}$kg	$3.601\ 926 \times 10^{31}$kg
$2.129\ 105 \times 10^{23}$kg	$1.406\ 061 \times 10^{26}$kg	
$4.533\ 092 \times 10^{23}$kg	$1.977\ 009 \times 10^{26}$kg	

Cesio (Cs). Masa atómica 132.9054U.

La masa en kilogramos: $1.199\ 896 \times 10^{-20}$kg^{-2}

$1.439\ 750 \times 10^{-20}$kg	$2.211\ 182 \times 10^{-17}$kg	$3.824\ 566 \times 10^{-12}$kg
$2.072\ 881 \times 10^{-20}$kg	$4.889\ 329 \times 10^{-17}$kg	$1.462\ 730 \times 10^{-11}$kg
$4.296\ 838 \times 10^{-20}$kg	$2.390\ 554 \times 10^{-16}$kg	$2.139\ 580 \times 10^{-11}$kg
$1.846\ 282 \times 10^{-19}$kg	$5.714\ 749 \times 10^{-16}$kg	$4.577\ 806 \times 10^{-11}$kg
$3.408\ 758 \times 10^{-19}$kg	$3.265\ 836 \times 10^{-15}$kg	$2.095\ 631 \times 10^{-10}$kg
$1.161\ 963 \times 10^{-18}$kg	$1.066\ 568 \times 10^{-14}$kg	$4.391\ 670 \times 10^{-10}$kg
$1.350\ 158 \times 10^{-18}$kg	$1.137\ 569 \times 10^{-14}$kg	$1.928\ 677 \times 10^{-9}$kg
$1.822\ 928 \times 10^{-18}$kg	$1.294\ 063 \times 10^{-14}$kg	$3.719\ 796 \times 10^{-9}$kg
$3.323\ 066 \times 10^{-18}$kg	$1.674\ 601 \times 10^{-14}$kg	$1.383\ 688 \times 10^{-8}$kg
$1.104\ 277 \times 10^{-17}$kg	$2.804\ 289 \times 10^{-14}$kg	$1.914\ 543 \times 10^{-8}$kg
$1.219\ 428 \times 10^{-17}$kg	$7.864\ 036 \times 10^{-14}$kg	$3.665\ 667 \times 10^{-8}$kg
$1.487\ 004 \times 10^{-17}$kg	$6.184\ 307 \times 10^{-13}$kg	$1.343\ 711 \times 10^{-7}$kg

$1.805\,560 \times 10^{-7}$ kg	$7.404\,979 \times 10^{3}$ kg	$5.291\,616 \times 10^{17}$ kg
$3.260\,048 \times 10^{-7}$ kg	$5.483\,372 \times 10^{4}$ kg	$2.800\,120 \times 10^{18}$ kg
$1.062\,791 \times 10^{-6}$ kg	$3.006\,737 \times 10^{5}$ kg	$7.840\,675 \times 10^{18}$ kg
$1.129\,526 \times 10^{-6}$ kg	$9.040\,468 \times 10^{5}$ kg	$6.147\,620 \times 10^{19}$ kg
$1.275\,830 \times 10^{-6}$ kg	$8.173\,006 \times 10^{6}$ kg	$3.779\,323 \times 10^{20}$ kg
$1.627\,742 \times 10^{-6}$ kg	$6.679\,804 \times 10^{7}$ kg	$1.428\,328 \times 10^{21}$ kg
$2.649\,546 \times 10^{-6}$ kg	$4.461\,978 \times 10^{8}$ kg	$2.040\,121 \times 10^{21}$ kg
$7.020\,095 \times 10^{-6}$ kg	$1.990\,924 \times 10^{9}$ kg	$4.162\,097 \times 10^{21}$ kg
$4.928\,173 \times 10^{-5}$ kg	$3.963\,782 \times 10^{9}$ kg	$1.732\,305 \times 10^{22}$ kg
$2.428\,689 \times 10^{-4}$ kg	$1.571\,157 \times 10^{10}$ kg	$3.000\,882 \times 10^{22}$ kg
$5.898\,532 \times 10^{-4}$ kg	$2.468\,534 \times 10^{10}$ kg	$9.005\,296 \times 10^{22}$ kg
$3.479\,268 \times 10^{-3}$ kg	$6.093\,662 \times 10^{10}$ kg	$8.109\,536 \times 10^{23}$ kg
$1.210\,531 \times 10^{-2}$ kg	$3.713\,271 \times 10^{11}$ kg	$6.576\,457 \times 10^{24}$ kg
$1.465\,385 \times 10^{-2}$ kg	$1.378\,838 \times 10^{12}$ kg	$4.324\,979 \times 10^{25}$ kg
$2.147\,354 \times 10^{-2}$ kg	$1.901\,196 \times 10^{12}$ kg	$1.870\,544 \times 10^{26}$ kg
$4.611\,133 \times 10^{-2}$ kg	$3.614\,547 \times 10^{12}$ kg	$3.498\,938 \times 10^{26}$ kg
$2.126\,254 \times 10^{-1}$ kg	$1.306\,495 \times 10^{13}$ kg	$1.224\,256 \times 10^{27}$ kg
$4.520\,959 \times 10^{-1}$ kg	$1.706\,929 \times 10^{13}$ kg	$1.498\,804 \times 10^{27}$ kg
$2.043\,907 \times 10^{0}$ kg	$2.913\,607 \times 10^{13}$ kg	$2.246\,415 \times 10^{27}$ kg
$4.177\,559 \times 10^{0}$ kg	$8.489\,109 \times 10^{13}$ kg	$5.046\,383 \times 10^{27}$ kg
$1.745\,200 \times 10^{1}$ kg	$7.206\,498 \times 10^{14}$ kg	$2.546\,598 \times 10^{28}$ kg
$3.045\,723 \times 10^{1}$ kg	$5.193\,361 \times 10^{15}$ kg	$6.485\,164 \times 10^{28}$ kg
$9.276\,432 \times 10^{1}$ kg	$2.697\,100 \times 10^{16}$ kg	$4.205\,735 \times 10^{29}$ kg
$8.605\,219 \times 10^{2}$ kg	$7.274\,349 \times 10^{16}$ kg	$1.768\,820 \times 10^{30}$ kg

Xenón (Xe). Masa Atómica 131.9U.

Masa en kilogramos 1.190 819 x 10^{-20}kg^2

1.418 050 x 10^{-20}kg^2	5.323 300 x 10^{-10}kg^2	2.478 785 x 10^8kg^2
2.010 866 x 10^{-20}kg^2	2.833 752 x 10^{-9}kg^2	6.144 375 x 10^8kg^2
4.043 583 x 10^{-20}kg^2	8.030 155 x 10^{-9}kg^2	3.775 335 x 10^9kg^2
1.635 056 x 10^{-19}kg^2	6.448 340 x 10^{-8}kg^2	1.425 093 x 10^{10}kg^2
2.673 410 x 10^{-19}kg^2	4.158 109 x 10^{-7}kg^2	2.031 524 x 10^{10}kg^2
7.147 121 x 10^{-19}kg^2	1.728 987 x 10^{-6}kg^2	4.127 093 x 10^{10}kg^2
5.108 134 x 10^{-18}kg^2	2.989 397 x 10^{-6}kg^2	1.703 290 x 10^{11}kg^2
2.609 304 x 10^{-17}kg^2	8.939 495 x 10^{-6}kg^2	2.901 197 x 10^{11}kg^2
6.808 468 x 10^{-17}kg^2	7.986 095 x 10^{-5}kg^2	8.416 947 x 10^{11}kg^2
4.635 523 x 10^{-16}kg^2	6.377 772 x 10^{-4}kg^2	7.084 500 x 10^{12}kg^2
2.148 808 x 10^{-15}kg^2	4.067 598 x 10^{-3}kg^2	5.019 014 x 10^{13}kg^2
4.617 376 x 10^{-15}kg^2	1.654 535 x 10^{-2}kg^2	2.519 051 x 10^{14}kg^2
2.132 016 x 10^{-14}kg^2	2.737 487 x 10^{-2}kg^2	6.345 618 x 10^{14}kg^2
4.545 494 x 10^{-14}kg^2	7.493 836 x 10^{-2}kg^2	4.026 687 x 10^{15}kg^2
2.066 152 x 10^{-13}kg^2	5.615 758 x 10^{-1}kg^2	1.621 421 x 10^{16}kg^2
4.628 984 x 10^{-13}kg^2	3.153 674 x 10^0kg^2	2.629 006 x 10^{16}kg^2
1.822 422 x 10^{-12}kg^2	9.945 663 x 10^0kg^2	6.911 672 x 10^{16}kg^2
3.321 224 x 10^{-12}kg^2	9.891 621 x 10^1kg^2	4.777 122 x 10^{17}kg^2
1.103 053 x 10^{-11}kg^2	9.784 417 x 10^2kg^2	2.282 089 x 10^{18}kg^2
1.216 727 x 10^{-11}kg^2	9.573 482 x 10^3kg^2	5.207 933 x 10^{18}kg^2
1.480 424 x 10^{-11}kg^2	9.165 157 x 10^4kg^2	2.712 256 x 10^{19}kg^2
2.191 657 x 10^{-11}kg^2	8.400 011 x 10^5kg^2	7.356 337 x 10^{19}kg^2
4.803 361 x 10^{-11}kg^2	7.056 018 x 10^6kg^2	5.411 569 x 10^{20}kg^2
2.307 227 x 10^{-10}kg^2	4.978 739 x 10^7kg^2	2.928 508 x 10^{21}kg^2

$8.576\,161 \times 10^{21}\text{kg}^2$	$7.334\,562 \times 10^{25}\text{kg}^2$	$4.920\,112 \times 10^{29}\text{kg}^2$
$7.355\,054 \times 10^{22}\text{kg}^2$	$5.379\,580 \times 10^{26}\text{kg}^2$	$2.420\,750 \times 10^{30}\text{kg}^2$
$5.409\,682 \times 10^{23}\text{kg}^2$	$2.893\,989 \times 10^{27}\text{kg}^2$	$5.860\,033 \times 10^{30}\text{kg}^2$
$2.296\,466 \times 10^{24}\text{kg}^2$	$8.375\,172 \times 10^{27}\text{kg}^2$	$3.433\,999 \times 10^{31}\text{kg}^2$
$8.564\,206 \times 10^{24}\text{kg}^2$	$7.014\,351 \times 10^{28}\text{kg}^2$	

Telurio (Te). Masa Atómica 127.60U.

Masa en kilogramos $1.151\,997 \times 10^{-20}\text{kg}^{-2}$

$1.327\,099 \times 10^{-20}\text{kg}$	$5.689\,605 \times 10^{-9}\text{kg}$	$3.134\,401 \times 10^{-2}\text{kg}$
$1.761\,192 \times 10^{-20}\text{kg}$	$3.237\,160 \times 10^{-8}\text{kg}$	$9.824\,470 \times 10^{-2}\text{kg}$
$3.101\,797 \times 10^{-20}\text{kg}$	$1.047\,920 \times 10^{-7}\text{kg}$	$9.652\,022 \times 10^{-1}\text{kg}$
$9.621\,147 \times 10^{-20}\text{kg}$	$1.098\,138 \times 10^{-7}\text{kg}$	$9.316\,153 \times 10^{0}\text{kg}$
$9.256\,647 \times 10^{-19}\text{kg}$	$1.205\,907 \times 10^{-7}\text{kg}$	$8.679\,070 \times 10^{1}\text{kg}$
$8.568\,551 \times 10^{-18}\text{kg}$	$1.454\,212 \times 10^{-7}\text{kg}$	$7.532\,627 \times 10^{2}\text{kg}$
$7.342\,007 \times 10^{-17}\text{kg}$	$2.114\,734 \times 10^{-7}\text{kg}$	$5.674\,047 \times 10^{3}\text{kg}$
$5.390\,507 \times 10^{-16}\text{kg}$	$4.472\,102 \times 10^{-7}\text{kg}$	$3.219\,481 \times 10^{4}\text{kg}$
$2.905\,757 \times 10^{-15}\text{kg}$	$1.999\,970 \times 10^{-6}\text{kg}$	$1.036\,505 \times 10^{5}\text{kg}$
$8.443\,424 \times 10^{-15}\text{kg}$	$3.999\,880 \times 10^{-6}\text{kg}$	$1.074\,344 \times 10^{5}\text{kg}$
$7.129\,142 \times 10^{-14}\text{kg}$	$1.599\,904 \times 10^{-5}\text{kg}$	$1.154\,215 \times 10^{5}\text{kg}$
$5.082\,466 \times 10^{-13}\text{kg}$	$2.559\,694 \times 10^{-5}\text{kg}$	$1.332\,213 \times 10^{5}\text{kg}$
$2.583\,146 \times 10^{-12}\text{kg}$	$6.552\,034 \times 10^{-5}\text{kg}$	$1.774\,793 \times 10^{5}\text{kg}$
$6.672\,647 \times 10^{-12}\text{kg}$	$4.292\,916 \times 10^{-4}\text{kg}$	$3.149\,891 \times 10^{5}\text{kg}$
$4.452\,421 \times 10^{-11}\text{kg}$	$1.842\,912 \times 10^{-3}\text{kg}$	$9.921\,818 \times 10^{5}\text{kg}$
$1.982\,406 \times 10^{-10}\text{kg}$	$3.396\,328 \times 10^{-3}\text{kg}$	$9.844\,248 \times 10^{6}\text{kg}$
$3.292\,934 \times 10^{-10}\text{kg}$	$1.153\,045 \times 10^{-2}\text{kg}$	$9.690\,922 \times 10^{7}\text{kg}$
$1.544\,438 \times 10^{-9}\text{kg}$	$1.330\,572 \times 10^{-2}\text{kg}$	$9.391\,398 \times 10^{8}\text{kg}$
$2.385\,289 \times 10^{-9}\text{kg}$	$1.770\,424 \times 10^{-2}\text{kg}$	$8.819\,836 \times 10^{9}\text{kg}$

$7.778\ 952 \times 10^{10}$kg	$7.102\ 669 \times 10^{15}$kg	$4.919\ 951 \times 10^{25}$kg
$6.051\ 209 \times 10^{11}$kg	$5.044\ 791 \times 10^{16}$kg	$2.420\ 592 \times 10^{26}$kg
$3.661\ 714 \times 10^{12}$kg	$2.544\ 992 \times 10^{17}$kg	$5.859\ 265 \times 10^{26}$kg
$1.340\ 814 \times 10^{13}$kg	$6.476\ 987 \times 10^{17}$kg	$3.433\ 099 \times 10^{27}$kg
$1.797\ 784 \times 10^{13}$kg	$4.195\ 136 \times 10^{18}$kg	$1.178\ 617 \times 10^{28}$kg
$3.232\ 030 \times 10^{13}$kg	$1.759\ 916 \times 10^{19}$kg	$1.389\ 138 \times 10^{28}$kg
$1.044\ 602 \times 10^{14}$kg	$3.097\ 306 \times 10^{19}$kg	$1.929\ 705 \times 10^{28}$kg
$1.091\ 193 \times 10^{14}$kg	$9.593\ 309 \times 10^{19}$kg	$3.723\ 762 \times 10^{28}$kg
$1.190\ 703 \times 10^{14}$kg	$9.203\ 158 \times 10^{20}$kg	$1.389\ 640 \times 10^{29}$kg
$1.417\ 773 \times 10^{14}$kg	$8.469\ 812 \times 10^{21}$kg	$1.922\ 772 \times 10^{29}$kg
$2.010\ 082 \times 10^{14}$kg	$7.173\ 771 \times 10^{22}$kg	$3.697\ 055 \times 10^{29}$kg
$4.040\ 431 \times 10^{14}$kg	$5.146\ 300 \times 10^{23}$kg	$1.366\ 821 \times 10^{30}$kg
$1.632\ 508 \times 10^{15}$kg	$2.648\ 440 \times 10^{24}$kg	$1.868\ 201 \times 10^{30}$kg
$2.665\ 083 \times 10^{15}$kg	$7.014\ 236 \times 10^{24}$kg	$3.490\ 177 \times 10^{30}$kg

Antomonio (Sb). Masa Atómica 121.76U.

Masa en kilogramos 1.099 273 x 10^{-20}kg^{-2}

$1.208\ 401 \times 10^{-20}$kg	$1.236\ 456 \times 10^{-17}$kg	$1.569\ 022 \times 10^{-12}$kg
$1.460\ 234 \times 10^{-20}$kg	$1.528\ 825 \times 10^{-17}$kg	$2.461\ 831 \times 10^{-12}$kg
$2.132\ 284 \times 10^{-20}$kg	$2.337\ 307 \times 10^{-17}$kg	$6.060\ 615 \times 10^{-12}$kg
$4.546\ 637 \times 10^{-20}$kg	$5.463\ 006 \times 10^{-17}$kg	$3.673\ 105 \times 10^{-11}$kg
$2.067\ 190 \times 10^{-19}$kg	$2.984\ 443 \times 10^{-16}$kg	$1.349\ 170 \times 10^{-10}$kg
$4.273\ 278 \times 10^{-19}$kg	$8.906\ 905 \times 10^{-16}$kg	$1.820\ 261 \times 10^{-10}$kg
$1.826\ 090 \times 10^{-18}$kg	$7.933\ 295 \times 10^{-15}$kg	$3.313\ 351 \times 10^{-10}$kg
$3.334\ 607 \times 10^{-18}$kg	$6.293\ 718 \times 10^{-14}$kg	$1.097\ 829 \times 10^{-9}$kg
$1.111\ 960 \times 10^{-17}$kg	$3.961\ 088 \times 10^{-13}$kg	$1.205\ 230 \times 10^{-9}$kg

$1.452\,580 \times 10^{-9}$kg	$1.626\,181 \times 10^{0}$kg	$2.918\,712 \times 10^{14}$kg
$2.109\,990 \times 10^{-9}$kg	$2.644\,466 \times 10^{0}$kg	$8.518\,882 \times 10^{14}$kg
$4.452\,060 \times 10^{-9}$kg	$6.993\,204 \times 10^{0}$kg	$7.257\,135 \times 10^{15}$kg
$1.982\,084 \times 10^{-8}$kg	$4.890\,491 \times 10^{1}$kg	$5.266\,601 \times 10^{16}$kg
$3.928\,659 \times 10^{-8}$kg	$2.391\,690 \times 10^{2}$kg	$2.773\,709 \times 10^{17}$kg
$1.543\,436 \times 10^{-7}$kg	$5.750\,182 \times 10^{2}$kg	$7.693\,462 \times 10^{17}$kg
$2.382\,196 \times 10^{-7}$kg	$3.272\,049 \times 10^{3}$kg	$5.918\,937 \times 10^{18}$kg
$5.674\,859 \times 10^{-7}$kg	$1.070\,630 \times 10^{4}$kg	$3.503\,381 \times 10^{19}$kg
$3.220\,402 \times 10^{-6}$kg	$1.146\,250 \times 10^{4}$kg	$1.227\,368 \times 10^{20}$kg
$1.037\,099 \times 10^{-5}$kg	$1.313\,889 \times 10^{4}$kg	$1.506\,432 \times 10^{20}$kg
$1.075\,575 \times 10^{-5}$kg	$1.726\,304 \times 10^{4}$kg	$2.269\,339 \times 10^{20}$kg
$1.156\,861 \times 10^{-5}$kg	$2.980\,128 \times 10^{4}$kg	$5.149\,902 \times 10^{20}$kg
$1.338\,328 \times 10^{-5}$kg	$8.881\,166 \times 10^{4}$kg	$2.652\,150 \times 10^{21}$kg
$1.791\,124 \times 10^{-5}$kg	$7.887\,511 \times 10^{5}$kg	$7.033\,899 \times 10^{21}$kg
$3.208\,125 \times 10^{-5}$kg	$6.221\,284 \times 10^{6}$kg	$4.947\,574 \times 10^{22}$kg
$1.029\,206 \times 10^{-4}$kg	$3.870\,437 \times 10^{7}$kg	$2.447\,849 \times 10^{23}$kg
$1.059\,267 \times 10^{-4}$kg	$1.498\,028 \times 10^{8}$kg	$5.991\,967 \times 10^{23}$kg
$1.122\,046 \times 10^{-4}$kg	$2.244\,089 \times 10^{8}$kg	$3.590\,367 \times 10^{24}$kg
$1.258\,988 \times 10^{-4}$kg	$5.035\,938 \times 10^{8}$kg	$1.289\,074 \times 10^{25}$kg
$1.585\,052 \times 10^{-4}$kg	$2.5236\,068 \times 10^{9}$kg	$1.661\,711 \times 10^{25}$kg
$2.512\,391 \times 10^{-4}$kg	$6.431\,641 \times 10^{9}$kg	$2.761\,286 \times 10^{25}$kg
$6.312\,109 \times 10^{-4}$kg	$4.136\,600 \times 10^{10}$kg	$7.624\,702 \times 10^{25}$kg
$3.984\,272 \times 10^{-3}$kg	$1.711\,146 \times 10^{11}$kg	$5.813\,608 \times 10^{26}$kg
$1.587\,442 \times 10^{-2}$kg	$2.928\,022 \times 10^{11}$kg	$3.379\,803 \times 10^{27}$kg
$2.519\,974 \times 10^{-2}$kg	$8.573\,317 \times 10^{11}$kg	$1.142\,307 \times 10^{28}$kg
$6.350\,271 \times 10^{-2}$kg	$7.350\,177 \times 10^{12}$kg	$1.304\,866 \times 10^{28}$kg
$4.032\,594 \times 10^{-1}$kg	$5.402\,510 \times 10^{13}$kg	$1.702\,676 \times 10^{28}$kg

$2.899\ 106 \times 10^{28}$kg	$7.664\ 097 \times 10^{29}$kg	$2.490\ 157 \times 10^{31}$kg
$8.404\ 818 \times 10^{28}$kg	$4.990\ 147 \times 10^{30}$kg	$6.200\ 884 \times 10^{31}$kg

Estaño. Mas atómica 118.71U

Masa en kilogramos 1.071 737 x 10^{-20}kg^{-2}

$1.148\ 620 \times 10^{-20}$kg	$3.274\ 308 \times 10^{-7}$kg	$1.394\ 103 \times 10^{5}$kg
$1.319\ 329 \times 10^{-20}$kg	$1.072\ 109 \times 10^{-6}$kg	$1.943\ 525 \times 10^{5}$kg
$1.740\ 630 \times 10^{-20}$kg	$1.149\ 419 \times 10^{-6}$kg	$3.777\ 292 \times 10^{5}$kg
$3.029\ 792 \times 10^{-20}$kg	$1.321\ 164 \times 10^{-6}$kg	$1.426\ 793 \times 10^{6}$kg
$9.179\ 645 \times 10^{-20}$kg	$1.745\ 476 \times 10^{-6}$kg	$2.035\ 739 \times 10^{6}$kg
$8.426\ 588 \times 10^{-19}$kg	$3.046\ 687 \times 10^{-6}$kg	$4.144\ 236 \times 10^{6}$kg
$7.100\ 739 \times 10^{-18}$kg	$9.282\ 303 \times 10^{-6}$kg	$1.717\ 469 \times 10^{7}$kg
$5.042\ 049 \times 10^{-17}$kg	$8.616\ 116 \times 10^{-5}$kg	$2.949\ 700 \times 10^{7}$kg
$2.542\ 226 \times 10^{-16}$kg	$7.423\ 745 \times 10^{-4}$kg	$8.700\ 733 \times 10^{7}$kg
$6.462\ 915 \times 10^{-16}$kg	$5.511\ 199 \times 10^{-3}$kg	$7.570\ 276 \times 10^{8}$kg
$4.176\ 928 \times 10^{-15}$kg	$3.037\ 332 \times 10^{-2}$kg	$5.730\ 908 \times 10^{9}$kg
$1.744\ 672 \times 10^{-14}$kg	$9.225\ 388 \times 10^{-2}$kg	$3.284\ 330 \times 10^{10}$kg
$3.043\ 883 \times 10^{-14}$kg	$8.510\ 779 \times 10^{-1}$kg	$1.078\ 683 \times 10^{11}$kg
$9.965\ 224 \times 10^{-14}$kg	$7.243\ 336 \times 10^{0}$kg	$1.163\ 557 \times 10^{11}$kg
$8.584\ 438 \times 10^{-13}$kg	$5.246\ 592 \times 10^{1}$kg	$1.353\ 864 \times 10^{11}$kg
$7.369\ 257 \times 10^{-12}$kg	$2.752\ 672 \times 10^{2}$kg	$1.832\ 950 \times 10^{11}$kg
$5.430\ 595 \times 10^{-11}$kg	$7.577\ 208 \times 10^{2}$kg	$3.359\ 706 \times 10^{11}$kg
$2.949\ 137 \times 10^{-10}$kg	$5.741\ 408 \times 10^{3}$kg	$1.128\ 762 \times 10^{12}$kg
$8.697\ 410 \times 10^{-10}$kg	$3.296\ 377 \times 10^{4}$kg	$1.274\ 105 \times 10^{12}$kg
$7.564\ 494 \times 10^{-9}$kg	$1.086\ 610 \times 10^{5}$kg	$1.623\ 345 \times 10^{12}$kg
$5.722\ 157 \times 10^{-8}$kg	$1.180\ 721 \times 10^{5}$kg	$2.635\ 249 \times 10^{12}$kg

6.944 537 x 10^{12}kg

4.822 660 x 10^{13}kg

2.325 805 x 10^{14}kg

5.409 369 x 10^{14}kg

2.926 127 x 10^{15}kg

8.562 224 x 10^{15}kg

7.331 169 x 10^{16}kg

5.374 604 x 10^{17}kg

2.888 637 x 10^{18}kg

8.344 224 x 10^{18}kg

6.962 608 x 10^{19}kg

4.847 791 x 10^{20}kg

2.350 108 x 10^{21}kg

5.523 009 x 10^{21}kg

3.050 363 x 10^{22}kg

9.304 715 x 10^{22}kg

8.657 773 x 10^{23}kg

7.495 704 x 10^{24}kg

5.618 559 x 10^{25}kg

3.156 820 x 10^{26}kg

9.965 516 x 10^{26}kg

9.931 151 x 10^{27}kg

9.862 777 x 10^{28}kg

9.727 437 x 10^{29}kg

9.462 303 x 10^{30}kg

Indio (In). Masa atómica 114.82U.

Masa en kilogramos 1.036 617 x 10^{-20}kg^{-2}

1.074 575 x 10^{-20}kg

1.154 713 x 10^{-20}kg

1.333 362 x 10^{-20}kg

1.777 856 x 10^{-20}kg

3.160 774 x 10^{-20}kg

9.990 494 x 10^{-20}kg

9.980 997 x 10^{-19}kg

9.962 032 x 10^{-18}kg

9.924 208 x 10^{-17}kg

9.848 991 x 10^{-16}kg

9.700 262 x 10^{-15}kg

9.409 509 x 10^{-14}kg

8.853 886 x 10^{-13}kg

7.839 131 x 10^{-12}kg

6.145 198 x 10^{-11}kg

3.776 345 x 10^{-10}kg

1.426 078 x 10^{-9}kg

2.033 700 x 10^{-9}kg

4.135 939 x 10^{-9}kg

1.710 599 x 10^{-8}kg

2.926 150 x 10^{-8}kg

8.562 359 x 10^{-8}kg

7.331 399 x 10^{-7}kg

5.374 942 x 10^{-6}kg

2.889 000 x 10^{-5}kg

8.346 323 x 10^{-5}kg

6.966 112 x 10^{-4}kg

4.852 671 x 10^{-3}kg

2.354 842 x 10^{-2}kg

5.545 282 x 10^{-2}kg

3.075 015 x 10^{-1}kg

9.455 719 x 10^{-1}kg

8.941 064 x 10^{0}kg

7.994 262 x 10^{1}kg

6.390 823 x 10^{2}kg

4.084 262 x 10^{3}kg

1.668 119 x 10^{4}kg

2.782 624 x 10^{4}kg

7.742 997 x 10^{4}kg

5.995 401 x 10^{5}kg

3.594 484 x 10^{6}kg

1.292 031 x 10^{7}kg

$1.669\ 345 \times 10^{7}$kg	$6.196\ 629 \times 10^{15}$kg	$5.086\ 970 \times 10^{23}$kg
$2.786\ 714 \times 10^{7}$kg	$3.839\ 822 \times 10^{16}$kg	$2.587\ 726 \times 10^{24}$kg
$7.765\ 779 \times 10^{7}$kg	$1.474\ 423 \times 10^{17}$kg	$6.696\ 329 \times 10^{24}$kg
$6.030\ 733 \times 10^{8}$kg	$2.173\ 924 \times 10^{17}$kg	$4.484\ 082 \times 10^{25}$kg
$3.636\ 974 \times 10^{9}$kg	$4.725\ 947 \times 10^{17}$kg	$2.010\ 699 \times 10^{26}$kg
$1.322\ 758 \times 10^{10}$kg	$2.233\ 457 \times 10^{18}$kg	$4.042\ 912 \times 10^{26}$kg
$1.749\ 689 \times 10^{10}$kg	$4.988\ 334 \times 10^{18}$kg	$1.634\ 513 \times 10^{27}$kg
$3.061\ 414 \times 10^{10}$kg	$2.488\ 347 \times 10^{19}$kg	$2.671\ 635 \times 10^{27}$kg
$9.372\ 260 \times 10^{10}$kg	$6.191\ 873 \times 10^{19}$kg	$7.137\ 638 \times 10^{27}$kg
$8.783\ 926 \times 10^{11}$kg	$3.833\ 930 \times 10^{20}$kg	$5.094\ 588 \times 10^{28}$kg
$7.715\ 737 \times 10^{12}$kg	$1.469\ 902 \times 10^{21}$kg	$2.595\ 483 \times 10^{29}$kg
$5.953\ 260 \times 10^{13}$kg	$2.160\ 612 \times 10^{21}$kg	$6.736\ 534 \times 10^{29}$kg
$3.544\ 130 \times 10^{14}$kg	$4.668\ 245 \times 10^{21}$kg	$4.538\ 089 \times 10^{30}$kg
$1.256\ 086 \times 10^{15}$kg	$2.179\ 251 \times 10^{22}$kg	$2.059\ 425 \times 10^{31}$kg
$1.577\ 752 \times 10^{15}$kg	$4.749\ 138 \times 10^{22}$kg	$4.241\ 232 \times 10^{31}$kg
$2.489\ 303 \times 10^{15}$kg	$2.255\ 431 \times 10^{23}$kg	

Cadmio (Cd). Masa atómica 112.41U.

Masa en kilogramos $1.014\ 859 \times 10^{-20}$kg^{-2}

$1.029\ 939 \times 10^{-20}$kg	$3.628\ 229 \times 10^{-18}$kg	$3.661\ 982 \times 10^{-13}$kg
$1.060\ 776 \times 10^{-20}$kg	$1.316\ 404 \times 10^{-17}$kg	$1.341\ 011 \times 10^{-12}$kg
$1.125\ 246 \times 10^{-20}$kg	$1.732\ 922 \times 10^{-17}$kg	$1.798\ 312 \times 10^{-12}$kg
$1.266\ 179 \times 10^{-20}$kg	$3.003\ 018 \times 10^{-17}$kg	$3.233\ 928 \times 10^{-12}$kg
$1.603\ 210 \times 10^{-20}$kg	$9.018\ 122 \times 10^{-17}$kg	$1.045\ 829 \times 10^{-11}$kg
$2.570\ 282 \times 10^{-20}$kg	$8.132\ 653 \times 10^{-16}$kg	$1.093\ 759 \times 10^{-11}$kg
$6.605\ 354 \times 10^{-20}$kg	$6.614\ 005 \times 10^{-15}$kg	$1.196\ 309 \times 10^{-11}$kg
$4.364\ 391 \times 10^{-19}$kg	$4.374\ 506 \times 10^{-14}$kg	$1.431\ 156 \times 10^{-11}$kg
$1.904\ 791 \times 10^{-18}$kg	$1.913\ 630 \times 10^{-13}$kg	$2.048\ 207 \times 10^{-11}$kg

$4.195\,154 \times 10^{-11}$kg	$4.299\,207 \times 10^{4}$kg	$1.515\,830 \times 10^{18}$kg
$1.759\,932 \times 10^{-10}$kg	$1.848\,318 \times 10^{5}$kg	$2.297\,743 \times 10^{18}$kg
$3.097\,362 \times 10^{-10}$kg	$3.416\,279 \times 10^{5}$kg	$5.279\,625 \times 10^{18}$kg
$9.593\,651 \times 10^{-10}$kg	$1.167\,096 \times 10^{6}$kg	$2.787\,444 \times 10^{19}$kg
$9.203\,814 \times 10^{-9}$kg	$1.362\,115 \times 10^{6}$kg	$7.769\,984 \times 10^{19}$kg
$8.471\,020 \times 10^{-8}$kg	$1.855\,357 \times 10^{6}$kg	$6.037\,047 \times 10^{20}$kg
$7.175\,819 \times 10^{-7}$kg	$3.442\,352 \times 10^{6}$kg	$3.644\,594 \times 10^{21}$kg
$5.149\,238 \times 10^{-6}$kg	$1.184\,978 \times 10^{7}$kg	$1.328\,306 \times 10^{22}$kg
$2.651\,465 \times 10^{-5}$kg	$1.404\,174 \times 10^{7}$kg	$1.764\,399 \times 10^{22}$kg
$7.030\,270 \times 10^{-5}$kg	$1.971\,707 \times 10^{7}$kg	$3.113\,104 \times 10^{22}$kg
$4.942\,469 \times 10^{-4}$kg	$3.887\,629 \times 10^{7}$kg	$9.691\,418 \times 10^{22}$kg
$2.442\,800 \times 10^{-3}$kg	$1.511\,366 \times 10^{8}$kg	$9.392\,359 \times 10^{23}$kg
$5.967\,276 \times 10^{-3}$kg	$2.284\,229 \times 10^{8}$kg	$8.821\,640 \times 10^{24}$kg
$3.560\,838 \times 10^{-2}$kg	$5.217\,702 \times 10^{8}$kg	$7.782\,134 \times 10^{25}$kg
$1.267\,957 \times 10^{-1}$kg	$2.722\,441 \times 10^{9}$kg	$6.056\,162 \times 10^{26}$kg
$1.607\,715 \times 10^{-1}$kg	$7.411\,688 \times 10^{9}$kg	$3.667\,771 \times 10^{27}$kg
$2.584\,750 \times 10^{-1}$kg	$5.493\,312 \times 10^{10}$kg	$1.345\,209 \times 10^{28}$kg
$6.680\,935 \times 10^{-1}$kg	$3.017\,648 \times 10^{11}$kg	$1.809\,587 \times 10^{28}$kg
$4.463\,490 \times 10^{0}$kg	$9.106\,200 \times 10^{11}$kg	$3.274\,606 \times 10^{28}$kg
$1.992\,274 \times 10^{1}$kg	$8.292\,288 \times 10^{12}$kg	$1.072\,304 \times 10^{29}$kg
$3.969\,157 \times 10^{1}$kg	$6.876\,205 \times 10^{13}$kg	$1.149\,836 \times 10^{29}$kg
$1.575\,421 \times 10^{2}$kg	$4.728\,219 \times 10^{14}$kg	$1.322\,124 \times 10^{29}$kg
$2.481\,952 \times 10^{2}$kg	$2.235\,606 \times 10^{15}$kg	$1.748\,014 \times 10^{29}$kg
$6.160\,085 \times 10^{2}$kg	$4.997\,935 \times 10^{15}$kg	$3.055\,553 \times 10^{29}$kg
$3.794\,665 \times 10^{3}$kg	$2.497\,936 \times 10^{16}$kg	$9.336\,404 \times 10^{29}$kg
$1.439\,948 \times 10^{4}$kg	$6.239\,685 \times 10^{16}$kg	$8.716\,843 \times 10^{30}$kg
$2.073\,452 \times 10^{4}$kg	$3.893\,367 \times 10^{17}$kg	

Plata (Pt). Masa atómica 107.868U.

Masa en kilogramos 9.738 535 x 10^{-23}kg^{-2}

9.483 906 x 10^{-22}kg	2.040 044 x 10^{-7}kg	1.779 311 x 10^{3}kg
8.994 448 x 10^{-21}kg	4.161 780 x 10^{-7}kg	3.165 947 x 10^{3}kg
8.090 009 x 10^{-20}kg	1.732 041 x 10^{-6}kg	1.002 322 x 10^{4}kg
6.544 825 x 10^{-19}kg	2.999 968 x 10^{-6}kg	1.004 650 x 10^{4}kg
4.283 474 x 10^{-18}kg	8.999 811 x 10^{-6}kg	1.009 322 x 10^{4}kg
1.834 815 x 10^{-17}kg	8.099 660 x 10^{-5}kg	1.018 732 x 10^{4}kg
3.366 547 x 10^{-17}kg	6.560 450 x 10^{-4}kg	1.037 816 x 10^{4}kg
1.133 364 x 10^{-16}kg	4.303 950 x 10^{-3}kg	1.077 063 x 10^{4}kg
1.284 514 x 10^{-16}kg	1.852 398 x 10^{-2}kg	1.160 065 x 10^{4}kg
1.649 976 x 10^{-16}kg	3.431 381 x 10^{-2}kg	1.345 751 x 10^{4}kg
2.722 421 x 10^{-16}kg	1.177 438 x 10^{-1}kg	1.811 046 x 10^{4}kg
7.411 580 x 10^{-16}kg	1.386 360 x 10^{-1}kg	3.279 890 x 10^{4}kg
5.493 152 x 10^{-15}kg	1.921 996 x 10^{-1}kg	1.075 768 x 10^{5}kg
3.017 472 x 10^{-14}kg	3.694 069 x 10^{-1}kg	1.157 277 x 10^{5}kg
9.105 142 x 10^{-14}kg	1.364 614 x 10^{0}kg	1.339 290 x 10^{5}kg
8.290 362 x 10^{-13}kg	1.862 172 x 10^{0}kg	1.793 698 x 10^{5}kg
6.873 010 x 10^{-12}kg	3.467 688 x 10^{0}kg	3.217 353 x 10^{5}kg
4.723 827 x 10^{-11}kg	1.202 486 x 10^{1}kg	1.035 136 x 10^{6}kg
2.231 454 x 10^{-10}kg	1.445 973 x 10^{1}kg	1.071 507 x 10^{6}kg
4.979 391 x 10^{-10}kg	2.090 837 x 10^{1}kg	1.148 127 x 10^{6}kg
2.479 433 x 10^{-9}kg	4.371 603 x 10^{1}kg	1.318 196 x 10^{6}kg
6.147 590 x 10^{-9}kg	1.911 091 x 10^{2}kg	1.737 642 x 10^{6}kg
3.779 287 x 10^{-8}kg	3.652 270 x 10^{2}kg	3.019 400 x 10^{6}kg
1.428 301 x 10^{-7}kg	1.333 908 x 10^{3}kg	9.116 778 x 10^{6}kg

$8.311\ 564 \times 10^{7}$kg	$1.416\ 374 \times 10^{16}$kg	$2.926\ 627 \times 10^{22}$kg
$6.908\ 209 \times 10^{8}$kg	$2.136\ 384 \times 10^{16}$kg	$8.565\ 151 \times 10^{22}$kg
$4.772\ 336 \times 10^{9}$kg	$4.564\ 137 \times 10^{16}$kg	$7.336\ 181 \times 10^{23}$kg
$2.277\ 519 \times 10^{10}$kg	$2.083\ 134 \times 10^{17}$kg	$5.381\ 956 \times 10^{24}$kg
$5.187\ 095 \times 10^{10}$kg	$4.339\ 450 \times 10^{17}$kg	$2.896\ 545 \times 10^{25}$kg
$2.690\ 595 \times 10^{11}$kg	$1.883\ 083 \times 10^{18}$kg	$8.389\ 975 \times 10^{25}$kg
$7.239\ 306 \times 10^{11}$kg	$3.546\ 002 \times 10^{18}$kg	$7.039\ 168 \times 10^{26}$kg
$5.240\ 755 \times 10^{12}$kg	$1.257\ 413 \times 10^{19}$kg	$4.954\ 989 \times 10^{27}$kg
$2.746\ 551 \times 10^{13}$kg	$1.581\ 087 \times 10^{19}$kg	$2.455\ 192 \times 10^{28}$kg
$7.543\ 547 \times 10^{13}$kg	$2.499\ 838 \times 10^{19}$kg	$6.027\ 968 \times 10^{28}$kg
$5.690\ 510 \times 10^{14}$kg	$6.249\ 193 \times 10^{19}$kg	$3.633\ 640 \times 10^{29}$kg
$3.238\ 191 \times 10^{15}$kg	$3.905\ 242 \times 10^{20}$kg	$1.320\ 334 \times 10^{30}$kg
$1.048\ 588 \times 10^{16}$kg	$1.525\ 091 \times 10^{21}$kg	$1.743\ 283 \times 10^{30}$kg
$1.099\ 537 \times 10^{16}$kg	$2.325\ 904 \times 10^{21}$kg	$3.039\ 037 \times 10^{30}$kg
$1.208\ 982 \times 10^{16}$kg	$5.409\ 831 \times 10^{21}$kg	$9.235\ 745 \times 10^{30}$kg

Paladio (Pd). Masa atómica 106.42U.

Masa en kilogramos 9.607 806 x 10^{-23}kg^{-2}

$9.230\ 995 \times 10^{-22}$kg	$1.611\ 539 \times 10^{-15}$kg	$1.280\ 387 \times 10^{-11}$kg
$8.521\ 126 \times 10^{-21}$kg	$2.597\ 058 \times 10^{-15}$kg	$1.639\ 391 \times 10^{-11}$kg
$7.260\ 960 \times 10^{-20}$kg	$6.744\ 715 \times 10^{-15}$kg	$2.687\ 604 \times 10^{-11}$kg
$5.272\ 154 \times 10^{-19}$kg	$4.549\ 118 \times 10^{-14}$kg	$7.223\ 219 \times 10^{-11}$kg
$2.779\ 561 \times 10^{-18}$kg	$2.069\ 447 \times 10^{-13}$kg	$5.217\ 490 \times 10^{-10}$kg
$7.725\ 961 \times 10^{-18}$kg	$4.282\ 613 \times 10^{-13}$kg	$2.722\ 220 \times 10^{-9}$kg
$5.969\ 048 \times 10^{-17}$kg	$1.834\ 077 \times 10^{-12}$kg	$7.410\ 486 \times 10^{-9}$kg
$3.562\ 954 \times 10^{-16}$kg	$3.363\ 840 \times 10^{-12}$kg	$5.491\ 531 \times 10^{-8}$kg
$1.269\ 464 \times 10^{-15}$kg	$1.131\ 541 \times 10^{-11}$kg	$3.015\ 691 \times 10^{-7}$kg

$9.094\ 396 \times 10^{-7}$ kg	$4.019\ 153 \times 10^{7}$ kg	$7.369\ 022 \times 10^{17}$ kg
$8.270\ 803 \times 10^{-6}$ kg	$1.615\ 359 \times 10^{8}$ kg	$5.430\ 249 \times 10^{18}$ kg
$6.840\ 619 \times 10^{-5}$ kg	$2.609\ 387 \times 10^{8}$ kg	$2.948\ 760 \times 10^{19}$ kg
$4.679\ 407 \times 10^{-4}$ kg	$6.808\ 900 \times 10^{8}$ kg	$8.695\ 189 \times 10^{19}$ kg
$2.189\ 685 \times 10^{-3}$ kg	$4.636\ 112 \times 10^{9}$ kg	$7.560\ 631 \times 10^{20}$ kg
$4.794\ 724 \times 10^{-3}$ kg	$2.149\ 354 \times 10^{10}$ kg	$5.716\ 314 \times 10^{21}$ kg
$2.298\ 937 \times 10^{-2}$ kg	$4.619\ 724 \times 10^{10}$ kg	$3.267\ 625 \times 10^{22}$ kg
$5.285\ 115 \times 10^{-2}$ kg	$2.134\ 185 \times 10^{11}$ kg	$1.067\ 737 \times 10^{23}$ kg
$2.793\ 244 \times 10^{-1}$ kg	$4.554\ 746 \times 10^{11}$ kg	$1.140\ 063 \times 10^{23}$ kg
$7.802\ 217 \times 10^{-1}$ kg	$2.074\ 571 \times 10^{12}$ kg	$1.299\ 744 \times 10^{23}$ kg
$6.087\ 459 \times 10^{0}$ kg	$4.303\ 845 \times 10^{12}$ kg	$1.689\ 336 \times 10^{23}$ kg
$3.705\ 716 \times 10^{1}$ kg	$1.852\ 308 \times 10^{13}$ kg	$2.853\ 857 \times 10^{23}$ kg
$1.373\ 233 \times 10^{2}$ kg	$3.431\ 0848 \times 10^{13}$ kg	$8.144\ 501 \times 10^{23}$ kg
$1.885\ 769 \times 10^{2}$ kg	$1.177\ 209 \times 10^{14}$ kg	$6.633\ 289 \times 10^{24}$ kg
$3.556\ 125 \times 10^{2}$ kg	$1.385\ 821 \times 10^{14}$ kg	$4.400\ 053 \times 10^{25}$ kg
$1.264\ 602 \times 10^{3}$ kg	$1.920\ 502 \times 10^{14}$ kg	$1.936\ 046 \times 10^{26}$ kg
$1.599\ 220 \times 10^{3}$ kg	$3.688\ 330 \times 10^{14}$ kg	$3.748\ 277 \times 10^{26}$ kg
$2.557\ 505 \times 10^{3}$ kg	$1.368\ 377 \times 10^{15}$ kg	$1.404\ 958 \times 10^{27}$ kg
$6.540\ 833 \times 10^{3}$ kg	$1.850\ 628 \times 10^{15}$ kg	$1.973\ 909 \times 10^{27}$ kg
$4.278\ 249 \times 10^{4}$ kg	$3.424\ 824 \times 10^{15}$ kg	$3.896\ 317 \times 10^{27}$ kg
$1.830\ 342 \times 10^{5}$ kg	$1.172\ 942 \times 10^{16}$ kg	$1.518\ 128 \times 10^{28}$ kg
$3.350\ 152 \times 10^{5}$ kg	$1.375\ 793 \times 10^{16}$ kg	$2.304\ 714 \times 10^{28}$ kg
$1.122\ 352 \times 10^{6}$ kg	$1.892\ 807 \times 10^{16}$ kg	$5.311\ 709 \times 10^{28}$ kg
$1.259\ 674 \times 10^{6}$ kg	$3.582\ 722 \times 10^{16}$ kg	$2.821\ 425 \times 10^{29}$ kg
$1.586\ 780 \times 10^{6}$ kg	$1.283\ 589 \times 10^{17}$ kg	$7.960\ 439 \times 10^{29}$ kg
$2.517\ 872 \times 10^{6}$ kg	$1.647\ 602 \times 10^{17}$ kg	$6.336\ 858 \times 10^{30}$ kg
$6.339\ 679 \times 10^{6}$ kg	$2.714\ 594 \times 10^{17}$ kg	

Rodio (Rh). Masa atómica 102. 9055U.

Masa en kilogramos 9.290 510 x 10^{-23}kg^{-2}

8.631 359 x 10^{-22}kg	4.349 196 x 10^{-8}kg	1.135 251 x 10^{5}kg
7.450 035 x 10^{-21}kg	1.891 550 x 10^{-7}kg	1.288 795 x 10^{5}kg
5.550 303 x 10^{-20}kg	3.577 964 x 10^{-7}kg	1.660 994 x 10^{5}kg
3.080 586 x 10^{-19}kg	1.280 183 x 10^{-6}kg	2.758 902 x 10^{5}kg
9.490 015 x 10^{-19}kg	1.638 869 x 10^{-6}kg	7.611 544 x 10^{5}kg
9.006 039 x 10^{-18}kg	2.685 892 x 10^{-6}kg	5.793 561 x 10^{6}kg
8.110 874 x 10^{-17}kg	7.214 020 x 10^{-6}kg	3.356 535 x 10^{7}kg
6.578 628 x 10^{-16}kg	5.204 209 x 10^{-5}kg	1.126 632 x 10^{8}kg
4.327 835 x 10^{-15}kg	2.708 379 x 10^{-4}kg	1.269 301 x 10^{8}kg
1.873 015 x 10^{-14}kg	7.335 321 x 10^{-4}kg	1.611 126 x 10^{8}kg
3.508 188 x 10^{-14}kg	5.380 694 x 10^{-3}kg	2.595 728 x 10^{8}kg
1.230 738 x 10^{-13}kg	2.895 187 x 10^{-2}kg	6.737 808 x 10^{8}kg
1.514 717 x 10^{-13}kg	8.382 108 x 10^{-2}kg	4.539 806 x 10^{9}kg
2.294 369 x 10^{-13}kg	7.025 974 x 10^{-1}kg	2.060 984 x 10^{10}kg
5.264 129 x 10^{-13}kg	4.936 432 x 10^{0}kg	4.247 656 x 10^{10}kg
2.771 106 x 10^{-12}kg	2.436 836 x 10^{1}kg	1.804 258 x 10^{11}kg
7.679 028 x 10^{-12}kg	5.938 171 x 10^{1}kg	3.255 349 x 10^{11}kg
5.896 748 x 10^{-11}kg	3.526 187 x 10^{2}kg	1.059 729 x 10^{12}kg
3.477 163 x 10^{-10}kg	1.243 399 x 10^{3}kg	1.123 027 x 10^{12}kg
1.209 066 x 10^{-9}kg	1.546 043 x 10^{3}kg	1.261 190 x 10^{12}kg
1.461 842 x 10^{-9}kg	2.390 249 x 10^{3}kg	1.590 602 x 10^{12}kg
2.136 983 x 10^{-9}kg	5.713 293 x 10^{3}kg	2.530 015 x 10^{12}kg
4.566 697 x 10^{-9}kg	3.264 171 x 10^{4}kg	6.400 977 x 10^{12}kg
2.085 472 x 10^{-8}kg	1.065 481 x 10^{5}kg	4.097 251 x 10^{13}kg

$1.678\,746 \times 10^{14}$kg	$1.435\,159 \times 10^{21}$kg	$4.511\,765 \times 10^{25}$kg
$2.818\,190 \times 10^{14}$kg	$2.059\,683 \times 10^{21}$kg	$2.035\,602 \times 10^{26}$kg
$7.942\,196 \times 10^{14}$kg	$4.242\,297 \times 10^{21}$kg	$4.143\,678 \times 10^{26}$kg
$6.307\,849 \times 10^{15}$kg	$1.799\,709 \times 10^{22}$kg	$1.717\,007 \times 10^{27}$kg
$3.978\,896 \times 10^{16}$kg	$3.238\,952 \times 10^{22}$kg	$2.948\,113 \times 10^{27}$kg
$1.183\,161 \times 10^{17}$kg	$1.049\,081 \times 10^{23}$kg	$8.691\,373 \times 10^{27}$kg
$2.506\,400 \times 10^{17}$kg	$1.100\,572 \times 10^{23}$kg	$7.553\,997 \times 10^{28}$kg
$6.282\,041 \times 10^{17}$kg	$1.211\,259 \times 10^{23}$kg	$5.706\,287 \times 10^{29}$kg
$3.946\,404 \times 10^{18}$kg	$1.467\,148 \times 10^{23}$kg	$3.256\,171 \times 10^{30}$kg
$1.557\,410 \times 10^{19}$kg	$2.152\,525 \times 10^{23}$kg	$1.060\,265 \times 10^{31}$kg
$2.425\,527 \times 10^{19}$kg	$4.633\,366 \times 10^{23}$kg	$1.124\,162 \times 10^{31}$kg
$5.883\,185 \times 10^{19}$kg	$2.146\,808 \times 10^{24}$kg	$1.263\,742 \times 10^{31}$kg
$3.461\,187 \times 10^{20}$kg	$4.608\,786 \times 10^{24}$kg	$1.597\,044 \times 10^{31}$kg
$1.197\,981 \times 10^{21}$kg	$2.124\,091 \times 10^{25}$kg	$2.550\,551 \times 10^{31}$kg

Rutenio (Ru). Masa atómica 101. 07U.

Masa en kilogamos $9.124\,798 \times 10^{-23}$kg^{-2}

$8.326\,194 \times 10^{-22}$kg	$1.856\,215 \times 10^{-15}$kg	$3.448\,891 \times 10^{-12}$kg
$6.932\,551 \times 10^{-21}$kg	$3.445\,534 \times 10^{-15}$kg	$1.189\,485 \times 10^{-11}$kg
$4.806\,026 \times 10^{-20}$kg	$1.187\,170 \times 10^{-14}$kg	$1.414\,875 \times 10^{-11}$kg
$2.309\,789 \times 10^{-19}$kg	$1.409\,373 \times 10^{-14}$kg	$2.001\,873 \times 10^{-11}$kg
$5.335\,125 \times 10^{-19}$kg	$1.986\,334 \times 10^{-14}$kg	$4.007\,496 \times 10^{-11}$kg
$2.846\,356 \times 10^{-18}$kg	$3.945\,526 \times 10^{-14}$kg	$1.606\,002 \times 10^{-10}$kg
$8.101\,744 \times 10^{-18}$kg	$1.556\,717 \times 10^{-13}$kg	$2.579\,244 \times 10^{-10}$kg
$6.563\,826 \times 10^{-17}$kg	$2.423\,370 \times 10^{-13}$kg	$6.652\,500 \times 10^{-10}$kg
$4.308\,381 \times 10^{-16}$kg	$5.872\,726 \times 10^{-13}$kg	$4.425\,575 \times 10^{-9}$kg

$1.958\ 571 \times 10^{-8}$kg	$2.279\ 688 \times 10^{3}$kg	$2.661\ 712 \times 10^{18}$kg
$3.836\ 004 \times 10^{-8}$kg	$5.196\ 979 \times 10^{3}$kg	$7.084\ 714 \times 10^{18}$kg
$1.471\ 492 \times 10^{-7}$kg	$2.700\ 859 \times 10^{4}$kg	$5.019\ 317 \times 10^{19}$kg
$2.165\ 291 \times 10^{-7}$kg	$7.294\ 644 \times 10^{4}$kg	$2.519\ 355 \times 10^{20}$kg
$4.688\ 486 \times 10^{-7}$kg	$5.321\ 183 \times 10^{5}$kg	$6.347\ 150 \times 10^{20}$kg
$2.198\ 190 \times 10^{-6}$kg	$2.831\ 499 \times 10^{6}$kg	$4.028\ 632 \times 10^{21}$kg
$4.832\ 040 \times 10^{-6}$kg	$8.017\ 391 \times 10^{6}$kg	$1.622\ 987 \times 10^{22}$kg
$2.334\ 861 \times 10^{-5}$kg	$6.427\ 856 \times 10^{7}$kg	$2.634\ 089 \times 10^{22}$kg
$5.451\ 577 \times 10^{-5}$kg	$4.131\ 734 \times 10^{8}$kg	$6.938\ 424 \times 10^{22}$kg
$2.971\ 969 \times 10^{-4}$kg	$1.707\ 122 \times 10^{9}$kg	$4.814\ 174 \times 10^{23}$kg
$8.832\ 600 \times 10^{-4}$kg	$2.914\ 267 \times 10^{9}$kg	$2.317\ 627 \times 10^{24}$kg
$7.801\ 483 \times 10^{-3}$kg	$8.492\ 956 \times 10^{9}$kg	$5.3714\ 395 \times 10^{24}$k
$6.086\ 315 \times 10^{-2}$kg	$7.213\ 030 \times 10^{10}$kg	$2.885\ 189 \times 10^{25}$kg
$3.704\ 323 \times 10^{-1}$kg	$5.202\ 780 \times 10^{11}$kg	$8.324\ 316 \times 10^{25}$kg
$1.372\ 200 \times 10^{0}$kg	$2.706\ 892 \times 10^{12}$kg	$6.929\ 424 \times 10^{26}$kg
$1.882\ 935 \times 10^{0}$kg	$7.327\ 267 \times 10^{12}$kg	$4.801\ 692 \times 10^{27}$kg
$3.545\ 446 \times 10^{0}$kg	$5.368\ 884 \times 10^{13}$kg	$2.305\ 625 \times 10^{28}$kg
$1.257\ 018 \times 10^{1}$kg	$2.882\ 492 \times 10^{14}$kg	$5.315\ 907 \times 10^{28}$kg
$1.580\ 096 \times 10^{1}$kg	$8.308\ 761 \times 10^{14}$kg	$2.825\ 887 \times 10^{29}$kg
$2.496\ 704 \times 10^{1}$kg	$6.903\ 551 \times 10^{15}$kg	$7.985\ 639 \times 10^{29}$kg
$6.233\ 535 \times 10^{1}$kg	$4.765\ 902 \times 10^{16}$kg	$6.377\ 044 \times 10^{30}$kg
$3.885\ 696 \times 10^{2}$kg	$2.271\ 382 \times 10^{17}$kg	$4.066\ 669 \times 10^{31}$kg
$1.509\ 863 \times 10^{3}$kg	$5.159\ 178 \times 10^{17}$kg	

Molibdeno (Md). Masa atómica 95.940U.

Tecnecio (Tc). Masa en atómica 95.940U.

Masa en kilogramos 8.661 651 x 10^{-23}kg^{-2}

7.502 421 x 10^{-22}kg	5.909 828 x 10^{-13}kg	3.390 875 x 10^{0}kg
5.628 632 x 10^{-21}kg	3.492 607 x 10^{-12}kg	1.149 803 x 10^{1}kg
3.168 150 x 10^{-20}kg	1.219 830 x 10^{-11}kg	1.322 048 x 10^{1}kg
1.003 717 x 10^{-19}kg	1.487 986 x 10^{-11}kg	1.747 812 x 10^{1}kg
1.007 448 x 10^{-19}kg	4.902 260 x 10^{-11}kg	3.054 847 x 10^{1}kg
1.014 953 x 10^{-19}kg	2.403 215 x 10^{-10}kg	9.332 092 x 10^{1}kg
1.030 129 x 10^{-19}kg	5.775 445 x 10^{-10}kg	8.708 795 x 10^{2}kg
1.061 167 x 10^{-19}kg	3.335 576 x 10^{-9}kg	7.584 312 x 10^{3}kg
1.126 076 x 10^{-19}kg	1.112 607 x 10^{-8}kg	5.752 178 x 10^{4}kg
1.268 047 x 10^{-19}kg	1.237 894 x 10^{-8}kg	3.308 756 x 10^{5}kg
1.607 944 x 10^{-19}kg	1.532 383 x 10^{-8}kg	1.094 786 x 10^{6}kg
2.585 484 x 10^{-19}kg	2.348 199 x 10^{-8}kg	1.198 558 x 10^{6}kg
6.684 728 x 10^{-19}kg	5.514 039 x 10^{-8}kg	1.436 541 x 10^{6}kg
4.468 559 x 10^{-18}kg	3.040 463 x 10^{-7}kg	2.063 651 x 10^{6}kg
1.996 802 x 10^{-17}kg	9.244 416 x 10^{-7}kg	4.258 656 x 10^{6}kg
3.987 220 x 10^{-17}kg	8.545 924 x 10^{-6}kg	1.813 615 x 10^{7}kg
1.589 792 x 10^{-16}kg	7.303 281 x 10^{-5}kg	3.289 200 x 10^{7}kg
2.527 440 x 10^{-16}kg	5.333 792 x 10^{-4}kg	1.081 884 x 10^{8}kg
6.387 953 x 10^{-16}kg	2.844 934 x 10^{-3}kg	1.170 473 x 10^{8}kg
4.080 594 x 10^{-15}kg	8.093 651 x 10^{-3}kg	1.370 007 x 10^{8}kg
1.665 125 x 10^{-14}kg	6.550 719 x 10^{-2}kg	1.876 919 x 10^{8}kg
2.772 641 x 10^{-14}kg	4.291 192 x 10^{-1}kg	3.522 827 x 10^{8}kg
7.687 540 x 10^{-14}kg	1.841 433 x 10^{0}kg	1.241 031 x 10^{9}kg

$1.540\ 158 \times 10^{9}$kg	$1.971\ 868 \times 10^{12}$kg	$1.330\ 097 \times 10^{22}$kg
$2.372\ 089 \times 10^{9}$kg	$3.888\ 266 \times 10^{12}$kg	$1.769\ 158 \times 10^{22}$kg
$5.626\ 808 \times 10^{9}$kg	$1.511\ 861 \times 10^{13}$kg	$3.129\ 922 \times 10^{22}$kg
$3.166\ 097 \times 10^{10}$kg	$2.285\ 724 \times 10^{13}$kg	$9.796\ 414 \times 10^{22}$kg
$1.002\ 417 \times 10^{11}$kg	$5.224\ 537 \times 10^{13}$kg	$9.596\ 973 \times 10^{23}$kg
$1.004\ 840 \times 10^{11}$kg	$2.729\ 578 \times 10^{14}$kg	$9.210\ 790 \times 10^{24}$kg
$1.889\ 704 \times 10^{11}$kg	$7.450\ 600 \times 10^{14}$kg	$8.482\ 760 \times 10^{25}$kg
$1.019\ 502 \times 10^{11}$kg	$5.551\ 145 \times 10^{15}$kg	$7.195\ 722 \times 10^{26}$kg
$1.039\ 386 \times 10^{11}$kg	$3.081\ 521 \times 10^{16}$kg	$5.177\ 842 \times 10^{27}$kg
$1.080\ 323 \times 10^{11}$kg	$9.495\ 773 \times 10^{16}$kg	$2.681\ 004 \times 10^{28}$kg
$1.167\ 098 \times 10^{11}$kg	$9.016\ 971 \times 10^{17}$kg	$7.187\ 787 \times 10^{28}$kg
$1.362\ 118 \times 10^{11}$kg	$8.130\ 576 \times 10^{18}$kg	$5.166\ 428 \times 10^{29}$kg
$1.855\ 367 \times 10^{11}$kg	$6.610\ 627 \times 10^{19}$kg	$2.669\ 198 \times 10^{30}$kg
$3.442\ 387 \times 10^{11}$kg	$4.370\ 040 \times 10^{20}$kg	$7.124\ 620 \times 10^{30}$kg
$1.185\ 003 \times 10^{12}$kg	$1.909\ 725 \times 10^{21}$kg	
$1.404\ 232 \times 10^{12}$kg	$3.647\ 049 \times 10^{21}$kg	

Niobio (Nb). Masa atómica 92.90464U

Masa en kilogramos 9.028 196 x 10^{-25}kg^{-2}

$8.150\ 833 \times 10^{-24}$kg	$4.303\ 849 \times 10^{-20}$kg	$1.360\ 512 \times 10^{-17}$kg
$6.643\ 608 \times 10^{-23}$kg	$1.852\ 311 \times 10^{-19}$kg	$1.850\ 994 \times 10^{-17}$kg
$4.413\ 753 \times 10^{-22}$kg	$3.431\ 059 \times 10^{-19}$kg	$3.426\ 179 \times 10^{-17}$kg
$1.948\ 121 \times 10^{-21}$kg	$1.177\ 216 \times 10^{-18}$kg	$1.173\ 870 \times 10^{-16}$kg
$3.795\ 177 \times 10^{-21}$kg	$1.385\ 839 \times 10^{-18}$kg	$1.377\ 971 \times 10^{-16}$kg
$1.440\ 337 \times 10^{-20}$kg	$1.920\ 550 \times 10^{-18}$kg	$1.898\ 806 \times 10^{-16}$kg
$2.074\ 572 \times 10^{-20}$kg	$3.688\ 512 \times 10^{-18}$kg	$3.605\ 464 \times 10^{-16}$kg

$1.299\,937 \times 10^{-15}$kg	$9.900\,378 \times 10^{-4}$kg	$1.239\,761 \times 10^{10}$kg
$1.689\,837 \times 10^{-15}$kg	$9.801\,748 \times 10^{-3}$kg	$1.537\,008 \times 10^{10}$kg
$2.855\,550 \times 10^{-15}$kg^2	$9.607\,427 \times 10^{-2}$kg	$2.362\,393 \times 10^{10}$kg
$8.154\,166 \times 10^{-15}$kg	$9.230\,266 \times 10^{-1}$kg	$5.580\,905 \times 10^{10}$kg
$6.649\,043 \times 10^{-14}$kg	$8.519\,782 \times 10^{0}$kg	$3.114\,650 \times 10^{11}$kg
$4.420\,977 \times 10^{-13}$kg	$7.258\,669 \times 10^{1}$kg	$9.701\,045 \times 10^{11}$kg
$1.954\,504 \times 10^{-12}$kg	$5.268\,828 \times 10^{2}$kg	$9.411\,028 \times 10^{12}$kg
$3.820\,086 \times 10^{-12}$kg	$2.776\,055 \times 10^{3}$kg	$8.856\,746 \times 10^{13}$kg
$1.459\,306 \times 10^{-11}$kg	$7.706\,483 \times 10^{3}$kg	$7.844\,195 \times 10^{14}$kg
$2.129\,574 \times 10^{-11}$kg	$5.938\,988 \times 10^{4}$kg	$6.153\,140 \times 10^{15}$kg
$4.535\,087 \times 10^{-11}$kg	$3.527\,158 \times 10^{5}$kg	$3.786\,114 \times 10^{16}$kg
$2.056\,701 \times 10^{-10}$kg	$1.244\,085 \times 10^{6}$kg	$1.433\,465 \times 10^{17}$kg
$4.230\,022 \times 10^{-10}$kg	$1.547\,747 \times 10^{6}$kg	$2.054\,824 \times 10^{17}$kg
$1.789\,308 \times 10^{-9}$kg^2	$2.395\,522 \times 10^{6}$kg	$4.222\,303 \times 10^{17}$kg
$3.201\,625 \times 10^{-9}$kg	$5.738\,527 \times 10^{6}$kg	$1.782\,785 \times 10^{18}$kg
$1.025\,040 \times 10^{-8}$kg	$3.293\,069 \times 10^{7}$kg	$3.178\,322 \times 10^{18}$kg
$1.050\,708 \times 10^{-8}$kg	$1.084\,430 \times 10^{8}$kg	$1.010\,173 \times 10^{19}$kg
$1.103\,988 \times 10^{-8}$kg	$1.175\,090 \times 10^{8}$kg	$1.020\,450 \times 10^{19}$kg
$1.218\,790 \times 10^{-8}$kg	$1.382\,952 \times 10^{8}$kg	$1.041\,319 \times 10^{19}$kg
$1.485\,449 \times 10^{-8}$kg	$1.912\,557 \times 10^{8}$kg	$1.084\,345 \times 10^{19}$kg
$2.206\,561 \times 10^{-8}$kg^2	$3.657\,877 \times 10^{8}$kg	$1.175\,805 \times 10^{19}$kg
$4.868\,913 \times 10^{-8}$kg	$1.338\,007 \times 10^{9}$kg	$1.382\,519 \times 10^{19}$kg
$2.370\,631 \times 10^{-7}$kg	$1.790\,262 \times 10^{9}$kg	$1.911\,359 \times 10^{19}$kg
$5.619\,895 \times 10^{-7}$kg	$3.205\,041 \times 10^{9}$kg	$3.653\,295 \times 10^{19}$kg
$3.158\,322 \times 10^{-6}$kg	$1.027\,228 \times 10^{10}$kg	$1.334\,657 \times 10^{20}$kg
$9.975\,000 \times 10^{-6}$kg	$1.055\,199 \times 10^{10}$kg	$1.781\,309 \times 10^{20}$kg
$9.950\,064 \times 10^{-5}$kg	$1.113\,445 \times 10^{10}$kg	$3.173\,064 \times 10^{20}$kg

$1.006\ 833 \times 10^{21}$kg	$3.268\ 371 \times 10^{22}$kg	$2.176\ 046 \times 10^{26}$kg
$1.013\ 713 \times 10^{21}$kg	$1.068\ 225 \times 10^{23}$kg	$4.735\ 177 \times 10^{26}$kg
$1.027\ 615 \times 10^{21}$kg	$1.141\ 104 \times 10^{23}$kg	$2.242\ 190 \times 10^{27}$kg
$1.055\ 993 \times 10^{21}$kg	$1.302\ 120 \times 10^{23}$kg	$5.027\ 418 \times 10^{27}$kg
$1.115\ 123 \times 10^{21}$kg	$1.695\ 516 \times 10^{23}$kg	$2.527\ 493 \times 10^{28}$kg
$1.243\ 499 \times 10^{21}$kg	$2.874\ 777 \times 10^{23}$kg	$6.388\ 223 \times 10^{28}$kg
$1.546\ 291 \times 10^{21}$kg	$8.264\ 346 \times 10^{23}$kg	$4.080\ 940 \times 10^{29}$kg
$2.391\ 018 \times 10^{21}$kg	$6.829\ 942 \times 10^{24}$kg	$1.665\ 407 \times 10^{30}$kg
$5.716\ 967 \times 10^{21}$kg	$4.664\ 811 \times 10^{25}$kg	$2.773\ 582 \times 10^{30}$kg

Zirconio (Zn). Masa atómica 91.224U.

Masa en kilogramos 8.864 708 x 10^{-25}kg^{-2}

$7.858\ 306 \times 10^{-24}$kg	$1.850\ 173 \times 10^{-16}$kg	$1.023\ 076 \times 10^{-11}$kg
$6.175\ 298 \times 10^{-23}$kg	$3.423\ 142 \times 10^{-16}$kg	$1.046\ 686 \times 10^{-11}$kg
$3.813\ 430 \times 10^{-22}$kg	$1.171\ 790 \times 10^{-15}$kg	$1.095\ 552 \times 10^{-11}$kg
$1.454\ 225 \times 10^{-21}$kg	$1.373\ 093 \times 10^{-15}$kg	$1.200\ 234 \times 10^{-11}$kg
$2.114\ 771 \times 10^{-21}$kg	$1.885\ 386 \times 10^{-15}$kg	$1.440\ 562 \times 10^{-11}$kg
$4.472\ 258 \times 10^{-21}$kg	$3.554\ 680 \times 10^{-15}$kg	$2.075\ 219 \times 10^{-11}$kg
$2.114\ 767 \times 10^{-20}$kg	$1.263\ 575 \times 10^{-14}$kg	$4.306\ 536 \times 10^{-11}$kg
$4.472\ 239 \times 10^{-20}$kg	$1.596\ 623 \times 10^{-14}$kg	$1.854\ 625 \times 10^{-10}$kg
$2.000\ 093 \times 10^{-19}$kg	$2.549\ 205 \times 10^{-14}$kg	$3.439\ 636 \times 10^{-10}$kg
$4.000\ 372 \times 10^{-19}$kg	$6.498\ 447 \times 10^{-14}$kg	$1.183\ 110 \times 10^{-9}$kg
$1.600\ 297 \times 10^{-18}$kg	$4.222\ 982 \times 10^{-13}$kg	$1.399\ 749 \times 10^{-9}$kg
$2.560\ 952 \times 10^{-18}$kg	$1.783\ 357 \times 10^{-12}$kg	$1.959\ 298 \times 10^{-9}$kg
$6.558\ 478 \times 10^{-18}$kg	$3.180\ 365 \times 10^{-12}$kg	$3.838\ 850 \times 10^{-9}$kg
$4.301\ 364 \times 10^{-17}$kg	$1.011\ 472 \times 10^{-11}$kg	$1.473\ 677 \times 10^{-8}$kg

$2.171\ 724 \times 10^{-8} kg$	$1.021\ 575 \times 10^{4} kg$	$6.901\ 731 \times 10^{15} kg$
$4.416\ 385 \times 10^{-8} kg$	$1.043\ 615 \times 10^{4} kg$	$4.763\ 390 \times 10^{16} kg$
$2.224\ 429 \times 10^{-7} kg$	$1.089\ 133 \times 10^{4} kg$	$2.268\ 988 \times 10^{17} kg$
$4.948\ 084 \times 10^{-7} kg$	$1.186\ 212 \times 10^{4} kg$	$5.148\ 309 \times 10^{17} kg$
$2.448\ 354 \times 10^{-6} kg$	$1.407\ 100 \times 10^{4} kg$	$2.650\ 509 \times 10^{18} kg$
$5.994\ 439 \times 10^{-6} kg$	$1.979\ 932 \times 10^{4} kg$	$7.025\ 199 \times 10^{18} kg$
$3.593\ 330 \times 10^{-5} kg$	$3.920\ 132 \times 10^{4} kg$	$4.935\ 343 \times 10^{19} kg$
$1.291\ 202 \times 10^{-4} kg$	$1.536\ 743 \times 10^{5} kg$	$2.435\ 761 \times 10^{20} kg$
$1.667\ 203 \times 10^{-4} kg$	$2.361\ 581 \times 10^{5} kg$	$5.932\ 933 \times 10^{20} kg$
$2.779\ 568 \times 10^{-4} kg$	$5.577\ 068 \times 10^{5} kg$	$3.519\ 969 \times 10^{21} kg$
$7.726\ 001 \times 10^{-4} kg$	$3.110\ 368 \times 10^{6} kg$	$1.239\ 018 \times 10^{22} kg$
$5.969\ 109 \times 10^{-3} kg$	$9.674\ 393 \times 10^{6} kg$	$1.535\ 167 \times 10^{22} kg$
$3.569\ 027 \times 10^{-2} kg$	$9.359\ 389 \times 10^{7} kg$	$2.356\ 739 \times 10^{22} kg$
$1.269\ 516 \times 10^{-1} kg$	$8.759\ 817 \times 10^{8} kg$	$5.554\ 221 \times 10^{22} kg$
$1.611\ 671 \times 10^{-1} kg$	$7.673\ 440 \times 10^{9} kg$	$3.084\ 937 \times 10^{23} kg$
$2.597\ 484 \times 10^{-1} kg$	$5.888\ 168 \times 10^{10} kg$	$9.516\ 841 \times 10^{23} kg$
$6.746\ 928 \times 10^{-1} kg$	$3.467\ 052 \times 10^{11} kg$	$9.057\ 026 \times 10^{24} kg$
$4.552\ 104 \times 10^{0} kg$	$1.202\ 045 \times 10^{12} kg$	$8.202\ 973 \times 10^{25} kg$
$2.072\ 165 \times 10^{1} kg$	$1.444\ 913 \times 10^{12} kg$	$6.728\ 877 \times 10^{26} kg$
$4.293\ 868 \times 10^{1} kg$	$2.087\ 773 \times 10^{12} kg$	$4.527\ 778 \times 10^{27} kg$
$1.843\ 730 \times 10^{2} kg$	$4.358\ 799 \times 10^{12} kg$	$2.050\ 078 \times 10^{28} kg$
$3.399\ 341 \times 10^{2} kg$	$1.899\ 913 \times 10^{13} kg$	$4.202\ 820 \times 10^{28} kg$
$1.155\ 552 \times 10^{3} kg$	$3.609\ 669 \times 10^{13} kg$	$1.766\ 369 \times 10^{29} kg$
$1.335\ 301 \times 10^{3} kg$	$1.302\ 971 \times 10^{14} kg$	$3.120\ 062 \times 10^{29} kg$
$1.783\ 030 \times 10^{3} kg$	$1.697\ 734 \times 10^{14} kg$	$9.734\ 789 \times 10^{29} kg$
$3.179\ 198 \times 10^{3} kg$	$2.882\ 302 \times 10^{14} kg$	$9.476\ 611 \times 10^{30} kg$
$1.010\ 730 \times 10^{4} kg$	$8.307\ 666 \times 10^{14} kg$	

Ytrio (Yt). Masa atómica 88.9058U.

Masa en kilogramos 8.639 437 x 10^{-25}kg^{-2}

7.463 988 x 10^{-24}kg	7.881 103 x 10^{-9}kg	8.347 345 x 10^{4}kg
5.571 111 x 10^{-23}kg	6.211 178 x 10^{-8}kg	6.967 817 x 10^{5}kg
3.103 728 x 10^{-22}kg	3.857 873 x 10^{-7}kg	4.855 047 x 10^{6}kg
9.633 130 x 10^{-22}kg	1.488 319 x 10^{-6}kg	2.357 148 x 10^{7}kg
9.279 721 x 10^{-21}kg	2.215 093 x 10^{-6}kg	5.556 150 x 10^{7}kg
8.611 322 x 10^{-20}kg	4.906 641 x 10^{-6}kg	3.087 080 x 10^{8}kg
7.415 487 x 10^{-19}kg	2.407 512 x 10^{-5}kg	9.530 067 x 10^{8}kg
5.498 944 x 10^{-18}kg	5.796 118 x 10^{-5}kg	9.082 218 x 10^{9}kg
3.023 839 x 10^{-17}kg	3.359 498 x 10^{-4}kg	8.248 669 x 10^{10}kg
9.143 604 x 10^{-17}kg	1.128 622 x 10^{-3}kg	6.804 054 x 10^{11}kg
8.360 550 x 10^{-16}kg	1.273 789 x 10^{-3}kg	4.629 516 x 10^{12}kg
6.989 881 x 10^{-15}kg	1.622 540 x 10^{-3}kg	2.143 242 x 10^{13}kg
4.885 844 x 10^{-14}kg	2.632 637 x 10^{-3}kg	4.593 487 x 10^{13}kg
2.387 147 x 10^{-13}kg	6.930 778 x 10^{-3}kg	2.110 012 x 10^{14}kg
5.698 471 x 10^{-13}kg	4.803 568 x 10^{-2}kg	4.452 152 x 10^{14}kg
3.247 257 x 10^{-12}kg	2.307 427 x 10^{-1}kg	1.982 166 x 10^{15}kg
1.054 468 x 10^{-11}kg	5.324 220 x 10^{-1}kg	3.928 983 x 10^{15}kg
1.111 903 x 10^{-11}kg	2.834 732 x 10^{0}kg	1.543 691 x 10^{16}kg
1.236 329 x 10^{-11}kg	8.035 708 x 10^{0}kg	2.382 983 x 10^{16}kg
1.528 510 x 10^{-11}kg	6.457 261 x 10^{1}kg	5.678 609 x 10^{16}kg
2.336 343 x 10^{-11}kg	4.169 622 x 10^{2}kg	3.224 660 x 10^{17}kg
5.458 500 x 10^{-11}kg	1.738 575 x 10^{3}kg	1.039 843 x 10^{18}kg
2.979 523 x 10^{-10}kg	3.022 644 x 10^{3}kg	1.0814 275 x 10^{18}kg
8.877 557 x 10^{-10}kg	9.136 380 x 10^{3}kg	1.169 155 x 10^{18}kg

$1.366\,924 \times 10^{18}$kg	$1.023\,661 \times 10^{22}$kg	$3.990\,768 \times 10^{25}$kg
$1.868\,483 \times 10^{18}$kg	$1.047\,883 \times 10^{22}$kg	$1.592\,622 \times 10^{26}$kg
$3.491\,231 \times 10^{18}$kg	$1.098\,059 \times 10^{22}$kg	$2.536\,447 \times 10^{26}$kg
$1.218\,869 \times 10^{19}$kg	$1.205\,735 \times 10^{22}$kg	$6.433\,567 \times 10^{26}$kg
$1.485\,643 \times 10^{19}$kg	$1.453\,798 \times 10^{22}$kg	$4.139\,079 \times 10^{27}$kg
$2.207\,137 \times 10^{19}$kg	$2.113\,529 \times 10^{22}$kg	$1.713\,197 \times 10^{28}$kg
$4.871\,455 \times 10^{19}$kg	$4.467\,005 \times 10^{22}$kg	$2.935\,046 \times 10^{28}$kg
$2.373\,107 \times 10^{20}$kg	$1.995\,414 \times 10^{23}$kg	$8.614\,496 \times 10^{28}$kg
$5.631\,638 \times 10^{20}$kg	$3.981\,677 \times 10^{23}$kg	$7.420\,954 \times 10^{29}$kg
$3.171\,535 \times 10^{21}$kg	$1.585\,375 \times 10^{24}$kg	$5.507\,056 \times 10^{30}$kg
$1.005\,863 \times 10^{22}$kg	$2.513\,414 \times 10^{24}$kg	$3.032\,767 \times 10^{31}$kg
$1.011\,761 \times 10^{22}$kg	$6.317\,252 \times 10^{24}$kg	$9.197\,675 \times 10^{31}$kg

Estroncio (Sr). Masa atómica 87.62U.

Masa en kilogramos 8.154 489 x 10^{-25}kg^{-2}

$7.249\,653 \times 10^{-24}$kg	$8.505\,721 \times 10^{-18}$kg	$1.117\,912 \times 10^{-12}$kg
$5.255\,747 \times 10^{-23}$kg	$7.234\,729 \times 10^{-17}$kg	$1.249\,727 \times 10^{-12}$kg
$2.762\,288 \times 10^{-22}$kg	$5.234\,130 \times 10^{-16}$kg	$1.561\,818 \times 10^{-12}$kg
$7.630\,235 \times 10^{-22}$kg	$2.739\,612 \times 10^{-15}$kg	$2.439\,276 \times 10^{-12}$kg
$5.822\,049 \times 10^{-21}$kg	$7.505\,475 \times 10^{-15}$kg	$5.950\,068 \times 10^{-12}$kg
$3.389\,625 \times 10^{-20}$kg	$5.633\,215 \times 10^{-14}$kg	$3.540\,332 \times 10^{-11}$kg
$1.148\,956 \times 10^{-19}$kg	$3.173\,311 \times 10^{-13}$kg	$1.253\,395 \times 10^{-10}$kg
$1.320\,100 \times 10^{-19}$kg	$1.006\,990 \times 10^{-12}$kg	$1.570\,999 \times 10^{-10}$kg
$1.742\,664 \times 10^{-19}$kg	$1.014\,030 \times 10^{-12}$kg	$2.468\,038 \times 10^{-10}$kg
$3.036\,881 \times 10^{-19}$kg	$1.028\,257 \times 10^{-12}$kg	$6.091\,215 \times 10^{-10}$kg
$9.222\,646 \times 10^{-19}$kg	$1.057\,313 \times 10^{-12}$kg	$3.710\,290 \times 10^{-9}$kg

$1.376\ 625 \times 10^{-8}$kg	$1.026\ 354 \times 10^{2}$kg	$2.095\ 589 \times 10^{10}$kg
$1.895\ 098 \times 10^{-8}$kg	$1.053\ 403 \times 10^{2}$kg	$4.391\ 495 \times 10^{10}$kg
$3.591\ 398 \times 10^{-8}$kg	$1.109\ 658 \times 10^{2}$kg	$1.928\ 523 \times 10^{11}$kg
$1.289\ 814 \times 10^{-7}$kg	$1.231\ 342 \times 10^{2}$kg	$3.719\ 201 \times 10^{11}$kg
$1.663\ 620 \times 10^{-7}$kg	$1.516\ 203 \times 10^{2}$kg	$1.383\ 246 \times 10^{12}$kg
$2.767\ 632 \times 10^{-7}$kg	$2.298\ 873 \times 10^{2}$kg	$1.913\ 369 \times 10^{12}$kg
$7.659\ 788 \times 10^{-7}$kg	$5.284\ 820 \times 10^{2}$kg	$3.660\ 983 \times 10^{12}$kg
$5.867\ 236 \times 10^{-6}$kg	$2.792\ 932 \times 10^{3}$kg	$1.340\ 280 \times 10^{13}$kg
$3.442\ 446 \times 10^{-5}$kg	$7.800\ 473 \times 10^{3}$kg	$1.796\ 350 \times 10^{13}$kg
$1.185\ 043 \times 10^{-4}$kg	$6.084\ 738 \times 10^{4}$kg	$3.226\ 875 \times 10^{13}$kg
$1.404\ 328 \times 10^{-4}$kg	$3.702\ 404 \times 10^{5}$kg	$1.041\ 272 \times 10^{14}$kg
$1.972\ 138 \times 10^{-4}$kg	$1.370\ 780 \times 10^{6}$kg	$1.084\ 248 \times 10^{14}$kg
$3.889\ 328 \times 10^{-4}$kg	$1.879\ 038 \times 10^{6}$kg	$1.175\ 595 \times 10^{14}$kg
$1.512\ 687 \times 10^{-3}$kg	$3.530\ 784 \times 10^{6}$kg	$1.382\ 024 \times 10^{14}$kg
$2.288\ 223 \times 10^{-3}$kg	$1.246\ 643 \times 10^{7}$kg	$1.909\ 992 \times 10^{14}$kg
$5.235\ 966 \times 10^{-3}$kg	$1.554\ 120 \times 10^{7}$kg	$3.648\ 069 \times 10^{14}$kg
$2.741\ 535 \times 10^{-2}$kg	$2.415\ 290 \times 10^{7}$kg	$1.330\ 841 \times 10^{15}$kg
$7.516\ 014 \times 10^{-2}$kg	$5.833\ 628 \times 10^{7}$kg	$1.771\ 138 \times 10^{15}$kg
$5.649\ 047 \times 10^{-1}$kg	$3.403\ 122 \times 10^{8}$kg	$3.136\ 929 \times 10^{15}$kg
$3.191\ 173 \times 10^{-0}$kg	$1.158\ 124 \times 10^{9}$kg	$9.840\ 329 \times 10^{15}$kg
$1.018\ 358 \times 10^{1}$kg	$1.341\ 251 \times 10^{9}$kg	$9.683\ 208 \times 10^{16}$kg
$1.037\ 054 \times 10^{1}$kg	$1.798\ 955 \times 10^{9}$kg	$9.376\ 453 \times 10^{17}$kg
$1.075\ 481 \times 10^{1}$kg	$3.236\ 240 \times 10^{9}$kg	$8.791\ 787 \times 10^{18}$kg
$1.156\ 660 \times 10^{1}$kg	$1.047\ 325 \times 10^{10}$kg	$7.729\ 553 \times 10^{19}$kg
$1.337\ 864 \times 10^{1}$kg	$1.096\ 890 \times 10^{10}$kg	$5.974\ 599 \times 10^{20}$kg
$1.789\ 881 \times 10^{1}$kg	$1.203\ 168 \times 10^{10}$kg	$3.569\ 584 \times 10^{21}$kg
$3.203\ 676 \times 10^{1}$kg	$1.447\ 615 \times 10^{10}$kg	$1.274\ 193 \times 10^{22}$kg

$1.623\ 568 \times 10^{22}$kg	$2.952\ 009 \times 10^{25}$kg	$1.223\ 314 \times 10^{29}$kg
$2.635\ 974 \times 10^{22}$kg	$8.714\ 361 \times 10^{25}$kg	$1.496\ 497 \times 10^{29}$kg
$6.948\ 360 \times 10^{22}$kg	$7.594\ 009 \times 10^{26}$kg	$2.239\ 504 \times 10^{29}$kg
$4.827\ 971 \times 10^{23}$kg	$5.766\ 897 \times 10^{27}$kg	$5.015\ 380 \times 10^{29}$kg
$2.330\ 931 \times 10^{24}$kg	$3.325\ 710 \times 10^{28}$kg	$2.515\ 404 \times 10^{30}$kg
$5.433\ 240 \times 10^{24}$kg	$1.106\ 035 \times 10^{29}$kg	$6.327\ 259 \times 10^{30}$kg

Rubidio (Rb). Masa atómica 85.468U.

Masa en kilogramos $1.41920611 \times 10^{-25}$kg^{-2}

$2.014\ 145\ 6 \times 10^{-25}$kg	$3.970\ 946 \times 10^{-15}$kg	$2.935\ 9339 \times 10^{-8}$kg
$4.056\ 782\ 8 \times 10^{-25}$kg	$1.576\ 841 \times 10^{-14}$kg	$8.619\ 708 \times 10^{-8}$kg
$1.645\ 748\ 6 \times 10^{-24}$kg	$2.486\ 428 \times 10^{-14}$kg	$7.429\ 9370 \times 10^{-7}$kg
$2.708\ 488\ 6 \times 10^{-24}$kg	$6.182\ 3269 \times 10^{-14}$kg	$5.520\ 396 \times 10^{-6}$kg
$7.335\ 910\ 6 \times 10^{-24}$kg	$3.822\ 1166 \times 10^{-13}$kg	$3.047\ 477 \times 10^{-5}$kg
$5.381\ 558\ 5 \times 10^{-23}$kg	$1.460\ 857 \times 10^{-12}$kg	$9.287\ 1207 \times 10^{-5}$kg
$2.896\ 117 \times 10^{-22}$kg	$2.134\ 1048 \times 10^{-12}$kg	$8.625\ 061 \times 10^{-4}$kg
$8.387\ 494 \times 10^{-22}$kg	$4.554\ 4036 \times 10^{-12}$kg	$7.439\ 168 \times 10^{-3}$kg
$7.035\ 0071 \times 10^{-21}$kg	$2.074\ 259 \times 10^{-11}$kg	$5.534\ 122 \times 10^{-2}$kg
$4.949\ 1326 \times 10^{-20}$kg	$4.302\ 551 \times 10^{-1}$kg	$3.062\ 651 \times 10^{-1}$kg
$2.449\ 3913 \times 10^{-19}$kg	$1.851\ 1948 \times 10^{-10}$kg	$9.379\ 831 \times 10^{-1}$kg
$5.999\ 517 \times 10^{-19}$kg	$3.426\ 922 \times 10^{-10}$kg	$8.798\ 123 \times 10^{0}$kg
$3.599\ 4216 \times 10^{-18}$kg	$1.174\ 3797 \times 10^{-9}$kg	7.740697×10^{1}kg
$1.295\ 5835 \times 10^{-17}$kg	$1.379\ 1676 \times 10^{-9}$kg	$5.991\ 839 \times 10^{2}$kg
$1.678\ 5368 \times 10^{-17}$kg	$1.902\ 103 \times 10^{-9}$kg	$3.590\ 214 \times 10^{3}$kg
$2.817\ 4858 \times 10^{-17}$kg	$3.617\ 997 \times 10^{-9}$kg	$1.288\ 964 \times 10^{4}$kg
$7.938\ 2267 \times 10^{-17}$kg	$1.308\ 9907 \times 10^{-8}$kg	$1.661\ 428 \times 10^{4}$kg
$6.3015443 \times 10^{-16}$kg	$1.713\ 4567 \times 10^{-8}$kg	$2.760\ 344 \times 10^{4}$kg

$7.619\,5006 \times 10^{4}$kg	$3.056\,120 \times 10^{15}$kg	$1.124\,492 \times 10^{24}$kg
$5.805\,678 \times 10^{5}$kg	$9.339\,8719 \times 10^{15}$kg	$1.264\,483 \times 10^{24}$kg
$3.370\,5908 \times 10^{6}$kg	$8.723\,3208 \times 10^{16}$kg	$1.598\,917 \times 10^{24}$kg
$1.136\,088 \times 10^{7}$kg	$7.609\,632 \times 10^{17}$kg	$2.556\,5368 \times 10^{24}$kg
$1.290\,696 \times 10^{7}$kg	$5.790\,6509 \times 10^{18}$kg	$6.535\,8808 \times 10^{24}$kg
$1.665\,897 \times 10^{7}$kg	$3.353\,1638 \times 10^{19}$kg	$4.271\,7738 \times 10^{25}$kg
$2.775\,214 \times 10^{7}$kg	$1.124\,3709 \times 10^{20}$kg	$1.824\,805 \times 10^{26}$kg
$7.701\,814 \times 10^{7}$kg	$1.264\,209 \times 10^{20}$kg	$3.329\,9138 \times 10^{26}$kg
$5.931\,794 \times 10^{8}$kg	$1.598\,225 \times 10^{20}$kg	$1.108\,8326 \times 10^{27}$kg
$3.518\,6189 \times 10^{9}$kg	$2.554\,326 \times 10^{20}$kg	$1.229\,5098 \times 10^{27}$kg
$1.238\,0679 \times 10^{10}$kg	$6.524\,581 \times 10^{20}$kg	$1.511\,694 \times 10^{27}$kg
$1.532\,812 \times 10^{10}$kg	$4.27\,016 \times 10^{21}$kg	$2.285\,220 \times 10^{27}$kg
$2.349\,513 \times 10^{10}$kg	$1.812\,2186 \times 10^{22}$kg	$5.222\,2308 \times 10^{27}$kg
$5.520\,212 \times 10^{10}$kg	$3.284\,136 \times 10^{22}$kg	$2.727\,169 \times 10^{28}$kg
$3.047\,274 \times 10^{11}$kg	$1.078\,555 \times 10^{23}$kg	$7.437\,453 \times 10^{28}$kg
$9.285\,8818 \times 10^{11}$kg	$1.163\,281 \times 10^{23}$kg	$5.531\,571 \times 10^{29}$kg
$8.622\,760 \times 10^{12}$kg	$1.363\,2236 \times 10^{23}$kg	$3.059\,828 \times 10^{30}$kg
$7.435\,1993 \times 10^{13}$kg	$1.831\,214 \times 10^{23}$kg	$9.363\,548 \times 10^{30}$kg
$5.528\,218 \times 10^{14}$kg	$3.353\,345 \times 10^{23}$kg	

Kriptón (Kr). Masa atómica 83.80U.

Masa en kilogramos 8.143 280 x 10^{-25}kg^{-2}

$6.631\,301 \times 10^{-24}$kg	$1.955\,064 \times 10^{-21}$kg	$2.075\,640 \times 10^{-19}$kg
$4.397\,416 \times 10^{-23}$kg	$3.822\,275 \times 10^{-21}$kg	$4.308\,282 \times 10^{-19}$kg
$1.933\,726 \times 10^{-22}$kg	$1.460\,979 \times 10^{-20}$kg	$1.856\,129 \times 10^{-18}$kg
$3.739\,299 \times 10^{-22}$kg	$2.134\,460 \times 10^{-20}$kg	$3.445\,218 \times 10^{-18}$kg
$1.398\,236 \times 10^{-21}$kg	$4.555\,919 \times 10^{-20}$kg	$1.186\,953 \times 10^{-17}$kg

$1.408\,857 \times 10^{-17}$ kg	$2.538\,027 \times 10^{-6}$ kg	$5.463\,622 \times 10^{6}$ kg
$1.984\,879 \times 10^{-17}$ kg	$6.441\,581 \times 10^{-6}$ kg	$2.985\,117 \times 10^{7}$ kg
$3.939\,746 \times 10^{-17}$ kg	$4.149\,396 \times 10^{-5}$ kg	$8.910\,925 \times 10^{7}$ kg
$1.552\,160 \times 10^{-16}$ kg	$1.721\,749 \times 10^{-4}$ kg	$7.940\,459 \times 10^{8}$ kg
$2.409\,202 \times 10^{-16}$ kg	$2.964\,421 \times 10^{-4}$ kg	$6.305\,089 \times 10^{9}$ kg
$5.804\,256 \times 10^{-16}$ kg	$8.787\,792 \times 10^{-4}$ kg	$3.975\,415 \times 10^{10}$ kg
$3.368\,939 \times 10^{-15}$ kg	$7.722\,529 \times 10^{-3}$ kg	$1.580\,393 \times 10^{11}$ kg
$1.134\,975 \times 10^{-14}$ kg	$5.963\,745 \times 10^{-2}$ kg	$2.497\,642 \times 10^{11}$ kg
$1.288\,168 \times 10^{-14}$ kg	$3.556\,626 \times 10^{-1}$ kg	$6.238\,217 \times 10^{11}$ kg
$1.659\,378 \times 10^{-14}$ kg	$1.264\,959 \times 10^{0}$ kg	$3.891\,535 \times 10^{12}$ kg
$2.753\,538 \times 10^{-14}$ kg	$1.600\,121 \times 10^{0}$ kg	$1.514\,405 \times 10^{13}$ kg
$7.581\,971 \times 10^{-14}$ kg	$2.560\,388 \times 10^{0}$ kg	$2.293\,423 \times 10^{13}$ kg
$5.748\,629 \times 10^{-13}$ kg	$6.555\,591 \times 10^{0}$ kg	$5.259\,789 \times 10^{13}$ kg
$3.304\,674 \times 10^{-12}$ kg	$4.297\,577 \times 10^{1}$ kg	$2.766\,538 \times 10^{14}$ kg
$1.092\,087 \times 10^{-11}$ kg	$1.846\,917 \times 10^{2}$ kg	$7.653\,734 \times 10^{14}$ kg
$1.192\,654 \times 10^{-11}$ kg	$3.411\,103 \times 10^{2}$ kg	$5.857\,965 \times 10^{15}$ kg
$1.422\,425 \times 10^{-11}$ kg	$1.163\,562 \times 10^{3}$ kg	$3.431\,575 \times 10^{16}$ kg
$2.023\,294 \times 10^{-11}$ kg	$1.353\,878 \times 10^{3}$ kg	$1.177\,571 \times 10^{17}$ kg
$4.093\,720 \times 10^{-11}$ kg	$1.832\,985 \times 10^{3}$ kg	$1.386\,673 \times 10^{17}$ kg
$1.675\,854 \times 10^{-10}$ kg	$3.359\,837 \times 10^{3}$ kg	$1.922\,864 \times 10^{17}$ kg
$2.808\,488 \times 10^{-10}$ kg	$1.128\,850 \times 10^{4}$ kg	$3.697\,408 \times 10^{17}$ kg
$7.887\,606 \times 10^{-10}$ kg	$1.274\,304 \times 10^{4}$ kg	$1.367\,083 \times 10^{18}$ kg
$6.221\,434 \times 10^{-9}$ kg	$1.623\,851 \times 10^{4}$ kg	$1.868\,916 \times 10^{18}$ kg
$3.870\,624 \times 10^{-8}$ kg	$2.636\,893 \times 10^{4}$ kg	$3.492\,847 \times 10^{18}$ kg
$1.498\,173 \times 10^{-7}$ kg	$6.953\,205 \times 10^{4}$ kg	$1.219\,998 \times 10^{19}$ kg
$2.244\,523 \times 10^{-7}$ kg	$4.834\,707 \times 10^{5}$ kg	$1.488\,396 \times 10^{19}$ kg
$5.037\,885 \times 10^{-7}$ kg	$2.337\,439 \times 10^{6}$ kg	$2.215\,323 \times 10^{19}$ kg

$4.907\ 658 \times 10^{19}$kg	$5.341\ 295 \times 10^{23}$kg	$3.589\ 573 \times 10^{28}$kg
$2.408\ 510 \times 10^{20}$kg	$2.852\ 943 \times 10^{24}$kg	$1.288\ 503 \times 10^{29}$kg
$5.800\ 924 \times 10^{20}$kg	$8.139\ 285 \times 10^{24}$kg	$1.660\ 242 \times 10^{29}$kg
$3.365\ 072 \times 10^{21}$kg	$6.624\ 796 \times 10^{25}$kg	$2.756\ 405 \times 10^{29}$kg
$1.132\ 371 \times 10^{22}$kg	$4.388\ 792 \times 10^{26}$kg	$7.597\ 768 \times 10^{29}$kg
$1.282\ 265 \times 10^{22}$kg	$1.926\ 150 \times 10^{27}$kg	$5.772\ 690 \times 10^{30}$kg
$1.644\ 204 \times 10^{22}$kg	$3.710\ 055 \times 10^{27}$kg	$3.332\ 301 \times 10^{31}$kg
$2.703\ 408 \times 10^{22}$kg	$1.376\ 450 \times 10^{28}$kg	
$7.308\ 416 \times 10^{22}$kg	$1.894\ 617 \times 10^{28}$kg	

Bromo (Br). Masa atómica 79.904U.

Masa en kilogramos 7.764 685 x 10^{-25}kg^{-2}

$6.029\ 034 \times 10^{-24}$kg	$3.799\ 412 \times 10^{-14}$kg	$1.186\ 989 \times 10^{-8}$kg
$3.634\ 925 \times 10^{-23}$kg	$1.443\ 553 \times 10^{-13}$kg	$1.408\ 943 \times 10^{-8}$kg
$1.321\ 268 \times 10^{-22}$kg	$2.083\ 847 \times 10^{-13}$kg	$1.985\ 121 \times 10^{-8}$kg
$1.745\ 750 \times 10^{-22}$kg	$4.342\ 418 \times 10^{-13}$kg	$3.940\ 708 \times 10^{-8}$kg
$3.047\ 646 \times 10^{-22}$kg	$1.885\ 659 \times 10^{-12}$kg	$1.552\ 918 \times 10^{-7}$kg
$9.288\ 148 \times 10^{-22}$kg	$3.555\ 712 \times 10^{-12}$kg	$2.411\ 556 \times 10^{-7}$kg
$8.626\ 969 \times 10^{-21}$kg	$1.264\ 309 \times 10^{-11}$kg	$5.815\ 602 \times 10^{-7}$kg
$7.442\ 460 \times 10^{-20}$kg	$1.598\ 477 \times 10^{-11}$kg	$3.382\ 123 \times 10^{-6}$kg
$5.539\ 021 \times 10^{-19}$kg	$2.555\ 131 \times 10^{-11}$kg	$1.143\ 875 \times 10^{-5}$kg
$3.068\ 076 \times 10^{-18}$kg	$6.528\ 696 \times 10^{-11}$kg	$1.308\ 452 \times 10^{-5}$kg
$9.413\ 091 \times 10^{-18}$kg	$4.262\ 387 \times 10^{-10}$kg	$1.712\ 047 \times 10^{-5}$kg
$8.860\ 629 \times 10^{-17}$kg	$1.816\ 794 \times 10^{-9}$kg	$2.931\ 106 \times 10^{-5}$kg
$7.851\ 074 \times 10^{-16}$kg	$3.300\ 742 \times 10^{-9}$kg	$8.591\ 384 \times 10^{-5}$kg
$6.163\ 937 \times 10^{-15}$kg	$1.089\ 490 \times 10^{-8}$kg	$7.381\ 188 \times 10^{-4}$kg

$5.448\,195 \times 10^{-3}\,\text{kg}$ $2.589\,344 \times 10^{10}\,\text{kg}$ $9.743\,366 \times 10^{22}\,\text{kg}$

$2.968\,282 \times 10^{-2}\,\text{kg}$ $6.704\,706 \times 10^{10}\,\text{kg}$ $9.493\,318 \times 10^{23}\,\text{kg}$

$8.810\,703 \times 10^{-2}\,\text{kg}$ $4.495\,308 \times 10^{11}\,\text{kg}$ $9.012\,309 \times 10^{24}\,\text{kg}$

$7.762\,849 \times 10^{-1}\,\text{kg}$ $2.020\,780 \times 10^{12}\,\text{kg}$ $8.122\,172 \times 10^{25}\,\text{kg}$

$6.026\,183 \times 10^{0}\,\text{kg}$ $4.083\,552 \times 10^{12}\,\text{kg}$ $6.596\,967 \times 10^{26}\,\text{kg}$

$3.631\,488 \times 10^{1}\,\text{kg}$ $1.667\,540 \times 10^{13}\,\text{kg}$ $4.351\,998 \times 10^{27}\,\text{kg}$

$1.318\,770 \times 10^{2}\,\text{kg}$ $2.780\,690 \times 10^{13}\,\text{kg}$ $1.893\,989 \times 10^{28}\,\text{kg}$

$1.739\,155 \times 10^{2}\,\text{kg}$ $7.732\,239 \times 10^{13}\,\text{kg}$ $3.587\,194 \times 10^{28}\,\text{kg}$

$3.024\,663 \times 10^{2}\,\text{kg}$ $5.978\,753 \times 10^{14}\,\text{kg}$ $1.286\,796 \times 10^{29}\,\text{kg}$

$9.148\,589 \times 10^{2}\,\text{kg}$ $3.574\,549 \times 10^{15}\,\text{kg}$ $1.655\,845 \times 10^{29}\,\text{kg}$

$8.369\,669 \times 10^{3}\,\text{kg}$ $1.277\,740 \times 10^{16}\,\text{kg}$ $2.741\,823 \times 10^{29}\,\text{kg}$

$7.005\,136 \times 10^{4}\,\text{kg}$ $1.632\,619 \times 10^{16}\,\text{kg}$ $7.517\,593 \times 10^{29}\,\text{kg}$

$4.907\,193 \times 10^{5}\,\text{kg}$ $2.665\,448 \times 10^{16}\,\text{kg}$ $5.651\,420 \times 10^{30}\,\text{kg}$

$2.408\,054 \times 10^{6}\,\text{kg}$ $7.104\,613 \times 10^{16}\,\text{kg}$ $3.193\,855 \times 10^{30}\,\text{kg}$

$5.798\,728 \times 10^{6}\,\text{kg}$ $5.047\,553 \times 10^{17}\,\text{kg}$ $1.020\,071 \times 10^{31}\,\text{kg}$

$3.362\,525 \times 10^{7}\,\text{kg}$ $2.547\,779 \times 10^{18}\,\text{kg}$ $1.040\,545 \times 10^{31}\,\text{kg}$

$1.130\,657 \times 10^{8}\,\text{kg}$ $6.491\,178 \times 10^{18}\,\text{kg}$ $1.082\,734 \times 10^{31}\,\text{kg}$

$1.278\,386 \times 10^{8}\,\text{kg}$ $4.213\,540 \times 10^{19}\,\text{kg}$ $1.172\,313 \times 10^{31}\,\text{kg}$

$1.634\,272 \times 10^{8}\,\text{kg}$ $1.775\,392 \times 10^{20}\,\text{kg}$ $1.374\,319 \times 10^{31}\,\text{kg}$

$2.670\,845 \times 10^{8}\,\text{kg}$ $3.152\,017 \times 10^{20}\,\text{kg}$ $1.888\,753 \times 10^{31}\,\text{kg}$

$7.133\,414 \times 10^{8}\,\text{kg}$ $9.935\,214 \times 10^{20}\,\text{kg}$ $3.567\,388 \times 10^{31}\,\text{kg}$

$5.088\,560 \times 10^{9}\,\text{kg}$ $9.870\,849 \times 10^{21}\,\text{kg}$

Selenio (Se). Masa atómica 78.96U.

Masa en kilogramos $7.672\,952 \times 10^{-25}\,\text{kg}^{-2}$

$5.887\,420 \times 10^{-24}\,\text{kg}$ $1.443\,444 \times 10^{-22}\,\text{kg}$ $1.884\,523 \times 10^{-21}\,\text{kg}$

$3.466\,171 \times 10^{-23}\,\text{kg}$ $2.083\,532 \times 10^{-22}\,\text{kg}$ $3.551\,427 \times 10^{-21}\,\text{kg}$

$1.201\,434 \times 10^{-22}\,\text{kg}$ $4.341\,109 \times 10^{-22}\,\text{kg}$ $1.261\,263 \times 10^{-20}\,\text{kg}$

$1.590\ 786 \times 10^{-20}$kg	$3.018\ 504 \times 10^{-4}$kg	$2.605\ 300 \times 10^{10}$kg
$2.530\ 602 \times 10^{-20}$kg	$9.111\ 372 \times 10^{-4}$kg	$6.787\ 592 \times 10^{10}$kg
$6.403\ 950 \times 10^{-20}$kg	$8.301\ 710 \times 10^{-3}$kg	$4.607\ 141 \times 10^{11}$kg
$4.101\ 057 \times 10^{-19}$kg	$6.891\ 838 \times 10^{-2}$kg	$2.122\ 575 \times 10^{12}$kg
$1.681\ 867 \times 10^{-18}$kg	$4.749\ 744 \times 10^{-1}$kg	$4.505\ 325 \times 10^{12}$kg
$2.828\ 677 \times 10^{-18}$kg	$2.256\ 007 \times 10^{0}$kg	$2.029\ 796 \times 10^{13}$kg
$8.001\ 418 \times 10^{-18}$kg	$5.089\ 568 \times 10^{0}$kg	$4.120\ 072 \times 10^{13}$kg
$6.402\ 270 \times 10^{-17}$kg	$2.590\ 370 \times 10^{1}$kg	$1.697\ 499 \times 10^{14}$kg
$4.098\ 906 \times 10^{-16}$kg	$6.710\ 021 \times 10^{1}$kg	$2.881\ 504 \times 10^{14}$kg
$1.680\ 103 \times 10^{-15}$kg	$4.502\ 438 \times 10^{2}$kg	$8.303\ 070 \times 10^{14}$kg
$2.822\ 747 \times 10^{-15}$kg	$2.027\ 195 \times 10^{3}$kg	$6.894\ 097 \times 10^{15}$kg
$7.967\ 902 \times 10^{-15}$kg	$4.109\ 520 \times 10^{3}$kg	$4.752\ 857 \times 10^{16}$kg
$6.348\ 746 \times 10^{-14}$kg	$1.688\ 815 \times 10^{4}$kg	$2.258\ 965 \times 10^{17}$kg
$4.030\ 658 \times 10^{-13}$kg	$2.852\ 098 \times 10^{4}$kg	$5.102\ 925 \times 10^{17}$kg
$1.624\ 620 \times 10^{-12}$kg	$8.134\ 466 \times 10^{4}$kg	$2.603\ 985 \times 10^{18}$kg
$2.639\ 391 \times 10^{-12}$kg	$6.616\ 954 \times 10^{5}$kg	$6.780\ 738 \times 10^{18}$kg
$6.966\ 388 \times 10^{-12}$kg	$4.378\ 409 \times 10^{6}$kg	$4.597\ 841 \times 10^{19}$kg
$4.853\ 057 \times 10^{-11}$kg	$1.917\ 046 \times 10^{7}$kg	$2.114\ 014 \times 10^{20}$kg
$2.355\ 216 \times 10^{-10}$kg	$3.675\ 067 \times 10^{7}$kg	$4.469\ 056 \times 10^{20}$kg
$5.547\ 044 \times 10^{-10}$kg	$1.350\ 612 \times 10^{8}$kg	$1.997\ 246 \times 10^{21}$kg
$3.076\ 970 \times 10^{-9}$kg	$1.824\ 153 \times 10^{8}$kg	$3.988\ 994 \times 10^{21}$kg
$9.467\ 749 \times 10^{-9}$kg	$3.327\ 536 \times 10^{8}$kg	$1.591\ 207 \times 10^{22}$kg
$8.963\ 827 \times 10^{-8}$kg	$1.107\ 249 \times 10^{9}$kg	$2.531\ 942 \times 10^{22}$kg
$8.035\ 020 \times 10^{-7}$kg	$1.226\ 001 \times 10^{9}$kg	$6.410\ 730 \times 10^{22}$kg
$6.456\ 155 \times 10^{-6}$kg	$1.503\ 080 \times 10^{9}$kg	$4.109\ 746 \times 10^{23}$kg
$4.168\ 194 \times 10^{-5}$kg	$2.259\ 250 \times 10^{9}$kg	$1.689\ 001 \times 10^{24}$kg
$1.737\ 384 \times 10^{-4}$kg	$5.104\ 214 \times 10^{9}$kg	$2.852\ 726 \times 10^{24}$kg

$8.138\,046 \times 10^{24}$kg	$1.369\,765 \times 10^{28}$kg	$2.358\,708 \times 10^{29}$kg
$6.622\,780 \times 10^{25}$kg	$1.876\,256 \times 10^{28}$kg	$3.095\,259 \times 10^{30}$kg
$4.386\,122 \times 10^{26}$kg	$3.520\,337 \times 10^{28}$kg	$9.580\,630 \times 10^{30}$kg
$1.923\,807 \times 10^{27}$kg	$1.239\,277 \times 10^{29}$kg	
$3.701\,033 \times 10^{27}$kg	$1.535\,808 \times 10^{29}$kg	

Arsénico (As). Masa atómica 74.9216U.

Masa en kilogramos 7.280 520 x 10^{-25}kg^{-2}

$5.300\,597 \times 10^{-24}$kg	$2.530\,615 \times 10^{-13}$kg	$1.984\,068 \times 10^{-2}$kg
$2.809\,633 \times 10^{-23}$kg	$6.404\,012 \times 10^{-13}$kg	$3.936\,528 \times 10^{-2}$kg
$7.894\,038 \times 10^{-23}$kg	$4.101\,137 \times 10^{-12}$kg	$1.549\,625 \times 10^{-1}$kg
$6.231\,584 \times 10^{-22}$kg	$1.681\,932 \times 10^{-11}$kg	$2.401\,339 \times 10^{-1}$kg
$3.883\,264 \times 10^{-21}$kg	$2.828\,897 \times 10^{-11}$kg	$5.766\,430 \times 10^{-1}$kg
$1.507\,974 \times 10^{-20}$kg	$8.002\,663 \times 10^{-11}$kg	$3.325\,171 \times 10^{0}$kg
$2.273\,986 \times 10^{-20}$kg	$6.404\,262 \times 10^{-10}$kg	$1.105\,676 \times 10^{1}$kg
$5.171\,014 \times 10^{-20}$kg	$4.101\,457 \times 10^{-9}$kg	$1.222\,521 \times 10^{1}$kg
$2.673\,939 \times 10^{-19}$kg	$1.682\,195 \times 10^{-8}$kg	$1.494\,557 \times 10^{1}$kg
$7.149\,952 \times 10^{-19}$kg	$2.829\,782 \times 10^{-8}$kg	$2.233\,702 \times 10^{1}$kg
$5.112\,182 \times 10^{-18}$kg	$8.007\,668 \times 10^{-8}$kg	$4.989\,427 \times 10^{1}$kg
$2.613\,441 \times 10^{-17}$kg	$6.412\,275 \times 10^{-7}$kg	$2.489\,438 \times 10^{2}$kg
$6.830\,073 \times 10^{-17}$kg	$4.111\,727 \times 10^{-6}$kg	$6.197\,303 \times 10^{2}$kg
$4.664\,991 \times 10^{-16}$kg	$1.690\,630 \times 10^{-5}$kg	$3.840\,656 \times 10^{3}$kg
$2.176\,214 \times 10^{-15}$kg	$2.858\,230 \times 10^{-5}$kg	$1.475\,064 \times 10^{4}$kg
$4.735\,908 \times 10^{-15}$kg	$8.169\,483 \times 10^{-5}$kg	$2.175\,814 \times 10^{4}$kg
$2.242\,882 \times 10^{-14}$kg	$6.674\,045 \times 10^{-4}$kg	$4.734\,169 \times 10^{4}$kg
$5.030\,521 \times 10^{-14}$kg	$4.454\,288 \times 10^{-3}$kg	$2.241\,235 \times 10^{5}$kg

$5.023\,137 \times 10^{5}$kg	$1.588\,431 \times 10^{15}$kg	$2.115\,033 \times 10^{24}$kg
$2.523\,190 \times 10^{6}$kg	$2.523\,113 \times 10^{15}$kg	$4.473\,368 \times 10^{24}$kg
$6.366\,491 \times 10^{6}$kg	$6.366\,099 \times 10^{15}$kg	$2.001\,102 \times 10^{25}$kg
$4.053\,221 \times 10^{7}$kg	$4.052\,722 \times 10^{16}$kg	$4.004\,410 \times 10^{25}$kg
$1.642\,860 \times 10^{8}$kg	$1.642\,456 \times 10^{17}$kg	$1.603\,530 \times 10^{26}$kg
$2.698\,990 \times 10^{8}$kg	$2.697\,662 \times 10^{17}$kg	$2.571\,308 \times 10^{26}$kg
$7.284\,551 \times 10^{8}$kg	$7.277\,383 \times 10^{17}$kg	$6.611\,629 \times 10^{26}$kg
$5.306\,469 \times 10^{9}$kg	$5.296\,030 \times 10^{18}$kg	$4.371\,364 \times 10^{27}$kg
$2.815\,861 \times 10^{10}$kg	$2.804\,794 \times 10^{19}$kg	$1.910\,882 \times 10^{28}$kg
$7.929\,075 \times 10^{10}$kg	$7.866\,870 \times 10^{19}$kg	$3.651\,472 \times 10^{28}$kg
$6.287\,023 \times 10^{11}$kg	$6.188\,765 \times 10^{20}$kg	$1.333\,324 \times 10^{29}$kg
$3.952\,666 \times 10^{12}$kg	$3.830\,082 \times 10^{21}$kg	$1.777\,755 \times 10^{29}$kg
$1.562\,356 \times 10^{13}$kg	$1.466\,952 \times 10^{22}$kg	$3.160\,412 \times 10^{29}$kg
$2.440\,959 \times 10^{13}$kg	$2.151\,950 \times 10^{22}$kg	$9.988\,209 \times 10^{29}$kg
$5.958\,281 \times 10^{13}$kg	$4.630\,892 \times 10^{22}$kg	$9.976\,433 \times 10^{30}$kg
$3.550\,112 \times 10^{14}$kg	$2.144\,576 \times 10^{23}$kg	
$1.260\,329 \times 10^{15}$kg	$4.598\,949 \times 10^{23}$kg	

Germanio (Ge). Masa atómica 72.61U.

Masa en kilogramos 7.055 890 x 10^{-25}kg^{-2}

$4.978\,558 \times 10^{-24}$kg	$4.117\,480 \times 10^{-21}$kg	$2.169\,789 \times 10^{-17}$kg
$2.478\,604 \times 10^{-23}$kg	$1.695\,364 \times 10^{-20}$kg	$4.707.988 \times 10^{-17}$kg
$6.143\,480 \times 10^{-23}$kg	$2.874\,260 \times 10^{-20}$kg	$2.216\,515 \times 10^{-16}$kg
$3.774\,235 \times 10^{-22}$kg	$8.261\,372 \times 10^{-20}$kg	$4.912\,941 \times 10^{-16}$kg
$1.424\,485 \times 10^{-21}$kg	$6.825\,027 \times 10^{-19}$kg	$2.413\,699 \times 10^{-15}$kg
$2.029\,157 \times 10^{-21}$kg	$4.658\,100 \times 10^{-18}$kg	$5.825\,945 \times 10^{-15}$kg

$3.394\,163 \times 10^{-14}$kg	$7.521\,542 \times 10^{0}$kg	$2.861\,662 \times 10^{12}$kg
$1.152\,034 \times 10^{-13}$kg	$5.657\,360 \times 10^{1}$kg	$8.189\,111 \times 10^{12}$kg
$1.327\,183 \times 10^{-13}$kg	$3.200\,572 \times 10^{2}$kg	$6.706\,154 \times 10^{13}$kg
$1.761\,416 \times 10^{-13}$kg	$1.024\,366 \times 10^{3}$kg	$4.497\,250 \times 10^{14}$kg
$3.102\,588 \times 10^{-13}$kg	$1.049\,326 \times 10^{3}$kg	$2.022\,526 \times 10^{15}$kg
$9.626\,058 \times 10^{-13}$kg	$1.101\,086 \times 10^{3}$kg	$4.090\,613 \times 10^{15}$kg
$9.266\,099 \times 10^{-12}$kg	$1.212\,392 \times 10^{3}$kg	$1.673\,312 \times 10^{16}$kg
$8.586\,059 \times 10^{-11}$kg	$1.469\,895 \times 10^{3}$kg	$2.799\,973 \times 10^{16}$kg
$7.372\,042 \times 10^{-10}$kg	$2.160\,591 \times 10^{3}$kg	$7.839\,849 \times 10^{16}$kg
$5.434\,700 \times 10^{-9}$kg	$4.668\,156 \times 10^{3}$kg	$6.146\,323 \times 10^{17}$kg
$2.953\,596 \times 10^{-8}$kg	$2.179\,168 \times 10^{4}$kg	$3.777\,729 \times 10^{18}$kg
$8.723\,734 \times 10^{-8}$kg	$4.748\,775 \times 10^{4}$kg	$1.427\,124 \times 10^{19}$kg
$7.610\,355 \times 10^{-7}$kg	$2.255\,087 \times 10^{5}$kg	$2.036\,683 \times 10^{19}$kg
$5.791\,750 \times 10^{-6}$kg	$5.085\,418 \times 10^{5}$kg	$4.148\,078 \times 10^{19}$kg
$3.354\,437 \times 10^{-5}$kg	$2.586\,148 \times 10^{6}$kg	$1.720\,655 \times 10^{20}$kg
$1.125\,224 \times 10^{-4}$kg	$6.688\,162 \times 10^{6}$kg	$2.960\,655 \times 10^{20}$kg
$1.266\,131 \times 10^{-4}$kg	$4.473\,151 \times 10^{7}$kg	$8.765\,479 \times 10^{20}$kg
$1.603\,087 \times 10^{-4}$kg	$2.000\,908 \times 10^{8}$kg	$7.683\,362 \times 10^{21}$kg
$2.569\,890 \times 10^{-4}$kg	$4.003\,633 \times 10^{8}$kg	$5.903\,406 \times 10^{22}$kg
$6.604\,338 \times 10^{-4}$kg	$1.602\,908 \times 10^{9}$kg	$3.485\,020 \times 10^{23}$kg
$4.361\,728 \times 10^{-3}$kg	$2.569\,314 \times 10^{9}$kg	$1.214\,537 \times 10^{24}$kg
$1.902\,467 \times 10^{-2}$kg	$6.601\,378 \times 10^{9}$kg	$1.475\,100 \times 10^{24}$kg
$3.619\,383 \times 10^{-2}$kg	$4.357\,820 \times 10^{10}$kg	$2.175\,921 \times 10^{24}$kg
$1.309\,993 \times 10^{-1}$kg	$1.899\,059 \times 10^{11}$kg	$4.734\,633 \times 10^{24}$kg
$1.716\,083 \times 10^{-1}$kg	$3.606\,428 \times 10^{11}$kg	$2.241\,675 \times 10^{25}$kg
$2.944\,941 \times 10^{-1}$kg	$1.300\,632 \times 10^{12}$kg	$5.025\,109 \times 10^{25}$kg
$8.672\,682 \times 10^{-1}$kg	$1.691\,644 \times 10^{12}$kg	$2.525\,172 \times 10^{26}$kg

$6.376\ 495 \times 10^{26}$kg	$2.733\ 104 \times 10^{28}$kg	$3.113\ 505 \times 10^{30}$kg
$4.065\ 968 \times 10^{27}$kg	$7.469\ 859 \times 10^{28}$kg	$9.693\ 915 \times 10^{30}$kg
$1.653\ 210 \times 10^{28}$kg	$5.579\ 879 \times 10^{29}$kg	

Galio (Ga). Masa atómica 69.723U.

Masa en kilogramos 6.775 345 x 10^{-25}kg^{-2}

$4.590\ 530 \times 10^{-24}$kg	$1.126\ 745 \times 10^{-10}$kg	$1.032\ 190 \times 10^{-1}$kg
$2.107\ 279 \times 10^{-23}$kg	$1.269\ 556 \times 10^{-10}$kg	$1.065\ 417 \times 10^{-1}$kg
$4.440\ 700 \times 10^{-23}$kg	$1.611\ 773 \times 10^{-10}$kg	$1.135\ 115 \times 10^{-1}$kg
$1.971\ 982 \times 10^{-22}$kg	$2.597\ 814 \times 10^{-10}$kg	$1.288\ 486 \times 10^{-1}$kg
$3.888\ 713 \times 10^{-22}$kg	$6.748\ 637 \times 10^{-10}$kg	$1.660\ 197 \times 10^{-1}$kg
$1.512\ 209 \times 10^{-21}$kg	$4.554\ 410 \times 10^{-9}$kg	$2.756\ 255 \times 10^{-1}$kg
$2.286\ 777 \times 10^{-21}$kg	$2.074\ 265 \times 10^{-8}$kg	$7.596\ 943 \times 10^{-1}$kg
$5.229\ 353 \times 10^{-21}$kg	$4.302\ 579 \times 10^{-8}$kg	$5.771\ 354 \times 10^{0}$kg
$2.734\ 613 \times 10^{-20}$kg	$1.851\ 218 \times 10^{-7}$kg	$3.330\ 853 \times 10^{1}$kg
$7.478\ 111 \times 10^{-20}$kg	$3.427\ 010 \times 10^{-7}$kg	$1.109\ 458 \times 10^{2}$kg
$5.592\ 215 \times 10^{-19}$kg	$1.174\ 440 \times 10^{-6}$kg	$1.230\ 898 \times 10^{2}$kg
$3.127\ 287 \times 10^{-18}$kg	$1.379\ 309 \times 10^{-6}$kg	$1.515\ 110 \times 10^{2}$kg
$9.779\ 926 \times 10^{-18}$kg	$1.902\ 495 \times 10^{-6}$kg	$2.295\ 561 \times 10^{2}$kg
$9.564\ 696 \times 10^{-17}$kg	$3.619\ 490 \times 10^{-6}$kg	$5.269\ 600 \times 10^{2}$kg
$9.148\ 341 \times 10^{-16}$kg	$1.310\ 071 \times 10^{-5}$kg	$2.776\ 869 \times 10^{3}$kg
$8.369\ 216 \times 10^{-15}$kg	$1.716\ 287 \times 10^{-5}$kg	$7.711\ 002 \times 10^{3}$kg
$7.004\ 377 \times 10^{-14}$kg	$2.945\ 642 \times 10^{-5}$kg	$5.945\ 956 \times 10^{4}$kg
$4.906\ 130 \times 10^{-13}$kg	$8.676\ 808 \times 10^{-5}$kg	$3.535\ 439 \times 10^{5}$kg
$2.407\ 011 \times 10^{-12}$kg	$7.528\ 700 \times 10^{-4}$kg	$1.249\ 933 \times 10^{6}$kg
$5.793\ 706 \times 10^{-12}$kg	$5.668\ 132 \times 10^{-3}$kg	$1.562\ 332 \times 10^{6}$kg
$3.356\ 703 \times 10^{-11}$kg	$3.212\ 772 \times 10^{-2}$kg	$2.440\ 884 \times 10^{6}$kg

$5.957\ 915 \times 10^{6}\text{kg}$	$1.464\ 790 \times 10^{15}\text{kg}$	$3.337\ 103 \times 10^{21}\text{kg}$
$3.549\ 675 \times 10^{7}\text{kg}$	$2.145\ 610 \times 10^{15}\text{kg}$	$1.113\ 625 \times 10^{22}\text{kg}$
$1.260\ 019 \times 10^{8}\text{kg}$	$4.603\ 645 \times 10^{15}\text{kg}$	$1.240\ 162 \times 10^{22}\text{kg}$
$1.587\ 649 \times 10^{8}\text{kg}$	$2.119\ 355 \times 10^{16}\text{kg}$	$1.538\ 002 \times 10^{22}\text{kg}$
$2.520\ 632 \times 10^{8}\text{kg}$	$4.491\ 667 \times 10^{16}\text{kg}$	$2.365\ 450 \times 10^{22}\text{kg}$
$6.353\ 587 \times 10^{8}\text{kg}$	$2.017\ 508 \times 10^{17}\text{kg}$	$5.595\ 354 \times 10^{22}\text{kg}$
$4.036\ 806 \times 10^{9}\text{kg}$	$4.070\ 338 \times 10^{17}\text{kg}$	$3.130\ 799 \times 10^{23}\text{kg}$
$1.623\ 581 \times 10^{10}\text{kg}$	$1.656\ 765 \times 10^{18}\text{kg}$	$9.801\ 906 \times 10^{23}\text{kg}$
$2.655\ 534 \times 10^{10}\text{kg}$	$2.744\ 872 \times 10^{18}\text{kg}$	$9.607\ 736 \times 10^{24}\text{kg}$
$7.051\ 862 \times 10^{10}\text{kg}$	$7.534\ 326 \times 10^{18}\text{kg}$	$9.230\ 859 \times 10^{25}\text{kg}$
$4.972\ 875 \times 10^{11}\text{kg}$	$5.676\ 606 \times 10^{19}\text{kg}$	$8.520\ 876 \times 10^{26}\text{kg}$
$2.472\ 949 \times 10^{12}\text{kg}$	$3.222\ 386 \times 10^{20}\text{kg}$	$7.260\ 533 \times 10^{27}\text{kg}$
$6.115\ 479 \times 10^{12}\text{kg}$	$1.038\ 377 \times 10^{21}\text{kg}$	$5.271\ 534 \times 10^{28}\text{kg}$
$3.739\ 908 \times 10^{13}\text{kg}$	$1.078\ 227 \times 10^{21}\text{kg}$	$2.778\ 908 \times 10^{29}\text{kg}$
$1.398\ 691 \times 10^{14}\text{kg}$	$1.162\ 575 \times 10^{21}\text{kg}$	$7.722\ 330 \times 10^{29}\text{kg}$
$1.956\ 337 \times 10^{14}\text{kg}$	$1.351\ 582 \times 10^{21}\text{kg}$	$5.963\ 438 \times 10^{30}\text{kg}$
$3.827\ 257 \times 10^{14}\text{kg}$	$1.826\ 773 \times 10^{21}\text{kg}$	$3.556\ 259 \times 10^{31}\text{kg}$

Zinc (Zn). Masa atómica 65.39U.

Masa en kilogramos $6.354\ 285 \times 10^{-25}\text{kg}^{-2}$

$4.037\ 694 \times 10^{-24}\text{kg}$	$6.202\ 100 \times 10^{-21}\text{kg}$	$5.278\ 171 \times 10^{-18}\text{kg}$
$1.630\ 297 \times 10^{-23}\text{kg}$	$3.846\ 605 \times 10^{-20}\text{kg}$	$2.785\ 909 \times 10^{-17}\text{kg}$
$2.657\ 869 \times 10^{-23}\text{kg}$	$1.479\ 637 \times 10^{-19}\text{kg}$	$7.761\ 289 \times 10^{-17}\text{kg}$
$7.064\ 270 \times 10^{-23}\text{kg}$	$2.189\ 325 \times 10^{-19}\text{kg}$	$6.023\ 762 \times 10^{-16}\text{kg}$
$4.990\ 392 \times 10^{-22}\text{kg}$	$4.793\ 148 \times 10^{-19}\text{kg}$	$3.628\ 570 \times 10^{-15}\text{kg}$
$2.490\ 401 \times 10^{-21}\text{kg}$	$2.297\ 427 \times 10^{-18}\text{kg}$	$1.316\ 652 \times 10^{-14}\text{kg}$

$1.733\ 574 \times 10^{-14}$ kg	$3.889\ 769 \times 10^{0}$ kg	$1.285\ 894 \times 10^{10}$ kg
$3.055\ 279 \times 10^{-14}$ kg	$1.513\ 030 \times 10^{1}$ kg	$1.653\ 524 \times 10^{10}$ kg
$9.031\ 706 \times 10^{-14}$ kg	$2.289\ 262 \times 10^{1}$ kg	$2.734\ 142 \times 10^{10}$ kg
$8.157\ 172 \times 10^{-13}$ kg	$5.240\ 722 \times 10^{1}$ kg	$7.475\ 535 \times 10^{10}$ kg
$6.653\ 946 \times 10^{-12}$ kg	$2.746\ 517 \times 10^{2}$ kg	$5.588\ 363 \times 10^{11}$ kg
$4.427\ 500 \times 10^{-11}$ kg	$7.543\ 357 \times 10^{2}$ kg	$3.122\ 980 \times 10^{12}$ kg
$1.960\ 275 \times 10^{-10}$ kg	$5.690\ 224 \times 10^{3}$ kg	$9.753\ 008 \times 10^{12}$ kg
$3.842\ 681 \times 10^{-10}$ kg	$3.237\ 865 \times 10^{4}$ kg	$9.512\ 117 \times 10^{13}$ kg
$1.476\ 620 \times 10^{-9}$ kg	$1.048\ 377 \times 10^{5}$ kg	$9.048\ 037 \times 10^{14}$ kg
$2.180\ 406 \times 10^{-9}$ kg	$1.099\ 094 \times 10^{5}$ kg	$8.186\ 697 \times 10^{15}$ kg
$4.754\ 174 \times 10^{-9}$ kg	$1.208\ 009 \times 10^{5}$ kg	$6.702\ 202 \times 10^{16}$ kg
$2.260\ 217 \times 10^{-8}$ kg	$1.459\ 286 \times 10^{5}$ kg	$4.491\ 951 \times 10^{17}$ kg
$5.108\ 583 \times 10^{-8}$ kg	$2.129\ 516 \times 10^{5}$ kg	$2.017\ 762 \times 10^{18}$ kg
$2.609\ 762 \times 10^{-7}$ kg	$4.534\ 838 \times 10^{5}$ kg	$4.071\ 366 \times 10^{18}$ kg
$6.810\ 859 \times 10^{-7}$ kg	$2.056\ 476 \times 10^{6}$ kg	$1.657\ 602 \times 10^{19}$ kg
$4.638\ 780 \times 10^{-6}$ kg	$4.229\ 094 \times 10^{6}$ kg	$2.747\ 646 \times 10^{19}$ kg
$2.151\ 828 \times 10^{-5}$ kg	$1.788\ 523 \times 10^{7}$ kg	$7.549\ 561 \times 10^{19}$ kg
$4.630\ 364 \times 10^{-5}$ kg	$3.198\ 817 \times 10^{7}$ kg	$5.699\ 587 \times 10^{20}$ kg
$2.144\ 027 \times 10^{-4}$ kg	$1.023\ 243 \times 10^{8}$ kg	$3.248\ 529 \times 10^{21}$ kg
$4.596\ 853 \times 10^{-4}$ kg	$1.047\ 026 \times 10^{8}$ kg	$1.055\ 294 \times 10^{22}$ kg
$2.113\ 105 \times 10^{-3}$ kg	$1.096\ 265 \times 10^{8}$ kg	$1.113\ 646 \times 10^{22}$ kg
$4.465\ 216 \times 10^{-3}$ kg	$1.201\ 797 \times 10^{8}$ kg	$1.240\ 208 \times 10^{22}$ kg
$1.993\ 816 \times 10^{-2}$ kg	$1.444\ 317 \times 10^{8}$ kg	$1.538\ 117 \times 10^{22}$ kg
$3.975\ 303 \times 10^{-2}$ kg	$2.086\ 052 \times 10^{8}$ kg	$2.345\ 805 \times 10^{22}$ kg
$1.580\ 303 \times 10^{-1}$ kg	$4.351\ 616 \times 10^{8}$ kg	$5.597\ 035 \times 10^{22}$ kg
$2.497\ 358 \times 10^{-1}$ kg	$1.893\ 657 \times 10^{9}$ kg	$3.132\ 680 \times 10^{23}$ kg
$6.236\ 801 \times 10^{-1}$ kg	$3.585\ 936 \times 10^{9}$ kg	$9.813\ 687 \times 10^{23}$ kg

$9.630\ 845 \times 10^{24}$kg $\qquad$ $7.401\ 423 \times 10^{27}$kg $\qquad$ $9.005\ 798 \times 10^{30}$kg

$9.275\ 318 \times 10^{25}$kg $\qquad$ $5.478\ 107 \times 10^{28}$kg

$8.603\ 152 \times 10^{26}$kg $\qquad$ $3.000\ 966 \times 10^{29}$kg

Cobre (Cu). Masa atómica 63.54U.

Masa en kilogramos $6.174\ 511 \times 10^{-25}$kg^{-2}

$3.812\ 458 \times 10^{-24}$kg	$6.125\ 958 \times 10^{-14}$kg	$6.953\ 069 \times 10^{-6}$kg
$1.453\ 484 \times 10^{-23}$kg	$3.752\ 737 \times 10^{-13}$kg	$4.834\ 517 \times 10^{-5}$kg
$2.112\ 616 \times 10^{-23}$kg	$1.408\ 303 \times 10^{-12}$kg	$2.337\ 256 \times 10^{-4}$kg
$4.463\ 148 \times 10^{-23}$kg	$1.983\ 319 \times 10^{-12}$kg	$5.462\ 766 \times 10^{-4}$kg
$1.991\ 969 \times 10^{-22}$kg	$3.933\ 554 \times 10^{-12}$kg	$2.984\ 181 \times 10^{-3}$kg
$3.967\ 941 \times 10^{-22}$kg	$1.547\ 285 \times 10^{-11}$kg	$8.905\ 338 \times 10^{-3}$kg
$1.574\ 456 \times 10^{-21}$kg	$2.394\ 091 \times 10^{-11}$kg	$7.930\ 504 \times 10^{-2}$kg
$2.478\ 912 \times 10^{-21}$kg	$5.731\ 674 \times 10^{-11}$kg	$6.289\ 290 \times 10^{-1}$kg
$6.145\ 005 \times 10^{-21}$kg	$3.285\ 209 \times 10^{-10}$kg	$3.955\ 517 \times 10^{0}$kg
$3.776\ 108 \times 10^{-20}$kg	$1.079\ 259 \times 10^{-9}$kg	$1.564\ 611 \times 10^{1}$kg
$1.425\ 899 \times 10^{-19}$kg	$1.164\ 802 \times 10^{-9}$kg	$2.448\ 009 \times 10^{1}$kg
$2.033\ 190 \times 10^{-19}$kg	$1.356\ 763 \times 10^{-9}$kg	$5.992\ 749 \times 10^{1}$kg
$4.133\ 863 \times 10^{-19}$kg	$1.840\ 808 \times 10^{-9}$kg	$3.591\ 304 \times 10^{2}$kg
$1.708\ 882 \times 10^{-18}$kg	$3.388\ 574 \times 10^{-9}$kg	$1.289\ 746 \times 10^{3}$kg
$2.920\ 280 \times 10^{-18}$kg	$1.148\ 243 \times 10^{-8}$kg	$1.663\ 446 \times 10^{3}$kg
$8.528\ 039 \times 10^{-18}$kg	$1.318\ 463 \times 10^{-8}$kg	$2.767\ 054 \times 10^{3}$kg
$7.292\ 745 \times 10^{-17}$kg	$1.738\ 345 \times 10^{-8}$kg	$7.656\ 588 \times 10^{3}$kg
$5.289\ 282 \times 10^{-16}$kg	$3.021\ 844 \times 10^{-8}$kg	$5.862\ 334 \times 10^{4}$kg
$2.797\ 650 \times 10^{-15}$kg	$9.131\ 542 \times 10^{-8}$kg	$3.436\ 697 \times 10^{5}$kg
$7.826\ 850 \times 10^{-15}$kg	$8.338\ 506 \times 10^{-7}$kg	$1.181\ 088 \times 10^{6}$kg

$1.394\,970 \times 10^{6}$kg	$2.486\,247 \times 10^{14}$kg	$3.302\,423 \times 10^{23}$kg
$1.945\,942 \times 10^{6}$kg	$6.181\,426 \times 10^{14}$kg	$1.090\,600 \times 10^{24}$kg
$3.786\,693 \times 10^{6}$kg	$3.821\,003 \times 10^{15}$kg	$1.189\,409 \times 10^{24}$kg
$1.433\,904 \times 10^{7}$kg	$1.460\,006 \times 10^{16}$kg	$1.414\,694 \times 10^{24}$kg
$2.056\,082 \times 10^{7}$kg	$2.131\,619 \times 10^{16}$kg	$2.001\,359 \times 10^{24}$kg
$4.227\,475 \times 10^{7}$kg	$4.543\,800 \times 10^{16}$kg	$4.005\,441 \times 10^{24}$kg
$1.787\,154 \times 10^{8}$kg	$2.064\,612 \times 10^{17}$kg	$1.604\,356 \times 10^{25}$kg
$3.193\,921 \times 10^{8}$kg	$4.262\,624 \times 10^{17}$kg	$2.573\,958 \times 10^{25}$kg
$1.020\,113 \times 10^{9}$kg	$1.816\,997 \times 10^{18}$kg	$6.625\,262 \times 10^{25}$kg
$1.040\,631 \times 10^{9}$kg	$3.301\,478 \times 10^{18}$kg	$4.389\,410 \times 10^{26}$kg
$1.082\,914 \times 10^{9}$kg	$1.089\,975 \times 10^{19}$kg	$1.926\,692 \times 10^{27}$kg
$1.172\,703 \times 10^{9}$kg	$1.188\,047 \times 10^{19}$kg	$3.712\,144 \times 10^{27}$kg
$1.375\,234 \times 10^{9}$kg	$1.411\,456 \times 10^{19}$kg	$1.378\,001 \times 10^{28}$kg
$1.891\,269 \times 10^{9}$kg	$1.992\,208 \times 10^{19}$kg	$1.898\,888 \times 10^{28}$kg
$3.576\,901 \times 10^{9}$kg	$3.968\,894 \times 10^{19}$kg	$3.605\,775 \times 10^{28}$kg
$1.279\,422 \times 10^{10}$kg	$1.575\,212 \times 10^{20}$kg	$1.300\,161 \times 10^{29}$kg
$1.636\,920 \times 10^{10}$kg	$2.481\,294 \times 10^{20}$kg	$1.690\,421 \times 10^{29}$kg
$2.679\,509 \times 10^{10}$kg	$6.156\,824 \times 10^{20}$kg	$2.857\,523 \times 10^{29}$kg
$7.179\,773 \times 10^{10}$kg	$3.790\,648 \times 10^{21}$kg	$8.165\,442 \times 10^{29}$kg
$5.154\,915 \times 10^{11}$kg	$1.436\,901 \times 10^{22}$kg	$6.667\,445 \times 10^{30}$kg
$2.657\,315 \times 10^{12}$kg	$2.064\,686 \times 10^{22}$kg	$4.445\,482 \times 10^{31}$kg
$7.061\,323 \times 10^{12}$kg	$4.262\,930 \times 10^{22}$kg	
$4.986\,228 \times 10^{13}$kg^2	$1.817\,257 \times 10^{23}$kg	

Niquel (Ni). Masa atómica 58.693U.

Masa en kilogramos 5.703 503 x 10^{-25}kg^{-2}

3.252 994 x 10^{-24}kg	3.958 127 x 10^{-18}kg	3.622 564 x 10^{-6}kg
1.058 197 x 10^{-23}kg	1.566 677 x 10^{-17}kg	1.312 297 x 10^{-5}kg
1.119 781 x 10^{-23}kg	2.454 477 x 10^{-17}kg	1.722 124 x 10^{-5}kg
1.253 911 x 10^{-23}kg	6.024 458 x 10^{-17}kg	2.965 712 x 10^{-5}kg
1.572 294 x 10^{-23}kg	3.629 409 x 10^{-16}kg	8.795 452 x 10^{-5}kg
2.472 108 x 10^{-23}kg	1.317 261 x 10^{-15}kg	7.735 998 x 10^{-4}kg
6.111 329 x 10^{-23}kg	1.735 177 x 10^{-15}kg	5.984 567 x 10^{-3}kg
3.734 824 x 10^{-22}kg	3.010 840 x 10^{-15}kg	3.581 505 x 10^{-2}kg
1.394 891 x 10^{-21}kg	9.065 159 x 10^{-15}kg	1.282 717 x 10^{-1}kg
1.945 721 x 10^{-21}kg	8.217 712 x 10^{-14}kg	1.645 365 x 10^{-1}kg
3.785 833 x 10^{-21}kg	6.753 079 x 10^{-13}kg	2.707 226 x 10^{-1}kg
1.433 253 x 10^{-20}kg	4.560 408 x 10^{-12}kg	7.329 073 x 10^{-1}kg
2.054 214 x 10^{-20}kg	2.079 732 x 10^{-11}kg	5.371 531 x 10^{0}kg
4.219 798 x 10^{-20}kg	4.325 289 x 10^{-11}kg	2.885 335 x 10^{1}kg
1.780 670 x 10^{-19}kg	1.870 812 x 10^{-10}kg	8.325 159 x 10^{1}kg
3.170 786 x 10^{-19}kg	3.499 939 x 10^{-10}kg	6.930 827 x 10^{2}kg
1.005 388 x 10^{-18}kg	1.224 957 x 10^{-9}kg	4.803 637 x 10^{3}kg
1.010 806 x 10^{-18}kg	1.500 521 x 10^{-9}kg	2.307 493 x 10^{4}kg
1.021 729 x 10^{-18}kg	2.251 565 x 10^{-9}kg	5.324 524 x 10^{4}kg
1.043 930 x 10^{-18}kg	5.069 548 x 10^{-9}kg	2.835 056 x 10^{5}kg
1.089 790 x 10^{-18}kg	2.570 031 x 10^{-8}kg	8.037 545 x 10^{5}kg
1.187 643 x 10^{-18}kg	6.605 063 x 10^{-8}kg	6.460 212 x 10^{6}kg
1.410 497 x 10^{-18}kg	4.362 686 x 10^{-7}kg	4.173 435 x 10^{7}kg
1.989 504 x 10^{-18}kg	1.903 303 x 10^{-6}kg	1.741 756 x 10^{8}kg

$3.033\,714 \times 10^{8}$kg	$2.222\,796 \times 10^{17}$kg	$2.661\,359 \times 10^{24}$kg
$9.203\,423 \times 10^{8}$kg	$4.940\,826 \times 10^{17}$kg	$7.082\,833 \times 10^{24}$kg
$8.470\,299 \times 10^{9}$kg	$5.959\,342 \times 10^{17}$kg	$5.016\,652 \times 10^{25}$kg
$7.174\,598 \times 10^{10}$kg	$3.551\,376 \times 10^{18}$kg	$2.516\,680 \times 10^{26}$kg
$5.147\,785 \times 10^{11}$kg	$1.261\,227 \times 10^{19}$kg	$6.333\,681 \times 10^{26}$kg
$2.649\,661 \times 10^{12}$kg	$1.590\,695 \times 10^{19}$kg	$4.011\,551 \times 10^{27}$kg
$7.020\,704 \times 10^{12}$kg	$2.530\,311 \times 10^{19}$kg	$1.609\,254 \times 10^{28}$kg
$4.929\,028 \times 10^{13}$kg	$6.402\,477 \times 10^{19}$kg	$2.589\,698 \times 10^{28}$kg
$2.429\,532 \times 10^{14}$kg	$4.099\,171 \times 10^{20}$kg	$6.706\,537 \times 10^{28}$kg
$5.902\,626 \times 10^{14}$kg	$1.680\,320 \times 10^{21}$kg	$4.497\,765 \times 10^{29}$kg
$3.484\,100 \times 10^{15}$kg	$2.823\,478 \times 10^{21}$kg	$2.022\,989 \times 10^{30}$kg
$1.213\,895 \times 10^{16}$kg	$7.972\,030 \times 10^{21}$kg	$4.092\,485 \times 10^{30}$kg
$1.473\,541 \times 10^{16}$kg	$6.355\,327 \times 10^{22}$kg	$1.674\,843 \times 10^{31}$kg
$2.171\,325 \times 10^{16}$kg	$4.039\,018 \times 10^{23}$kg	$2.805\,100 \times 10^{31}$kg
$4.714\,654 \times 10^{16}$kg	$1.631\,367 \times 10^{24}$kg	$7.868\,589 \times 10^{31}$kg

Cobalto (Co). Masa atómica 58.93320U.

Masa en kilogramos 5.726 844 x 10^{-25}kg^{-2}

$3.279\,674 \times 10^{-24}$kg	$1.128\,970 \times 10^{-22}$kg	$3.066\,978 \times 10^{-19}$kg
$1.075\,626 \times 10^{-23}$kg	$1.274\,536 \times 10^{-22}$kg	$9.406\,359 \times 10^{-19}$kg
$1.156\,972 \times 10^{-23}$kg	$1.624\,537 \times 10^{-22}$kg	$8.847\,959 \times 10^{-18}$kg
$1.338\,586 \times 10^{-23}$kg	$2.639\,123 \times 10^{-22}$kg	$7.828\,638 \times 10^{-17}$kg
$1.791\,812 \times 10^{-23}$kg	$6.964\,972 \times 10^{-22}$kg	$6.128\,758 \times 10^{-16}$kg
$3.210\,593 \times 10^{-23}$kg	$4.851\,084 \times 10^{-21}$kg	$3.756\,167 \times 10^{-15}$kg
$1.030\,790 \times 10^{-22}$kg	$2.353\,302 \times 10^{-20}$kg	$1.410\,879 \times 10^{-14}$kg
$1.062\,530 \times 10^{-22}$kg	$5.\,538\,031 \times 10^{-20}$kg	$1.990\,581 \times 10^{-14}$kg

$3.962\ 414 \times 10^{-14}$kg	$4.121\ 760 \times 10^{-1}$kg	$7.869\ 276 \times 10^{14}$kg
$1.570\ 073 \times 10^{-13}$kg	$1.698\ 890 \times 10^{0}$kg	$6.192\ 551 \times 10^{15}$kg
$2.465\ 129 \times 10^{-13}$kg	$2.886\ 230 \times 10^{0}$kg	$3.834\ 768 \times 10^{16}$kg
$6.076\ 865 \times 10^{-13}$kg	$8.330\ 324 \times 10^{0}$kg	$1.470\ 545 \times 10^{17}$kg
$3.692\ 829 \times 10^{-12}$kg	$6.939\ 430 \times 10^{1}$kg	$2.162\ 503 \times 10^{17}$kg
$1.363\ 699 \times 10^{-11}$kg	$4.815\ 568 \times 10^{2}$kg	$4.676\ 425 \times 10^{17}$kg
$1.859\ 675 \times 10^{-11}$kg	$2.318\ 970 \times 10^{3}$kg	$2.186\ 891 \times 10^{18}$kg
$3.458\ 391 \times 10^{-11}$kg	$5.377\ 623 \times 10^{3}$kg	$4.782\ 495 \times 10^{18}$kg
$1.196\ 046 \times 10^{-10}$kg	$2.891\ 883 \times 10^{4}$kg	$2.287\ 226 \times 10^{19}$kg
$1.430\ 528 \times 10^{-10}$kg	$8.362\ 992 \times 10^{4}$kg	$5.231\ 405 \times 10^{19}$kg
$2.046\ 411 \times 10^{-10}$kg	$6.993\ 963 \times 10^{5}$kg	$2.736\ 760 \times 10^{20}$kg
$4.187\ 798 \times 10^{-10}$kg	$4.891\ 553 \times 10^{6}$kg	$7.489\ 859 \times 10^{20}$kg
$1.753\ 765 \times 10^{-9}$kg	$2.392\ 729 \times 10^{7}$kg	$5.609\ 799 \times 10^{21}$kg
$3.075\ 694 \times 10^{-9}$kg	$5.725\ 152 \times 10^{7}$kg	$3.146\ 984 \times 10^{22}$kg
$9.459\ 894 \times 10^{-9}$kg	$3.277\ 737 \times 10^{8}$kg	$9.903\ 511 \times 10^{22}$kg
$8.948\ 959 \times 10^{-8}$kg	$1.074\ 356 \times 10^{9}$kg	$9.807\ 953 \times 10^{23}$kg
$8.008\ 387 \times 10^{-7}$kg	$1.154\ 241 \times 10^{9}$kg	$9.619\ 595 \times 10^{24}$kg
$6.413\ 427 \times 10^{-6}$kg	$1.332\ 273 \times 10^{9}$kg	$9.253\ 661 \times 10^{25}$kg
$4.113\ 204 \times 10^{-5}$kg	$1.774\ 953 \times 10^{9}$kg	$8.563\ 025 \times 10^{26}$kg
$1.691\ 845 \times 10^{-4}$kg	$3.150\ 460 \times 10^{9}$kg	$7.332\ 541 \times 10^{27}$kg
$2.862\ 340 \times 10^{-4}$kg	$9.925\ 398 \times 10^{9}$kg	$5.376\ 616 \times 10^{28}$kg
$8.192\ 994 \times 10^{-4}$kg	$9.851\ 353 \times 10^{10}$kg	$2.890\ 800 \times 10^{29}$kg
$6.712\ 516 \times 10^{-3}$kg	$9.704\ 917 \times 10^{11}$kg	$8.356\ 726 \times 10^{29}$kg
$4.505\ 787 \times 10^{-2}$kg	$9.418\ 542 \times 10^{12}$kg	$6.983\ 486 \times 10^{30}$kg
$2.030\ 211 \times 10^{-1}$kg	$8.870\ 894 \times 10^{13}$kg	$4.876\ 908 \times 10^{31}$kg

Hierro (Fe). Masa atómica 55.847U.

Masa en kilogramos 5.426 942 x 10^{-25}kg^{-2}

2.945 170 x 10^{-24}kg	2.515 333 x 10^{-10}kg	3.164 499 x 10^{4}kg
8.674 029 x 10^{-24}kg	6.326 903 x 10^{-10}kg	1.001 405 x 10^{5}kg
7.523 878 x 10^{-23}kg	4.002 971 x 10^{-9}kg	1.002 713 x 10^{5}kg
5.660 874 x 10^{-22}kg	1.602 377 x 10^{-8}kg	1.005 634 x 10^{5}kg
3.204 550 x 10^{-21}kg	2.567 615 x 10^{-8}kg	1.011 301 x 10^{5}kg
1.026 914 x 10^{-20}kg	6.592 647 x 10^{-8}kg	1.022 730 x 10^{5}kg
1.054 552 x 10^{-20}kg	4.346 299 x 10^{-7}kg	1.045 977 x 10^{5}kg
1.112 081 x 10^{-20}kg	1.889 032 x 10^{-6}kg	1.094 068 x 10^{5}kg
1.236 724 x 10^{-20}kg	3.568 443 x 10^{-6}kg	1.196 985 x 10^{5}kg
1.529 487 x 10^{-20}kg	1.273 378 x 10^{-5}kg	1.432 773 x 10^{5}kg
2.339 331 x 10^{-20}kg	1.621 493 x 10^{-5}kg	2.052 839 x 10^{5}kg
5.472 473 x 10^{-20}kg	2.629 240 x 10^{-5}kg	4.214 148 x 10^{5}kg
2.994 796 x 10^{-19}kg	6.912 906 x 10^{-5}kg	1.775 905 x 10^{6}kg
8.968 803 x 10^{-19}kg	4.778 827 x 10^{-4}kg	3.153 839 x 10^{6}kg
8.043 944 x 10^{-18}kg	2.283 719 x 10^{-3}kg	9.946 701 x 10^{6}kg
6.470 503 x 10^{-17}kg	5.215 373 x 10^{-3}kg	9.893 686 x 10^{7}kg
4.186 741 x 10^{-16}kg	2.720 012 x 10^{-2}kg	9.788 502 x 10^{8}kg
1.752 880 x 10^{-15}kg	7.398 468 x 10^{-2}kg	9.581 478 x 10^{9}kg
3.072 590 x 10^{-15}kg	5.473 733 x 10^{-1}kg	9.180 472 x 10^{10}kg
9.440 811 x 10^{-15}kg	2.996 175 x 10^{0}kg	8.428 107 x 10^{11}kg
8.912 891 x 10^{-14}kg	8.977 068 x 10^{0}kg	7.103 299 x 10^{12}kg
7.943 963 x 10^{-13}kg	8.058 775 x 10^{1}kg	5.045 685 x 10^{13}kg
6.310 655 x 10^{-12}kg	6.494 386 x 10^{2}kg	2.545 894 x 10^{14}kg
3.982 436 x 10^{-11}kg	4.217 705 x 10^{3}kg	6.481 578 x 10^{14}kg
1.585 980 x 10^{-10}kg	1.778 904 x 10^{4}kg	4.201 085 x 10^{15}kg

$1.764\ 912 \times 10^{16}$kg	$1.449\ 149 \times 10^{22}$kg	$1.757\ 702 \times 10^{25}$kg
$3.114\ 914 \times 10^{16}$kg	$2.100\ 033 \times 10^{22}$kg	$3.089\ 518 \times 10^{25}$kg
$9.702\ 695 \times 10^{16}$kg	$4.410\ 138 \times 10^{22}$kg	$9.545\ 126 \times 10^{25}$kg
$9.414\ 229 \times 10^{17}$kg	$1.944\ 932 \times 10^{23}$kg	$9.110\ 944 \times 10^{26}$kg
$8.862\ 771 \times 10^{18}$kg	$3.782\ 762 \times 10^{23}$kg	$8.300\ 930 \times 10^{27}$kg
$7.854\ 872 \times 10^{19}$kg	$1.430\ 929 \times 10^{24}$kg	$6.890\ 545 \times 10^{28}$kg
$6.169\ 902 \times 10^{20}$kg	$2.047\ 558 \times 10^{24}$kg	$4.747\ 961 \times 10^{29}$kg
$3.806\ 769 \times 10^{21}$kg	$4.192\ 496 \times 10^{24}$kg	$2.254\ 313 \times 10^{30}$kg

Manganeso (Mn). Masa atómica 54.93805U.

Masa en kilogramos $5.338\ 615 \times 10^{-25}$kg^{-2}

$2.850\ 081 \times 10^{-24}$kg	$3.334\ 845 \times 10^{-16}$kg	$1.936\ 722 \times 10^{-9}$kg
$8.122\ 962 \times 10^{-24}$kg	$1.112\ 119 \times 10^{-15}$kg	$3.750\ 895 \times 10^{-9}$kg
$6.598\ 252 \times 10^{-23}$kg	$1.236\ 809 \times 10^{-15}$kg	$1.406\ 921 \times 10^{-8}$kg
$4.353\ 692 \times 10^{-22}$kg	$1.529\ 696 \times 10^{-15}$kg	$1.979\ 427 \times 10^{-8}$kg
$1.895\ 464 \times 10^{-21}$kg	$2.339\ 972 \times 10^{-15}$kg	$3.918\ 133 \times 10^{-8}$kg
$3.592\ 784 \times 10^{-21}$kg	$5.475\ 470 \times 10^{-15}$kg	$1.535\ 177 \times 10^{-7}$kg
$1.290\ 810 \times 10^{-20}$kg	$2.998\ 077 \times 10^{-14}$kg	$2.356\ 769 \times 10^{-7}$kg
$1.666\ 190 \times 10^{-20}$kg	$8.988\ 468 \times 10^{-14}$kg	$5.554\ 362 \times 10^{-7}$kg
$2.776\ 192 \times 10^{-20}$kg	$8.079\ 255 \times 10^{-13}$kg	$3.085\ 084 \times 10^{-6}$kg
$7.707\ 242 \times 10^{-20}$kg	$6.527\ 437 \times 10^{-12}$kg	$9.517\ 805 \times 10^{-6}$kg
$5.940\ 158 \times 10^{-19}$kg	$4.260\ 743 \times 10^{-11}$kg	$9.058\ 862 \times 10^{-5}$kg
$3.528\ 548 \times 10^{-18}$kg	$1.815\ 393 \times 10^{-10}$kg	$8.206\ 299 \times 10^{-4}$kg
$1.245\ 065 \times 10^{-17}$kg	$3.295\ 654 \times 10^{-10}$kg	$6.734\ 335 \times 10^{-3}$kg
$1.550\ 188 \times 10^{-17}$kg	$1.086\ 134 \times 10^{-9}$kg	$4.535\ 127 \times 10^{-2}$kg
$2.403\ 083 \times 10^{-17}$kg	$1.179\ 687 \times 10^{-9}$kg	$2.056\ 737 \times 10^{-1}$kg
$5.774\ 811 \times 10^{-17}$kg	$1.391\ 661 \times 10^{-9}$kg	$4.230\ 170 \times 10^{-1}$kg

$1.789\,433 \times 10^{0}$kg	$1.137\,112 \times 10^{11}$kg	$1.969\,558 \times 10^{19}$kg
$3.202\,073 \times 10^{0}$kg	$1.293\,025 \times 10^{11}$kg	$3.879\,161 \times 10^{19}$kg
$1.025\,327 \times 10^{1}$kg	$1.671\,914 \times 10^{11}$kg	$1.504\,789 \times 10^{20}$kg
$1.051\,296 \times 10^{1}$kg	$2.795\,299 \times 10^{11}$kg	$2.264\,391 \times 10^{20}$kg
$1.105\,224 \times 10^{1}$kg	$7.813\,698 \times 10^{11}$kg	$5.127\,467 \times 10^{20}$kg
$1.221\,520 \times 10^{1}$kg	$6.105\,388 \times 10^{12}$kg	$2.629\,091 \times 10^{21}$kg
$1.492\,112 \times 10^{1}$kg	$3.727\,577 \times 10^{13}$kg	$6.912\,123 \times 10^{21}$kg
$2.226\,398 \times 10^{1}$kg	$1.389\,483 \times 10^{14}$kg	$4.777\,745 \times 10^{22}$kg
$4.956\,851 \times 10^{1}$kg	$1.930\,663 \times 10^{14}$kg	$2.282\,685 \times 10^{23}$kg
$2.457\,037 \times 10^{2}$kg	$3.727\,463 \times 10^{14}$kg	$5.210\,651 \times 10^{23}$kg
$6.037\,033 \times 10^{2}$kg	$1.389\,398 \times 10^{15}$kg	$2.715\,088 \times 10^{24}$kg
$3.644\,577 \times 10^{3}$kg	$1.930\,427 \times 10^{15}$kg	$7.371\,706 \times 10^{24}$kg
$1.328\,294 \times 10^{4}$kg	$3.726\,550 \times 10^{15}$kg	$5.434\,206 \times 10^{25}$kg
$1.764\,366 \times 10^{4}$kg	$1.388\,717 \times 10^{16}$kg	$2.953\,059 \times 10^{26}$kg
$3.112\,989 \times 10^{4}$kg	$1.928\,537 \times 10^{16}$kg	$8.720\,561 \times 10^{26}$kg
$9.690\,704 \times 10^{4}$kg	$3.719\,573 \times 10^{16}$kg	$7.604\,818 \times 10^{27}$kg
$9.390\,976 \times 10^{5}$kg	$1.383\,287 \times 10^{17}$kg	$5.783\,326 \times 10^{28}$kg
$8.819\,043 \times 10^{6}$kg	$1.913\,484 \times 10^{17}$kg	$3.344\,686 \times 10^{29}$kg
$7.777\,553 \times 10^{7}$kg	$3.661\,422 \times 10^{17}$kg	$1.118\,692 \times 10^{30}$kg
$6.049\,033 \times 10^{8}$kg	$1.340\,601 \times 10^{18}$kg	$1.251\,473 \times 10^{30}$kg
$3.659\,080 \times 10^{9}$kg	$1.797\,212 \times 10^{18}$kg	$1.566\,185 \times 10^{30}$kg
$1.338\,886 \times 10^{10}$kg	$3.229\,974 \times 10^{18}$kg	$2.452\,936 \times 10^{30}$kg
$1.792\,617 \times 10^{10}$kg	$1.043\,273 \times 10^{19}$kg	$6.016\,897 \times 10^{30}$kg
$3.213\,478 \times 10^{10}$kg	$1.088\,419 \times 10^{19}$kg	$3.620\,305 \times 10^{31}$kg
$1.032\,644 \times 10^{11}$kg	$1.184\,655 \times 10^{19}$kg	
$1.066\,354 \times 10^{11}$kg	$1.403\,409 \times 10^{19}$kg	

Cromo (Cr). Masa atómica 51.996U.

Masa en kilogramos 5.052 720 x 10^{-25}kg^{-2}

2.552 998 x 10^{-24}kg	1.435 318 x 10^{-14}kg	6.069 671 x 10^{-5}kg
6.517 802 x 10^{-24}kg	2.060 140 x 10^{-14}kg	3.684 091 x 10^{-4}kg
4.248 175 x 10^{-23}kg	4.244 177 x 10^{-14}kg	1.357 252 x 10^{-3}kg
1.804 699 x 10^{-22}kg	1.801 303 x 10^{-13}kg	1.842 135 x 10^{-3}kg
3.256 940 x 10^{-22}kg	3.244 695 x 10^{-13}kg	3.393 463 x 10^{-3}kg
1.060 766 x 10^{-21}kg	1.052 805 x 10^{-12}kg	1.151 559 x 10^{-2}kg
1.125 224 x 10^{-21}kg	1.108 398 x 10^{-12}kg	1.326 088 x 10^{-2}kg
1.266 130 x 10^{-21}kg	1.228 547 x 10^{-12}kg	1.758 511 x 10^{-2}kg
2.569 889 x 10^{-21}kg	1.509 329 x 10^{-12}kg	3.092 362 x 10^{-2}kg
6.604 333 x 10^{-21}kg	2.278 074 x 10^{-12}kg	9.562 705 x 10^{-2}kg
4.361 722 x 10^{-20}kg	5.189 621 x 10^{-12}kg	9.144 534 x 10^{-1}kg
1.902 462 x 10^{-19}kg	2.693 217 x 10^{-11}kg	8.362 250 x 10^{0}kg
3.619 362 x 10^{-19}kg	7.253 418 x 10^{-11}kg	6.992 722 x 10^{1}kg
1.309 978 x 10^{-18}kg	5.261 208 x 10^{-10}kg	4.889 817 x 10^{2}kg
1.716 043 x 10^{-18}kg	2.768 031 x 10^{-9}kg	2.391 031 x 10^{3}kg
2.944 804 x 10^{-18}kg	7.661 999 x 10^{-9}kg	5.717 030 x 10^{3}kg
8.671 876 x 10^{-18}kg	5.870 623 x 10^{-8}kg	3.268 444 x 10^{4}kg
7.520 144 x 10^{-17}kg	3.446 422 x 10^{-7}kg	1.068 272 x 10^{5}kg
5.655 256 x 10^{-16}kg	1.187 782 x 10^{-6}kg	1.141 206 x 10^{5}kg
3.198 192 x 10^{-15}kg	1.410 827 x 10^{-6}kg	1.302 352 x 10^{5}kg
1.022 843 x 10^{-14}kg	1.990 434 x 10^{-6}kg	1.696 122 x 10^{5}kg
1.046 209 x 10^{-14}kg	3.961 828 x 10^{-6}kg	2.876 831 x 10^{5}kg
1.094 553 x 10^{-14}kg	1.569 628 x 10^{-5}kg	8.276 159 x 10^{5}kg
1.198 047 x 10^{-14}kg	2.463 670 x 10^{-5}kg	6.849 482 x 10^{6}kg

$4.691\ 540 \times 10^{7}$kg	$4.628\ 134 \times 10^{18}$kg	$1.224\ 719 \times 10^{25}$kg
$2.201\ 055 \times 10^{8}$kg	$2.141\ 962 \times 10^{19}$kg	$1.499\ 938 \times 10^{25}$kg
$4.844\ 645 \times 10^{8}$kg	$4.588\ 003 \times 10^{19}$kg	$2.249\ 814 \times 10^{25}$kg
$2.347\ 059 \times 10^{9}$kg	$2.104\ 977 \times 10^{20}$kg	$5.061\ 666 \times 10^{25}$kg
$5.508\ 686 \times 10^{9}$kg	$4.430\ 932 \times 10^{20}$kg	$2.562\ 046 \times 10^{26}$kg
$3.034\ 562 \times 10^{10}$kg	$1.963\ 316 \times 10^{21}$kg	$6.564\ 083 \times 10^{26}$kg
$9.208\ 567 \times 10^{10}$kg	$3.854\ 610 \times 10^{21}$kg	$4.308\ 718 \times 10^{27}$kg
$8.479\ 772 \times 10^{11}$kg	$1.485\ 802 \times 10^{22}$kg	$1.856\ 505 \times 10^{28}$kg
$7.190\ 653 \times 10^{12}$kg	$2.207\ 607 \times 10^{22}$kg	$3.446\ 614 \times 10^{28}$kg
$5.170\ 549 \times 10^{13}$kg	$4.873\ 532 \times 10^{22}$kg	$1.187\ 914 \times 10^{29}$kg
$2.673\ 458 \times 10^{14}$kg	$2.375\ 132 \times 10^{23}$kg	$1.411\ 141 \times 10^{29}$kg
$7.147\ 381 \times 10^{14}$kg	$5.641\ 252 \times 10^{23}$kg	$1.991\ 320 \times 10^{29}$kg
$5.108\ 506 \times 10^{15}$kg	$3.182\ 373 \times 10^{24}$kg	$3.965\ 358 \times 10^{29}$kg
$2.609\ 683 \times 10^{16}$kg	$1.012\ 750 \times 10^{25}$kg	$1.572\ 406 \times 10^{30}$kg
$6.810\ 448 \times 10^{16}$kg	$1.025\ 662 \times 10^{25}$kg	$2.472\ 462 \times 10^{30}$kg
$4.638\ 221 \times 10^{17}$kg	$1.051\ 984 \times 10^{25}$kg	$6.113\ 071 \times 10^{30}$kg
$2.151\ 309 \times 10^{18}$kg	$1.106\ 670 \times 10^{25}$kg	

Vanadio (V). Masa atómica 50.9415U.

Masa en kilogramos 4.950 249 x 10^{-25}kg^{-2}

$2.450\ 497 \times 10^{-24}$kg	$4.457\ 338 \times 10^{-20}$kg	$1.456\ 698 \times 10^{-16}$kg
$6.004\ 936 \times 10^{-24}$kg	$1.986\ 787 \times 10^{-19}$kg	$2.121\ 971 \times 10^{-16}$kg
$3.605\ 925 \times 10^{-23}$kg	$3.947\ 322 \times 10^{-19}$kg	$4.502\ 764 \times 10^{-16}$kg
$1.300\ 270 \times 10^{-22}$kg	$1.558\ 135 \times 10^{-18}$kg	$2.027\ 488 \times 10^{-15}$kg
$1.690\ 702 \times 10^{-22}$kg	$2.427\ 787 \times 10^{-18}$kg	$4.110\ 710 \times 10^{-15}$kg
$2.858\ 475 \times 10^{-22}$kg	$5.894\ 150 \times 10^{-18}$kg	$1.689\ 793 \times 10^{-14}$kg
$8.170\ 881 \times 10^{-22}$kg	$3.474\ 101 \times 10^{-17}$kg	$2.855\ 403 \times 10^{-14}$kg
$6.676\ 330 \times 10^{-21}$kg	$1.206\ 937 \times 10^{-16}$kg	$8.153\ 328 \times 10^{-14}$kg

$6.647\ 676 \times 10^{-13}$kg	$1.579\ 293 \times 10^{2}$kg	$7.844\ 425 \times 10^{15}$kg
$4.419\ 160 \times 10^{-12}$kg	$2.494\ 169 \times 10^{2}$kg	$6.153\ 501 \times 10^{16}$kg
$1.952\ 897 \times 10^{-11}$kg	$6.220\ 881 \times 10^{2}$kg	$3.786\ 557 \times 10^{17}$kg
$3.813\ 809 \times 10^{-11}$kg	$3.869\ 936 \times 10^{3}$kg	$1.433\ 801 \times 10^{18}$kg
$1.454\ 514 \times 10^{-10}$kg	$1.497\ 640 \times 10^{4}$kg	$2.055\ 787 \times 10^{18}$kg
$2.115\ 612 \times 10^{-10}$kg	$2.242\ 927 \times 10^{4}$kg	$4.226\ 264 \times 10^{18}$kg
$4.475\ 817 \times 10^{-10}$kg	$5.030\ 724 \times 10^{4}$kg	$1.786\ 130 \times 10^{19}$kg
$2.003\ 293 \times 10^{-9}$kg	$2.530\ 818 \times 10^{5}$kg	$3.190\ 236 \times 10^{19}$kg
$4.013\ 186 \times 10^{-9}$kg	$6.405\ 044 \times 10^{5}$kg	$1.017\ 778 \times 10^{20}$kg
$1.610\ 566 \times 10^{-8}$kg	$4.102\ 459 \times 10^{6}$kg	$1.035\ 872 \times 10^{20}$kg
$2.593\ 923 \times 10^{-8}$kg	$1.683\ 017 \times 10^{7}$kg	$1.073\ 030 \times 10^{20}$kg
$6.728\ 440 \times 10^{-8}$kg	$2.832\ 548 \times 10^{7}$kg	$1.151\ 395 \times 10^{20}$kg
$4.527\ 190 \times 10^{-7}$kg	$8.023\ 330 \times 10^{7}$kg	$1.325\ 711 \times 10^{20}$kg
$2.049\ 545 \times 10^{-6}$kg	$6.437\ 383 \times 10^{8}$kg	$1.757\ 511 \times 10^{20}$kg
$4.200\ 637 \times 10^{-6}$kg	$4.143\ 990 \times 10^{9}$kg	$3.088\ 846 \times 10^{20}$kg
$1.764\ 535 \times 10^{-5}$kg	$1.717\ 265 \times 10^{10}$kg	$9.540\ 970 \times 10^{20}$kg
$3.113\ 586 \times 10^{-5}$kg	$2.949\ 002 \times 10^{10}$kg	$9.103\ 011 \times 10^{21}$kg
$9.494\ 422 \times 10^{-5}$kg	$8.696\ 613 \times 10^{10}$kg	$8.286\ 481 \times 10^{22}$kg
$9.398\ 182 \times 10^{-4}$kg	$7.563\ 108 \times 10^{11}$kg	$6.866\ 577 \times 10^{23}$kg
$8.832\ 583 \times 10^{-3}$kg	$5.720\ 060 \times 10^{12}$kg	$4.714\ 988 \times 10^{24}$kg
$7.801\ 452 \times 10^{-2}$kg	$3.271\ 909 \times 10^{13}$kg	$2.223\ 111 \times 10^{25}$kg
$6.086\ 266 \times 10^{-1}$kg	$1.070\ 539 \times 10^{14}$kg	$4.942\ 226 \times 10^{25}$kg
$3.704\ 264 \times 10^{0}$kg	$1.146\ 053 \times 10^{14}$kg	$2.442\ 560 \times 10^{26}$kg
$1.372\ 157 \times 10^{1}$kg	$1.313\ 439 \times 10^{14}$kg	$5.966\ 101 \times 10^{26}$kg
$1.882\ 815 \times 10^{1}$kg	$1.725\ 123 \times 10^{14}$kg	$3.559\ 437 \times 10^{27}$kg
$3.544\ 995 \times 10^{1}$kg	$2.976\ 050 \times 10^{14}$kg	$1.266\ 959 \times 10^{28}$kg
$1.256\ 699 \times 10^{2}$kg	$8.856\ 876 \times 10^{14}$kg	$2.576\ 622 \times 10^{28}$kg

$6.638\ 981 \times 10^{28} \text{kg}$ $1.942\ 700 \times 10^{30} \text{kg}$

$4.407\ 608 \times 10^{29} \text{kg}$ $3.774\ 086 \times 10^{30} \text{kg}$

Titanio (Ti). Masa atómica 47.88U.

Masa en kilogramos 4.652 747 x 10^{-25}kg^{-2}

$2.164\ 806 \times 10^{-24} \text{kg}$	$4.836\ 438 \times 10^{-14} \text{kg}$	$2.502\ 534 \times 10^{-2} \text{kg}$
$4.686\ 385 \times 10^{-24} \text{kg}$	$2.339\ 113 \times 10^{-13} \text{kg}$	$6.262\ 679 \times 10^{-2} \text{kg}$
$2.196\ 221 \times 10^{-23} \text{kg}$	$5.471\ 453 \times 10^{-13} \text{kg}$	$3.922\ 115 \times 10^{-1} \text{kg}$
$4.823\ 388 \times 10^{-23} \text{kg}$	$2.993\ 680 \times 10^{-12} \text{kg}$	$1.538\ 299 \times 10^{0} \text{kg}$
$2.326\ 507 \times 10^{-22} \text{kg}$	$8.962\ 122 \times 10^{-12} \text{kg}$	$2.366\ 364 \times 10^{0} \text{kg}$
$5.412\ 636 \times 10^{-22} \text{kg}$	$8.031\ 963 \times 10^{-11} \text{kg}$	$5.599\ 682 \times 10^{0} \text{kg}$
$2.929\ 663 \times 10^{-21} \text{kg}$	$6.451\ 244 \times 10^{-10} \text{kg}$	$3.135\ 644 \times 10^{1} \text{kg}$
$8.582\ 929 \times 10^{-21} \text{kg}$	$4.161\ 855 \times 10^{-9} \text{kg}$	$9.832\ 263 \times 10^{1} \text{kg}$
$7.366\ 667 \times 10^{-20} \text{kg}$	$1.732\ 104 \times 10^{-8} \text{kg}$	$9.667\ 341 \times 10^{2} \text{kg}$
$5.426\ 778 \times 10^{-19} \text{kg}$	$3.000\ 185 \times 10^{-8} \text{kg}$	$9.345\ 748 \times 10^{3} \text{kg}$
$2.944\ 992 \times 10^{-18} \text{kg}$	$9.001\ 111 \times 10^{-8} \text{kg}$	$8.734\ 301 \times 10^{4} \text{kg}$
$8.672\ 982 \times 10^{-18} \text{kg}$	$8.101\ 998 \times 10^{-7} \text{kg}$	$7.628\ 802 \times 10^{5} \text{kg}$
$7.522\ 062 \times 10^{-17} \text{kg}$	$6.564\ 238 \times 10^{-6} \text{kg}$	$5.819\ 862 \times 10^{6} \text{kg}$
$5.658\ 143 \times 10^{-16} \text{kg}$	$4.308\ 922 \times 10^{-5} \text{kg}$	$3.387\ 079 \times 10^{7} \text{kg}$
$3.201\ 458 \times 10^{-15} \text{kg}$	$1.856\ 681 \times 10^{-4} \text{kg}$	$1.147\ 230 \times 10^{8} \text{kg}$
$1.024\ 933 \times 10^{-14} \text{kg}$	$3.447\ 265 \times 10^{-4} \text{kg}$	$1.316\ 138 \times 10^{8} \text{kg}$
$1.050\ 488 \times 10^{-14} \text{kg}$	$1.188\ 363 \times 10^{-3} \text{kg}$	$1.732\ 220 \times 10^{8} \text{kg}$
$1.103\ 526 \times 10^{-14} \text{kg}$	$1.412\ 208 \times 10^{-3} \text{kg}$	$3.000\ 589 \times 10^{8} \text{kg}$
$1.217\ 771 \times 10^{-14} \text{kg}$	$1.994\ 332 \times 10^{-3} \text{kg}$	$9.003\ 536 \times 10^{8} \text{kg}$
$1.482\ 966 \times 10^{-14} \text{kg}$	$3.977\ 361 \times 10^{-3} \text{kg}$	$8.106\ 366 \times 10^{9} \text{kg}$
$2.199\ 190 \times 10^{-14} \text{kg}$	$1.581\ 940 \times 10^{-2} \text{kg}$	$6.571\ 318 \times 10^{10} \text{kg}$

$4.318\ 222 \times 10^{11}\text{kg}$	$6.883\ 673 \times 10^{16}\text{kg}$	$7.028\ 768 \times 10^{25}\text{kg}$
$1.864\ 704 \times 10^{12}\text{kg}$	$4.738\ 495 \times 10^{17}\text{kg}$	$4.940\ 358 \times 10^{26}\text{kg}$
$3.477\ 123 \times 10^{12}\text{kg}$	$2.245\ 334 \times 10^{18}\text{kg}$	$2.440\ 714 \times 10^{27}\text{kg}$
$1.209\ 039 \times 10^{13}\text{kg}$	$5.041\ 525 \times 10^{18}\text{kg}$	$5.957\ 085 \times 10^{27}\text{kg}$
$1.461\ 775 \times 10^{13}\text{kg}$	$2.541\ 697 \times 10^{19}\text{kg}$	$3.548\ 686 \times 10^{28}\text{kg}$
$2.136\ 787 \times 10^{13}\text{kg}$	$6.460\ 227 \times 10^{19}\text{kg}$	$1.259\ 317 \times 10^{29}\text{kg}$
$4.565\ 861 \times 10^{13}\text{kg}$	$4.173\ 453 \times 10^{20}\text{kg}$	$1.585\ 880 \times 10^{29}\text{kg}$
$2.084\ 709 \times 10^{14}\text{kg}$	$1.741\ 771 \times 10^{21}\text{kg}$	$2.515\ 018 \times 10^{29}\text{kg}$
$4.346\ 012 \times 10^{14}\text{kg}$	$3.033\ 768 \times 10^{21}\text{kg}$	$6.325\ 316 \times 10^{29}\text{kg}$
$1.888\ 782 \times 10^{15}\text{kg}$	$9.203\ 753 \times 10^{21}\text{kg}$	$4.000\ 962 \times 10^{30}\text{kg}$
$3.567\ 498 \times 10^{15}\text{kg}$	$8.470\ 907 \times 10^{22}\text{kg}$	$1.600\ 769 \times 10^{31}\text{kg}$
$1.272\ 704 \times 10^{16}\text{kg}$	$7.175\ 627 \times 10^{23}\text{kg}$	$2.562\ 464 \times 10^{31}\text{kg}$
$1.619\ 776 \times 10^{16}\text{kg}$	$5.148\ 963 \times 10^{24}\text{kg}$	
$2.623\ 675 \times 10^{16}\text{kg}$	$2.651\ 182 \times 10^{25}\text{kg}$	

Escandio (Sc). Masa atómica 44.9559U.

Masa en kilogramos 4.368 597 x 10^{-25}kg^{-2}

$1.908\ 464 \times 10^{-24}\text{kg}$	$5.131\ 900 \times 10^{-19}\text{kg}$	$4.596\ 620 \times 10^{-13}\text{kg}$
$3.642\ 237 \times 10^{-24}\text{kg}$	$2.633\ 639 \times 10^{-18}\text{kg}$	$2.112\ 892 \times 10^{-12}\text{kg}$
$1.326\ 589 \times 10^{-23}\text{kg}$	$6.936\ 059 \times 10^{-18}\text{kg}$	$4.464\ 313 \times 10^{-12}\text{kg}$
$1.759\ 839 \times 10^{-23}\text{kg}$	$4.810\ 891 \times 10^{-17}\text{kg}$	$1.993\ 009 \times 10^{-11}\text{kg}$
$3.097\ 035 \times 10^{-23}\text{kg}$	$2.314\ 468 \times 10^{-16}\text{kg}$	$3.972\ 085 \times 10^{-11}\text{kg}$
$9.591\ 629 \times 10^{-23}\text{kg}$	$5.356\ 762 \times 10^{-16}\text{kg}$	$1.577\ 746 \times 10^{-10}\text{kg}$
$9.199\ 935 \times 10^{-22}\text{kg}$	$2.869\ 490 \times 10^{-15}\text{kg}$	$2.489\ 282 \times 10^{-10}\text{kg}$
$8.463\ 881 \times 10^{-21}\text{kg}$	$8.233\ 977 \times 10^{-15}\text{kg}$	$6.196\ 529 \times 10^{-10}\text{kg}$
$7.163\ 728 \times 10^{-20}\text{kg}$	$6.779\ 838 \times 10^{-14}\text{kg}$	$3.839\ 697 \times 10^{-9}\text{kg}$

$1.474\,327 \times 10^{-8}$kg	$4.269\,766 \times 10^{5}$kg	$8.930\,649 \times 10^{16}$kg
$2.173\,641 \times 10^{-8}$kg	$1.823\,090 \times 10^{6}$kg	$7.975\,649 \times 10^{17}$kg
$4.724\,718 \times 10^{-8}$kg	$3.323\,658 \times 10^{6}$kg	$6.361\,098 \times 10^{18}$kg
$2.232\,296 \times 10^{-7}$kg	$1.104\,670 \times 10^{7}$kg	$4.046\,357 \times 10^{19}$kg
$4.983\,147 \times 10^{-7}$kg	$1.220\,296 \times 10^{7}$kg	$1.637\,300 \times 10^{20}$kg
$2.483\,175 \times 10^{-6}$kg	$1.489\,123 \times 10^{7}$kg	$2.680\,753 \times 10^{20}$kg
$6.166\,161 \times 10^{-6}$kg	$2.217\,488 \times 10^{7}$kg	$7.186\,439 \times 10^{20}$kg
$3.802\,154 \times 10^{-5}$kg	$4.917\,256 \times 10^{7}$kg	$5.164\,491 \times 10^{21}$kg
$1.445\,637 \times 10^{-4}$kg	$2.417\,940 \times 10^{8}$kg	$2.667\,196 \times 10^{22}$kg
$2.089\,868 \times 10^{-4}$kg	$5.846\,437 \times 10^{8}$kg	$7.113\,939 \times 10^{22}$kg
$4.367\,550 \times 10^{-4}$kg	$3.418\,082 \times 10^{9}$kg	$5.060\,813 \times 10^{23}$kg
$1.907\,549 \times 10^{-3}$kg	$1.168\,329 \times 10^{10}$kg	$2.561\,183 \times 10^{24}$kg
$3.638\,744 \times 10^{-3}$kg	$1.364\,992 \times 10^{10}$kg	$6.559\,659 \times 10^{24}$kg
$1.324\,046 \times 10^{-2}$kg	$1.863\,205 \times 10^{10}$kg	$4.302\,913 \times 10^{25}$kg
$1.753\,098 \times 10^{-2}$kg	$3.471\,533 \times 10^{10}$kg	$1.851\,506 \times 10^{26}$kg
$3.073\,353 \times 10^{-2}$kg	$1.205\,154 \times 10^{11}$kg	$3.428\,075 \times 10^{26}$kg
$9.445\,501 \times 10^{-2}$kg	$2.109\,457 \times 10^{11}$kg	$1.175\,170 \times 10^{27}$kg
$8.921\,749 \times 10^{-1}$kg	$4.449\,811 \times 10^{11}$kg	$1.381\,024 \times 10^{27}$kg
$7.959\,760 \times 10^{0}$kg	$1.980\,081 \times 10^{12}$kg	$1.907\,229 \times 10^{27}$kg
$6.335\,779 \times 10^{1}$kg	$3.920\,724 \times 10^{12}$kg	$3.637\,525 \times 10^{27}$kg
$4.014\,209 \times 10^{2}$kg	$1.537\,207 \times 10^{13}$kg	$1.323\,159 \times 10^{28}$kg
$1.611\,388 \times 10^{3}$kg	$2.363\,007 \times 10^{13}$kg	$1.750\,749 \times 10^{28}$kg
$2.596\,571 \times 10^{3}$kg	$5.583\,804 \times 10^{13}$kg	$3.065\,125 \times 10^{28}$kg
$6.742\,182 \times 10^{3}$kg	$3.117\,887 \times 10^{14}$kg	$9.394\,994 \times 10^{28}$kg
$4.545\,702 \times 10^{4}$kg	$9.721\,219 \times 10^{14}$kg	$8.826\,592 \times 10^{29}$kg
$2.066\,341 \times 10^{5}$kg	$9.450\,211 \times 10^{15}$kg	$7.790\,873 \times 10^{30}$kg

Calcio (Ca). Masa atómica 40.08U.

Masa en kilogramos 3.894 781 x 10^{-25}kg^{-2}

1.516 932 x 10^{-24}kg	1.096 480 x 10^{-11}kg	1.412 636 x 10^{-1}kg
2.301 083 x 10^{-24}kg	1.202 270 x 10^{-11}kg	1.995 541 x 10^{-1}kg
5.294 984 x 10^{-24}kg	1.445 453 x 10^{-11}kg	3.982 186 x 10^{-1}kg
2.803 685 x 10^{-23}kg	2.089 334 x 10^{-11}kg	1.585 781 x 10^{0}kg
7.860 654 x 10^{-23}kg	4.365 320 x 10^{-11}kg	2.514 702 x 10^{0}kg
6.178 989 x 10^{-22}kg	1.905 602 x 10^{-10}kg	6.323 726 x 10^{0}kg
3.817 990 x 10^{-21}kg	3.631 320 x 10^{-10}kg	3.998 951 x 10^{1}kg
1.457 705 x 10^{-20}kg	1.318 648 x 10^{-9}kg	1.599 161 x 10^{2}kg
2.124 904 x 10^{-20}kg	1.738 835 x 10^{-9}kg	2.557 318 x 10^{2}kg
4.515 220 x 10^{-20}kg	3.023 547 x 10^{-9}kg	6.539 875 x 10^{2}kg
2.038 721 x 10^{-19}kg	9.141 840 x 10^{-9}kg	4.276 997 x 10^{3}kg
4.156 385 x 10^{-19}kg	8.357 324 x 10^{-8}kg	1.829 270 x 10^{4}kg
1.727 554 x 10^{-18}kg	6.984 487 x 10^{-7}kg	3.346 231 x 10^{4}kg
2.984 442 x 10^{-18}kg	4.878 306 x 10^{-6}kg	1.119 726 x 10^{5}kg
8.906 899 x 10^{-18}kg	2.379 787 x 10^{-5}kg	1.253 787 x 10^{5}kg
7.933 286 x 10^{-17}kg	5.663 386 x 10^{-5}kg	1.571 981 x 10^{5}kg
6.293 703 x 10^{-16}kg	3.207 394 x 10^{-4}kg	2.471 127 x 10^{5}kg
3.961 069 x 10^{-15}kg	1.028 738 x 10^{-3}kg	6.106 468 x 10^{5}kg
1.569 007 x 10^{-14}kg	2.058 301 x 10^{-3}kg	3.728 896 x 10^{6}kg
2.461 784 x 10^{-14}kg	1.120 003 x 10^{-3}kg	1.390 466 x 10^{7}kg
6.060 382 x 10^{-14}kg	1.254 406 x 10^{-3}kg	1.933 397 x 10^{7}kg
3.672 823 x 10^{-13}kg	1.573 536 x 10^{-3}kg	3.738 027 x 10^{7}kg
1.348 963 x 10^{-12}kg	2.476 018 x 10^{-3}kg	1.397 284 x 10^{8}kg
1.819 701 x 10^{-12}kg	6.130 665 x 10^{-3}kg	1.952 405 x 10^{8}kg
3.311 315 x 10^{-12}kg	3.758 505 x 10^{-2}kg	3.811 885 x 10^{8}kg

$1.453\,047 \times 10^{9}$kg	$2.158\,644 \times 10^{16}$kg	$6.323\,358 \times 10^{24}$kg
$2.111\,346 \times 10^{9}$kg	$4.659\,748 \times 10^{16}$kg	$3.998\,485 \times 10^{25}$kg
$4.457\,784 \times 10^{9}$kg	$2.171\,325 \times 10^{17}$kg	$1.598\,788 \times 10^{26}$kg
$1.987\,184 \times 10^{10}$kg	$4.714\,653 \times 10^{17}$kg	$2.556\,126 \times 10^{26}$kg
$3.948\,901 \times 10^{10}$kg	$2.222\,795 \times 10^{18}$kg	$6.533\,780 \times 10^{26}$kg
$1.559\,382 \times 10^{11}$kg	$4.940\,820 \times 10^{18}$kg	$4.269\,029 \times 10^{27}$kg
$2.431\,674 \times 10^{11}$kg	$2.441\,170 \times 10^{19}$kg	$1.822\,461 \times 10^{28}$kg
$5.913\,038 \times 10^{11}$kg	$5.959\,313 \times 10^{19}$kg	$3.321\,364 \times 10^{28}$kg
$3.496\,402 \times 10^{12}$kg	$3.551\,341 \times 10^{20}$kg	$1.103\,146 \times 10^{29}$kg
$1.222\,483 \times 10^{13}$kg	$1.261\,202 \times 10^{21}$kg	$1.216\,931 \times 10^{29}$kg
$1.494\,465 \times 10^{13}$kg	$1.590\,632 \times 10^{21}$kg	$1.480\,922 \times 10^{29}$kg
$2.233\,426 \times 10^{13}$kg	$2.530\,112 \times 10^{21}$kg	$2.193\,132 \times 10^{29}$kg
$4.988\,192 \times 10^{13}$kg	$6.401\,468 \times 10^{21}$kg	$4.809\,831 \times 10^{29}$kg
$2.488\,205 \times 10^{14}$kg	$4.098\,879 \times 10^{22}$kg	$2.313\,447 \times 10^{30}$kg
$6.191\,168 \times 10^{14}$kg	$1.679\,262 \times 10^{23}$kg	$5.352\,040 \times 10^{30}$kg
$3.833\,057 \times 10^{15}$kg	$2.819\,921 \times 10^{23}$kg	
$1.469\,232 \times 10^{16}$kg	$7.951\,954 \times 10^{23}$kg	

Potasio (K). Masa atómica 39.0983U.

Masa en kilogramos 3.799 384 x 10⁻²⁵kg⁻²

$1.443\,532 \times 10^{-24}$kg	$2.550\,299 \times 10^{-22}$kg	$1.105\,775 \times 10^{-19}$kg
$2.083\,785 \times 10^{-24}$kg	$6.504\,026 \times 10^{-22}$kg	$1.222\,738 \times 10^{-19}$kg
$4.342\,161 \times 10^{-24}$kg	$4.230\,235 \times 10^{-21}$kg	$1.495\,090 \times 10^{-19}$kg
$1.885\,436 \times 10^{-23}$kg	$1.789\,489 \times 10^{-20}$kg	$2.235\,294 \times 10^{-19}$kg
$3.554\,871 \times 10^{-23}$kg	$3.202\,273 \times 10^{-20}$kg	$4.996\,542 \times 10^{-19}$kg
$1.263\,711 \times 10^{-22}$kg	$1.025\,455 \times 10^{-19}$kg	$2.496\,543 \times 10^{-18}$kg
$1.596\,965 \times 10^{-22}$kg	$1.051\,558 \times 10^{-19}$kg	$6.232\,730 \times 10^{-18}$kg

$3.884\ 692 \times 10^{-17}$kg	$1.398\ 301 \times 10^{-6}$kg	$8.811\ 994 \times 10^{3}$kg
$1.509\ 083 \times 10^{-16}$kg	$1.955\ 247 \times 10^{-6}$kg	$7.765\ 123 \times 10^{4}$kg
$2.277\ 334 \times 10^{-16}$kg	$3.822\ 991 \times 10^{-6}$kg	$6.029\ 714 \times 10^{5}$kg
$5.186\ 251 \times 10^{-16}$kg	$1.461\ 526 \times 10^{-5}$kg	$3.635\ 746 \times 10^{6}$kg
$2.689\ 720 \times 10^{-15}$kg	$2.136\ 059 \times 10^{-5}$kg	$1.321\ 864 \times 10^{7}$kg
$7.234\ 597 \times 10^{-15}$kg	$4.562\ 749 \times 10^{-5}$kg	$1.747\ 327 \times 10^{7}$kg
$5.233\ 940 \times 10^{-14}$kg	$2.081\ 868 \times 10^{-4}$kg	$3.053\ 151 \times 10^{7}$kg
$2.739\ 412 \times 10^{-13}$kg	$4.334\ 176 \times 10^{-4}$kg	$9.321\ 734 \times 10^{7}$kg
$7.504\ 382 \times 10^{-13}$kg	$1.878\ 508 \times 10^{-3}$kg	$8.689\ 474 \times 10^{8}$kg
$5.631\ 576 \times 10^{-12}$kg	$3.528\ 793 \times 10^{-3}$kg	$7.550\ 696 \times 10^{9}$kg
$3.171\ 465 \times 10^{-11}$kg	$1.245\ 238 \times 10^{-2}$kg	$5.701\ 301 \times 10^{10}$kg
$1.005\ 819 \times 10^{-10}$kg	$1.550\ 619 \times 10^{-2}$kg	$3.250\ 484 \times 10^{11}$kg
$1.011\ 672 \times 10^{-10}$kg	$2.404\ 419 \times 10^{-2}$kg	$1.056\ 564 \times 10^{12}$kg
$1.023\ 480 \times 10^{-10}$kg	$5.781\ 234 \times 10^{-2}$kg	$1.116\ 328 \times 10^{12}$kg
$1.047\ 512 \times 10^{-10}$kg	$3.342\ 267 \times 10^{-1}$kg	$1.246\ 190 \times 10^{12}$kg
$1.097\ 283 \times 10^{-10}$kg	$1.117\ 074 \times 10^{0}$kg	$2.411\ 776 \times 10^{12}$kg
$1.204\ 030 \times 10^{-10}$kg	$1.247\ 856 \times 10^{0}$kg	$5.816\ 666 \times 10^{12}$kg
$1.449\ 689 \times 10^{-10}$kg	$1.557\ 145 \times 10^{0}$kg	$3.383\ 361 \times 10^{13}$kg
$2.101\ 599 \times 10^{-10}$kg	$2.424\ 701 \times 10^{0}$kg	$1.144\ 713 \times 10^{14}$kg
$4.416\ 721 \times 10^{-10}$kg	$5.879\ 179 \times 10^{0}$kg	$1.310\ 368 \times 10^{14}$kg
$1.950\ 742 \times 10^{-9}$kg	$3.456\ 474 \times 10^{1}$kg	$1.717\ 066 \times 10^{14}$kg
$3.805\ 397 \times 10^{-9}$kg	$1.194\ 721 \times 10^{2}$kg	$2.948\ 318 \times 10^{14}$kg
$1.448\ 104 \times 10^{-8}$kg	$1.427\ 360 \times 10^{2}$kg	$8.692\ 581 \times 10^{14}$kg
$2.097\ 007 \times 10^{-8}$kg	$2.037\ 357 \times 10^{2}$kg	$7.556\ 097 \times 10^{15}$kg
$4.397\ 441 \times 10^{-8}$kg	$4.150\ 823 \times 10^{2}$kg	$5.709\ 461 \times 10^{16}$kg
$1.933\ 749 \times 10^{-7}$kg	$1.722\ 933 \times 10^{3}$kg	$3.259\ 794 \times 10^{17}$kg
$3.739\ 387 \times 10^{-7}$kg	$2.968\ 500 \times 10^{3}$kg	$1.062\ 626 \times 10^{18}$kg

$1.129\,174 \times 10^{18}$kg	$1.031\,888 \times 10^{22}$kg	$9.549\,468 \times 10^{24}$kg
$1.275\,034 \times 10^{18}$kg	$1.064\,793 \times 10^{22}$kg	$9.119\,234 \times 10^{25}$kg
$1.625\,713 \times 10^{18}$kg	$1.133\,785 \times 10^{22}$kg	$8.316\,044 \times 10^{26}$kg
$2.642\,944 \times 10^{18}$kg	$1.285\,470 \times 10^{22}$kg	$6.915\,659 \times 10^{27}$kg
$6.985\,154 \times 10^{18}$kg	$1.652\,434 \times 10^{22}$kg	$4.782\,635 \times 10^{28}$kg
$4.879\,238 \times 10^{19}$kg	$2.730\,540 \times 10^{22}$kg	$2.287\,359 \times 10^{29}$kg
$2.380\,696 \times 10^{20}$kg	$7.455\,854 \times 10^{22}$kg	$5.232\,015 \times 10^{29}$kg
$5.667\,717 \times 10^{20}$kg	$5.558\,976 \times 10^{23}$kg	$2.737\,398 \times 10^{30}$kg
$3.212\,302 \times 10^{21}$kg	$3.090\,221 \times 10^{24}$kg	

Argón (Ar). Masa atómica 39.948U.

Masa en kilogramos 3.881 954 x 10^{-25}kg^{-2}

$1.506\,956 \times 10^{-24}$kg	$1.018\,318 \times 10^{-17}$kg	$2.160\,676 \times 10^{-15}$kg
$2.270\,919 \times 10^{-24}$kg	$1.038\,973 \times 10^{-17}$kg	$4.668\,522 \times 10^{-15}$kg
$5.157\,073 \times 10^{-24}$kg	$1.075\,313 \times 10^{-17}$kg	$2.179\,510 \times 10^{-14}$kg
$2.659\,540 \times 10^{-23}$kg	$1.156\,298 \times 10^{-17}$kg	$4.750\,264 \times 10^{-14}$kg
$7.073\,155 \times 10^{-23}$kg	$1.337\,026 \times 10^{-17}$kg	$2.256\,501 \times 10^{-13}$kg
$5.002\,953 \times 10^{-22}$kg	$1.787\,639 \times 10^{-17}$kg	$5.091\,798 \times 10^{-13}$kg
$2.502\,954 \times 10^{-21}$kg	$3.195\,653 \times 10^{-17}$kg	$2.592\,641 \times 10^{-12}$kg
$6.265\,779 \times 10^{-21}$kg	$1.021\,220 \times 10^{-16}$kg	$6.721\,789 \times 10^{-12}$kg
$3.924\,746 \times 10^{-20}$kg	$1.042\,891 \times 10^{-16}$kg	$4.518\,245 \times 10^{-11}$kg
$1.540\,363 \times 10^{-19}$kg	$1.087\,621 \times 10^{-16}$kg	$2.041\,454 \times 10^{-10}$kg
$2.372\,719 \times 10^{-19}$kg	$1.182\,921 \times 10^{-16}$kg	$4.167\,534 \times 10^{-10}$kg
$5.629\,796 \times 10^{-19}$kg	$1.399\,303 \times 10^{-16}$kg	$1.736\,834 \times 10^{-9}$kg
$3.169\,461 \times 10^{-18}$kg	$1.958\,049 \times 10^{-16}$kg	$3.016\,594 \times 10^{-9}$kg
$1.004\,548 \times 10^{-17}$kg	$3.833\,958 \times 10^{-16}$kg	$9.099\,845 \times 10^{-9}$kg
$1.009\,117 \times 10^{-17}$kg	$1.469\,923 \times 10^{-15}$kg	$8.280\,718 \times 10^{-8}$kg

$6.857\,029 \times 10^{-7}$kg	$3.983\,787 \times 10^{3}$kg	$2.827\,437 \times 10^{14}$kg
$4.701\,885 \times 10^{-6}$kg	$1.587\,055 \times 10^{4}$kg	$7.994\,401 \times 10^{14}$kg
$2.210\,772 \times 10^{-5}$kg	$2.518\,746 \times 10^{4}$kg	$6.391\,045 \times 10^{15}$kg
$4.887\,516 \times 10^{-5}$kg	$6.344\,084 \times 10^{4}$kg	$4.084\,546 \times 10^{16}$kg
$2.388\,781 \times 10^{-4}$kg	$4.024\,741 \times 10^{5}$kg	$1.668\,351 \times 10^{17}$kg
$5.706\,278 \times 10^{-4}$kg	$1.619\,854 \times 10^{6}$kg	$2.783\,397 \times 10^{17}$kg
$3.256\,161 \times 10^{-3}$kg	$2.623\,927 \times 10^{6}$kg	$7.747\,303 \times 10^{17}$kg
$1.060\,259 \times 10^{-2}$kg	$6.884\,997 \times 10^{6}$kg	$6.002\,071 \times 10^{18}$kg
$1.124\,149 \times 10^{-2}$kg	$4.740\,319 \times 10^{7}$kg	$3.602\,486 \times 10^{19}$kg
$1.263\,711 \times 10^{-2}$kg	$2.247\,062 \times 10^{8}$kg	$1.297\,790 \times 10^{20}$kg
$1.596\,966 \times 10^{-2}$kg	$5.049\,290 \times 10^{8}$kg	$1.684\,261 \times 10^{20}$kg
$2.550\,303 \times 10^{-2}$kg	$2.549\,533 \times 10^{9}$kg	$2.836\,735 \times 10^{20}$kg
$6.504\,046 \times 10^{-2}$kg	$6.500\,119 \times 10^{9}$kg	$8.047\,071 \times 10^{20}$kg
$4.230\,261 \times 10^{-1}$kg	$4.225\,154 \times 10^{10}$kg	$6.475\,535 \times 10^{21}$kg
$1.789\,511 \times 10^{0}$kg	$1.785\,193 \times 10^{11}$kg	$4.193\,255 \times 10^{22}$kg
$3.202\,351 \times 10^{0}$kg	$3.186\,915 \times 10^{11}$kg	$1.758\,339 \times 10^{23}$kg
$1.025\,505 \times 10^{1}$kg	$1.015\,642 \times 10^{12}$kg	$3.091\,757 \times 10^{23}$kg
$1.051\,661 \times 10^{1}$kg	$1.031\,530 \times 10^{12}$kg	$9.558\,964 \times 10^{23}$kg
$1.105\,992 \times 10^{1}$kg	$1.064\,054 \times 10^{12}$kg	$9.137\,380 \times 10^{24}$kg
$1.223\,220 \times 10^{1}$kg	$1.132\,212 \times 10^{12}$kg	$8.349\,171 \times 10^{25}$kg
$1.496\,267 \times 10^{1}$kg	$1.281\,905 \times 10^{12}$kg	$6.970\,867 \times 10^{26}$kg
$2.238\,816 \times 10^{1}$kg	$1.643\,281 \times 10^{12}$kg	$4.859\,298 \times 10^{27}$kg
$5.012\,299 \times 10^{1}$kg	$2.700\,375 \times 10^{12}$kg	$2.361\,278 \times 10^{28}$kg
$2.512\,314 \times 10^{2}$kg	$7.292\,026 \times 10^{12}$kg	$5.575\,636 \times 10^{29}$kg
$6.311\,724 \times 10^{2}$kg	$5.317\,365 \times 10^{13}$kg	$3.108\,771 \times 10^{30}$kg

Cloro (Cl) 35. Masa atómica 34.968853U.

Masa en kilogramos 3.398 104 x 10^{-25}kg^{-2}

1.154 711 x 10^{-24}kg	5.271 088 x 10^{-10}kg	6.564 162 x 10^{3}kg
1.333 358 x 10^{-24}kg	2.778 436 x 10^{-9}kg	4.308 822 x 10^{4}kg
1.777 845 x 10^{-24}kg	7.719 711 x 10^{-9}kg	1.856 594 x 10^{5}kg
3.160 735 x 10^{-24}kg	5.959 395 x 10^{-8}kg	3.446 944 x 10^{5}kg
9.990 248 x 10^{-24}kg	3.551 439 x 10^{-7}kg	1.188 142 x 10^{6}kg
9.980 507 x 10^{-23}kg	1.261 271 x 10^{-6}kg	1.411 683 x 10^{6}kg
9.961 058 x 10^{-22}kg	1.590 807 x 10^{-6}kg	1.992 850 x 10^{6}kg
9.922 255 x 10^{-21}kg	2.530 666 x 10^{-6}kg	3.971 451 x 10^{6}kg
9.845 116 x 10^{-20}kg	6.404 275 x 10^{-6}kg	1.577 243 x 10^{7}kg
9.692 631 x 10^{-19}kg	4.101 474 x 10^{-5}kg	2.487 695 x 10^{7}kg
9.394 710 x 10^{-18}kg	1.682 209 x 10^{-4}kg	6.188 629 x 10^{7}kg
8.826 059 x 10^{-17}kg	2.829 827 x 10^{-4}kg	3.829 913 x 10^{8}kg
7.789 932 x 10^{-16}kg	8.007 921 x 10^{-4}kg	1.466 823 x 10^{9}kg
6.068 304 x 10^{-15}kg	6.412 681 x 10^{-3}kg	2.151 571 x 10^{9}kg
3.682 431 x 10^{-14}kg	4.112 247 x 10^{-2}kg	4.629 261 x 10^{9}kg
1.356 030 x 10^{-13}kg	1.691 058 x 10^{-1}kg	2.143 006 x 10^{10}kg
1.838 817 x 10^{-13}kg	2.859 677 x 10^{-1}kg	4.592 476 x 10^{10}kg
3.381 250 x 10^{-13}kg	8.177 757 x 10^{-1}kg	2.109 084 x 10^{11}kg
1.143 285 x 10^{-12}kg	6.687 571 x 10^{0}kg	4.448 236 x 10^{11}kg
1.307 101 x 10^{-12}kg	4.472 361 x 10^{1}kg	1.978 680 x 10^{12}kg
1.708 514 x 10^{-12}kg	2.000 201 x 10^{2}kg	3.915 177 x 10^{12}kg
2.919 023 x 10^{-12}kg	4.000 805 x 10^{2}kg	1.532 861 x 10^{13}kg
8.520 695 x 10^{-12}kg	1.600 644 x 10^{3}kg	2.349 663 x 10^{13}kg
7.260 225 x 10^{-11}kg	2.562 062 x 10^{3}kg	5.520 920 x 10^{13}kg

$3.048\ 056 \times 10^{14}$kg	$4.360\ 562 \times 10^{22}$kg	$7.789\ 834 \times 10^{27}$kg
$9.290\ 647 \times 10^{14}$kg	$1.901\ 450 \times 10^{23}$kg	$6.068\ 151 \times 10^{28}$kg
$8.631\ 613 \times 10^{15}$kg	$3.615\ 513 \times 10^{23}$kg	$3.682\ 246 \times 10^{29}$kg
$7.450\ 474 \times 10^{16}$kg	$1.307\ 194 \times 10^{24}$kg	$1.355\ 893 \times 10^{30}$kg
$5.550\ 956 \times 10^{17}$kg	$1.708\ 756 \times 10^{24}$kg	$1.838\ 447 \times 10^{30}$kg
$3.081\ 312 \times 10^{18}$kg	$2.919\ 848 \times 10^{24}$kg	$3.565\ 995 \times 10^{30}$kg
$9.494\ 484 \times 10^{18}$kg	$8.525\ 512 \times 10^{24}$kg	$1.271\ 632 \times 10^{31}$kg
$9.014\ 524 \times 10^{19}$kg	$7.268\ 436 \times 10^{25}$kg	$1.617\ 049 \times 10^{31}$kg
$8.126\ 164 \times 10^{20}$kg	$5.283\ 017 \times 10^{26}$kg	$2.614\ 849 \times 10^{31}$kg
$6.603\ 455 \times 10^{21}$kg	$2.791\ 027 \times 10^{27}$kg	$6.837\ 438 \times 10^{31}$kg

Cloro (Cl) 36. Masa atómica 35.968 307U.

Masa en kilogramos 3.495 226 x 10^{-25}kg^{-2}

$1.221\ 661 \times 10^{-24}$kg	$1.997\ 270 \times 10^{-20}$kg	$1.510\ 688 \times 10^{-13}$kg
$1.492\ 455 \times 10^{-24}$kg	$3.989\ 089 \times 10^{-20}$kg	$2.282\ 180 \times 10^{-13}$kg
$2.227\ 424 \times 10^{-24}$kg	$1.591\ 283 \times 10^{-19}$kg	$5.208\ 349 \times 10^{-13}$kg
$4.961\ 418 \times 10^{-24}$kg	$2.532\ 184 \times 10^{-19}$kg	$2.712\ 690 \times 10^{-12}$kg
$2.461\ 567 \times 10^{-23}$kg	$6.411\ 956 \times 10^{-19}$kg	$7.358\ 690 \times 10^{-12}$kg
$6.059\ 315 \times 10^{-23}$kg	$4.111\ 318 \times 10^{-18}$kg	$5.415\ 032 \times 10^{-11}$kg
$3.671\ 530 \times 10^{-22}$kg	$1.690\ 294 \times 10^{-17}$kg	$2.932\ 257 \times 10^{-10}$kg
$1.348\ 013 \times 10^{-21}$kg	$2.857\ 094 \times 10^{-17}$kg	$8.598\ 134 \times 10^{-10}$kg
$1.817\ 141 \times 10^{-21}$kg	$8.162\ 989 \times 10^{-17}$kg	$7.391\ 791 \times 10^{-9}$kg
$3.302\ 001 \times 10^{-21}$kg	$6.663\ 439 \times 10^{-16}$kg	$5.465\ 335 \times 10^{-8}$kg
$1.090\ 321 \times 10^{-20}$kg	$4.440\ 142 \times 10^{-15}$kg	$2.986\ 989 \times 10^{-7}$kg
$1.188\ 801 \times 10^{-20}$kg	$1.971\ 486 \times 10^{-14}$kg	$8.922\ 107 \times 10^{-7}$kg
$1.413\ 248 \times 10^{-20}$kg	$3.886\ 758 \times 10^{-14}$kg	$7.960\ 399 \times 10^{-6}$kg

$6.336\ 796 \times 10^{-5}$ kg	$1.000\ 993 \times 10^{11}$ kg	$1.188\ 343 \times 10^{19}$ kg
$4.015\ 499 \times 10^{-4}$ kg	$1.001\ 988 \times 10^{11}$ kg	$1.412\ 159 \times 10^{19}$ kg
$1.612\ 423 \times 10^{-3}$ kg	$1.003\ 979 \times 10^{11}$ kg	$1.994\ 195 \times 10^{19}$ kg
$2.599\ 909 \times 10^{-3}$ kg	$1.007\ 975 \times 10^{11}$ kg	$3.976\ 814 \times 10^{19}$ kg
$6.759\ 528 \times 10^{-3}$ kg	$1.016\ 015 \times 10^{11}$ kg	$1.581\ 505 \times 10^{20}$ kg
$4.569\ 122 \times 10^{-2}$ kg	$1.032\ 286 \times 10^{11}$ kg	$2.501\ 158 \times 10^{20}$ kg
$2.087\ 688 \times 10^{-1}$ kg	$1.065\ 616 \times 10^{11}$ kg	$6.255\ 794 \times 10^{20}$ kg
$4.358\ 442 \times 10^{-1}$ kg	$1.135\ 537 \times 10^{11}$ kg	$3.913\ 497 \times 10^{21}$ kg
$1.899\ 602 \times 10^{0}$ kg	$1.289\ 446 \times 10^{11}$ kg	$1.531\ 545 \times 10^{22}$ kg
$3.608\ 488 \times 10^{0}$ kg	$1.662\ 671 \times 10^{11}$ kg	$2.345\ 632 \times 10^{22}$ kg
$1.302\ 119 \times 10^{1}$ kg	$2.764\ 475 \times 10^{11}$ kg	$5.501\ 993 \times 10^{22}$ kg
$2.874\ 768 \times 10^{1}$ kg	$7.642\ 327 \times 10^{11}$ kg	$3.027\ 193 \times 10^{23}$ kg
$8.264\ 295 \times 10^{1}$ kg	$5.840\ 516 \times 10^{12}$ kg	$9.163\ 901 \times 10^{23}$ kg
$6.829\ 857 \times 10^{2}$ kg	$3.411\ 163 \times 10^{13}$ kg	$8.397\ 708 \times 10^{24}$ kg
$4.664\ 695 \times 10^{3}$ kg	$1.163\ 603 \times 10^{14}$ kg	$7.052\ 150 \times 10^{25}$ kg
$2.175\ 938 \times 10^{4}$ kg	$1.353\ 973 \times 10^{14}$ kg	$4.973\ 283 \times 10^{26}$ kg
$4.734\ 707 \times 10^{4}$ kg	$1.833\ 243 \times 10^{14}$ kg	$2.473\ 354 \times 10^{27}$ kg
$2.241\ 745 \times 10^{5}$ kg	$3.360\ 782 \times 10^{14}$ kg	$6.117\ 482 \times 10^{27}$ kg
$5.025\ 424 \times 10^{5}$ kg	$1.129\ 485 \times 10^{15}$ kg	$3.742\ 358 \times 10^{28}$ kg
$2.525\ 488 \times 10^{6}$ kg	$1.275\ 737 \times 10^{15}$ kg	$1.400\ 524 \times 10^{29}$ kg
$6.378\ 093 \times 10^{6}$ kg	$1.627\ 507 \times 10^{15}$ kg	$1.961\ 469 \times 10^{29}$ kg
$4.068\ 007 \times 10^{7}$ kg	$2.648\ 780 \times 10^{15}$ kg	$3.847\ 364 \times 10^{29}$ kg
$1.654\ 868 \times 10^{8}$ kg	$7.016\ 038 \times 10^{15}$ kg	$1.480\ 221 \times 10^{30}$ kg
$2.738\ 589 \times 10^{8}$ kg	$4.922\ 478 \times 10^{16}$ kg	$2.191\ 054 \times 10^{30}$ kg
$7.499\ 872 \times 10^{8}$ kg	$2.423\ 079 \times 10^{17}$ kg	$4.800\ 719 \times 10^{30}$ kg
$5.624\ 809 \times 10^{9}$ kg	$5.871\ 316 \times 10^{17}$ kg	$2.304\ 006 \times 10^{31}$ kg
$3.163\ 848 \times 10^{10}$ kg	$3.447\ 235 \times 10^{18}$ kg	$5.308\ 447 \times 10^{31}$ kg

Azufre (S) 32. Masa atómica 31.972071U.

Masa en kilogramos 3.106 891 x 10^{-25}kg^{-2}

9.652 777 x 10^{-25}kg	1.032 130 x 10^{-14}kg	2.950 291 x 10^{-6}kg
9.317 610 x 10^{-24}kg	1.065 293 x 10^{-14}kg	8.704 221 x 10^{-6}kg
8.681 786 x 10^{-23}kg	1.134 850 x 10^{-14}kg	7.576 347 x 10^{-5}kg
7.537 342 x 10^{-22}kg	1.287 885 x 10^{-14}kg	5.740 104 x 10^{-4}kg
5.681 153 x 10^{-21}kg	1.658 649 x 10^{-14}kg	3.294 879 x 10^{-3}kg
3.227 550 x 10^{-20}kg	2.751 118 x 10^{-14}kg	1.085 623 x 10^{-2}kg
1.041 708 x 10^{-19}kg	7.568 654 x 10^{-14}kg	1.178 578 x 10^{-2}kg
1.085 155 x 10^{-19}kg	5.728 452 x 10^{-13}kg	1.389 046 x 10^{-2}kg
1.177 562 x 10^{-19}kg	3.281 517 x 10^{-12}kg	1.929 450 x 10^{-2}kg
1.386 654 x 10^{-19}kg	1.076 835 x 10^{-11}kg	3.722 778 x 10^{-2}kg
1.922 810 x 10^{-19}kg	1.159 574 x 10^{-11}kg	1.385 908 x 10^{-1}kg
3.697 198 x 10^{-19}kg	1.344 613 x 10^{-11}kg	1.920 741 x 10^{-1}kg
1.366 927 x 10^{-18}kg	1.807 984 x 10^{-11}kg	3.689 247 x 10^{-1}kg
1.868 491 x 10^{-18}kg	3.268 809 x 10^{-11}kg	1.361 054 x 10^{0}kg
3.491 259 x 10^{-18}kg	1.068 511 x 10^{-10}kg	1.852 470 x 10^{0}kg
1.218 889 x 10^{-17}kg	1.141 716 x 10^{-10}kg	3.431 646 x 10^{0}kg
1.485 691 x 10^{-17}kg	1.303 516 x 10^{-10}kg	1.177 619 x 10^{1}kg
2.207 279 x 10^{-17}kg	1.699 156 x 10^{-10}kg	1.386 788 x 10^{1}kg
4.872 082 x 10^{-17}kg	2.887 131 x 10^{-10}kg	1.923 182 x 10^{1}kg
2.373 718 x 10^{-16}kg	8.335 531 x 10^{-10}kg	3.698 631 x 10^{1}kg
5.634 539 x 10^{-16}kg	6.948 108 x 10^{-9}kg	1.367 987 x 10^{2}kg
3.174 803 x 10^{-15}kg	4.827 620 x 10^{-8}kg	3.502 098 x 10^{2}kg
1.007 937 x 10^{-14}kg	2.330 591 x 10^{-7}kg	1.226 469 x 10^{3}kg
1.015 938 x 10^{-14}kg	5.431 658 x 10^{-7}kg	1.504 227 x 10^{3}kg

$2.262\ 699 \times 10^3$kg	$1.686\ 820 \times 10^{13}$kg	$7.347\ 724 \times 10^{20}$kg
$5.119\ 808 \times 10^3$kg	$2.845\ 362 \times 10^{13}$kg	$5.398\ 904 \times 10^{21}$kg
$2.621\ 244 \times 10^4$kg	$8.096\ 085 \times 10^{13}$kg	$2.914\ 817 \times 10^{22}$kg
$6.870\ 921 \times 10^4$kg	$6.554\ 660 \times 10^{14}$kg	$8.496\ 160 \times 10^{22}$kg
$4.720\ 956 \times 10^5$kg	$4.296\ 357 \times 10^{15}$kg	$7.218\ 473 \times 10^{23}$kg
$2.228\ 742 \times 10^6$kg	$1.845\ 868 \times 10^{16}$kg	$5.210\ 636 \times 10^{24}$kg
$4.967\ 293 \times 10^6$kg	$3.407\ 230 \times 10^{16}$kg	$2.715\ 073 \times 10^{25}$kg
$2.467\ 400 \times 10^7$kg	$1.160\ 921 \times 10^{17}$kg	$7.371\ 621 \times 10^{25}$kg
$6.088\ 064 \times 10^7$kg	$1.347\ 739 \times 10^{17}$kg	$5.434\ 080 \times 10^{26}$kg
$3.706\ 453 \times 10^8$kg	$1.816\ 402 \times 10^{17}$kg	$2.952\ 923 \times 10^{27}$kg
$1.373\ 779 \times 10^9$kg	$3.299\ 316 \times 10^{17}$kg	$8.719\ 755 \times 10^{27}$kg
$1.887\ 270 \times 10^9$kg	$1.088\ 548 \times 10^{18}$kg	$7.603\ 413 \times 10^{28}$kg
$3.561\ 789 \times 10^9$kg	$1.184\ 938 \times 10^{18}$kg	$5.781\ 189 \times 10^{29}$kg
$1.268\ 634 \times 10^{10}$kg	$1.404\ 079 \times 10^{18}$kg	$3.342\ 215 \times 10^{30}$kg
$1.609\ 433 \times 10^{10}$kg	$1.971\ 440 \times 10^{18}$kg	$1.117\ 040 \times 10^{31}$kg
$2.590\ 275 \times 10^{10}$kg	$3.886\ 576 \times 10^{18}$kg	$1.247\ 779 \times 10^{31}$kg
$6.709\ 525 \times 10^{10}$kg	$1.510\ 548 \times 10^{19}$kg	$1.556\ 953 \times 10^{31}$kg
$4.501\ 773 \times 10^{11}$kg	$2.281\ 755 \times 10^{19}$kg	$2.424\ 104 \times 10^{31}$kg
$2.026\ 596 \times 10^{12}$kg	$5.206\ 408 \times 10^{19}$kg	$5.876\ 282 \times 10^{31}$kg
$4.107\ 091 \times 10^{12}$kg	$2.710\ 668 \times 10^{20}$kg	

Azufre (S) 34. Masa atómica 33.967867U.

Masa en kilogramos 3.300 833 x 10^{-25}kg^{-2}

$1.089\ 550 \times 10^{-24}$kg	$3.944\ 180 \times 10^{-24}$kg	$3.430\ 109 \times 10^{-22}$kg
$1.187\ 119 \times 10^{-24}$kg	$1.555\ 655 \times 10^{-23}$kg	$1.176\ 565 \times 10^{-21}$kg
$1.409\ 253 \times 10^{-24}$kg	$2.420\ 064 \times 10^{-23}$kg	$1.384\ 305 \times 10^{-21}$kg
$1.985\ 996 \times 10^{-24}$kg	$5.856\ 713 \times 10^{-23}$kg	$1.916\ 302 \times 10^{-21}$kg

$3.672\ 213 \times 10^{-21}$kg	$2.755\ 637 \times 10^{-8}$kg	$1.250\ 784 \times 10^{3}$kg
$1.348\ 515 \times 10^{-20}$kg	$7.593\ 536 \times 10^{-8}$kg	$1.564\ 461 \times 10^{3}$kg
$1.818\ 494 \times 10^{-20}$kg	$5.766\ 180 \times 10^{-7}$kg	$2.447\ 539 \times 10^{3}$kg
$3.306\ 920 \times 10^{-20}$kg	$3.324\ 883 \times 10^{-6}$kg	$5.990\ 450 \times 10^{3}$kg
$1.093\ 572 \times 10^{-19}$kg	$1.105\ 485 \times 10^{-5}$kg	$3.588\ 549 \times 10^{4}$kg
$1.195\ 900 \times 10^{-19}$kg	$1.222\ 097 \times 10^{-5}$kg	$1.287\ 768 \times 10^{5}$kg
$1.430\ 177 \times 10^{-19}$kg	$1.493\ 521 \times 10^{-5}$kg	$1.658\ 348 \times 10^{5}$kg
$2.045\ 408 \times 10^{-19}$kg	$2.230\ 607 \times 10^{-5}$kg	$2.750\ 119 \times 10^{5}$kg
$4.183\ 694 \times 10^{-19}$kg	$4.975\ 608 \times 10^{-5}$kg	$7.563\ 159 \times 10^{5}$kg
$1.750\ 330 \times 10^{-18}$kg	$2.475\ 667 \times 10^{-4}$kg	$5.720\ 137 \times 10^{6}$kg
$3.063\ 655 \times 10^{-18}$kg	$6.128\ 931 \times 10^{-4}$kg	$3.271\ 997 \times 10^{7}$kg
$9.385\ 985 \times 10^{-18}$kg	$3.756\ 380 \times 10^{-3}$kg	$1.070\ 596 \times 10^{8}$kg
$8.809\ 671 \times 10^{-17}$kg	$1.411\ 039 \times 10^{-2}$kg	$1.146\ 177 \times 10^{8}$kg
$7.761\ 031 \times 10^{-16}$kg	$1.991\ 031 \times 10^{-2}$kg	$1.313\ 723 \times 10^{8}$kg
$6.023\ 361 \times 10^{-15}$kg	$3.964\ 207 \times 10^{-2}$kg	$1.725\ 868 \times 10^{8}$kg
$3.628\ 087 \times 10^{-14}$kg	$1.571\ 494 \times 10^{-1}$kg	$2.978\ 622 \times 10^{8}$kg
$1.316\ 302 \times 10^{-13}$kg	$2.469\ 594 \times 10^{-1}$kg	$8.872\ 194 \times 10^{8}$kg
$1.732\ 651 \times 10^{-13}$kg	$6.098\ 894 \times 10^{-1}$kg	$7.871\ 583 \times 10^{9}$kg
$3.002\ 080 \times 10^{-13}$kg	$3.719\ 651 \times 10^{0}$kg	$6.196\ 183 \times 10^{10}$kg
$9.012\ 486 \times 10^{-13}$kg	$1.383\ 581 \times 10^{1}$kg	$3.839\ 268 \times 10^{11}$kg
$8.122\ 490 \times 10^{-12}$kg	$1.914\ 296 \times 10^{1}$kg	$1.473\ 998 \times 10^{12}$kg
$6.597\ 485 \times 10^{-11}$kg	$3.664\ 531 \times 10^{1}$kg	$2.172\ 670 \times 10^{12}$kg
$4.352\ 681 \times 10^{-10}$kg	$1.342\ 879 \times 10^{2}$kg	$4.720\ 498 \times 10^{12}$kg
$1.894\ 584 \times 10^{-9}$kg	$1.803\ 324 \times 10^{2}$kg	$2.228\ 310 \times 10^{13}$kg
$3.589\ 448 \times 10^{-9}$kg	$3.251\ 979 \times 10^{2}$kg	$4.965\ 366 \times 10^{13}$kg
$1.288\ 414 \times 10^{-8}$kg	$1.057\ 537 \times 10^{3}$kg	$2.465\ 486 \times 10^{14}$kg
$1.660\ 011 \times 10^{-8}$kg	$1.118\ 384 \times 10^{3}$kg	$6.078\ 625 \times 10^{14}$kg

$3.694\,968 \times 10^{15}$kg	$8.586\,055 \times 10^{19}$kg	$6.592\,555 \times 10^{26}$kg
$1.365\,279 \times 10^{16}$kg	$7.372\,035 \times 10^{20}$kg	$4.346\,178 \times 10^{27}$kg
$1.863\,988 \times 10^{16}$kg	$5.434\,691 \times 10^{21}$kg	$1.888\,927 \times 10^{28}$kg
$3.474\,451 \times 10^{16}$kg	$2.953\,586 \times 10^{22}$kg	$3.568\,045 \times 10^{28}$kg
$1.207\,181 \times 10^{17}$kg	$8.723\,614 \times 10^{22}$kg	$1.273\,094 \times 10^{29}$kg
$1.457\,287 \times 10^{17}$kg	$7.610\,248 \times 10^{23}$kg	$1.620\,770 \times 10^{29}$kg
$2.123\,687 \times 10^{17}$kg	$5.791\,588 \times 10^{24}$kg	$2.626\,897 \times 10^{29}$kg
$4.510\,046 \times 10^{17}$kg	$3.354\,250 \times 10^{25}$kg	$6.900\,590 \times 10^{29}$kg
$2.034\,052 \times 10^{18}$kg	$1.125\,099 \times 10^{26}$kg	$4.761\,814 \times 10^{30}$kg
$4.137\,368 \times 10^{18}$kg	$1.265\,848 \times 10^{26}$kg	$2.267\,487 \times 10^{31}$kg
$1.711\,781 \times 10^{19}$kg	$1.602\,372 \times 10^{26}$kg	$5.141\,499 \times 10^{31}$ kg
$2.930\,197 \times 10^{19}$kg	$2.567\,597 \times 10^{26}$kg	

Azufre (S) 35 (Radiactivo). Masa atómica 34.969033U.

Masa en kilogramos 3.398 122 x 10^{-25}kg^{-2}

$1.154\,723 \times 10^{-24}$kg	$8.125\,440 \times 10^{-16}$kg	$5.406\,822 \times 10^{-9}$kg
$1.333\,386 \times 10^{-24}$kg	$6.602\,278 \times 10^{-15}$kg	$2.923\,372 \times 10^{-8}$kg
$1.777\,918 \times 10^{-24}$kg	$4.359\,007 \times 10^{-14}$kg	$8.546\,106 \times 10^{-8}$kg
$3.160\,995 \times 10^{-24}$kg	$1.900\,094 \times 10^{-13}$kg	$7.303\,594 \times 10^{-7}$kg
$9.991\,894 \times 10^{-24}$kg	$3.610\,360 \times 10^{-13}$kg	$5.334\,249 \times 10^{-6}$kg
$9.983\,795 \times 10^{-23}$kg	$1.303\,470 \times 10^{-12}$kg	$2.845\,421 \times 10^{-5}$kg
$9.967\,617 \times 10^{-22}$kg	$1.699\,034 \times 10^{-12}$kg	$8.096\,423 \times 10^{-5}$kg
$9.935\,339 \times 10^{-21}$kg	$2.886\,718 \times 10^{-12}$kg	$6.555\,206 \times 10^{-4}$kg
$9.871\,097 \times 10^{-20}$kg	$8.333\,143 \times 10^{-12}$kg	$4.297\,073 \times 10^{-3}$kg
$9.743\,856 \times 10^{-19}$kg	$6.944\,128 \times 10^{-11}$kg	$1.846\,484 \times 10^{-2}$kg
$9.494\,273 \times 10^{-18}$kg	$4.822\,092 \times 10^{-10}$kg	$3.409\,504 \times 10^{-2}$kg
$9.014\,122 \times 10^{-17}$kg	$2.325\,257 \times 10^{-9}$kg	$1.162\,471 \times 10^{-1}$kg

$1.351\ 341 \times 10^{-1}$kg	$9.927\ 338 \times 10^{8}$kg	$9.788\ 105 \times 10^{20}$kg
$1.826\ 122 \times 10^{-1}$kg	$9.855\ 205 \times 10^{9}$kg	$9.580\ 701 \times 10^{21}$kg
$3.334\ 723 \times 10^{-1}$kg	$9.712\ 507 \times 10^{10}$kg	$9.178\ 983 \times 10^{22}$kg
$1.112\ 038 \times 10^{0}$kg	$9.433\ 279 \times 10^{11}$kg	$8.425\ 374 \times 10^{23}$kg
$1.236\ 628 \times 10^{0}$kg	$8.898\ 676 \times 10^{12}$kg	$7.098\ 693 \times 10^{24}$kg
$1.529\ 250 \times 10^{0}$kg	$7.918\ 644 \times 10^{13}$kg	$5.039\ 144 \times 10^{25}$kg
$2.338\ 607 \times 10^{0}$kg	$6.270\ 492 \times 10^{14}$kg	$2.539\ 297 \times 10^{26}$kg
$5.469\ 084 \times 10^{0}$kg	$3.931\ 908 \times 10^{15}$kg	$6.448\ 033 \times 10^{26}$kg
$2.991\ 088 \times 10^{1}$kg	$1.545\ 990 \times 10^{16}$kg	$4.157\ 714 \times 10^{27}$kg
$8.946\ 612 \times 10^{1}$kg	$2.390\ 085 \times 10^{16}$kg	$1.728\ 658 \times 10^{28}$kg
$8.004\ 186 \times 10^{2}$kg	$5.712\ 508 \times 10^{16}$kg	$2.988\ 260 \times 10^{28}$kg
$6.406\ 700 \times 10^{3}$kg	$3.263\ 275 \times 10^{17}$kg	$8.929\ 701 \times 10^{28}$kg
$4.104\ 581 \times 10^{4}$kg	$1.064\ 896 \times 10^{18}$kg	$7.973\ 956 \times 10^{29}$kg
$1.684\ 758 \times 10^{5}$kg	$1.134\ 004 \times 10^{18}$kg	$6.358\ 398 \times 10^{30}$kg
$2.838\ 412 \times 10^{5}$kg	$1.285\ 966 \times 10^{18}$kg	$4.042\ 922 \times 10^{31}$kg
$8.056\ 585 \times 10^{5}$kg	$1.653\ 709 \times 10^{18}$kg	$1.634\ 522 \times 10^{32}$kg
$6.490\ 857 \times 10^{6}$kg	$2.734\ 756 \times 10^{18}$kg	$2.671\ 663 \times 10^{32}$kg
$4.213\ 122 \times 10^{7}$kg	$7.478\ 893 \times 10^{18}$kg	$7.137\ 783 \times 10^{32}$ kg
$1.775\ 040 \times 10^{8}$kg	$5.593\ 384 \times 10^{19}$kg	
$3.150\ 767 \times 10^{8}$kg	$3.128\ 594 \times 10^{20}$kg	

Azufre (S) 36. Masa atómica 35.967081U.

Masa en kilogramos 3.495 107 x 10^{-25}kg^{-2}

$1.221\ 577 \times 10^{-24}$kg	$4.958\ 713 \times 10^{-24}$kg	$3.655\ 546 \times 10^{-22}$kg
$1.492\ 252 \times 10^{-24}$kg	$2.458\ 884 \times 10^{-23}$kg	$1.336\ 302 \times 10^{-21}$kg
$2.226\ 816 \times 10^{-24}$kg	$6.046\ 111 \times 10^{-23}$kg	$1.875\ 703 \times 10^{-21}$kg

$3.188\,736 \times 10^{-21}$kg	$4.321\,674 \times 10^{-11}$kg	$4.013\,003 \times 10^{3}$kg
$1.016\,803 \times 10^{-20}$kg	$1.867\,686 \times 10^{-10}$kg	$1.610\,419 \times 10^{4}$kg
$1.033\,890 \times 10^{-20}$kg	$3.488\,254 \times 10^{-10}$kg	$2.593\,451 \times 10^{4}$kg
$1.068\,928 \times 10^{-20}$kg	$1.216\,791 \times 10^{-9}$kg	$6.725\,991 \times 10^{4}$kg
$1.142\,609 \times 10^{-20}$kg	$1.480\,582 \times 10^{-9}$kg	$4.523\,896 \times 10^{5}$kg
$1.305\,555 \times 10^{-20}$kg	$2.192\,123 \times 10^{-9}$kg	$2.046\,563 \times 10^{6}$kg
$1.704\,474 \times 10^{-20}$kg	$4.805\,404 \times 10^{-9}$kg	$4.188\,423 \times 10^{6}$kg
$2.905\,234 \times 10^{-20}$kg	$2.309\,191 \times 10^{-8}$kg	$1.754\,289 \times 10^{7}$kg
$8.440\,385 \times 10^{-20}$kg	$5.332\,363 \times 10^{-8}$kg	$3.077\,530 \times 10^{7}$kg
$7.124\,011 \times 10^{-19}$kg	$2.843\,410 \times 10^{-7}$kg	$9.471\,196 \times 10^{7}$kg
$5.075\,153 \times 10^{-18}$kg	$8.084\,980 \times 10^{-7}$kg	$8.970\,356 \times 10^{8}$kg
$2.575\,718 \times 10^{-17}$kg	$6.536\,691 \times 10^{-6}$kg	$8.046\,730 \times 10^{9}$kg
$6.634\,324 \times 10^{-17}$kg	$4.272\,833 \times 10^{-5}$kg	$6.474\,986 \times 10^{10}$kg
$4.401\,426 \times 10^{-16}$kg	$1.825\,710 \times 10^{-4}$kg	$4.192\,545 \times 10^{11}$kg
$1.937\,255 \times 10^{-15}$kg	$3.333\,220 \times 10^{-4}$kg	$1.757\,743 \times 10^{12}$kg
$3.752\,960 \times 10^{-15}$kg	$1.111\,035 \times 10^{-3}$kg	$3.089\,663 \times 10^{12}$kg
$1.408\,470 \times 10^{-14}$kg	$1.234\,400 \times 10^{-3}$kg	$9.546\,021 \times 10^{12}$kg
$1.983\,790 \times 10^{-14}$kg	$2.321\,794 \times 10^{-3}$kg	$9.112\,651 \times 10^{13}$kg
$3.935\,423 \times 10^{-14}$kg	$5.390\,727 \times 10^{-3}$kg	$8.304\,042 \times 10^{14}$kg
$1.548\,756 \times 10^{-13}$kg	$2.905\,994 \times 10^{-2}$kg	$6.895\,711 \times 10^{15}$kg
$2.398\,645 \times 10^{-13}$kg	$8.444\,804 \times 10^{-2}$kg	$4.755\,084 \times 10^{16}$kg
$5.753\,499 \times 10^{-13}$kg	$7.131\,472 \times 10^{-1}$kg	$2.261\,082 \times 10^{17}$kg
$3.310\,275 \times 10^{-12}$kg	$5.085\,789 \times 10^{0}$kg	$5.112\,494 \times 10^{17}$kg
$1.095\,792 \times 10^{-11}$kg	$2.589\,525 \times 10^{1}$kg	$2.613\,760 \times 10^{18}$kg
$1.200\,760 \times 10^{-11}$kg	$6.690\,116 \times 10^{1}$kg	$6.831\,741 \times 10^{18}$kg
$1.441\,826 \times 10^{-11}$kg	$4.475\,766 \times 10^{2}$kg	$4.667\,268 \times 10^{19}$kg
$2.078\,863 \times 10^{-11}$kg	$2.003\,248 \times 10^{3}$kg	$2.178\,339 \times 10^{20}$kg

$4.745\ 165 \times 10^{20}$kg

$2.251\ 659 \times 10^{21}$kg

$5.069\ 968 \times 10^{21}$kg

$2.570\ 458 \times 10^{22}$kg

$6.607\ 255 \times 10^{22}$kg

$4.365\ 583 \times 10^{23}$kg

$1.905\ 831 \times 10^{24}$kg

$3.632\ 194 \times 10^{24}$kg

$1.319\ 283 \times 10^{25}$kg

$1.740\ 508 \times 10^{25}$kg

$3.029\ 370 \times 10^{25}$kg

$9.177\ 086 \times 10^{25}$kg

$8.421\ 891 \times 10^{26}$kg

$7.092\ 825 \times 10^{27}$kg

$5.030\ 817 \times 10^{28}$kg

$2.530\ 912 \times 10^{29}$kg

$6.405\ 518 \times 10^{29}$kg

$4.103\ 067 \times 10^{30}$kg

$1.683\ 516 \times 10^{31}$kg

$2.834\ 226 \times 10^{31}$kg

$8.032\ 837 \times 10^{31}$kg

Azufre: Promedio de las masas de este elemento.

$3.100\ 992 \times 10^{-25}$kg^{-2}

$9.616\ 155 \times 10^{-25}$kg

$9.247\ 043 \times 10^{-24}$kg

$8.550\ 781 \times 10^{-23}$kg

$7.311\ 587 \times 10^{-22}$kg

$5.345\ 930 \times 10^{-21}$kg

$2.857\ 897 \times 10^{-20}$kg

$8.167\ 577 \times 10^{-20}$kg

$6.670\ 931 \times 10^{-19}$kg

$4.450\ 133 \times 10^{-18}$kg

$1.980\ 368 \times 10^{-17}$kg

$3.921\ 859 \times 10^{-17}$kg

$1.538\ 098 \times 10^{-16}$kg

$2.365\ 746 \times 10^{-16}$kg

$5.596\ 755 \times 10^{-16}$kg

$3.132\ 367 \times 10^{-15}$kg

$9.811\ 725 \times 10^{-15}$kg

$9.626\ 995 \times 10^{-14}$kg

$9.267\ 903 \times 10^{-13}$kg

$8.589\ 404 \times 10^{-12}$kg

$7.377\ 786 \times 10^{-11}$kg

$5.443\ 173 \times 10^{-10}$kg

$2.962\ 813 \times 10^{-9}$kg

$8.778\ 265 \times 10^{-9}$kg

$7.705\ 794 \times 10^{-8}$kg

$5.937\ 927 \times 10^{-7}$kg

$3.525\ 897 \times 10^{-6}$kg

$1.243\ 195 \times 10^{-5}$kg

$1.545\ 535 \times 10^{-5}$kg

$2.388\ 678 \times 10^{-5}$kg

$5.705\ 787 \times 10^{-5}$kg

$3.255\ 600 \times 10^{-4}$kg

$1.059\ 893 \times 10^{-3}$kg

$1.123\ 374 \times 10^{-3}$kg

$1.261\ 970 \times 10^{-3}$kg

$1.592\ 568 \times 10^{-3}$kg

$2.536\ 275 \times 10^{-3}$kg

$6.432\ 691 \times 10^{-3}$kg

$4.137\ 951 \times 10^{-2}$kg

$1.712\ 264 \times 10^{-1}$kg

$2.931\ 850 \times 10^{-1}$kg

$8.595\ 745 \times 10^{-1}$kg

$7.388\ 683 \times 10^{0}$kg

$5.459\ 264 \times 10^{1}$kg

$2.980\ 356 \times 10^{2}$kg

$8.882\ 527 \times 10^{2}$kg

$7.889\ 929 \times 10^{3}$kg

$6.225\ 098 \times 10^{4}$kg

$3.875\ 185 \times 10^{5}$kg

$1.501\ 705 \times 10^{6}$kg

$2.255\ 120 \times 10^{6}$kg

$5.085\ 569 \times 10^{6}$kg

$2.586\ 301 \times 10^{7}$kg

$6.688\ 958 \times 10^{7}$kg

$4.474\,215 \times 10^{8}$kg	$2.428\,380 \times 10^{16}$kg	$6.766\,159 \times 10^{25}$kg
$2.001\,860 \times 10^{9}$kg	$5.901\,887 \times 10^{16}$kg	$4.578\,091 \times 10^{26}$kg
$4.007\,446 \times 10^{9}$kg	$3.483\,227 \times 10^{17}$kg	$2.095\,892 \times 10^{27}$kg
$1.605\,962 \times 10^{10}$kg	$1.213\,287 \times 10^{18}$kg	$4.392\,765 \times 10^{27}$kg
$2.579\,117 \times 10^{10}$kg	$1.472\,066 \times 10^{18}$kg	$1.929\,638 \times 10^{28}$kg
$6.651\,845 \times 10^{10}$kg	$2.166\,978 \times 10^{18}$kg	$3.723\,504 \times 10^{28}$kg
$4.424\,704 \times 10^{11}$kg	$4.695\,797 \times 10^{18}$kg	$1.386\,448 \times 10^{29}$kg
$1.958\,800 \times 10^{12}$kg	$2.205\,050 \times 10^{19}$kg	$1.922\,240 \times 10^{29}$kg
$3.832\,984 \times 10^{12}$kg	$4.862\,249 \times 10^{19}$kg	$3.695\,008 \times 10^{29}$kg
$1.469\,177 \times 10^{13}$kg	$2.364\,147 \times 10^{20}$kg	$1.365\,308 \times 10^{30}$kg
$2.158\,481 \times 10^{13}$kg	$5.589\,192 \times 10^{20}$kg	$1.864\,068 \times 10^{30}$kg
$4.659\,043 \times 10^{13}$kg	$3.123\,907 \times 10^{21}$kg	$3.474\,751 \times 10^{30}$kg
$2.170\,668 \times 10^{14}$kg	$9.758\,799 \times 10^{21}$kg	$1.207\,389 \times 10^{31}$kg
$4.711\,800 \times 10^{14}$kg	$9.523\,416 \times 10^{22}$kg	$1.457\,789 \times 10^{31}$kg
$2.220\,106 \times 10^{15}$kg	$9.069\,546 \times 10^{23}$kg	$2.125\,151 \times 10^{31}$kg
$4.928\,874 \times 10^{15}$kg	$8.225\,666 \times 10^{24}$kg	

Fósforo (P) 30 (Radiactivo). Masa atómica

Masa en kilogramos 2.819 522 x 10^{-25}kg^{-2}

$7.949\,709 \times 10^{-25}$kg	$3.089\,710 \times 10^{-20}$kg	$2.623\,967 \times 10^{-14}$kg
$6.319\,787 \times 10^{-24}$kg	$9.546\,311 \times 10^{-20}$kg	$6.885\,203 \times 10^{-14}$kg
$3.993\,971 \times 10^{-23}$kg	$9.113\,206 \times 10^{-19}$kg	$4.740\,602 \times 10^{-13}$kg
$1.595\,180 \times 10^{-22}$kg	$8.305\,053 \times 10^{-18}$kg	$2.247\,331 \times 10^{-12}$kg
$2.544\,601 \times 10^{-22}$kg	$6.897\,391 \times 10^{-17}$kg	$5.050\,498 \times 10^{-12}$kg
$6.474\,999 \times 10^{-22}$kg	$4.757\,401 \times 10^{-16}$kg	$2.550\,753 \times 10^{-11}$kg
$4.192\,561 \times 10^{-21}$kg	$2.263\,286 \times 10^{-15}$kg	$6.506\,342 \times 10^{-11}$kg
$1.757\,757 \times 10^{-20}$kg	$5.122\,467 \times 10^{-15}$kg	$4.233\,248 \times 10^{-10}$kg

$1.792\,039 \times 10^{-9}\,\text{kg}$	$1.698\,892 \times 10^{4}\,\text{kg}$	$4.642\,886 \times 10^{18}\,\text{kg}$
$3.211\,405 \times 10^{-9}\,\text{kg}$	$2.886\,235 \times 10^{4}\,\text{kg}$	$2.155\,639 \times 10^{19}\,\text{kg}$
$1.031\,312 \times 10^{-8}\,\text{kg}$	$8.330\,354 \times 10^{4}\,\text{kg}$	$4.646\,870 \times 10^{19}\,\text{kg}$
$1.063\,605 \times 10^{-8}\,\text{kg}$	$6.939\,480 \times 10^{5}\,\text{kg}$	$2.159\,257 \times 10^{20}\,\text{kg}$
$1.131\,257 \times 10^{-8}\,\text{kg}$	$4.815\,638 \times 10^{6}\,\text{kg}$	$4.662\,391 \times 10^{20}\,\text{kg}$
$1.279\,743 \times 10^{-8}\,\text{kg}$	$2.319\,037 \times 10^{7}\,\text{kg}$	$2.173\,789 \times 10^{21}\,\text{kg}$
$1.637\,744 \times 10^{-8}\,\text{kg}$	$5.377\,933 \times 10^{7}\,\text{kg}$	$4.725\,360 \times 10^{21}\,\text{kg}$
$2.682\,206 \times 10^{-8}\,\text{kg}$	$2.892\,217 \times 10^{8}\,\text{kg}$	$2.232\,903 \times 10^{22}\,\text{kg}$
$7.194\,230 \times 10^{-8}\,\text{kg}$	$8.364\,920 \times 10^{8}\,\text{kg}$	$4.985\,856 \times 10^{22}\,\text{kg}$
$5.175\,695 \times 10^{-7}\,\text{kg}$	$6.997\,189 \times 10^{9}\,\text{kg}$	$2.485\,876 \times 10^{23}\,\text{kg}$
$2.678\,782 \times 10^{-6}\,\text{kg}$	$4.896\,066 \times 10^{10}\,\text{kg}$	$6.179\,583 \times 10^{23}\,\text{kg}$
$7.175\,874 \times 10^{-6}\,\text{kg}$	$2.397\,146 \times 10^{11}\,\text{kg}$	$3.818\,725 \times 10^{24}\,\text{kg}$
$5.149\,318 \times 10^{-5}\,\text{kg}$	$5.746\,312 \times 10^{11}\,\text{kg}$	$1.458\,266 \times 10^{25}\,\text{kg}$
$2.651\,547 \times 10^{-4}\,\text{kg}$	$3.302\,010 \times 10^{12}\,\text{kg}$	$2.126\,540 \times 10^{25}\,\text{kg}$
$7.030\,705 \times 10^{-4}\,\text{kg}$	$1.090\,327 \times 10^{13}\,\text{kg}$	$4.522\,172 \times 10^{25}\,\text{kg}$
$4.943\,082 \times 10^{-3}\,\text{kg}$	$1.188\,814 \times 10^{13}\,\text{kg}$	$2.045\,004 \times 10^{26}\,\text{kg}$
$2.443\,406 \times 10^{-2}\,\text{kg}$	$1.413\,279 \times 10^{13}\,\text{kg}$	$4.182\,042 \times 10^{26}\,\text{kg}$
$5.970\,233 \times 10^{-2}\,\text{kg}$	$1.997\,357 \times 10^{13}\,\text{kg}$	$1.748\,948 \times 10^{27}\,\text{kg}$
$3.564\,368 \times 10^{-1}\,\text{kg}$	$3.989\,437 \times 10^{13}\,\text{kg}$	$3.058\,819 \times 10^{27}\,\text{kg}$
$1.270\,472 \times 10^{0}\,\text{kg}$	$1.591\,561 \times 10^{14}\,\text{kg}$	$9.356\,376 \times 10^{27}\,\text{kg}$
$2.605\,317 \times 10^{0}\,\text{kg}$	$2.533\,067 \times 10^{14}\,\text{kg}$	$8.754\,177 \times 10^{28}\,\text{kg}$
$6.787\,679 \times 10^{0}\,\text{kg}$	$6.416\,431 \times 10^{14}\,\text{kg}$	$7.663\,562 \times 10^{29}\,\text{kg}$
$4.607\,259 \times 10^{1}\,\text{kg}$	$4.117\,059 \times 10^{15}\,\text{kg}$	$5.873\,018 \times 10^{30}\,\text{kg}$
$2.122\,684 \times 10^{2}\,\text{kg}$	$1.695\,017 \times 10^{16}\,\text{kg}$	$3.449\,235 \times 10^{31}\,\text{kg}$
$4.505\,787 \times 10^{2}\,\text{kg}$	$2.873\,085 \times 10^{16}\,\text{kg}$	$1.189\,722 \times 10^{32}\,\text{kg}$
$2.030\,212 \times 10^{3}\,\text{kg}$	$8.254\,618 \times 10^{16}\,\text{kg}$	
$4.121\,762 \times 10^{3}\,\text{kg}$	$6.813\,872 \times 10^{17}\,\text{kg}$	

Fósforo (P) 31. Masa atómica 30.973U.

Masa en kilogramos 2.913 147 x 10^{-25}kg^{-2}

8.486 428 x 10^{-25}kg	1.209 474 x 10^{-11}kg	3.102 318 x 10^{-3}kg
7.201 946 x 10^{-24}kg	1.462 829 x 10^{-11}kg	9.624 377 x 10^{-3}kg
5.186 803 x 10^{-23}kg	2.139 870 x 10^{-11}kg	9.262 863 x 10^{-2}kg
2.690 293 x 10^{-22}kg	4.549 045 x 10^{-11}kg	8.580 064 x 10^{-1}kg
7.236 676 x 10^{-22}kg	2.096 765 x 10^{-10}kg	7.361 750 x 10^{0}kg
5.238 396 x 10^{-21}kg	4.396 426 x 10^{-10}kg	5.419 536 x 10^{1}kg
2.744 080 x 10^{-20}kg	1.932 856 x 10^{-9}kg	2.937 137 x 10^{2}kg
7.529 975 x 10^{-20}kg	3.735 932 x 10^{-9}kg	8.626 778 x 10^{2}kg
5.670 052 x 10^{-19}kg	1.395 719 x 10^{-8}kg	7.442 130 x 10^{3}kg
3.214 949 x 10^{-18}kg	1.948 032 x 10^{-8}kg	5.538 531 x 10^{4}kg
1.033 590 x 10^{-17}kg	3.794 832 x 10^{-8}kg	3.067 532 x 10^{5}kg
1.068 308 x 10^{-17}kg	1.440 075 x 10^{-7}kg	9.409 756 x 10^{5}kg
1.141 282 x 10^{-17}kg	2.073 817 x 10^{-7}kg	8.854 351 x 10^{6}kg
1.302 526 x 10^{-17}kg	4.300 716 x 10^{-7}kg	7.839 954 x 10^{7}kg
1.696 574 x 10^{-17}kg	1.849 616 x 10^{-6}kg	6.146 488 x 10^{8}kg
2.878 363 x 10^{-17}kg	3.421 081 x 10^{-6}kg	3.777 931 x 10^{9}kg
8.284 978 x 10^{-17}kg	1.170 380 x 10^{-5}kg	1.427 276 x 10^{10}kg
6.864 087 x 10^{-16}kg	1.369 789 x 10^{-5}kg	2.037 118 x 10^{10}kg
4.711 569 x 10^{-15}kg	1.846 322 x 10^{-5}kg	4.149 852 x 10^{10}kg
2.219 888 x 10^{-14}kg	3.520 587 x 10^{-5}kg	1.722 127 x 10^{11}kg
4.927 904 x 10^{-14}kg	1.239 453 x 10^{-4}kg	2.965 722 x 10^{11}kg
2.428 424 x 10^{-13}kg	1.536 246 x 10^{-4}kg	8.795 511 x 10^{11}kg
5.897 245 x 10^{-13}kg	2.360 052 x 10^{-4}kg	7.736 102 x 10^{12}kg
3.477 750 x 10^{-12}kg	5.569 845 x 10^{-4}kg	5.984 728 x 10^{13}kg

$3.581\ 697 \times 10^{14}$kg	$1.558\ 023 \times 10^{22}$kg	$1.349\ 724 \times 10^{28}$kg
$1.282\ 855 \times 10^{15}$kg	$2.427\ 435 \times 10^{22}$kg	$1.821\ 756 \times 10^{28}$kg
$1.642\ 718 \times 10^{15}$kg	$5.892\ 444 \times 10^{22}$kg	$3.318\ 795 \times 10^{28}$kg
$2.708\ 390 \times 10^{15}$kg	$3.472\ 089 \times 10^{23}$kg	$1.101\ 440 \times 10^{29}$kg
$7.335\ 376 \times 10^{15}$kg	$1.205\ 540 \times 10^{24}$kg	$1.213\ 170 \times 10^{29}$kg
$5.380\ 775 \times 10^{16}$kg	$1.453\ 328 \times 10^{24}$kg	$1.471\ 782 \times 10^{29}$kg
$2.895\ 274 \times 10^{17}$kg	$2.112\ 163 \times 10^{24}$kg	$2.166\ 143 \times 10^{29}$kg
$8.382\ 614 \times 10^{17}$kg	$4.461\ 234 \times 10^{24}$kg	$4.692\ 176 \times 10^{29}$kg
$7.026\ 822 \times 10^{18}$kg	$1.990\ 261 \times 10^{25}$kg	$2.201\ 652 \times 10^{30}$kg
$4.937\ 623 \times 10^{19}$kg	$3.961\ 139 \times 10^{25}$kg	$4.847\ 273 \times 10^{30}$kg
$2.438\ 012 \times 10^{20}$kg	$1.569\ 062 \times 10^{26}$kg	$2.349\ 606 \times 10^{31}$kg
$5.943\ 903 \times 10^{20}$kg	$2.461\ 957 \times 10^{26}$kg	$5.520\ 649 \times 10^{31}$kg
$3.532\ 998 \times 10^{21}$kg	$6.061\ 237 \times 10^{26}$kg	
$1.248\ 207 \times 10^{22}$kg	$3.673\ 859 \times 10^{27}$kg	

Fósforo (P). 32 (Radiactivo). Masa atómica 31.973908U.

Masa en kilogramos 3.107 070 x 10^{-25}kg^{-2}

$9.653\ 886 \times 10^{-24}$kg	$1.470\ 683 \times 10^{-18}$kg	$5.887\ 052 \times 10^{-14}$kg
$9.319\ 752 \times 10^{-23}$kg	$2.162\ 911 \times 10^{-18}$kg	$3.465\ 738 \times 10^{-13}$kg
$8.685\ 778 \times 10^{-22}$kg	$4.678\ 184 \times 10^{-18}$kg	$1.201\ 134 \times 10^{-12}$kg
$7.544\ 274 \times 10^{-21}$kg	$2.188\ 540 \times 10^{-17}$kg	$1.442\ 723 \times 10^{-12}$kg
$5.691\ 607 \times 10^{-20}$kg	$4.789\ 710 \times 10^{-17}$kg	$2.081\ 451 \times 10^{-12}$kg
$3.239\ 440 \times 10^{-19}$kg	$2.294\ 133 \times 10^{-16}$kg	$4.332\ 440 \times 10^{-12}$kg
$1.049\ 397 \times 10^{-18}$kg	$5.263\ 046 \times 10^{-16}$kg	$1.877\ 004 \times 10^{-11}$kg
$1.101\ 234 \times 10^{-18}$kg	$2.769\ 966 \times 10^{-15}$kg	$3.523\ 144 \times 10^{-11}$kg
$1.212\ 717 \times 10^{-18}$kg	$7.672\ 712 \times 10^{-15}$kg	$1.241\ 254 \times 10^{-10}$kg

$1.540\ 712 \times 10^{-10}$kg	$2.052\ 710 \times 10^{0}$kg	$2.799\ 820 \times 10^{16}$kg
$2.373\ 794 \times 10^{-10}$kg	$4.213\ 622 \times 10^{0}$kg	$7.838\ 993 \times 10^{16}$kg
$5.634\ 902 \times 10^{-10}$kg	$1.775\ 461 \times 10^{1}$kg	$6.144\ 982 \times 10^{17}$kg
$3.175\ 212 \times 10^{-9}$kg	$3.152\ 263 \times 10^{1}$kg	$3.776\ 080 \times 10^{18}$kg
$1.008\ 197 \times 10^{-8}$kg	$9.936\ 763 \times 10^{1}$kg	$1.425\ 878 \times 10^{19}$kg
$1.016\ 462 \times 10^{-8}$kg	$9.873\ 926 \times 10^{2}$kg	$2.033\ 129 \times 10^{19}$kg
$1.033\ 195 \times 10^{-8}$kg	$9.749\ 442 \times 10^{3}$kg	$4.133\ 617 \times 10^{19}$kg
$1.067\ 492 \times 10^{-8}$kg	$9.505\ 162 \times 10^{4}$kg	$1.708\ 679 \times 10^{20}$kg
$1.139\ 539 \times 10^{-8}$kg	$9.034\ 810 \times 10^{5}$kg	$2.919\ 584 \times 10^{20}$kg
$1.298\ 551 \times 10^{-8}$kg	$8.162\ 780 \times 10^{6}$kg	$8.523\ 971 \times 10^{20}$kg
$1.686\ 235 \times 10^{-8}$kg	$6.663\ 098 \times 10^{7}$kg	$7.265\ 809 \times 10^{21}$kg
$2.843\ 390 \times 10^{-8}$kg	$4.439\ 688 \times 10^{8}$kg	$5.279\ 198 \times 10^{22}$kg
$8.084\ 866 \times 10^{-8}$kg	$1.971\ 083 \times 10^{9}$kg	$2.786\ 993 \times 10^{23}$kg
$6.536\ 507 \times 10^{-7}$kg	$3.885\ 170 \times 10^{9}$kg	$7.767\ 334 \times 10^{23}$kg
$4.272\ 592 \times 10^{-6}$kg	$1.509\ 454 \times 10^{10}$kg	$6.033\ 147 \times 10^{24}$kg
$1.825\ 504 \times 10^{-5}$kg	$2.278\ 453 \times 10^{10}$kg	$3.639\ 887 \times 10^{25}$kg
$3.332\ 467 \times 10^{-5}$kg	$5.191\ 351 \times 10^{10}$kg	$1.324\ 877 \times 10^{26}$kg
$1.110\ 534 \times 10^{-4}$kg	$2.695\ 012 \times 10^{11}$kg	$1.755\ 301 \times 10^{26}$kg
$1.233\ 285 \times 10^{-4}$kg	$7.263\ 092 \times 10^{11}$kg	$3.084\ 083 \times 10^{26}$kg
$1.520\ 994 \times 10^{-4}$kg	$5.275\ 251 \times 10^{12}$kg	$9.493\ 076 \times 10^{26}$kg
$2.313\ 423 \times 10^{-4}$kg	$2.782\ 828 \times 10^{13}$kg	$9.011\ 850 \times 10^{27}$kg
$5.351\ 927 \times 10^{-4}$kg	$7.744\ 133 \times 10^{13}$kg	$8.121\ 345 \times 10^{28}$kg
$2.864\ 313 \times 10^{-3}$kg	$5.997\ 159 \times 10^{14}$kg	$6.595\ 625 \times 10^{29}$kg
$8.204\ 289 \times 10^{-3}$kg	$3.596\ 592 \times 10^{15}$kg	$4.350\ 227 \times 10^{30}$kg
$6.731\ 036 \times 10^{-2}$kg	$1.293\ 547 \times 10^{16}$kg	$1.892\ 447 \times 10^{31}$kg
$4.530\ 685 \times 10^{-1}$kg	$1.673\ 266 \times 10^{16}$kg	$3.581\ 358 \times 10^{31}$kg

Fósforo (P) 33. Masa atómica 32.971 725U.

Masa en kilogramos 3.204 033 x 10^{-25}kg^{-2}

1.026 583 x 10^{-24}kg	9.470 653 x 10^{-14}kg	9.596 422 x 10^{-2}kg
1.053 872 x 10^{-24}kg	8.969 327 x 10^{-13}kg	9.209 133 x 10^{-1}kg
1.110 647 x 10^{-24}kg	8.044 882 x 10^{-12}kg	8.480 813 x 10^{0}kg
1.233 538 x 10^{-24}kg	6.472 013 x 10^{-11}kg	7.192 419 x 10^{1}kg
1.521 616 x 10^{-24}kg	4.188 696 x 10^{-10}kg	5.173 089 x 10^{2}kg
2.315 317 x 10^{-24}kg	1.754 517 x 10^{-9}kg	2.676 085 x 10^{3}kg
5.360 696 x 10^{-24}kg	3.078 332 x 10^{-9}kg	7.161 433 x 10^{3}kg
2.873 707 x 10^{-23}kg	9.476 130 x 10^{-9}kg	5.128 613 x 10^{4}kg
8.258 192 x 10^{-23}kg	8.979 704 x 10^{-8}kg	2.630 267 x 10^{5}kg
6.819 774 x 10^{-22}kg	8.063 509 x 10^{-7}kg	6.918 305 x 10^{5}kg
4.650 932 x 10^{-21}kg	6.502 018 x 10^{-6}kg	4.786 295 x 10^{6}kg
2.163 117 x 10^{-20}kg	4.227 624 x 10^{-5}kg	2.290 862 x 10^{7}kg
4.679 077 x 10^{-20}kg	1.787 281 x 10^{-4}kg	5.248 050 x 10^{7}kg
2.189 376 x 10^{-19}kg	3.194 374 x 10^{-4}kg	2.754 203 x 10^{8}kg
4.793 390 x 10^{-19}kg	1.020 402 x 10^{-3}kg	7.585 637 x 10^{8}kg
2.297 640 x 10^{-18}kg	1.041 221 x 10^{-3}kg	5.754 190 x 10^{9}kg
5.279 149 x 10^{-18}kg	1.084 142 x 10^{-3}kg	3.311 070 x 10^{10}kg
2.786 942 x 10^{-17}kg	1.175 364 x 10^{-3}kg	1.096 318 x 10^{11}kg
7.767 047 x 10^{-17}kg	1.381 482 x 10^{-3}kg	1.201 914 x 10^{11}kg
6.032 701 x 10^{-16}kg	1.908 494 x 10^{-3}kg	1.444 599 x 10^{11}kg
3.639 349 x 10^{-15}kg	3.642 351 x 10^{-3}kg	2.086 867 x 10^{11}kg
1.324 486 x 10^{-14}kg	1.326 672 x 10^{-2}kg	4.355 017 x 10^{11}kg
1.754 264 x 10^{-14}kg	1.760 059 x 10^{-2}kg	1.896 617 x 10^{12}kg
3.077 442 x 10^{-14}kg	3.097 809 x 10^{-2}kg	3.597 159 x 10^{12}kg

$1.293\,955 \times 10^{13}$kg	$1.624\,342 \times 10^{18}$kg	$2.935\,029 \times 10^{25}$kg
$1.674\,320 \times 10^{13}$kg	$2.638\,487 \times 10^{18}$kg	$8.614\,399 \times 10^{25}$kg
$2.803\,348 \times 10^{13}$kg	$6.961\,617 \times 10^{18}$kg	$7.420\,788 \times 10^{26}$kg
$7.858\,763 \times 10^{13}$kg	$4.846\,412 \times 10^{19}$kg	$5.506\,810 \times 10^{27}$kg
$6.176\,016 \times 10^{14}$kg	$2.348\,771 \times 10^{20}$kg	$3.032\,496 \times 10^{28}$kg
$3.814\,317 \times 10^{15}$kg	$5.516\,726 \times 10^{20}$kg	$9.196\,032 \times 10^{28}$kg
$1.454\,901 \times 10^{16}$kg	$3.043\,427 \times 10^{21}$kg	$8.456\,701 \times 10^{29}$kg
$2.116\,739 \times 10^{16}$kg	$9.262\,447 \times 10^{21}$kg	$7.151\,580 \times 10^{30}$kg
$4.480\,584 \times 10^{16}$kg	$8.579\,294 \times 10^{22}$kg	$5.114\,510 \times 10^{31}$kg
$2.007\,563 \times 10^{17}$kg	$7.360\,429 \times 10^{23}$kg	
$4.030\,312 \times 10^{17}$kg	$5.417\,591 \times 10^{24}$kg	

Fósforo (P). Cálculos basados en el promedio de las cuatro masas en kilogramos de este elemento, en los que se incluyen los radiactivos y los no radiactivos.

Promedio = $3.010\,943 \times 10^{-25}$kg^{-2}

$9.065\,781 \times 10^{-25}$kg	$3.402\,600 \times 10^{-18}$kg	$1.984\,644 \times 10^{-15}$kg
$8.218\,838 \times 10^{-24}$kg	$1.157\,768 \times 10^{-17}$kg	$3.938\,812 \times 10^{-15}$kg
$6.754\,930 \times 10^{-23}$kg	$1.340\,429 \times 10^{-17}$kg	$1.551\,424 \times 10^{-14}$kg
$4.562\,909 \times 10^{-22}$kg	$1.796\,750 \times 10^{-17}$kg	$2.406\,918 \times 10^{-14}$kg
$2.082\,013 \times 10^{-21}$kg	$3.228\,310 \times 10^{-17}$kg	$5.793\,257 \times 10^{-14}$kg
$4.334\,782 \times 10^{-21}$kg	$1.042\,198 \times 10^{-16}$kg	$3.356\,183 \times 10^{-13}$kg
$1.879\,033 \times 10^{-20}$kg	$1.086\,178 \times 10^{-16}$kg	$1.126\,396 \times 10^{-12}$kg
$3.530\,767 \times 10^{-20}$kg	$1.179\,784 \times 10^{-16}$kg	$1.268\,769 \times 10^{-12}$kg
$1.246\,631 \times 10^{-19}$kg	$1.391\,890 \times 10^{-16}$kg	$1.609\,776 \times 10^{-12}$kg
$1.554\,090 \times 10^{-19}$kg	$1.937\,360 \times 10^{-16}$kg	$2.591\,379 \times 10^{-12}$kg
$2.415\,197 \times 10^{-19}$kg	$3.753\,363 \times 10^{-16}$kg	$6.715\,245 \times 10^{-12}$kg
$5.833\,181 \times 10^{-19}$kg	$1.408\,774 \times 10^{-15}$kg	$4.509\,452 \times 10^{-11}$kg

$2.033\ 516 \times 10^{-10}$kg	$1.314\ 093 \times 10^{2}$kg	$1.788\ 395 \times 10^{15}$kg
$4.135\ 189 \times 10^{-10}$kg	$1.726\ 842 \times 10^{2}$kg	$3.198\ 359 \times 10^{15}$kg
$1.709\ 978 \times 10^{-9}$kg	$2.981\ 985 \times 10^{2}$kg	$1.022\ 950 \times 10^{16}$kg
$2.924\ 027 \times 10^{-9}$kg	$8.892\ 238 \times 10^{2}$kg	$1.046\ 427 \times 10^{16}$kg
$8.549\ 938 \times 10^{-9}$kg	$7.907\ 190 \times 10^{3}$kg	$1.095\ 009 \times 10^{16}$kg
$7.310\ 144 \times 10^{-8}$kg	$6.252\ 366 \times 10^{4}$kg	$1.199\ 046 \times 10^{16}$kg
$5.343\ 821 \times 10^{-7}$kg	$3.909\ 208 \times 10^{5}$kg	$1.437\ 712 \times 10^{16}$kg
$2.855\ 642 \times 10^{-6}$kg	$1.528\ 191 \times 10^{6}$kg	$2.067\ 016 \times 10^{16}$kg
$8.154\ 694 \times 10^{-6}$kg	$2.335\ 367 \times 10^{6}$kg	$4.272\ 558 \times 10^{16}$kg
$6.649\ 904 \times 10^{-5}$kg	$5.453\ 942 \times 10^{6}$kg	$1.825\ 475 \times 10^{17}$kg
$4.422\ 122 \times 10^{-4}$kg	$2.974\ 548 \times 10^{7}$kg	$3.332\ 362 \times 10^{17}$kg
$1.955\ 516 \times 10^{-3}$kg	$8.847\ 941 \times 10^{7}$kg	$1.110\ 463 \times 10^{18}$kg
$3.824\ 046 \times 10^{-3}$kg	$7.282\ 606 \times 10^{8}$kg	$1.233\ 129 \times 10^{18}$kg
$1.462\ 333 \times 10^{-2}$kg	$6.128\ 707 \times 10^{9}$kg	$1.520\ 608 \times 10^{18}$kg
$2.138\ 418 \times 10^{-2}$kg	$3.756\ 106 \times 10^{10}$kg	$2.312\ 250 \times 10^{18}$kg
$4.572\ 831 \times 10^{-2}$kg	$1.410\ 833 \times 10^{11}$kg	$5.346\ 501 \times 10^{18}$kg
$2.091\ 078 \times 10^{-1}$kg	$1.990\ 450 \times 10^{11}$kg	$2.858\ 507 \times 10^{19}$kg
$4.372\ 611 \times 10^{-1}$kg	$3.961\ 893 \times 10^{11}$kg	$8.171\ 066 \times 10^{19}$kg
$1.911\ 972 \times 10^{0}$kg	$1.569\ 660 \times 10^{12}$kg	$6.676\ 633 \times 10^{20}$kg
$3.655\ 639 \times 10^{0}$kg	$2.463\ 832 \times 10^{12}$kg	$4.457\ 742 \times 10^{21}$kg
$1.336\ 370 \times 10^{1}$kg	$6.070\ 470 \times 10^{12}$kg	$1.987\ 147 \times 10^{22}$kg
$1.785\ 885 \times 10^{1}$kg	$3.685\ 061 \times 10^{13}$kg	$3.948\ 753 \times 10^{22}$kg
$3.189\ 385 \times 10^{1}$kg	$1.357\ 967 \times 10^{14}$kg	$1.559\ 265 \times 10^{23}$kg
$1.017\ 218 \times 10^{2}$kg	$1.844\ 076 \times 10^{14}$kg	$2.431\ 309 \times 10^{23}$kg
$1.034\ 732 \times 10^{2}$kg	$3.400\ 618 \times 10^{14}$kg	$5.911\ 264 \times 10^{23}$kg
$1.070\ 672 \times 10^{2}$kg	$1.156\ 420 \times 10^{15}$kg	$3.494\ 304 \times 10^{24}$kg
$1.146\ 339 \times 10^{2}$kg	$1.337\ 309 \times 10^{15}$kg	$1.221\ 016 \times 10^{25}$kg

$1.490\ 881 \times 10^{25}$kg	$3.549\ 590 \times 10^{27}$kg	$4.033\ 687 \times 10^{29}$kg
$2.222\ 727 \times 10^{25}$kg	$1.259\ 958 \times 10^{28}$kg	$1.627\ 063 \times 10^{30}$kg
$4.940\ 515 \times 10^{25}$kg	$1.587\ 496 \times 10^{28}$kg	$2.647\ 334 \times 10^{30}$kg
$2.440\ 869 \times 10^{26}$kg	$2.520\ 145 \times 10^{28}$kg	$7.008\ 381 \times 10^{30}$kg
$5.957\ 843 \times 10^{26}$kg	$6.351\ 131 \times 10^{28}$kg	

Silicio (Si) 29. Masa atómica 28.976495U.

Masa en kilogramos 4.811 216 x 10^{-26}kg^{-2}

$2.314\ 780 \times 10^{-25}$kg	$1.220\ 663 \times 10^{-15}$kg	$1.729\ 916 \times 10^{-7}$kg
$5.358\ 207 \times 10^{-24}$kg	$1.490\ 019 \times 10^{-15}$kg	$2.992\ 610 \times 10^{-7}$kg
$2.871\ 038 \times 10^{-23}$kg	$2.220\ 158 \times 10^{-15}$kg	$8.955\ 717 \times 10^{-7}$kg
$8.242\ 861 \times 10^{-23}$kg	$4.929\ 103 \times 10^{-15}$kg	$8.020\ 488 \times 10^{-6}$kg
$6.794\ 475 \times 10^{-22}$kg	$2.429\ 605 \times 10^{-14}$kg	$6.432\ 822 \times 10^{-5}$kg
$4.616\ 490 \times 10^{-21}$kg	$5.902\ 984 \times 10^{-14}$kg	$4.138\ 121 \times 10^{-4}$kg
$2.131\ 198 \times 10^{-20}$kg	$3.484\ 522 \times 10^{-13}$kg	$1.712\ 404 \times 10^{-3}$kg
$4.542\ 006 \times 10^{-20}$kg	$1.214\ 189 \times 10^{-12}$kg	$2.932\ 329 \times 10^{-3}$kg
$2.062\ 981 \times 10^{-19}$kg	$1.474\ 257 \times 10^{-12}$kg	$8.598\ 556 \times 10^{-3}$kg
$4.255\ 894 \times 10^{-18}$kg	$2.173\ 434 \times 10^{-12}$kg	$7.393\ 518 \times 10^{-2}$kg
$1.811\ 263 \times 10^{-17}$kg	$4.723\ 816 \times 10^{-12}$kg	$5.466\ 411 \times 10^{-1}$kg
$3.280\ 675 \times 10^{-17}$kg	$2.231\ 444 \times 10^{-11}$kg	$2.988\ 165 \times 10^{0}$kg
$1.076\ 283 \times 10^{-16}$kg	$4.979\ 343 \times 10^{-11}$kg	$8.929\ 130 \times 10^{0}$kg
$1.158\ 385 \times 10^{-16}$kg	$2.479\ 385 \times 10^{-10}$kg	$7.972\ 936 \times 10^{1}$kg
$1.341\ 856 \times 10^{-16}$kg	$6.147\ 354 \times 10^{-10}$kg	$6.356\ 772 \times 10^{2}$kg
$1.800\ 579 \times 10^{-16}$kg	$3.778\ 997 \times 10^{-9}$kg	$4.040\ 855 \times 10^{3}$kg
$3.242\ 085 \times 10^{-16}$kg	$1.428\ 081 \times 10^{-8}$kg	$1.632\ 851 \times 10^{4}$kg
$1.051\ 112 \times 10^{-15}$kg	$2.039\ 418 \times 10^{-8}$kg	$2.666\ 203 \times 10^{4}$kg
$1.104\ 836 \times 10^{-15}$kg	$4.159\ 226 \times 10^{-8}$kg	$7.108\ 639 \times 10^{4}$kg

$5.053\ 276 \times 10^{5}$kg	$2.793\ 647 \times 10^{14}$kg	$1.595\ 962 \times 10^{22}$kg
$2.553\ 559 \times 10^{6}$kg	$7.804\ 465 \times 10^{14}$kg	$2.547\ 094 \times 10^{22}$kg
$6.520\ 667 \times 10^{6}$kg	$6.090\ 968 \times 10^{15}$kg	$6.487\ 692 \times 10^{22}$kg
$4.251\ 911 \times 10^{7}$kg	$3.709\ 989 \times 10^{16}$kg	$4.209\ 015 \times 10^{23}$kg
$1.807\ 874 \times 10^{8}$kg	$1.376\ 402 \times 10^{17}$kg	$1.771\ 580 \times 10^{24}$kg
$3.268\ 411 \times 10^{8}$kg	$1.894\ 482 \times 10^{17}$kg	$3.138\ 498 \times 10^{24}$kg
$1.068\ 251 \times 10^{9}$kg	$3.589\ 064 \times 10^{17}$kg	$9.850\ 173 \times 10^{24}$kg
$1.141\ 160 \times 10^{9}$kg	$1.288\ 138 \times 10^{18}$kg	$9.702\ 591 \times 10^{25}$kg
$1.302\ 247 \times 10^{9}$kg	$1.659\ 299 \times 10^{18}$kg	$9.414\ 028 \times 10^{26}$kg
$1.695\ 848 \times 10^{9}$kg	$2.753\ 275 \times 10^{18}$kg	$8.862\ 392 \times 10^{27}$kg
$2.875\ 902 \times 10^{9}$kg	$7.580\ 525 \times 10^{18}$kg	$7.854\ 200 \times 10^{28}$kg
$8.270\ 813 \times 10^{9}$kg	$5.746\ 736 \times 10^{19}$kg	$6.168\ 847 \times 10^{29}$kg
$6.840\ 635 \times 10^{10}$kg	$3.302\ 153 \times 10^{20}$kg	$3.805\ 467 \times 10^{30}$kg
$4.679\ 428 \times 10^{11}$kg	$1.090\ 421 \times 10^{21}$kg	$1.448\ 158 \times 10^{31}$kg
$2.189\ 705 \times 10^{12}$kg	$1.189\ 019 \times 10^{21}$kg	$2.097\ 162 \times 10^{31}$kg
$4.794\ 810 \times 10^{12}$kg	$1.413\ 766 \times 10^{21}$kg	$4.398\ 090 \times 10^{31}$kg
$2.299\ 020 \times 10^{13}$kg	$1.998\ 736 \times 10^{21}$kg	
$5.285\ 496 \times 10^{13}$kg	$3.994\ 949 \times 10^{21}$kg	

Silicio (Si) 30. Masa atómica

Masa en kilogramos 4.976 802 x 10^{-26}kg^{-2}

$2.476\ 856 \times 10^{-25}$kg	$1.620\ 504 \times 10^{-22}$kg	$2.615\ 856 \times 10^{-19}$kg
$6.134\ 816 \times 10^{-25}$kg	$2.626\ 034 \times 10^{-22}$kg	$6.842\ 704 \times 10^{-19}$kg
$3.763\ 597 \times 10^{-24}$kg	$6.896\ 057 \times 10^{-22}$kg	$4.682\ 260 \times 10^{-18}$kg
$1.416\ 466 \times 10^{-23}$kg	$4.755\ 560 \times 10^{-21}$kg	$2.192\ 355 \times 10^{-17}$kg
$2.006\ 377 \times 10^{-23}$kg	$2.261\ 535 \times 10^{-20}$kg	$4.806\ 424 \times 10^{-17}$kg
$4.025\ 548 \times 10^{-23}$kg	$5.114\ 544 \times 10^{-20}$kg	$2.310\ 171 \times 10^{-16}$kg

$5.336\ 894 \times 10^{-16}$kg	$4.434\ 307 \times 10^{0}$kg	$6.445\ 846 \times 10^{16}$kg
$2.848\ 243 \times 10^{-15}$kg	$1.966\ 307 \times 10^{1}$kg	$4.154\ 894 \times 10^{17}$kg
$8.112\ 493 \times 10^{-15}$kg	$3.866\ 366 \times 10^{1}$kg	$1.726\ 314 \times 10^{18}$kg
$6.581\ 255 \times 10^{-14}$kg	$1.494\ 879 \times 10^{2}$kg	$2.980\ 161 \times 10^{18}$kg
$4.331\ 292 \times 10^{-13}$kg	$2.234\ 663 \times 10^{2}$kg	$8.881\ 362 \times 10^{18}$kg
$1.876\ 009 \times 10^{-12}$kg	$4.993\ 721 \times 10^{2}$kg	$7.887\ 860 \times 10^{19}$kg
$3.519\ 411 \times 10^{-12}$kg	$2.493\ 725 \times 10^{3}$kg	$6.221\ 833 \times 10^{20}$kg
$1.238\ 625 \times 10^{-11}$kg	$6.218\ 665 \times 10^{3}$kg	$3.871\ 121 \times 10^{21}$kg
$1.534\ 192 \times 10^{-11}$kg	$3.867\ 179 \times 10^{4}$kg	$1.498\ 558 \times 10^{22}$kg
$2.353\ 748 \times 10^{-11}$kg	$1.495\ 507 \times 10^{5}$kg	$2.245\ 676 \times 10^{22}$kg
$5.540\ 129 \times 10^{-11}$kg	$2.236\ 543 \times 10^{5}$kg	$5.043\ 064 \times 10^{22}$kg
$3.069\ 303 \times 10^{-10}$kg	$5.002\ 128 \times 10^{5}$kg	$2.543\ 250 \times 10^{23}$kg
$9.420\ 626 \times 10^{-10}$kg	$2.502\ 128 \times 10^{6}$kg	$6.468\ 121 \times 10^{23}$kg
$8.874\ 820 \times 10^{-9}$kg	$6.260\ 647 \times 10^{6}$kg	$4.183\ 659 \times 10^{24}$kg
$7.876\ 244 \times 10^{-8}$kg	$3.919\ 570 \times 10^{7}$kg	$1.750\ 300 \times 10^{25}$kg
$6.203\ 522 \times 10^{-7}$kg	$1.536\ 302 \times 10^{8}$kg	$3.063\ 551 \times 10^{25}$kg
$3.848\ 369 \times 10^{-6}$kg	$2.360\ 226 \times 10^{8}$kg	$9.385\ 347 \times 10^{25}$kg
$1.480\ 994 \times 10^{-5}$kg	$5.570\ 670 \times 10^{8}$kg	$8.808\ 474 \times 10^{26}$kg
$2.193\ 345 \times 10^{-5}$kg	$3.103\ 237 \times 10^{9}$kg	$7.758\ 923 \times 10^{27}$kg
$4.810\ 765 \times 10^{-5}$kg	$9.630\ 082 \times 10^{9}$kg	$6.020\ 088 \times 10^{28}$kg
$2.314\ 346 \times 10^{-4}$kg	$9.273\ 848 \times 10^{10}$kg	$3.624\ 145 \times 10^{29}$kg
$5.356\ 198 \times 10^{-4}$kg	$8.600\ 426 \times 10^{11}$kg	$1.313\ 443 \times 10^{30}$kg
$2.868\ 886 \times 10^{-3}$kg	$7.396\ 733 \times 10^{12}$kg	$1.725\ 133 \times 10^{30}$kg
$8.230\ 507 \times 10^{-3}$kg	$5.471\ 167 \times 10^{13}$kg	$2.976\ 085 \times 10^{30}$kg
$6.774\ 125 \times 10^{-2}$kg	$2.993\ 367 \times 10^{14}$kg	$8.857\ 086 \times 10^{30}$kg
$4.588\ 877 \times 10^{-1}$kg	$8.960\ 247 \times 10^{14}$kg	
$2.105\ 779 \times 10^{0}$kg	$8.028\ 603 \times 10^{15}$kg	

Silicio (Si) 31(Radiactivo). Masa atómica 30.975362U.

Masa en kilogramos 5.143 105 x 10^{-26}kg^{-2}

2.645 153 x 10^{-25}kg	5.452 351 x 10^{-13}kg	3.167 149 x 10^{-3}kg
6.996 835 x 10^{-25}kg	2.972 813 x 10^{-12}kg	1.003 083 x 10^{-2}kg
4.895 570 x 10^{-24}kg	8.837 622 x 10^{-12}kg	1.006 176 x 10^{-2}kg
2.396 660 x 10^{-23}kg	7.810 356 x 10^{-11}kg	1.012 390 x 10^{-2}kg
5.743 983 x 10^{-23}kg	6.100 167 x 10^{-10}kg	1.024 934 x 10^{-2}kg
3.299 334 x 10^{-22}kg	3.721 204 x 10^{-9}kg	1.050 490 x 10^{-2}kg
1.088 561 x 10^{-21}kg	1.384 735 x 10^{-8}kg	1.103 530 x 10^{-2}kg
1.184 965 x 10^{-21}kg	1.917 493 x 10^{-8}kg	1.217 779 x 10^{-2}kg
1.404 142 x 10^{-21}kg	3.676 781 x 10^{-8}kg	1.482 986 x 10^{-2}kg
1.971 615 x 10^{-21}kg	1.351 872 x 10^{-7}kg	2.199 248 x 10^{-2}kg
3.887 268 x 10^{-21}kg	1.827 558 x 10^{-7}kg	4.836 694 x 10^{-2}kg
1.511 085 x 10^{-20}kg	3.339 971 x 10^{-7}kg	2.339 361 x 10^{-1}kg
2.283 380 x 10^{-20}kg	1.115 540 x 10^{-6}kg	5.472 611 x 10^{-1}kg
5.213 826 x 10^{-20}kg	1.244 431 x 10^{-6}kg	2.994 948 x 10^{0}kg
2.718 398 x 10^{-19}kg	1.548 609 x 10^{-6}kg	8.969 714 x 10^{0}kg
7.389 688 x 10^{-19}kg	2.398 192 x 10^{-6}kg	8.045 577 x 10^{1}kg
5.460 749 x 10^{-18}kg	5.751 329 x 10^{-6}kg	6.473 131 x 10^{2}kg
2.981 978 x 10^{-17}kg	3.307 778 x 10^{-5}kg	4.190 142 x 10^{3}kg
8.892 197 x 10^{-17}kg	1.094 140 x 10^{-4}kg	1.755 729 x 10^{4}kg
7.907 118 x 10^{-16}kg	1.197 142 x 10^{-4}kg	3.085 585 x 10^{4}kg
6.252 252 x 10^{-15}kg	1.433 150 x 10^{-4}kg	9.502 336 x 10^{4}kg
3.909 065 x 10^{-14}kg	2.053 920 x 10^{-4}kg	9.029 439 x 10^{5}kg
1.528 079 x 10^{-13}kg	4.218 588 x 10^{-4}kg	8.153 076 x 10^{6}kg
2.335 027 x 10^{-13}kg	1.779 648 x 10^{-3}kg	6.647 266 x 10^{7}kg

$4.418\,614 \times 10^{8}$kg	$5.454\,617 \times 10^{14}$kg	$1.962\,656 \times 10^{23}$kg
$1.952\,415 \times 10^{9}$kg	$2.975\,285 \times 10^{15}$kg	$3.852\,020 \times 10^{23}$kg
$3.811\,927 \times 10^{9}$kg	$8.852\,322 \times 10^{15}$kg	$1.483\,806 \times 10^{24}$kg
$1.453\,079 \times 10^{10}$kg	$7.836\,361 \times 10^{16}$kg	$2.201\,681 \times 10^{24}$kg
$2.111\,438 \times 10^{10}$kg	$6.140\,856 \times 10^{17}$kg	$4.847\,400 \times 10^{24}$kg
$4.458\,173 \times 10^{10}$kg	$3.771\,011 \times 10^{18}$kg	$2.349\,729 \times 10^{25}$kg
$1.987\,531 \times 10^{11}$kg	$1.422\,052 \times 10^{19}$kg	$5.521\,229 \times 10^{25}$kg
$3.950\,280 \times 10^{11}$kg	$2.022\,234 \times 10^{19}$kg	$3.048\,397 \times 10^{26}$kg
$1.560\,471 \times 10^{12}$kg	$4.089\,430 \times 10^{19}$kg	$9.292\,725 \times 10^{26}$kg
$2.435\,072 \times 10^{12}$kg	$1.672\,344 \times 10^{20}$kg	$8.635\,474 \times 10^{27}$kg
$5.929\,579 \times 10^{12}$kg	$2.796\,735 \times 10^{20}$kg	$7.457\,141 \times 10^{28}$kg
$3.515\,991 \times 10^{13}$kg	$7.821\,729 \times 10^{20}$kg	$5.560\,896 \times 10^{29}$kg
$1.236\,219 \times 10^{14}$kg	$6.117\,944 \times 10^{21}$kg	$3.092\,356 \times 10^{30}$kg
$1.528\,238 \times 10^{14}$kg	$3.742\,924 \times 10^{22}$kg	$9.562\,671 \times 10^{30}$kg
$2.335\,512 \times 10^{14}$kg	$1.400\,948 \times 10^{23}$kg	

Silicio (Si) 32. Masa atómica 31.974148U.

Masa en kilogramos 5.308 942 x 10^{-26}kg^{-2}

$2.818\,486 \times 10^{-25}$kg	$2.559\,733 \times 10^{-20}$kg	$9.901\,933 \times 10^{-17}$kg
$7.943\,867 \times 10^{-25}$kg	$6.552\,235 \times 10^{-20}$kg	$9.807\,828 \times 10^{-16}$kg
$6.310\,503 \times 10^{-24}$kg	$4.293\,179 \times 10^{-19}$kg	$9.613\,467 \times 10^{-15}$kg
$3.982\,245 \times 10^{-23}$kg	$1.843\,139 \times 10^{-18}$kg	$9.241\,875 \times 10^{-14}$kg
$1.585\,828 \times 10^{-22}$kg	$3.397\,161 \times 10^{-18}$kg	$8.541\,225 \times 10^{-13}$kg
$2.514\,850 \times 10^{-22}$kg	$1.154\,070 \times 10^{-17}$kg	$7.295\,253 \times 10^{-12}$kg
$6.324\,473 \times 10^{-22}$kg	$1.331\,879 \times 10^{-17}$kg	$5.322\,071 \times 10^{-11}$kg
$3.999\,895 \times 10^{-21}$kg	$1.773\,903 \times 10^{-17}$kg	$2.832\,444 \times 10^{-10}$kg
$1.599\,916 \times 10^{-20}$kg	$3.146\,733 \times 10^{-17}$kg	$8.022\,743 \times 10^{-10}$kg

$6.436\,442 \times 10^{-9}$kg	$8.982\,965 \times 10^{4}$kg	$9.172\,351 \times 10^{16}$kg
$4.142\,778 \times 10^{-8}$kg	$8.069\,366 \times 10^{5}$kg	$8.413\,204 \times 10^{17}$kg
$1.716\,261 \times 10^{-7}$kg	$6.511\,467 \times 10^{6}$kg	$7.078\,200 \times 10^{18}$kg
$2.945\,553 \times 10^{-7}$kg	$4.239\,920 \times 10^{7}$kg	$5.010\,091 \times 10^{19}$kg
$8.676\,286 \times 10^{-7}$kg	$1.797\,692 \times 10^{8}$kg	$2.510\,102 \times 10^{20}$kg
$7.527\,794 \times 10^{-6}$kg	$3.231\,698 \times 10^{8}$kg	$6.300\,612 \times 10^{20}$kg
$5.666\,768 \times 10^{-5}$kg	$1.044\,387 \times 10^{9}$kg	$3.969\,771 \times 10^{21}$kg
$3.211\,226 \times 10^{-4}$kg	$1.090\,745 \times 10^{9}$kg	$1.575\,908 \times 10^{22}$kg
$1.031\,197 \times 10^{-3}$kg	$1.189\,726 \times 10^{9}$kg	$2.483\,487 \times 10^{22}$kg
$1.063\,368 \times 10^{-3}$kg	$1.415\,448 \times 10^{9}$kg	$6.167\,711 \times 10^{22}$kg
$1.130\,751 \times 10^{-3}$kg	$2.003\,493 \times 10^{9}$kg	$3.804\,066 \times 10^{23}$kg
$1.278\,599 \times 10^{-3}$kg	$4.013\,988 \times 10^{9}$kg	$1.447\,092 \times 10^{24}$kg
$1.634\,816 \times 10^{-3}$kg	$1.611\,210 \times 10^{10}$kg	$2.094\,075 \times 10^{24}$kg
$2.672\,625 \times 10^{-3}$kg	$2.595\,997 \times 10^{10}$kg	$4.385\,152 \times 10^{24}$kg
$7.142\,925 \times 10^{-3}$kg	$6.739\,205 \times 10^{10}$kg	$1.922\,956 \times 10^{25}$kg
$5.102\,139 \times 10^{-2}$kg	$4.541\,689 \times 10^{11}$kg	$3.697\,760 \times 10^{25}$kg
$2.603\,182 \times 10^{-1}$kg	$2.062\,693 \times 10^{12}$kg	$1.367\,343 \times 10^{26}$kg
$6.776\,558 \times 10^{-1}$kg	$4.254\,706 \times 10^{12}$kg	$1.869\,627 \times 10^{26}$kg
$4.592\,174 \times 10^{0}$kg	$1.810\,252 \times 10^{13}$kg	$3.495\,506 \times 10^{26}$kg
$2.108\,806 \times 10^{1}$kg	$3.277\,015 \times 10^{13}$kg	$1.221\,856 \times 10^{27}$kg
$4.447\,066 \times 10^{1}$kg	$1.073\,882 \times 10^{14}$kg	$1.492\,934 \times 10^{27}$kg
$1.977\,639 \times 10^{2}$kg	$1.153\,224 \times 10^{14}$kg	$2.228\,852 \times 10^{27}$kg
$3.911\,058 \times 10^{2}$kg	$1.329\,926 \times 10^{14}$kg	$4.967\,785 \times 10^{27}$kg
$1.529\,638 \times 10^{3}$kg	$1.768\,703 \times 10^{14}$kg	$2.467\,889 \times 10^{28}$kg
$2.339\,793 \times 10^{3}$kg	$3.128\,312 \times 10^{14}$kg	$6.090\,476 \times 10^{28}$kg
$5.474\,631 \times 10^{3}$kg	$9.786\,337 \times 10^{14}$kg	$3.709\,389 \times 10^{29}$kg
$2.997\,159 \times 10^{4}$kg	$9.577\,239 \times 10^{15}$kg	$1.375\,957 \times 10^{30}$kg

$1.893\ 258 \times 10^{30}$kg	$1.284\ 812 \times 10^{31}$kg	$2.724\ 955 \times 10^{31}$kg
$3.584\ 428 \times 10^{30}$kg	$1.650\ 743 \times 10^{31}$kg	$7.425\ 383 \times 10^{31}$kg

Promedio de todas las masas del Silicio (Si).

$$4.645\ 249 \times 10^{-26}\text{kg}^{-2}$$
$$4.811\ 216 \times 10^{-26}\text{kg}^{-2}$$
$$4.976\ 802 \times 10^{-26}\text{kg}^{-2}$$
$$5.143\ 105 \times 10^{-26}\text{kg}^{-2}$$
$$\underline{5.308\ 942 \times 10^{-26}\text{kg}^{-2}}$$
$$\underline{28.785\ 315 \times 10^{-26}\text{kg}^{-2}}$$
$$5$$
$$= 5.757\ 063 \times 10^{-26}\text{kg}^{-2}$$

$3.314\ 377 \times 10^{-25}$kg	$1.358\ 293 \times 10^{-19}$kg	$3.044\ 094 \times 10^{-16}$kg
$1.098\ 509 \times 10^{-24}$kg	$1.844\ 960 \times 10^{-19}$kg	$9.266\ 513 \times 10^{-16}$kg
$1.206\ 723 \times 10^{-24}$kg	$3.403\ 880 \times 10^{-19}$kg	$8.589\ 827 \times 10^{-15}$kg
$1.456\ 182 \times 10^{-24}$kg	$1.158\ 640 \times 10^{-18}$kg	$7.373\ 359 \times 10^{-14}$kg
$2.120\ 467 \times 10^{-24}$kg	$1.342\ 447 \times 10^{-18}$kg	$5.436\ 643 \times 10^{-13}$kg
$4.496\ 382 \times 10^{-24}$kg	$1.802\ 165 \times 10^{-18}$kg	$2.955\ 709 \times 10^{-12}$kg
$2.021\ 745 \times 10^{-23}$kg	$3.247\ 801 \times 10^{-18}$kg	$8.736\ 218 \times 10^{-12}$kg
$4.087\ 455 \times 10^{-23}$kg	$1.054\ 821 \times 10^{-17}$kg	$7.632\ 150 \times 10^{-11}$kg
$1.670\ 729 \times 10^{-22}$kg	$1.112\ 648 \times 10^{-17}$kg	$5.824\ 972 \times 10^{-10}$kg
$2.791\ 335 \times 10^{-22}$kg	$1.237\ 987 \times 10^{-17}$kg	$3.393\ 030 \times 10^{-9}$kg
$7.791\ 556 \times 10^{-22}$kg	$1.532\ 612 \times 10^{-17}$kg	$1.151\ 265 \times 10^{-8}$kg
$6.070\ 834 \times 10^{-21}$kg	$2.348\ 900 \times 10^{-17}$kg	$1.325\ 412 \times 10^{-8}$kg
$3.685\ 503 \times 10^{-20}$kg	$5.517\ 331 \times 10^{-17}$kg	$1.756\ 718 \times 10^{-8}$kg

$3.086\ 059 \times 10^{-8}$kg	$4.477\ 289 \times 10^{5}$kg	$6.974\ 941 \times 10^{18}$kg
$9.523\ 765 \times 10^{-8}$kg	$2.004\ 612 \times 10^{6}$kg	$4.864\ 980 \times 10^{19}$kg
$9.070\ 210 \times 10^{-7}$kg	$4.018\ 470 \times 10^{6}$kg	$2.366\ 803 \times 10^{20}$kg
$8.226\ 871 \times 10^{-6}$kg	$1.614\ 810 \times 10^{7}$kg	$5.601\ 760 \times 10^{20}$kg
$6.768\ 141 \times 10^{-5}$kg	$2.607\ 612 \times 10^{7}$kg	$3.137\ 971 \times 10^{21}$kg
$4.580\ 774 \times 10^{-4}$kg	$6.799\ 641 \times 10^{7}$kg	$9.846\ 867 \times 10^{21}$kg
$2.098\ 349 \times 10^{-3}$kg	$4.623\ 512 \times 10^{8}$kg	$9.696\ 080 \times 10^{22}$kg
$4.403\ 069 \times 10^{-3}$kg	$2.137\ 686 \times 10^{9}$kg	$9.401\ 397 \times 10^{23}$kg
$1.938\ 702 \times 10^{-2}$kg	$4.569\ 703 \times 10^{9}$kg	$8.838\ 626 \times 10^{24}$kg
$3.758\ 565 \times 10^{-2}$kg	$2.088\ 219 \times 10^{10}$kg	$7.812\ 132 \times 10^{25}$kg
$1.412\ 681 \times 10^{-1}$kg	$4.360\ 658 \times 10^{10}$kg	$6.102\ 941 \times 10^{26}$kg
$1.995\ 669 \times 10^{-1}$kg	$1.901\ 534 \times 10^{11}$kg	$3.724\ 589 \times 10^{27}$kg
$3.982\ 695 \times 10^{-1}$kg	$3.615\ 833 \times 10^{11}$kg	$1.387\ 256 \times 10^{28}$kg
$1.586\ 186 \times 10^{0}$kg	$1.307\ 425 \times 10^{12}$kg	$1.924\ 481 \times 10^{28}$kg
$2.515\ 987 \times 10^{0}$kg	$1.709\ 360 \times 10^{12}$kg	$3.703\ 628 \times 10^{28}$kg
$6.330\ 193 \times 10^{0}$kg	$2.921\ 914 \times 10^{12}$kg	$1.371\ 686 \times 10^{29}$kg
$4.007\ 135 \times 10^{1}$kg	$8.537\ 584 \times 10^{12}$kg	$1.881\ 523 \times 10^{29}$kg
$1.605\ 713 \times 10^{2}$kg	$7.289\ 035 \times 10^{13}$kg	$3.540\ 130 \times 10^{29}$kg
$2.578\ 315 \times 10^{2}$kg	$5.313\ 004 \times 10^{14}$kg	$1.253\ 252 \times 10^{30}$kg
$6.647\ 710 \times 10^{2}$kg	$2.822\ 801 \times 10^{15}$kg	$1.570\ 642 \times 10^{30}$kg
$4.419\ 205 \times 10^{3}$kg	$7.968\ 207 \times 10^{15}$kg	$2.466\ 917 \times 10^{30}$kg
$1.952\ 937 \times 10^{4}$kg	$6.349\ 233 \times 10^{16}$kg	$6.085\ 681 \times 10^{30}$kg
$3.813\ 966 \times 10^{4}$kg	$4.031\ 276 \times 10^{17}$kg	$3.703\ 551 \times 10^{31}$kg
$1.454\ 634 \times 10^{5}$kg	$1.625\ 118 \times 10^{18}$kg	
$2.115\ 960 \times 10^{5}$kg	$2.641\ 011 \times 10^{18}$kg	

Aluminio (Al) 26(Radiactivo). Masa atómica 25.986892U.

Masa en kilogramos 4.314 826 x 10^{-26}kg^{-2}

1.861 772 x 10^{-25}kg	9.817 730 x 10^{-14}kg	8.075 400 x 10^{1}kg
3.466 198 x 10^{-25}kg	9.638 784 x 10^{-13}kg	6.521 208 x 10^{2}kg
1.201 453 x 10^{-24}kg	9.290 615 x 10^{-12}kg	4.252 616 x 10^{3}kg
1.443 490 x 10^{-24}kg	8.631 554 x 10^{-11}kg	1.808 474 x 10^{4}kg
2.083 663 x 10^{-24}kg	7.450 372 x 10^{-10}kg	3.270 581 x 10^{4}kg
4.341 654 x 10^{-24}kg	5.550 805 x 10^{-9}kg	1.069 670 x 10^{5}kg
1.884 996 x 10^{-23}kg	3.081 143 x 10^{-8}kg	1.144 194 x 10^{5}kg
3.553 210 x 10^{-23}kg	9.493 446 x 10^{-8}kg	1.309 180 x 10^{5}kg
1.262 530 x 10^{-22}kg	9.012 552 x 10^{-7}kg	1.713 952 x 10^{5}kg
1.593 983 x 10^{-22}kg	8.122 610 x 10^{-6}kg	2.937 634 x 10^{5}kg
2.540 784 x 10^{-22}kg	6.597 680 x 10^{-5}kg	8.629 696 x 10^{5}kg
6.455 584 x 10^{-22}kg	4.352 939 x 10^{-4}kg	7.447 166 x 10^{6}kg
4.167 456 x 10^{-21}kg	1.894 808 x 10^{-3}kg	5.546 028 x 10^{7}kg
1.736 769 x 10^{-20}kg	3.590 297 x 10^{-3}kg	3.075 843 x 10^{8}kg
3.016 368 x 10^{-20}kg	1.289 023 x 10^{-2}kg	9.460 812 x 10^{8}kg
9.098 847 x 10^{-20}kg	1.661 582 x 10^{-2}kg	8.950 697 x 10^{9}kg
8.278 231 x 10^{-19}kg	2.760 855 x 10^{-2}kg	8.011 497 x 10^{10}kg
6.852 910 x 10^{-18}kg	7.622 320 x 10^{-2}kg	6.418 409 x 10^{11}kg
4.696 238 x 10^{-17}kg	5.809 977 x 10^{-1}kg	4.119 598 x 10^{12}kg
2.205 465 x 10^{-16}kg	3.375 583 x 10^{0}kg	1.697 109 x 10^{13}kg
4.864 079 x 10^{-16}kg	1.139 456 x 10^{1}kg	2.880 179 x 10^{13}kg
2.365 927 x 10^{-15}kg	1.298 361 x 10^{1}kg	8.295 436 x 10^{13}kg
5.597 611 x 10^{-15}kg	1.685 741 x 10^{1}kg	6.881 426 x 10^{14}kg
3.133 325 x 10^{-14}kg	2.841 724 x 10^{1}kg	4.735 403 x 10^{15}kg

$2.242\ 404 \times 10^{16}$kg	$1.828\ 880 \times 10^{22}$kg	$9.030\ 243 \times 10^{25}$kg
$5.028\ 377 \times 10^{16}$kg	$3.344\ 804 \times 10^{22}$kg	$8.154\ 529 \times 10^{26}$kg
$2.528\ 458 \times 10^{17}$kg	$1.118\ 772 \times 10^{23}$kg	$6.649\ 634 \times 10^{27}$kg
$6.393\ 102 \times 10^{17}$kg	$1.251\ 650 \times 10^{23}$kg	$4.421\ 764 \times 10^{28}$kg
$4.087\ 175 \times 10^{18}$kg	$1.566\ 629 \times 10^{23}$kg	$1.955\ 200 \times 10^{29}$kg
$1.670\ 500 \times 10^{19}$kg	$2.454\ 329 \times 10^{23}$kg	$3.822\ 807 \times 10^{29}$kg
$2.790\ 572 \times 10^{19}$kg	$6.023\ 731 \times 10^{23}$kg	$1.461\ 385 \times 10^{30}$kg
$7.787\ 294 \times 10^{19}$kg	$3.628\ 534 \times 10^{24}$kg	$2.135\ 647 \times 10^{30}$kg
$6.064\ 195 \times 10^{20}$kg	$1.316\ 626 \times 10^{25}$kg	$4.560\ 989 \times 10^{30}$kg
$3.677\ 446 \times 10^{21}$kg	$1.733\ 504 \times 10^{25}$kg	$2.080\ 262 \times 10^{31}$kg
$1.352\ 361 \times 10^{22}$kg	$3.005\ 036 \times 10^{25}$kg	$4.327\ 491 \times 10^{31}$kg

Aluminio (Al) 27. Masa atómica 26.981538U.

Masa en kilogramos 4.479 976 x 10^{-26}kg^{-2}

$2.007\ 018 \times 10^{-25}$kg	$1.781\ 258 \times 10^{-18}$kg	$9.503\ 372 \times 10^{-16}$kg
$4.028\ 124 \times 10^{-25}$kg	$3.172\ 882 \times 10^{-18}$kg	$9.031\ 408 \times 10^{-15}$kg
$1.622\ 578 \times 10^{-24}$kg	$1.006\ 718 \times 10^{-17}$kg	$8.156\ 633 \times 10^{-14}$kg
$2.632\ 761 \times 10^{-24}$kg	$1.013\ 482 \times 10^{-17}$kg	$6.653\ 067 \times 10^{-13}$kg
$6.931\ 434 \times 10^{-24}$kg	$1.027\ 146 \times 10^{-17}$kg	$4.426\ 330 \times 10^{-12}$kg
$4.804\ 479 \times 10^{-23}$kg	$1.055\ 029 \times 10^{-17}$kg	$1.959\ 239 \times 10^{-11}$kg
$2.308\ 301 \times 10^{-22}$kg	$1.113\ 087 \times 10^{-17}$kg	$3.838\ 621 \times 10^{-11}$kg
$5.328\ 257 \times 10^{-22}$kg	$1.238\ 963 \times 10^{-17}$kg	$1.473\ 501 \times 10^{-10}$kg
$2.839\ 032 \times 10^{-21}$kg	$1.535\ 031 \times 10^{-17}$kg	$2.171\ 205 \times 10^{-10}$kg
$8.060\ 108 \times 10^{-21}$kg	$2.356\ 322 \times 10^{-17}$kg	$4.714\ 133 \times 10^{-10}$kg
$6.496\ 534 \times 10^{-20}$kg	$5.552\ 255 \times 10^{-17}$kg	$2.222\ 305 \times 10^{-9}$kg
$4.220\ 496 \times 10^{-19}$kg	$3.082\ 753 \times 10^{-16}$kg	$4.938\ 643 \times 10^{-9}$kg

$2.439\ 019 \times 10^{-8}$kg	$4.286\ 130 \times 10^{1}$kg	$2.294\ 192 \times 10^{14}$kg
$5.948\ 817 \times 10^{-8}$kg	$1.837\ 091 \times 10^{2}$kg	$5.263\ 318 \times 10^{14}$kg
$3.538\ 843 \times 10^{-7}$kg	$3.374\ 903 \times 10^{2}$kg	$2.770\ 252 \times 10^{15}$kg
$1.252\ 341 \times 10^{-6}$kg	$1.138\ 997 \times 10^{3}$kg	$7.674\ 299 \times 10^{15}$kg
$1.568\ 358 \times 10^{-6}$kg	$1.297\ 315 \times 10^{3}$kg	$5.889\ 487 \times 10^{16}$kg
$2.459\ 746 \times 10^{-6}$kg	$1.683\ 027 \times 10^{3}$kg	$3.468\ 606 \times 10^{17}$kg
$6.050\ 354 \times 10^{-6}$kg	$2.832\ 581 \times 10^{3}$kg	$1.203\ 123 \times 10^{18}$kg
$3.660\ 679 \times 10^{-5}$kg	$8.023\ 519 \times 10^{3}$kg	$1.447\ 505 \times 10^{18}$kg
$1.340\ 057 \times 10^{-4}$kg	$6.437\ 687 \times 10^{4}$kg	$2.095\ 271 \times 10^{18}$kg
$1.795\ 753 \times 10^{-4}$kg	$4.144\ 381 \times 10^{5}$kg	$4.390\ 164 \times 10^{18}$kg
$3.224\ 731 \times 10^{-4}$kg	$1.717\ 589 \times 10^{6}$kg	$1.927\ 354 \times 10^{19}$kg
$1.039\ 889 \times 10^{-3}$kg	$2.950\ 114 \times 10^{6}$kg	$3.714\ 694 \times 10^{19}$kg
$1.081\ 369 \times 10^{-3}$kg	$8.703\ 175 \times 10^{6}$kg	$1.379\ 895 \times 10^{20}$kg
$1.169\ 360 \times 10^{-3}$kg	$7.574\ 526 \times 10^{7}$kg	$1.904\ 111 \times 10^{20}$kg
$1.367\ 402 \times 10^{-3}$kg	$5.737\ 345 \times 10^{8}$kg	$3.625\ 642 \times 10^{20}$kg
$1.869\ 790 \times 10^{-3}$kg	$3.291\ 713 \times 10^{9}$kg	$1.314\ 528 \times 10^{21}$kg
$1.869\ 790 \times 10^{-3}$kg	$1.083\ 537 \times 10^{10}$kg	$1.727\ 983 \times 10^{21}$kg
$3.496\ 117 \times 10^{-3}$kg	$1.174\ 054 \times 10^{10}$kg	$2.985\ 928 \times 10^{21}$kg
$1.222\ 283 \times 10^{-2}$kg	$1.378\ 403 \times 10^{10}$kg	$8.915\ 769 \times 10^{21}$kg
$1.493\ 977 \times 10^{-2}$kg	$1.899\ 995 \times 10^{10}$kg	$7.949\ 093 \times 10^{22}$kg
$2.231\ 968 \times 10^{-2}$kg	$3.609\ 981 \times 10^{10}$kg	$6.318\ 809 \times 10^{23}$kg
$4.981\ 682 \times 10^{-2}$kg	$1.303\ 196 \times 10^{11}$kg	$3.992\ 734 \times 10^{24}$kg
$2.481\ 715 \times 10^{-1}$kg	$1.698\ 320 \times 10^{11}$kg	$1.594\ 193 \times 10^{25}$kg
$6.158\ 913 \times 10^{-1}$kg	$2.884\ 292 \times 10^{11}$kg	$2.541\ 451 \times 10^{25}$kg
$3.793\ 221 \times 10^{0}$kg	$8.319\ 145 \times 10^{11}$kg	$6.458\ 978 \times 10^{25}$kg
$1.438\ 852 \times 10^{1}$kg	$6.920\ 818 \times 10^{12}$kg	$4.171\ 839 \times 10^{26}$kg
$2.070\ 297 \times 10^{1}$kg	$4.789\ 772 \times 10^{13}$kg	$1.740\ 424 \times 10^{27}$kg

$3.029\,078 \times 10^{27}$kg	$7.087\,353 \times 10^{29}$kg	$6.366\,086 \times 10^{31}$kg
$9.175\,315 \times 10^{27}$kg	$5.023\,057 \times 10^{30}$kg	
$8.418\,642 \times 10^{28}$kg	$2.523\,110 \times 10^{31}$kg	

Aluminio (Al) 28 (Radiactivo). Masa atómica 27.981910U.

Masa en kilogramos 4.646 076 x 10^{-26}kg^{-2}

$2.158\,602 \times 10^{-25}$kg	$3.390\,179 \times 10^{-16}$kg	$5.859\,309 \times 10^{-5}$kg
$4.659\,566 \times 10^{-25}$kg	$1.149\,331 \times 10^{-15}$kg	$3.433\,151 \times 10^{-4}$kg
$2.171\,155 \times 10^{-24}$kg	$1.320\,963 \times 10^{-15}$kg	$1.178\,652 \times 10^{-3}$kg
$4.713\,918 \times 10^{-24}$kg	$1.744\,943 \times 10^{-15}$kg	$1.389\,222 \times 10^{-3}$kg
$2.222\,102 \times 10^{-23}$kg	$3.044\,827 \times 10^{-15}$kg	$1.929\,937 \times 10^{-3}$kg
$4.937\,739 \times 10^{-23}$kg	$9.270\,976 \times 10^{-15}$kg	$3.724\,660 \times 10^{-3}$kg
$2.438\,126 \times 10^{-22}$kg	$8.595\,100 \times 10^{-14}$kg	$1.387\,309 \times 10^{-2}$kg
$5.944\,462 \times 10^{-22}$kg	$7.387\,575 \times 10^{-13}$kg	$1.924\,627 \times 10^{-2}$kg
$3.533\,663 \times 10^{-21}$kg	$5.457\,627 \times 10^{-12}$kg	$3.704\,190 \times 10^{-2}$kg
$1.248\,677 \times 10^{-20}$kg	$2.978\,569 \times 10^{-11}$kg	$1.372\,102 \times 10^{-1}$kg
$1.559\,195 \times 10^{-20}$kg	$8.871\,876 \times 10^{-11}$kg	$1.882\,666 \times 10^{-1}$kg
$2.431\,091 \times 10^{-20}$kg	$7.871\,018 \times 10^{-10}$kg	$3.544\,432 \times 10^{-1}$kg
$5.910\,203 \times 10^{-20}$kg	$6.195\,293 \times 10^{-9}$kg	$1.256\,300 \times 10^{0}$kg
$3.493\,050 \times 10^{-19}$kg	$3.838\,166 \times 10^{-8}$kg	$1.578\,290 \times 10^{0}$kg
$1.220\,140 \times 10^{-18}$kg	$1.473\,152 \times 10^{-7}$kg	$2.491\,001 \times 10^{0}$kg
$1.488\,742 \times 10^{-18}$kg	$2.170\,177 \times 10^{-7}$kg	$6.205\,090 \times 10^{0}$kg
$2.216\,352 \times 10^{-18}$kg	$4.709\,669 \times 10^{-7}$kg	$3.850\,314 \times 10^{1}$kg
$4.912\,220 \times 10^{-18}$kg	$2.218\,098 \times 10^{-6}$kg	$1.482\,492 \times 10^{2}$kg
$2.412\,990 \times 10^{-17}$kg	$4.919\,960 \times 10^{-6}$kg	$2.197\,783 \times 10^{2}$kg
$5.822\,524 \times 10^{-17}$kg	$2.420\,601 \times 10^{-5}$kg	$4.830\,251 \times 10^{2}$kg

$2.333\ 133 \times 10^{3}$kg	$1.644\ 826 \times 10^{13}$kg	$4.562\ 605 \times 10^{24}$kg
$5.443\ 511 \times 10^{3}$kg	$2.705\ 454 \times 10^{13}$kg	$2.081\ 736 \times 10^{25}$kg
$2.963\ 181 \times 10^{4}$kg	$7.319\ 481 \times 10^{13}$kg	$4.333\ 626 \times 10^{25}$kg
$8.780\ 446 \times 10^{4}$kg	$5.357\ 481 \times 10^{14}$kg	$1.878\ 032 \times 10^{26}$kg
$7.709\ 624 \times 10^{5}$kg	$2.870\ 260 \times 10^{15}$kg	$3.527\ 004 \times 10^{26}$kg
$5.943\ 830 \times 10^{6}$kg	$8.238\ 394 \times 10^{15}$kg	$1.243\ 976 \times 10^{27}$kg
$3.532\ 911 \times 10^{7}$kg	$6.787\ 114 \times 10^{16}$kg	$1.547\ 477 \times 10^{27}$kg
$1.248\ 146 \times 10^{8}$kg	$4.606\ 491 \times 10^{17}$kg	$2.394\ 685 \times 10^{27}$kg
$1.557\ 870 \times 10^{8}$kg	$2.121\ 976 \times 10^{18}$kg	$5.734\ 516 \times 10^{27}$kg
$2.426\ 959 \times 10^{8}$kg	$4.502\ 785 \times 10^{18}$kg	$3.288\ 468 \times 10^{28}$kg
$5.590\ 132 \times 10^{8}$kg	$2.027\ 057 \times 10^{19}$kg	$1.081\ 402 \times 10^{29}$kg
$3.469\ 365 \times 10^{9}$kg	$4.110\ 787 \times 10^{19}$kg	$1.169\ 431 \times 10^{29}$kg
$1.203\ 650 \times 10^{10}$kg	$1.689\ 857 \times 10^{20}$kg	$1.367\ 569 \times 10^{29}$kg
$1.448\ 773 \times 10^{10}$kg	$2.855\ 617 \times 10^{20}$kg	$1.870\ 246 \times 10^{29}$kg
$2.098\ 944 \times 10^{10}$kg	$8.154\ 551 \times 10^{20}$kg	$3.497\ 822 \times 10^{29}$kg
$4.405\ 567 \times 10^{10}$kg	$6.649\ 671 \times 10^{21}$kg	$1.223\ 476 \times 10^{30}$kg
$1.940\ 902 \times 10^{11}$kg	$4.421\ 813 \times 10^{22}$kg	$1.496\ 894 \times 10^{30}$kg
$3.767\ 103 \times 10^{11}$kg	$1.955\ 243 \times 10^{23}$kg	$2.240\ 694 \times 10^{30}$kg
$1.419\ 106 \times 10^{12}$kg	$3.822\ 976 \times 10^{23}$kg	$5.020\ 709 \times 10^{30}$kg
$2.013\ 863 \times 10^{12}$kg	$1.461\ 514 \times 10^{24}$kg	$2.520\ 751 \times 10^{31}$kg
$4.055\ 646 \times 10^{12}$kg	$2.136\ 025 \times 10^{24}$kg	$6.354\ 185 \times 10^{31}$kg

Promedio de las masas del Aluminio (Al).

$$4.314\ 826 \times 10^{-26} \text{kg}^{-2}$$

$$4.479\ 976 \times 10^{-26} \text{kg}^{-2}$$

$$\underline{4.646\ 076 \times 10^{-26} \text{kg}^{-2}}$$

$$\underline{17.440\ 879 \times 10^{-26} \text{kg}^{-2}}$$

$$3$$

$$= 5.813\ 626 \times 10^{-26} \text{kg}^{-2}$$

$3.379\ 825 \times 10^{-25}$kg	$2.883\ 008 \times 10^{-16}$kg	$6.909\ 421 \times 10^{-6}$kg
$1.142\ 322 \times 10^{-24}$kg	$8.311\ 736 \times 10^{-16}$kg	$4.774\ 010 \times 10^{-5}$kg
$1.304\ 899 \times 10^{-24}$kg	$6.908\ 496 \times 10^{-15}$kg	$2.279\ 117 \times 10^{-4}$kg
$1.702\ 762 \times 10^{-24}$kg	$4.772\ 732 \times 10^{-14}$kg	$5.194\ 378 \times 10^{-4}$kg
$2.899\ 401 \times 10^{-24}$kg	$2.277\ 897 \times 10^{-13}$kg	$2.698\ 156 \times 10^{-3}$kg
$8.406\ 528 \times 10^{-24}$kg	$5.188\ 816 \times 10^{-13}$kg	$7.280\ 047 \times 10^{-3}$kg
$7.066\ 971 \times 10^{-23}$kg	$2.692\ 381 \times 10^{-12}$kg	$5.299\ 908 \times 10^{-2}$kg
$4.994\ 209 \times 10^{-22}$kg	$7.248\ 917 \times 10^{-12}$kg	$2.808\ 903 \times 10^{-1}$kg
$2.494\ 212 \times 10^{-21}$kg	$5.254\ 680 \times 10^{-11}$kg	$7.889\ 939 \times 10^{-1}$kg
$6.221\ 095 \times 10^{-21}$kg	$2.761\ 166 \times 10^{-10}$kg	$6.225\ 113 \times 10^{0}$kg
$3.870\ 203 \times 10^{-20}$kg	$7.624\ 042 \times 10^{-10}$kg	$3.875\ 204 \times 10^{1}$kg
$1.497\ 847 \times 10^{-19}$kg	$5.812\ 602 \times 10^{-9}$kg	$1.501\ 720 \times 10^{2}$kg
$2.243\ 546 \times 10^{-19}$kg	$3.378\ 634 \times 10^{-8}$kg	$2.255\ 165 \times 10^{2}$kg
$5.033\ 501 \times 10^{-19}$kg	$1.141\ 517 \times 10^{-7}$kg	$5.085\ 770 \times 10^{2}$kg
$2.533\ 613 \times 10^{-18}$kg	$1.303\ 062 \times 10^{-7}$kg	$2.586\ 505 \times 10^{3}$kg
$6.419\ 197 \times 10^{-18}$kg	$1.697\ 970 \times 10^{-7}$kg	$6.690\ 012 \times 10^{3}$kg
$4.120\ 609 \times 10^{-17}$kg	$2.883\ 104 \times 10^{-7}$kg	$4.475\ 626 \times 10^{4}$kg
$1.697\ 942 \times 10^{-16}$kg	$8.312\ 293 \times 10^{-7}$kg	$2.003\ 123 \times 10^{5}$kg

$4.012\,504 \times 10^{5}$kg	$1.014\,859 \times 10^{17}$kg	$1.437\,089 \times 10^{25}$kg
$1.610\,018 \times 10^{6}$kg	$1.029\,940 \times 10^{17}$kg	$2.065\,225 \times 10^{25}$kg
$2.592\,161 \times 10^{6}$kg	$1.060\,776 \times 10^{17}$kg	$4.265\,156 \times 10^{25}$kg
$6.719\,298 \times 10^{6}$kg	$1.125\,246 \times 10^{17}$kg	$1.819\,156 \times 10^{26}$kg
$4.514\,897 \times 10^{7}$kg	$1.266\,180 \times 10^{17}$kg	$3.309\,329 \times 10^{26}$kg
$2.038\,430 \times 10^{8}$kg	$1.603\,213 \times 10^{17}$kg	$1.095\,166 \times 10^{27}$kg
$4.155\,197 \times 10^{8}$kg	$2.570\,293 \times 10^{17}$kg	$1.199\,389 \times 10^{27}$kg
$1.726\,566 \times 10^{9}$kg	$6.606\,409 \times 10^{17}$kg	$1.438\,534 \times 10^{27}$kg
$2.981\,033 \times 10^{9}$kg	$4.364\,465 \times 10^{18}$kg	$2.069\,382 \times 10^{27}$kg
$8.886\,558 \times 10^{9}$kg	$1.904\,855 \times 10^{19}$kg	$4.282\,342 \times 10^{27}$kg
$7.897\,091 \times 10^{10}$kg	$3.628\,474 \times 10^{19}$kg	$1.833\,845 \times 10^{28}$kg
$6.236\,406 \times 10^{11}$kg	$1.316\,582 \times 10^{20}$kg	$3.362\,989 \times 10^{28}$kg
$3.889\,276 \times 10^{12}$kg	$1.733\,390 \times 10^{20}$kg	$1.130\,969 \times 10^{29}$kg
$1.512\,646 \times 10^{13}$kg	$3.004\,642 \times 10^{20}$kg	$1.279\,092 \times 10^{29}$kg
$2.288\,100 \times 10^{13}$kg	$9.027\,878 \times 10^{20}$kg	$1.636\,077 \times 10^{29}$kg
$5.235\,403 \times 10^{13}$kg	$8.150\,258 \times 10^{21}$kg	$2.676\,748 \times 10^{29}$kg
$2.740\,945 \times 10^{14}$kg	$6.642\,670 \times 10^{22}$kg	$7.164\,984 \times 10^{29}$kg
$7.512\,781 \times 10^{14}$kg	$4.412\,507 \times 10^{23}$kg	$5.133\,700 \times 10^{30}$kg
$5.644\,188 \times 10^{15}$kg	$1.947\,022 \times 10^{24}$kg	$2.635\,488 \times 10^{31}$kg
$3.185\,686 \times 10^{16}$kg	$3.790\,896 \times 10^{24}$kg	$6.945\,797 \times 10^{31}$kg

Magnesio (Mg) 23 (Radiactivo). Masa atómica 22.994124U.

Masa en kilogramos 3.818 272 x 10^{-26}kg^{-2}

$1.457\,920 \times 10^{-25}$kg	$2.041\,132 \times 10^{-24}$kg	$3.012\,791 \times 10^{-23}$kg
$2.125\,532 \times 10^{-25}$kg	$4.166\,220 \times 10^{-24}$kg	$9.076\,910 \times 10^{-23}$kg
$4.517\,889 \times 10^{-25}$kg	$1.735\,739 \times 10^{-23}$kg	$8.239\,030 \times 10^{-22}$kg

$6.788\ 162 \times 10^{-21}$kg	$1.179\ 890 \times 10^{-5}$kg	$5.644\ 936 \times 10^{7}$kg
$4.607\ 915 \times 10^{-20}$kg	$1.392\ 140 \times 10^{-5}$kg	$3.186\ 530 \times 10^{8}$kg
$2.123\ 288 \times 10^{-19}$kg	$1.938\ 056 \times 10^{-5}$kg	$1.015\ 397 \times 10^{9}$kg
$4.508\ 353 \times 10^{-19}$kg	$3.756\ 062 \times 10^{-5}$kg	$1.031\ 032 \times 10^{9}$kg
$2.032\ 524 \times 10^{-18}$kg	$1.410\ 800 \times 10^{-4}$kg	$1.063\ 028 \times 10^{9}$kg
$4.131\ 157 \times 10^{-18}$kg	$1.990\ 357 \times 10^{-4}$kg	$1.130\ 030 \times 10^{9}$kg
$1.706\ 645 \times 10^{-17}$kg	$3.961\ 522 \times 10^{-4}$kg	$1.276\ 968 \times 10^{9}$kg
$2.912\ 640 \times 10^{-17}$kg	$1.569\ 366 \times 10^{-3}$kg	$1.630\ 014 \times 10^{9}$kg
$8.483\ 474 \times 10^{-17}$kg	$2.462\ 909 \times 10^{-3}$kg	$2.659\ 014 \times 10^{9}$kg
$7.196\ 933 \times 10^{-16}$kg	$6.065\ 924 \times 10^{-3}$kg	$7.070\ 359 \times 10^{9}$kg
$5.179\ 585 \times 10^{-15}$kg	$3.679\ 544 \times 10^{-2}$kg	$4.998\ 997 \times 10^{10}$kg
$2.682\ 810 \times 10^{-14}$kg	$1.353\ 904 \times 10^{-1}$kg	$2.498\ 997 \times 10^{11}$kg
$7.197\ 471 \times 10^{-14}$kg	$1.833\ 057 \times 10^{-1}$kg	$6.244\ 990 \times 10^{11}$kg
$5.180\ 358 \times 10^{-13}$kg	$3.360\ 098 \times 10^{-1}$kg	$3.899\ 991 \times 10^{12}$kg
$2.683\ 611 \times 10^{-12}$kg	$1.129\ 026 \times 10^{0}$kg	$1.520\ 993 \times 10^{13}$kg
$7.201\ 772 \times 10^{-12}$kg	$1.274\ 700 \times 10^{0}$kg	$2.313\ 420 \times 10^{13}$kg
$5.186\ 553 \times 10^{-11}$kg	$1.624\ 861 \times 10^{0}$kg	$5.351\ 912 \times 10^{13}$kg
$2.690\ 033 \times 10^{-10}$kg	$2.640\ 173 \times 10^{0}$kg	$2.864\ 297 \times 10^{14}$kg
$7.236\ 279 \times 10^{-10}$kg	$6.970\ 516 \times 10^{0}$kg	$8.204\ 198 \times 10^{14}$kg
$5.236\ 373 \times 10^{-9}$kg	$4.858\ 810 \times 10^{1}$kg	$6.730\ 887 \times 10^{15}$kg
$2.741\ 960 \times 10^{-8}$kg	$2.360\ 803 \times 10^{2}$kg	$4.530\ 485 \times 10^{16}$kg
$7.518\ 349 \times 10^{-8}$kg	$5.573\ 393 \times 10^{2}$kg	$2.052\ 529 \times 10^{17}$kg
$5.652\ 558 \times 10^{-7}$kg	$3.106\ 271 \times 10^{3}$kg	$4.212\ 877 \times 10^{17}$kg
$3.195\ 141 \times 10^{-6}$kg	$9.648\ 919 \times 10^{3}$kg	$1.774\ 833 \times 10^{18}$kg
$1.020\ 892 \times 10^{-5}$kg	$9.310\ 165 \times 10^{4}$kg	$3.150\ 033 \times 10^{18}$kg
$1.042\ 222 \times 10^{-5}$kg	$8.667\ 917 \times 10^{5}$kg	$9.922\ 711 \times 10^{18}$kg
$1.086\ 227 \times 10^{-5}$kg	$7.513\ 279 \times 10^{6}$kg	$9.846\ 020 \times 10^{19}$kg

$9.694\,410 \times 10^{20}$kg	$1.882\,533 \times 10^{26}$kg	$1.469\,169 \times 10^{29}$kg
$9.398\,160 \times 10^{21}$kg	$3.543\,932 \times 10^{26}$kg	$2.158\,459 \times 10^{29}$kg
$8.832\,541 \times 10^{22}$kg	$1.255\,946 \times 10^{27}$kg	$4.658\,945 \times 10^{29}$kg
$7.801\,379 \times 10^{23}$kg	$1.577\,400 \times 10^{27}$kg	$2.170\,577 \times 10^{30}$kg
$6.086\,152 \times 10^{24}$kg	$2.488\,192 \times 10^{27}$kg	$4.711\,407 \times 10^{30}$kg
$3.704\,125 \times 10^{25}$kg	$6.191\,102 \times 10^{27}$kg	$2.219\,736 \times 10^{31}$kg
$1.372\,054 \times 10^{26}$kg	$3.832\,914 \times 10^{28}$kg	$4.927\,228 \times 10^{31}$kg

Magnesio (24). Masa atómica 23.985042U.

Masa en kilogramos 3.982 818 x 10^{-26}kg^{-2}

$1.586\,284 \times 10^{-25}$kg	$1.503\,329 \times 10^{-18}$kg	$2.652\,865 \times 10^{-10}$kg
$2.516\,298 \times 10^{-25}$kg	$2.259\,999 \times 10^{-18}$kg	$7.037\,695 \times 10^{-10}$kg
$6.331\,760 \times 10^{-25}$kg	$5.107\,598 \times 10^{-18}$kg	$4.952\,915 \times 10^{-9}$kg
$4.009\,119 \times 10^{-24}$kg	$2.608\,756 \times 10^{-17}$kg	$2.453\,137 \times 10^{-8}$kg
$1.607\,303 \times 10^{-23}$kg	$6.805\,610 \times 10^{-17}$kg	$6.017\,881 \times 10^{-8}$kg
$2.583\,424 \times 10^{-23}$kg	$4.631\,634 \times 10^{-16}$kg	$3.621\,489 \times 10^{-7}$kg
$6.674\,083 \times 10^{-23}$kg	$2.145\,203 \times 10^{-15}$kg	$1.311\,518 \times 10^{-6}$kg
$4.454\,339 \times 10^{-22}$kg	$4.601\,897 \times 10^{-15}$kg	$1.720\,081 \times 10^{-6}$kg
$1.984\,113 \times 10^{-21}$kg	$2.117\,746 \times 10^{-14}$kg	$2.958\,679 \times 10^{-6}$kg
$3.936\,708 \times 10^{-21}$kg	$4.484\,848 \times 10^{-14}$kg	$8.753\,782 \times 10^{-6}$kg
$1.549\,767 \times 10^{-20}$kg	$2.011\,386 \times 10^{-13}$kg	$7.662\,871 \times 10^{-5}$kg
$2.401\,778 \times 10^{-20}$kg	$4.045\,676 \times 10^{-13}$kg	$5.871\,959 \times 10^{-4}$kg
$5.768\,539 \times 10^{-20}$kg	$1.636\,749 \times 10^{-12}$kg	$3.447\,991 \times 10^{-3}$kg
$3.327\,605 \times 10^{-19}$kg	$2.678\,948 \times 10^{-12}$kg	$1.188\,864 \times 10^{-2}$kg
$1.107\,295 \times 10^{-18}$kg	$7.176\,766 \times 10^{-12}$kg	$1.413\,398 \times 10^{-2}$kg
$1.226\,103 \times 10^{-18}$kg	$5.150\,597 \times 10^{-11}$kg	$1.997\,694 \times 10^{-2}$kg

$3.990\ 784 \times 10^{-2}$kg	$2.135\ 869 \times 10^{12}$kg	$1.653\ 007 \times 10^{21}$kg
$1.592\ 636 \times 10^{-1}$kg	$4.561\ 940 \times 10^{12}$kg	$2.732\ 434 \times 10^{21}$kg
$2.536\ 490 \times 10^{-1}$kg	$2.081\ 129 \times 10^{13}$kg	$7.466\ 199 \times 10^{21}$kg
$6.433\ 785 \times 10^{-1}$kg	$4.331\ 101 \times 10^{13}$kg	$5.574\ 413 \times 10^{22}$kg
$4.139\ 359 \times 10^{0}$kg	$1.875\ 843 \times 10^{14}$kg	$3.109\ 408 \times 10^{23}$kg
$1.713\ 429 \times 10^{1}$kg	$3.518\ 790 \times 10^{14}$kg	$9.655\ 989 \times 10^{23}$kg
$2.935\ 840 \times 10^{1}$kg	$1.238\ 188 \times 10^{15}$kg	$9.323\ 813 \times 10^{24}$kg
$8.619\ 161 \times 10^{1}$kg	$1.533\ 110 \times 10^{15}$kg	$8.693\ 348 \times 10^{25}$kg
$7.428\ 995 \times 10^{2}$kg	$2.350\ 428 \times 10^{15}$kg	$7.557\ 431 \times 10^{26}$kg
$5.518\ 996 \times 10^{3}$kg	$5.524\ 514 \times 10^{15}$kg	$5.711\ 477 \times 10^{27}$kg
$3.045\ 932 \times 10^{4}$kg	$3.052\ 025 \times 10^{16}$kg	$3.262\ 097 \times 10^{28}$kg
$9.277\ 705 \times 10^{4}$kg	$9.314\ 859 \times 10^{16}$kg	$1.064\ 127 \times 10^{29}$kg
$8.607\ 581 \times 10^{5}$kg	$8.676\ 661 \times 10^{17}$kg	$1.132\ 367 \times 10^{29}$kg
$7.409\ 046 \times 10^{6}$kg	$7.528\ 444 \times 10^{18}$kg	$1.282\ 256 \times 10^{29}$kg
$5.489\ 396 \times 10^{7}$kg	$5.667\ 748 \times 10^{19}$kg	$1.644\ 182 \times 10^{29}$kg
$3.013\ 347 \times 10^{8}$kg	$3.212\ 336 \times 10^{20}$kg	$2.703\ 336 \times 10^{29}$kg
$9.080\ 262 \times 10^{8}$kg	$1.031\ 910 \times 10^{21}$kg	$7.308\ 027 \times 10^{29}$kg
$8.245\ 117 \times 10^{9}$kg	$1.064\ 840 \times 10^{21}$kg	$5.340\ 727 \times 10^{30}$kg
$6.798\ 196 \times 10^{10}$kg	$1.133\ 884 \times 10^{21}$kg	$2.852\ 336 \times 10^{31}$kg
$4.621\ 547 \times 10^{11}$kg	$1.285\ 693 \times 10^{21}$kg	$8.135\ 820 \times 10^{31}$kg

Magnesio (Mg) 24. Masa atómica 23.985042U.

Masa en kilogramos 3.982 818 x 10^{-26}kg^{-2}

$1.586\ 284 \times 10^{-25}$kg	$1.607\ 303 \times 10^{-23}$kg	$1.984\ 113 \times 10^{-21}$kg
$2.516\ 298 \times 10^{-25}$kg	$2.583\ 424 \times 10^{-23}$kg	$3.936\ 708 \times 10^{-21}$kg
$6.331\ 760 \times 10^{-25}$kg	$6.674\ 083 \times 10^{-23}$kg	$1.549\ 767 \times 10^{-20}$kg
$4.009\ 119 \times 10^{-24}$kg	$4.454\ 339 \times 10^{-22}$kg	$2.401\ 778 \times 10^{-20}$kg

$5.768\ 539 \times 10^{-20}$kg	$1.720\ 081 \times 10^{-6}$kg	$3.617\ 409 \times 10^{10}$kg
$3.327\ 605 \times 10^{-19}$kg	$2.958\ 678 \times 10^{-6}$kg	$1.308\ 565 \times 10^{11}$kg
$1.107\ 295 \times 10^{-18}$kg	$8.753\ 780 \times 10^{-6}$kg	$1.712\ 342 \times 10^{11}$kg
$1.226\ 103 \times 10^{-18}$kg	$7.662\ 866 \times 10^{-5}$kg	$2.932\ 117 \times 10^{11}$kg
$1.503\ 329 \times 10^{-18}$kg	$5.871\ 952 \times 10^{-4}$kg	$8.597\ 314 \times 10^{11}$kg
$2.259\ 999 \times 10^{-18}$kg	$3.447\ 983 \times 10^{-3}$kg	$7.391\ 381 \times 10^{12}$kg
$5.107\ 598 \times 10^{-18}$kg	$1.188\ 858 \times 10^{-2}$kg	$5.463\ 252 \times 10^{13}$kg
$2.608\ 756 \times 10^{-17}$kg	$1.413\ 385 \times 10^{-2}$kg	$2.984\ 712 \times 10^{14}$kg
$6.805\ 610 \times 10^{-17}$kg	$1.997\ 657 \times 10^{-2}$kg	$8.908\ 508 \times 10^{14}$kg
$4.631\ 634 \times 10^{-16}$kg	$3.990\ 335 \times 10^{-2}$kg	$7.936\ 151 \times 10^{15}$kg
$2.145\ 203 \times 10^{-15}$kg	$1.592\ 516 \times 10^{-1}$kg	$6.298\ 250 \times 10^{16}$kg
$4.601\ 897 \times 10^{-15}$kg	$2.536\ 109 \times 10^{-1}$kg	$3.966\ 795 \times 10^{17}$kg
$2.117\ 746 \times 10^{-14}$kg	$6.431\ 853 \times 10^{-1}$kg	$1.573\ 546 \times 10^{18}$kg
$4.484\ 848 \times 10^{-14}$kg	$4.136\ 873 \times 10^{0}$kg	$2.476\ 050 \times 10^{18}$kg
$2.011\ 386 \times 10^{-13}$kg	$1.711\ 372 \times 10^{1}$kg	$6.130\ 824 \times 10^{18}$kg
$4.045\ 676 \times 10^{-13}$kg	$2.928\ 795 \times 10^{1}$kg	$3.758\ 700 \times 10^{19}$kg
$1.636\ 749 \times 10^{-12}$kg	$8.577\ 843 \times 10^{1}$kg	$1.412\ 783 \times 10^{20}$kg
$2.678\ 948 \times 10^{-12}$kg	$7.357\ 940 \times 10^{2}$kg	$1.995\ 956 \times 10^{20}$kg
$7.176\ 766 \times 10^{-12}$kg	$5.413\ 928 \times 10^{3}$kg	$3.983\ 840 \times 10^{20}$kg
$5.150\ 597 \times 10^{-11}$kg	$2.931\ 061 \times 10^{4}$kg	$1.587\ 098 \times 10^{21}$kg
$2.652\ 865 \times 10^{-10}$kg	$8.591\ 123 \times 10^{4}$kg	$2.518\ 881 \times 10^{21}$kg
$7.037\ 695 \times 10^{-10}$kg	$7.380\ 740 \times 10^{5}$kg	$6.344\ 764 \times 10^{21}$kg
$4.952\ 915 \times 10^{-9}$kg	$5.447\ 533 \times 10^{6}$kg	$4.025\ 603 \times 10^{22}$kg
$2.453\ 137 \times 10^{-8}$kg	$2.967\ 562 \times 10^{7}$kg	$1.620\ 547 \times 10^{23}$kg
$6.017\ 881 \times 10^{-8}$kg	$8.806\ 426 \times 10^{7}$kg	$2.626\ 175 \times 10^{23}$kg
$3.621\ 489 \times 10^{-7}$kg	$7.755\ 314 \times 10^{8}$kg	$6.896\ 798 \times 10^{23}$kg
$1.311\ 518 \times 10^{-6}$kg	$6.014\ 490 \times 10^{9}$kg	$4.756\ 583 \times 10^{24}$kg

$2.262\ 508 \times 10^{25}$kg	$2.222\ 737 \times 10^{28}$kg	$1.260\ 140 \times 10^{31}$kg
$5.118\ 945 \times 10^{25}$kg	$4.940\ 560 \times 10^{28}$kg	$1.587\ 954 \times 10^{31}$kg
$2.620\ 360 \times 10^{26}$kg	$2.440\ 913 \times 10^{29}$kg	$2.521\ 598 \times 10^{31}$kg
$6.866\ 288 \times 10^{26}$kg	$5.958\ 058 \times 10^{29}$kg	$6.358\ 457 \times 10^{31}$kg
$4.714\ 591 \times 10^{27}$kg	$3.549\ 845 \times 10^{30}$kg	

Magnesio (Mg) 25. Masa atómica 24.985838U.

Masa en kilogramos 4.149 005 x 10^{-26}kg^{-2}

$1.721\ 424 \times 10^{-25}$kg	$1.753\ 470 \times 10^{-16}$kg	$1.095\ 834 \times 10^{-7}$kg
$2.963\ 302 \times 10^{-25}$kg	$3.074\ 658 \times 10^{-16}$kg	$1.200\ 853 \times 10^{-7}$kg
$8.781\ 161 \times 10^{-25}$kg	$9.453\ 527 \times 10^{-16}$kg	$1.442\ 049 \times 10^{-7}$kg
$7.710\ 879 \times 10^{-24}$kg	$8.936\ 917 \times 10^{-15}$kg	$2.079\ 507 \times 10^{-7}$kg
$5.945\ 766 \times 10^{-23}$kg	$7.986\ 849 \times 10^{-14}$kg	$4.324\ 351 \times 10^{-7}$kg
$3.535\ 214 \times 10^{-22}$kg	$6.378\ 975 \times 10^{-13}$kg	$1.870\ 001 \times 10^{-6}$kg
$1.249\ 774 \times 10^{-21}$kg	$4.069\ 133 \times 10^{-12}$kg	$3.496\ 906 \times 10^{-6}$kg
$1.561\ 935 \times 10^{-21}$kg	$1.655\ 784 \times 10^{-11}$kg	$1.222\ 835 \times 10^{-5}$kg
$2.439\ 642 \times 10^{-21}$kg	$2.741\ 622 \times 10^{-11}$kg	$1.495\ 326 \times 10^{-5}$kg
$5.951\ 853 \times 10^{-21}$kg	$7.516\ 495 \times 10^{-11}$kg	$2.236\ 002 \times 10^{-5}$kg
$3.542\ 456 \times 10^{-20}$kg	$5.649\ 769 \times 10^{-10}$kg	$4.999\ 707 \times 10^{-5}$kg
$1.254\ 899 \times 10^{-19}$kg	$3.191\ 989 \times 10^{-9}$kg	$2.499\ 707 \times 10^{-4}$kg
$1.574\ 772 \times 10^{-19}$kg	$1.018\ 879 \times 10^{-8}$kg	$6.248\ 535 \times 10^{-4}$kg
$2.479\ 909 \times 10^{-19}$kg	$1.038\ 116 \times 10^{-8}$kg	$3.904\ 419 \times 10^{-3}$kg
$6.149\ 953 \times 10^{-19}$kg	$1.077\ 685 \times 10^{-8}$kg	$1.524\ 449 \times 10^{-2}$kg
$3.782\ 192 \times 10^{-18}$kg	$1.161\ 406 \times 10^{-8}$kg	$2.323\ 945 \times 10^{-2}$kg
$1.430\ 498 \times 10^{-17}$kg	$1.348\ 863 \times 10^{-8}$kg	$5.400\ 724 \times 10^{-2}$kg
$2.046\ 325 \times 10^{-17}$kg	$1.819\ 433 \times 10^{-8}$kg	$2.916\ 782 \times 10^{-1}$kg
$4.187\ 446 \times 10^{-17}$kg	$3.310\ 339 \times 10^{-8}$kg	$8.507\ 620 \times 10^{-1}$kg

$7.237\ 960 \times 10^0$kg	$2.804\ 695 \times 10^{11}$kg	$1.381\ 930 \times 10^{20}$kg
$5.238\ 806 \times 10^1$kg	$7.866\ 319 \times 10^{11}$kg	$1.909\ 730 \times 10^{20}$kg
$2.744\ 509 \times 10^2$kg	$6.187\ 897 \times 10^{12}$kg	$3.647\ 071 \times 10^{20}$kg
$7.532\ 331 \times 10^2$kg	$3.829\ 007 \times 10^{13}$kg	$1.330\ 113 \times 10^{21}$kg
$5.673\ 602 \times 10^3$kg	$1.466\ 130 \times 10^{14}$kg	$1.769\ 200 \times 10^{21}$kg
$3.218\ 976 \times 10^4$kg	$2.149\ 537 \times 10^{14}$kg	$3.130\ 072 \times 10^{21}$kg
$1.036\ 180 \times 10^5$kg	$4.620\ 510 \times 10^{14}$kg	$9.797\ 351 \times 10^{21}$kg
$1.073\ 670 \times 10^5$kg	$2.134\ 912 \times 10^{15}$kg	$9.598\ 809 \times 10^{22}$kg
$1.152\ 768 \times 10^5$kg	$4.557\ 849 \times 10^{15}$kg	$9.217\ 134 \times 10^{23}$kg
$1.328\ 875 \times 10^5$kg	$2.077\ 399 \times 10^{16}$kg	$8.489\ 251 \times 10^{24}$kg
$1.765\ 909 \times 10^5$kg	$4.315\ 588 \times 10^{16}$kg	$7.206\ 739 \times 10^{25}$kg
$3.118\ 437 \times 10^5$kg	$1.862\ 430 \times 10^{17}$kg	$5.193\ 708 \times 10^{26}$kg
$9.724\ 652 \times 10^5$kg	$3.468\ 646 \times 10^{17}$kg	$2.697\ 461 \times 10^{27}$kg
$9.456\ 887 \times 10^6$kg	$1.203\ 150 \times 10^{18}$kg	$7.276\ 296 \times 10^{27}$kg
$8.943\ 271 \times 10^7$kg	$1.447\ 572 \times 10^{18}$kg	$5.294\ 449 \times 10^{28}$kg
$7.998\ 211 \times 10^8$kg	$2.095\ 464 \times 10^{18}$kg	$2.803\ 119 \times 10^{29}$kg
$6.397\ 138 \times 10^9$kg	$4.390\ 972 \times 10^{18}$kg	$7.857\ 480 \times 10^{29}$kg
$4.092\ 337 \times 10^{10}$kg	$1.928\ 064 \times 10^{19}$kg	$6.173\ 999 \times 10^{30}$kg
$1.674\ 722 \times 10^{11}$kg	$3.717\ 432 \times 10^{19}$kg	$3.811\ 266 \times 10^{31}$kg

Magnesio (Mg) 26. Masa atómica 25.982594U.

Masa en kilogramos 4.314 520 x 10^{-26}kg^{-2}

$1.861\ 509 \times 10^{-25}$kg	$2.078\ 943 \times 10^{-24}$kg	$1.217\ 538 \times 10^{-22}$kg
$3.465\ 216 \times 10^{-25}$kg	$4.322\ 005 \times 10^{-24}$kg	$1.482\ 400 \times 10^{-22}$kg
$1.200\ 772 \times 10^{-24}$kg	$1.867\ 973 \times 10^{-23}$kg	$2.197\ 512 \times 10^{-22}$kg
$1.441\ 854 \times 10^{-24}$kg	$3.489\ 324 \times 10^{-23}$kg	$4.829\ 060 \times 10^{-22}$kg

$2.331\ 982 \times 10^{-21}$ kg	$6.776\ 793 \times 10^{-5}$ kg	$6.015\ 467 \times 10^{7}$ kg
$5.438\ 143 \times 10^{-21}$ kg	$4.592\ 492 \times 10^{-4}$ kg	$3.618\ 584 \times 10^{8}$ kg
$2.957\ 340 \times 10^{-20}$ kg	$2.109\ 099 \times 10^{-3}$ kg	$1.309\ 415 \times 10^{9}$ kg
$8.745\ 864 \times 10^{-20}$ kg	$4.448\ 298 \times 10^{-3}$ kg	$1.714\ 569 \times 10^{9}$ kg
$7.649\ 014 \times 10^{-19}$ kg	$1.978\ 736 \times 10^{-2}$ kg	$2.939\ 748 \times 10^{9}$ kg
$5.850\ 741 \times 10^{-18}$ kg	$3.915\ 396 \times 10^{-2}$ kg	$8.642\ 122 \times 10^{9}$ kg
$3.423\ 117 \times 10^{-17}$ kg	$1.533\ 033 \times 10^{-1}$ kg	$7.468\ 628 \times 10^{10}$ kg
$1.171\ 773 \times 10^{-16}$ kg	$2.350\ 190 \times 10^{-1}$ kg	$5.578\ 041 \times 10^{11}$ kg
$1.373\ 053 \times 10^{-16}$ kg	$5.523\ 395 \times 10^{-1}$ kg	$3.111\ 454 \times 10^{12}$ kg
$1.885\ 275 \times 10^{-16}$ kg	$3.050\ 789 \times 10^{0}$ kg	$9.681\ 149 \times 10^{12}$ kg
$3.554\ 262 \times 10^{-16}$ kg	$9.307\ 319 \times 10^{0}$ kg	$9.372\ 466 \times 10^{13}$ kg
$1.263\ 277 \times 10^{-15}$ kg	$8.662\ 619 \times 10^{1}$ kg	$8.784\ 312 \times 10^{14}$ kg
$1.595\ 870 \times 10^{-15}$ kg	$7.504\ 097 \times 10^{2}$ kg	$7.716\ 413 \times 10^{15}$ kg
$2.546\ 804 \times 10^{-15}$ kg	$5.631\ 147 \times 10^{3}$ kg	$5.954\ 304 \times 10^{16}$ kg
$6.486\ 211 \times 10^{-15}$ kg	$3.170\ 981 \times 10^{4}$ kg	$3.545\ 374 \times 10^{17}$ kg
$4.207\ 093 \times 10^{-14}$ kg	$1.005\ 512 \times 10^{5}$ kg	$1.256\ 967 \times 10^{18}$ kg
$1.769\ 963 \times 10^{-13}$ kg	$1.011\ 055 \times 10^{5}$ kg	$1.579\ 967 \times 10^{18}$ kg
$3.132\ 771 \times 10^{-13}$ kg	$1.022\ 233 \times 10^{5}$ kg	$2.496\ 298 \times 10^{18}$ kg
$9.814\ 257 \times 10^{-13}$ kg	$1.044\ 961 \times 10^{5}$ kg	$6.231\ 504 \times 10^{18}$ kg
$9.631\ 965 \times 10^{-12}$ kg	$1.091\ 943 \times 10^{5}$ kg	$3.883\ 164 \times 10^{19}$ kg
$9.277\ 476 \times 10^{-11}$ kg	$1.192\ 341 \times 10^{5}$ kg	$1.507\ 896 \times 10^{20}$ kg
$8.607\ 151 \times 10^{-10}$ kg	$1.421\ 677 \times 10^{5}$ kg	$2.273\ 753 \times 10^{20}$ kg
$7.408\ 316 \times 10^{-9}$ kg	$2.021\ 166 \times 10^{5}$ kg	$5.169\ 953 \times 10^{20}$ kg
$5.488\ 314 \times 10^{-8}$ kg	$4.085\ 115 \times 10^{5}$ kg	$2.672\ 842 \times 10^{21}$ kg
$3.012\ 159 \times 10^{-7}$ kg	$1.668\ 816 \times 10^{6}$ kg	$7.144\ 086 \times 10^{21}$ kg
$9.073\ 107 \times 10^{-7}$ kg	$2.784\ 949 \times 10^{6}$ kg	$5.103\ 796 \times 10^{22}$ kg
$8.232\ 128 \times 10^{-6}$ kg	$7.755\ 944 \times 10^{6}$ kg	$2.604\ 874 \times 10^{23}$ kg

$6.785\ 369 \times 10^{23}$kg	$5.829\ 561 \times 10^{28}$kg	$1.012\ 926 \times 10^{31}$kg
$4.604\ 124 \times 10^{24}$kg	$3.398\ 378 \times 10^{29}$kg	$1.026\ 019 \times 10^{31}$kg
$2.119\ 795 \times 10^{25}$kg	$1.154\ 897 \times 10^{30}$kg	$1.052\ 715 \times 10^{31}$kg
$4.493\ 534 \times 10^{25}$kg	$1.333\ 789 \times 10^{30}$kg	$1.108\ 210 \times 10^{31}$kg
$2.019\ 185 \times 10^{26}$kg	$1.778\ 993 \times 10^{30}$kg	$1.228\ 129 \times 10^{31}$kg
$4.077\ 108 \times 10^{26}$kg	$3.164\ 817 \times 10^{30}$kg	$1.508\ 303 \times 10^{31}$kg
$1.662\ 281 \times 10^{27}$kg	$1.001\ 606 \times 10^{31}$kg	$2.274\ 978 \times 10^{31}$kg
$2.763\ 178 \times 10^{27}$kg	$1.003\ 215 \times 10^{31}$kg	$5.175\ 527 \times 10^{31}$kg
$7.635\ 156 \times 10^{27}$kg	$1.006\ 442 \times 10^{31}$kg	

Magnesio (Mg) 27(Radiactivo). Masa atómica 26.984341U.

Masa en kilogramos 4.480 865 x 10^{-26}kg^{-2}

$2.007\ 815 \times 10^{-25}$kg	$4.497\ 920 \times 10^{-15}$kg	$7.779\ 262 \times 10^{-7}$kg
$4.031\ 322 \times 10^{-25}$kg	$2.023\ 129 \times 10^{-14}$kg	$6.051\ 692 \times 10^{-6}$kg
$1.625\ 156 \times 10^{-24}$kg	$4.093\ 051 \times 10^{-14}$kg	$3.662\ 298 \times 10^{-5}$kg
$2.641\ 133 \times 10^{-24}$kg	$1.675\ 307 \times 10^{-13}$kg	$1.341\ 242 \times 10^{-4}$kg
$6.975\ 583 \times 10^{-24}$kg	$2.806\ 654 \times 10^{-13}$kg	$1.798\ 932 \times 10^{-4}$kg
$4.865\ 877 \times 10^{-23}$kg	$7.877\ 308 \times 10^{-13}$kg	$3.236\ 156 \times 10^{-4}$kg
$2.367\ 676 \times 10^{-22}$kg	$6.205\ 199 \times 10^{-12}$kg	$1.047\ 270 \times 10^{-3}$kg
$5.605\ 890 \times 10^{-22}$kg	$3.850\ 449 \times 10^{-11}$kg	$1.096\ 776 \times 10^{-3}$kg
$3.142\ 600 \times 10^{-21}$kg	$1.482\ 596 \times 10^{-10}$kg	$1.202\ 918 \times 10^{-3}$kg
$9.875\ 936 \times 10^{-21}$kg	$2.198\ 092 \times 10^{-10}$kg	$1.447\ 012 \times 10^{-3}$kg
$9.753\ 413 \times 10^{-20}$kg	$4.831\ 609 \times 10^{-10}$kg	$2.093\ 846 \times 10^{-3}$kg
$9.512\ 906 \times 10^{-19}$kg	$2.334\ 445 \times 10^{-9}$kg	$4.384\ 191 \times 10^{-3}$kg
$9.049\ 539 \times 10^{-18}$kg	$5.449\ 633 \times 10^{-9}$kg	$1.922\ 113 \times 10^{-2}$kg
$8.189\ 416 \times 10^{-17}$kg	$2.969\ 850 \times 10^{-8}$kg	$3.694\ 518 \times 10^{-2}$kg
$6.706\ 654 \times 10^{-16}$kg	$8.820\ 012 \times 10^{-8}$kg	$1.364\ 947 \times 10^{-1}$kg

$1.863\,080 \times 10^{-1}\text{kg}$	$2.311\,877 \times 10^{13}\text{kg}$	$1.315\,382 \times 10^{27}\text{kg}$
$3.471\,068 \times 10^{-1}\text{kg}$	$5.344\,775 \times 10^{13}\text{kg}$	$1.730\,231 \times 10^{27}\text{kg}$
$1.204\,831 \times 10^{0}\text{kg}$	$2.856\,662 \times 10^{14}\text{kg}$	$2.993\,700 \times 10^{27}\text{kg}$
$1.451\,619 \times 10^{0}\text{kg}$	$8.160\,522 \times 10^{14}\text{kg}$	$8.962\,244 \times 10^{27}\text{kg}$
$2.107\,198 \times 10^{0}\text{kg}$	$6.659\,412 \times 10^{15}\text{kg}$	$8.032\,182 \times 10^{28}\text{kg}$
$4.440\,283 \times 10^{0}\text{kg}$	$4.434\,777 \times 10^{16}\text{kg}$	$6.451\,596 \times 10^{29}\text{kg}$
$1.971\,611 \times 10^{1}\text{kg}$	$1.966\,725 \times 10^{17}\text{kg}$	$4.162\,309 \times 10^{30}\text{kg}$
$3.887\,253 \times 10^{1}\text{kg}$	$3.868\,007 \times 10^{17}\text{kg}$	$1.732\,481 \times 10^{31}\text{kg}$
$1.511\,074 \times 10^{2}\text{kg}$	$1.496\,148 \times 10^{18}\text{kg}$	$3.001\,493 \times 10^{31}\text{kg}$
$2.283\,344 \times 10^{2}\text{kg}$	$2.238\,459 \times 10^{18}\text{kg}$	$9.008\,963 \times 10^{31}\text{kg}$
$5.213\,663 \times 10^{2}\text{kg}$	$5.010\,703 \times 10^{18}\text{kg}$	
$2.718\,228 \times 10^{3}\text{kg}$	$2.510\,714 \times 10^{19}\text{kg}$	
$7.388\,765 \times 10^{3}\text{kg}$	$6.303\,687 \times 10^{19}\text{kg}$	
$5.459\,385 \times 10^{4}\text{kg}$	$3.973\,648 \times 10^{20}\text{kg}$	
$2.980\,489 \times 10^{5}\text{kg}$	$1.578\,987 \times 10^{21}\text{kg}$	
$8.883\,317 \times 10^{5}\text{kg}$	$2.493\,202 \times 10^{21}\text{kg}$	
$7.891\,333 \times 10^{6}\text{kg}$	$6.216\,059 \times 10^{21}\text{kg}$	
$6.227\,313 \times 10^{7}\text{kg}$	$3.863\,939 \times 10^{22}\text{kg}$	
$3.877\,943 \times 10^{8}\text{kg}$	$1.493\,002 \times 10^{23}\text{kg}$	
$1.503\,844 \times 10^{9}\text{kg}$	$2.229\,057 \times 10^{23}\text{kg}$	
$2.261\,548 \times 10^{9}\text{kg}$	$4.968\,697 \times 10^{23}\text{kg}$	
$5.114\,603 \times 10^{9}\text{kg}$	$2.468\,795 \times 10^{24}\text{kg}$	
$2.615\,916 \times 10^{10}\text{kg}$	$6.094\,953 \times 10^{24}\text{kg}$	
$6.843\,019 \times 10^{10}\text{kg}$	$3.714\,845 \times 10^{25}\text{kg}$	
$4.682\,691 \times 10^{11}\text{kg}$	$1.380\,007 \times 10^{26}\text{kg}$	
$2.192\,760 \times 10^{12}\text{kg}$	$1.904\,421 \times 10^{26}\text{kg}$	
$4.808\,198 \times 10^{12}\text{kg}$	$3.626\,820 \times 10^{26}\text{kg}$	

Promedio de las masa del Magnesio (Mg).

$$3.818\ 272 \times 10^{-26}\text{kg}^{-2}$$

$$3.982\ 818 \times 10^{-26}\text{kg}^{-2}$$

$$4.149\ 005 \times 10^{-26}\text{kg}^{-2}$$

$$4.314\ 520 \times 10^{-26}\text{kg}^{-2}$$

$$\underline{4.480\ 865 \times 10^{-26}\text{kg}^{-2}}$$

$$\underline{20.745\ 483 \times 10^{-26}\text{kg}^{-2}}$$

$$5$$

$$= 4.149\ 096 \times 10^{-26}\text{kg}^{-2}$$

$1.721\ 500 \times 10^{-25}\text{kg}$	$2.558\ 890 \times 10^{-18}\text{kg}$	$1.196\ 161 \times 10^{-10}\text{kg}$
$2.963\ 563 \times 10^{-25}\text{kg}$	$6.547\ 921 \times 10^{-18}\text{kg}$	$1.430\ 803 \times 10^{-10}\text{kg}$
$8.782\ 707 \times 10^{-25}\text{kg}$	$4.287\ 527 \times 10^{-17}\text{kg}$	$2.047\ 198 \times 10^{-10}\text{kg}$
$7.713\ 595 \times 10^{-24}\text{kg}$	$1.838\ 289 \times 10^{-16}\text{kg}$	$4.191\ 020 \times 10^{-10}\text{kg}$
$5.949\ 955 \times 10^{-23}\text{kg}$	$3.379\ 306 \times 10^{-16}\text{kg}$	$1.756\ 464 \times 10^{-9}\text{kg}$
$3.540\ 196 \times 10^{-22}\text{kg}$	$1.141\ 971 \times 10^{-15}\text{kg}$	$3.085\ 169 \times 10^{-9}\text{kg}$
$1.253\ 299 \times 10^{-21}\text{kg}$	$1.304\ 098 \times 10^{-15}\text{kg}$	$9.518\ 268 \times 10^{-9}\text{kg}$
$1.570\ 758 \times 10^{-21}\text{kg}$	$1.700\ 672 \times 10^{-15}\text{kg}$	$9.059\ 743 \times 10^{-8}\text{kg}$
$2.467\ 282 \times 10^{-21}\text{kg}$	$2.892\ 286 \times 10^{-15}\text{kg}$	$8.207\ 895 \times 10^{-7}\text{kg}$
$6.087\ 485 \times 10^{-21}\text{kg}$	$8.365\ 323 \times 10^{-15}\text{kg}$	$6.736\ 954 \times 10^{-6}\text{kg}$
$3.705\ 747 \times 10^{-20}\text{kg}$	$6.997\ 863 \times 10^{-14}\text{kg}$	$4.538\ 656 \times 10^{-5}\text{kg}$
$1.373\ 256 \times 10^{-19}\text{kg}$	$4.897\ 009 \times 10^{-13}\text{kg}$	$2.059\ 939 \times 10^{-4}\text{kg}$
$1.885\ 833 \times 10^{-19}\text{kg}$	$2.398\ 070 \times 10^{-12}\text{kg}$	$4.243\ 352 \times 10^{-4}\text{kg}$
$3.556\ 366 \times 10^{-19}\text{kg}$	$5.750\ 740 \times 10^{-12}\text{kg}$	$1.800\ 603 \times 10^{-3}\text{kg}$
$1.264\ 774 \times 10^{-18}\text{kg}$	$3.307\ 101 \times 10^{-11}\text{kg}$	$3.242\ 173 \times 10^{-3}\text{kg}$
$1.599\ 653 \times 10^{-18}\text{kg}$	$1.093\ 691 \times 10^{-10}\text{kg}$	$1.051\ 169 \times 10^{-2}\text{kg}$

$1.104\,956 \times 10^{-2}\,\text{kg}$

$1.220\,929 \times 10^{-2}\,\text{kg}$

$1.490\,668 \times 10^{-2}\,\text{kg}$

$2.222\,091 \times 10^{-2}\,\text{kg}$

$4.937\,692 \times 10^{-2}\,\text{kg}$

$2.438\,080 \times 10^{-1}\,\text{kg}$

$5.944\,235 \times 10^{-1}\,\text{kg}$

$3.533\,393 \times 10^{0}\,\text{kg}$

$1.248\,487 \times 10^{1}\,\text{kg}$

$1.558\,719 \times 10^{1}\,\text{kg}$

$2.429\,608 \times 10^{1}\,\text{kg}$

$5.902\,995 \times 10^{1}\,\text{kg}$

$3.484\,535 \times 10^{2}\,\text{kg}$

$1.214\,198 \times 10^{3}\,\text{kg}$

$1.474\,278 \times 10^{3}\,\text{kg}$

$2.173\,496 \times 10^{3}\,\text{kg}$

$4.724\,085 \times 10^{3}\,\text{kg}$

$2.231\,698 \times 10^{4}\,\text{kg}$

$4.980\,478 \times 10^{4}\,\text{kg}$

$2.480\,516 \times 10^{5}\,\text{kg}$

$6.152\,964 \times 10^{5}\,\text{kg}$

$3.785\,896 \times 10^{6}\,\text{kg}$

$1.433\,301 \times 10^{7}\,\text{kg}$

$2.054\,353 \times 10^{7}\,\text{kg}$

$4.220\,368 \times 10^{7}\,\text{kg}$

$1.781\,150 \times 10^{8}\,\text{kg}$

$3.172\,497 \times 10^{8}\,\text{kg}$

$1.006\,474 \times 10^{9}\,\text{kg}$

$1.012\,990 \times 10^{9}\,\text{kg}$

$1.026\,149 \times 10^{9}\,\text{kg}$

$1.052\,983 \times 10^{9}\,\text{kg}$

$1.108\,773 \times 10^{9}\,\text{kg}$

$1.229\,378 \times 10^{9}\,\text{kg}$

$1.511\,371 \times 10^{9}\,\text{kg}$

$2.284\,245 \times 10^{9}\,\text{kg}$

$5.217\,776 \times 10^{9}\,\text{kg}$

$2.722\,519 \times 10^{10}\,\text{kg}$

$7.412\,110 \times 10^{10}\,\text{kg}$

$5.493\,937 \times 10^{11}\,\text{kg}$

$3.018\,335 \times 10^{12}\,\text{kg}$

$9.110\,347 \times 10^{12}\,\text{kg}$

$8.299\,842 \times 10^{13}\,\text{kg}$

$6.888\,738 \times 10^{14}\,\text{kg}$

$4.745\,472 \times 10^{15}\,\text{kg}$

$2.251\,950 \times 10^{16}\,\text{kg}$

$5.071\,281 \times 10^{16}\,\text{kg}$

$2.571\,789 \times 10^{17}\,\text{kg}$

$6.614\,099 \times 10^{17}\,\text{kg}$

$4.374\,630 \times 10^{18}\,\text{kg}$

$1.913\,739 \times 10^{19}\,\text{kg}$

$3.662\,399 \times 10^{19}\,\text{kg}$

$1.341\,316 \times 10^{20}\,\text{kg}$

$1.799\,130 \times 10^{20}\,\text{kg}$

$3.236\,870 \times 10^{20}\,\text{kg}$

$1.047\,732 \times 10^{21}\,\text{kg}$

$1.097\,744 \times 10^{21}\,\text{kg}$

$1.205\,041 \times 10^{21}\,\text{kg}$

$1.452\,126 \times 10^{21}\,\text{kg}$

$2.108\,670 \times 10^{21}\,\text{kg}$

$4.446\,489 \times 10^{21}\,\text{kg}$

$1.977\,126 \times 10^{22}\,\text{kg}$

$3.909\,030 \times 10^{22}\,\text{kg}$

$1.528\,052 \times 10^{23}\,\text{kg}$

$2.334\,943 \times 10^{23}\,\text{kg}$

$5.451\,962 \times 10^{23}\,\text{kg}$

$2.972\,389 \times 10^{24}\,\text{kg}$

$8.835\,101 \times 10^{24}\,\text{kg}$

$7.805\,901 \times 10^{25}\,\text{kg}$

$6.093\,210 \times 10^{26}\,\text{kg}$

$3.712\,721 \times 10^{27}\,\text{kg}$

$1.378\,430 \times 10^{28}\,\text{kg}$

$1.900\,069 \times 10^{28}\,\text{kg}$

$3.610\,263 \times 10^{28}\,\text{kg}$

$1.303\,400 \times 10^{29}\,\text{kg}$

$1.698\,852 \times 10^{29}\,\text{kg}$

$2.886\,100 \times 10^{29}\,\text{kg}$

$8.329\,578 \times 10^{29}\,\text{kg}$

$6.938\,187 \times 10^{30}\,\text{kg}$

$4.813\,844 \times 10^{31}\,\text{kg}$

Sodio 21. Masa atómica 20.997650U.

Masa en kilogramos 3.486 749 x 10^{-26}kg^{-2}

1.215 742 x 10^{-25}kg	2.512 915 x 10^{-17}kg	2.727 366 x 10^{-9}kg
1.478 029 x 10^{-25}kg	6.314 742 x 10^{-17}kg	7.438 526 x 10^{-9}kg
2.184 570 x 10^{-25}kg	3.987 597 x 10^{-16}kg	5.533 167 x 10^{-8}kg
4.772 350 x 10^{-25}kg	1.590 093 x 10^{-15}kg	3.061 593 x 10^{-7}kg
2.277 532 x 10^{-24}kg	2.528 397 x 10^{-15}kg	9.373 357 x 10^{-7}kg
5.187 154 x 10^{-24}kg	6.392 793 x 10^{-15}kg	8.785 983 x 10^{-6}kg
2.690 657 x 10^{-23}kg	4.086 780 x 10^{-14}kg	7.719 350 x 10^{-5}kg
7.239 637 x 10^{-23}kg	1.670 177 x 10^{-13}kg	5.958 837 x 10^{-4}kg
5.241 235 x 10^{-22}kg	2.789 492 x 10^{-13}kg	3.550 774 x 10^{-3}kg
2.747 055 x 10^{-21}kg	7.781 270 x 10^{-13}kg	1.260 799 x 10^{-2}kg
7.546 311 x 10^{-21}kg	6.054 817 x 10^{-12}kg	1.589 616 x 10^{-2}kg
5.694 681 x 10^{-20}kg	3.666 081 x 10^{-11}kg	2.526 880 x 10^{-2}kg
3.242 939 x 10^{-19}kg	1.344 015 x 10^{-10}kg	6.385 126 x 10^{-2}kg
1.051 665 x 10^{-18}kg	1.806 377 x 10^{-10}kg	4.076 984 x 10^{-1}kg
1.106 001 x 10^{-18}kg	3.262 999 x 10^{-10}kg	1.662 180 x 10^{0}kg
1.223 238 x 10^{-18}kg	1.064 716 x 10^{-9}kg	2.767 842 x 10^{0}kg
1.496 312 x 10^{-18}kg	1.133 621 x 10^{-9}kg	7.633 300 x 10^{0}kg
2.238 950 x 10^{-18}kg	1.285 096 x 10^{-9}kg	5.826 728 x 10^{1}kg
5.012 898 x 10^{-18}kg	1.651 473 x 10^{-9}kg	3.395 076 x 10^{2}kg

$1.152\ 654 \times 10^{3}$kg	$2.263\ 311 \times 10^{13}$kg	$8.733\ 620 \times 10^{21}$kg
$1.328\ 611 \times 10^{3}$kg	$5.122\ 580 \times 10^{13}$kg	$7.627\ 612 \times 10^{22}$kg
$1.765\ 209 \times 10^{3}$kg	$2.624\ 083 \times 10^{14}$kg	$5.818\ 047 \times 10^{23}$kg
$3.115\ 965 \times 10^{3}$kg	$6.885\ 813 \times 10^{14}$kg	$3.384\ 967 \times 10^{24}$kg
$9.709\ 241 \times 10^{3}$kg	$4.741\ 442 \times 10^{15}$kg	$1.145\ 800 \times 10^{25}$kg
$9.426\ 937 \times 10^{4}$kg	$2.248\ 127 \times 10^{16}$kg	$1.312\ 858 \times 10^{25}$kg
$8.886\ 715 \times 10^{5}$kg	$5.054\ 078 \times 10^{16}$kg	$1.723\ 598 \times 10^{25}$kg
$7.897\ 371 \times 10^{6}$kg	$2.554\ 371 \times 10^{17}$kg	$2.970\ 791 \times 10^{25}$kg
$6.236\ 848 \times 10^{7}$kg	$6.524\ 812 \times 10^{17}$kg	$8.825\ 599 \times 10^{25}$kg
$3.889\ 827 \times 10^{8}$kg	$4.257\ 317 \times 10^{18}$kg	$7.789\ 120 \times 10^{26}$kg
$1.513\ 075 \times 10^{9}$kg	$1.812\ 475 \times 10^{19}$kg	$6.067\ 039 \times 10^{27}$kg
$2.289\ 398 \times 10^{9}$kg	$3.285\ 066 \times 10^{19}$kg	$3.680\ 897 \times 10^{28}$kg
$5.241\ 346 \times 10^{9}$kg	$1.079\ 166 \times 10^{20}$kg	$1.354\ 900 \times 10^{29}$kg
$2.747\ 171 \times 10^{10}$kg	$1.164\ 599 \times 10^{20}$kg	$1.835\ 755 \times 10^{29}$kg
$7.546\ 949 \times 10^{10}$kg	$1.356\ 291 \times 10^{20}$kg	$3.369\ 997 \times 10^{29}$kg
$5.695\ 644 \times 10^{11}$kg	$1.839\ 526 \times 10^{20}$kg	$1.135\ 688 \times 10^{30}$kg
$3.244\ 036 \times 10^{12}$kg	$3.383\ 859 \times 10^{20}$kg	$1.289\ 788 \times 10^{30}$kg
$1.052\ 377 \times 10^{13}$kg	$1.145\ 050 \times 10^{21}$kg	$1.663\ 554 \times 10^{30}$kg
$1.107\ 498 \times 10^{13}$kg	$1.311\ 140 \times 10^{21}$kg	$2.767\ 413 \times 10^{30}$kg
$1.226\ 552 \times 10^{13}$kg	$1.719\ 089 \times 10^{21}$kg	$7.658\ 578 \times 10^{30}$kg
$1.504\ 430 \times 10^{13}$kg	$2.955\ 269 \times 10^{21}$kg	

Sodio 22. (Radiactivo) Masa atómica 21.994434U.

Masa en kilogramos 3.652 269 x 10^{-26}kg^{-2}

1.333 907 x 10^{-25}kg	5.395 858 x 10^{-19}kg	1.400 097 x 10^{-7}kg
1.779 309 x 10^{-25}kg	2.911 529 x 10^{-18}kg	1.960 272 x 10^{-7}kg
3.165 941 x 10^{-25}kg	8.477 001 x 10^{-18}kg	3.842 666 x 10^{-7}kg
1.002 318 x 10^{-24}kg	7.185 955 x 10^{-17}kg	1.476 608 x 10^{-6}kg
1.004 642 x 10^{-24}kg	5.163 796 x 10^{-16}kg	2.180 373 x 10^{-6}kg
1.009 307 x 10^{-24}kg	2.666 479 x 10^{-15}kg	4.754 026 x 10^{-6}kg
1.018 701 x 10^{-24}kg	7.110 111 x 10^{-15}kg	2.260 076 x 10^{-5}kg
1.037 752 x 10^{-24}kg	5.055 368 x 10^{-14}kg	5.107 946 x 10^{-5}kg
1.076 930 x 10^{-24}kg	2.555 675 x 10^{-13}kg	2.609 112 x 10^{-4}kg
1.159 780 x 10^{-24}kg	6.531 476 x 10^{-13}kg	6.807 465 x 10^{-4}kg
1.345 090 x 10^{-24}kg	4.266 018 x 10^{-12}kg	4.634 159 x 10^{-3}kg
1.809 268 x 10^{-24}kg	1.819 891 x 10^{-11}kg	2.147 543 x 10^{-2}kg
3.273 451 x 10^{-24}kg	3.312 004 x 10^{-11}kg	4.611 941 x 10^{-2}kg
1.071 548 x 10^{-23}kg	1.096 937 x 10^{-10}kg	2.127 000 x 10^{-1}kg
1.148 215 x 10^{-23}kg	1.203 271 x 10^{-10}kg	4.524 131 x 10^{-1}kg
1.318 399 x 10^{-23}kg	1.447 862 x 10^{-10}kg	2.046 776 x 10^{0}kg
1.738 177 x 10^{-23}kg	2.096 304 x 10^{-10}kg	4.189 293 x 10^{0}kg
3.021 262 x 10^{-23}kg	4.394 492 x 10^{-10}kg	1.755 017 x 10^{1}kg
9.128 026 x 10^{-23}kg	1.931 156 x 10^{-9}kg	3.080 087 x 10^{1}kg
8.332 086 x 10^{-22}kg	3.729 364 x 10^{-9}kg	9.486 939 x 10^{1}kg
6.942 367 x 10^{-21}kg	1.390 816 x 10^{-8}kg	9.000 201 x 10^{2}kg
4.819 646 x 10^{-20}kg	1.934 369 x 10^{-8}kg	8.100 363 x 10^{3}kg
2.322 898 x 10^{-19}kg	3.741 787 x 10^{-8}kg	6.561 588 x 10^{4}kg

$4.305\ 444 \times 10^5 \text{kg}$	$5.133\ 662 \times 10^{13}\text{kg}$	$1.080\ 738 \times 10^{26}\text{kg}$
$1.853\ 685 \times 10^6 \text{kg}$	$2.635\ 449 \times 10^{14}\text{kg}$	$1.167\ 996 \times 10^{26}\text{kg}$
$3.436\ 150 \times 10^6 \text{kg}$	$6.945\ 591 \times 10^{14}\text{kg}$	$1.364\ 215 \times 10^{26}\text{kg}$
$1.180\ 712 \times 10^7 \text{kg}$	$4.824\ 124 \times 10^{15}\text{kg}$	$1.861\ 083 \times 10^{26}\text{kg}$
$1.394\ 082 \times 10^7 \text{kg}$	$2.327\ 217 \times 10^{16}\text{kg}$	$3.463\ 630 \times 10^{26}\text{kg}$
$1.943\ 465 \times 10^7 \text{kg}$	$5.415\ 943 \times 10^{16}\text{kg}$	$1.199\ 673 \times 10^{27}\text{kg}$
$3.777\ 059 \times 10^7 \text{kg}$	$2.933\ 244 \times 10^{17}\text{kg}$	$1.439\ 216 \times 10^{27}\text{kg}$
$1.426\ 618 \times 10^8 \text{kg}$	$8.603\ 922 \times 10^{17}\text{kg}$	$2.071\ 343 \times 10^{27}\text{kg}$
$2.035\ 239 \times 10^8 \text{kg}$	$7.402\ 748 \times 10^{18}\text{kg}$	$4.290\ 464 \times 10^{27}\text{kg}$
$4.142\ 198 \times 10^8 \text{kg}$	$5.480\ 068 \times 10^{19}\text{kg}$	$1.840\ 808 \times 10^{28}\text{kg}$
$1.715\ 780 \times 10^9 \text{kg}$	$3.003\ 115 \times 10^{20}\text{kg}$	$3.388\ 575 \times 10^{28}\text{kg}$
$2.943\ 902 \times 10^9 \text{kg}$	$9.018\ 700 \times 10^{20}\text{kg}$	$1.148\ 244 \times 10^{29}\text{kg}$
$8.666\ 562 \times 10^9 \text{kg}$	$8.133\ 696 \times 10^{21}\text{kg}$	$1.318\ 465 \times 10^{29}\text{kg}$
$7.510\ 931 \times 10^{10}\text{kg}$	$6.615\ 702 \times 10^{22}\text{kg}$	$1.738\ 350 \times 10^{29}\text{kg}$
$5.641\ 408 \times 10^{11}\text{kg}$	$4.376\ 751 \times 10^{23}\text{kg}$	$3.021\ 863 \times 10^{29}\text{kg}$
$3.182\ 549 \times 10^{12}\text{kg}$	$1.915\ 595 \times 10^{24}\text{kg}$	$9.131\ 658 \times 10^{29}\text{kg}$
$1.012\ 861 \times 10^{13}\text{kg}$	$3.669\ 505 \times 10^{24}\text{kg}$	$8.338\ 717 \times 10^{30}\text{kg}$
$1.025\ 889 \times 10^{13}\text{kg}$	$1.346\ 527 \times 10^{25}\text{kg}$	$6.953\ 421 \times 10^{31}\text{kg}$
$1.052\ 448 \times 10^{13}\text{kg}$	$1.813\ 135 \times 10^{25}\text{kg}$	$4.835\ 007 \times 10^{32}\text{kg}$
$1.107\ 647 \times 10^{13}\text{kg}$	$3.287\ 459 \times 10^{25}\text{kg}$	
$1.226\ 883 \times 10^{13}\text{kg}$		
$1.505\ 243 \times 10^{13}\text{kg}$		
$2.265\ 758 \times 10^{13}\text{kg}$		

$2.337\ 729 \times 10^{33}\text{kg}$

Sodio 23. Masa atómica 22.989770U.

Masa en kilogramos 3.817 549 x 10^{-26}kg^{-2}

1.457 368 x 10^{-25}kg	2.996 777 x 10^{-13}kg	1.655 242 x 10^{-6}kg
2.123 923 x 10^{-25}kg	8.980 674 x 10^{-13}kg	2.739 826 x 10^{-6}kg
4.511 049 x 10^{-25}kg	8.065 250 x 10^{-12}kg	7.506 650 x 10^{-6}kg
2.034 957 x 10^{-24}kg	6.504 827 x 10^{-11}kg	5.364 980 x 10^{-5}kg
4.141 050 x 10^{-24}kg	4.231 277 x 10^{-10}kg	3.175 300 x 10^{-4}kg
1.714 829 x 10^{-23}kg	1.790 371 x 10^{-9}kg	1.008 253 x 10^{-3}kg
2.940 640 x 10^{-23}kg	3.205 428 x 10^{-9}kg	1.016 575 x 10^{-3}kg
8.647 368 x 10^{-23}kg	1.027 477 x 10^{-8}kg	1.033 425 x 10^{-3}kg
7.477 697 x 10^{-22}kg	1.055 709 x 10^{-8}kg	1.067 967 x 10^{-3}kg
5.591 596 x 10^{-21}kg	1.114 522 x 10^{-8}kg	1.140 555 x 10^{-3}kg
3.126 594 x 10^{-20}kg	1.242 159 x 10^{-8}kg	1.300 867 x 10^{-3}kg
9.775 594 x 10^{-20}kg	1.542 960 x 10^{-8}kg	1.692 255 x 10^{-3}kg
9.556 224 x 10^{-19}kg	2.380 728 x 10^{-8}kg	2.863 727 x 10^{-3}kg
9.132 143 x 10^{-18}kg	5.667 867 x 10^{-8}kg	8.200 936 x 10^{-3}kg
8.339 604 x 10^{-17}kg	3.212 472 x 10^{-7}kg	6.725 535 x 10^{-2}kg
6.954 900 x 10^{-16}kg	1.031 997 x 10^{-6}kg	4.523 283 x 10^{-1}kg
4.837 063 x 10^{-15}kg	1.065 019 x 10^{-6}kg	2.046 008 x 10^{0}kg
2.339 718 x 10^{-14}kg	1.134 267 x 10^{-6}kg	4.186 152 x 10^{0}kg
5.474 282 x 10^{-14}kg	1.286 562 x 10^{-6}kg	1.752 387 x 10^{1}kg

$3.070\ 861 \times 10^{1} kg$	$1.223\ 207 \times 10^{12} kg$	$2.617\ 989 \times 10^{19} kg$
$9.430\ 191 \times 10^{1} kg$	$1.496\ 237 \times 10^{12} kg$	$6.853\ 870 \times 10^{19} kg$
$8.892\ 850 \times 10^{2} kg$	$2.238\ 726 \times 10^{12} kg$	$4.697\ 554 \times 10^{20} kg$
$7.908\ 278 \times 10^{3} kg$	$5.011\ 897 \times 10^{12} kg$	$2.206\ 701 \times 10^{21} kg$
$6.254\ 087 \times 10^{4} kg$	$2.511\ 911 \times 10^{13} kg$	$4.869\ 533 \times 10^{21} kg$
$3.911\ 360 \times 10^{5} kg$	$6.309\ 700 \times 10^{13} kg$	$2.371\ 235 \times 10^{22} kg$
$1.529\ 874 \times 10^{6} kg$	$3.981\ 232 \times 10^{14} kg$	$5.622\ 758 \times 10^{22} kg$
$2.340\ 515 \times 10^{6} kg$	$1.585\ 021 \times 10^{15} kg$	$3.161\ 541 \times 10^{23} kg$
$5.478\ 012 \times 10^{6} kg$	$2.512\ 292 \times 10^{15} kg$	$9.995\ 344 \times 10^{23} kg$
$3.000\ 862 \times 10^{7} kg$	$6.311\ 613 \times 10^{15} kg$	$9.990\ 690 \times 10^{24} kg$
$9.005\ 175 \times 10^{7} kg$	$3.983\ 646 \times 10^{16} kg$	$9.981\ 390 \times 10^{25} kg$
$8.109\ 318 \times 10^{8} kg$	$1.586\ 943 \times 10^{17} kg$	$9.962\ 815 \times 10^{26} kg$
$6.576\ 105 \times 10^{9} kg$	$2.518\ 390 \times 10^{17} kg$	$9.925\ 496 \times 10^{27} kg$
$4.324\ 516 \times 10^{10} kg$	$6.342\ 288 \times 10^{17} kg$	$9.852\ 089 \times 10^{28} kg$
$1.870\ 144 \times 10^{11} kg$	$4.022\ 462 \times 10^{18} kg$	$9.706\ 367 \times 10^{29} kg$
$3.497\ 438 \times 10^{11} kg$	$1.618\ 020 \times 10^{19} kg$	$9.421\ 356 \times 10^{30} kg$

Sodio (Na) 24(Radiactivo). Masa atómica 23.990961U.

Masa en kilogramos $3.983\ 801 \times 10^{-26} kg^{-2}$

$1.587\ 067 \times 10^{-25} kg$	$4.024\ 978 \times 10^{-24} kg$	$6.888\ 240 \times 10^{-23} kg$
$2.518\ 783 \times 10^{-25} kg$	$1.620\ 045 \times 10^{-23} kg$	$4.744\ 786 \times 10^{-22} kg$
$6.344\ 271 \times 10^{-25} kg$	$2.624\ 545 \times 10^{-23} kg$	$2.251\ 299 \times 10^{-21} kg$

$5.068\ 349 \times 10^{-21} kg$	$1.618\ 407 \times 10^{-10} kg$	$2.145\ 322 \times 10^{1} kg$
$2.568\ 816 \times 10^{-20} kg$	$2.619\ 243 \times 10^{-10} kg$	$4.602\ 408 \times 10^{1} kg$
$6.598\ 819 \times 10^{-20} kg$	$6.860\ 439 \times 10^{-10} kg$	$2.118\ 216 \times 10^{2} kg$
$4.354\ 442 \times 10^{-19} kg$	$4.706\ 562 \times 10^{-9} kg$	$4.486\ 842 \times 10^{2} kg$
$1.896\ 116 \times 10^{-18} kg$	$2.215\ 172 \times 10^{-8} kg$	$2.013\ 175 \times 10^{3} kg$
$3.595\ 258 \times 10^{-18} kg$	$4.906\ 991 \times 10^{-8} kg$	$4.052\ 875 \times 10^{3} kg$
$1.292\ 588 \times 10^{-17} kg$	$2.407\ 856 \times 10^{-7} kg$	$1.642\ 579 \times 10^{4} kg$
$1.670\ 783 \times 10^{-17} kg$	$5.797\ 772 \times 10^{-7} kg$	$2.698\ 067 \times 10^{4} kg$
$2.791\ 518 \times 10^{-17} kg$	$3.361\ 416 \times 10^{-6} kg$	$7.279\ 569 \times 10^{4} kg$
$7.792\ 576 \times 10^{-17} kg$	$1.129\ 911 \times 10^{-5} kg$	$5.299\ 212 \times 10^{5} kg$
$6.072\ 424 \times 10^{-16} kg$	$1.276\ 701 \times 10^{-5} kg$	$2.808\ 165 \times 10^{6} kg$
$3.687\ 433 \times 10^{-15} kg$	$1.629\ 965 \times 10^{-5} kg$	$7.885\ 793 \times 10^{6} kg$
$1.359\ 716 \times 10^{-14} kg$	$2.656\ 787 \times 10^{-5} kg$	$6.218\ 574 \times 10^{7} kg$
$1.848\ 829 \times 10^{-14} kg$	$7.058\ 521 \times 10^{-5} kg$	$3.867\ 066 \times 10^{8} kg$
$3.418\ 168 \times 10^{-14} kg$	$4.982\ 272 \times 10^{-4} kg$	$1.495\ 420 \times 10^{9} kg$
$1.168\ 387 \times 10^{-13} kg$	$2.482\ 304 \times 10^{-3} kg$	$2.236\ 281 \times 10^{9} kg$
$1.365\ 129 \times 10^{-13} kg$	$6.161\ 833 \times 10^{-3} kg$	$5.000\ 956 \times 10^{9} kg$
$1.863\ 579 \times 10^{-13} kg$	$3.796\ 818 \times 10^{-2} kg$	$2.500\ 957 \times 10^{10} kg$
$3.472\ 929 \times 10^{-13} kg$	$1.441\ 583 \times 10^{-1} kg$	$6.254\ 785 \times 10^{10} kg$
$1.206\ 124 \times 10^{-12} kg$	$2.078\ 162 \times 10^{-1} kg$	$3.912\ 234 \times 10^{11} kg$
$1.454\ 735 \times 10^{-12} kg$	$4.318\ 760 \times 10^{-1} kg$	$1.530\ 558 \times 10^{12} kg$
$2.116\ 255 \times 10^{-12} kg$	$1.865\ 169 \times 10^{0} kg$	$2.342\ 607 \times 10^{12} kg$
$4.478\ 535 \times 10^{-12} kg$	$3.478\ 856 \times 10^{0} kg$	$5.487\ 811 \times 10^{12} kg$
$2.005\ 727 \times 10^{-11} kg$	$1.210\ 244 \times 10^{1} kg$	$3.011\ 607 \times 10^{13} kg$
$4.022\ 944 \times 10^{-11} kg$	$1.464\ 691 \times 10^{1} kg$	$9.069\ 782 \times 10^{13} kg$

$8.226\ 095 \times 10^{14} \text{kg}$	$3.420\ 256 \times 10^{21} \text{kg}$	$1.042\ 866 \times 10^{27} \text{kg}$
$6.766\ 864 \times 10^{15} \text{kg}$	$1.169\ 815 \times 10^{22} \text{kg}$	$1.087\ 570 \times 10^{27} \text{kg}$
$4.579\ 045 \times 10^{16} \text{kg}$	$1.368\ 468 \times 10^{22} \text{kg}$	$1.182\ 808 \times 10^{27} \text{kg}$
$2.096\ 765 \times 10^{17} \text{kg}$	$1.872\ 707 \times 10^{22} \text{kg}$	$1.399\ 036 \times 10^{27} \text{kg}$
$4.396\ 424 \times 10^{17} \text{kg}$	$3.507\ 031 \times 10^{22} \text{kg}$	$1.957\ 303 \times 10^{27} \text{kg}$
$1.932\ 855 \times 10^{18} \text{kg}$	$1.229\ 927 \times 10^{23} \text{kg}$	$3.831\ 038 \times 10^{27} \text{kg}$
$3.735\ 929 \times 10^{18} \text{kg}$	$1.512\ 720 \times 10^{23} \text{kg}$	$1.467\ 685 \times 10^{28} \text{kg}$
$1.395\ 716 \times 10^{19} \text{kg}$	$2.288\ 323 \times 10^{23} \text{kg}$	$2.154\ 100 \times 10^{28} \text{kg}$
$1.948\ 025 \times 10^{19} \text{kg}$	$5.236\ 424 \times 10^{23} \text{kg}$	$4.640\ 150 \times 10^{28} \text{kg}$
$3.794\ 803 \times 10^{19} \text{kg}$	$2.742\ 013 \times 10^{24} \text{kg}$	$2.153\ 099 \times 10^{29} \text{kg}$
$1.440\ 053 \times 10^{20} \text{kg}$	$7.518\ 639 \times 10^{24} \text{kg}$	$4.635\ 836 \times 10^{29} \text{kg}$
$2.073\ 754 \times 10^{20} \text{kg}$	$5.652\ 994 \times 10^{25} \text{kg}$	$2.149\ 098 \times 10^{30} \text{kg}$
$4.300\ 457 \times 10^{20} \text{kg}$	$3.195\ 634 \times 10^{26} \text{kg}$	$4.618\ 623 \times 10^{30} \text{kg}$
$1.849\ 393 \times 10^{21} \text{kg}$	$1.021\ 208 \times 10^{27} \text{kg}$	

Promedio de las masas del Sodio

$3.486\ 749 \times 10^{-26} \text{kg}^2$

$3.652\ 269 \times 10^{-26} \text{kg}^2$

$3.817\ 549 \times 10^{-26} \text{kg}^2$

$\underline{3.893\ 801 \times 10^{-26} \text{kg}^2}$

$$\frac{14.940\ 368 \times 10^{-26} \text{kg}^2}{4}$$

$$= 3.735\ 092 \times 10^{-26} \text{kg}^{-2}$$

$1.395\ 091 \times 10^{-25} \text{kg}$	$2.058\ 944 \times 10^{-24} \text{kg}$	$1.043\ 070 \times 10^{-22} \text{kg}$
$1.946\ 281 \times 10^{-25} \text{kg}$	$4.239\ 251 \times 10^{-24} \text{kg}$	$1.087\ 995 \times 10^{-22} \text{kg}$
$3.788\ 010 \times 10^{-25} \text{kg}$	$1.797\ 125 \times 10^{-23} \text{kg}$	$1.183\ 734 \times 10^{-22} \text{kg}$
$1.434\ 902 \times 10^{-24} \text{kg}$	$3.229\ 659 \times 10^{-23} \text{kg}$	$1.401\ 279 \times 10^{-22} \text{kg}$

$1.963\ 439 \times 10^{-22}$kg	$2.352\ 587 \times 10^{-14}$kg	$1.338\ 949 \times 10^{-2}$kg
$3.855\ 095 \times 10^{-22}$kg	$5.534\ 669 \times 10^{-14}$kg	$1.792\ 785 \times 10^{-2}$kg
$1.485\ 176 \times 10^{-21}$kg	$3.063\ 256 \times 10^{-13}$kg	$3.214\ 078 \times 10^{-2}$kg
$2.208\ 719 \times 10^{-21}$kg	$9.383\ 542 \times 10^{-13}$kg	$1.033\ 029 \times 10^{-1}$kg
$4.878\ 440 \times 10^{-21}$kg	$8.805\ 086 \times 10^{-12}$kg	$1.067\ 150 \times 10^{-1}$kg
$2.379\ 918 \times 10^{-20}$kg	$7.752\ 955 \times 10^{-11}$kg	$1.138\ 811 \times 10^{-1}$kg
$5.664\ 011 \times 10^{-20}$kg	$6.010\ 831 \times 10^{-10}$kg	$1.296\ 890 \times 10^{-1}$kg
$3.208\ 102 \times 10^{-19}$kg	$3.613\ 009 \times 10^{-9}$kg	$1.681\ 925 \times 10^{-1}$kg
$1.029\ 192 \times 10^{-18}$kg	$1.305\ 383 \times 10^{-8}$kg	$2.828\ 872 \times 10^{-1}$kg
$1.059\ 236 \times 10^{-18}$kg	$1.704\ 026 \times 10^{-8}$kg	$8.002\ 519 \times 10^{-1}$kg
$1.121\ 982 \times 10^{-18}$kg	$2.903\ 705 \times 10^{-8}$kg	$6.404\ 032 \times 10^{0}$kg
$1.258\ 844 \times 10^{-18}$kg	$8.431\ 503 \times 10^{-8}$kg	$4.101\ 162 \times 10^{1}$kg
$1.584\ 690 \times 10^{-18}$kg	$7.109\ 025 \times 10^{-7}$kg	$1.681\ 953 \times 10^{2}$kg
$2.511\ 243 \times 10^{-18}$kg	$5.053\ 824 \times 10^{-6}$kg	$2.828\ 967 \times 10^{2}$kg
$6.306\ 344 \times 10^{-18}$kg	$2.554\ 114 \times 10^{-5}$kg	$8.003\ 058 \times 10^{2}$kg
$3.976\ 998 \times 10^{-17}$kg	$6.523\ 500 \times 10^{-5}$kg	$6.404\ 894 \times 10^{3}$kg
$1.581\ 651 \times 10^{-16}$kg	$4.255\ 605 \times 10^{-4}$kg	$4.102\ 267 \times 10^{4}$kg
$2.501\ 621 \times 10^{-16}$kg	$1.811\ 017 \times 10^{-3}$kg	$1.682\ 860 \times 10^{5}$kg
$6.258\ 110 \times 10^{-16}$kg	$3.279\ 786 \times 10^{-3}$kg	$2.832\ 017 \times 10^{5}$kg
$3.916\ 394 \times 10^{-15}$kg	$1.075\ 699 \times 10^{-2}$kg	$8.020\ 324 \times 10^{5}$kg
$1.533\ 814 \times 10^{-14}$kg	$1.157\ 129 \times 10^{-2}$kg	$6.432\ 560 \times 10^{6}$kg

$4.137\,784 \times 10^{7}\text{kg}$	$3.647\,452 \times 10^{15}\text{kg}$	$6.591\,084 \times 10^{24}\text{kg}$
$1.712\,125 \times 10^{8}\text{kg}$	$1.330\,390 \times 10^{16}\text{kg}$	$4.344\,239 \times 10^{25}\text{kg}$
$2.931\,374 \times 10^{8}\text{kg}$	$1.769\,939 \times 10^{16}\text{kg}$	$1.887\,241 \times 10^{26}\text{kg}$
$8.592\,955 \times 10^{8}\text{kg}$	$3.132\,686 \times 10^{16}\text{kg}$	$3.561\,681 \times 10^{26}\text{kg}$
$7.383\,888 \times 10^{9}\text{kg}$	$9.813\,725 \times 10^{16}\text{kg}$	$1.268\,557 \times 10^{27}\text{kg}$
$5.452\,181 \times 10^{10}\text{kg}$	$9.630\,920 \times 10^{17}\text{kg}$	$1.609\,238 \times 10^{27}\text{kg}$
$2.972\,627 \times 10^{11}\text{kg}$	$9.275\,463 \times 10^{18}\text{kg}$	$2.589\,648 \times 10^{27}\text{kg}$
$8.836\,516 \times 10^{11}\text{kg}$	$8.603\,421 \times 10^{19}\text{kg}$	$6.706\,279 \times 10^{27}\text{kg}$
$7.808\,402 \times 10^{12}\text{kg}$	$7.401\,886 \times 10^{20}\text{kg}$	$4.497\,418 \times 10^{28}\text{kg}$
$6.097\,114 \times 10^{13}\text{kg}$	$5.478\,791 \times 10^{21}\text{kg}$	$2.022\,677 \times 10^{29}\text{kg}$
$3.717\,480 \times 10^{14}\text{kg}$	$3.001\,716 \times 10^{22}\text{kg}$	$4.091\,224 \times 10^{29}\text{kg}$
$1.381\,966 \times 10^{15}\text{kg}$	$9.010\,299 \times 10^{22}\text{kg}$	$1.673\,811 \times 10^{30}\text{kg}$
$1.909\,830 \times 10^{15}\text{kg}$	$8.118\,549 \times 10^{23}\text{kg}$	$2.801\,645 \times 10^{30}\text{kg}$

Neón (Ne) 18 (Radiactivo). Masa atómica 18.005710U.

Masa en kilogramos 2.989 925 x 10^{-26}kg^{-2}

$8.939\,652 \times 10^{-26}\text{kg}$	$2.768\,604 \times 10^{-22}\text{kg}$	$1.420\,204 \times 10^{-19}\text{kg}$
$7.991\,739 \times 10^{-25}\text{kg}$	$7.665\,172 \times 10^{-22}\text{kg}$	$2.016\,981 \times 10^{-19}\text{kg}$
$6.386\,789 \times 10^{-24}\text{kg}$	$5.875\,487 \times 10^{-21}\text{kg}$	$4.068\,216 \times 10^{-19}\text{kg}$
$4.079\,108 \times 10^{-23}\text{kg}$	$3.452\,134 \times 10^{-20}\text{kg}$	$1.655\,038 \times 10^{-18}\text{kg}$
$1.663\,912 \times 10^{-22}\text{kg}$	$1.191\,723 \times 10^{-19}\text{kg}$	$2.739\,151 \times 10^{-18}\text{kg}$

$7.502\,950 \times 10^{-18}$kg	$5.238\,052 \times 10^{-9}$kg	$2.598\,418 \times 10^{0}$kg
$5.629\,426 \times 10^{-17}$kg	$2.743\,718 \times 10^{-8}$kg	$6.751\,781 \times 10^{0}$kg
$3.169\,044 \times 10^{-16}$kg	$7.527\,993 \times 10^{-8}$kg	$4.558\,654 \times 10^{1}$kg
$1.004\,284 \times 10^{-15}$kg	$5.667\,069 \times 10^{-7}$kg	$2.078\,133 \times 10^{2}$kg
$1.008\,587 \times 10^{-15}$kg	$3.211\,567 \times 10^{-6}$kg	$4.318\,638 \times 10^{2}$kg
$1.017\,247 \times 10^{-15}$kg	$1.031\,416 \times 10^{-5}$kg	$1.865\,063 \times 10^{3}$kg
$1.034\,793 \times 10^{-15}$kg	$1.063\,819 \times 10^{-5}$kg	$3.478\,462 \times 10^{3}$kg
$1.070\,796 \times 10^{-15}$kg	$1.131\,712 \times 10^{-5}$kg	$1.209\,969 \times 10^{4}$kg
$1.146\,605 \times 10^{-15}$kg	$1.280\,773 \times 10^{-5}$kg	$1.464\,026 \times 10^{4}$kg
$1.314\,703 \times 10^{-15}$kg	$1.640\,382 \times 10^{-5}$kg	$2.143\,374 \times 10^{4}$kg
$1.728\,446 \times 10^{-15}$kg	$2.690\,853 \times 10^{-5}$kg	$4.594\,056 \times 10^{4}$kg
$2.987\,525 \times 10^{-15}$kg	$7.240\,690 \times 10^{-5}$kg	$2.110\,535 \times 10^{5}$kg
$8.925\,311 \times 10^{-15}$kg	$5.242\,760 \times 10^{-4}$kg	$4.454\,358 \times 10^{5}$kg
$7.966\,118 \times 10^{-14}$kg	$2.748\,653 \times 10^{-3}$kg	$1.984\,130 \times 10^{6}$kg
$6.345\,904 \times 10^{-13}$kg	$7.555\,094 \times 10^{-3}$kg	$3.936\,775 \times 10^{6}$kg
$4.027\,050 \times 10^{-12}$kg	$5.707\,945 \times 10^{-2}$kg	$1.549\,819 \times 10^{7}$kg
$1.621\,713 \times 10^{-11}$kg	$3.258\,064 \times 10^{-1}$kg	$2.401\,941 \times 10^{7}$kg
$2.629\,953 \times 10^{-11}$kg	$1.061\,498 \times 10^{0}$kg	$5.769\,324 \times 10^{7}$kg
$6.916\,656 \times 10^{-11}$kg	$1.126\,778 \times 10^{0}$kg	$3.328\,510 \times 10^{8}$kg
$4.784\,014 \times 10^{-10}$kg	$1.269\,630 \times 10^{0}$kg	$1.107\,898 \times 10^{9}$kg
$2.288\,679 \times 10^{-9}$kg	$1.611\,961 \times 10^{0}$kg	$1.227\,439 \times 10^{9}$kg

$1.506\ 606 \times 10^{9}$kg	$9.732\ 842 \times 10^{18}$kg
$2.269\ 864 \times 10^{9}$kg	$9.472\ 821 \times 10^{19}$kg
$5.152\ 284 \times 10^{9}$kg	$8.973\ 435 \times 10^{20}$kg
$2.654\ 603 \times 10^{10}$kg	$8.052\ 254 \times 10^{21}$kg
$7.046\ 922 \times 10^{10}$kg	$6.483\ 879 \times 10^{22}$kg
$4.965\ 911 \times 10^{11}$kg	$4.204\ 069 \times 10^{23}$kg
$2.466\ 027 \times 10^{12}$kg	$1.767\ 420 \times 10^{24}$kg
$6.081\ 292 \times 10^{12}$kg	$3.123\ 774 \times 10^{24}$kg
$3.698\ 211 \times 10^{13}$kg	$9.757\ 965 \times 10^{24}$kg
$1.367\ 676 \times 10^{14}$kg	$9.521\ 789 \times 10^{25}$kg
$1.870\ 539 \times 10^{14}$kg	$9.066\ 447 \times 10^{26}$kg
$3.498\ 918 \times 10^{14}$kg	$8.220\ 047 \times 10^{27}$kg
$1.224\ 243 \times 10^{15}$kg	$6.756\ 917 \times 10^{28}$kg
$1.498\ 771 \times 10^{15}$kg	$4.565\ 593 \times 10^{29}$kg
$2.246\ 314 \times 10^{15}$kg	$2.084\ 464 \times 10^{30}$kg
$5.045\ 930 \times 10^{15}$kg	$4.344\ 499 \times 10^{30}$kg
$2.546\ 141 \times 10^{16}$kg	$1.887\ 894 \times 10^{31}$kg
$6.482\ 835 \times 10^{16}$kg	$3.564\ 143 \times 10^{31}$kg
$4.202\ 715 \times 10^{17}$kg	
$1.766\ 281 \times 10^{18}$kg	
$3.119\ 750 \times 10^{18}$kg	

Neón (Ne) 19 (Radiactivo). Masa atómica

Masa en kilogramos 3.155 343 x 10^{-26}kg^{-2}

9.956 192 x10^{-26}kg	2.175 698 x10^{-15}kg	9.573 866 x10^{-5}kg
9.912 577 x10^{-25}kg	4.733 665 x10^{-15}kg	9.165 891 x10^{-4}kg
9.825 919 x10^{-24}kg	2.240 758 x10^{-14}kg	8.401 357 x10^{-3}kg
9.654 868 x10^{-23}kg	5.020 998 x10^{-14}kg	7.058 280 x10^{-2}kg
9.321 648 x10^{-22}kg	2.521 042 x10^{-13}kg	4.981 932 x10^{-1}kg
8.689 313 x10^{-21}kg	6.355 657 x10^{-13}kg	2.481 964 x10^{0}kg
7.550 416 x10^{-20}kg	4.039 437 x10^{-12}kg	6.160 150 x10^{0}kg
5.700 878 x10^{-19}kg	1.631 705 x10^{-11}kg	3.794 744 x10^{1}kg
3.250 001 x10^{-18}kg	2.662 463 x10^{-11}kg	1.440 008 x10^{2}kg
1.056 251 x10^{-17}kg	7.088 714 x10^{-11}kg	2.073 625 x10^{2}kg
1.115 666 x10^{-17}kg	5.024 986 x10^{-10}kg	4.299 922 x10^{2}kg
1.244 711 x10^{-17}kg	2.525 049 x10^{-9}kg	1.848 933 x10^{3}kg
1.549 307 x10^{-17}kg	6.375 874 x10^{-9}kg	3.418 553 x10^{3}kg
2.400 352 x10^{-17}kg	4.065 177 x10^{-8}kg	1.168 650 x10^{4}kg
5.761 690 x10^{-17}kg	1.652 566 x10^{-7}kg	1.365 745 x10^{4}kg
3.319 708 x10^{-16}kg	2.730 976 x10^{-7}kg	1.865 259 x10^{4}kg
1.102 046 x10^{-15}kg	7.458 232 x10^{-7}kg	3.479 193 x10^{4}kg
1.214 506 x10^{-15}kg	5.562 523 x10^{-6}kg	1.210 478 x10^{5}kg
1.475 025 x10^{-15}kg	3.094 166 x10^{-5}kg	1.465 259 x10^{5}kg

$2.146\ 985\ \times10^{5}$kg	$2.365\ 248\ \times10^{13}$kg	$1.571\ 389\ \times10^{24}$kg
$4.609\ 545\ \times10^{5}$kg	$5.594\ 402\ \times10^{13}$kg	$2.469\ 264\ \times10^{24}$kg
$2.124\ 790\ \times10^{6}$kg	$3.129\ 733\ \times10^{14}$kg	$6.097\ 265\ \times10^{24}$kg
$4.514\ 735\ \times10^{6}$kg	$9.795\ 231\ \times10^{14}$kg	$3.717\ 665\ \times10^{25}$kg
$2.038\ 283\ \times10^{7}$kg	$9.954\ 656\ \times10^{15}$kg	$1.382\ 103\ \times10^{26}$kg
$4.154\ 599\ \times10^{7}$kg	$9.205\ 743\ \times10^{16}$kg	$1.910\ 210\ \times10^{26}$kg
$1.726\ 069\ \times10^{8}$kg	$8.474\ 571\ \times10^{17}$kg	$3.648\ 902\ \times10^{26}$kg
$2.979\ 316\ \times10^{8}$kg	$7.181\ 835\ \times10^{18}$kg	$1.331\ 448\ \times10^{27}$kg
$8.876\ 329\ \times10^{8}$kg	$5.157\ 876\ \times10^{19}$kg	$1.772\ 756\ \times10^{27}$kg
$7.878\ 922\ \times10^{9}$kg	$2.660\ 369\ \times10^{20}$kg	$3.142\ 664\ \times10^{27}$kg
$6.207\ 741\ \times10^{10}$kg	$7.077\ 565\ \times10^{20}$kg	$9.876\ 337\ \times10^{27}$kg
$3.853\ 605\ \times10^{11}$kg	$5.009\ 192\ \times10^{21}$kg	$9.754\ 204\ \times10^{28}$kg
$1.485\ 027\ \times10^{12}$kg	$2.509\ 201\ \times10^{22}$kg	$9.514\ 449\ \times10^{29}$kg
$2.205\ 307\ \times10^{12}$kg	$6.296\ 090\ \times10^{22}$kg	$9.052\ 475\ \times10^{30}$kg
$4.863\ 382\ \times10^{12}$kg	$3.964\ 075\ \times10^{23}$kg	$8.194\ 730\ \times10^{31}$kg

Neón (Ne) 20. Masa atómica 19.992435U.

Masa en kilogramos 3.319 829 $\times10^{-26}$kg^{-2}

$1.102\ 126\ \times10^{-25}$kg	$4.739\ 195\ \times10^{-25}$kg	$6.475\ 507\ \times10^{-23}$kg
$1.214\ 833\ \times10^{-25}$kg	$2.245\ 997\ \times10^{-24}$kg	$4.193\ 220\ \times10^{-22}$kg
$1.475\ 455\ \times10^{-25}$kg	$5.044\ 503\ \times10^{-24}$kg	$1.758\ 309\ \times10^{-21}$kg
$2.176\ 969\ \times10^{-25}$kg	$2.544\ 701\ \times10^{-23}$kg	$3.091\ 652\ \times10^{-21}$kg

$9.558\ 317\ \mathrm{x}10^{-21}\mathrm{kg}$	$1.317\ 271\ \mathrm{x}10^{-5}\mathrm{kg}$	$1.376\ 181\ \mathrm{x}10^{5}\mathrm{kg}$
$9.136\ 142\ \mathrm{x}10^{-20}\mathrm{kg}$	$1.735\ 205\ \mathrm{x}10^{-5}\mathrm{kg}$	$1.893\ 875\ \mathrm{x}10^{5}\mathrm{kg}$
$8.346\ 910\ \mathrm{x}10^{-19}\mathrm{kg}$	$3.010\ 936\ \mathrm{x}10^{-5}\mathrm{kg}$	$3.586\ 763\ \mathrm{x}10^{5}\mathrm{kg}$
$6.967\ 090\ \mathrm{x}10^{-18}\mathrm{kg}$	$9.065\ 739\ \mathrm{x}10^{-5}\mathrm{kg}$	$1.286\ 487\ \mathrm{x}10^{6}\mathrm{kg}$
$4.854\ 035\ \mathrm{x}10^{-17}\mathrm{kg}$	$8.218\ 762\ \mathrm{x}10^{-4}\mathrm{kg}$	$1.655\ 049\ \mathrm{x}10^{6}\mathrm{kg}$
$2.356\ 165\ \mathrm{x}10^{-16}\mathrm{kg}$	$6.754\ 805\ \mathrm{x}10^{-3}\mathrm{kg}$	$2.739\ 187\ \mathrm{x}10^{6}\mathrm{kg}$
$5.551\ 517\ \mathrm{x}10^{-16}\mathrm{kg}$	$4.562\ 740\ \mathrm{x}10^{-2}\mathrm{kg}$	$7.503\ 150\ \mathrm{x}10^{6}\mathrm{kg}$
$3.081\ 934\ \mathrm{x}10^{-15}\mathrm{kg}$	$2.081\ 859\ \mathrm{x}10^{-1}\mathrm{kg}$	$5.629\ 726\ \mathrm{x}10^{7}\mathrm{kg}$
$9.498\ 319\ \mathrm{x}10^{-15}\mathrm{kg}$	$4.334\ 139\ \mathrm{x}10^{-1}\mathrm{kg}$	$3.169\ 382\ \mathrm{x}10^{8}\mathrm{kg}$
$9.021\ 807\ \mathrm{x}10^{-14}\mathrm{kg}$	$1.878\ 476\ \mathrm{x}10^{0}\mathrm{kg}$	$1.004\ 498\ \mathrm{x}10^{9}\mathrm{kg}$
$8.139\ 301\ \mathrm{x}10^{-13}\mathrm{kg}$	$3.528\ 674\ \mathrm{x}10^{0}\mathrm{kg}$	$1.009\ 017\ \mathrm{x}10^{9}\mathrm{kg}$
$6.624\ 823\ \mathrm{x}10^{-12}\mathrm{kg}$	$1.245\ 154\ \mathrm{x}10^{1}\mathrm{kg}$	$1.018\ 116\ \mathrm{x}10^{9}\mathrm{kg}$
$4.388\ 828\ \mathrm{x}10^{-11}\mathrm{kg}$	$1.550\ 410\ \mathrm{x}10^{1}\mathrm{kg}$	$1.036\ 560\ \mathrm{x}10^{9}\mathrm{kg}$
$1.926\ 181\ \mathrm{x}10^{-10}\mathrm{kg}$	$2.403\ 771\ \mathrm{x}10^{1}\mathrm{kg}$	$1.074\ 457\ \mathrm{x}10^{9}\mathrm{kg}$
$3.710\ 174\ \mathrm{x}10^{-10}\mathrm{kg}$	$5.778\ 118\ \mathrm{x}10^{1}\mathrm{kg}$	$1.154\ 459\ \mathrm{x}10^{9}\mathrm{kg}$
$1.376\ 539\ \mathrm{x}10^{-9}\mathrm{kg}$	$3.338\ 665\ \mathrm{x}10^{2}\mathrm{kg}$	$1.332\ 775\ \mathrm{x}10^{9}\mathrm{kg}$
$1.894\ 861\ \mathrm{x}10^{-9}\mathrm{kg}$	$1.114\ 668\ \mathrm{x}10^{3}\mathrm{kg}$	$1.776\ 290\ \mathrm{x}10^{9}\mathrm{kg}$
$3.590\ 500\ \mathrm{x}10^{-9}\mathrm{kg}$	$1.242\ 486\ \mathrm{x}10^{3}\mathrm{kg}$	$3.155\ 209\ \mathrm{x}10^{9}\mathrm{kg}$
$1.289\ 169\ \mathrm{x}10^{-8}\mathrm{kg}$	$1.543\ 772\ \mathrm{x}10^{3}\mathrm{kg}$	$9.955\ 346\ \mathrm{x}10^{9}\mathrm{kg}$
$1.661\ 957\ \mathrm{x}10^{-8}\mathrm{kg}$	$2.383\ 234\ \mathrm{x}10^{3}\mathrm{kg}$	$9.910\ 891\ \mathrm{x}10^{10}\mathrm{kg}$
$2.762\ 102\ \mathrm{x}10^{-8}\mathrm{kg}$	$5.679\ 807\ \mathrm{x}10^{3}\mathrm{kg}$	$9.822\ 577\ \mathrm{x}10^{11}\mathrm{kg}$
$7.629\ 212\ \mathrm{x}10^{-8}\mathrm{kg}$	$3.226\ 021\ \mathrm{x}10^{4}\mathrm{kg}$	$9.648\ 303\ \mathrm{x}10^{12}\mathrm{kg}$
$5.820\ 488\ \mathrm{x}10^{-7}\mathrm{kg}$	$1.040\ 721\ \mathrm{x}10^{5}\mathrm{kg}$	$9.308\ 975\ \mathrm{x}10^{13}\mathrm{kg}$
$3.387\ 808\ \mathrm{x}10^{-6}\mathrm{kg}$	$1.083\ 100\ \mathrm{x}10^{5}\mathrm{kg}$	$8.665\ 702\ \mathrm{x}10^{14}\mathrm{kg}$
$1.147\ 724\ \mathrm{x}10^{-5}\mathrm{kg}$	$1.173\ 107\ \mathrm{x}10^{5}\mathrm{kg}$	$7.509\ 440\ \mathrm{x}10^{15}\mathrm{kg}$

$5.639\ 170\ x10^{16}$kg	$9.493\ 434\ x10^{19}$kg	$3.357\ 938\ x10^{27}$kg
$3.180\ 023\ x10^{17}$kg	$9.012\ 529\ x10^{20}$kg	$1.127\ 574\ x10^{28}$kg
$1.011\ 255\ x10^{18}$kg	$8.122\ 569\ x10^{21}$kg	$1.271\ 425\ x10^{28}$kg
$1.022\ 637\ x10^{18}$kg	$6.597\ 613\ x10^{22}$kg	$1.616\ 521\ x10^{28}$kg
$1.045\ 786\ x10^{18}$kg	$4.352\ 850\ x10^{23}$kg	$2.613\ 142\ x10^{28}$kg
$1.093\ 669\ x10^{18}$kg	$1.894\ 730\ x10^{24}$kg	$6.828\ 515\ x10^{28}$kg
$1.196\ 113\ x10^{18}$kg	$3.590\ 003\ x10^{24}$kg	$4.662\ 861\ x10^{29}$kg
$1.430\ 686\ x10^{18}$kg	$1.288\ 812\ x10^{25}$kg	$2.174\ 227\ x10^{30}$kg
$2.046\ 863\ x10^{18}$kg	$1.661\ 037\ x10^{25}$kg	$4.727\ 267\ x10^{30}$kg
$4.189\ 651\ x10^{18}$kg	$2.759\ 046\ x10^{25}$kg	$2.234\ 705\ x10^{31}$kg
$1.755\ 318\ x10^{19}$kg	$7.612\ 339\ x10^{25}$kg	$4.993\ 906\ x10^{31}$kg
$3.081\ 141\ x10^{19}$kg	$5.794\ 771\ x10^{26}$kg	

Neón (Ne) 21. Masa atómica 20.993841U.

Masa en kilogramos 3.486 17 $x10^{-26}$kg^{-2}

$1.215\ 301\ x10^{-25}$kg	$5.204\ 457\ x10^{-21}$kg	$3.702\ 223\ x10^{-14}$kg
$1.476\ 957\ x10^{-25}$kg	$2.708\ 637\ x10^{-20}$kg	$1.370\ 645\ x10^{-13}$kg
$2.181\ 402\ x10^{-25}$kg	$7.336\ 717\ x10^{-20}$kg	$1.878\ 669\ x10^{-13}$kg
$4.758\ 517\ x10^{-25}$kg	$5.382\ 742\ x10^{-19}$kg	$3.529\ 400\ x10^{-13}$kg
$2.264\ 349\ x10^{-24}$kg	$2.897\ 391\ x10^{-18}$kg	$1.245\ 666\ x10^{-12}$kg
$5.127\ 276\ x10^{-24}$kg	$8.394\ 879\ x10^{-18}$kg	$1.551\ 686\ x10^{-12}$kg
$2.628\ 896\ x10^{-23}$kg	$7.047\ 399\ x10^{-17}$kg	$2.407\ 772\ x10^{-12}$kg
$6.911\ 096\ x10^{-23}$kg	$4.996\ 584\ x10^{-16}$kg	$5.797\ 161\ x10^{-12}$kg
$4.776\ 324\ x10^{-22}$kg	$2.466\ 696\ x10^{-15}$kg	$3.360\ 708\ x10^{-11}$kg
$2.281\ 327\ x10^{-21}$kg	$6.084\ 589\ x10^{-15}$kg	$1.129\ 436\ x10^{-10}$kg

$1.275\ 625\ \times 10^{-10}$kg	$2.266\ 552\ \times 10^{0}$kg	$1.674\ 274\ \times 10^{12}$kg
$1.627\ 221\ \times 10^{-10}$kg	$5.137\ 260\ \times 10^{0}$kg	$2.803\ 196\ \times 10^{12}$kg
$2.647\ 848\ \times 10^{-10}$kg	$2.639\ 144\ \times 10^{1}$kg	$7.857\ 910\ \times 10^{12}$kg
$7.011\ 100\ \times 10^{-10}$kg	$6.695\ 083\ \times 10^{1}$kg	$6.174\ 676\ \times 10^{13}$kg
$4.915\ 552\ \times 10^{-9}$kg	$4.851\ 238\ \times 10^{2}$kg	$3.812\ 662\ \times 10^{14}$kg
$2.416\ 265\ \times 10^{-8}$kg	$2.353\ 451\ \times 10^{3}$kg	$1.453\ 639\ \times 10^{15}$kg
$5.838\ 340\ \times 10^{-8}$kg	$5.538\ 734\ \times 10^{3}$kg	$2.113\ 067\ \times 10^{15}$kg
$3.408\ 622\ \times 10^{-7}$kg	$3.067\ 757\ \times 10^{4}$kg	$4.465\ 054\ \times 10^{15}$kg
$1.161\ 870\ \times 10^{-6}$kg	$9.411\ 138\ \times 10^{4}$kg	$1.993\ 671\ \times 10^{16}$kg
$1.349\ 943\ \times 10^{-6}$kg	$8.856\ 952\ \times 10^{5}$kg	$3.974\ 725\ \times 10^{16}$kg
$1.822\ 346\ \times 10^{-6}$kg	$7.844\ 560\ \times 10^{6}$kg	$1.579\ 844\ \times 10^{17}$kg
$3.320\ 946\ \times 10^{-6}$kg	$6.153\ 712\ \times 10^{7}$kg	$2.495\ 908\ \times 10^{17}$kg
$1.102\ 868\ \times 10^{-5}$kg	$3.786\ 817\ \times 10^{8}$kg	$6.229\ 557\ \times 10^{17}$kg
$1.216\ 319\ \times 10^{-5}$kg	$1.433\ 998\ \times 10^{9}$kg	$3.880\ 739\ \times 10^{18}$kg
$1.479\ 433\ \times 10^{-5}$kg	$2.056\ 352\ \times 10^{9}$kg	$1.506\ 013\ \times 10^{19}$kg
$2.188\ 722\ \times 10^{-5}$kg	$4.228\ 585\ \times 10^{9}$kg	$2.268\ 077\ \times 10^{19}$kg
$4.790\ 508\ \times 10^{-5}$kg	$1.788\ 093\ \times 10^{10}$kg	$5.144\ 175\ \times 10^{19}$kg
$2.294\ 896\ \times 10^{-4}$kg	$3.197\ 279\ \times 10^{10}$kg	$2.646\ 253\ \times 10^{20}$kg
$5.266\ 551\ \times 10^{-4}$kg	$1.022\ 259\ \times 10^{11}$kg	$7.002\ 658\ \times 10^{20}$kg
$2.773\ 655\ \times 10^{-3}$kg	$1.045\ 014\ \times 10^{11}$kg	$4.903\ 722\ \times 10^{21}$kg
$7.693\ 167\ \times 10^{-3}$kg	$1.092\ 055\ \times 10^{11}$kg	$2.404\ 649\ \times 10^{22}$kg
$5.918\ 482\ \times 10^{-2}$kg	$1.192\ 584\ \times 10^{11}$kg	$5.782\ 339\ \times 10^{22}$kg
$3.502\ 843\ \times 10^{-1}$kg	$1.422\ 257\ \times 10^{11}$kg	$3.343\ 545\ \times 10^{23}$kg
$1.226\ 991\ \times 10^{0}$kg	$2.022\ 817\ \times 10^{11}$kg	$1.117\ 929\ \times 10^{24}$kg
$1.505\ 507\ \times 10^{0}$kg	$4.091\ 790\ \times 10^{11}$kg	$1.249\ 766\ \times 10^{24}$kg

$1.561\ 916\ x10^{24}$kg

$2.439\ 584\ x10^{24}$kg

$5.951\ 570\ x10^{24}$kg

$3.542\ 119\ x10^{25}$kg

$1.254\ 660\ x10^{26}$kg

$1.574\ 174\ x10^{26}$kg

$2.478\ 023\ x10^{26}$kg

$6.140\ 602\ x10^{26}$kg

$3.770\ 699\ x10^{27}$kg

$1.421\ 817\ x10^{28}$kg

$2.021\ 565\ x10^{28}$kg

$4.086\ 725\ x10^{28}$kg

$1.670\ 132\ x10^{29}$kg

$2.789\ 341\ x10^{29}$kg

$7.780\ 425\ x10^{29}$kg

$6.053\ 502\ x10^{30}$kg

$3.664\ 489\ x10^{31}$kg

Neón (Ne) 22. Masa atómica 21.991383U.

Masa en kilogramos 3.651 763 x10^{-26}kg^{-2}

$1.333\ 537\ x10^{-25}$kg

$1.778\ 322\ x10^{-25}$kg

$3.162\ 430\ x10^{-25}$kg

$1.000\ 096\ x10^{-24}$kg

$1.000\ 192\ x10^{-24}$kg

$1.000\ 385\ x10^{-24}$kg

$1.000\ 772\ x10^{-24}$kg

$1.001\ 544\ x10^{-24}$kg

$1.003\ 092\ x10^{-24}$kg

$1.006\ 193\ x10^{-24}$kg

$1.012\ 425\ x10^{-24}$kg

$1.025\ 006\ x10^{-24}$kg

$1.050\ 637\ x10^{-24}$kg

$1.103\ 839\ x10^{-24}$kg

$1.218\ 460\ x10^{-24}$kg

$1.484\ 647\ x10^{-24}$kg

$2.204\ 176\ x10^{-24}$kg

$4.858\ 395\ x10^{-24}$kg

$2.360\ 400\ x10^{-23}$kg

$5.571\ 492\ x10^{-23}$kg

$3.104\ 152\ x10^{-22}$kg

$9.635\ 764\ x10^{-22}$kg

$9.284\ 796\ x10^{-21}$kg

$8.620\ 743\ x10^{-20}$kg

$7.431\ 722\ x10^{-19}$kg

$5.523\ 050\ x10^{-18}$kg

$3.050\ 408\ x10^{-17}$kg

$9.304\ 991\ x10^{-17}$kg

$8.658\ 285\ x10^{-16}$kg

$7.496\ 591\ x10^{-15}$kg

$5.619\ 888\ x10^{-14}$kg

$3.158\ 314\ x10^{-13}$kg

$9.974\ 950\ x10^{-13}$kg

$8.090\ 996\ x10^{-12}$kg

$6.546\ 421\ x10^{-11}$kg

$4.285\ 564\ x10^{-10}$kg

$1.836\ 605\ x10^{-9}$kg

$3.373\ 121\ x10^{-9}$kg

$1.137\ 794\ x10^{-8}$kg

$1.294\ 576\ \text{x}10^{-8}\text{kg}$	$1.046\ 253\ \text{x}10^{2}\text{kg}$	$4.828\ 434\ \text{x}10^{10}\text{kg}$
$1.675\ 928\ \text{x}10^{-8}\text{kg}$	$1.094\ 646\ \text{x}10^{2}\text{kg}$	$2.331\ 377\ \text{x}10^{11}\text{kg}$
$2.808\ 737\ \text{x}10^{-8}\text{kg}$	$1.198\ 251\ \text{x}10^{2}\text{kg}$	$5.435\ 321\ \text{x}10^{11}\text{kg}$
$7.889\ 006\ \text{x}10^{-8}\text{kg}$	$1.435\ 805\ \text{x}10^{2}\text{kg}$	$2.954\ 272\ \text{x}10^{12}\text{kg}$
$6.223\ 642\ \text{x}10^{-7}\text{kg}$	$2.061\ 537\ \text{x}10^{2}\text{kg}$	$8.727\ 725\ \text{x}10^{12}\text{kg}$
$3.873\ 372\ \text{x}10^{-6}\text{kg}$	$4.249\ 938\ \text{x}10^{2}\text{kg}$	$7.617\ 319\ \text{x}10^{13}\text{kg}$
$1.500\ 301\ \text{x}10^{-5}\text{kg}$	$1.806\ 197\ \text{x}10^{3}\text{kg}$	$5.802\ 355\ \text{x}10^{14}\text{kg}$
$2.250\ 904\ \text{x}10^{-5}\text{kg}$	$3.262\ 349\ \text{x}10^{3}\text{kg}$	$3.366\ 733\ \text{x}10^{15}\text{kg}$
$5.066\ 573\ \text{x}10^{-5}\text{kg}$	$1.064\ 292\ \text{x}10^{4}\text{kg}$	$1.133\ 489\ \text{x}10^{16}\text{kg}$
$2.567\ 016\ \text{x}10^{-4}\text{kg}$	$1.132\ 718\ \text{x}10^{4}\text{kg}$	$1.284\ 798\ \text{x}10^{16}\text{kg}$
$6.589\ 572\ \text{x}10^{-4}\text{kg}$	$1.283\ 051\ \text{x}10^{4}\text{kg}$	$1.650\ 706\ \text{x}10^{16}\text{kg}$
$4.342\ 246\ \text{x}10^{-3}\text{kg}$	$1.646\ 220\ \text{x}10^{4}\text{kg}$	$2.724\ 831\ \text{x}10^{16}\text{kg}$
$1.885\ 510\ \text{x}10^{-2}\text{kg}$	$2.710\ 043\ \text{x}10^{4}\text{kg}$	$7.424\ 708\ \text{x}10^{16}\text{kg}$
$3.555\ 150\ \text{x}10^{-2}\text{kg}$	$7.344\ 333\ \text{x}10^{4}\text{kg}$	$5.512\ 629\ \text{x}10^{17}\text{kg}$
$1.263\ 909\ \text{x}10^{-1}\text{kg}$	$5.393\ 922\ \text{x}10^{5}\text{kg}$	$3.038\ 908\ \text{x}10^{18}\text{kg}$
$1.597\ 466\ \text{x}10^{-1}\text{kg}$	$2.909\ 440\ \text{x}10^{6}\text{kg}$	$9.234\ 964\ \text{x}10^{18}\text{kg}$
$2.551\ 900\ \text{x}10^{-1}\text{kg}$	$8.646\ 843\ \text{x}10^{6}\text{kg}$	$8.528\ 456\ \text{x}10^{19}\text{kg}$
$6.512\ 193\ \text{x}10^{-1}\text{kg}$	$7.165\ 358\ \text{x}10^{7}\text{kg}$	$7.273\ 456\ \text{x}10^{20}\text{kg}$
$4.240\ 866\ \text{x}10^{0}\text{kg}$	$5.134\ 235\ \text{x}10^{8}\text{kg}$	$5.290\ 316\ \text{x}10^{21}\text{kg}$
$1.798\ 495\ \text{x}10^{1}\text{kg}$	$2.636\ 037\ \text{x}10^{9}\text{kg}$	$2.798\ 745\ \text{x}10^{22}\text{kg}$
$3.234\ 584\ \text{x}10^{1}\text{kg}$	$6.948\ 693\ \text{x}10^{9}\text{kg}$	$7.832\ 973\ \text{x}10^{22}\text{kg}$

$6.135\,547\ \mathrm{x}10^{23}\mathrm{kg}$	$2.646\,141\ \mathrm{x}10^{26}\mathrm{kg}$	$1.114\,910\ \mathrm{x}10^{30}\mathrm{kg}$
$3.764\,494\ \mathrm{x}10^{24}\mathrm{kg}$	$7.002\,066\ \mathrm{x}10^{26}\mathrm{kg}$	$1.243\,026\ \mathrm{x}10^{30}\mathrm{kg}$
$1.417\,141\ \mathrm{x}10^{25}\mathrm{kg}$	$4.902\,894\ \mathrm{x}10^{27}\mathrm{kg}$	$1.545\,113\ \mathrm{x}10^{30}\mathrm{kg}$
$2.008\,290\ \mathrm{x}10^{25}\mathrm{kg}$	$2.403\,836\ \mathrm{x}10^{28}\mathrm{kg}$	$2.387\,376\ \mathrm{x}10^{30}\mathrm{kg}$
$4.033\,232\ \mathrm{x}10^{25}\mathrm{kg}$	$5.778\,432\ \mathrm{x}10^{28}\mathrm{kg}$	$5.699\,565\ \mathrm{x}10^{30}\mathrm{kg}$
$1.626\,696\ \mathrm{x}10^{26}\mathrm{kg}$	$3.339\,027\ \mathrm{x}10^{29}\mathrm{kg}$	$3.248\,504\ \mathrm{x}10^{31}\mathrm{kg}$

Neón (Ne) 23(Radiactivo). Masa atómica 22.994465U.

Masa en kilogramos 3.818 329 $\mathrm{x}10^{-26}\mathrm{kg}^{-2}$

$1.454\,963\ \mathrm{x}10^{-25}\mathrm{kg}$	$4.510\,528\ \mathrm{x}10^{-17}\mathrm{kg}$	$5.321\,624\ \mathrm{x}10^{-7}\mathrm{kg}$
$2.125\,658\ \mathrm{x}10^{-25}\mathrm{kg}$	$2.034\,487\ \mathrm{x}10^{-16}\mathrm{kg}$	$2.831\,968\ \mathrm{x}10^{-6}\mathrm{kg}$
$4.518\,425\ \mathrm{x}10^{-25}\mathrm{kg}$	$4.139\,138\ \mathrm{x}10^{-16}\mathrm{kg}$	$8.020\,047\ \mathrm{x}10^{-6}\mathrm{kg}$
$2.041\,616\ \mathrm{x}10^{-24}\mathrm{kg}$	$1.713\,246\ \mathrm{x}10^{-15}\mathrm{kg}$	$6.432\,116\ \mathrm{x}10^{-5}\mathrm{kg}$
$4.168\,198\ \mathrm{x}10^{-24}\mathrm{kg}$	$2.935\,213\ \mathrm{x}10^{-15}\mathrm{kg}$	$4.137\,211\ \mathrm{x}10^{-4}\mathrm{kg}$
$1.737\,387\ \mathrm{x}10^{-23}\mathrm{kg}$	$8.615\,477\ \mathrm{x}10^{-15}\mathrm{kg}$	$1.711\,652\ \mathrm{x}10^{-3}\mathrm{kg}$
$3.018\,515\ \mathrm{x}10^{-23}\mathrm{kg}$	$7.422\,644\ \mathrm{x}10^{-14}\mathrm{kg}$	$2.929\,752\ \mathrm{x}10^{-3}\mathrm{kg}$
$9.111\,435\ \mathrm{x}10^{-23}\mathrm{kg}$	$5.509\,565\ \mathrm{x}10^{-13}\mathrm{kg}$	$8.583\,452\ \mathrm{x}10^{-3}\mathrm{kg}$
$8.301\,826\ \mathrm{x}10^{-22}\mathrm{kg}$	$3.035\,531\ \mathrm{x}10^{-12}\mathrm{kg}$	$7.367\,565\ \mathrm{x}10^{-2}\mathrm{kg}$
$6.892\,032\ \mathrm{x}10^{-21}\mathrm{kg}$	$9.214\,450\ \mathrm{x}10^{-12}\mathrm{kg}$	$5.428\,101\ \mathrm{x}10^{-1}\mathrm{kg}$
$4.750\,010\ \mathrm{x}10^{-20}\mathrm{kg}$	$8.490\,609\ \mathrm{x}10^{-11}\mathrm{kg}$	$2.946\,429\ \mathrm{x}10^{0}\mathrm{kg}$
$2.256\,260\ \mathrm{x}10^{-19}\mathrm{kg}$	$7.209\,045\ \mathrm{x}10^{-10}\mathrm{kg}$	$8.681\,444\ \mathrm{x}10^{0}\mathrm{kg}$
$5.090\,710\ \mathrm{x}10^{-19}\mathrm{kg}$	$5.197\,033\ \mathrm{x}10^{-9}\mathrm{kg}$	$7.536\,747\ \mathrm{x}10^{1}\mathrm{kg}$
$2.591\,533\ \mathrm{x}10^{-18}\mathrm{kg}$	$2.700\,915\ \mathrm{x}10^{-8}\mathrm{kg}$	$5.680\,256\ \mathrm{x}10^{2}\mathrm{kg}$
$6.716\,047\ \mathrm{x}10^{-18}\mathrm{kg}$	$7.294\,946\ \mathrm{x}10^{-8}\mathrm{kg}$	$3.226\,531\ \mathrm{x}10^{3}\mathrm{kg}$

$1.041\,050 \times 10^{4}$kg	$3.732\,568 \times 10^{10}$kg	$3.992\,432 \times 10^{20}$kg
$1.083\,786 \times 10^{4}$kg	$1.393\,206 \times 10^{11}$kg	$1.593\,951 \times 10^{21}$kg
$1.174\,593 \times 10^{4}$kg	$1.941\,024 \times 10^{11}$kg	$2.540\,681 \times 10^{21}$kg
$1.379\,668 \times 10^{4}$kg	$3.767\,575 \times 10^{11}$kg	$6.455\,062 \times 10^{21}$kg
$1.903\,486 \times 10^{4}$kg	$1.419\,462 \times 10^{12}$kg	$4.166\,782 \times 10^{22}$kg
$3.623\,259 \times 10^{4}$kg	$2.014\,874 \times 10^{12}$kg	$1.736\,207 \times 10^{23}$kg
$1.312\,801 \times 10^{5}$kg	$4.059\,720 \times 10^{12}$kg	$3.014\,417 \times 10^{23}$kg
$1.723\,447 \times 10^{5}$kg	$1.648\,133 \times 10^{13}$kg	$9.086\,714 \times 10^{23}$kg
$2.970\,269 \times 10^{5}$kg	$2.716\,343 \times 10^{13}$kg	$8.256\,837 \times 10^{24}$kg
$8.822\,502 \times 10^{5}$kg	$7.378\,521 \times 10^{13}$kg	$6.817\,536 \times 10^{25}$kg
$7.783\,655 \times 10^{6}$kg	$5.444\,258 \times 10^{14}$kg	$4.647\,880 \times 10^{26}$kg
$6.058\,529 \times 10^{7}$kg	$2.963\,994 \times 10^{15}$kg	$2.160\,278 \times 10^{27}$kg
$3.670\,577 \times 10^{8}$kg	$8.785\,264 \times 10^{15}$kg	$4.666\,804 \times 10^{27}$kg
$1.347\,313 \times 10^{9}$kg	$7.718\,086 \times 10^{16}$kg	$2.177\,906 \times 10^{28}$kg
$1.815\,254 \times 10^{9}$kg	$5.956\,886 \times 10^{17}$kg	$4.743\,277 \times 10^{28}$kg
$3.295\,150 \times 10^{9}$kg	$3.548\,449 \times 10^{18}$kg	$2.249\,868 \times 10^{29}$kg
$1.085\,801 \times 10^{10}$kg	$1.259\,149 \times 10^{19}$kg	$5.061\,908 \times 10^{29}$kg
$1.178\,965 \times 10^{10}$kg	$1.585\,457 \times 10^{19}$kg	$2.562\,291 \times 10^{30}$kg
$1.389\,958 \times 10^{10}$kg	$2.513\,676 \times 10^{19}$kg	$6.565\,338 \times 10^{30}$kg
$1.931\,985 \times 10^{10}$kg	$6.318\,569 \times 10^{19}$kg	

Promedio de las masas del Neón (Ne).

$2.989\ 925\ x10^{-26}kg^2$ $\qquad\qquad = \quad 3.403\ 551\ x10^{-26}kg^{-2}$

$3.155\ 343\ x10^{-26}kg^2$

$3.319\ 829\ x10^{-26}kg^2$

$3.486\ 117\ x10^{-26}kg^2$

$3.651\ 763\ x10^{-26}kg^2$

$\underline{3.818\ 329\ x10^{-26}kg^2}$

$\underline{20.421\ 307\ x10^{-26}kg^2}$

$\qquad 6$

$1.158\ 416\ x10^{-25}kg$	$3.885\ 450\ x10^{-22}kg$	$2.247\ 411\ x10^{-15}kg$
$1.341\ 928\ x10^{-25}kg$	$1.509\ 672\ x10^{-21}kg$	$5.050\ 857\ x10^{-15}kg$
$1.800\ 770\ x10^{-25}kg$	$2.279\ 110\ x10^{-21}kg$	$2.551\ 116\ x10^{-14}kg$
$3.242\ 775\ x10^{-25}kg$	$5.194\ 343\ x10^{-21}kg$	$6.508\ 195\ x10^{-14}kg$
$1.051\ 559\ x10^{-24}kg$	$2.698\ 119\ x10^{-20}kg$	$4.235\ 660\ x10^{-13}kg$
$1.105\ 776\ x10^{-24}kg$	$7.279\ 851\ x10^{-20}kg$	$1.794\ 082\ x10^{-12}kg$
$1.222\ 742\ x10^{-24}kg$	$5.299\ 623\ x10^{-19}kg$	$3.218\ 731\ x10^{-12}kg$
$1.495\ 099\ x10^{-24}kg$	$2.808\ 601\ x10^{-18}kg$	$1.036\ 022\ x10^{-11}kg$
$2.235\ 321\ x10^{-24}kg$	$7.888\ 240\ x10^{-18}kg$	$1.073\ 343\ x10^{-11}kg$
$4.996\ 664\ x10^{-24}kg$	$6.222\ 434\ x10^{-17}kg$	$1.152\ 066\ x10^{-11}kg$
$2.496\ 665\ x10^{-23}kg$	$3.871\ 868\ x10^{-16}kg$	$1.327\ 256\ x10^{-11}kg$
$6.233\ 337\ x10^{-23}kg$	$1.499\ 136\ x10^{-15}kg$	$1.761\ 610\ x10^{-11}kg$

$3.103\,272 \times 10^{-11}$kg	$1.176\,708 \times 10^{5}$kg	$1.506\,564 \times 10^{14}$kg
$9.630\,299 \times 10^{-11}$kg	$1.384\,642 \times 10^{5}$kg	$2.269\,737 \times 10^{14}$kg
$9.274\,266 \times 10^{-10}$kg	$1.917\,234 \times 10^{5}$kg	$5.151\,708 \times 10^{14}$kg
$8.601\,201 \times 10^{-9}$kg	$3.675\,786 \times 10^{5}$kg	$2.654\,010 \times 10^{15}$kg
$7.398\,067 \times 10^{-8}$kg	$1.351\,140 \times 10^{6}$kg	$7.043\,769 \times 10^{15}$kg
$5.473\,139 \times 10^{-7}$kg	$1.825\,580 \times 10^{6}$kg	$4.961\,468 \times 10^{16}$kg
$2.995\,526 \times 10^{-6}$kg	$3.332\,744 \times 10^{6}$kg	$2.461\,616 \times 10^{17}$kg
$8.973\,176 \times 10^{-6}$kg	$1.110\,718 \times 10^{7}$kg	$6.059\,557 \times 10^{17}$kg
$8.051\,789 \times 10^{-5}$kg	$1.233\,696 \times 10^{7}$kg	$3.671\,827 \times 10^{18}$kg
$6.483\,131 \times 10^{-4}$kg	$1.522\,006 \times 10^{7}$kg	$1.348\,229 \times 10^{19}$kg
$4.203\,099 \times 10^{-3}$kg	$2.316\,503 \times 10^{7}$kg	$1.817\,722 \times 10^{19}$kg
$1.766\,604 \times 10^{-2}$kg	$5.366\,189 \times 10^{7}$kg	$3.304\,114 \times 10^{19}$kg
$3.120\,891 \times 10^{-2}$kg	$2.879\,598 \times 10^{8}$kg	$1.091\,717 \times 10^{20}$kg
$9.739\,962 \times 10^{-2}$kg	$8.292\,090 \times 10^{8}$kg	$1.191\,846 \times 10^{20}$kg
$9.486\,687 \times 10^{-1}$kg	$6.875\,875 \times 10^{9}$kg	$1.420\,497 \times 10^{20}$kg
$8.999\,724 \times 10^{0}$kg	$4.727\,766 \times 10^{10}$kg	$2.017\,813 \times 10^{20}$kg
$8.099\,503 \times 10^{1}$kg	$2.235\,178 \times 10^{11}$kg	$4.071\,570 \times 10^{20}$kg
$6.560\,195 \times 10^{2}$kg	$4.996\,020 \times 10^{11}$kg	$1.657\,768 \times 10^{21}$kg
$4.303\,616 \times 10^{3}$kg	$2.496\,022 \times 10^{12}$kg	$2.748\,197 \times 10^{21}$kg
$1.852\,111 \times 10^{4}$kg	$6.230\,127 \times 10^{12}$kg	$7.552\,590 \times 10^{21}$kg
$3.480\,318 \times 10^{4}$kg	$3.881\,449 \times 10^{13}$kg	$5.704\,162 \times 10^{22}$kg

$3.253\ 747\ \text{x}10^{23}\text{kg}$	$3.847\ 096\ \text{x}10^{25}\text{kg}$	$7.889\ 344\ \text{x}10^{28}\text{kg}$
$1.058\ 687\ \text{x}10^{24}\text{kg}$	$1.480\ 015\ \text{x}10^{26}\text{kg}$	$6.224\ 176\ \text{x}10^{29}\text{kg}$
$1.120\ 818\ \text{x}10^{24}\text{kg}$	$2.190\ 445\ \text{x}10^{26}\text{kg}$	$3.874\ 036\ \text{x}10^{30}\text{kg}$
$1.256\ 234\ \text{x}10^{24}\text{kg}$	$4.798\ 053\ \text{x}10^{26}\text{kg}$	$1.500\ 816\ \text{x}10^{31}\text{kg}$
$1.578\ 125\ \text{x}10^{24}\text{kg}$	$2.302\ 131\ \text{x}10^{27}\text{kg}$	$2.252\ 449\ \text{x}10^{31}\text{kg}$
$2.490\ 481\ \text{x}10^{24}\text{kg}$	$5.299\ 809\ \text{x}10^{27}\text{kg}$	$5.073\ 526\ \text{x}10^{31}\text{kg}$
$6.202\ 497\ \text{x}10^{24}\text{kg}$	$2.808\ 797\ \text{x}10^{28}\text{kg}$	

Nitrógeno (N$_2$) (N) 12. Masa atómica 12.018615U.

Masa en kilogramos 1.995 739 $\text{x}10^{-26}\text{kg}^{-2}$

$3.982\ 975\ \text{x}10^{-26}\text{kg}$	$1.679\ 665\ \text{x}10^{-20}\text{kg}$	$1.805\ 178\ \text{x}10^{-14}\text{kg}$
$1.586\ 409\ \text{x}10^{-25}\text{kg}$	$2.821\ 277\ \text{x}10^{-20}\text{kg}$	$3.258\ 667\ \text{x}10^{-14}\text{kg}$
$2.516\ 694\ \text{x}10^{-25}\text{kg}$	$7.959\ 607\ \text{x}10^{-20}\text{kg}$	$1.061\ 891\ \text{x}10^{-13}\text{kg}$
$6.333\ 751\ \text{x}10^{-25}\text{kg}$	$6.335\ 534\ \text{x}10^{-19}\text{kg}$	$1.127\ 613\ \text{x}10^{-13}\text{kg}$
$4.011\ 640\ \text{x}10^{-24}\text{kg}$	$4.013\ 900\ \text{x}10^{-18}\text{kg}$	$1.271\ 513\ \text{x}10^{-13}\text{kg}$
$1.609\ 326\ \text{x}10^{-23}\text{kg}$	$1.611\ 139\ \text{x}10^{-17}\text{kg}$	$1.616\ 745\ \text{x}10^{-13}\text{kg}$
$2.589\ 931\ \text{x}10^{-23}\text{kg}$	$2.595\ 770\ \text{x}10^{-17}\text{kg}$	$2.613\ 865\ \text{x}10^{-13}\text{kg}$
$6.707\ 743\ \text{x}10^{-23}\text{kg}$	$6.738\ 023\ \text{x}10^{-17}\text{kg}$	$6.832\ 294\ \text{x}10^{-13}\text{kg}$
$4.499\ 381\ \text{x}10^{-22}\text{kg}$	$4.540\ 095\ \text{x}10^{-16}\text{kg}$	$4.668\ 024\ \text{x}10^{-12}\text{kg}$
$2.024\ 443\ \text{x}10^{-21}\text{kg}$	$2.061\ 246\ \text{x}10^{-15}\text{kg}$	$2.179\ 045\ \text{x}10^{-11}\text{kg}$
$4.098\ 372\ \text{x}10^{-21}\text{kg}$	$4.248\ 738\ \text{x}10^{-15}\text{kg}$	$4.748\ 240\ \text{x}10^{-11}\text{kg}$

$2.254\ 578\ \times10^{-10}$kg	$4.008\ 211\ \times10^{2}$kg	$1.153\ 761\ \times10^{15}$kg
$5.083\ 124\ \times10^{-10}$kg	$1.606\ 575\ \times10^{3}$kg	$1.331\ 165\ \times10^{15}$kg
$2.583\ 815\ \times10^{-9}$kg	$2.581\ 085\ \times10^{3}$kg	$1.772\ 002\ \times10^{15}$kg
$6.676\ 101\ \times10^{-9}$kg	$6.662\ 002\ \times10^{3}$kg	$3.139\ 991\ \times10^{15}$kg
$4.457\ 032\ \times10^{-8}$kg	$4.438\ 228\ \times10^{4}$kg	$9.859\ 544\ \times10^{15}$kg
$1.986\ 514\ \times10^{-7}$kg	$1.969\ 787\ \times10^{5}$kg	$9.721\ 061\ \times10^{16}$kg
$3.946\ 238\ \times10^{-7}$kg	$3.880\ 061\ \times10^{5}$kg	$9.449\ 904\ \times10^{17}$kg
$1.557\ 279\ \times10^{-6}$kg	$1.505\ 487\ \times10^{6}$kg	$8.930\ 068\ \times10^{18}$kg
$2.425\ 120\ \times10^{-6}$kg	$2.266\ 492\ \times10^{6}$kg	$7.974\ 612\ \times10^{19}$kg
$5.881\ 209\ \times10^{-6}$kg	$5.136\ 987\ \times10^{6}$kg	$6.359\ 445\ \times10^{20}$kg^2
$3.458\ 862\ \times10^{-5}$kg	$2.638\ 864\ \times10^{7}$kg^2	$4.044\ 254\ \times10^{21}$kg
$1.196\ 372\ \times10^{-4}$kg	$6.963\ 604\ \times10^{7}$kg	$1.635\ 559\ \times10^{22}$kg
$1.431\ 307\ \times10^{-4}$kg	$4.849\ 178\ \times10^{8}$kg	$2.675\ 185\ \times10^{22}$kg
$2.048\ 641\ \times10^{-4}$kg	$2.351\ 453\ \times10^{9}$kg	$7.156\ 616\ \times10^{22}$kg
$8.598\ 012\ \times10^{-4}$kg	$5.529\ 333\ \times10^{9}$kg	$5.121\ 715\ \times10^{23}$kg
$7.392\ 581\ \times10^{-3}$kg	$3.057\ 352\ \times10^{10}$kg	$2.623\ 196\ \times10^{24}$kg
$5.465\ 025\ \times10^{-2}$kg	$9.347\ 406\ \times10^{10}$kg	$6.881\ 161\ \times10^{24}$kg
$2.986\ 650\ \times10^{-1}$kg	$8.737\ 400\ \times10^{11}$kg	$4.735\ 037\ \times10^{25}$kg
$8.920\ 081\ \times10^{-1}$kg	$7.634\ 217\ \times10^{12}$kg	$2.242\ 058\ \times10^{26}$kg
$7.956\ 785\ \times10^{0}$kg	$5.828\ 127\ \times10^{13}$kg	$5.026\ 825\ \times10^{26}$kg
$6.331\ 043\ \times10^{1}$kg	$3.396\ 706\ \times10^{14}$kg	$2.526\ 897\ \times10^{27}$kg

$6.385\ 209 \times 10^{27}$kg	$2.763\ 129 \times 10^{29}$kg	$3.397\ 893 \times 10^{31}$kg
$4.077\ 090 \times 10^{28}$kg	$7.634\ 883 \times 10^{29}$kg	
$1.662\ 266 \times 10^{29}$kg	$5.829\ 145 \times 10^{30}$kg	

Nitrógeno (N) 13(Radiactivo). Masa atómica 13.005738U.

Masa en kilogramos 2.159 544 $\times 10^{-26}$kg^{-2}

$4.663\ 633 \times 10^{-26}$kg	$5.785\ 526 \times 10^{-19}$kg	$2.829\ 050 \times 10^{-13}$kg
$2.174\ 947 \times 10^{-25}$kg	$3.347\ 231 \times 10^{-18}$kg	$8.003\ 524 \times 10^{-13}$kg
$4.730\ 398 \times 10^{-25}$kg	$1.120\ 395 \times 10^{-17}$kg	$6.405\ 640 \times 10^{-12}$kg
$2.237\ 667 \times 10^{-24}$kg	$1.255\ 287 \times 10^{-17}$kg	$4.103\ 223 \times 10^{-11}$kg
$5.007\ 154 \times 10^{-24}$kg	$1.575\ 745 \times 10^{-17}$kg	$1.683\ 644 \times 10^{-10}$kg
$2.507\ 159 \times 10^{-23}$kg	$2.482\ 974 \times 10^{-17}$kg	$2.834\ 657 \times 10^{-10}$kg
$6.285\ 849 \times 10^{-23}$kg	$6.165\ 763 \times 10^{-17}$kg	$8.035\ 282 \times 10^{-10}$kg
$3.951\ 189 \times 10^{-22}$kg	$3.800\ 924 \times 10^{-16}$kg	$6.456\ 576 \times 10^{-9}$kg
$1.561\ 190 \times 10^{-21}$kg	$1.444\ 702 \times 10^{-15}$kg	$4.168\ 738 \times 10^{-8}$kg
$2.437\ 314 \times 10^{-21}$kg	$2.087\ 165 \times 10^{-15}$kg	$1.737\ 837 \times 10^{-7}$kg
$5.940\ 502 \times 10^{-21}$kg	$4.356\ 259 \times 10^{-15}$kg	$3.020\ 080 \times 10^{-7}$kg
$3.528\ 957 \times 10^{-20}$kg	$1.897\ 699 \times 10^{-14}$kg	$9.120\ 885 \times 10^{-7}$kg
$1.245\ 354 \times 10^{-19}$kg	$3.601\ 265 \times 10^{-14}$kg	$8.319\ 055 \times 10^{-6}$kg
$1.550\ 906 \times 10^{-19}$kg	$1.296\ 910 \times 10^{-13}$kg	$6.920\ 667 \times 10^{-5}$kg
$2.405\ 312 \times 10^{-19}$kg	$1.681\ 978 \times 10^{-13}$kg	$4.789\ 564 \times 10^{-4}$kg

$2.293\,992 \times 10^{-3}$kg	$2.278\,466 \times 10^{8}$kg	$9.531\,162 \times 10^{20}$kg
$5.262\,403 \times 10^{-3}$kg	$5.191\,409 \times 10^{8}$kg	$9.084\,306 \times 10^{21}$kg
$2.769\,288 \times 10^{-2}$kg	$2.695\,073 \times 10^{9}$kg	$8.252\,461 \times 10^{22}$kg
$7.668\,959 \times 10^{-2}$kg	$7.263\,419 \times 10^{9}$kg	$6.810\,312 \times 10^{23}$kg
$5.881\,294 \times 10^{-1}$kg	$5.275\,726 \times 10^{10}$kg	$4.638\,035 \times 10^{24}$kg
$3.458\,962 \times 10^{0}$kg	$2.783\,328 \times 10^{11}$kg	$2.151\,137 \times 10^{25}$kg
$1.196\,442 \times 10^{1}$kg	$7.746\,918 \times 10^{11}$kg	$4.627\,393 \times 10^{25}$kg
$1.431\,474 \times 10^{1}$kg	$6.001\,475 \times 10^{12}$kg	$2.141\,276 \times 10^{26}$kg
$2.049\,118 \times 10^{1}$kg	$3.601\,770 \times 10^{13}$kg	$4.585\,067 \times 10^{26}$kg
$4.198\,887 \times 10^{1}$kg	$1.297\,274 \times 10^{14}$kg	$2.102\,283 \times 10^{27}$kg
$1.763\,065 \times 10^{2}$kg	$1.682\,922 \times 10^{14}$kg	$4.419\,598 \times 10^{27}$kg
$3.108\,398 \times 10^{2}$kg	$2.832\,227 \times 10^{14}$kg	$1.953\,284 \times 10^{28}$kg
$9.662\,144 \times 10^{2}$kg	$8.021\,510 \times 10^{14}$kg	$3.815\,320 \times 10^{28}$kg
$9.335\,703 \times 10^{3}$kg	$6.434\,462 \times 10^{15}$kg	$1.455\,667 \times 10^{29}$kg
$8.715\,535 \times 10^{4}$kg	$4.140\,231 \times 10^{16}$kg	$2.118\,967 \times 10^{29}$kg
$7.596\,056 \times 10^{5}$kg	$1.714\,151 \times 10^{17}$kg	$4.490\,023 \times 10^{29}$kg
$5.770\,006 \times 10^{6}$kg	$2.938\,314 \times 10^{17}$kg	$2.016\,031 \times 10^{30}$kg
$3.329\,297 \times 10^{7}$kg	$8.633\,693 \times 10^{17}$kg	$4.064\,382 \times 10^{30}$kg
$1.108\,422 \times 10^{8}$kg	$7.454\,066 \times 10^{18}$kg	$1.651\,920 \times 10^{31}$kg
$1.228\,600 \times 10^{8}$kg	$5.556\,310 \times 10^{19}$kg	$2.728\,840 \times 10^{31}$kg
$1.509\,458 \times 10^{8}$kg	$3.087\,258 \times 10^{20}$kg	$7.446\,568 \times 10^{31}$kg

Nitrógeno (N) 14. Masa atómica 14.003074U.

Masa en kilogramos 2.325 147 $x10^{-26}kg^{-2}$

5.406 313 $x10^{-26}$kg	2.022 566 $x10^{-12}$kg	1.493 864 $x10^{-1}$kg
2.922 822 $x10^{-25}$kg	4.090 775 $x10^{-12}$kg	2.231 630 $x10^{-1}$kg
8.542 889 $x10^{-25}$kg	1.673 444 $x10^{-11}$kg	4.980 174 $x10^{-1}$kg
7.298 096 $x10^{-24}$kg	2.800 415 $x10^{-11}$kg	2.480 214 $x10^{0}$kg
5.326 221 $x10^{-23}$kg	7.842 328 $x10^{-11}$kg	6.151 461 $x10^{0}$kg
2.836 863 $x10^{-22}$kg	6.150 211 $x10^{-10}$kg	3.784 047 $x10^{1}$kg
8.047 796 $x10^{-22}$kg	3.782 509 $x10^{-9}$kg	1.431 901 $x10^{2}$kg
6.476 702 $x10^{-21}$kg	1.430 738 $x10^{-8}$kg	2.050 343 $x10^{2}$kg
4.194 768 $x10^{-20}$kg	2.047 011 $x10^{-8}$kg	4.203 906 $x10^{2}$kg
1.759 607 $x10^{-19}$kg	4.190 255 $x10^{-8}$kg	1.767 283 $x10^{3}$kg
3.096 220 $x10^{-19}$kg	1.755 824 $x10^{-7}$kg	3.123 290 $x10^{3}$kg
9.586 579 $x10^{-19}$kg	3.082 919 $x10^{-7}$kg	9.754 941 $x10^{3}$kg
9.190 250 $x10^{-18}$kg	9.504 391 $x10^{-7}$kg	9.515 888 $x10^{4}$kg
8.446 071 $x10^{-17}$kg	9.033 345 $x10^{-6}$kg	9.055 213 $x10^{5}$kg
7.133 611 $x10^{-16}$kg	8.160 132 $x10^{-5}$kg	8.199 689 $x10^{6}$kg
5.088 841 $x10^{-15}$kg	6.658 776 $x10^{-4}$kg	6.723 490 $x10^{7}$kg
2.589 630 $x10^{-14}$kg	4.433 930 $x10^{-3}$kg	4.520 532 $x10^{8}$kg
6.706 187 $x10^{-14}$kg	1.965 974 $x10^{-2}$kg	2.043 521 $x10^{9}$kg
4.497 295 $x10^{-13}$kg	3.865 054 $x10^{-2}$kg	4.175 980 $x10^{9}$kg

$1.743\,881\times10^{10}$kg	$1.031\,394\times10^{19}$kg	$8.903\,237\times10^{25}$kg
$3.041\,122\times10^{10}$kg	$1.063\,773\times10^{19}$kg	$7.926\,764\times10^{26}$kg
$9.248\,423\times10^{10}$kg	$1.131\,614\times10^{19}$kg	$6.283\,359\times10^{27}$kg
$8.553\,334\times10^{11}$kg	$1.280\,552\times10^{19}$kg	$3.948\,060\times10^{28}$kg
$7.315\,953\times10^{12}$kg	$1.639\,813\times10^{19}$kg	$1.558\,718\times10^{29}$kg
$5.352\,317\times10^{13}$kg	$2.688\,988\times10^{19}$kg	$2.429\,601\times10^{29}$kg
$2.864\,729\times10^{14}$kg	$7.230\,659\times10^{19}$kg	$5.902\,965\times10^{29}$kg
$8.206\,677\times10^{14}$kg	$5.228\,243\times10^{20}$kg	$3.484\,499\times10^{30}$kg
$6.734\,955\times10^{15}$kg	$2.733\,453\times10^{21}$kg	$1.214\,173\times10^{31}$kg
$4.535\,963\times10^{16}$kg	$7.471\,767\times10^{21}$kg	$1.474\,217\times10^{31}$kg
$2.057\,496\times10^{17}$kg	$5.582\,731\times10^{22}$kg	$2.173\,318\times10^{31}$kg
$4.233\,290\times10^{17}$kg	$3.116\,689\times10^{23}$kg	$4.723\,313\times10^{31}$kg
$1.792\,074\times10^{18}$kg	$9.713\,751\times10^{23}$kg	
$3.211\,532\times10^{18}$kg	$9.435\,696\times10^{24}$kg	

Nitrógeno (N) 15. Masa atómica 15.000108U.

Masa en kilogramos 2.490 701 $\times10^{-26}$kg^{-2}

$6.203\,591\times10^{-26}$kg	$4.811\,619\times10^{-24}$kg	$8.253\,934\times10^{-22}$kg
$3.848\,455\times10^{-25}$kg	$2.315\,168\times10^{-23}$kg	$6.812\,743\times10^{-21}$kg
$1.481\,060\times10^{-24}$kg	$5.360\,005\times10^{-23}$kg	$4.641\,347\times10^{-20}$kg
$2.193\,540\times10^{-24}$kg	$2.872\,966\times10^{-22}$kg	$2.154\,211\times10^{-19}$kg

$4.640\ 625 \times 10^{-19}$kg	$1.715\ 579 \times 10^{-10}$kg	$2.452\ 569 \times 10^{-2}$kg
$2.153\ 540 \times 10^{-18}$kg	$2.943\ 214 \times 10^{-10}$kg	$6.015\ 097 \times 10^{-2}$kg
$4.637\ 735 \times 10^{-18}$kg	$8.662\ 510 \times 10^{-10}$kg	$3.618\ 140 \times 10^{-1}$kg
$2.150\ 859 \times 10^{-17}$kg	$7.503\ 909 \times 10^{-9}$kg	$1.309\ 093 \times 10^{0}$kg
$4.626\ 195 \times 10^{-17}$kg	$5.630\ 865 \times 10^{-8}$kg	$1.713\ 726 \times 10^{0}$kg
$2.140\ 168 \times 10^{-16}$kg	$3.170\ 664 \times 10^{-7}$kg	$2.936\ 859 \times 10^{0}$kg
$4.580\ 320 \times 10^{-16}$kg	$1.005\ 311 \times 10^{-6}$kg	$8.625\ 144 \times 10^{0}$kg
$2.097\ 933 \times 10^{-15}$kg	$1.010\ 651 \times 10^{-6}$kg	$7.439\ 311 \times 10^{1}$kg
$4.401\ 323 \times 10^{-15}$kg	$1.021\ 416 \times 10^{-6}$kg	$5.534\ 335 \times 10^{2}$kg
$1.937\ 164 \times 10^{-14}$kg	$1.043\ 291 \times 10^{-6}$kg	$3.062\ 887 \times 10^{3}$kg
$3.752\ 608 \times 10^{-14}$kg	$1.088\ 457 \times 10^{-6}$kg	$9.381\ 277 \times 10^{3}$kg
$1.408\ 206 \times 10^{-13}$kg	$1.184\ 738 \times 10^{-6}$kg	$8.800\ 837 \times 10^{4}$kg
$1.983\ 046 \times 10^{-13}$kg	$1.403\ 606 \times 10^{-6}$kg	$7.745\ 474 \times 10^{5}$kg
$3.932\ 472 \times 10^{-13}$kg	$1.970\ 111 \times 10^{-6}$kg	$5.999\ 237 \times 10^{6}$kg
$1.546\ 433 \times 10^{-12}$kg	$3.881\ 337 \times 10^{-6}$kg	$3.599\ 084 \times 10^{7}$kg
$2.391\ 457 \times 10^{-12}$kg	$1.506\ 478 \times 10^{-5}$kg	$1.295\ 340 \times 10^{8}$kg
$5.719\ 069 \times 10^{-12}$kg	$2.269\ 476 \times 10^{-5}$kg	$1.677\ 908 \times 10^{8}$kg
$3.270\ 775 \times 10^{-11}$kg	$5.150\ 523 \times 10^{-5}$kg	$2.815\ 376 \times 10^{8}$kg
$1.069\ 796 \times 10^{-10}$kg	$2.652\ 788 \times 10^{-4}$kg	$7.926\ 342 \times 10^{8}$kg
$1.144\ 465 \times 10^{-10}$kg	$7.037\ 288 \times 10^{-4}$kg	$6.282\ 691 \times 10^{9}$kg
$1.309\ 801 \times 10^{-10}$kg	$4.952\ 342 \times 10^{-3}$kg	$3.947\ 220 \times 10^{10}$kg

$1.558\ 055\ \text{x}10^{11}\text{kg}$	$3.593\ 089\ \text{x}10^{17}\text{kg}$	$3.767\ 626\ \text{x}10^{24}\text{kg}$
$2.427\ 536\ \text{x}10^{11}\text{kg}$	$1.291\ 029\ \text{x}10^{18}\text{kg}$	$1.419\ 501\ \text{x}10^{25}\text{kg}$
$5.892\ 932\ \text{x}10^{11}\text{kg}$	$1.666\ 756\ \text{x}10^{18}\text{kg}$	$2.014\ 983\ \text{x}10^{25}\text{kg}$
$3.472\ 665\ \text{x}10^{12}\text{kg}$	$2.778\ 076\ \text{x}10^{18}\text{kg}$	$4.060\ 160\ \text{x}10^{25}\text{kg}$
$1.205\ 940\ \text{x}10^{13}\text{kg}$	$7.717\ 707\ \text{x}10^{18}\text{kg}$	$1.648\ 490\ \text{x}10^{26}\text{kg}$
$1.454\ 292\ \text{x}10^{13}\text{kg}$	$5.956\ 300\ \text{x}10^{19}\text{kg}$	$2.717\ 519\ \text{x}10^{26}\text{kg}$
$2.114\ 967\ \text{x}10^{13}\text{kg}$	$3.547\ 752\ \text{x}10^{20}\text{kg}$	$7.384\ 911\ \text{x}10^{26}\text{kg}$
$4.473\ 086\ \text{x}10^{13}\text{kg}$	$1.258\ 654\ \text{x}10^{21}\text{kg}$	$5.453\ 692\ \text{x}10^{27}\text{kg}$
$2.000\ 850\ \text{x}10^{14}\text{kg}$	$1.584\ 211\ \text{x}10^{21}\text{kg}$	$2.974\ 275\ \text{x}10^{28}\text{kg}$
$4.003\ 401\ \text{x}10^{14}\text{kg}$	$2.509\ 724\ \text{x}10^{21}\text{kg}$	$8.846\ 316\ \text{x}10^{28}\text{kg}$
$1.602\ 722\ \text{x}10^{15}\text{kg}$	$6.298\ 717\ \text{x}10^{21}\text{kg}$	$7.825\ 731\ \text{x}10^{29}\text{kg}$
$2.568\ 719\ \text{x}10^{15}\text{kg}$	$3.967\ 384\ \text{x}10^{22}\text{kg}$	$6.124\ 206\ \text{x}10^{30}\text{kg}$
$6.598\ 321\ \text{x}10^{15}\text{kg}$	$1.574\ 013\ \text{x}10^{23}\text{kg}$	$3.750\ 591\ \text{x}10^{31}\text{kg}$
$4.353\ 785\ \text{x}10^{16}\text{kg}$	$2.477\ 518\ \text{x}10^{23}\text{kg}$	$1.406\ 693\ \text{x}10^{32}\text{kg}$
$1.895\ 544\ \text{x}10^{17}\text{kg}$	$6.138\ 099\ \text{x}10^{23}\text{kg}$	

Nitrógeno (N) 16(Radiactivo). Masa atómica 16.006100U.

Masa en kilogramos 2.657 741 $\text{x}10^{-26}\text{kg}^{-2}$

$7.063\ 590\ \text{x}10^{-26}\text{kg}$	$3.840\ 677\ \text{x}10^{-23}\text{kg}$	$2.241\ 427\ \text{x}10^{-21}\text{kg}$
$4.989\ 430\ \text{x}10^{-25}\text{kg}$	$1.475\ 080\ \text{x}10^{-22}\text{kg}$	$5.023\ 996\ \text{x}10^{-21}\text{kg}$
$2.489\ 441\ \text{x}10^{-24}\text{kg}$	$2.175\ 861\ \text{x}10^{-22}\text{kg}$	$2.524\ 054\ \text{x}10^{-20}\text{kg}$
$6.197\ 319\ \text{x}10^{-24}\text{kg}$	$4.734\ 371\ \text{x}10^{-22}\text{kg}$	$6.370\ 848\ \text{x}10^{-20}\text{kg}$

$4.058\ 771\ \text{x}10^{-19}\text{kg}$	$4.557\ 051\ \text{x}10^{1}\text{kg}$	$7.803\ 103\ \text{x}10^{13}\text{kg}$
$1.647\ 362\ \text{x}10^{-18}\text{kg}$	$2.076\ 671\ \text{x}10^{2}\text{kg}$	$6.088\ 842\ \text{x}10^{14}\text{kg}$
$2.713\ 803\ \text{x}10^{-18}\text{kg}$	$4.312\ 564\ \text{x}10^{2}\text{kg}$	$3.707\ 400\ \text{x}10^{15}\text{kg}$
$7.364\ 731\ \text{x}10^{-18}\text{kg}$	$1.859\ 820\ \text{x}10^{3}\text{kg}$	$1.374\ 482\ \text{x}10^{16}\text{kg}$
$5.423\ 926\ \text{x}10^{-17}\text{kg}$	$3.458\ 934\ \text{x}10^{3}\text{kg}$	$1.889\ 200\ \text{x}10^{16}\text{kg}$
$2.941\ 897\ \text{x}10^{-16}\text{kg}$	$1.196\ 422\ \text{x}10^{4}\text{kg}$	$3.569\ 079\ \text{x}10^{16}\text{kg}$
$8.654\ 763\ \text{x}10^{-16}\text{kg}$	$1.431\ 426\ \text{x}10^{4}\text{kg}$	$1.273\ 833\ \text{x}10^{17}\text{kg}$
$7.490\ 493\ \text{x}10^{-15}\text{kg}$	$2.048\ 982\ \text{x}10^{4}\text{kg}$	$1.622\ 650\ \text{x}10^{17}\text{kg}$
$5.610\ 748\ \text{x}10^{-14}\text{kg}$	$4.198\ 329\ \text{x}10^{4}\text{kg}$	$2.632\ 995\ \text{x}10^{17}\text{kg}$
$3.148\ 050\ \text{x}10^{-13}\text{kg}$	$1.762\ 597\ \text{x}10^{5}\text{kg}$	$6.932\ 667\ \text{x}10^{17}\text{kg}$
$9.910\ 220\ \text{x}10^{-13}\text{kg}$	$3.106\ 749\ \text{x}10^{5}\text{kg}$	$4.806\ 187\ \text{x}10^{18}\text{kg}$
$9.821\ 247\ \text{x}10^{-12}\text{kg}$	$9.651\ 894\ \text{x}10^{5}\text{kg}$	$2.309\ 944\ \text{x}10^{19}\text{kg}$
$9.645\ 690\ \text{x}10^{-11}\text{kg}$	$9.315\ 906\ \text{x}10^{6}\text{kg}$	$5.335\ 842\ \text{x}10^{19}\text{kg}$
$9.303\ 935\ \text{x}10^{-10}\text{kg}$	$8.678\ 611\ \text{x}10^{7}\text{kg}$	$2.847\ 121\ \text{x}10^{20}\text{kg}$
$8.656\ 320\ \text{x}10^{-9}\text{kg}$	$7.531\ 830\ \text{x}10^{8}\text{kg}$	$8.106\ 098\ \text{x}10^{20}\text{kg}$
$7.493\ 188\ \text{x}10^{-8}\text{kg}$	$5.672\ 846\ \text{x}10^{9}\text{kg}$	$6.570\ 883\ \text{x}10^{21}\text{kg}$
$5.614\ 788\ \text{x}10^{-7}\text{kg}$	$3.218\ 118\ \text{x}10^{10}\text{kg}$	$4.317\ 651\ \text{x}10^{22}\text{kg}$
$3.152\ 584\ \text{x}10^{-6}\text{kg}$	$1.035\ 628\ \text{x}10^{11}\text{kg}$	$1.864\ 211\ \text{x}10^{23}\text{kg}$
$9.938\ 788\ \text{x}10^{-6}\text{kg}$	$1.072\ 527\ \text{x}10^{11}\text{kg}$	$3.475\ 284\ \text{x}10^{23}\text{kg}$
$9.877\ 952\ \text{x}10^{-5}\text{kg}$	$1.150\ 314\ \text{x}10^{11}\text{kg}$	$1.207\ 760\ \text{x}10^{24}\text{kg}$
$9.757\ 394\ \text{x}10^{-4}\text{kg}$	$1.323\ 223\ \text{x}10^{11}\text{kg}$	$1.458\ 684\ \text{x}10^{24}\text{kg}$
$9.520\ 675\ \text{x}10^{-3}\text{kg}$	$1.750\ 921\ \text{x}10^{11}\text{kg}$	$2.127\ 761\ \text{x}10^{24}\text{kg}$
$9.064\ 325\ \text{x}10^{-2}\text{kg}$	$3.065\ 726\ \text{x}10^{11}\text{kg}$	$4.527\ 369\ \text{x}10^{24}\text{kg}$
$8.216\ 199\ \text{x}10^{-1}\text{kg}$	$9.398\ 679\ \text{x}10^{11}\text{kg}$	$2.049\ 707\ \text{x}10^{25}\text{kg}$
$6.750\ 593\ \text{x}10^{0}\text{kg}$	$8.833\ 517\ \text{x}10^{12}\text{kg}$	$4.201\ 299\ \text{x}10^{25}\text{kg}$

$1.765\ 091\ \text{x}10^{26}\text{kg}$	$9.421\ 895\ \text{x}10^{27}\text{kg}$	$6.210\ 211\ \text{x}10^{30}\text{kg}$
$3.115\ 548\ \text{x}10^{26}\text{kg}$	$8.877\ 212\ \text{x}10^{28}\text{kg}$	
$9.706\ 645\ \text{x}10^{26}\text{kg}$	$7.880\ 489\ \text{x}10^{29}\text{kg}$	

Nitrógeno (N) 17(Radiactivo). Masa atómica 17.008450U.

Masa en kilogramos 2.824 177 x10^{-26}kg^{-2}

$7.975\ 977\ \text{x}10^{-26}\text{kg}$	$2.043\ 430\ \text{x}10^{-15}\text{kg}$	$5.467\ 315\ \text{x}10^{-5}\text{kg}$
$6.361\ 621\ \text{x}10^{-25}\text{kg}$	$4.175\ 606\ \text{x}10^{-15}\text{kg}$	$2.989\ 154\ \text{x}10^{-4}\text{kg}$
$4.047\ 022\ \text{x}10^{-24}\text{kg}$	$1.743\ 568\ \text{x}10^{-14}\text{kg}$	$8.935\ 043\ \text{x}10^{-4}\text{kg}$
$1.637\ 839\ \text{x}10^{-23}\text{kg}$	$3.040\ 031\ \text{x}10^{-14}\text{kg}$	$7.983\ 500\ \text{x}10^{-3}\text{kg}$
$2.682\ 517\ \text{x}10^{-23}\text{kg}$	$9.241\ 794\ \text{x}10^{-14}\text{kg}$	$6.373\ 627\ \text{x}10^{-2}\text{kg}$
$7.195\ 900\ \text{x}10^{-23}\text{kg}$	$8.541\ 075\ \text{x}10^{-13}\text{kg}$	$4.062\ 313\ \text{x}10^{-1}\text{kg}$
$5.178\ 098\ \text{x}10^{-22}\text{kg}$	$7.294\ 997\ \text{x}10^{-12}\text{kg}$	$1.650\ 238\ \text{x}10^{0}\text{kg}$
$2.681\ 269\ \text{x}10^{-21}\text{kg}$	$5.321\ 699\ \text{x}10^{-11}\text{kg}$	$2.723\ 288\ \text{x}10^{0}\text{kg}$
$7.189\ 208\ \text{x}10^{-21}\text{kg}$	$2.832\ 048\ \text{x}10^{-10}\text{kg}$	$7.416\ 299\ \text{x}10^{0}\text{kg}$
$5.168\ 472\ \text{x}10^{-20}\text{kg}$	$8.020\ 498\ \text{x}10^{-10}\text{kg}$	$5.500\ 149\ \text{x}10^{1}\text{kg}$
$2.671\ 310\ \text{x}10^{-19}\text{kg}$	$6.432\ 839\ \text{x}10^{-9}\text{kg}$	$3.025\ 164\ \text{x}10^{2}\text{kg}$
$7.135\ 899\ \text{x}10^{-19}\text{kg}$	$4.138\ 142\ \text{x}10^{-8}\text{kg}$	$9.151\ 617\ \text{x}10^{2}\text{kg}$
$5.092\ 106\ \text{x}10^{-18}\text{kg}$	$1.712\ 422\ \text{x}10^{-7}\text{kg}$	$8.375\ 209\ \text{x}10^{3}\text{kg}$
$2.592\ 954\ \text{x}10^{-17}\text{kg}$	$2.932\ 390\ \text{x}10^{-7}\text{kg}$	$7.014\ 414\ \text{x}10^{4}\text{kg}$
$6.723\ 415\ \text{x}10^{-17}\text{kg}$	$8.598\ 912\ \text{x}10^{-7}\text{kg}$	$4.920\ 200\ \text{x}10^{5}\text{kg}$
$4.520\ 431\ \text{x}10^{-16}\text{kg}$	$7.394\ 130\ \text{x}10^{-6}\text{kg}$	$2.420\ 837\ \text{x}10^{6}\text{kg}$

$5.860\ 453 \times 10^{6}$ kg	$1.376\ 890 \times 10^{14}$ kg	$8.325\ 070 \times 10^{21}$ kg
$3.434\ 491 \times 10^{7}$ kg	$1.895\ 828 \times 10^{14}$ kg	$6.930\ 680 \times 10^{22}$ kg
$1.179\ 572 \times 10^{8}$ kg	$3.594\ 166 \times 10^{14}$ kg	$4.803\ 432 \times 10^{23}$ kg
$1.391\ 392 \times 10^{8}$ kg	$1.291\ 803 \times 10^{15}$ kg	$2.307\ 296 \times 10^{24}$ kg
$1.935\ 942 \times 10^{8}$ kg	$1.668\ 755 \times 10^{15}$ kg	$5.323\ 616 \times 10^{24}$ kg
$3.747\ 988 \times 10^{8}$ kg	$2.784\ 744 \times 10^{15}$ kg	$2.834\ 089 \times 10^{25}$ kg
$1.404\ 742 \times 10^{9}$ kg	$7.754\ 801 \times 10^{15}$ kg	$8.032\ 064 \times 10^{25}$ kg
$1.973\ 300 \times 10^{9}$ kg	$6.013\ 694 \times 10^{16}$ kg	$6.451\ 406 \times 10^{26}$ kg
$3.893\ 913 \times 10^{9}$ kg	$3.616\ 452 \times 10^{17}$ kg	$4.162\ 064 \times 10^{27}$ kg
$1.516\ 256 \times 10^{10}$ kg	$1.307\ 872 \times 10^{18}$ kg	$1.732\ 278 \times 10^{28}$ kg
$2.299\ 033 \times 10^{10}$ kg	$1.710\ 531 \times 10^{18}$ kg	$3.000\ 787 \times 10^{28}$ kg
$5.285\ 555 \times 10^{10}$ kg	$2.925\ 917 \times 10^{18}$ kg	$9.004\ 727 \times 10^{28}$ kg
$2.793\ 709 \times 10^{11}$ kg	$8.560\ 995 \times 10^{18}$ kg	$8.108\ 506 \times 10^{29}$ kg
$7.804\ 811 \times 10^{11}$ kg	$7.329\ 063 \times 10^{19}$ kg	$6.574\ 787 \times 10^{30}$ kg
$6.091\ 508 \times 10^{12}$ kg	$5.371\ 517 \times 10^{20}$ kg	
$3.710\ 648 \times 10^{13}$ kg	$2.885\ 319 \times 10^{21}$ kg	

Promedio de las masas del Nitrógeno (N)

$$1.995\ 739\ \times10^{-26}\text{kg}^2$$

$$2.159\ 544\ \times10^{-26}\text{kg}^2$$

$$2.325\ 147\ \times10^{-26}\text{kg}^2$$

$$2.490\ 701\ \times10^{-26}\text{kg}^2$$

$$\underline{2.657\ 741\ \times10^{-26}\text{kg}^2}$$

$$\underline{11.628\ 872\ \times10^{-26}\text{kg}^2}$$

$$5$$

$$= \mathbf{2.325\ 774\ \times10^{-26}\text{kg}^{-2}}$$

$5.409\ 229\ \times10^{-26}$kg	$6.998\ 138\ \times10^{-17}$kg	$1.249\ 349\ \times10^{-11}$kg
$2.925\ 975\ \times10^{-25}$kg	$4.897\ 393\ \times10^{-16}$kg	$1.560\ 874\ \times10^{-11}$kg
$8.561\ 335\ \times10^{-25}$kg	$2.398\ 446\ \times10^{-15}$kg	$2.436\ 330\ \times10^{-11}$kg
$7.329\ 645\ \times10^{-24}$kg	$5.752\ 545\ \times10^{-15}$kg	$5.935\ 704\ \times10^{-11}$kg
$5.372\ 370\ \times10^{-23}$kg	$3.309\ 177\ \times10^{-14}$kg	$3.523\ 258\ \times10^{-10}$kg
$2.886\ 236\ \times10^{-22}$kg	$1.095\ 065\ \times10^{-13}$kg	$1.241\ 334\ \times10^{-9}$kg
$8.330\ 362\ \times10^{-22}$kg	$1.119\ 168\ \times10^{-13}$kg	$1.540\ 912\ \times10^{-9}$kg
$6.939\ 494\ \times10^{-21}$kg	$1.438\ 005\ \times10^{-13}$kg	$2.374\ 410\ \times10^{-9}$kg
$4.815\ 658\ \times10^{-20}$kg	$2.067\ 861\ \times10^{-13}$kg	$5.637\ 826\ \times10^{-9}$kg
$2.319\ 056\ \times10^{-19}$kg	$4.276\ 049\ \times10^{-13}$kg	$3.178\ 509\ \times10^{-8}$kg
$5.378\ 024\ \times10^{-19}$kg	$1.828\ 460\ \times10^{-12}$kg	$1.010\ 292\ \times10^{-7}$kg
$2.892\ 315\ \times10^{-18}$kg	$3.343\ 266\ \times10^{-12}$kg	$1.020\ 690\ \times10^{-7}$kg
$8.365\ 487\ \times10^{-18}$kg	$1.117\ 743\ \times10^{-11}$kg	$1.041\ 808\ \times10^{-7}$kg

$1.085\ 364\ \text{x}10^{-7}\text{kg}$	$1.161\ 734\ \text{x}10^{4}\text{kg}$	$6.979\ 241\ \text{x}10^{15}\text{kg}$
$1.178\ 015\ \text{x}10^{-7}\text{kg}$	$1.349\ 626\ \text{x}10^{4}\text{kg}$	$4.870\ 981\ \text{x}10^{16}\text{kg}$
$1.387\ 719\ \text{x}10^{-7}\text{kg}$	$1.821\ 491\ \text{x}10^{4}\text{kg}$	$2.372\ 645\ \text{x}10^{17}\text{kg}$
$1.925\ 766\ \text{x}10^{-7}\text{kg}$	$3.317\ 832\ \text{x}10^{4}\text{kg}$	$5.629\ 448\ \text{x}10^{17}\text{kg}$
$3.708\ 576\ \text{x}10^{-7}\text{kg}$	$1.100\ 801\ \text{x}10^{5}\text{kg}$	$3.169\ 069\ \text{x}10^{18}\text{kg}$
$1.375\ 353\ \text{x}10^{-6}\text{kg}$	$1.211\ 763\ \text{x}10^{5}\text{kg}$	$1.004\ 299\ \text{x}10^{19}\text{kg}$
$1.891\ 598\ \text{x}10^{-6}\text{kg}$	$1.468\ 369\ \text{x}10^{5}\text{kg}$	$1.008\ 618\ \text{x}10^{19}\text{kg}$
$3.578\ 143\ \text{x}10^{-6}\text{kg}$	$2.156\ 110\ \text{x}10^{5}\text{kg}$	$1.017\ 311\ \text{x}10^{19}\text{kg}$
$1.280\ 311\ \text{x}10^{-5}\text{kg}$	$4.648\ 811\ \text{x}10^{5}\text{kg}$	$1.034\ 921\ \text{x}10^{19}\text{kg}$
$1.639\ 196\ \text{x}10^{-5}\text{kg}$	$2.161\ 144\ \text{x}10^{6}\text{kg}$	$1.071\ 063\ \text{x}10^{19}\text{kg}$
$2.686\ 966\ \text{x}10^{-5}\text{kg}$	$4.670\ 547\ \text{x}10^{6}\text{kg}$	$1.147\ 176\ \text{x}10^{19}\text{kg}$
$7.219\ 788\ \text{x}10^{-5}\text{kg}$	$2.181\ 401\ \text{x}10^{7}\text{kg}$	$1.316\ 014\ \text{x}10^{19}\text{kg}$
$5.212\ 534\ \text{x}10^{-4}\text{kg}$	$4.758\ 511\ \text{x}10^{7}\text{kg}$	$1.731\ 893\ \text{x}10^{19}\text{kg}$
$2.717\ 051\ \text{x}10^{-3}\text{kg}$	$2.264\ 343\ \text{x}10^{8}\text{kg}$	$2.999\ 454\ \text{x}10^{19}\text{kg}$
$7.382\ 370\ \text{x}10^{-3}\text{kg}$	$5.127\ 252\ \text{x}10^{8}\text{kg}$	$8.996\ 727\ \text{x}10^{19}\text{kg}$
$5.449\ 939\ \text{x}10^{-2}\text{kg}$	$2.628\ 871\ \text{x}10^{9}\text{kg}$	$8.094\ 111\ \text{x}10^{20}\text{kg}$
$2.970\ 184\ \text{x}10^{-1}\text{kg}$	$6.910\ 964\ \text{x}10^{9}\text{kg}$	$6.551\ 463\ \text{x}10^{21}\text{kg}$
$8.821\ 995\ \text{x}10^{-1}\text{kg}$	$4.776\ 143\ \text{x}10^{10}\text{kg}$	$4.292\ 167\ \text{x}10^{22}\text{kg}$
$7.782\ 760\ \text{x}10^{0}\text{kg}$	$2.281\ 154\ \text{x}10^{11}\text{kg}$	$1.842\ 270\ \text{x}10^{23}\text{kg}$
$6.057\ 135\ \text{x}10^{1}\text{kg}$	$5.203\ 667\ \text{x}10^{11}\text{kg}$	$3.393\ 959\ \text{x}10^{23}\text{kg}$
$3.668\ 889\ \text{x}10^{2}\text{kg}$	$2.707\ 815\ \text{x}10^{12}\text{kg}$	$1.151\ 895\ \text{x}10^{24}\text{kg}$
$1.346\ 074\ \text{x}10^{3}\text{kg}$	$7.332\ 262\ \text{x}10^{12}\text{kg}$	$1.326\ 863\ \text{x}10^{24}\text{kg}$
$1.811\ 917\ \text{x}10^{3}\text{kg}$	$5.376\ 207\ \text{x}10^{13}\text{kg}$	$1.760\ 567\ \text{x}10^{24}\text{kg}$
$3.283\ 043\ \text{x}10^{3}\text{kg}$	$2.890\ 360\ \text{x}10^{14}\text{kg}$	$3.099\ 598\ \text{x}10^{24}\text{kg}$
$1.077\ 837\ \text{x}10^{4}\text{kg}$	$8.354\ 185\ \text{x}10^{14}\text{kg}$	$9.607\ 512\ \text{x}10^{24}\text{kg}$

$9.230\,429\times10^{25}$kg	$5.269\,571\times10^{28}$kg	$5.945\,689\times10^{30}$kg
$8.520\,082\times10^{26}$kg	$2.776\,838\times10^{29}$kg	$3.535\,121\times10^{30}$kg
$7.259\,181\times10^{27}$kg	$7.710\,829\times10^{29}$kg	$1.249\,708\times10^{31}$kg

Flúor (F) 17(Radiactivo). Masa atómica 17.002094U.

Masa en kilogramos 2.823 121 $\times10^{-26}$kg^{-2}

$7.970\,017\times10^{-26}$kg	$1.369\,432\times10^{-17}$kg	$2.112\,803\times10^{-9}$kg
$6.352\,117\times10^{-25}$kg	$1.875\,345\times10^{-17}$kg	$4.463\,940\times10^{-9}$kg
$4.034\,939\times10^{-24}$kg	$3.516\,922\times10^{-17}$kg	$1.992\,676\times10^{-8}$kg
$1.628\,073\times10^{-23}$kg	$1.236\,874\times10^{-16}$kg	$3.970\,759\times10^{-8}$kg
$2.650\,624\times10^{-23}$kg	$1.529\,858\times10^{-16}$kg	$1.576\,692\times10^{-7}$kg
$7.025\,809\times10^{-23}$kg	$2.340\,466\times10^{-16}$kg	$2.485\,959\times10^{-7}$kg
$4.936\,199\times10^{-22}$kg	$5.477\,781\times10^{-16}$kg	$6.179\,996\times10^{-7}$kg
$2.436\,606\times10^{-21}$kg	$3.000\,060\times10^{-15}$kg	$3.819\,235\times10^{-6}$kg
$5.937\,051\times10^{-21}$kg	$9.003\,654\times10^{-15}$kg	$1.458\,656\times10^{-5}$kg
$3.524\,458\times10^{-20}$kg	$8.106\,578\times10^{-14}$kg	$2.127\,677\times10^{-5}$kg
$1.242\,462\times10^{-19}$kg	$6.571\,662\times10^{-13}$kg	$4.527\,012\times10^{-5}$kg
$1.543\,713\times10^{-19}$kg	$4.318\,674\times10^{-12}$kg	$2.049\,384\times10^{-4}$kg
$2.383\,051\times10^{-19}$kg	$1.865\,094\times10^{-11}$kg	$4.199\,976\times10^{-4}$kg
$5.678\,934\times10^{-19}$kg	$3.478\,578\times10^{-11}$kg	$1.763\,979\times10^{-3}$kg
$3.255\,030\times10^{-18}$kg	$1.210\,051\times10^{-10}$kg	$3.111\,625\times10^{-2}$kg
$1.040\,082\times10^{-17}$kg	$1.464\,223\times10^{-10}$kg	$9.682\,212\times10^{-2}$kg
$1.081\,770\times10^{-17}$kg	$2.143\,950\times10^{-10}$kg	$9.374\,524\times10^{-1}$kg
$1.170\,227\times10^{-17}$kg	$4.596\,524\times10^{-10}$kg	$8.788\,171\times10^{0}$kg

$7.723\ 195 \times 10^{1}$ kg	$3.240\ 284 \times 10^{12}$ kg	$1.429\ 417 \times 10^{22}$ kg
$5.964\ 774 \times 10^{2}$ kg	$1.049\ 944 \times 10^{13}$ kg	$2.043\ 234 \times 10^{22}$ kg
$3.557\ 853 \times 10^{3}$ kg	$1.102\ 383 \times 10^{13}$ kg	$4.174\ 808 \times 10^{22}$ kg
$1.265\ 831 \times 10^{4}$ kg	$1.215\ 249 \times 10^{13}$ kg	$1.742\ 902 \times 10^{23}$ kg
$1.602\ 330 \times 10^{4}$ kg	$1.476\ 832 \times 10^{13}$ kg	$3.037\ 709 \times 10^{23}$ kg
$2.567\ 461 \times 10^{4}$ kg	$2.181\ 033 \times 10^{13}$ kg	$9.227\ 678 \times 10^{23}$ kg
$6.591\ 860 \times 10^{4}$ kg	$4.756\ 908 \times 10^{13}$ kg	$8.515\ 004 \times 10^{24}$ kg
$4.345\ 263 \times 10^{5}$ kg	$2.262\ 817 \times 10^{14}$ kg	$7.250\ 529 \times 10^{25}$ kg
$1.888\ 131 \times 10^{6}$ kg	$5.120\ 342 \times 10^{14}$ kg	$5.257\ 017 \times 10^{26}$ kg
$3.565\ 038 \times 10^{6}$ kg	$2.621\ 790 \times 10^{15}$ kg	$2.763\ 623 \times 10^{27}$ kg
$1.270\ 950 \times 10^{7}$ kg	$6.873\ 787 \times 10^{15}$ kg	$7.637\ 616 \times 10^{27}$ kg
$1.615\ 314 \times 10^{7}$ kg	$4.724\ 895 \times 10^{16}$ kg	$5.833\ 317 \times 10^{28}$ kg
$2.609\ 241 \times 10^{7}$ kg	$2.232\ 463 \times 10^{17}$ kg	$3.402\ 759 \times 10^{29}$ kg
$6.808\ 140 \times 10^{7}$ kg	$4.983\ 892 \times 10^{17}$ kg	$1.157\ 877 \times 10^{30}$ kg
$4.635\ 077 \times 10^{8}$ kg	$2.483\ 918 \times 10^{18}$ kg	$1.340\ 680 \times 10^{30}$ kg
$2.148\ 394 \times 10^{9}$ kg	$6.169\ 851 \times 10^{18}$ kg	$1.797\ 422 \times 10^{30}$ kg
$4.615\ 596 \times 10^{9}$ kg	$3.806\ 706 \times 10^{19}$ kg	$3.230\ 729 \times 10^{30}$ kg
$2.130\ 373 \times 10^{10}$ kg	$1.449\ 101 \times 10^{20}$ kg	$1.043\ 761 \times 10^{31}$ kg
$4.538\ 490 \times 10^{10}$ kg	$2.099\ 894 \times 10^{20}$ kg	$1.089\ 437 \times 10^{31}$ kg
$2.059\ 789 \times 10^{11}$ kg	$4.409\ 556 \times 10^{20}$ kg	$1.186\ 873 \times 10^{31}$ kg
$4.242\ 733 \times 10^{11}$ kg	$1.944\ 418 \times 10^{21}$ kg	$1.408\ 669 \times 10^{31}$ kg
$1.800\ 079 \times 10^{12}$ kg	$3.780\ 764 \times 10^{21}$ kg	$1.984\ 349 \times 10^{31}$ kg

Flúor (F) 18(Radiactivo). Masa atómica 18.000937U.

Masa en kilogramos 2.988 975 x10^{-26}kg^{-2}

8.933 973 x10^{-26}kg	6.851 930 x10^{-11}kg	2.474 811 x10^{6}kg
7.981 588 x10^{-25}kg	4.694 895 x10^{-10}kg	6.124 689 x10^{6}kg
6.370 575 x10^{-24}kg	2.204 204 x10^{-9}kg	3.751 182 x10^{7}kg
4.058 422 x10^{-23}kg	4.858 517 x10^{-9}kg	1.407 136 x10^{8}kg
1.647 079 x10^{-22}kg	2.360 519 x10^{-8}kg	1.980 034 x10^{8}kg
2.712 870 x10^{-22}kg	5.572 051 x10^{-8}kg	3.920 536 x10^{8}kg
7.359 667 x10^{-22}kg	3.104 776 x10^{-7}kg	1.537 060 x10^{9}kg
5.416 470 x10^{-21}kg	9.639 634 x10^{-7}kg	2.362 556 x10^{9}kg
2.933 815 x10^{-20}kg	9.292 255 x10^{-6}kg	5.581 671 x10^{9}kg
8.607 270 x10^{-20}kg	8.634 601 x10^{-5}kg	3.115 505 x10^{10}kg
7.408 511 x10^{-19}kg	7.455 633 x10^{-4}kg	9.706 372 x10^{10}kg
5.488 603 x10^{-18}kg	5.558 647 x10^{-3}kg	9.421 366 x10^{11}kg
3.012 476 x10^{-17}kg	3.089 856 x10^{-2}kg	8.876 214 x10^{12}kg
9.075 017 x10^{-17}kg	9.547 210 x10^{-2}kg	7.878 717 x10^{13}kg
8.235 594 x10^{-16}kg	9.114 923 x10^{-1}kg	6.207 419 x10^{14}kg
6.782 501 x10^{-15}kg	8.308 182 x10^{0}kg	3.853 205 x10^{15}kg
4.600 232 x10^{-14}kg	6.902 589 x10^{1}kg	1.484 718 x10^{16}kg
2.116 213 x10^{-13}kg	4.764 574 x10^{2}kg	2.204 390 x10^{16}kg
4.478 361 x10^{-13}kg	2.270 116 x10^{3}kg	4.859 336 x10^{16}kg
2.005 572 x10^{-12}kg	5.153 429 x10^{3}kg	2.361 315 x10^{17}kg
4.022 320 x10^{-12}kg	2.655 784 x10^{4}kg	5.575 810 x10^{17}kg
1.617 905 x10^{-11}kg	7.053 188 x10^{4}kg	3.108 966 x10^{18}kg
2.617 619 x10^{-11}kg	4.974 747 x10^{5}kg	9.665 670 x10^{18}kg

$9.342\ 517\ \text{x}10^{19}\text{kg}$	$3.236\ 931\ \text{x}10^{26}\text{kg}$	$5.667\ 693\ \text{x}10^{29}\text{kg}$
$8.728\ 263\ \text{x}10^{20}\text{kg}$	$1.047\ 772\ \text{x}10^{27}\text{kg}$	$3.212\ 275\ \text{x}10^{30}\text{kg}$
$7.618\ 258\ \text{x}10^{21}\text{kg}$	$1.097\ 827\ \text{x}10^{27}\text{kg}$	$1.031\ 871\ \text{x}10^{31}\text{kg}$
$5.803\ 786\ \text{x}10^{22}\text{kg}$	$1.205\ 224\ \text{x}10^{27}\text{kg}$	$1.064\ 758\ \text{x}10^{31}\text{kg}$
$3.368\ 394\ \text{x}10^{23}\text{kg}$	$1.452\ 566\ \text{x}10^{27}\text{kg}$	$1.133\ 710\ \text{x}10^{31}\text{kg}$
$1.134\ 607\ \text{x}10^{24}\text{kg}$	$2.109\ 949\ \text{x}10^{27}\text{kg}$	$1.285\ 299\ \text{x}10^{31}\text{kg}$
$1.287\ 335\ \text{x}10^{24}\text{kg}$	$4.451\ 885\ \text{x}10^{27}\text{kg}$	$1.651\ 995\ \text{x}10^{31}\text{kg}$
$1.657\ 232\ \text{x}10^{24}\text{kg}$	$1.981\ 928\ \text{x}10^{28}\text{kg}$	$2.729\ 089\ \text{x}10^{31}\text{kg}$
$2.746\ 418\ \text{x}10^{24}\text{kg}$	$3.928\ 039\ \text{x}10^{28}\text{kg}$	$7.447\ 928\ \text{x}10^{31}\text{kg}$
$7.542\ 813\ \text{x}10^{24}\text{kg}$	$1.542\ 949\ \text{x}10^{29}\text{kg}$	
$5.689\ 403\ \text{x}10^{25}\text{kg}$	$2.380\ 691\ \text{x}10^{29}\text{kg}$	

Flúor (F) 19. Masa atómica 18.9984040U.

Masa en kilogramos 3.154 766 $\text{x}10^{-26}\text{kg}^{-2}$

$9.952\ 550\ \text{x}10^{-26}\text{kg}$	$7.670\ 362\ \text{x}10^{-17}\text{kg}$	$1.125\ 849\ \text{x}10^{-12}\text{kg}$
$9.905\ 326\ \text{x}10^{-25}\text{kg}$	$5.883\ 446\ \text{x}10^{-16}\text{kg}$	$1.267\ 536\ \text{x}10^{-12}\text{kg}$
$9.811\ 548\ \text{x}10^{-24}\text{kg}$	$3.461\ 494\ \text{x}10^{-15}\text{kg}$	$1.606\ 649\ \text{x}10^{-12}\text{kg}$
$9.626\ 648\ \text{x}10^{-23}\text{kg}$	$1.198\ 194\ \text{x}10^{-14}\text{kg}$	$2.581\ 321\ \text{x}10^{-12}\text{kg}$
$9.267\ 236\ \text{x}10^{-22}\text{kg}$	$1.435\ 669\ \text{x}10^{-14}\text{kg}$	$6.663\ 222\ \text{x}10^{-12}\text{kg}$
$8.588\ 167\ \text{x}10^{-21}\text{kg}$	$2.061\ 146\ \text{x}10^{-14}\text{kg}$	$4.439\ 852\ \text{x}10^{-11}\text{kg}$
$7.375\ 661\ \text{x}10^{-20}\text{kg}$	$4.248\ 322\ \text{x}10^{-14}\text{kg}$	$1.971\ 229\ \text{x}10^{-10}\text{kg}$
$5.440\ 038\ \text{x}10^{-19}\text{kg}$	$1.804\ 824\ \text{x}10^{-13}\text{kg}$	$3.885\ 745\ \text{x}10^{-10}\text{kg}$
$2.959\ 402\ \text{x}10^{-18}\text{kg}$	$3.257\ 392\ \text{x}10^{-13}\text{kg}$	$1.509\ 901\ \text{x}10^{-9}\text{kg}$
$8.758\ 060\ \text{x}10^{-18}\text{kg}$	$1.061\ 060\ \text{x}10^{-12}\text{kg}$	$2.279\ 802\ \text{x}10^{-9}\text{kg}$

$5.197\,500 \times 10^{-9}$kg	$9.309\,507 \times 10^{6}$kg	$2.241\,014 \times 10^{17}$kg
$2.701\,400 \times 10^{-8}$kg	$8.666\,692 \times 10^{7}$kg	$5.022\,145 \times 10^{17}$kg
$7.297\,565 \times 10^{-8}$kg	$7.511\,155 \times 10^{8}$kg	$2.522\,194 \times 10^{18}$kg
$5.325\,446 \times 10^{-7}$kg	$5.641\,745 \times 10^{9}$kg	$6.361\,462 \times 10^{18}$kg
$2.836\,037 \times 10^{-6}$kg	$3.182\,929 \times 10^{10}$k	$4.046\,821 \times 10^{19}$kg
$8.043\,110 \times 10^{-6}$kg	$1.013\,104 \times 10^{11}$kg	$1.637\,676 \times 10^{20}$kg
$6.469\,163 \times 10^{-5}$kg	$1.026\,379 \times 10^{11}$kg	$2.681\,982 \times 10^{20}$kg
$4.185\,007 \times 10^{-4}$kg	$1.053\,455 \times 10^{11}$kg	$7.193\,031 \times 10^{20}$kg
$1.751\,428 \times 10^{-3}$kg	$1.109\,768 \times 10^{11}$kg	$5.173\,970 \times 10^{21}$kg
$3.067\,502 \times 10^{-3}$kg	$1.231\,586 \times 10^{11}$kg	$2.676\,997 \times 10^{22}$kg
$9.409\,572 \times 10^{-3}$kg	$1.516\,804 \times 10^{11}$kg	$7.166\,314 \times 10^{22}$kg
$8.854\,004 \times 10^{-2}$kg	$2.300\,695 \times 10^{11}$kg	$5.135\,605 \times 10^{23}$kg
$7.839\,340 \times 10^{-1}$kg	$5.293\,200 \times 10^{11}$kg	$2.637\,444 \times 10^{24}$kg
$6.145\,525 \times 10^{0}$kg	$2.801\,797 \times 10^{12}$kg	$6.956\,114 \times 10^{24}$kg
$3.776\,748 \times 10^{1}$kg	$7.850\,069 \times 10^{12}$kg	$4.838\,753 \times 10^{25}$kg
$1.426\,383 \times 10^{2}$kg	$6.162\,358 \times 10^{13}$kg	$2.341\,353 \times 10^{26}$kg
$2.034\,568 \times 10^{2}$kg	$3.797\,466 \times 10^{14}$kg	$5.481\,936 \times 10^{26}$kg
$4.139\,470 \times 10^{2}$kg	$1.442\,075 \times 10^{15}$kg	$3.005\,163 \times 10^{27}$kg
$1.713\,521 \times 10^{3}$kg	$2.079\,580 \times 10^{15}$kg	$9.031\,005 \times 10^{27}$kg
$2.936\,154 \times 10^{3}$kg	$4.324\,654 \times 10^{15}$kg	$8.155\,905 \times 10^{28}$kg
$8.621\,005 \times 10^{3}$kg	$1.870\,263 \times 10^{16}$kg	$6.651\,879 \times 10^{29}$kg
$7.432\,173 \times 10^{4}$kg	$3.497\,885 \times 10^{16}$kg	$4.424\,749 \times 10^{30}$kg
$5.523\,720 \times 10^{5}$kg	$1.223\,520 \times 10^{17}$kg	$1.957\,841 \times 10^{31}$kg
$3.051\,148 \times 10^{6}$kg	$1.497\,001 \times 10^{17}$kg	$3.833\,142 \times 10^{31}$kg

Flúor (F) 20 (Radiactivo). Masa atómica 19.999922U.

Masa en kilogramos 3.321 082 x10^{-26}kg^{-2}

1.102 958 x10^{-25}kg	2.307 383 x10^{-17}kg	2.317 522 x10^{-5}kg
1.216 518 x10^{-25}kg	5.324 019 x10^{-17}kg	5.370 910 x10^{-5}kg
1.479 917 x10^{-25}kg	2.834 518 x10^{-16}kg	2.884 667 x10^{-4}kg
2.190 155 x10^{-25}kg	8.034 494 x10^{-16}kg	8.321 308 x10^{-4}kg
4.796 780 x10^{-25}kg	6.455 310 x10^{-15}kg	6.924 416 x10^{-3}kg
2.300 909 x10^{-24}kg	4.167103 x10^{-14}kg	4.794 754 x10^{-2}kg
5.294 186 x10^{-24}kg	1.736 475 x10^{-13}kg	2.298 967 x10^{-1}kg
2.802 840 x10^{-23}kg	3.015 346 x10^{-13}kg	5.285 251 x10^{-1}kg
7.855 916 x10^{-23}kg	9.092 311 x10^{-13}kg	2.793 388 x10^{0}kg
6.171 541 x10^{-22}kg	8.267 013 x10^{-12}kg	7.803 017 x10^{0}kg
3.808 792 x10^{-21}kg	6.834 351 x10^{-11}kg	6.088 707 x10^{1}kg
1.450 690 x10^{-20}kg	4.670 836 x10^{-10}kg	3.707 235 x10^{2}kg
2.104 502 x10^{-20}kg	2.181 670 x10^{-9}kg	1.374 359 x10^{3}kg
4.428 929 x10^{-20}kg	4.759 688 x10^{-9}kg	1.888 864 x10^{3}kg
1.961 541 x10^{-19}kg	2.265 463 x10^{-8}kg	3.567 810 x10^{3}kg
3.847 644 x10^{-19}kg	5.132 323 x10^{-8}kg	1.272 927 x10^{4}kg
1.480 437 x10^{-18}kg	2.634 074 x10^{-7}kg	1.620 344 x10^{4}kg
2.191 694 x10^{-18}kg	6.938 346 x10^{-7}kg	2.625 515 x10^{4}kg
4.803 523 x10^{-18}kg	4.814 065 x10^{-6}kg	6.893 329 x10^{4}kg

$4.751\,799 \times 10^{5}$kg	$1.382\,077 \times 10^{14}$kg	$7.237\,812 \times 10^{24}$kg
$2.257\,959 \times 10^{6}$kg	$1.910\,138 \times 10^{14}$kg	$5.238\,592 \times 10^{25}$kg
$5.098\,380 \times 10^{6}$kg	$3.648\,627 \times 10^{14}$kg	$2.744\,285 \times 10^{26}$kg
$2.599\,348 \times 10^{7}$kg	$1.331\,248 \times 10^{15}$kg	$7.531\,103 \times 10^{26}$kg
$6.756\,613 \times 10^{7}$kg	$1.772\,221 \times 10^{15}$kg	$5.671\,752 \times 10^{27}$kg
$4.565\,182 \times 10^{8}$kg	$3.140\,769 \times 10^{15}$kg	$3.216\,877 \times 10^{28}$kg
$2.084\,089 \times 10^{9}$kg	$9.864\,431 \times 10^{15}$kg	$1.034\,830 \times 10^{29}$kg
$4.343\,427 \times 10^{9}$kg	$9.730\,701 \times 10^{16}$kg	$1.070\,873 \times 10^{29}$kg
$1.886\,536 \times 10^{10}$kg	$9.468\,655 \times 10^{17}$kg	$1.146\,769 \times 10^{29}$kg
$3.559\,018 \times 10^{10}$kg	$8.965\,542 \times 10^{18}$kg	$1.315\,080 \times 10^{29}$kg
$1.266\,661 \times 10^{11}$kg	$8.038\,095 \times 10^{19}$kg	$1.729\,436 \times 10^{29}$kg
$1.604\,430 \times 10^{11}$kg	$6.461\,098 \times 10^{20}$kg	$2.990\,948 \times 10^{29}$kg
$2.574\,196 \times 10^{11}$kg	$4.174\,579 \times 10^{21}$kg	$8.945\,775 \times 10^{29}$kg
$6.626\,485 \times 10^{11}$kg	$1.742\,711 \times 10^{22}$kg	$8.002\,689 \times 10^{30}$kg
$4.391\,031 \times 10^{12}$kg	$3.037\,042 \times 10^{22}$kg	$6.404\,303 \times 10^{31}$kg
$1.928\,115 \times 10^{13}$kg	$9.223\,629 \times 10^{22}$kg	
$3.717\,630 \times 10^{13}$kg	$8.507\,533 \times 10^{23}$kg	

Flúor (F) 21(Radiactivo) 20.999950U.

Masa en kilogramos 3.487 131 x10^{-26}kg^{-2}

1.217 403 x10^{-25}kg	2.442 778 x10^{-15}kg	9.017 446 x10^{-7}kg
1.482 072 x10^{-25}kg	5.967 165 x10^{-15}kg	8.131 433 x10^{-6}kg
2.196 538 x10^{-25}kg	3.560 706 x10^{-14}kg	6.612 021 x10^{-5}kg
4.824 780 x10^{-25}kg	1.267 863 x10^{-13}kg	4.371 882 x10^{-4}kg
2.327 851 x10^{-24}kg	1.607 477 x10^{-13}kg	1.911 336 x10^{-3}kg
5.418 890 x10^{-24}kg	2.583 983 x10^{-13}kg	3.653 205 x10^{-3}kg
2.936 437 x10^{-23}kg	6.676 970 x10^{-13}kg	1.334 590 x10^{-2}kg
8.622 666 x10^{-23}kg	4.458 193 x10^{-12}kg	1.781 132 x10^{-2}kg
7.435 037 x10^{-22}kg	1.987 549 x10^{-11}kg	3.172 434 x10^{-2}kg
5.527 977 x10^{-21}kg	3.950 352 x10^{-11}kg	1.006 434 x10^{-1}kg
3.055 853 x10^{-20}kg	1.560 528 x10^{-10}kg	1.012 909 x10^{-1}kg
9.338 243 x10^{-20}kg	2.435 248 x10^{-10}kg	1.025 985 x10^{-1}kg
8.720 278 x10^{-19}kg	5.930 435 x10^{-10}kg	1.052 646 x10^{-1}kg
7.604 325 x10^{-18}kg	3.517 006 x10^{-9}kg	1.108 065 x10^{-1}kg
5.782 576 x10^{-17}kg	1.236 933 x10^{-8}kg	1.227 808 x10^{-1}kg
3.343 818 x10^{-16}kg	1.530 004 x10^{-8}kg	1.507 513 x10^{-1}kg
1.118 112 x10^{-15}kg	2.340 913 x10^{-8}kg	2.272 597 x10^{-1}kg
1.250 175 x10^{-15}kg	5.479 878 x10^{-8}kg	5.164 697 x10^{-1}kg
1.562 938 x10^{-15}kg	3.002 906 x10^{-7}kg	2.667 409 x10^{0}kg

$7.115\,075 \times 10^{0}$kg	$9.680\,552 \times 10^{9}$kg	$1.669\,310 \times 10^{23}$kg
$5.062\,429 \times 10^{1}$kg	$9.371\,309 \times 10^{10}$kg	$2.786\,598 \times 10^{23}$kg
$2.562\,819 \times 10^{2}$kg	$8.782\,143 \times 10^{11}$kg	$7.765\,129 \times 10^{23}$kg
$6.568\,044 \times 10^{2}$kg	$7.712\,605 \times 10^{12}$kg	$6.029\,724 \times 10^{24}$kg
$4.313\,921 \times 10^{3}$kg	$5.948\,427 \times 10^{13}$kg	$3.635\,757 \times 10^{25}$kg
$1.860\,991 \times 10^{4}$kg	$3.538\,379 \times 10^{14}$kg	$1.321\,873 \times 10^{26}$kg
$3.463\,290 \times 10^{4}$kg	$1.252\,012 \times 10^{15}$kg	$1.747\,348 \times 10^{26}$kg
$1.199\,437 \times 10^{5}$kg	$1.567\,536 \times 10^{15}$kg	$3.053\,226 \times 10^{26}$kg
$1.438\,651 \times 10^{5}$kg	$2.457\,169 \times 10^{15}$kg	$9.322\,189 \times 10^{26}$kg
$2.069\,717 \times 10^{5}$kg	$6.037\,684 \times 10^{15}$kg	$8.690\,322 \times 10^{27}$kg
$4.283\,730 \times 10^{5}$kg	$3.645\,362 \times 10^{16}$kg	$7.552\,170 \times 10^{28}$kg
$1.835\,034 \times 10^{6}$kg	$1.328\,867 \times 10^{17}$kg	$5.703\,528 \times 10^{29}$kg
$3.367\,353 \times 10^{6}$kg	$1.765\,887 \times 10^{17}$kg	$3.253\,023 \times 10^{30}$kg
$1.133\,906 \times 10^{7}$kg	$3.118\,358 \times 10^{17}$kg	$1.058\,216 \times 10^{31}$kg
$1.285\,744 \times 10^{7}$kg	$9.724\,161 \times 10^{17}$kg	$1.119\,821 \times 10^{31}$kg
$1.653\,139 \times 10^{7}$kg	$9.455\,930 \times 10^{18}$kg	$1.254\,000 \times 10^{31}$kg
$2.732\,868 \times 10^{7}$kg	$8.941\,462 \times 10^{19}$kg	$1.572\,516 \times 10^{31}$kg
$7.468\,571 \times 10^{7}$kg	$7.994\,975 \times 10^{20}$kg	$2.472\,806 \times 10^{31}$kg
$5.577\,955 \times 10^{8}$kg	$6.391\,963 \times 10^{21}$kg	$6.114\,774 \times 10^{31}$kg
$3.111\,358 \times 10^{9}$kg	$4.085\,719 \times 10^{22}$kg	

Promedio de las masas del Flúor (F).

$$2.823\ 121\ x10^{-26}kg$$

$$2.988\ 975\ x10^{-26}kg$$

$$3.154\ 766\ x10^{-26}kg$$

$$3.221\ 082\ x10^{-26}kg$$

$$\underline{3.487\ 131\ x10^{-26}kg}$$

$$\underline{15.675\ 075\ x10^{-26}kg}$$

$$5$$

$$= 3.135\ 015\ x10^{-26}kg^{-2}$$

$9.828\ 319\ x10^{-26}kg$	$1.566\ 547\ x10^{-18}kg$	$3.076\ 013\ x10^{-12}kg$
$9.659\ 585\ x10^{-25}kg$	$2.454\ 069\ x10^{-18}kg$	$9.461\ 859\ x10^{-12}kg$
$9.330\ 758\ x10^{-24}kg$	$6.022\ 453\ x10^{-18}kg$	$8.952\ 677\ x10^{-11}kg$
$8.706\ 305\ x10^{-23}kg$	$3.626\ 994\ x10^{-17}kg$	$8.015\ 043\ x10^{-10}kg$
$7.579\ 974\ x10^{-22}kg$	$1.315\ 509\ x10^{-16}kg$	$6.424\ 091\ x10^{-9}kg$
$5.745\ 601\ x10^{-21}kg$	$1.730\ 563\ x10^{-16}kg$	$4.126\ 895\ x10^{-8}kg$
$3.301\ 193\ x10^{-20}kg$	$2.994\ 848\ x10^{-16}kg$	$1.703\ 126\ x10^{-7}kg$
$1.089\ 789\ x10^{-19}kg$	$8.969\ 116\ x10^{-16}kg$	$2.900\ 639\ x10^{-7}kg$
$1.187\ 376\ x10^{-19}kg$	$8.044\ 504\ x10^{-15}kg$	$8.413\ 710\ x10^{-7}kg$
$1.410\ 483\ x10^{-19}kg$	$6.471\ 404\ x10^{-14}kg$	$7.079\ 052\ x10^{-6}kg$
$1.989\ 463\ x10^{-19}kg$	$4.187\ 907\ x10^{-13}kg$	$5.011\ 298\ x10^{-5}kg$
$3.957\ 962\ x10^{-19}kg$	$1.753\ 857\ x10^{-12}kg$	$2.511\ 310\ x10^{-4}kg$

$6.306\ 679\ \text{x}10^{-4}\text{kg}$	$8.986\ 944\ \text{x}10^{9}\text{kg}$	$2.234\ 929\ \text{x}10^{22}\text{kg}$
$3.977\ 421\ \text{x}10^{-3}\text{kg}$	$8.076\ 516\ \text{x}10^{10}\text{kg}$	$4.994\ 911\ \text{x}10^{22}\text{kg}$
$1.581\ 988\ \text{x}10^{-2}\text{kg}$	$6.523\ 012\ \text{x}10^{11}\text{kg}$	$2.494\ 914\ \text{x}10^{23}\text{kg}$
$2.502\ 685\ \text{x}10^{-2}\text{kg}$	$4.254\ 968\ \text{x}10^{12}\text{kg}$	$6.224\ 596\ \text{x}10^{23}\text{kg}$
$6.263\ 435\ \text{x}10^{-2}\text{kg}$	$1.810\ 475\ \text{x}10^{13}\text{kg}$	$3.874\ 559\ \text{x}10^{24}\text{kg}$
$3.923\ 061\ \text{x}10^{-1}\text{kg}$	$3.277\ 821\ \text{x}10^{13}\text{kg}$	$1.501\ 221\ \text{x}10^{25}\text{kg}$
$1.539\ 041\ \text{x}10^{0}\text{kg}$	$1.074\ 411\ \text{x}10^{14}\text{kg}$	$2.253\ 664\ \text{x}10^{25}\text{kg}$
$2.368\ 647\ \text{x}10^{0}\text{kg}$	$1.154\ 359\ \text{x}10^{14}\text{kg}$	$5.079\ 003\ \text{x}10^{25}\text{kg}$
$5.610\ 489\ \text{x}10^{0}\text{kg}$	$1.332\ 546\ \text{x}10^{14}\text{kg}$	$2.579\ 627\ \text{x}10^{26}\text{kg}$
$3.147\ 759\ \text{x}10^{1}\text{kg}$	$1.775\ 679\ \text{x}10^{14}\text{kg}$	$6.654\ 476\ \text{x}10^{26}\text{kg}$
$9.908\ 391\ \text{x}10^{1}\text{kg}$	$3.153\ 037\ \text{x}10^{14}\text{kg}$	$4.428\ 206\ \text{x}10^{27}\text{kg}$
$9.817\ 622\ \text{x}10^{2}\text{kg}$	$9.941\ 641\ \text{x}10^{14}\text{kg}$	$1.960\ 900\ \text{x}10^{28}\text{kg}$
$9.638\ 458\ \text{x}10^{3}\text{kg}$	$9.883\ 622\ \text{x}10^{15}\text{kg}$	$3.845\ 513\ \text{x}10^{28}\text{kg}$
$9.290\ 203\ \text{x}10^{4}\text{kg}$	$9.768\ 598\ \text{x}10^{16}\text{kg}$	$1.478\ 503\ \text{x}10^{29}\text{kg}$
$8.630\ 786\ \text{x}10^{5}\text{kg}$	$9.542\ 551\ \text{x}10^{17}\text{kg}$	$2.185\ 973\ \text{x}10^{29}\text{kg}$
$7.449\ 048\ \text{x}10^{6}\text{kg}$	$9.106\ 028\ \text{x}10^{18}\text{kg}$	$4.778\ 477\ \text{x}10^{29}\text{kg}$
$5.548\ 831\ \text{x}10^{7}\text{kg}$	$8.291\ 975\ \text{x}10^{19}\text{kg}$	$2.283\ 384\ \text{x}10^{30}\text{kg}$
$3.078\ 953\ \text{x}10^{8}\text{kg}$	$6.875\ 685\ \text{x}10^{20}\text{kg}$	$5.213\ 845\ \text{x}10^{30}\text{kg}$
$9.479\ 949\ \text{x}10^{8}\text{kg}$	$4.727\ 504\ \text{x}10^{21}\text{kg}$	

Oxígeno (O) 14(Radiactivo). Masa atómica 14.008595U.

Masa en kilogramos 2.326 064 x10^{-26}kg^{-2}

5.410 576 x10^{-26}kg	6.466 289 x10^{-13}kg	5.758 017 x10^{-3}kg
2.927 434 x10^{-25}kg	4.181 289 x10^{-12}kg	3.315 477 x10^{-2}kg
8.569 872 x10^{-25}kg	1.748 318 x10^{-11}kg	1.099 238 x10^{-1}kg
7.344 270 x10^{-24}kg	3.056 617 x10^{-11}kg	1.208 325 x10^{-1}kg
5.393 830 x10^{-23}kg	9.342 910 x10^{-11}kg	1.460 051 x10^{-1}kg
2.909 341 x10^{-22}kg	8.728 997 x10^{-10}kg	2.131 750 x10^{-1}kg
8.464 264 x10^{-22}kg	7.619 539 x10^{-9}kg	4.544 360 x10^{-1}kg
7.164 376 x10^{-21}kg	5.805 738 x10^{-8}kg	2.065 121 x10^{0}kg
5.132 828 x10^{-20}kg	3.370 660 x10^{-7}kg	4.264 726 x10^{0}kg
2.634 593 x10^{-19}kg	1.136 135 x10^{-6}kg	1.818 789 x10^{1}kg
6.941 080 x10^{-19}kg	1.290 802 x10^{-6}kg	3.307 995 x10^{1}kg
4.817 859 x10^{-18}kg	1.666 171 x10^{-6}kg	1.094 283 x10^{2}kg
2.321 177 x10^{-17}kg	2.776 128 x10^{-6}kg	1.197 456 x10^{2}kg
5.387 786 x10^{-17}kg	7.706 891 x10^{-6}kg	1.433 902 x10^{2}kg
2.902 906 x10^{-16}kg	5.939 618 x10^{-5}kg	2.056 075 x10^{2}kg
8.426 863 x10^{-16}kg	3.527 906 x10^{-4}kg	4.227 445 x10^{2}kg
7.101 202 x10^{-15}kg	1.244 612 x10^{-3}kg	1.787 129 x10^{3}kg
5.042 705 x10^{-14}kg	1.549 060 x10^{-3}kg	3.193 883 x10^{3}kg
2.542 889 x10^{-13}kg	2.399 587 x10^{-3}kg	1.020 056 x10^{4}kg

$1.040\ 516\ \text{x}10^4\text{kg}$	$2.698\ 955\ \text{x}10^{12}\text{kg}$	$1.077\ 840\ \text{x}10^{24}\text{kg}$
$1.082\ 673\ \text{x}10^4\text{kg}$	$7.284\ 361\ \text{x}10^{12}\text{kg}$	$1.161\ 740\ \text{x}10^{24}\text{kg}$
$1.172\ 182\ \text{x}10^4\text{kg}$	$5.306\ 192\ \text{x}10^{13}\text{kg}$	$1.349\ 640\ \text{x}10^{24}\text{kg}$
$1.374\ 012\ \text{x}10^4\text{kg}$	$2.815\ 567\ \text{x}10^{14}\text{kg}$	$1.821\ 528\ \text{x}10^{24}\text{kg}$
$1.887\ 910\ \text{x}10^4\text{kg}$	$7.927\ 742\ \text{x}10^{14}\text{kg}$	$3.317\ 965\ \text{x}10^{24}\text{kg}$
$3.564\ 205\ \text{x}10^4\text{kg}$	$6.284\ 403\ \text{x}10^{15}\text{kg}$	$1.100\ 889\ \text{x}10^{25}\text{kg}$
$1.270\ 356\ \text{x}10^5\text{kg}$	$3.949\ 372\ \text{x}10^{16}\text{kg}$	$1.211\ 957\ \text{x}10^{25}\text{kg}$
$1.613\ 804\ \text{x}10^5\text{kg}$	$1.559\ 754\ \text{x}10^{17}\text{kg}$	$1.468\ 839\ \text{x}10^{25}\text{kg}$
$2.604\ 366\ \text{x}10^5\text{kg}$	$2.432\ 833\ \text{x}10^{17}\text{kg}$	$2.157\ 490\ \text{x}10^{25}\text{kg}$
$6.782\ 233\ \text{x}10^5\text{kg}$	$5.918\ 678\ \text{x}10^{17}\text{kg}$	$4.654\ 766\ \text{x}10^{25}\text{kg}$
$4.600\ 533\ \text{x}10^6\text{kg}$	$3.503\ 075\ \text{x}10^{18}\text{kg}$	$2.166\ 684\ \text{x}10^{26}\text{kg}$
$2.115\ 490\ \text{x}10^7\text{kg}$	$1.227\ 153\ \text{x}10^{19}\text{kg}$	$4.694\ 523\ \text{x}10^{26}\text{kg}$
$4.479\ 533\ \text{x}10^7\text{kg}$	$1.505\ 906\ \text{x}10^{19}\text{kg}$	$2.203\ 855\ \text{x}10^{27}\text{kg}$
$2.006\ 622\ \text{x}10^8\text{kg}$	$2.267\ 753\ \text{x}10^{19}\text{kg}$	$4.856\ 977\ \text{x}10^{27}\text{kg}$
$4.026\ 532\ \text{x}10^8\text{kg}$	$5.142\ 707\ \text{x}10^{19}\text{kg}$	$2.359\ 023\ \text{x}10^{28}\text{kg}$
$1.621\ 296\ \text{x}10^9\text{kg}$	$2.644\ 744\ \text{x}10^{20}\text{kg}$	$5.564\ 991\ \text{x}10^{28}\text{kg}$
$2.628\ 602\ \text{x}10^9\text{kg}$	$6.994\ 671\ \text{x}10^{20}\text{kg}$	$3.096\ 912\ \text{x}10^{29}\text{kg}$
$6.909\ 549\ \text{x}10^9\text{kg}$	$4.892\ 543\ \text{x}10^{21}\text{kg}$	$9.590\ 869\ \text{x}10^{29}\text{kg}$
$4.774\ 187\ \text{x}10^{10}\text{kg}$	$2.393\ 697\ \text{x}10^{22}\text{kg}$	$9.198\ 476\ \text{x}10^{30}\text{kg}$
$2.279\ 286\ \text{x}10^{11}\text{kg}$	$5.729\ 788\ \text{x}10^{22}\text{kg}$	$8.461\ 197\ \text{x}10^{31}\text{kg}$
$5.195\ 147\ \text{x}10^{11}\text{kg}$	$3.283\ 048\ \text{x}10^{23}\text{kg}$	

Oxígeno (O) 15(Radiactivo) Masa atómica 15.003065U.

Masa en kilogramos 2.491 192 x10^{-26}kg^{-2}

6.206 036 x10^{-26}kg	1.193 285 x10^{-13}kg	1.631 087 x10^{-5}kg
3.851 490 x10^{-25}kg	1.423 931 x10^{-13}kg	2.660 445 x10^{-5}kg
1.483 397 x10^{-24}kg	2.027 579 x10^{-13}kg	7.077 971 x10^{-5}kg
2.200 468 x10^{-24}kg	4.111 079 x10^{-13}kg	5.009 768 x10^{-4}kg
4.842 062 x10^{-24}kg	1.690 097 x10^{-12}kg	2.509 777 x10^{-3}kg
2.344 557 x10^{-23}kg	2.856 429 x10^{-12}kg	6.298 985 x10^{-3}kg
5.496 948 x10^{-23}kg	8.159 189 x10^{-12}kg	3.967 721 x10^{-2}kg
3.021 644 x10^{-22}kg	6.659 237 x10^{-11}kg	1.574 281 x10^{-1}kg
9.130 334 x10^{-22}kg	4.431 881 x10^{-10}kg	2.478 362 x10^{-1}kg
8.336 300 x10^{-21}kg	1.964 157 x10^{-9}kg	6.142 280 x10^{-1}kg
6.949 391 x10^{-20}kg	3.857 913 x10^{-9}kg	3.772 761 x10^{0}kg
4.829 403 x10^{-19}kg	1.488 349 x10^{-8}kg	1.423 372 x10^{1}kg
2.332 314 x10^{-18}kg	2.215 184 x10^{-8}kg	2.025 989 x10^{1}kg
5.439 689 x10^{-18}kg	4.907 044 x10^{-8}kg	4.104 635 x10^{1}kg
2.959 022 x10^{-17}kg	2.407 908 x10^{-7}kg	1.684 802 x10^{2}kg
8.755 814 x10^{-17}kg	5.798 021 x10^{-7}kg	2.838 560 x10^{2}kg
7.666 427 x10^{-16}kg	3.361 705 x10^{-6}kg	8.057 428 x10^{2}kg
5.877 411 x10^{-15}kg	1.130 106 x10^{-5}kg	6.492 214 x10^{3}kg
3.454 396 x10^{-14}kg	1.277 140 x10^{-5}kg	4.214 885 x10^{4}kg

$1.776\ 525\ \text{x}10^{5}\text{kg}$	$8.340\ 816\ \text{x}10^{16}\text{kg}$	$2.114\ 945\ \text{x}10^{26}\text{kg}$
$3.156\ 044\ \text{x}10^{5}\text{kg}$	$6.956\ 922\ \text{x}10^{17}\text{kg}$	$4.472\ 995\ \text{x}10^{26}\text{kg}$
$9.960\ 616\ \text{x}10^{5}\text{kg}$	$4.839\ 876\ \text{x}10^{18}\text{kg}$	$2.000\ 768\ \text{x}10^{27}\text{kg}$
$9.921\ 387\ \text{x}10^{6}\text{kg}$	$2.342\ 440\ \text{x}10^{19}\text{kg}$	$4.003\ 075\ \text{x}10^{27}\text{kg}$
$9.843\ 393\ \text{x}10^{7}\text{kg}$	$5.487\ 028\ \text{x}10^{19}\text{kg}$	$1.602\ 461\ \text{x}10^{28}\text{kg}$
$9.689\ 238\ \text{x}10^{8}\text{kg}$	$3.010\ 748\ \text{x}10^{20}\text{kg}$	$2.567\ 825\ \text{x}10^{28}\text{kg}$
$9.388\ 134\ \text{x}10^{9}\text{kg}$	$9.064\ 605\ \text{x}10^{20}\text{kg}$	$6.594\ 020\ \text{x}10^{28}\text{kg}$
$8.813\ 707\ \text{x}10^{10}\text{kg}$	$8.216\ 707\ \text{x}10^{21}\text{kg}$	$4.348\ 111\ \text{x}10^{29}\text{kg}$
$7.768\ 143\ \text{x}10^{11}\text{kg}$	$6.751\ 429\ \text{x}10^{22}\text{kg}$	$1.890\ 606\ \text{x}10^{30}\text{kg}$
$6.034\ 404\ \text{x}10^{12}\text{kg}$	$4.558\ 179\ \text{x}10^{23}\text{kg}$	$3.574\ 439\ \text{x}10^{30}\text{kg}$
$3.641\ 404\ \text{x}10^{13}\text{kg}$	$2.077\ 699\ \text{x}10^{24}\text{kg}$	$1.277\ 661\ \text{x}10^{31}\text{kg}$
$1.325\ 982\ \text{x}10^{14}\text{kg}$	$4.316\ 836\ \text{x}10^{24}\text{kg}$	$1.632\ 418\ \text{x}10^{31}\text{kg}$
$1.758\ 229\ \text{x}10^{14}\text{kg}$	$1.863\ 507\ \text{x}10^{25}\text{kg}$	$2.664\ 790\ \text{x}10^{31}\text{kg}$
$3.091\ 370\ \text{x}10^{14}\text{kg}$	$3.472\ 661\ \text{x}10^{25}\text{kg}$	$7.101\ 109\ \text{x}10^{31}\text{kg}$
$9.556\ 572\ \text{x}10^{14}\text{kg}$	$1.205\ 937\ \text{x}10^{26}\text{kg}$	
$9.132\ 807\ \text{x}10^{15}\text{kg}$	$1.454\ 285\ \text{x}10^{26}\text{kg}$	

Oxígeno (O) 16. Masa atómica 15.994915U.

Masa en kilogramos 2.655 884 x10^{-26}kg^{-2}

7.053 721 x10^{-26}kg	3.430 898 x10^{-15}kg	8.161 069 x10^{-10}kg
4.975 498 x10^{-25}kg	1.177 106 x10^{-14}kg	6.660 305 x10^{-9}kg
2.475 558 x10^{-24}kg	1.385 579 x10^{-14}kg	4.435 966 x10^{-8}kg
6.128 839 x10^{-24}kg	1.918 830 x10^{-14}kg	1.967 780 x10^{-7}kg
3.755 716 x10^{-23}kg	3.685 747 x10^{-14}kg	3.872 159 x10^{-7}kg
1.410 540 x10^{-22}kg	1.358 473 x10^{-14}kg	1.499 361 x10^{-6}kg
1.989 625 x10^{-22}kg	1.845 450 x10^{-14}kg	2.248 085 x10^{-6}kg
3.958 610 x10^{-22}kg	3.405 689 x10^{-14}kg	5.053 889 x10^{-6}kg
1.567 060 x10^{-21}kg	1.159 871 x10^{-13}kg	2.554 179 x10^{-5}kg
2.455 677 x10^{-21}kg	1.345 302 x10^{-13}kg	6.523 833 x10^{-5}kg
6.030 351 x10^{-21}kg	1.809 839 x10^{-13}kg	4.256 040 x10^{-4}kg
3.636 513 x10^{-20}kg	3.275 520 x10^{-13}kg	1.811 388 x10^{-3}kg
1.322 422 x10^{-19}kg	1.072 903 x10^{-12}kg	3.281 127 x10^{-3}kg
1.748 802 x10^{-19}kg	1.151 121 x10^{-12}kg	1.076 579 x10^{-2}kg
3.058 309 x10^{-19}kg	1.325 799 x10^{-12}kg	1.159 023 x10^{-2}kg
9.353 259 x10^{-19}kg	1.755 836 x10^{-12}kg	1.343 335 x10^{-2}kg
8.748 346 x10^{-18}kg	3.082 963 x10^{-12}kg	1.804 550 x10^{-2}kg
7.653 356 x10^{-17}kg	9.504 664 x10^{-12}kg	3.256 403 x10^{-2}kg
5.857 387 x10^{-16}kg	9.033 863 x10^{-11}kg	1.060 416 x10^{-1}kg

$1.124\ 829\ \times 10^{-1}$kg	$7.976\ 640\ \times 10^{8}$kg	$4.392\ 916\ \times 10^{22}$kg
$1.264\ 461\ \times 10^{-1}$kg	$6.362\ 679\ \times 10^{9}$kg	$1.929\ 771\ \times 10^{23}$kg
$1.598\ 863\ \times 10^{-1}$kg	$4.048\ 368\ \times 10^{10}$kg	$3.724\ 017\ \times 10^{23}$kg
$2.556\ 365\ \times 10^{-1}$kg	$1.638\ 928\ \times 10^{11}$kg	$1.386\ 830\ \times 10^{24}$kg
$6.535\ 003\ \times 10^{-1}$kg	$2.686\ 087\ \times 10^{11}$kg	$1.923\ 298\ \times 10^{24}$kg
$4.270\ 627\ \times 10^{0}$kg	$7.215\ 067\ \times 10^{11}$kg	$3.699\ 078\ \times 10^{24}$kg
$1.823\ 825\ \times 10^{1}$kg	$5.205\ 719\ \times 10^{12}$kg	$1.368\ 318\ \times 10^{25}$kg
$3.326\ 340\ \times 10^{1}$kg	$2.709\ 951\ \times 10^{13}$kg	$1.872\ 294\ \times 10^{25}$kg
$1.106\ 453\ \times 10^{2}$kg	$7.343\ 839\ \times 10^{13}$kg	$3.505\ 488\ \times 10^{25}$kg
$1.224\ 240\ \times 10^{2}$kg	$5.393\ 198\ \times 10^{14}$kg	$1.228\ 844\ \times 10^{26}$kg
$1.498\ 764\ \times 10^{2}$kg	$2.908\ 658\ \times 10^{15}$kg	$1.510\ 059\ \times 10^{26}$kg
$2.246\ 294\ \times 10^{2}$kg	$8.460\ 294\ \times 10^{15}$kg	$2.280\ 278\ \times 10^{26}$kg
$5.045\ 837\ \times 10^{2}$kg	$7.157\ 658\ \times 10^{16}$kg	$5.199\ 669\ \times 10^{26}$kg
$2.546\ 473\ \times 10^{3}$kg	$5.123\ 208\ \times 10^{17}$kg	$2.703\ 656\ \times 10^{27}$kg
$6.482\ 357\ \times 10^{3}$kg	$2.624\ 726\ \times 10^{18}$kg	$7.309\ 757\ \times 10^{27}$kg
$4.202\ 095\ \times 10^{4}$kg	$6.889\ 187\ \times 10^{18}$kg	$5.343\ 255\ \times 10^{28}$kg
$1.765\ 760\ \times 10^{5}$kg	$4.746\ 090\ \times 10^{19}$kg	$2.855\ 037\ \times 10^{29}$kg
$3.117\ 911\ \times 10^{5}$kg	$2.252\ 537\ \times 10^{20}$kg	$8.151\ 240\ \times 10^{29}$kg
$9.721\ 370\ \times 10^{5}$kg	$5.073\ 925\ \times 10^{20}$kg	$6.644\ 271\ \times 10^{30}$kg
$9.450\ 504\ \times 10^{6}$kg	$2.574\ 472\ \times 10^{21}$kg	
$8.931\ 203\ \times 10^{7}$kg	$6.627\ 907\ \times 10^{21}$kg	

Oxígeno (O) 17. Masa atómica 16.999132U.

Masa en kilogramos 2.822 630 x10^{-26}kg^{-2}

7.967 240 x10^{-26}kg	8.527 450 x10^{-16}kg	2.176 236 x10^{-6}kg
6.347 692 x10^{-25}kg	7.271 741 x10^{-15}kg	4.736 004 x10^{-6}kg
4.029 319 x10^{-24}kg	5.287 821 x10^{-14}kg	2.242 973 x10^{-5}kg
1.623 541 x10^{-23}kg	2.796 105 x10^{-13}kg	5.030 932 x10^{-5}kg
2.635 887 x10^{-23}kg	7.818 208 x10^{-13}kg	2.531 027 x10^{-4}kg
6.947 902 x10^{-23}kg	6.112 437 x10^{-12}kg	6.406 102 x10^{-4}kg
4.827 334 x10^{-22}kg	3.736 189 x10^{-11}kg	4.103 814 x10^{-3}kg
2.330 315 x10^{-21}kg	1.395 911 x10^{-10}kg	1.684 129 x10^{-2}kg
5.430 371 x10^{-21}kg	1.948 568 x10^{-10}kg	2.836 292 x10^{-2}kg
2.948 892 x10^{-20}kg	3.796 919 x10^{-10}kg	8.044 455 x10^{-2}kg
8.695 969 x10^{-20}kg	1.441 659 x10^{-9}kg	6.471 491 x10^{-1}kg
7.561 988 x10^{-19}kg	2.078 382 x10^{-9}kg	4.188 019 x10^{0}kg
5.718 367 x10^{-18}kg	4.319 672 x10^{-9}kg	1.753 951 x10^{1}kg
3.269 972 x10^{-17}kg	1.865 957 x10^{-8}kg	3.076 344 x10^{1}kg
1.069 271 x10^{-16}kg	3.481 795 x10^{-8}kg	9.463 894 x10^{1}kg
1.143 342 x10^{-16}kg	1.212 290 x10^{-7}kg	8.956 530 x10^{2}kg
1.307 231 x10^{-16}kg	1.469 647 x10^{-7}kg	8.021 943 x10^{3}kg
1.708 853 x10^{-16}kg	2.159 864 x10^{-7}kg	6.435 158 x10^{4}kg
2.920 179 x10^{-16}kg	4.665 014 x10^{-7}kg	4.141 126 x10^{5}kg

$1.714\ 892\ \mathrm{x}10^{5}\mathrm{kg}$	$2.986\ 142\ \mathrm{x}10^{16}\mathrm{kg}$	$2.627\ 547\ \mathrm{x}10^{23}\mathrm{kg}$
$2.940\ 856\ \mathrm{x}10^{5}\mathrm{kg}$	$8.917\ 044\ \mathrm{x}10^{16}\mathrm{kg}$	$6.904\ 004\ \mathrm{x}10^{23}\mathrm{kg}$
$8.648\ 636\ \mathrm{x}10^{5}\mathrm{kg}$	$7.951\ 367\ \mathrm{x}10^{17}\mathrm{kg}$	$4.766\ 528\ \mathrm{x}10^{24}\mathrm{kg}$
$7.479\ 891\ \mathrm{x}10^{6}\mathrm{kg}$	$6.322\ 424\ \mathrm{x}10^{18}\mathrm{kg}$	$2.271\ 979\ \mathrm{x}10^{25}\mathrm{kg}$
$5.594\ 877\ \mathrm{x}10^{7}\mathrm{kg}$	$3.997\ 305\ \mathrm{x}10^{19}\mathrm{kg}$	$5.161\ 890\ \mathrm{x}10^{25}\mathrm{kg}$
$3.130\ 265\ \mathrm{x}10^{8}\mathrm{kg}$	$1.597\ 845\ \mathrm{x}10^{20}\mathrm{kg}$	$2.664\ 510\ \mathrm{x}10^{26}\mathrm{kg}$
$9.798\ 561\ \mathrm{x}10^{8}\mathrm{kg}$	$2.553\ 109\ \mathrm{x}10^{20}\mathrm{kg}$	$7.099\ 618\ \mathrm{x}10^{26}\mathrm{kg}$
$9.601\ 180\ \mathrm{x}10^{9}\mathrm{kg}$	$6.518\ 367\ \mathrm{x}10^{20}\mathrm{kg}$	$5.040\ 458\ \mathrm{x}10^{27}\mathrm{kg}$
$9.218\ 267\ \mathrm{x}10^{10}\mathrm{kg}$	$4.248\ 912\ \mathrm{x}10^{21}\mathrm{kg}$	$2.540\ 621\ \mathrm{x}10^{28}\mathrm{kg}$
$8.497\ 645\ \mathrm{x}10^{11}\mathrm{kg}$	$1.805\ 325\ \mathrm{x}10^{22}\mathrm{kg}$	$6.454\ 760\ \mathrm{x}10^{28}\mathrm{kg}$
$7.220\ 997\ \mathrm{x}10^{12}\mathrm{kg}$	$3.259\ 199\ \mathrm{x}10^{22}\mathrm{kg}$	$4.166\ 392\ \mathrm{x}10^{29}\mathrm{kg}$
$5.214\ 280\ \mathrm{x}10^{13}\mathrm{kg}$	$1.062\ 238\ \mathrm{x}10^{23}\mathrm{kg}$	$1.735\ 882\ \mathrm{x}10^{30}\mathrm{kg}$
$2.718\ 872\ \mathrm{x}10^{14}\mathrm{kg}$	$1.128\ 349\ \mathrm{x}10^{23}\mathrm{kg}$	$3.013\ 289\ \mathrm{x}10^{30}\mathrm{kg}$
$7.392\ 266\ \mathrm{x}10^{14}\mathrm{kg}$	$1.273\ 173\ \mathrm{x}10^{23}\mathrm{kg}$	$9.079\ 912\ \mathrm{x}10^{30}\mathrm{kg}$
$5.464\ 560\ \mathrm{x}10^{15}\mathrm{kg}$	$1.620\ 971\ \mathrm{x}10^{23}\mathrm{kg}$	

Boro (B) 11. Masa atómica 11.009 305 U

Masa en kilogramos 1.828 139 $\mathrm{x}10^{-26}\mathrm{kg}^{-2}$

$3.342\ 094\ \mathrm{x}10^{-26}\mathrm{kg}$	$2.422\ 699\ \mathrm{x}10^{-25}\mathrm{kg}$	$1.408\ 620\ \mathrm{x}10^{-23}\mathrm{kg}$
$1.116\ 959\ \mathrm{x}10^{-25}\mathrm{kg}$	$5.869\ 474\ \mathrm{x}10^{-25}\mathrm{kg}$	$1.984\ 211\ \mathrm{x}10^{-23}\mathrm{kg}$
$1.247\ 598\ \mathrm{x}10^{-25}\mathrm{kg}$	$3.445\ 073\ \mathrm{x}10^{-24}\mathrm{kg}$	$3.937\ 096\ \mathrm{x}10^{-23}\mathrm{kg}$
$1.556\ 502\ \mathrm{x}10^{-25}\mathrm{kg}$	$1.186\ 853\ \mathrm{x}10^{-23}\mathrm{kg}$	$1.550\ 072\ \mathrm{x}10^{-22}\mathrm{kg}$

$2.402\ 725\ \mathrm{x}10^{-22}\mathrm{kg}$	$2.042\ 686\ \mathrm{x}10^{-11}\mathrm{kg}$	$8.833\ 242\ \mathrm{x}10^{1}\mathrm{kg}$
$5.773\ 087\ \mathrm{x}10^{-22}\mathrm{kg}$	$4.172\ 566\ \mathrm{x}10^{-11}\mathrm{kg}$	$7.802\ 616\ \mathrm{x}10^{2}\mathrm{kg}$
$3.332\ 854\ \mathrm{x}10^{-21}\mathrm{kg}$	$1.741\ 030\ \mathrm{x}10^{-10}\mathrm{kg}$	$6.088\ 082\ \mathrm{x}10^{3}\mathrm{kg}$
$1.110\ 791\ \mathrm{x}10^{-20}\mathrm{kg}$	$3.031\ 188\ \mathrm{x}10^{-10}\mathrm{kg}$	$3.706\ 474\ \mathrm{x}10^{4}\mathrm{kg}$
$1.233\ 858\ \mathrm{x}10^{-20}\mathrm{kg}$	$9.188\ 104\ \mathrm{x}10^{-10}\mathrm{kg}$	$1.373\ 795\ \mathrm{x}10^{5}\mathrm{kg}$
$1.522\ 405\ \mathrm{x}10^{-20}\mathrm{kg}$	$8.442\ 125\ \mathrm{x}10^{-9}\mathrm{kg}$	$1.887\ 314\ \mathrm{x}10^{5}\mathrm{kg}$
$2.317\ 718\ \mathrm{x}10^{-20}\mathrm{kg}$	$7.126\ 948\ \mathrm{x}10^{-8}\mathrm{kg}$	$3.561\ 955\ \mathrm{x}10^{5}\mathrm{kg}$
$5.371\ 820\ \mathrm{x}10^{-20}\mathrm{kg}$	$5.079\ 339\ \mathrm{x}10^{-7}\mathrm{kg}$	$1.268\ 753\ \mathrm{x}10^{6}\mathrm{kg}$
$2.885\ 645\ \mathrm{x}10^{-19}\mathrm{kg}$	$2.579\ 969\ \mathrm{x}10^{-6}\mathrm{kg}$	$1.609\ 734\ \mathrm{x}10^{6}\mathrm{kg}$
$8.326\ 948\ \mathrm{x}10^{-19}\mathrm{kg}$	$6.656\ 240\ \mathrm{x}10^{-6}\mathrm{kg}$	$2.591\ 244\ \mathrm{x}10^{6}\mathrm{kg}$
$6.933\ 807\ \mathrm{x}10^{-18}\mathrm{kg}$	$4.430\ 554\ \mathrm{x}10^{-5}\mathrm{kg}$	$6.714\ 546\ \mathrm{x}10^{6}\mathrm{kg}$
$4.807\ 768\ \mathrm{x}10^{-17}\mathrm{kg}$	$1.962\ 981\ \mathrm{x}10^{-4}\mathrm{kg}$	$4.508\ 513\ \mathrm{x}10^{7}\mathrm{kg}$
$2.311\ 463\ \mathrm{x}10^{-16}\mathrm{kg}$	$3.853\ 295\ \mathrm{x}10^{-4}\mathrm{kg}$	$2.032\ 669\ \mathrm{x}10^{8}\mathrm{kg}$
$5.342\ 865\ \mathrm{x}10^{-16}\mathrm{kg}$	$1.484\ 788\ \mathrm{x}10^{-3}\mathrm{kg}$	$4.131\ 744\ \mathrm{x}10^{8}\mathrm{kg}$
$2.854\ 621\ \mathrm{x}10^{-15}\mathrm{kg}$	$2.204\ 569\ \mathrm{x}10^{-3}\mathrm{kg}$	$1.707\ 131\ \mathrm{x}10^{9}\mathrm{kg}$
$8.148\ 861\ \mathrm{x}10^{-15}\mathrm{kg}$	$4.860\ 244\ \mathrm{x}10^{-3}\mathrm{kg}$	$2.914\ 297\ \mathrm{x}10^{9}\mathrm{kg}$
$6.640\ 393\ \mathrm{x}10^{-14}\mathrm{kg}$	$2.362\ 197\ \mathrm{x}10^{-2}\mathrm{kg}$	$8.493\ 128\ \mathrm{x}10^{9}\mathrm{kg}$
$4.409\ 482\ \mathrm{x}10^{-13}\mathrm{kg}$	$5.579\ 978\ \mathrm{x}10^{-2}\mathrm{kg}$	$7.213\ 323\ \mathrm{x}10^{10}\mathrm{kg}$
$1.944\ 353\ \mathrm{x}10^{-12}\mathrm{kg}$	$3.113\ 615\ \mathrm{x}10^{-1}\mathrm{kg}$	$5.203\ 203\ \mathrm{x}10^{11}\mathrm{kg}$
$3.780\ 501\ \mathrm{x}10^{-12}\mathrm{kg}$	$9.694\ 603\ \mathrm{x}10^{-1}\mathrm{kg}$	$2.707\ 332\ \mathrm{x}10^{12}\mathrm{kg}$
$1.429\ 225\ \mathrm{x}10^{-11}\mathrm{kg}$	$9.398\ 532\ \mathrm{x}10^{0}\mathrm{kg}$	$7.329\ 651\ \mathrm{x}10^{12}\mathrm{kg}$

$5.372\,378 \times 10^{13}$kg	$5.787\,944 \times 10^{22}$kg	$2.066\,556 \times 10^{28}$kg
$2.886\,245 \times 10^{14}$kg	$3.350\,088 \times 10^{23}$kg	$4.270\,654 \times 10^{28}$kg
$8.330\,412 \times 10^{14}$kg	$1.122\,309 \times 10^{24}$kg	$1.823\,848 \times 10^{29}$kg
$6.939\,577 \times 10^{15}$kg	$1.259\,578 \times 10^{24}$kg	$3.326\,424 \times 10^{29}$kg
$4.815\,774 \times 10^{16}$kg	$1.586\,536 \times 10^{24}$kg	$1.106\,510 \times 10^{30}$kg
$2.319\,168 \times 10^{17}$kg	$2.517\,099 \times 10^{24}$kg	$1.224\,364 \times 10^{30}$kg
$5.378\,540 \times 10^{17}$kg	$6.335\,789 \times 10^{24}$kg	$1.499\,068 \times 10^{30}$kg
$2.892\,869 \times 10^{18}$kg	$4.014\,222 \times 10^{25}$kg	$2.247\,206 \times 10^{30}$kg
$8.368\,695 \times 10^{18}$kg	$1.611\,398 \times 10^{26}$kg	$5.049\,936 \times 10^{30}$kg
$7.003\,506 \times 10^{19}$kg	$2.596\,605 \times 10^{26}$kg	$2.550\,185 \times 10^{31}$kg
$4.907\,910 \times 10^{20}$kg	$6.742\,357 \times 10^{26}$kg	$6.503\,445 \times 10^{31}$kg
$2.405\,814 \times 10^{21}$kg	$4.545\,939 \times 10^{27}$kg	

Boro (B) 10. Masa atómica 10.012 936 U

Masa en kilogramos 1.662 688 $\times 10^{-26}$kg^{-2}

$4.439\,773 \times 10^{-26}$kg	$7.280\,934 \times 10^{-23}$kg	$2.290\,610 \times 10^{-18}$kg
$1.971\,159 \times 10^{-25}$kg	$5.301\,200 \times 10^{-22}$kg	$5.246\,895 \times 10^{-18}$kg
$3.774\,468 \times 10^{-25}$kg	$2.810\,272 \times 10^{-21}$kg	$2.752\,991 \times 10^{-17}$kg
$1.509\,686 \times 10^{-24}$kg	$7.897\,633 \times 10^{-21}$kg	$7.578\,963 \times 10^{-17}$kg
$2.279\,152 \times 10^{-24}$kg	$6.237\,260 \times 10^{-20}$kg	$5.744\,068 \times 10^{-16}$kg
$5.194\,536 \times 10^{-24}$kg	$3.890\,342 \times 10^{-19}$kg	$3.299\,432 \times 10^{-15}$kg
$2.698\,320 \times 10^{-23}$kg	$1.513\,476 \times 10^{-18}$kg	$1.088\,625 \times 10^{-14}$kg

$1.185\,105 \times 10^{-14}$ kg	$4.779\,118 \times 10^{-4}$ kg	$4.462\,516 \times 10^{10}$ kg
$1.404\,475 \times 10^{-14}$ kg	$2.283\,997 \times 10^{-3}$ kg	$1.991\,405 \times 10^{11}$ kg
$1.972\,550 \times 10^{-14}$ kg	$5.216\,645 \times 10^{-3}$ kg	$3.965\,649 \times 10^{11}$ kg
$3.890\,954 \times 10^{-14}$ kg	$2.721\,338 \times 10^{-2}$ kg	$1.572\,673 \times 10^{12}$ kg
$1.513\,952 \times 10^{-13}$ kg	$7.405\,684 \times 10^{-2}$ kg	$2.473\,300 \times 10^{12}$ kg
$2.292\,052 \times 10^{-13}$ kg	$5.484\,416 \times 10^{-1}$ kg	$6.117\,215 \times 10^{12}$ kg
$5.253\,505 \times 10^{-13}$ kg	$3.007\,881 \times 10^{0}$ kg	$3.742\,032 \times 10^{13}$ kg
$2.759\,932 \times 10^{-12}$ kg	$9.047\,353 \times 10^{0}$ kg	$1.400\,280 \times 10^{14}$ kg
$7.617\,225 \times 10^{-12}$ kg	$8.185\,461 \times 10^{1}$ kg	$1.960\,786 \times 10^{14}$ kg
$5.802\,211 \times 10^{-11}$ kg	$6.700\,177 \times 10^{2}$ kg	$3.844\,684 \times 10^{14}$ kg
$3.366\,566 \times 10^{-10}$ kg	$4.489\,238 \times 10^{3}$ kg	$1.478\,160 \times 10^{15}$ kg
$1.133\,376 \times 10^{-9}$ kg	$2.015\,325 \times 10^{4}$ kg	$2.184\,957 \times 10^{15}$ kg
$1.284\,543 \times 10^{-9}$ kg	$4.061\,538 \times 10^{4}$ kg	$4.774\,040 \times 10^{15}$ kg
$1.650\,051 \times 10^{-9}$ kg	$1.649\,609 \times 10^{5}$ kg	$2.279\,146 \times 10^{16}$ kg
$2.722\,669 \times 10^{-9}$ kg	$2.721\,211 \times 10^{5}$ kg	$5.194\,506 \times 10^{16}$ kg
$7.412\,928 \times 10^{-9}$ kg	$7.404\,993 \times 10^{5}$ kg	$2.698\,290 \times 10^{17}$ kg
$5.495\,150 \times 10^{-8}$ kg	$5.483\,392 \times 10^{6}$ kg	$7.280\,769 \times 10^{17}$ kg
$3.019\,668 \times 10^{-7}$ kg	$3.006\,759 \times 10^{7}$ kg	$5.300\,960 \times 10^{18}$ kg
$9.118\,396 \times 10^{-7}$ kg	$9.040\,604 \times 10^{7}$ kg	$2.810\,017 \times 10^{19}$ kg
$8.314\,515 \times 10^{-6}$ kg	$8.173\,253 \times 10^{8}$ kg	$7.896\,200 \times 10^{19}$ kg
$6.913\,117 \times 10^{-5}$ kg	$6.680\,206 \times 10^{9}$ kg	$6.234\,998 \times 10^{20}$ kg

$3.887\ 520\ \text{x}10^{21}\text{kg}$	$5.483\ 456\ \text{x}10^{24}\text{kg}$	$1.992\ 876\ \text{x}10^{29}\text{kg}$
$1.511\ 281\ \text{x}10^{22}\text{kg}$	$3.006\ 829\ \text{x}10^{25}\text{kg}$	$3.971\ 556\ \text{x}10^{29}\text{kg}$
$2.283\ 972\ \text{x}10^{22}\text{kg}$	$9.041\ 021\ \text{x}10^{25}\text{kg}$	$1.577\ 326\ \text{x}10^{30}\text{kg}$
$5.216\ 531\ \text{x}10^{22}\text{kg}$	$8.174\ 007\ \text{x}10^{26}\text{kg}$	$2.487\ 958\ \text{x}10^{30}\text{kg}$
$2.721\ 219\ \text{x}10^{23}\text{kg}$	$6.681\ 440\ \text{x}10^{27}\text{kg}$	$6.189\ 935\ \text{x}10^{30}\text{kg}$
$7.405\ 036\ \text{x}10^{23}\text{kg}$	$4.464\ 164\ \text{x}10^{28}\text{kg}$	$3.831\ 529\ \text{x}10^{31}\text{kg}$

Berilio (Be) 10. Masa atómica 10.013534 U

Masa en kilogramos 1.662 787 $\text{x}10^{-26}\text{kg}^{-2}$

$2.764\ 862\ \text{x}10^{-26}\text{kg}$	$1.243\ 553\ \text{x}10^{-22}\text{kg}$	$5.563\ 441\ \text{x}10^{-18}\text{kg}$
$7.644\ 463\ \text{x}10^{-26}\text{kg}$	$1.546\ 425\ \text{x}10^{-22}\text{kg}$	$3.101\ 868\ \text{x}10^{-17}\text{kg}$
$5.843\ 782\ \text{x}10^{-26}\text{kg}$	$2.391\ 437\ \text{x}10^{-22}\text{kg}$	$9.621\ 587\ \text{x}10^{-17}\text{kg}$
$3.414\ 978\ \text{x}10^{-25}\text{kg}$	$5.718\ 946\ \text{x}10^{-22}\text{kg}$	$9.257\ 493\ \text{x}10^{-16}\text{kg}$
$1.166\ 208\ \text{x}10^{-24}\text{kg}$	$3.270\ 634\ \text{x}10^{-21}\text{kg}$	$8.570\ 119\ \text{x}10^{-15}\text{kg}$
$1.360\ 041\ \text{x}10^{-24}\text{kg}$	$1.069\ 705\ \text{x}10^{-20}\text{kg}$	$7.344\ 694\ \text{x}10^{-14}\text{kg}$
$1.849\ 712\ \text{x}10^{-24}\text{kg}$	$1.144\ 269\ \text{x}10^{-20}\text{kg}$	$5.394\ 454\ \text{x}10^{-13}\text{kg}$
$3.421\ 434\ \text{x}10^{-24}\text{kg}$	$1.309\ 352\ \text{x}10^{-20}\text{kg}$	$2.910\ 013\ \text{x}10^{-12}\text{kg}$
$1.170\ 621\ \text{x}10^{-23}\text{kg}$	$1.714\ 404\ \text{x}10^{-20}\text{kg}$	$8.468\ 180\ \text{x}10^{-12}\text{kg}$
$1.370\ 354\ \text{x}10^{-23}\text{kg}$	$2.939\ 181\ \text{x}10^{-20}\text{kg}$	$7.171\ 007\ \text{x}10^{-11}\text{kg}$
$1.877\ 872\ \text{x}10^{-23}\text{kg}$	$8.638\ 790\ \text{x}10^{-20}\text{kg}$	$5.142\ 335\ \text{x}10^{-10}\text{kg}$
$3.526\ 405\ \text{x}10^{-23}\text{kg}$	$7.462\ 869\ \text{x}10^{-19}\text{kg}$	$2.643\ 615\ \text{x}10^{-9}\text{kg}$

$6.991\ 647\ \mathrm{x}10^{-9}\mathrm{kg}$	$8.511\ 889\ \mathrm{x}10^{2}\mathrm{kg}$	$6.573\ 408\ \mathrm{x}10^{13}\mathrm{kg}$
$4.889\ 712\ \mathrm{x}10^{-8}\mathrm{kg}$	$7.245\ 225\ \mathrm{x}10^{3}\mathrm{kg}$	$4.320\ 969\ \mathrm{x}10^{14}\mathrm{kg}$
$2.390\ 928\ \mathrm{x}10^{-7}\mathrm{kg}$	$5.249\ 329\ \mathrm{x}10^{4}\mathrm{kg}$	$1.867\ 077\ \mathrm{x}10^{15}\mathrm{kg}$
$5.716\ 539\ \mathrm{x}10^{-7}\mathrm{kg}$	$2.755\ 546\ \mathrm{x}10^{5}\mathrm{kg}$	$3.485\ 979\ \mathrm{x}10^{15}\mathrm{kg}$
$3.267\ 882\ \mathrm{x}10^{-6}\mathrm{kg}$	$7.593\ 036\ \mathrm{x}10^{5}\mathrm{kg}$	$1.215\ 205\ \mathrm{x}10^{16}\mathrm{kg}$
$1.067\ 905\ \mathrm{x}10^{-5}\mathrm{kg}$	$5.765\ 420\ \mathrm{x}10^{6}\mathrm{kg}$	$1.476\ 724\ \mathrm{x}10^{16}\mathrm{kg}$
$1.140\ 422\ \mathrm{x}10^{-5}\mathrm{kg}$	$3.324\ 006\ \mathrm{x}10^{7}\mathrm{kg}$	$2.180\ 714\ \mathrm{x}10^{16}\mathrm{kg}$
$1.300\ 563\ \mathrm{x}10^{-5}\mathrm{kg}$	$1.104\ 902\ \mathrm{x}10^{8}\mathrm{kg}$	$4.755\ 516\ \mathrm{x}10^{16}\mathrm{kg}$
$1.691\ 464\ \mathrm{x}10^{-5}\mathrm{kg}$	$1.220\ 808\ \mathrm{x}10^{8}\mathrm{kg}$	$2.261\ 493\ \mathrm{x}10^{17}\mathrm{kg}$
$2.861\ 052\ \mathrm{x}10^{-5}\mathrm{kg}$	$1.490\ 374\ \mathrm{x}10^{8}\mathrm{kg}$	$5.114\ 351\ \mathrm{x}10^{17}\mathrm{kg}$
$8.185\ 623\ \mathrm{x}10^{-5}\mathrm{kg}$	$2.221\ 215\ \mathrm{x}10^{8}\mathrm{kg}$	$2.615\ 659\ \mathrm{x}10^{18}\mathrm{kg}$
$6.700\ 443\ \mathrm{x}10^{-4}\mathrm{kg}$	$4.933\ 798\ \mathrm{x}10^{8}\mathrm{kg}$	$6.891\ 674\ \mathrm{x}10^{18}\mathrm{kg}$
$4.489\ 594\ \mathrm{x}10^{-3}\mathrm{kg}$	$2.434\ 237\ \mathrm{x}10^{9}\mathrm{kg}$	$4.680\ 850\ \mathrm{x}10^{19}\mathrm{kg}$
$2.015\ 645\ \mathrm{x}10^{-2}\mathrm{kg}$	$5.925\ 510\ \mathrm{x}10^{9}\mathrm{kg}$	$2.191\ 036\ \mathrm{x}10^{20}\mathrm{kg}$
$4.062\ 826\ \mathrm{x}10^{-2}\mathrm{kg}$	$3.511\ 167\ \mathrm{x}10^{10}\mathrm{kg}$	$4.800\ 639\ \mathrm{x}10^{20}\mathrm{kg}$
$1.650\ 656\ \mathrm{x}10^{-1}\mathrm{kg}$	$1.232\ 829\ \mathrm{x}10^{11}\mathrm{kg}$	$2.304\ 613\ \mathrm{x}10^{21}\mathrm{kg}$
$2.724\ 666\ \mathrm{x}10^{-1}\mathrm{kg}$	$1.519\ 868\ \mathrm{x}10^{11}\mathrm{kg}$	$5.311\ 243\ \mathrm{x}10^{21}\mathrm{kg}$
$7.423\ 806\ \mathrm{x}10^{-1}\mathrm{kg}$	$2.309\ 999\ \mathrm{x}10^{11}\mathrm{kg}$	$2.820\ 930\ \mathrm{x}10^{22}\mathrm{kg}$
$5.511\ 289\ \mathrm{x}10^{0}\mathrm{kg}$	$5.336\ 098\ \mathrm{x}10^{11}\mathrm{kg}$	$7.957\ 650\ \mathrm{x}10^{22}\mathrm{kg}$
$3.037\ 431\ \mathrm{x}10^{1}\mathrm{kg}$	$2.847\ 394\ \mathrm{x}10^{12}\mathrm{kg}$	$6.332\ 419\ \mathrm{x}10^{23}\mathrm{kg}$
$9.225\ 990\ \mathrm{x}10^{1}\mathrm{kg}$	$8.107\ 655\ \mathrm{x}10^{12}\mathrm{kg}$	$4.009\ 954\ \mathrm{x}10^{24}\mathrm{kg}$

$1.607\,973 \times 10^{25}\,kg$	$3.989\,542 \times 10^{27}\,kg$	$1.696\,444 \times 10^{30}\,kg$
$2.585\,558 \times 10^{25}\,kg$	$1.591\,645 \times 10^{28}\,kg$	$2.877\,924 \times 10^{30}\,kg$
$6.685\,215 \times 10^{25}\,kg$	$2.533\,334 \times 10^{28}\,kg$	$8.282\,451 \times 10^{30}\,kg$
$4.469\,210 \times 10^{26}\,kg$	$6.417\,781 \times 10^{28}\,kg$	$6.859\,899 \times 10^{31}\,kg$
$1.997\,383 \times 10^{27}\,kg$	$4.879\,199 \times 10^{29}\,kg$	

Berilio (Be) 9. Masa atómica   9.012174 U

Masa en kilogramos 1.496 507 $\times 10^{-26}\,kg^{-2}$

$2.239\,535 \times 10^{-26}\,kg$	$3.116\,098 \times 10^{-20}\,kg$	$4.602\,031 \times 10^{-11}\,kg$
$5.015\,518 \times 10^{-26}\,kg$	$9.710\,070 \times 10^{-20}\,kg$	$2.117\,869 \times 10^{-10}\,kg$
$2.515\,542 \times 10^{-25}\,kg$	$9.428\,547 \times 10^{-19}\,kg$	$4.485\,372 \times 10^{-10}\,kg$
$6.327\,953 \times 10^{-25}\,kg$	$8.889\,751 \times 10^{-18}\,kg$	$2.011\,856 \times 10^{-9}\,kg$
$4.004\,299 \times 10^{-24}\,kg$	$7.902\,767 \times 10^{-17}\,kg$	$4.047\,567 \times 10^{-9}\,kg$
$1.603\,441 \times 10^{-23}\,kg$	$6.245\,373 \times 10^{-16}\,kg$	$1.638\,280 \times 10^{-8}\,kg$
$2.571\,025 \times 10^{-23}\,kg$	$3.900\,468 \times 10^{-15}\,kg$	$2.683\,962 \times 10^{-8}\,kg$
$6.610\,170 \times 10^{-23}\,kg$	$1.521\,365 \times 10^{-14}\,kg$	$7.203\,655 \times 10^{-8}\,kg$
$4.369\,435 \times 10^{-22}\,kg$	$2.314\,553 \times 10^{-14}\,kg$	$5.189\,264 \times 10^{-7}\,kg$
$1.909\,196 \times 10^{-21}\,kg$	$5.357\,156 \times 10^{-14}\,kg$	$2.692\,846 \times 10^{-6}\,kg$
$3.645\,032 \times 10^{-21}\,kg$	$2.869\,912 \times 10^{-13}\,kg$	$7.251\,424 \times 10^{-6}\,kg$
$1.328\,626 \times 10^{-20}\,kg$	$8.236\,399 \times 10^{-13}\,kg$	$5.258\,316 \times 10^{-5}\,kg$
$1.765\,247 \times 10^{-20}\,kg$	$6.783\,827 \times 10^{-12}\,kg$	$2.764\,989 \times 10^{-4}\,kg$

$7.645\ 164\ \mathrm{x}10^{-4}\mathrm{kg}$	$2.823\ 273\ \mathrm{x}10^{5}\mathrm{kg}$	$4.048\ 007\ \mathrm{x}10^{15}\mathrm{kg}$
$5.844\ 853\ \mathrm{x}10^{-3}\mathrm{kg}$	$7.970\ 875\ \mathrm{x}10^{5}\mathrm{kg}$	$1.638\ 636\ \mathrm{x}10^{16}\mathrm{kg}$
$3.416\ 231\ \mathrm{x}10^{-2}\mathrm{kg}$	$6.353\ 486\ \mathrm{x}10^{6}\mathrm{kg}$	$2.685\ 130\ \mathrm{x}10^{16}\mathrm{kg}$
$1.167\ 063\ \mathrm{x}10^{-1}\mathrm{kg}$	$4.036\ 678\ \mathrm{x}10^{7}\mathrm{kg}$	$7.209\ 927\ \mathrm{x}10^{16}\mathrm{kg}$
$1.362\ 038\ \mathrm{x}10^{-1}\mathrm{kg}$	$1.629\ 477\ \mathrm{x}10^{8}\mathrm{kg}$	$5.198\ 305\ \mathrm{x}10^{17}\mathrm{kg}$
$1.855\ 147\ \mathrm{x}10^{-1}\mathrm{kg}$	$2.655\ 197\ \mathrm{x}10^{8}\mathrm{kg}$	$2.702\ 237\ \mathrm{x}10^{18}\mathrm{kg}$
$3.441\ 572\ \mathrm{x}10^{-1}\mathrm{kg}$	$7.050\ 072\ \mathrm{x}10^{8}\mathrm{kg}$	$7.302\ 088\ \mathrm{x}10^{18}\mathrm{kg}$
$1.184\ 442\ \mathrm{x}10^{0}\mathrm{kg}$	$4.970\ 352\ \mathrm{x}10^{9}\mathrm{kg}$	$5.332\ 049\ \mathrm{x}10^{19}\mathrm{kg}$
$1.402\ 903\ \mathrm{x}10^{0}\mathrm{kg}$	$2.470\ 440\ \mathrm{x}10^{10}\mathrm{kg}$	$2.843\ 074\ \mathrm{x}10^{20}\mathrm{kg}$
$1.968\ 137\ \mathrm{x}10^{0}\mathrm{kg}$	$6.103\ 074\ \mathrm{x}10^{10}\mathrm{kg}$	$8.083\ 075\ \mathrm{x}10^{20}\mathrm{kg}$
$3.873\ 563\ \mathrm{x}10^{0}\mathrm{kg}$	$3.724\ 751\ \mathrm{x}10^{11}\mathrm{kg}$	$6.533\ 610\ \mathrm{x}10^{21}\mathrm{kg}$
$1.500\ 449\ \mathrm{x}10^{1}\mathrm{kg}$	$1.387\ 377\ \mathrm{x}10^{12}\mathrm{kg}$	$4.268\ 806\ \mathrm{x}10^{22}\mathrm{kg}$
$2.251\ 349\ \mathrm{x}10^{1}\mathrm{kg}$	$1.924\ 815\ \mathrm{x}10^{12}\mathrm{kg}$	$1.822\ 270\ \mathrm{x}10^{23}\mathrm{kg}$
$5.068\ 573\ \mathrm{x}10^{1}\mathrm{kg}$	$3.704\ 915\ \mathrm{x}10^{12}\mathrm{kg}$	$3.320\ 670\ \mathrm{x}10^{23}\mathrm{kg}$
$2.569\ 093\ \mathrm{x}10^{2}\mathrm{kg}$	$1.372\ 639\ \mathrm{x}10^{13}\mathrm{kg}$	$1.102\ 685\ \mathrm{x}10^{24}\mathrm{kg}$
$6.599\ 986\ \mathrm{x}10^{2}\mathrm{kg}$	$1.884\ 139\ \mathrm{x}10^{13}\mathrm{kg}$	$1.215\ 914\ \mathrm{x}10^{24}\mathrm{kg}$
$4.355\ 981\ \mathrm{x}10^{3}\mathrm{kg}$	$3.549\ 983\ \mathrm{x}10^{13}\mathrm{kg}$	$1.478\ 447\ \mathrm{x}10^{24}\mathrm{kg}$
$1.897\ 457\ \mathrm{x}10^{4}\mathrm{kg}$	$1.260\ 238\ \mathrm{x}10^{14}\mathrm{kg}$	$2.185\ 806\ \mathrm{x}10^{24}\mathrm{kg}$
$3.600\ 345\ \mathrm{x}10^{4}\mathrm{kg}$	$1.588\ 199\ \mathrm{x}10^{14}\mathrm{kg}$	$4.777\ 751\ \mathrm{x}10^{24}\mathrm{kg}$
$1.296\ 248\ \mathrm{x}10^{5}\mathrm{kg}$	$2.522\ 378\ \mathrm{x}10^{14}\mathrm{kg}$	$2.282\ 690\ \mathrm{x}10^{25}\mathrm{kg}$
$1.680\ 260\ \mathrm{x}10^{5}\mathrm{kg}$	$6.362\ 395\ \mathrm{x}10^{14}\mathrm{kg}$	$5.210\ 678\ \mathrm{x}10^{25}\mathrm{kg}$

$2.715\ 116\ x10^{26}kg$	$2.953\ 303\ x10^{28}kg$	$5.787\ 142\ x10^{30}kg$
$7.371\ 858\ x10^{26}kg$	$8.721\ 999\ x10^{28}kg$	$3.349\ 101\ x10^{31}kg$
$5.434\ 430\ x10^{27}kg$	$7.607\ 327\ x10^{29}kg$	

Berilio (B) 7. Masa atómica   7.016928 U

Masa en kilogramos 1.165 189 $x10^{-26}kg^{-2}$

$1.357\ 665\ x10^{-26}kg$	$6.655\ 530\ x10^{-16}kg$	$2.519\ 190\ x10^{-7}kg$
$1.843\ 255\ x10^{-26}kg$	$4.429\ 608\ x10^{-15}kg$	$6.346\ 320\ x10^{-7}kg$
$3.397\ 590\ x10^{-26}kg$	$1.962\ 143\ x10^{-14}kg$	$4.027\ 577\ x10^{-6}kg$
$1.154\ 361\ x10^{-25}kg$	$3.850\ 006\ x10^{-14}kg$	$1.622\ 138\ x10^{-5}kg$
$1.332\ 551\ x10^{-25}kg$	$1.482\ 255\ x10^{-13}kg$	$2.631\ 333\ x10^{-5}kg$
$1.775\ 693\ x10^{-25}kg$	$2.197\ 079\ x10^{-13}kg$	$6.923\ 914\ x10^{-5}kg$
$3.153\ 088\ x10^{-25}kg$	$4.827\ 160\ x10^{-13}kg$	$4.794\ 078\ x10^{-4}kg$
$9.941\ 965\ x10^{-25}kg$	$2.330\ 147\ x10^{-12}kg$	$2.298\ 299\ x10^{-3}kg$
$9.884\ 268\ x10^{-24}kg$	$5.429\ 587\ x10^{-12}kg$	$5.282\ 181\ x10^{-3}kg$
$9.769\ 875\ x10^{-23}kg$	$2.948\ 042\ x10^{-11}kg$	$2.790\ 144\ x10^{-2}kg$
$9.545\ 046\ x10^{-22}kg$	$8.690\ 953\ x10^{-11}kg$	$7.784\ 906\ x10^{-2}kg$
$9.110\ 791\ x10^{-21}kg$	$7.553\ 267\ x10^{-10}kg$	$6.060\ 477\ x10^{-1}kg$
$8.300\ 652\ x10^{-20}kg$	$5.705\ 184\ x10^{-9}kg$	$3.672\ 938\ x10^{0}kg$
$6.890\ 083\ x10^{-19}kg$	$3.254\ 913\ x10^{-8}kg$	$1.349\ 048\ x10^{1}kg$
$4.747\ 324\ x10^{-18}kg$	$1.059\ 445\ x10^{-7}kg$	$1.819\ 930\ x10^{1}kg$
$2.253\ 708\ x10^{-17}kg$	$1.122\ 425\ x10^{-7}kg$	$3.312\ 147\ x10^{1}kg$
$5.079\ 204\ x10^{-17}kg$	$1.259\ 839\ x10^{-7}kg$	$1.097\ 032\ x10^{2}kg$
$2.579\ 831\ x10^{-16}kg$	$1.587\ 195\ x10^{-7}kg$	$1.203\ 479\ x10^{2}kg$

$1.448\ 363\ \text{x}10^{2}\text{kg}$	$1.295\ 315\ \text{x}10^{13}\text{kg}$	$3.286\ 682\ \text{x}10^{23}\text{kg}$
$1.978\ 793\ \text{x}10^{2}\text{kg}$	$1.677\ 842\ \text{x}10^{13}\text{kg}$	$1.080\ 228\ \text{x}10^{24}\text{kg}$
$3.915\ 625\ \text{x}10^{2}\text{kg}$	$2.815\ 156\ \text{x}10^{13}\text{kg}$	$1.166\ 893\ \text{x}10^{24}\text{kg}$
$1.533\ 212\ \text{x}10^{3}\text{kg}$	$7.925\ 107\ \text{x}10^{13}\text{kg}$	$1.361\ 640\ \text{x}10^{24}\text{kg}$
$2.350\ 739\ \text{x}10^{3}\text{kg}$	$6.280\ 733\ \text{x}10^{14}\text{kg}$	$1.854\ 064\ \text{x}10^{24}\text{kg}$
$5.525\ 979\ \text{x}10^{3}\text{kg}$	$3.944\ 761\ \text{x}10^{15}\text{kg}$	$3.437\ 554\ \text{x}10^{24}\text{kg}$
$3.053\ 640\ \text{x}10^{4}\text{kg}$	$1.556\ 114\ \text{x}10^{16}\text{kg}$	$1.181\ 678\ \text{x}10^{25}\text{kg}$
$9.324\ 721\ \text{x}10^{4}\text{kg}$	$3.421\ 491\ \text{x}10^{16}\text{kg}$	$1.396\ 363\ \text{x}10^{25}\text{kg}$
$8.695\ 043\ \text{x}10^{5}\text{kg}$	$5.863\ 620\ \text{x}10^{16}\text{kg}$	$1.949\ 829\ \text{x}10^{25}\text{kg}$
$7.560\ 377\ \text{x}10^{6}\text{kg}$	$3.438\ 204\ \text{x}10^{17}\text{kg}$	$3.801\ 835\ \text{x}10^{25}\text{kg}$
$5.715\ 930\ \text{x}10^{7}\text{kg}$	$1.182\ 124\ \text{x}10^{18}\text{kg}$	$1.445\ 395\ \text{x}10^{26}\text{kg}$
$3.267\ 186\ \text{x}10^{8}\text{kg}$	$1.397\ 419\ \text{x}10^{18}\text{kg}$	$2.089\ 168\ \text{x}10^{26}\text{kg}$
$1.067\ 450\ \text{x}10^{9}\text{kg}$	$1.952\ 780\ \text{x}10^{18}\text{kg}$	$4.364\ 624\ \text{x}10^{26}\text{kg}$
$1.139\ 450\ \text{x}10^{9}\text{kg}$	$3.813\ 353\ \text{x}10^{18}\text{kg}$	$1.904\ 995\ \text{x}10^{27}\text{kg}$
$1.298\ 347\ \text{x}10^{9}\text{kg}$	$1.454\ 166\ \text{x}10^{19}\text{kg}$	$3.629\ 006\ \text{x}10^{27}\text{kg}$
$1.685\ 706\ \text{x}10^{9}\text{kg}$	$2.114\ 599\ \text{x}10^{19}\text{kg}$	$1.316\ 968\ \text{x}10^{28}\text{kg}$
$2.841\ 606\ \text{x}10^{9}\text{kg}$	$4.471\ 529\ \text{x}10^{19}\text{kg}$	$1.734\ 406\ \text{x}10^{28}\text{kg}$
$8.074\ 728\ \text{x}10^{9}\text{kg}$	$1.999\ 457\ \text{x}10^{20}\text{kg}$	$3.008\ 164\ \text{x}10^{28}\text{kg}$
$6.520\ 124\ \text{x}10^{10}\text{kg}$	$3.997\ 830\ \text{x}10^{20}\text{kg}$	$9.049\ 052\ \text{x}10^{28}\text{kg}$
$4.251\ 201\ \text{x}10^{11}\text{kg}$	$1.598\ 264\ \text{x}10^{21}\text{kg}$	$8.188\ 535\ \text{x}10^{29}\text{kg}$
$1.807\ 271\ \text{x}10^{12}\text{kg}$	$2.554\ 449\ \text{x}10^{21}\text{kg}$	$6.705\ 210\ \text{x}10^{30}\text{kg}$
$3.266\ 231\ \text{x}10^{12}\text{kg}$	$6.525\ 213\ \text{x}10^{21}\text{kg}$	$4.495\ 985\ \text{x}10^{31}\text{kg}$
$1.066\ 826\ \text{x}10^{13}\text{kg}$	$4.257\ 841\ \text{x}10^{22}\text{kg}$	$2.021\ 388\ \text{x}10^{32}\text{kg}$
$1.138\ 119\ \text{x}10^{13}\text{kg}$	$1.812\ 921\ \text{x}10^{23}\text{kg}$	

Litio (Li) 8. Masa atómica 8.022486 U

Masa en kilogramos 1.332 166 x10^{-26}kg^{-2}

1.774 666 x10^{-26}kg	7.788 013 x10^{-16}kg	2.103 007 x10^{-8}kg
3.149 440 x10^{-26}kg	6.065 315 x10^{-15}kg	4.422 639 x10^{-8}kg
9.918 974 x10^{-26}kg	3.678 805 x10^{-14}kg	1.955 973 x10^{-7}kg
9.838 604 x10^{-25}kg	1.353 360 x10^{-13}kg	3.825 833 x10^{-7}kg
9.679 814 x10^{-24}kg	1.831 585 x10^{-13}kg	1.463 700 x10^{-6}kg
9.369 881 x10^{-23}kg	3.354 706 x10^{-13}kg	2.142 418 x10^{-6}kg
8.779 467 x10^{-22}kg	1.125 405 x10^{-12}kg	4.589 956 x10^{-6}kg
7.707 905 x10^{-21}kg	1.266 536 x10^{-12}kg	2.106 770 x10^{-5}kg
5.941 180 x10^{-20}kg	1.604 115 x10^{-12}kg	4.438 480 x10^{-5}kg
3.529 762 x10^{-19}kg	2.573 188 x10^{-12}kg	1.970 010 x10^{-4}kg
1.245 922 x10^{-18}kg	6.621 296 x10^{-12}kg	3.880 942 x10^{-4}kg
1.552 323 x10^{-18}kg	4.384 156 x10^{-11}kg	1.506 171 x10^{-3}kg
2.409 707 x10^{-18}kg	1.922 083 x10^{-10}kg	2.268 552 x10^{-3}kg
5.806 688 x10^{-18}kg	3.694 404 x10^{-10}kg	5.146 328 x10^{-3}kg
3.371 763 x10^{-17}kg	1.364 862 x10^{-9}kg	2.648 469 x10^{-2}kg
1.136 878 x10^{-16}kg	1.862 848 x10^{-9}kg	7.014 391 x10^{-2}kg
1.292 493 x10^{-16}kg	3.470 204 x10^{-9}kg	4.920 168 x10^{-1}kg
1.670 539 x10^{-16}kg	1.204 232 x10^{-8}kg	2.420 805 x10^{0}kg
2.790 701 x10^{-16}kg	1.450 174 x10^{-8}kg	5.860 299 x10^{0}kg

$3.434\,310 \times 10^{1}\,kg$	$1.896\,500 \times 10^{9}\,kg$	$2.559\,780 \times 10^{20}\,kg$
$1.179\,449 \times 10^{2}\,kg$	$3.596\,714 \times 10^{9}\,kg$	$6.552\,476 \times 10^{20}\,kg$
$1.391\,100 \times 10^{2}\,kg$	$1.293\,635 \times 10^{10}\,kg$	$4.293\,495 \times 10^{21}\,kg$
$1.935\,160 \times 10^{2}\,kg$	$1.673\,492 \times 10^{10}\,kg$	$1.843\,410 \times 10^{22}\,kg$
$3.744\,844 \times 10^{2}\,kg$	$2.800\,577 \times 10^{10}\,kg$	$3.398\,160 \times 10^{22}\,kg$
$1.402\,385 \times 10^{3}\,kg$	$7.843\,233 \times 10^{10}\,kg$	$1.154\,749 \times 10^{23}\,kg$
$1.966\,686 \times 10^{3}\,kg$	$6.151\,630 \times 10^{11}\,kg$	$1.333\,446 \times 10^{23}\,kg$
$3.867\,855 \times 10^{3}\,kg$	$3.784\,256 \times 10^{12}\,kg$	$1.778\,079 \times 10^{23}\,kg$
$1.496\,030 \times 10^{4}\,kg$	$1.432\,059 \times 10^{13}\,kg$	$3.161\,566 \times 10^{23}\,kg$
$2.238\,106 \times 10^{4}\,kg$	$2.050\,794 \times 10^{13}\,kg$	$9.995\,505 \times 10^{23}\,kg$
$5.009\,122 \times 10^{4}\,kg$	$4.205\,756 \times 10^{13}\,kg$	$9.991\,012 \times 10^{24}\,kg$
$2.509\,130 \times 10^{5}\,kg$	$1.768\,838 \times 10^{14}\,kg$	$9.982\,033 \times 10^{25}\,kg$
$6.295\,735 \times 10^{5}\,kg$	$3.128\,791 \times 10^{14}\,kg$	$9.964\,098 \times 10^{26}\,kg$
$3.963\,629 \times 10^{6}\,kg$	$9.789\,334 \times 10^{14}\,kg$	$9.928\,326 \times 10^{27}\,kg$
$1.571\,035 \times 10^{7}\,kg$	$9.583\,106 \times 10^{15}\,kg$	$9.857\,165 \times 10^{28}\,kg$
$2.468\,152 \times 10^{7}\,kg$	$9.183\,593 \times 10^{16}\,kg$	$9.716\,371 \times 10^{29}\,kg$
$6.091\,778 \times 10^{7}\,kg$	$8.433\,839 \times 10^{17}\,kg$	$9.440\,788 \times 10^{30}\,kg$
$3.710\,976 \times 10^{8}\,kg$	$7.112\,965 \times 10^{18}\,kg$	$8.912\,848 \times 10^{31}\,kg$
$1.377\,134 \times 10^{9}\,kg$	$5.059\,427 \times 10^{19}\,kg$	

Litio (Li) 7. Masa atómica 7.016003 U

Masa en kilogramos 1.165 189 x10^{-26}kg^{-2}

1.357 665 x10^{-26}kg	4.429 608 x10^{-15}kg	4.027 577 x10^{-6}kg
1.843 255 x10^{-26}kg	1.962 143 x10^{-14}kg	1.622 138 x10^{-5}kg
3.397 590 x10^{-26}kg	3.850 006 x10^{-14}kg	2.631 333 x10^{-5}kg
1.154 361 x10^{-25}kg	1.482 255 x10^{-13}kg	6.923 914 x10^{-5}kg
1.332 551 x10^{-25}kg	2.197 079 x10^{-13}kg	4.794 058 x10^{-4}kg
1.775 693 x10^{-25}kg	4.827 160 x10^{-13}kg	2.298 299 x10^{-3}kg
3.153 088 x10^{-25}kg	2.330 197 x10^{-12}kg	5.282 181 x10^{-3}kg
9.941 965 x10^{-25}kg	5.429 587 x10^{-12}kg	2.790 144 x10^{-2}kg
9.884 268 x10^{-24}kg	2.948 042 x10^{-11}kg	7.784 906 x10^{-2}kg
9.769 875 x10^{-23}kg	8.690 953 x10^{-11}kg	6.060 477 x10^{-1}kg
9.545 046 x10^{-22}kg	7.553 267 x10^{-10}kg	3.672 938 x10^{0}kg
9.110 791 x10^{-21}kg	5.705 184 x10^{-9}kg	1.349 048 x10^{1}kg
8.300 652 x10^{-20}kg	3.254 913 x10^{-8}kg	1.819 930 x10^{1}kg
6.890 083 x10^{-19}kg	1.059 445 x10^{-7}kg	3.312 147 x10^{1}kg
4.747 329 x10^{-18}kg	1.122 425 x10^{-7}kg	1.097 032 x10^{2}kg
2.253 708 x10^{-17}kg	1.259 839 x10^{-7}kg	1.203 479 x10^{2}kg
5.079 204 x10^{-17}kg	1.587 195 x10^{-7}kg	1.448 363 x10^{2}kg
2.579 831 x10^{-16}kg	2.519 190 x10^{-7}kg	2.097 757 x10^{2}kg
6.655 530 x10^{-16}kg	6.346 320 x10^{-7}kg	4.400 585 x10^{2}kg

$1.936\,515 \times 10^{3}\,kg$	$1.802\,278 \times 10^{13}\,kg$	$4.364\,756 \times 10^{22}\,kg$
$3.750\,091 \times 10^{3}\,kg$	$3.248\,206 \times 10^{13}\,kg$	$1.905\,110 \times 10^{23}\,kg$
$1.406\,318 \times 10^{4}\,kg$	$1.055\,084 \times 10^{14}\,kg$	$3.629\,444 \times 10^{23}\,kg$
$1.977\,731 \times 10^{4}\,kg$	$1.113\,203 \times 10^{14}\,kg$	$1.317\,286 \times 10^{24}\,kg$
$3.911\,423 \times 10^{4}\,kg$	$1.239\,222 \times 10^{14}\,kg$	$1.735\,243 \times 10^{24}\,kg$
$1.529\,923 \times 10^{5}\,kg$	$1.535\,673 \times 10^{14}\,kg$	$3.011\,071 \times 10^{24}\,kg$
$2.340\,665 \times 10^{5}\,kg$	$2.358\,292 \times 10^{14}\,kg$	$9.066\,551 \times 10^{24}\,kg$
$5.478\,714 \times 10^{5}\,kg$	$5.561\,543 \times 10^{14}\,kg$	$8.220\,236 \times 10^{25}\,kg$
$3.001\,631 \times 10^{6}\,kg$	$3.093\,076 \times 10^{15}\,kg$	$6.757\,228 \times 10^{26}\,kg$
$9.009\,791 \times 10^{6}\,kg$	$9.587\,120 \times 10^{15}\,kg$	$4.566\,013 \times 10^{27}\,kg$
$8.117\,634 \times 10^{7}\,kg$	$9.152\,978 \times 10^{16}\,kg$	$2.084\,848 \times 10^{28}\,kg$
$6.589\,599 \times 10^{8}\,kg$	$8.377\,702 \times 10^{17}\,kg$	$4.346\,591 \times 10^{28}\,kg$
$4.342\,282 \times 10^{9}\,kg$	$7.018\,589 \times 10^{18}\,kg$	$1.889\,285 \times 10^{29}\,kg$
$1.885\,541 \times 10^{10}\,kg$	$4.926\,059 \times 10^{19}\,kg$	$3.569\,401 \times 10^{29}\,kg$
$3.555\,266 \times 10^{10}\,kg$	$2.426\,606 \times 10^{20}\,kg$	$1.274\,062 \times 10^{30}\,kg$
$1.263\,992 \times 10^{11}\,kg$	$5.888\,419 \times 10^{20}\,kg$	$1.623\,235 \times 10^{30}\,kg$
$1.597\,676 \times 10^{11}\,kg$	$3.467\,348 \times 10^{21}\,kg$	$2.634\,892 \times 10^{30}\,kg$
$2.552\,570 \times 10^{11}\,kg$	$1.202\,250 \times 10^{22}\,kg$	$6.942\,658 \times 10^{30}\,kg$
$6.515\,615 \times 10^{11}\,kg$	$1.445\,406 \times 10^{22}\,kg$	$4.820\,050 \times 10^{31}\,kg$
$4.245\,324 \times 10^{12}\,kg$	$2.089\,199 \times 10^{22}\,kg$	

Litio (Li) 6. Masa atómica 6.015121 U

Masa en kilogramos 9.988 350 x10^{-27}kg^{-2}

9.976 713 x10^{-26}kg	1.462 302 x10^{-10}kg	9.200 150 x10^{1}kg
9.953 481 x10^{-25}kg	2.138 327 x10^{-10}kg	8.464 276 x10^{2}kg
9.907 179 x10^{-24}kg	4.572 443 x10^{-10}kg	7.164 398 x10^{3}kg
9.815 221 x10^{-23}kg	2.090 723 x10^{-9}kg	5.132 860 x10^{4}kg
9.633 857 x10^{-22}kg	4.371 126 x10^{-9}kg	2.634 625 x10^{5}kg
9.281 120 x10^{-21}kg	1.910 674 x10^{-8}kg	6.941 250 x10^{5}kg
8.613 919 x10^{-20}kg	3.650 677 x10^{-8}kg	4.818 096 x10^{6}kg
7.419 960 x10^{-19}kg	1.332 744 x10^{-7}kg	2.341 405 x10^{7}kg
5.505 582 x10^{-18}kg	1.776 208 x10^{-7}kg	5.388 922 x10^{7}kg
3.031 143 x10^{-17}kg	3.154 918 x10^{-7}kg	2.904 048 x10^{8}kg
9.187 830 x10^{-17}kg	9.953 507 x10^{-7}kg	8.433 498 x10^{8}kg
8.441 622 x10^{-16}kg	9.907 231 x10^{-6}kg	7.112 389 x10^{9}kg
7.126 099 x10^{-15}kg	9.815 324 x10^{-5}kg	5.058 608 x10^{10}kg
5.078 128 x10^{-14}kg	9.634 058 x10^{-4}kg	2.558 951 x10^{11}kg
2.578 739 x10^{-13}kg	9.281 509 x10^{-3}kg	6.548 233 x10^{11}kg
6.649 895 x10^{-13}kg	8.614 640 x10^{-2}kg	4.287 936 x10^{12}kg
4.422 110 x10^{-12}kg	7.421 203 x10^{-1}kg	1.838 639 x10^{13}kg
1.955 506 x10^{-11}kg	5.507 426 x10^{0}kg	3.380 059 x10^{13}kg
3.824 005 x10^{-11}kg	3.033 174 x10^{1}kg	1.148 842 x10^{14}kg

$1.306\,089 \times 10^{14}$ kg	$1.266\,912 \times 10^{21}$ kg	$2.503\,566 \times 10^{27}$ kg
$1.705\,870 \times 10^{14}$ kg	$1.605\,066 \times 10^{21}$ kg	$6.267\,842 \times 10^{27}$ kg
$2.909\,995 \times 10^{14}$ kg	$2.576\,237 \times 10^{21}$ kg	$3.928\,585 \times 10^{28}$ kg
$8.468\,072 \times 10^{14}$ kg	$6.637\,002 \times 10^{21}$ kg	$1.543\,378 \times 10^{29}$ kg
$7.170\,824 \times 10^{15}$ kg	$4.404\,979 \times 10^{22}$ kg	$2.382\,016 \times 10^{29}$ kg
$5.142\,072 \times 10^{16}$ kg	$1.948\,384 \times 10^{23}$ kg	$5.674\,004 \times 10^{29}$ kg
$2.644\,090 \times 10^{17}$ kg	$3.765\,092 \times 10^{23}$ kg	$3.219\,432 \times 10^{30}$ kg
$6.991\,215 \times 10^{17}$ kg	$1.417\,591 \times 10^{24}$ kg	$1.036\,474 \times 10^{31}$ kg
$4.887\,709 \times 10^{18}$ kg	$2.009\,566 \times 10^{24}$ kg	$1.074\,280 \times 10^{31}$ kg
$2.388\,970 \times 10^{19}$ kg	$4.038\,359 \times 10^{24}$ kg	$1.154\,077 \times 10^{31}$ kg
$5.707\,181 \times 10^{19}$ kg	$1.630\,834 \times 10^{25}$ kg	$1.331\,895 \times 10^{31}$ kg
$3.257\,191 \times 10^{20}$ kg	$2.659\,621 \times 10^{25}$ kg	$1.773\,945 \times 10^{31}$ kg
$1.060\,929 \times 10^{21}$ kg	$7.073\,588 \times 10^{25}$ kg	$3.146\,883 \times 10^{31}$ kg
$1.125\,571 \times 10^{21}$ kg	$5.003\,564 \times 10^{26}$ kg	$9.902\,873 \times 10^{31}$ kg

Helio (He) 6. Masa atómica 6.0188886 U

Masa en kilogramos 9.994 602 $\times 10^{-27}$ kg^{-2}

$9.989\,206 \times 10^{-26}$ kg	$9.828\,701 \times 10^{-22}$ kg	$7.584\,698 \times 10^{-18}$ kg
$9.978\,425 \times 10^{-25}$ kg	$9.660\,337 \times 10^{-21}$ kg	$5.752\,765 \times 10^{-17}$ kg
$9.956\,897 \times 10^{-24}$ kg	$9.332\,211 \times 10^{-20}$ kg	$3.309\,430 \times 10^{-16}$ kg
$9.913\,980 \times 10^{-23}$ kg	$8.709\,017 \times 10^{-19}$ kg	$1.095\,233 \times 10^{-15}$ kg

$1.199\,535 \times 10^{-15}$kg	$5.214\,123 \times 10^{-7}$kg	$1.879\,310 \times 10^{5}$kg
$1.438\,886 \times 10^{-15}$kg	$2.718\,708 \times 10^{-6}$kg	$3.531\,809 \times 10^{5}$kg
$2.070\,393 \times 10^{-15}$kg	$7.391\,376 \times 10^{-6}$kg	$1.247\,367 \times 10^{6}$kg
$4.286\,528 \times 10^{-15}$kg	$5.463\,245 \times 10^{-5}$kg	$1.555\,926 \times 10^{6}$kg
$1.837\,432 \times 10^{-14}$kg	$2.984\,704 \times 10^{-4}$kg	$2.420\,907 \times 10^{6}$kg
$3.376\,158 \times 10^{-14}$kg	$8.908\,462 \times 10^{-4}$kg	$5.860\,791 \times 10^{6}$kg
$1.139\,844 \times 10^{-13}$kg	$7.936\,070 \times 10^{-3}$kg	$3.434\,888 \times 10^{7}$kg
$1.299\,245 \times 10^{-13}$kg	$6.298\,121 \times 10^{-2}$kg	$1.179\,845 \times 10^{8}$kg
$1.688\,038 \times 10^{-13}$kg	$3.966\,633 \times 10^{-1}$kg	$1.392\,035 \times 10^{8}$kg
$2.849\,475 \times 10^{-13}$kg	$1.573\,418 \times 10^{0}$kg	$1.937\,763 \times 10^{8}$kg
$8.119\,510 \times 10^{-13}$kg	$2.475\,645 \times 10^{0}$kg	$3.759\,427 \times 10^{8}$kg
$6.592\,645 \times 10^{-12}$kg	$6.128\,821 \times 10^{0}$kg	$1.409\,947 \times 10^{9}$kg
$4.346\,297 \times 10^{-11}$kg	$3.756\,244 \times 10^{1}$kg	$1.987\,952 \times 10^{9}$kg
$1.889\,030 \times 10^{-10}$kg	$1.410\,937 \times 10^{2}$kg	$3.951\,955 \times 10^{9}$kg
$3.568\,436 \times 10^{-10}$kg	$1.990\,744 \times 10^{2}$kg	$1.561\,795 \times 10^{10}$kg
$1.273\,373 \times 10^{-9}$kg	$3.963\,065 \times 10^{2}$kg	$2.439\,204 \times 10^{10}$kg
$1.621\,481 \times 10^{-9}$kg	$1.570\,588 \times 10^{3}$kg	$5.949\,718 \times 10^{10}$kg
$2.629\,201 \times 10^{-9}$kg	$2.466\,748 \times 10^{3}$kg	$3.539\,914 \times 10^{11}$kg
$6.912\,699 \times 10^{-9}$kg	$6.084\,849 \times 10^{3}$kg	$1.253\,099 \times 10^{12}$kg
$4.778\,541 \times 10^{-8}$kg	$3.702\,539 \times 10^{4}$kg	$1.570\,258 \times 10^{12}$kg
$2.283\,445 \times 10^{-7}$kg	$1.370\,879 \times 10^{5}$kg	$2.465\,511 \times 10^{12}$kg

$6.079\,732 \times 10^{12}$kg	$1.454\,189 \times 10^{19}$kg	$2.414\,168 \times 10^{24}$kg
$3.696\,314 \times 10^{13}$kg	$2.114\,667 \times 10^{19}$kg	$5.828\,210 \times 10^{24}$kg
$1.366\,274 \times 10^{14}$kg	$4.471\,817 \times 10^{19}$kg	$3.396\,803 \times 10^{25}$kg
$1.866\,705 \times 10^{14}$kg	$1.999\,715 \times 10^{20}$kg	$1.153\,827 \times 10^{26}$kg
$3.484\,588 \times 10^{14}$kg	$3.998\,860 \times 10^{20}$kg	$1.331\,317 \times 10^{26}$kg
$1.214\,235 \times 10^{15}$kg	$1.599\,088 \times 10^{21}$kg	$1.772\,406 \times 10^{26}$kg
$1.474\,368 \times 10^{15}$kg	$2.557\,085 \times 10^{21}$kg	$3.141\,424 \times 10^{26}$kg
$2.173\,761 \times 10^{15}$kg	$6.538\,684 \times 10^{21}$kg	$9.868\,549 \times 10^{26}$kg
$4.725\,238 \times 10^{15}$kg	$4.275\,439 \times 10^{22}$kg	$9.738\,826 \times 10^{27}$kg
$2.232\,707 \times 10^{16}$kg	$1.827\,938 \times 10^{23}$kg	$9.484\,473 \times 10^{28}$kg
$4.984\,984 \times 10^{16}$kg	$3.341\,357 \times 10^{23}$kg	$8.995\,523 \times 10^{29}$kg
$2.485\,007 \times 10^{17}$kg	$1.116\,467 \times 10^{24}$kg	$8.091\,943 \times 10^{30}$kg
$6.175\,260 \times 10^{17}$kg	$1.246\,498 \times 10^{24}$kg	$6.547\,955 \times 10^{31}$kg
$3.813\,383 \times 10^{18}$kg	$1.553\,759 \times 10^{24}$kg	

Helio (He) 4. Masa atómica 4.002604 U

Masa en kilogramos 4.418 013 $\times 10^{-26}$kg^{-2}

$1.951\,884 \times 10^{-25}$kg	$4.438\,797 \times 10^{-24}$kg	$2.271\,149 \times 10^{-22}$kg
$3.809\,852 \times 10^{-25}$kg	$1.970\,292 \times 10^{-23}$kg	$5.158\,120 \times 10^{-22}$kg
$1.451\,497 \times 10^{-24}$kg	$3.882\,052 \times 10^{-23}$kg	$2.660\,620 \times 10^{-21}$kg
$2.106\,845 \times 10^{-24}$kg	$1.507\,033 \times 10^{-22}$kg	$1.372\,380 \times 10^{-20}$kg

$1.883\,427 \times 10^{-20}$kg	$3.862\,268 \times 10^{-12}$kg	$2.484\,978 \times 10^{1}$kg
$3.547\,298 \times 10^{-20}$kg	$1.491\,711 \times 10^{-11}$kg	$6.175\,117 \times 10^{1}$kg
$1.258\,332 \times 10^{-19}$kg	$2.225\,204 \times 10^{-11}$kg	$3.813\,207 \times 10^{2}$kg
$1.583\,401 \times 10^{-19}$kg	$4.951\,534 \times 10^{-11}$kg	$1.454\,054 \times 10^{3}$kg
$2.507\,159 \times 10^{-19}$kg	$2.451\,768 \times 10^{-10}$kg	$2.114\,275 \times 10^{3}$kg
$6.285\,850 \times 10^{-19}$kg	$6.011\,170 \times 10^{-10}$kg	$4.470\,158 \times 10^{3}$kg
$3.951\,191 \times 10^{-18}$kg	$3.613\,417 \times 10^{-9}$kg	$1.998\,233 \times 10^{4}$kg
$1.561\,191 \times 10^{-17}$kg	$1.305\,678 \times 10^{-8}$kg	$3.992\,935 \times 10^{4}$kg
$2.437\,319 \times 10^{-17}$kg	$1.704\,796 \times 10^{-8}$kg	$1.594\,353 \times 10^{5}$kg
$5.940\,526 \times 10^{-17}$kg	$2.906\,329 \times 10^{-8}$kg	$2.541\,961 \times 10^{5}$kg
$3.528\,985 \times 10^{-16}$kg	$8.446\,750 \times 10^{-8}$kg	$6.461\,567 \times 10^{5}$kg
$1.245\,373 \times 10^{-15}$kg	$7.134\,475 \times 10^{-7}$kg	$4.175\,185 \times 10^{6}$kg
$1.550\,955 \times 10^{-15}$kg	$5.090\,479 \times 10^{-6}$kg	$1.743\,217 \times 10^{7}$kg
$2.405\,426 \times 10^{-15}$kg	$2.591\,297 \times 10^{-5}$kg	$7.278\,256 \times 10^{7}$kg
$5.786\,250 \times 10^{-15}$kg	$6.714\,823 \times 10^{-5}$kg	$5.297\,302 \times 10^{8}$kg
$3.348\,069 \times 10^{-14}$kg	$4.508\,885 \times 10^{-4}$kg	$2.806\,140 \times 10^{9}$kg
$1.120\,956 \times 10^{-13}$kg	$3.027\,637 \times 10^{-3}$kg	$7.874\,426 \times 10^{9}$kg
$1.256\,543 \times 10^{-13}$kg	$9.166\,587 \times 10^{-3}$kg	$6.200\,658 \times 10^{10}$kg
$1.578\,902 \times 10^{-13}$kg	$8.402\,631 \times 10^{-2}$kg	$3.844\,816 \times 10^{11}$kg
$2.492\,933 \times 10^{-13}$kg	$7.060\,421 \times 10^{-1}$kg	$1.478\,261 \times 10^{12}$kg
$6.214\,715 \times 10^{-13}$kg	$4.984\,955 \times 10^{0}$kg	$2.185\,257 \times 10^{12}$kg

$4.775\,348 \times 10^{12}\,\text{kg}$	$4.332\,464 \times 10^{21}\,\text{kg}$	$3.420\,332 \times 10^{26}\,\text{kg}$
$2.280\,394 \times 10^{13}\,\text{kg}$	$1.877\,025 \times 10^{22}\,\text{kg}$	$1.169\,867 \times 10^{27}\,\text{kg}$
$5.200\,200 \times 10^{13}\,\text{kg}$	$3.523\,223 \times 10^{22}\,\text{kg}$	$1.368\,590 \times 10^{27}\,\text{kg}$
$2.704\,208 \times 10^{14}\,\text{kg}$	$1.241\,310 \times 10^{23}\,\text{kg}$	$1.873\,039 \times 10^{27}\,\text{kg}$
$7.312\,745 \times 10^{14}\,\text{kg}$	$1.540\,851 \times 10^{23}\,\text{kg}$	$3.508\,275 \times 10^{27}\,\text{kg}$
$5.347\,624 \times 10^{15}\,\text{kg}$	$2.374\,223 \times 10^{23}\,\text{kg}$	$1.230\,799 \times 10^{28}\,\text{kg}$
$2.859\,708 \times 10^{16}\,\text{kg}$	$5.636\,936 \times 10^{23}\,\text{kg}$	$1.514\,867 \times 10^{28}\,\text{kg}$
$8.177\,932 \times 10^{16}\,\text{kg}$	$3.177\,504 \times 10^{24}\,\text{kg}$	$2.294\,823 \times 10^{28}\,\text{kg}$
$6.687\,857 \times 10^{17}\,\text{kg}$	$1.009\,653 \times 10^{25}\,\text{kg}$	$5.266\,212 \times 10^{28}\,\text{kg}$
$4.472\,743 \times 10^{18}\,\text{kg}$	$1.019\,400 \times 10^{25}\,\text{kg}$	$2.773\,303 \times 10^{29}\,\text{kg}$
$2.000\,543 \times 10^{19}\,\text{kg}$	$1.039\,177 \times 10^{25}\,\text{kg}$	$7.691\,211 \times 10^{29}\,\text{kg}$
$4.000\,217 \times 10^{19}\,\text{kg}$	$1.079\,889 \times 10^{25}\,\text{kg}$	$5.915\,472 \times 10^{30}\,\text{kg}$
$1.601\,739 \times 10^{20}\,\text{kg}$	$1.166\,151 \times 10^{25}\,\text{kg}$	$3.499\,281 \times 10^{31}\,\text{kg}$
$2.565\,569 \times 10^{20}\,\text{kg}$	$3.359\,931 \times 10^{25}\,\text{kg}$	
$6.582\,146 \times 10^{20}\,\text{kg}$	$1.849\,414 \times 10^{26}\,\text{kg}$	

Helio (He) 3. Mas atómica 3. 016030 U

Masa en kilogramos 5.008 237 $\times 10^{-26}\,\text{kg}^{-2}$

$2.508\,244 \times 10^{-25}\,\text{kg}$	$2.454\,236 \times 10^{-23}\,\text{kg}$	$1.732\,456 \times 10^{-21}\,\text{kg}$
$6.291\,287 \times 10^{-25}\,\text{kg}$	$6.023\,276 \times 10^{-23}\,\text{kg}$	$3.001\,404 \times 10^{-21}\,\text{kg}$
$3.958\,030 \times 10^{-24}\,\text{kg}$	$3.627\,985 \times 10^{-22}\,\text{kg}$	$9.008\,426 \times 10^{-21}\,\text{kg}$
$1.566\,600 \times 10^{-23}\,\text{kg}$	$1.316\,228 \times 10^{-21}\,\text{kg}$	$8.115\,174 \times 10^{-20}\,\text{kg}$

$6.585\ 606 \times 10^{-19}$ kg	$5.290\ 143 \times 10^{-6}$ kg	$1.547\ 742 \times 10^{5}$ kg
$4.337\ 020 \times 10^{-18}$ kg	$2.798\ 561 \times 10^{-5}$ kg	$2.395\ 507 \times 10^{5}$ kg
$1.880\ 975 \times 10^{-17}$ kg	$7.831\ 947 \times 10^{-5}$ kg	$5.738\ 454 \times 10^{5}$ kg
$3.538\ 066 \times 10^{-17}$ kg	$6.133\ 940 \times 10^{-4}$ kg	$3.292\ 985 \times 10^{6}$ kg
$1.251\ 791 \times 10^{-16}$ kg	$3.765\ 522 \times 10^{-3}$ kg	$1.084\ 375 \times 10^{7}$ kg
$1.566\ 982 \times 10^{-16}$ kg	$1.415\ 657 \times 10^{-2}$ kg	$1.175\ 870 \times 10^{7}$ kg
$2.455\ 433 \times 10^{-16}$ kg	$2.004\ 085 \times 10^{-2}$ kg	$1.382\ 670 \times 10^{7}$ kg
$6.029\ 155 \times 10^{-16}$ kg	$4.016\ 357 \times 10^{-2}$ kg	$1.911\ 776 \times 10^{7}$ kg
$3.635\ 071 \times 10^{-15}$ kg	$1.612\ 112 \times 10^{-1}$ kg	$3.654\ 890 \times 10^{7}$ kg
$1.321\ 374 \times 10^{-14}$ kg	$2.602\ 133 \times 10^{-1}$ kg	$1.335\ 822 \times 10^{8}$ kg
$1.746\ 029 \times 10^{-14}$ kg	$6.771\ 097 \times 10^{-1}$ kg	$1.784\ 421 \times 10^{8}$ kg
$3.048\ 619 \times 10^{-14}$ kg	$4.584\ 775 \times 10^{0}$ kg	$3.184\ 159 \times 10^{8}$ kg
$9.294\ 077 \times 10^{-14}$ kg	$2.102\ 016 \times 10^{1}$ kg	$1.013\ 887 \times 10^{9}$ kg
$8.637\ 988 \times 10^{-13}$ kg	$4.418\ 473 \times 10^{1}$ kg	$1.027\ 967 \times 10^{9}$ kg
$7.461\ 484 \times 10^{-12}$ kg	$1.952\ 290 \times 10^{2}$ kg	$1.056\ 716 \times 10^{9}$ kg
$5.567\ 374 \times 10^{-11}$ kg	$3.811\ 439 \times 10^{2}$ kg	$1.116\ 649 \times 10^{9}$ kg
$3.099\ 976 \times 10^{-10}$ kg	$1.452\ 707 \times 10^{3}$ kg	$1.246\ 906 \times 10^{9}$ kg
$9.609\ 852 \times 10^{-10}$ kg	$2.110\ 358 \times 10^{3}$ kg	$1.554\ 775 \times 10^{9}$ kg
$9.234\ 926 \times 10^{-9}$ kg	$4.453\ 611 \times 10^{3}$ kg	$2.417\ 327 \times 10^{9}$ kg
$8.528\ 386 \times 10^{-8}$ kg	$1.983\ 465 \times 10^{4}$ kg	$5.843\ 473 \times 10^{9}$ kg
$7.273\ 337 \times 10^{-7}$ kg	$3.934\ 136 \times 10^{4}$ kg	$3.414\ 617 \times 10^{10}$ kg

$1.165\,961 \times 10^{11}$kg	$5.331\,168 \times 10^{16}$kg	$1.818\,051 \times 10^{23}$kg
$1.359\,466 \times 10^{11}$kg	$2.842\,136 \times 10^{17}$kg	$3.305\,310 \times 10^{23}$kg
$1.848\,148 \times 10^{11}$kg	$8.077\,737 \times 10^{17}$kg	$1.092\,507 \times 10^{24}$kg
$3.415\,652 \times 10^{11}$kg	$6.524\,984 \times 10^{18}$kg	$1.193\,572 \times 10^{24}$kg
$1.166\,667 \times 10^{12}$kg	$4.257\,542 \times 10^{19}$kg	$1.424\,615 \times 10^{24}$kg
$1.361\,113 \times 10^{12}$kg	$1.812\,666 \times 10^{20}$kg	$2.029\,527 \times 10^{24}$kg
$1.852\,631 \times 10^{12}$kg	$3.285\,759 \times 10^{20}$kg	$4.118\,983 \times 10^{24}$kg
$3.432\,241 \times 10^{12}$kg	$1.079\,621 \times 10^{21}$kg	$1.696\,602 \times 10^{25}$kg
$1.178\,028 \times 10^{13}$kg	$1.165\,582 \times 10^{21}$kg	$2.878\,460 \times 10^{25}$kg
$1.387\,750 \times 10^{13}$kg	$1.358\,582 \times 10^{21}$kg	$8.285\,532 \times 10^{25}$kg
$1.925\,851 \times 10^{13}$kg	$1.845\,576 \times 10^{21}$kg	$6.865\,004 \times 10^{26}$kg
$3.708\,902 \times 10^{13}$kg	$3.406\,152 \times 10^{21}$kg	$4.712\,828 \times 10^{27}$kg
$1.375\,595 \times 10^{14}$kg	$1.160\,187 \times 10^{22}$kg	$2.221\,075 \times 10^{28}$kg
$1.892\,263 \times 10^{14}$kg	$1.346\,035 \times 10^{22}$kg	$4.933\,175 \times 10^{28}$kg
$3.580\,661 \times 10^{14}$kg	$1.811\,810 \times 10^{22}$kg	$2.433\,621 \times 10^{29}$kg
$1.282\,113 \times 10^{15}$kg	$3.282\,656 \times 10^{22}$kg	$5.922\,515 \times 10^{29}$kg
$1.643\,814 \times 10^{15}$kg	$1.077\,583 \times 10^{23}$kg	$3.507\,618 \times 10^{30}$kg
$2.702\,126 \times 10^{15}$kg	$1.151\,185 \times 10^{23}$kg	$1.230\,339 \times 10^{31}$kg
$7.301\,485 \times 10^{15}$kg	$1.348\,351 \times 10^{23}$kg	$1.513\,734 \times 10^{31}$kg

Boro (B) 11. Masa atómica 11.009305U.

Masa en kilogramos 1.828 139 x10^{-26}kg^{-2}

3.342 092 x10^{-26}kg	3.742 730 x10^{-20}kg	7.513 058 x10^{-10}kg
1.116 958 x10^{-25}kg	1.400 803 x10^{-19}kg	5.644 604 x10^{-9}kg
1.247 595 x10^{-25}kg	1.962 249 x10^{-19}kg	3.186 155 x10^{-8}kg
1.556 493 x10^{-25}kg	3.850 422 x10^{-19}kg	1.015 158 x10^{-7}kg
2.422 673 x10^{-25}kg	1.482 575 x10^{-18}kg	1.030 547 x10^{-7}kg
5.869 345 x10^{-25}kg	2.198 029 x10^{-18}kg	1.062 027 x10^{-7}kg
3.444 921 x10^{-24}kg	4.831 331 x10^{-18}kg	1.127 902 x10^{-7}kg
1.186 748 x10^{-23}kg	2.334 176 x10^{-17}kg	1.272 163 x10^{-7}kg
1.408 371 x10^{-23}kg	5.448 381 x10^{-17}kg	1.618 399 x10^{-7}kg
1.983 511 x10^{-23}kg	2.968 485 x10^{-16}kg	2.619 218 x10^{-7}kg
3.934 318 x10^{-23}kg	8.811 908 x10^{-16}kg	6.860 304 x10^{-7}kg
1.547 886 x10^{-22}kg	7.764 972 x10^{-15}kg	4.706 377 x10^{-6}kg
2.395 951 x10^{-22}kg	6.029 479 x10^{-14}kg	2.214 999 x10^{-5}kg
5.740 583 x10^{-22}kg	3.635 462 x10^{-13}kg	4.906 221 x10^{-5}kg
3.295 430 x10^{-21}kg	1.321 658 x10^{-12}kg	2.407 101 x10^{-4}kg
1.085 986 x10^{-20}kg	1.746 781 x10^{-12}kg	5.794 135 x10^{-4}kg
1.179 365 x10^{-20}kg	3.051 245 x10^{-12}kg	3.357 200 x10^{-3}kg
1.390 903 x10^{-20}kg	9.310 096 x10^{-12}kg	1.127 079 x10^{-2}kg
1.934 613 x10^{-20}kg	8.667 789 x10^{-11}kg	1.270 308 x10^{-2}kg

$1.613\ 683\ \text{x}10^{-2}\text{kg}$	$6.597\ 237\ \text{x}10^{8}\text{kg}$	$8.129\ 054\ \text{x}10^{18}\text{kg}$
$2.603\ 975\ \text{x}10^{-2}\text{kg}$	$4.352\ 354\ \text{x}10^{9}\text{kg}$	$6.608\ 151\ \text{x}10^{19}\text{kg}$
$6.780\ 686\ \text{x}10^{-2}\text{kg}$	$1.894\ 298\ \text{x}10^{10}\text{kg}$	$4.366\ 767\ \text{x}10^{20}\text{kg}$
$4.597\ 771\ \text{x}10^{-1}\text{kg}$	$3.588\ 367\ \text{x}10^{10}\text{kg}$	$1.906\ 865\ \text{x}10^{21}\text{kg}$
$2.113\ 950\ \text{x}10^{0}\text{kg}$	$1.287\ 638\ \text{x}10^{11}\text{kg}$	$3.636\ 136\ \text{x}10^{21}\text{kg}$
$4.468\ 785\ \text{x}10^{0}\text{kg}$	$1.658\ 012\ \text{x}10^{11}\text{kg}$	$1.322\ 148\ \text{x}10^{22}\text{kg}$
$1.997\ 004\ \text{x}10^{1}\text{kg}$	$2.749\ 006\ \text{x}10^{11}\text{kg}$	$1.748\ 077\ \text{x}10^{22}\text{kg}$
$3.988\ 026\ \text{x}10^{1}\text{kg}$	$7.557\ 035\ \text{x}10^{11}\text{kg}$	$3.055\ 775\ \text{x}10^{22}\text{kg}$
$1.590\ 435\ \text{x}10^{2}\text{kg}$	$5.710\ 878\ \text{x}10^{12}\text{kg}$	$9.337\ 762\ \text{x}10^{22}\text{kg}$
$2.529\ 484\ \text{x}10^{2}\text{kg}$	$3.261\ 412\ \text{x}10^{13}\text{kg}$	$8.719\ 380\ \text{x}10^{23}\text{kg}$
$6.398\ 293\ \text{x}10^{2}\text{kg}$	$1.063\ 681\ \text{x}10^{14}\text{kg}$	$7.602\ 759\ \text{x}10^{24}\text{kg}$
$4.093\ 815\ \text{x}10^{3}\text{kg}$	$1.131\ 418\ \text{x}10^{14}\text{kg}$	$5.780\ 195\ \text{x}10^{25}\text{kg}$
$1.675\ 932\ \text{x}10^{4}\text{kg}$	$1.280\ 106\ \text{x}10^{14}\text{kg}$	$3.341\ 066\ \text{x}10^{26}\text{kg}$
$2.808\ 750\ \text{x}10^{4}\text{kg}$	$1.638\ 673\ \text{x}10^{14}\text{kg}$	$1.116\ 272\ \text{x}10^{27}\text{kg}$
$7.889\ 078\ \text{x}10^{4}\text{kg}$	$2.685\ 249\ \text{x}10^{14}\text{kg}$	$1.246\ 064\ \text{x}10^{27}\text{kg}$
$6.223\ 755\ \text{x}10^{5}\text{kg}$	$7.210\ 566\ \text{x}10^{14}\text{kg}$	$1.552\ 676\ \text{x}10^{27}\text{kg}$
$3.873\ 513\ \text{x}10^{6}\text{kg}$	$5.199\ 226\ \text{x}10^{15}\text{kg}$	$2.410\ 803\ \text{x}10^{27}\text{kg}$
$1.500\ 410\ \text{x}10^{7}\text{kg}$	$2.703\ 195\ \text{x}10^{16}\text{kg}$	$5.811\ 975\ \text{x}10^{27}\text{kg}$
$2.251\ 232\ \text{x}10^{7}\text{kg}$	$7.307\ 267\ \text{x}10^{16}\text{kg}$	$3.377\ 905\ \text{x}10^{28}\text{kg}$
$5.068\ 045\ \text{x}10^{7}\text{kg}$	$5.339\ 615\ \text{x}10^{17}\text{kg}$	$1.141\ 024\ \text{x}10^{29}\text{kg}$
$2.568\ 508\ \text{x}10^{8}\text{kg}$	$2.851\ 149\ \text{x}10^{18}\text{kg}$	$1.301\ 937\ \text{x}10^{29}\text{kg}$

$1.695\,041\times10^{29}$kg	$8.255\,077\times10^{29}$kg	$4.643\,918\times10^{31}$kg
$2.873\,165\times10^{29}$kg	$6.814\,630\times10^{30}$kg	

Boro (B) 12(Radiactivo). Masa atómica 12.014352U.

Masa en kilogramos $1.995\,031\times10^{-26}$kg^{-2}

$3.980\,150\times10^{-26}$kg	$1.029\,623\times10^{-18}$kg	$7.789\,259\times10^{-11}$kg
$1.584\,159\times10^{-25}$kg	$1.060\,124\times10^{-18}$kg	$6.067\,257\times10^{-10}$kg
$2.509\,562\times10^{-25}$kg	$1.123\,863\times10^{-18}$kg	$3.681\,160\times10^{-9}$kg
$6.297\,901\times10^{-25}$kg	$1.263\,069\times10^{-18}$kg	$1.355\,094\times10^{-8}$kg
$3.966\,356\times10^{-24}$kg	$1.595\,344\times10^{-18}$kg	$1.836\,281\times10^{-8}$kg
$1.573\,198\times10^{-23}$kg	$2.545\,122\times10^{-18}$kg	$3.371\,928\times10^{-8}$kg
$2.474\,953\times10^{-23}$kg	$6.477\,649\times10^{-18}$kg	$1.136\,989\times10^{-7}$kg
$6.125\,395\times10^{-23}$kg	$4.195\,994\times10^{-17}$kg	$1.292\,745\times10^{-7}$kg
$3.752\,047\times10^{-22}$kg	$1.760\,637\times10^{-16}$kg	$1.671\,192\times10^{-7}$kg
$1.407\,785\times10^{-21}$kg	$3.099\,843\times10^{-16}$kg	$2.792\,882\times10^{-7}$kg
$1.981\,860\times10^{-21}$kg	$9.609\,031\times10^{-16}$kg	$7.800\,194\times10^{-7}$kg
$3.927\,771\times10^{-21}$kg	$9.233\,349\times10^{-15}$kg	$6.084\,303\times10^{-6}$kg
$1.542\,738\times10^{-20}$kg	$8.525\,473\times10^{-14}$kg	$3.701\,874\times10^{-5}$kg
$2.380\,042\times10^{-20}$kg	$7.268\,369\times10^{-13}$kg	$1.370\,387\times10^{-4}$kg
$5.664\,604\times10^{-20}$kg	$5.282\,920\times10^{-12}$kg	$1.877\,962\times10^{-4}$kg
$3.208\,774\times10^{-19}$kg	$2.790\,924\times10^{-11}$kg	$3.526\,743\times10^{-4}$kg

$1.243\ 792 \times 10^{-3}$ kg	$3.640\ 542 \times 10^{3}$ kg	$5.503\ 545 \times 10^{13}$ kg
$1.547\ 018 \times 10^{-3}$ kg	$1.325\ 355 \times 10^{4}$ kg	$3.028\ 901 \times 10^{14}$ kg
$2.393\ 267 \times 10^{-3}$ kg	$1.756\ 566 \times 10^{4}$ kg	$9.174\ 245 \times 10^{14}$ kg
$5.727\ 729 \times 10^{-3}$ kg	$3.085\ 526 \times 10^{4}$ kg	$8.416\ 677 \times 10^{15}$ kg
$3.280\ 688 \times 10^{-2}$ kg	$9.520\ 474 \times 10^{4}$ kg	$7.084\ 046 \times 10^{16}$ kg
$1.076\ 291 \times 10^{-1}$ kg	$9.063\ 943 \times 10^{5}$ kg	$5.018\ 371 \times 10^{17}$ kg
$1.158\ 403 \times 10^{-1}$ kg	$8.215\ 507 \times 10^{6}$ kg	$2.518\ 405 \times 10^{18}$ kg
$1.341\ 898 \times 10^{-1}$ kg	$6.749\ 457 \times 10^{7}$ kg	$6.342\ 366 \times 10^{18}$ kg
$1.800\ 692 \times 10^{-1}$ kg	$4.555\ 517 \times 10^{8}$ kg	$4.022\ 560 \times 10^{19}$ kg
$3.242\ 494 \times 10^{-1}$ kg	$2.075\ 273 \times 10^{9}$ kg	$1.618\ 099 \times 10^{20}$ kg
$1.051\ 376 \times 10^{0}$ kg	$4.306\ 760 \times 10^{9}$ kg	$2.618\ 246 \times 10^{20}$ kg
$1.105\ 393 \times 10^{0}$ kg	$1.854\ 818 \times 10^{10}$ kg	$6.855\ 212 \times 10^{20}$ kg
$1.221\ 893 \times 10^{0}$ kg	$3.440\ 351 \times 10^{10}$ kg	$4.699\ 394 \times 10^{21}$ kg
$1.493\ 024 \times 10^{0}$ kg	$1.183\ 601 \times 10^{11}$ kg	$2.208\ 430 \times 10^{22}$ kg
$2.229\ 123 \times 10^{0}$ kg	$1.400\ 913 \times 10^{11}$ kg	$4.877\ 165 \times 10^{22}$ kg
$4.968\ 991 \times 10^{0}$ kg	$1.962\ 558 \times 10^{11}$ kg	$2.378\ 673 \times 10^{23}$ kg^{2}
$2.469\ 087 \times 10^{1}$ kg	$3.851\ 634 \times 10^{11}$ kg	$5.658\ 089 \times 10^{23}$ kg
$6.096\ 392 \times 10^{1}$ kg	$1.483\ 508 \times 10^{12}$ kg	$3.201\ 398 \times 10^{24}$ kg
$3.716\ 599 \times 10^{2}$ kg	$2.200\ 798 \times 10^{12}$ kg	$1.024\ 895 \times 10^{25}$ kg
$1.381\ 311 \times 10^{3}$ kg	$4.843\ 514 \times 10^{12}$ kg	$1.050\ 409 \times 10^{25}$ kg
$1.908\ 020 \times 10^{3}$ kg	$2.345\ 963 \times 10^{13}$ kg	$1.103\ 360 \times 10^{25}$ kg

$1.217\,404 \times 10^{25}$kg	$2.327\,879 \times 10^{26}$kg	$7.436\,463 \times 10^{28}$kg
$1.482\,074 \times 10^{25}$kg	$5.419\,020 \times 10^{26}$kg	$5.530\,099 \times 10^{29}$kg
$2.196\,544 \times 10^{25}$kg	$2.936\,578 \times 10^{27}$kg	$3.058\,199 \times 10^{30}$kg
$4.824\,809 \times 10^{25}$kg	$8.623\,493 \times 10^{27}$kg	$9.352\,586 \times 10^{30}$kg

Carbono (C) 10(Radiactivo). Masa atómica 10.016854U.

Masa en kilogramos 1.663 338 $\times 10^{-26}$kg^{-2}

$2.766\,696 \times 10^{-26}$kg	$2.436\,963 \times 10^{-20}$kg	$1.868\,582 \times 10^{-15}$kg
$7.654\,607 \times 10^{-26}$kg	$5.938\,793 \times 10^{-20}$kg	$3.491\,601 \times 10^{-15}$kg
$5.859\,301 \times 10^{-25}$kg	$3.526\,926 \times 10^{-19}$kg	$1.219\,128 \times 10^{-14}$kg
$3.433\,141 \times 10^{-24}$kg	$1.243\,921 \times 10^{-18}$kg	$1.486\,273 \times 10^{-14}$kg
$1.178\,646 \times 10^{-23}$kg	$1.547\,339 \times 10^{-18}$kg	$2.209\,008 \times 10^{-14}$kg
$1.389\,207 \times 10^{-23}$kg	$2.394\,260 \times 10^{-18}$kg	$4.879\,720 \times 10^{-14}$kg
$1.929\,896 \times 10^{-23}$kg	$5.732\,483 \times 10^{-18}$kg	$2.381\,167 \times 10^{-13}$kg
$3.724\,500 \times 10^{-23}$kg	$3.286\,136 \times 10^{-17}$kg	$5.669\,956 \times 10^{-13}$kg
$1.387\,190 \times 10^{-22}$kg	$1.079\,869 \times 10^{-16}$kg	$3.214\,841 \times 10^{-12}$kg
$1.924\,297 \times 10^{-22}$kg	$1.166\,117 \times 10^{-16}$kg	$1.033\,520 \times 10^{-11}$kg
$3.702\,916 \times 10^{-22}$kg	$1.359\,830 \times 10^{-16}$kg	$1.068\,164 \times 10^{-11}$kg
$1.880\,087 \times 10^{-21}$kg	$1.849\,138 \times 10^{-16}$kg	$1.140\,975 \times 10^{-11}$kg
$3.534\,729 \times 10^{-21}$kg	$3.419\,314 \times 10^{-16}$kg	$1.301\,824 \times 10^{-11}$kg
$1.249\,430 \times 10^{-20}$kg	$1.169\,171 \times 10^{-15}$kg	$1.694\,746 \times 10^{-11}$kg
$1.561\,077 \times 10^{-20}$kg	$1.366\,961 \times 10^{-15}$kg	$2.872\,164 \times 10^{-11}$kg

$8.249\ 327\ \text{x}10^{-11}\text{kg}$	$1.040\ 070\ \text{x}10^{1}\text{kg}$	$1.684\ 284\ \text{x}10^{10}\text{kg}$
$6.805\ 140\ \text{x}10^{-10}\text{kg}$	$1.081\ 746\ \text{x}10^{1}\text{kg}$	$2.836\ 814\ \text{x}10^{10}\text{kg}$
$4.630\ 994\ \text{x}10^{-9}\text{kg}$	$1.170\ 175\ \text{x}10^{1}\text{kg}$	$8.047\ 518\ \text{x}10^{10}\text{kg}$
$2.144\ 610\ \text{x}10^{-8}\text{kg}$	$1.369\ 311\ \text{x}10^{1}\text{kg}$	$6.476\ 255\ \text{x}10^{11}\text{kg}$
$4.599\ 355\ \text{x}10^{-8}\text{kg}$	$1.875\ 013\ \text{x}10^{1}\text{kg}$	$4.194\ 188\ \text{x}10^{12}\text{kg}$
$2.115\ 406\ \text{x}10^{-7}\text{kg}$	$3.515\ 674\ \text{x}10^{1}\text{kg}$	$1.759\ 121\ \text{x}10^{13}\text{kg}$
$4.474\ 946\ \text{x}10^{-7}\text{kg}$	$1.235\ 996\ \text{x}10^{2}\text{kg}$	$3.094\ 508\ \text{x}10^{13}\text{kg}$
$2.002\ 514\ \text{x}10^{-6}\text{kg}$	$1.527\ 688\ \text{x}10^{2}\text{kg}$	$9.575\ 983\ \text{x}10^{13}\text{kg}$
$4.010\ 065\ \text{x}10^{-6}\text{kg}$	$2.333\ 832\ \text{x}10^{2}\text{kg}$	$9.169\ 945\ \text{x}10^{14}\text{kg}$
$1.608\ 062\ \text{x}10^{-5}\text{kg}$	$5.446\ 772\ \text{x}10^{2}\text{kg}$	$8.408\ 790\ \text{x}10^{15}\text{kg}$
$2.585\ 865\ \text{x}10^{-5}\text{kg}$	$2.966\ 733\ \text{x}10^{3}\text{kg}$	$7.070\ 775\ \text{x}10^{16}\text{kg}$
$6.686\ 702\ \text{x}10^{-5}\text{kg}$	$8.801\ 507\ \text{x}10^{3}\text{kg}$	$4.999\ 587\ \text{x}10^{17}\text{kg}$
$4.471\ 198\ \text{x}10^{-4}\text{kg}$	$7.746\ 652\ \text{x}10^{4}\text{kg}$	$2.499\ 587\ \text{x}10^{18}\text{kg}$
$1.999\ 161\ \text{x}10^{-3}\text{kg}$	$6.001\ 062\ \text{x}10^{5}\text{kg}$	$6.247\ 935\ \text{x}10^{18}\text{kg}$
$3.996\ 647\ \text{x}10^{-3}\text{kg}$	$3.601\ 275\ \text{x}10^{6}\text{kg}$	$3.903\ 670\ \text{x}10^{19}\text{kg}$
$1.597\ 318\ \text{x}10^{-2}\text{kg}$	$1.296\ 918\ \text{x}10^{7}\text{kg}$	$1.523\ 864\ \text{x}10^{20}\text{kg}$
$2.551\ 427\ \text{x}10^{-2}\text{kg}$	$1.681\ 998\ \text{x}10^{7}\text{kg}$	$2.322\ 162\ \text{x}10^{20}\text{kg}$
$6.509\ 781\ \text{x}10^{-2}\text{kg}$	$2.829\ 117\ \text{x}10^{7}\text{kg}$	$5.392\ 436\ \text{x}10^{20}\text{kg}$
$4.237\ 725\ \text{x}10^{-1}\text{kg}$	$8.003\ 905\ \text{x}10^{7}\text{kg}$	$2.907\ 837\ \text{x}10^{21}\text{kg}$
$1.795\ 831\ \text{x}10^{0}\text{kg}$	$6.406\ 249\ \text{x}10^{8}\text{kg}$	$8.455\ 517\ \text{x}10^{21}\text{kg}$
$3.225\ 012\ \text{x}10^{0}\text{kg}$	$4.104\ 003\ \text{x}10^{9}\text{kg}$	$7.149\ 577\ \text{x}10^{22}\text{kg}$

$5.111\ 645\ \times10^{23}$kg	$4.963\ 380\ \times10^{27}$kg	$1.146\ 920\ \times10^{31}$kg
$2.612\ 892\ \times10^{24}$kg	$2.463\ 514\ \times10^{28}$kg	$1.315\ 426\ \times10^{31}$kg
$6.827\ 206\ \times10^{24}$kg	$6.068\ 906\ \times10^{28}$kg	$1.730\ 348\ \times10^{31}$kg
$4.661\ 075\ \times10^{25}$kg	$3.683\ 162\ \times10^{29}$kg	$2.994\ 104\ \times10^{31}$kg
$2.172\ 562\ \times10^{26}$kg	$1.356\ 568\ \times10^{30}$kg	$8.964\ 663\ \times10^{31}$kg
$4.720\ 026\ \times10^{26}$kg	$1.840\ 277\ \times10^{30}$kg	
$2.227\ 864\ \times10^{27}$kg	$3.386\ 621\ \times10^{30}$kg	

Carbono (C) 12. Masa atómica 12.00000U.

Masa en kilogramos 1.992 648 $\times10^{-26}$kg^{-2}

$3.970\ 646\ \times10^{-26}$kg	$7.439\ 686\ \times10^{-20}$kg	$7.722\ 415\ \times10^{-12}$kg
$1.576\ 603\ \times10^{-25}$kg	$5.534\ 893\ \times10^{-19}$kg	$5.963\ 570\ \times10^{-11}$kg
$6.178\ 601\ \times10^{-25}$kg	$3.063\ 504\ \times10^{-18}$kg	$3.556\ 417\ \times10^{-10}$kg
$3.817\ 511\ \times10^{-24}$kg	$9.385\ 059\ \times10^{-18}$kg	$1.264\ 810\ \times10^{-9}$kg
$1.457\ 339\ \times10^{-23}$kg	$8.807\ 933\ \times10^{-17}$kg	$1.599\ 745\ \times10^{-9}$kg
$2.123\ 838\ \times10^{-23}$kg	$7.757\ 969\ \times10^{-16}$kg	$2.559\ 185\ \times10^{-9}$kg
$4.510\ 690\ \times10^{-23}$kg	$6.018\ 609\ \times10^{-15}$kg	$6.549\ 430\ \times10^{-9}$kg
$2.034\ 632\ \times10^{-22}$kg	$3.622\ 365\ \times10^{-14}$kg	$4.289\ 504\ \times10^{-8}$kg
$4.139\ 731\ \times10^{-22}$kg	$1.312\ 153\ \times10^{-13}$kg	$1.839\ 984\ \times10^{-7}$kg
$1.713\ 737\ \times10^{-21}$kg	$1.721\ 746\ \times10^{-13}$kg	$3.385\ 543\ \times10^{-7}$kg
$2.936\ 896\ \times10^{-21}$kg	$2.964\ 410\ \times10^{-13}$kg	$1.146\ 190\ \times10^{-6}$kg
$8.625\ 361\ \times10^{-21}$kg	$8.787\ 727\ \times10^{-13}$kg	$1.313\ 752\ \times10^{-6}$kg

$1.725\,944 \times 10^{-6}\,kg$	$2.497\,961 \times 10^{6}\,kg$	$5.651\,978 \times 10^{15}\,kg$
$2.978\,885 \times 10^{-6}\,kg$	$6.239\,811 \times 10^{6}\,kg$	$3.194\,486 \times 10^{16}\,kg$
$8.873\,756 \times 10^{-6}\,kg$	$3.893\,525 \times 10^{7}\,kg$	$1.020\,474 \times 10^{17}\,kg$
$7.874\,356 \times 10^{-5}\,kg$	$1.515\,953 \times 10^{8}\,kg$	$1.041\,368 \times 10^{17}\,kg$
$6.200\,548 \times 10^{-4}\,kg$	$2.298\,116 \times 10^{8}\,kg$	$1.084\,447 \times 10^{17}\,kg$
$3.844\,679 \times 10^{-3}\,kg$	$5.281\,338 \times 10^{8}\,kg$	$1.176\,026 \times 10^{17}\,kg$
$1.478\,156 \times 10^{-2}\,kg$	$2.789\,253 \times 10^{9}\,kg$	$1.383\,038 \times 10^{17}\,kg$
$2.184\,946 \times 10^{-2}\,kg$	$7.779\,937 \times 10^{9}\,kg$	$1.912\,796 \times 10^{17}\,kg$
$4.773\,990 \times 10^{-2}\,kg$	$6.052\,742 \times 10^{10}\,kg$	$3.658\,789 \times 10^{17}\,kg$
$2.279\,098 \times 10^{-1}\,kg$	$3.663\,568 \times 10^{11}\,kg$	$1.338\,673 \times 10^{18}\,kg$
$5.194\,289 \times 10^{-1}\,kg$	$1.342\,173 \times 10^{12}\,kg$	$1.792\,047 \times 10^{18}\,kg$
$2.698\,064 \times 10^{0}\,kg$	$1.801\,429 \times 10^{12}\,kg$	$3.211\,435 \times 10^{18}\,kg$
$7.279\,552 \times 10^{0}\,kg$	$3.245\,149 \times 10^{12}\,kg$	$1.031\,331 \times 10^{19}\,kg$
$5.299\,187 \times 10^{1}\,kg$	$1.053\,099 \times 10^{13}\,kg$	$1.063\,644 \times 10^{19}\,kg$
$2.808\,139 \times 10^{2}\,kg$	$1.109\,019 \times 10^{13}\,kg$	$1.131\,340 \times 10^{19}\,kg$
$7.885\,646 \times 10^{2}\,kg$	$1.229\,923 \times 10^{13}\,kg$	$1.279\,931 \times 10^{19}\,kg$
$6.218\,341 \times 10^{3}\,kg$	$1.512\,712 \times 10^{13}\,kg$	$1.638\,224 \times 10^{19}\,kg$
$3.866\,776 \times 10^{4}\,kg$	$2.288\,297 \times 10^{13}\,kg$	$2.683\,778 \times 10^{19}\,kg$
$1.495\,196 \times 10^{5}\,kg$	$5.236\,306 \times 10^{13}\,kg$	$7.202\,665 \times 10^{19}\,kg$
$2.235\,612 \times 10^{5}\,kg$	$2.741\,890 \times 10^{14}\,kg$	$5.187\,838 \times 10^{20}\,kg$
$4.997\,961 \times 10^{5}\,kg$	$7.517\,964 \times 10^{14}\,kg$	$2.691\,366 \times 10^{21}\,kg$

$7.243\ 455 \times 10^{21}$kg	$1.183\ 210 \times 10^{26}$kg	$2.248\ 803 \times 10^{28}$kg
$5.246\ 764 \times 10^{22}$kg	$1.399\ 987 \times 10^{26}$kg	$5.057\ 117 \times 10^{28}$kg
$2.752\ 854 \times 10^{23}$kg	$1.959\ 965 \times 10^{26}$kg	$2.557\ 443 \times 10^{29}$kg
$7.578\ 205 \times 10^{23}$kg	$3.841\ 465 \times 10^{26}$kg	$6.540\ 519 \times 10^{29}$kg
$5.742\ 919 \times 10^{24}$kg	$1.475\ 685 \times 10^{27}$kg	$4.277\ 839 \times 10^{30}$kg
$3.298\ 112 \times 10^{25}$kg	$2.177\ 649 \times 10^{27}$kg	$1.829\ 991 \times 10^{31}$kg
$1.087\ 754 \times 10^{26}$kg	$4.742\ 155 \times 10^{27}$kg	$3.348\ 867 \times 10^{31}$kg

Carbono (C) 13. Masa atómica 13.003355U.

Masa en kilogramos $2.159\ 259 \times 10^{-26}$kg^{-2}

$4.662\ 400 \times 10^{-26}$kg	$1.778\ 312 \times 10^{-19}$kg	$1.163\ 047 \times 10^{-18}$kg
$2.173\ 798 \times 10^{-25}$kg	$3.162\ 394 \times 10^{-19}$kg	$1.352\ 678 \times 10^{-18}$kg
$4.725\ 398 \times 10^{-25}$kg	$1.000\ 073 \times 10^{-18}$kg	$1.829\ 739 \times 10^{-18}$kg
$2.232\ 939 \times 10^{-24}$kg	$1.000\ 147 \times 10^{-18}$kg	$3.347\ 945 \times 10^{-18}$kg
$4.986\ 018 \times 10^{-24}$kg	$1.000\ 295 \times 10^{-18}$kg	$1.120\ 873 \times 10^{-17}$kg
$2.486\ 038 \times 10^{-23}$kg	$1.000\ 590 \times 10^{-18}$kg	$1.256\ 357 \times 10^{-17}$kg
$6.180\ 387 \times 10^{-23}$kg	$1.001\ 180 \times 10^{-18}$kg	$1.578\ 435 \times 10^{-17}$kg
$3.819\ 718 \times 10^{-22}$kg	$1.002\ 362 \times 10^{-18}$kg	$2.491\ 457 \times 10^{-17}$kg
$1.459\ 025 \times 10^{-21}$kg	$1.004\ 731 \times 10^{-18}$kg	$6.207\ 358 \times 10^{-17}$kg
$2.128\ 754 \times 10^{-21}$kg	$1.009\ 484 \times 10^{-18}$kg	$3.853\ 129 \times 10^{-16}$kg
$4.531\ 594 \times 10^{-21}$kg	$1.019\ 059 \times 10^{-18}$kg	$1.484\ 660 \times 10^{-15}$kg
$2.053\ 534 \times 10^{-20}$kg	$1.038\ 482 \times 10^{-18}$kg	$2.204\ 217 \times 10^{-15}$kg
$4.217\ 003 \times 10^{-20}$kg	$1.078\ 446 \times 10^{-18}$kg	$4.858\ 575 \times 10^{-15}$kg

$2.360\ 575\ \times 10^{-14} kg$	$2.131\ 606\ \times 10^{2} kg$	$1.847\ 308\ \times 10^{12} kg$
$5.572\ 318\ \times 10^{-14} kg$	$4.543\ 747\ \times 10^{2} kg$	$3.412\ 548\ \times 10^{12} kg$
$3.105\ 073\ \times 10^{-13} kg$	$2.064\ 563\ \times 10^{3} kg$	$1.164\ 548\ \times 10^{13} kg$
$9.641\ 482\ \times 10^{-13} kg$	$4.262\ 423\ \times 10^{3} kg$	$1.356\ 174\ \times 10^{13} kg$
$9.295\ 818\ \times 10^{-12} kg$	$1.816\ 825\ \times 10^{4} kg$	$1.839\ 208\ \times 10^{13} kg$
$8.641\ 223\ \times 10^{-11} kg$	$3.300\ 855\ \times 10^{4} kg$	$3.382\ 687\ \times 10^{13} kg$
$7.467\ 074\ \times 10^{-10} kg$	$1.089\ 564\ \times 10^{5} kg$	$1.144\ 257\ \times 10^{14} kg$
$5.575\ 720\ \times 10^{-9} kg$	$1.187\ 150\ \times 10^{5} kg$	$1.309\ 325\ \times 10^{14} kg$
$3.108\ 865\ \times 10^{-8} kg$	$1.409\ 326\ \times 10^{5} kg$	$1.714\ 334\ \times 10^{14} kg$
$9.665\ 047\ \times 10^{-8} kg$	$1.986\ 202\ \times 10^{5} kg$	$2.938\ 942\ \times 10^{14} kg$
$9.341\ 314\ \times 10^{-7} kg$	$3.944\ 999\ \times 10^{5} kg$	$8.637\ 380\ \times 10^{14} kg$
$8.726\ 015\ \times 10^{-6} kg$	$1.556\ 302\ \times 10^{6} kg$	$7.460\ 434\ \times 10^{15} kg$
$7.614\ 333\ \times 10^{-5} kg$	$2.422\ 076\ \times 10^{6} kg$	$5.565\ 808\ \times 10^{16} kg$
$5.797\ 808\ \times 10^{-4} kg$	$5.866\ 453\ \times 10^{6} kg$	$3.097\ 822\ \times 10^{17} kg$
$3.361\ 457\ \times 10^{-3} kg$	$3.441\ 527\ \times 10^{7} kg$	$9.596\ 504\ \times 10^{17} kg$
$1.129\ 939\ \times 10^{-2} kg$	$1.184\ 411\ \times 10^{8} kg$	$9.209\ 290\ \times 10^{18} kg$
$1.276\ 764\ \times 10^{-2} kg$	$1.402\ 829\ \times 10^{8} kg$	$8.481\ 102\ \times 10^{19} kg$
$1.630\ 127\ \times 10^{-2} kg$	$1.967\ 931\ \times 10^{8} kg$	$7.192\ 909\ \times 10^{20} kg$
$2.657\ 314\ \times 10^{-2} kg$	$3.872\ 753\ \times 10^{8} kg$	$5.173\ 795\ \times 10^{21} kg$
$7.061\ 322\ \times 10^{-2} kg$	$1.499\ 821\ \times 10^{9} kg$	$2.676\ 815\ \times 10^{22} kg$
$4.986\ 227\ \times 10^{-1} kg$	$2.249\ 465\ \times 10^{9} kg$	$7.165\ 342\ \times 10^{22} kg$
$2.486\ 246\ \times 10^{0} kg$	$5.060\ 095\ \times 10^{9} kg$	$5.134\ 213\ \times 10^{23} kg$
$6.181\ 421\ \times 10^{0} kg$	$2.560\ 456\ \times 10^{10} kg$	$2.636\ 014\ \times 10^{24} kg$
$3.820\ 997\ \times 10^{1} kg$	$6.555\ 938\ \times 10^{10} kg$	$6.948\ 572\ \times 10^{24} kg$
$1.460\ 002\ \times 10^{2} kg$	$4.298\ 032\ \times 10^{11} kg$	$4.828\ 266\ \times 10^{25} kg$

$2.331\ 215\ \text{x}10^{26}\text{kg}$	$7.608\ 845\ \text{x}10^{28}\text{kg}$	$1.262\ 120\ \text{x}10^{31}\text{kg}$
$5.434\ 565\ \text{x}10^{26}\text{kg}$	$5.789\ 453\ \text{x}10^{29}\text{kg}$	$1.592\ 947\ \text{x}10^{31}\text{kg}$
$2.953\ 450\ \text{x}10^{27}\text{kg}$	$3.351\ 777\ \text{x}10^{30}\text{kg}$	$2.537\ 480\ \text{x}10^{31}\text{kg}$
$8.722\ 869\ \text{x}10^{27}\text{kg}$	$1.123\ 441\ \text{x}10^{31}\text{kg}$	$6.438\ 805\ \text{x}10^{31}\text{kg}$

Carbono (C) 14(Radiactivo). Masa atómica 14.003242U.

Masa en kilogramos 2.325 294 x10^{-26}kg^{-2}

$1.105\ 758\ \text{x}10^{-25}\text{kg}$	$1.881\ 042\ \text{x}10^{-17}\text{kg}$	$8.842\ 471\ \text{x}10^{-7}\text{kg}$
$1.222\ 701\ \text{x}10^{-25}\text{kg}$	$3.538\ 320\ \text{x}10^{-17}\text{kg}$	$7.818\ 830\ \text{x}10^{-6}\text{kg}$
$1.494\ 999\ \text{x}10^{-25}\text{kg}$	$1.251\ 971\ \text{x}10^{-16}\text{kg}$	$6.113\ 567\ \text{x}10^{-5}\text{kg}$
$2.235\ 023\ \text{x}10^{-25}\text{kg}$	$1.567\ 432\ \text{x}10^{-16}\text{kg}$	$3.737\ 570\ \text{x}10^{-4}\text{kg}$
$4.995\ 329\ \text{x}10^{-25}\text{kg}$	$2.456\ 844\ \text{x}10^{-16}\text{kg}$	$1.396\ 943\ \text{x}10^{-3}\text{kg}$
$2.495\ 331\ \text{x}10^{-24}\text{kg}$	$6.036\ 082\ \text{x}10^{-16}\text{kg}$	$1.951\ 450\ \text{x}10^{-3}\text{kg}$
$6.226\ 678\ \text{x}10^{-24}\text{kg}$	$3.643\ 429\ \text{x}10^{-15}\text{kg}$	$3.808\ 160\ \text{x}10^{-3}\text{kg}$
$3.877\ 152\ \text{x}10^{-23}\text{kg}$	$1.327\ 457\ \text{x}10^{-14}\text{kg}$	$1.450\ 208\ \text{x}10^{-2}\text{kg}$
$1.503\ 231\ \text{x}10^{-22}\text{kg}$	$1.762\ 144\ \text{x}10^{-14}\text{kg}$	$2.103\ 105\ \text{x}10^{-2}\text{kg}$
$2.259\ 704\ \text{x}10^{-22}\text{kg}$	$3.105\ 154\ \text{x}10^{-14}\text{kg}$	$4.423\ 051\ \text{x}10^{-2}\text{kg}$
$5.106\ 262\ \text{x}10^{-22}\text{kg}$	$9.641\ 981\ \text{x}10^{-14}\text{kg}$	$1.956\ 338\ \text{x}10^{-1}\text{kg}$
$2.607\ 391\ \text{x}10^{-21}\text{kg}$	$9.296\ 781\ \text{x}10^{-13}\text{kg}$	$3.827\ 260\ \text{x}10^{-1}\text{kg}$
$6.798\ 490\ \text{x}10^{-21}\text{kg}$	$8.643\ 013\ \text{x}10^{-12}\text{kg}$	$1.464\ 792\ \text{x}10^{0}\text{kg}$
$4.621\ 946\ \text{x}10^{-20}\text{kg}$	$7.470\ 169\ \text{x}10^{-11}\text{kg}$	$2.145\ 616\ \text{x}10^{0}\text{kg}$
$2.136\ 239\ \text{x}10^{-19}\text{kg}$	$5.580\ 342\ \text{x}10^{-10}\text{kg}$	$4.603\ 671\ \text{x}10^{0}\text{kg}$
$4.563\ 518\ \text{x}10^{-19}\text{kg}$	$3.114\ 022\ \text{x}10^{-9}\text{kg}$	$2.119\ 379\ \text{x}10^{1}\text{kg}$
$2.082\ 570\ \text{x}10^{-18}\text{kg}$	$9.697\ 134\ \text{x}10^{-9}\text{kg}$	$4.491\ 768\ \text{x}10^{1}\text{kg}$
$4.337\ 098\ \text{x}10^{-18}\text{kg}$	$9.403\ 441\ \text{x}10^{-8}\text{kg}$	$2.017\ 598\ \text{x}10^{2}\text{kg}$

$4.070\ 701\ \text{x}10^2\text{kg}$	$4.180\ 050\ \text{x}10^{12}\text{kg}$	$6.044\ 739\ \text{x}10^{23}\text{kg}$
$1.657\ 061\ \text{x}10^3\text{kg}$	$1.747\ 282\ \text{x}10^{13}\text{kg}$	$3.653\ 887\ \text{x}10^{24}\text{kg}$
$2.745\ 852\ \text{x}10^3\text{kg}$	$3.052\ 995\ \text{x}10^{13}\text{kg}$	$1.335\ 089\ \text{x}10^{25}\text{kg}$
$7.539\ 703\ \text{x}10^3\text{kg}$	$9.320\ 781\ \text{x}10^{13}\text{kg}$	$1.782\ 464\ \text{x}10^{25}\text{kg}$
$5.684\ 713\ \text{x}10^4\text{kg}$	$8.687\ 696\ \text{x}10^{14}\text{kg}$	$3.177\ 179\ \text{x}10^{25}\text{kg}$
$3.231\ 596\ \text{x}10^5\text{kg}$	$7.547\ 607\ \text{x}10^{15}\text{kg}$	$1.009\ 446\ \text{x}10^{26}\text{kg}$
$1.044\ 321\ \text{x}10^6\text{kg}$	$5.696\ 638\ \text{x}10^{16}\text{kg}$	$1.018\ 983\ \text{x}10^{26}\text{kg}$
$1.090\ 608\ \text{x}10^6\text{kg}$	$3.245\ 168\ \text{x}10^{17}\text{kg}$	$1.038\ 326\ \text{x}10^{26}\text{kg}$
$1.189\ 425\ \text{x}10^6\text{kg}$	$1.053\ 111\ \text{x}10^{18}\text{kg}$	$1.078\ 122\ \text{x}10^{26}\text{kg}$
$1.414\ 733\ \text{x}10^6\text{kg}$	$1.109\ 044\ \text{x}10^{18}\text{kg}$	$1.162\ 347\ \text{x}10^{26}\text{kg}$
$2.001\ 472\ \text{x}10^6\text{kg}$	$1.229\ 980\ \text{x}10^{18}\text{kg}$	$1.351\ 052\ \text{x}10^{26}\text{kg}$
$4.005\ 890\ \text{x}10^6\text{kg}$	$1.512\ 851\ \text{x}10^{18}\text{kg}$	$1.825\ 342\ \text{x}10^{26}\text{kg}$
$1.604\ 715\ \text{x}10^7\text{kg}$	$2.288\ 718\ \text{x}10^{18}\text{kg}$	$3.331\ 876\ \text{x}10^{26}\text{kg}$
$2.575\ 112\ \text{x}10^7\text{kg}$	$5.238\ 234\ \text{x}10^{18}\text{kg}$	$1.110\ 140\ \text{x}10^{27}\text{kg}$
$6.631\ 203\ \text{x}10^7\text{kg}$	$2.743\ 909\ \text{x}10^{19}\text{kg}$	$1.323\ 411\ \text{x}10^{27}\text{kg}$
$4.397\ 286\ \text{x}10^8\text{kg}$	$7.529\ 040\ \text{x}10^{19}\text{kg}$	$1.518\ 837\ \text{x}10^{27}\text{kg}$
$1.933\ 612\ \text{x}10^9\text{kg}$	$5.668\ 644\ \text{x}10^{20}\text{kg}$	$2.306\ 867\ \text{x}10^{27}\text{kg}$
$3.738\ 858\ \text{x}10^9\text{kg}$	$3.213\ 353\ \text{x}10^{21}\text{kg}$	$5.321\ 637\ \text{x}10^{27}\text{kg}$
$1.397\ 906\ \text{x}10^{10}\text{kg}$	$1.032\ 564\ \text{x}10^{22}\text{kg}$	$2.831\ 982\ \text{x}10^{28}\text{kg}$
$1.954\ 141\ \text{x}10^{10}\text{kg}$	$1.066\ 188\ \text{x}10^{22}\text{kg}$	$8.020\ 127\ \text{x}10^{28}\text{kg}$
$3.818\ 668\ \text{x}10^{10}\text{kg}$	$1.136\ 758\ \text{x}10^{22}\text{kg}$	$6.432\ 244\ \text{x}10^{29}\text{kg}$
$1.458\ 222\ \text{x}10^{11}\text{kg}$	$1.292\ 218\ \text{x}10^{22}\text{kg}$	$4.137\ 376\ \text{x}10^{30}\text{kg}$
$2.126\ 413\ \text{x}10^{11}\text{kg}$	$1.669\ 829\ \text{x}10^{22}\text{kg}$	$1.711\ 788\ \text{x}10^{31}\text{kg}$
$4.521\ 633\ \text{x}10^{11}\text{kg}$	$2.788\ 331\ \text{x}10^{22}\text{kg}$	$2.930\ 220\ \text{x}10^{31}\text{kg}$
$2.044\ 517\ \text{x}10^{12}\text{kg}$	$7.774\ 792\ \text{x}10^{22}\text{kg}$	$8.586\ 190\ \text{x}10^{31}\text{kg}$

Carbono (C) 15(Radiactivo). Masa atómica 15.010599U.

Masa en kilogramos 2.492 570 x10^{-26}kg^{-2}

6.212 906 x10^{-26}kg	3.015 696 x10^{-17}kg	4.054 965 x10^{-7}kg
3.860 906 x10^{-25}kg	9.094 428 x10^{-17}kg	1.644 274 x10^{-6}kg
1.489 976 x10^{-24}kg	8.270 862 x10^{-16}kg	2.703 639 x10^{-6}kg
2.220 028 x10^{-24}kg	6.840 716 x10^{-15}kg	7.309 666 x10^{-6}kg
4.928 528 x10^{-24}kg	4.679 539 x10^{-14}kg	5.343 122 x10^{-5}kg
2.429 039 x10^{-23}kg	2.189 809 x10^{-13}kg	2.854 895 x10^{-4}kg
5.900 230 x10^{-23}kg	4.795 263 x10^{-13}kg	8.150 430 x10^{-4}kg
3.481 272 x10^{-22}kg	2.299 455 x10^{-12}kg	6.642 951 x10^{-3}kg
1.211 925 x10^{-21}kg	5.287 495 x10^{-12}kg	4.412 881 x10^{-2}kg
1.468 763 x10^{-21}kg	2.795 760 x10^{-11}kg	1.947 351 x10^{-1}kg
2.157 266 x10^{-21}kg	7.816 277 x10^{-11}kg	3.792 179 x10^{-1}kg
4.653 800 x10^{-21}kg	6.109 418 x10^{-10}kg	1.438 062 x10^{0}kg
2.165 785 x10^{-20}kg	3.732 499 x10^{-9}kg	2.068 023 x10^{0}kg
4.690 626 x10^{-20}kg	1.393 155 x10^{-8}kg	4.276 723 x10^{0}kg
2.200 197 x10^{-19}kg	1.940 882 x10^{-8}kg	1.829 036 x10^{1}kg
4.840 870 x10^{-19}kg	3.767 024 x10^{-8}kg	3.345 373 x10^{1}kg
2.343 402 x10^{-18}kg	1.419 047 x10^{-7}kg	1.119 152 x10^{2}kg
5.491 536 x10^{-18}kg	2.013 694 x10^{-7}kg	1.252 501 x10^{2}kg

$1.568\,759 \times 10^{2}\,kg$	$1.208\,742 \times 10^{15}\,kg$	$3.857\,486 \times 10^{25}\,kg$
$2.461\,006 \times 10^{2}\,kg$	$1.461\,058 \times 10^{15}\,kg$	$1.488\,019 \times 10^{26}\,kg$
$6.056\,554 \times 10^{2}\,kg$	$2.134\,693 \times 10^{15}\,kg$	$2.214\,203 \times 10^{26}\,kg$
$3.668\,185 \times 10^{3}\,kg$	$4.556\,915 \times 10^{15}\,kg$	$4.902\,696 \times 10^{26}\,kg$
$1.345\,558 \times 10^{4}\,kg$	$2.076\,547 \times 10^{16}\,kg$	$2.403\,643 \times 10^{27}\,kg$
$1.810\,527 \times 10^{4}\,kg$	$4.312\,051 \times 10^{16}\,kg$	$5.777\,500 \times 10^{27}\,kg$
$3.278\,010 \times 10^{4}\,kg$	$1.859\,378 \times 10^{17}\,kg$	$3.337\,951 \times 10^{28}\,kg$
$1.074\,535 \times 10^{5}\,kg$	$3.457\,289 \times 10^{17}\,kg$	$1.114\,191 \times 10^{29}\,kg$
$1.154\,626 \times 10^{5}\,kg$	$1.195\,285 \times 10^{18}\,kg$	$1.241\,423 \times 10^{29}\,kg$
$1.333\,162 \times 10^{5}\,kg$	$1.428\,706 \times 10^{18}\,kg$	$1.541\,131 \times 10^{29}\,kg$
$1.777\,321 \times 10^{5}\,kg$	$2.041\,202 \times 10^{18}\,kg$	$2.375\,087 \times 10^{29}\,kg$
$3.158\,870 \times 10^{5}\,kg$	$4.166\,506 \times 10^{18}\,kg$	$5.641\,040 \times 10^{29}\,kg$
$9.978\,462 \times 10^{5}\,kg$	$1.735\,977 \times 10^{19}\,kg$	$3.182\,134 \times 10^{30}\,kg$
$9.956\,971 \times 10^{6}\,kg$	$3.013\,617 \times 10^{19}\,kg$	$1.012\,597 \times 10^{31}\,kg$
$9.914\,128 \times 10^{7}\,kg$	$9.081\,892 \times 10^{19}\,kg$	$1.025\,354 \times 10^{31}\,kg$
$9.828\,995 \times 10^{8}\,kg$	$8.248\,077 \times 10^{20}\,kg$	$1.051\,350 \times 10^{31}\,kg$
$9.660\,914 \times 10^{9}\,kg$	$6.803\,078 \times 10^{21}\,kg$	$1.105\,338 \times 10^{31}\,kg$
$9.333\,326 \times 10^{10}\,kg$	$4.628\,188 \times 10^{22}\,kg$	$1.221\,774 \times 10^{31}\,kg$
$8.711\,098 \times 10^{11}\,kg$	$2.142\,012 \times 10^{23}\,kg$	$1.492\,731 \times 10^{31}\,kg$
$7.588\,324 \times 10^{12}\,kg$	$4.588\,217 \times 10^{23}\,kg$	$2.228\,248 \times 10^{31}\,kg$
$5.758\,266 \times 10^{13}\,kg$	$2.105\,174 \times 10^{24}\,kg$	$4.965\,091 \times 10^{31}\,kg$
$3.315\,762 \times 10^{14}\,kg$	$4.431\,758 \times 10^{24}\,kg$	
$1.099\,428 \times 10^{15}\,kg$	$1.964\,048 \times 10^{25}\,kg$	

Telurio (Te) 128(Radiactivo). 8.0 x10^{24}años. (> 8 x10^{24}años)

Masa en kilogramos 1.216 548 x10^{-17}kg^{-2}

1.479 990 x10^{-17}kg	9.824 626 x10^{-6}kg	1.553 030 x10^{6}kg
2.190 372 x10^{-17}kg	9.652 327 x10^{-5}kg	2.411 903 x10^{6}kg
4.797 732 x10^{-17}kg	9.316 743 x10^{-4}kg	5.817 278 x10^{6}kg
2.301 823 x10^{-16}kg	8.680 170 x10^{-3}kg	3.384 072 x10^{7}kg
5.298 390 x10^{-16}kg	7.534 535 x10^{-2}kg	1.145 194 x10^{8}kg
2.807 294 x10^{-15}kg	5.676 922 x10^{-1}kg	1.311 471 x10^{8}kg
7.880 900 x10^{-15}kg	3.222 745 x10^{0}kg	1.719 957 x10^{8}kg
6.210 859 x10^{-14}kg	1.038 608 x10^{1}kg	2.958 254 x10^{8}kg
3.857 478 x10^{-13}kg	1.078 707 x10^{1}kg	8.751 267 x10^{8}kg
1.448 013 x10^{-12}kg	1.163 610 x10^{1}kg	7.658 468 x10^{9}kg
2.214 185 x10^{-12}kg	1.353 988 x10^{1}kg	5.865 213 x10^{10}kg
4.902 615 x10^{-12}kg	1.833 286 x10^{1}kg	3.440 073 x10^{11}kg
2.403 563 x10^{-11}kg	3.360 938 x10^{1}kg	1.183 410 x10^{12}kg
5.777 118 x10^{-11}kg	1.129 590 x10^{2}kg	1.400 459 x10^{12}kg
3.337 509 x10^{-10}kg	1.275 974 x10^{2}kg	1.961 287 x10^{12}kg
1.113 896 x10^{-9}kg	1.628 112 x10^{2}kg	3.846 650 x10^{12}kg
1.240 766 x10^{-9}kg	2.650 748 x10^{2}kg	1.479 671 x10^{13}kg
1.539 500 x10^{-9}kg	7.026 469 x10^{2}kg	2.189 428 x10^{13}kg
2.370 062 x10^{-9}kg	4.937 127 x10^{3}kg	4.793 597 x10^{13}kg
5.617 198 x10^{-9}kg	2.437 523 x10^{4}kg	2.297 857 x10^{14}kg
3.155 291 x10^{-8}kg	5.941 519 x10^{4}kg	5.280 150 x10^{14}kg
9.955 865 x10^{-8}kg	3.530 164 x10^{5}kg	2.787 999 x10^{15}kg
9.911 925 x10^{-7}kg	1.246 206 x10^{6}kg	7.772 938 x10^{15}kg

$6.041\ 857\ x10^{16}kg$	$9.542\ 219\ x10^{21}kg$	$6.169\ 477\ x10^{27}kg$
$3.650\ 404\ x10^{17}kg$	$9.105\ 395\ x10^{22}kg$	$3.806\ 244\ x10^{28}kg$
$1.332\ 545\ x10^{18}kg$	$8.290\ 822\ x10^{23}kg$	$1.448\ 749\ x10^{29}kg$
$1.775\ 677\ x10^{18}kg$	$6.873\ 774\ x10^{24}kg$	$2.098\ 876\ x10^{29}kg$
$3.153\ 029\ x10^{18}kg$	$4.724\ 877\ x10^{25}kg$	$4.405\ 282\ x10^{29}kg$
$9.941\ 597\ x10^{18}kg$	$2.232\ 446\ x10^{26}kg$	$1.940\ 651\ x10^{30}kg$
$9.883\ 536\ x10^{19}kg$	$4.983\ 817\ x10^{26}kg$	$3.766\ 128\ x10^{30}kg$
$9.768\ 428\ x10^{20}kg$	$2.483\ 843\ x10^{27}kg$	

Telurio (Te) (1.25 x10^{21}años)

Masa en kilogramos 1.235 588 x10^{-17}kg^{-2}

$1.526\ 677\ x10^{-17}kg$	$4.257\ 956\ x10^{-12}kg$	$1.615\ 374\ x10^{-8}kg$
$2.330\ 744\ x10^{-17}kg$	$1.813\ 019\ x10^{-11}kg$	$2.609\ 433\ x10^{-8}kg$
$5.432\ 371\ x10^{-17}kg$	$3.287\ 039\ x10^{-11}kg$	$6.809\ 142\ x10^{-8}kg$
$2.951\ 065\ x10^{-16}kg$	$1.080\ 463\ x10^{-10}kg$	$4.636\ 442\ x10^{-7}kg$
$8.708\ 789\ x10^{-16}kg$	$1.167\ 400\ x10^{-10}kg$	$2.149\ 660\ x10^{-6}kg$
$7.584\ 302\ x10^{-15}kg$	$1.362\ 823\ x10^{-10}kg$	$4.621\ 039\ x10^{-6}kg$
$5.752\ 164\ x10^{-14}kg$	$1.857\ 288\ x10^{-10}kg$	$2.135\ 400\ x10^{-5}kg$
$3.308\ 739\ x10^{-13}kg$	$3.449\ 518\ x10^{-10}kg$	$4.559\ 933\ x10^{-5}kg$
$1.094\ 775\ x10^{-12}kg$	$1.189\ 918\ x10^{-9}kg$	$2.079\ 299\ x10^{-4}kg$
$1.198\ 533\ x10^{-12}kg$	$1.415\ 905\ x10^{-9}kg$	$4.323\ 487\ x10^{-4}kg$
$1.436\ 482\ x10^{-12}kg$	$2.004\ 787\ x10^{-9}kg$	$1.869\ 254\ x10^{-3}kg$
$2.063\ 481\ x10^{-12}kg$	$4.019\ 171\ x10^{-9}kg$	$3.494\ 111\ x10^{-3}kg$

$1.220\ 881 \times 10^{-2}$ kg	$3.873\ 919 \times 10^{6}$ kg	$1.911\ 589 \times 10^{14}$ kg
$1.490\ 551 \times 10^{-2}$ kg	$1.500\ 725 \times 10^{7}$ kg	$3.654\ 174 \times 10^{14}$ kg
$2.221\ 744 \times 10^{-2}$ kg	$2.252\ 177 \times 10^{7}$ kg	$1.335\ 298 \times 10^{15}$ kg
$4.936\ 149 \times 10^{-2}$ kg	$5.072\ 301 \times 10^{7}$ kg	$1.783\ 023 \times 10^{15}$ kg
$2.436\ 557 \times 10^{-1}$ kg	$2.572\ 824 \times 10^{8}$ kg	$3.179\ 1741 \times 10^{15}$ kg
$5.936\ 811 \times 10^{-1}$ kg	$6.619\ 426 \times 10^{8}$ kg	$1.010\ 713 \times 10^{16}$ kg
$3.524\ 573 \times 10^{0}$ kg	$4.381\ 680 \times 10^{9}$ kg	$1.021\ 541 \times 10^{16}$ kg
$1.242\ 261 \times 10^{1}$ kg	$1.919\ 912 \times 10^{10}$ kg	$1.043\ 546 \times 10^{16}$ kg
$1.543\ 214 \times 10^{1}$ kg	$3.686\ 062 \times 10^{10}$ kg	$1.088\ 988 \times 10^{16}$ kg
$2.381\ 510 \times 10^{1}$ kg	$1.358\ 705 \times 10^{11}$ kg	$1.185\ 896 \times 10^{16}$ kg
$5.671\ 594 \times 10^{1}$ kg	$1.846\ 080 \times 10^{11}$ kg	$1.406\ 350 \times 10^{16}$ kg
$3.216\ 698 \times 10^{2}$ kg	$3.408\ 013 \times 10^{11}$ kg	$1.977\ 821 \times 10^{16}$ kg
$1.034\ 714 \times 10^{3}$ kg	$1.161\ 455 \times 10^{12}$ kg	$3.911\ 776 \times 10^{16}$ kg
$1.070\ 634 \times 10^{3}$ kg	$1.348\ 979 \times 10^{12}$ kg	$1.530\ 199 \times 10^{17}$ kg
$1.146\ 258 \times 10^{3}$ kg	$1.819\ 746 \times 10^{12}$ kg	$2.341\ 511 \times 10^{17}$ kg
$1.313\ 907 \times 10^{3}$ kg	$3.311\ 477 \times 10^{12}$ kg	$5.482\ 677 \times 10^{17}$ kg
$1.726\ 353 \times 10^{3}$ kg	$1.096\ 588 \times 10^{13}$ kg	$3.005\ 975 \times 10^{18}$ kg
$2.980\ 296 \times 10^{3}$ kg	$1.202\ 505 \times 10^{13}$ kg	$9.035\ 888 \times 10^{18}$ kg
$8.882\ 164 \times 10^{3}$ kg	$1.446\ 020 \times 10^{13}$ kg	$8.164\ 727 \times 10^{19}$ kg
$7.889\ 285 \times 10^{4}$ kg	$2.090\ 974 \times 10^{13}$ kg	$6.666\ 277 \times 10^{20}$ kg
$6.224\ 082 \times 10^{5}$ kg	$4.372\ 172 \times 10^{13}$ kg	$4.443.\ 925 \times 10^{21}$ kg

$1.974\ 847\ x10^{22}$kg $\qquad$ $4.534\ 946\ x10^{26}$kg $\qquad$ $1.209\ 101\ x10^{29}$kg

$3.900\ 021\ x10^{22}$kg $\qquad$ $2.056\ 573\ x10^{27}$kg $\qquad$ $1.461\ 926\ x10^{29}$kg

$1.521\ 016\ x10^{23}$kg $\qquad$ $4.229\ 494\ x10^{27}$kg $\qquad$ $2.137\ 228\ x10^{29}$kg

$2.313\ 491\ x10^{23}$kg $\qquad$ $1.788\ 862\ x10^{28}$kg $\qquad$ $4.567\ 745\ x10^{29}$kg

$5.352\ 242\ x10^{23}$kg $\qquad$ $3.200\ 029\ x10^{28}$kg $\qquad$ $2.086\ 430\ x10^{30}$kg

$2.864\ 649\ x10^{24}$kg $\qquad$ $1.024\ 048\ x10^{29}$kg $\qquad$ $4.353\ 190\ x10^{30}$kg

$8.203\ 217\ x10^{24}$kg $\qquad$ $1.048\ 614\ x10^{29}$kg

$6.734\ 200\ x10^{25}$kg $\qquad$ $1.099\ 591\ x10^{29}$kg

Cadmio (Cd) 113 ($9.3\ x10^{15}$años)

Masa en kilogramos $1.073\ 877\ x10^{-17}$kg^{-2}

$1.153\ 211\ x10^{-17}$kg $\qquad$ $6.163\ 103\ x10^{-11}$kg $\qquad$ $3.230\ 223\ x10^{-6}$kg

$1.329\ 897\ x10^{-17}$kg $\qquad$ $3.798\ 383\ x10^{-10}$kg $\qquad$ $1.043\ 343\ x10^{-5}$kg

$1.868\ 627\ x10^{-17}$kg $\qquad$ $1.442\ 772\ x10^{-9}$kg $\qquad$ $1.088\ 755\ x10^{-5}$kg

$3.128\ 042\ x10^{-17}$kg $\qquad$ $2.081\ 591\ x10^{-9}$kg $\qquad$ $1.185\ 388\ x10^{-5}$kg

$9.784\ 650\ x10^{-17}$kg $\qquad$ $4.333\ 021\ x10^{-9}$kg $\qquad$ $1.405\ 145\ x10^{-5}$kg

$9.573\ 938\ x10^{-16}$kg $\qquad$ $1.877\ 508\ x10^{-8}$kg $\qquad$ $1.974\ 431\ x10^{-5}$kg

$9.166\ 029\ x10^{-15}$kg $\qquad$ $3.525\ 036\ x10^{-8}$kg $\qquad$ $3.898\ 379\ x10^{-5}$kg

$8.401\ 608\ x10^{-14}$kg $\qquad$ $1.242\ 588\ x10^{-7}$kg $\qquad$ $1.519\ 736\ x10^{-4}$kg

$7.058\ 703\ x10^{-13}$kg $\qquad$ $1.544\ 024\ x10^{-7}$kg $\qquad$ $2.309\ 598\ x10^{-4}$kg

$4.982\ 529\ x10^{-12}$kg $\qquad$ $2.384\ 010\ x10^{-7}$kg $\qquad$ $5.334\ 244\ x10^{-4}$kg

$2.482\ 559\ x10^{-11}$kg $\qquad$ $5.683\ 505\ x10^{-7}$kg $\qquad$ $2.845\ 416\ x10^{-3}$kg

$8.096\ 392\ \times 10^{-3}$kg	$5.055\ 162\ \times 10^{7}$kg	$6.598\ 353\ \times 10^{21}$kg
$6.555\ 156\ \times 10^{-2}$kg	$2.555\ 466\ \times 10^{8}$kg	$4.353\ 827\ \times 10^{22}$kg
$4.297\ 007\ \times 10^{-1}$kg	$6.530\ 409\ \times 10^{8}$kg	$1.895\ 581\ \times 10^{23}$kg
$1.846\ 427\ \times 10^{0}$kg	$4.264\ 623\ \times 10^{9}$kg	$3.593\ 226\ \times 10^{23}$kg
$3.409\ 291\ \times 10^{0}$kg	$1.818\ 701\ \times 10^{10}$kg	$1.291\ 127\ \times 10^{24}$kg
$1.162\ 327\ \times 10^{1}$kg	$3.307\ 675\ \times 10^{10}$kg	$1.667\ 009\ \times 10^{24}$kg
$1.351\ 003\ \times 10^{1}$kg	$1.196\ 993\ \times 10^{11}$kg	$2.778\ 922\ \times 10^{24}$kg
$1.825\ 210\ \times 10^{1}$kg	$1.432\ 793\ \times 10^{11}$kg	$7.722\ 408\ \times 10^{24}$kg
$3.331\ 394\ \times 10^{1}$kg	$2.052\ 896\ \times 10^{11}$kg	$5.963\ 559\ \times 10^{25}$kg
$1.109\ 818\ \times 10^{2}$kg	$4.214\ 381\ \times 10^{11}$kg	$3.556\ 403\ \times 10^{26}$kg
$1.231\ 696\ \times 10^{2}$kg	$1.776\ 100\ \times 10^{12}$kg	$1.264\ 800\ \times 10^{27}$kg
$1.517\ 077\ \times 10^{2}$kg	$3.154\ 534\ \times 10^{12}$kg	$1.599\ 719\ \times 10^{27}$kg
$2.301\ 523\ \times 10^{2}$kg	$9.951\ 087\ \times 10^{12}$kg	$2.559\ 103\ \times 10^{27}$kg
$5.297\ 009\ \times 10^{2}$kg	$9.902\ 414\ \times 10^{13}$kg	$6.549\ 011\ \times 10^{27}$kg
$2.805\ 830\ \times 10^{3}$kg	$9.805\ 780\ \times 10^{14}$kg	$4.288\ 954\ \times 10^{28}$kg
$7.872\ 686\ \times 10^{3}$kg	$9.615\ 333\ \times 10^{15}$kg	$1.839\ 513\ \times 10^{29}$kg
$6.197\ 918\ \times 10^{4}$kg	$9.245\ 463\ \times 10^{16}$kg	$3.383\ 808\ \times 10^{29}$kg
$3.841\ 419\ \times 10^{5}$kg	$8.547\ 859\ \times 10^{17}$kg	$1.145\ 016\ \times 10^{30}$kg
$1.475\ 650\ \times 10^{6}$kg	$7.306\ 589\ \times 10^{18}$kg	$1.311\ 061\ \times 10^{30}$kg
$2.177\ 544\ \times 10^{6}$kg	$5.338\ 625\ \times 10^{19}$kg	$1.718\ 883\ \times 10^{30}$kg
$4.741\ 697\ \times 10^{6}$kg	$2.850\ 092\ \times 10^{20}$kg	$2.954\ 558\ \times 10^{30}$kg
$2.248\ 369\ \times 10^{7}$kg	$8.123\ 024\ \times 10^{20}$kg	$8.729\ 413\ \times 10^{30}$kg

Selenio (Se) 82 (1.4 x10^{20}años)

Masa en kilogramos 7.791 413 x10^{-18}kg^{-2}

6.070 611 x10^{-17}kg	4.872 000 x10^{-10}kg	2.235 389 x10^{-3}kg
3.685 232 x10^{-16}kg	2.373 639 x10^{-9}kg	4.996 967 x10^{-3}kg
1.358 093 x10^{-15}kg	5.634 161 x10^{-9}kg	2.496 968 x10^{-2}kg
1.844 419 x10^{-15}kg	3.174 378 x10^{-8}kg	6.234 849 x10^{-2}kg
3.401 881 x10^{-15}kg	1.007 667 x10^{-7}kg	3.887 335 x10^{-1}kg
1.157 279 x10^{-14}kg	1.015 393 x10^{-7}kg	1.511 137 x10^{0}kg
1.339 296 x10^{-14}kg	1.031 024 x10^{-7}kg	2.283 537 x10^{0}kg
1.793 716 x10^{-14}kg	1.063 011 x10^{-7}kg	5.214 540 x10^{0}kg
3.217 418 x10^{-14}kg	1.129 992 x10^{-7}kg	2.719 143 x10^{1}kg
1.035 178 x10^{-13}kg	1.276 882 x10^{-7}kg	7.393 738 x10^{1}kg
1.071 593 x10^{-13}kg	1.630 430 x10^{-7}kg	5.466 735 x10^{2}kg
1.148 313 x10^{-13}kg	2.658 302 x10^{-7}kg	2.988 519 x10^{3}kg
1.318 622 x10^{-13}kg	7.066 569 x10^{-7}kg	8.931 251 x10^{3}kg
1.738 765 x10^{-13}kg	4.993 640 x10^{-6}kg	7.976 724 x10^{4}kg
3.023 303 x10^{-13}kg	2.493 645 x10^{-5}kg	6.362 813 x10^{5}kg
9.140 362 x10^{-13}kg	6.218 263 x10^{-5}kg	4.048 539 x10^{6}kg
8.354 622 x10^{-12}kg	3.866 680 x10^{-4}kg	1.639 067 x10^{7}kg
6.979 972 x10^{-11}kg	1.495 121 x10^{-3}kg	2.686 541 x10^{7}kg

$7.217\,506 \times 10^{7}$ kg	$4.260\,687 \times 10^{19}$ kg	$6.172\,432 \times 10^{24}$ kg
$5.209\,239 \times 10^{8}$ kg	$1.815\,346 \times 10^{20}$ kg	$3.809\,891 \times 10^{25}$ kg
$2.713\,616 \times 10^{9}$ kg	$3.295\,480 \times 10^{20}$ kg	$1.451\,527 \times 10^{26}$ kg
$7.363\,716 \times 10^{9}$ kg	$1.086\,019 \times 10^{21}$ kg	$2.106\,932 \times 10^{26}$ kg
$5.422\,431 \times 10^{10}$ kg	$1.179\,437 \times 10^{21}$ kg	$4.439\,163 \times 10^{26}$ kg
$2.940\,276 \times 10^{11}$ kg	$1.391\,073 \times 10^{21}$ kg	$1.970\,617 \times 10^{27}$ kg
$8.645\,225 \times 10^{11}$ kg	$1.935\,085 \times 10^{21}$ kg	$3.883\,332 \times 10^{27}$ kg
$7.473\,992 \times 10^{12}$ kg	$3.744\,555 \times 10^{21}$ kg	$1.508\,027 \times 10^{28}$ kg
$5.586\,056 \times 10^{13}$ kg	$1.402\,169 \times 10^{22}$ kg	$2.274\,145 \times 10^{28}$ kg
$3.120\,402 \times 10^{14}$ kg	$1.966\,078 \times 10^{22}$ kg	$5.171\,737 \times 10^{28}$ kg
$9.736\,911 \times 10^{14}$ kg	$3.865\,465 \times 10^{22}$ kg	$2.674\,687 \times 10^{29}$ kg
$9.480\,745 \times 10^{15}$ kg	$1.494\,182 \times 10^{23}$ kg	$7.153\,949 \times 10^{29}$ kg
$8.988\,453 \times 10^{16}$ kg	$2.232\,580 \times 10^{23}$ kg	$5.117\,900 \times 10^{30}$ kg
$8.079\,229 \times 10^{17}$ kg	$4.984\,413 \times 10^{23}$ kg	$2.619\,290 \times 10^{31}$ kg
$6.527\,394 \times 10^{18}$ kg	$2.484\,438 \times 10^{24}$ kg	$6.860\,680 \times 10^{31}$ kg

Vanadio (V) 50 (1.5×10^{17} años)

Masa en kilogramos $4.750\,667 \times 10^{-18}$ kg^{-2}

$2.256\,884 \times 10^{-17}$ kg	$4.530\,507 \times 10^{-15}$ kg	$3.150\,284 \times 10^{-13}$ kg
$5.096\,524 \times 10^{-17}$ kg	$2.052\,549 \times 10^{-14}$ kg	$9.924\,292 \times 10^{-13}$ kg
$2.594\,399 \times 10^{-16}$ kg	$4.212\,961 \times 10^{-14}$ kg	$9.849\,159 \times 10^{-12}$ kg
$6.730\,904 \times 10^{-16}$ kg	$1.774\,904 \times 10^{-13}$ kg	$9.700\,593 \times 10^{-11}$ kg

$9.410\ 151 \times 10^{-10}$kg	$2.821\ 455 \times 10^{4}$kg	$1.123\ 536 \times 10^{17}$kg
$8.855\ 095 \times 10^{-9}$kg	$7.960\ 611 \times 10^{4}$kg	$1.262\ 335 \times 10^{17}$kg
$7.841\ 271 \times 10^{-8}$kg	$6.337\ 134 \times 10^{5}$kg	$1.593\ 489 \times 10^{17}$kg
$6.148\ 553 \times 10^{-7}$kg	$4.015\ 926 \times 10^{6}$kg	$2.539\ 210 \times 10^{17}$kg
$3.780\ 470 \times 10^{-6}$kg	$1.612\ 766 \times 10^{7}$kg	$6.447\ 588 \times 10^{17}$kg
$1.429\ 196 \times 10^{-5}$kg	$2.601\ 016 \times 10^{7}$kg	$4.157\ 138 \times 10^{18}$kg
$2.042\ 004 \times 10^{-5}$kg	$6.765\ 285 \times 10^{7}$kg	$1.728\ 180 \times 10^{19}$kg
$4.172\ 217 \times 10^{-5}$kg	$4.576\ 909 \times 10^{8}$kg	$2.986\ 607 \times 10^{19}$kg
$1.740\ 739 \times 10^{-4}$kg	$2.094\ 809 \times 10^{9}$kg	$8.919\ 823 \times 10^{19}$kg
$3.030\ 173 \times 10^{-4}$kg	$4.388\ 226 \times 10^{9}$kg	$7.956\ 324 \times 10^{20}$kg
$9.181\ 949 \times 10^{-4}$kg	$1.925\ 652 \times 10^{10}$kg	$6.330\ 310 \times 10^{21}$kg
$8.430\ 819 \times 10^{-3}$kg	$3.708\ 138 \times 10^{10}$kg	$4.007\ 282 \times 10^{22}$kg
$7.107\ 871 \times 10^{-2}$kg	$1.375\ 029 \times 10^{11}$kg	$1.605\ 831 \times 10^{23}$kg
$5.052\ 183 \times 10^{-1}$kg	$1.890\ 704 \times 10^{11}$kg	$2.578\ 694 \times 10^{23}$kg
$2.552\ 455 \times 10^{0}$kg	$3.574\ 763 \times 10^{11}$kg	$6.649\ 667 \times 10^{23}$kg
$6.575\ 030 \times 10^{0}$kg	$1.277\ 893 \times 10^{12}$kg	$4.421\ 807 \times 10^{24}$kg
$4.244\ 563 \times 10^{1}$kg	$1.633\ 301 \times 10^{12}$kg	$1.955\ 238 \times 10^{25}$kg
$1.801\ 631 \times 10^{2}$kg	$2.666\ 728 \times 10^{12}$kg	$3.822\ 957 \times 10^{25}$kg
$3.245\ 875 \times 10^{2}$kg	$7.111\ 442 \times 10^{12}$kg	$1.461\ 500 \times 10^{26}$kg
$1.053\ 571 \times 10^{3}$kg	$5.057\ 261 \times 10^{13}$kg	$2.135\ 983 \times 10^{26}$kg
$1.110\ 011 \times 10^{3}$kg	$2.557\ 589 \times 10^{14}$kg	$4.562\ 425 \times 10^{26}$kg
$1.232\ 124 \times 10^{3}$kg	$6.541\ 264 \times 10^{14}$kg	$2.081\ 572 \times 10^{27}$kg
$1.518\ 131 \times 10^{3}$kg	$4.278\ 814 \times 10^{15}$kg	$4.332\ 944 \times 10^{27}$kg
$2.304\ 720 \times 10^{3}$kg	$1.830\ 824 \times 10^{16}$kg	$1.877\ 440 \times 10^{28}$kg
$5.311\ 737 \times 10^{3}$kg	$3.351\ 920 \times 10^{16}$kg	$3.524\ 784 \times 10^{28}$kg

$1.242\ 410\ \text{x}10^{29}\text{kg}$	$3.222\ 866\ \text{x}10^{30}\text{kg}$	$1.354\ 805\ \text{x}10^{31}\text{kg}$
$1.543\ 584\ \text{x}10^{29}\text{kg}$	$1.038\ 686\ \text{x}10^{31}\text{kg}$	$1.835\ 499\ \text{x}10^{31}\text{kg}$
$2.382\ 651\ \text{x}10^{29}\text{kg}$	$1.078\ 870\ \text{x}10^{31}\text{kg}$	$3.369\ 057\ \text{x}10^{31}\text{kg}$
$5.677\ 029\ \text{x}10^{29}\text{kg}$	$1.163\ 961\ \text{x}10^{31}\text{kg}$	

Xenón (Xe) 136 ($\geq 2.36\ \text{x}10^{21}$años). Masa atómica 135.907215U.

Masa en kilogramos 1.292 666 $\text{x}10^{-17}\text{kg}^{-2}$

$1.670\ 985\ \text{x}10^{-17}\text{kg}$	$1.527\ 325\ \text{x}10^{-11}\text{kg}$	$3.426\ 614\ \text{x}10^{-4}\text{kg}$
$2.792\ 192\ \text{x}10^{-17}\text{kg}$	$2.332\ 723\ \text{x}10^{-11}\text{kg}$	$1.174\ 168\ \text{x}10^{-3}\text{kg}$
$7.796\ 337\ \text{x}10^{-17}\text{kg}$	$5.441\ 595\ \text{x}10^{-11}\text{kg}$	$1.378\ 671\ \text{x}10^{-3}\text{kg}$
$6.078\ 287\ \text{x}10^{-16}\text{kg}$	$2.961\ 096\ \text{x}10^{-10}\text{kg}$	$1.900\ 736\ \text{x}10^{-3}\text{kg}$
$3.694\ 557\ \text{x}10^{-15}\text{kg}$	$8.768\ 093\ \text{x}10^{-10}\text{kg}$	$3.612\ 798\ \text{x}10^{-3}\text{kg}$
$1.364\ 975\ \text{x}10^{-14}\text{kg}$	$7.687\ 945\ \text{x}10^{-9}\text{kg}$	$1.305\ 230\ \text{x}10^{-2}\text{kg}$
$1.863\ 158\ \text{x}10^{-14}\text{kg}$	$5.910\ 450\ \text{x}10^{-8}\text{kg}$	$1.703\ 627\ \text{x}10^{-2}\text{kg}$
$3.471\ 358\ \text{x}10^{-14}\text{kg}$	$3.493\ 342\ \text{x}10^{-7}\text{kg}$	$2.902\ 346\ \text{x}10^{-2}\text{kg}$
$1.205\ 032\ \text{x}10^{-13}\text{kg}$	$1.220\ 343\ \text{x}10^{-6}\text{kg}$	$8.423\ 612\ \text{x}10^{-2}\text{kg}$
$1.452\ 104\ \text{x}10^{-13}\text{kg}$	$1.489\ 239\ \text{x}10^{-6}\text{kg}$	$7.095\ 725\ \text{x}10^{-1}\text{kg}$
$2.108\ 607\ \text{x}10^{-13}\text{kg}$	$2.217\ 834\ \text{x}10^{-6}\text{kg}$	$5.034\ 931\ \text{x}10^{0}\text{kg}$
$4.446\ 225\ \text{x}10^{-13}\text{kg}$	$4.918\ 788\ \text{x}10^{-6}\text{kg}$	$2.535\ 053\ \text{x}10^{1}\text{kg}$
$1.976\ 892\ \text{x}10^{-12}\text{kg}$	$2.419\ 448\ \text{x}10^{-5}\text{kg}$	$6.426\ 496\ \text{x}10^{1}\text{kg}$
$3.908\ 101\ \text{x}10^{-12}\text{kg}$	$5.853\ 729\ \text{x}10^{-5}\text{kg}$	$4.129\ 985\ \text{x}10^{2}\text{kg}$

$1.705\ 678\ \text{x}10^{3}\text{kg}$	$6.369\ 867\ \text{x}10^{12}\text{kg}$	$5.556\ 660\ \text{x}10^{22}\text{kg}$
$2.909\ 338\ \text{x}10^{3}\text{kg}$	$4.057\ 521\ \text{x}10^{13}\text{kg}$	$3.087\ 647\ \text{x}10^{23}\text{kg}$
$8.464\ 248\ \text{x}10^{3}\text{kg}$	$1.646\ 348\ \text{x}10^{14}\text{kg}$	$9.533\ 565\ \text{x}10^{23}\text{kg}$
$7.164\ 349\ \text{x}10^{4}\text{kg}$	$2.710\ 461\ \text{x}10^{14}\text{kg}$	$9.088\ 886\ \text{x}10^{24}\text{kg}$
$5.132\ 790\ \text{x}10^{5}\text{kg}$	$7.346\ 599\ \text{x}10^{14}\text{kg}$	$8.260\ 786\ \text{x}10^{25}\text{kg}$
$2.634\ 554\ \text{x}10^{6}\text{kg}$	$5.397\ 251\ \text{x}10^{15}\text{kg}$	$6.824\ 058\ \text{x}10^{26}\text{kg}$
$6.940\ 876\ \text{x}10^{6}\text{kg}$	$2.913\ 032\ \text{x}10^{16}\text{kg}$	$4.656\ 777\ \text{x}10^{27}\text{kg}$
$4.817\ 577\ \text{x}10^{7}\text{kg}$	$8.485\ 759\ \text{x}10^{16}\text{kg}$	$2.168\ 557\ \text{x}10^{28}\text{kg}$
$2.320\ 904\ \text{x}10^{8}\text{kg}$	$7.200\ 810\ \text{x}10^{17}\text{kg}$	$4.702\ 643\ \text{x}10^{28}\text{kg}$
$5.386\ 597\ \text{x}10^{8}\text{kg}$	$5.185\ 166\ \text{x}10^{18}\text{kg}$	$2.211\ 485\ \text{x}10^{29}\text{kg}$
$2.901\ 543\ \text{x}10^{9}\text{kg}$	$2.688\ 595\ \text{x}10^{19}\text{kg}$	$4.890\ 667\ \text{x}10^{29}\text{kg}$
$8.418\ 954\ \text{x}10^{9}\text{kg}$	$7.228\ 544\ \text{x}10^{19}\text{kg}$	$2.391\ 862\ \text{x}10^{30}\text{kg}$
$7.087\ 879\ \text{x}10^{10}\text{kg}$	$5.225\ 186\ \text{x}10^{20}\text{kg}$	$5.721\ 005\ \text{x}10^{30}\text{kg}$
$5.023\ 802\ \text{x}10^{11}\text{kg}$	$2.730\ 256\ \text{x}10^{21}\text{kg}$	$3.272\ 990\ \text{x}10^{31}\text{kg}$
$2.523\ 859\ \text{x}10^{12}\text{kg}$	$7.454\ 300\ \text{x}10^{21}\text{kg}$	

Hafnio (Hf) 174. Masa atómica 173.940042U. $(2.0 \times 10^{15}\text{años})$

Masa en kilogramos $1.654\ 410\ \text{x}10^{-17}\text{kg}^{-2}$

$2.737\ 075\ \text{x}10^{-17}\text{kg}$	$3.149\ 882\ \text{x}10^{-15}\text{kg}$	$9.690\ 689\ \text{x}10^{-13}\text{kg}$
$7.491\ 582\ \text{x}10^{-17}\text{kg}$	$9.921\ 758\ \text{x}10^{-15}\text{kg}$	$9.390\ 946\ \text{x}10^{-12}\text{kg}$
$5.612\ 381\ \text{x}10^{-16}\text{kg}$	$9.844\ 129\ \text{x}10^{-14}\text{kg}$	$8.818\ 987\ \text{x}10^{-11}\text{kg}$

$7.777\,453 \times 10^{-10}$ kg	$3.306\,709 \times 10^{1}$ kg	$2.413\,075 \times 10^{11}$ kg
$6.048\,878 \times 10^{-9}$ kg	$1.093\,432 \times 10^{2}$ kg	$5.822\,933 \times 10^{11}$ kg
$3.658\,893 \times 10^{-8}$ kg	$1.195\,549 \times 10^{2}$ kg	$3.390\,655 \times 10^{12}$ kg
$1.338\,750 \times 10^{-7}$ kg	$1.429\,447 \times 10^{2}$ kg	$1.149\,654 \times 10^{13}$ kg
$1.792\,251 \times 10^{-7}$ kg	$2.043\,318 \times 10^{2}$ kg	$1.321\,705 \times 10^{13}$ kg
$3.212\,166 \times 10^{-7}$ kg	$4.175\,152 \times 10^{2}$ kg	$1.746\,906 \times 10^{13}$ kg
$1.031\,801 \times 10^{-6}$ kg	$1.743\,189 \times 10^{3}$ kg	$3.051\,680 \times 10^{13}$ kg
$1.064\,614 \times 10^{-6}$ kg	$3.038\,710 \times 10^{3}$ kg	$9.312\,755 \times 10^{13}$ kg
$1.133\,403 \times 10^{-6}$ kg	$9.233\,763 \times 10^{3}$ kg	$8.672\,741 \times 10^{14}$ kg
$1.284\,604 \times 10^{-6}$ kg	$8.526\,238 \times 10^{4}$ kg	$7.521\,643 \times 10^{15}$ kg
$1.650\,208 \times 10^{-6}$ kg	$7.269\,673 \times 10^{5}$ kg	$5.657\,512 \times 10^{16}$ kg
$2.723\,187 \times 10^{-6}$ kg	$5.284\,815 \times 10^{6}$ kg	$3.200\,744 \times 10^{17}$ kg
$7.415\,749 \times 10^{-6}$ kg	$2.792\,277 \times 10^{7}$ kg	$1.024\,476 \times 10^{18}$ kg
$5.499\,334 \times 10^{-5}$ kg	$7.800\,445 \times 10^{7}$ kg	$1.049\,552 \times 10^{18}$ kg
$3.024\,268 \times 10^{-4}$ kg	$6.084\,695 \times 10^{8}$ kg	$1.101\,560 \times 10^{18}$ kg
$9.146\,197 \times 10^{-4}$ kg	$3.702\,351 \times 10^{9}$ kg	$1.213\,434 \times 10^{18}$ kg
$8.365\,292 \times 10^{-3}$ kg	$1.370\,740 \times 10^{10}$ kg	$1.472\,423 \times 10^{18}$ kg
$6.997\,811 \times 10^{-2}$ kg	$1.878\,930 \times 10^{10}$ kg	$2.168\,030 \times 10^{18}$ kg
$4.896\,936 \times 10^{-1}$ kg	$3.530\,379 \times 10^{10}$ kg	$4.700\,354 \times 10^{18}$ kg
$2.397\,999 \times 10^{0}$ kg	$1.246\,357 \times 10^{11}$ kg	$2.209\,333 \times 10^{19}$ kg
$5.750\,399 \times 10^{0}$ kg	$1.553\,407 \times 10^{11}$ kg	$4.881\,155 \times 10^{19}$ kg

$2.382\ 567\ \text{x}10^{20}\text{kg}$	$1.544\ 013\ \text{x}10^{23}\text{kg}$	$2.277\ 628\ \text{x}10^{26}\text{kg}$
$5.676\ 628\ \text{x}10^{20}\text{kg}$	$2.383\ 977\ \text{x}10^{23}\text{kg}$	$5.187\ 591\ \text{x}10^{26}\text{kg}$
$3.222\ 411\ \text{x}10^{21}\text{kg}$	$5.683\ 350\ \text{x}10^{23}\text{kg}$	$2.691\ 110\ \text{x}10^{27}\text{kg}$
$1.038\ 393\ \text{x}10^{22}\text{kg}$	$3.230\ 047\ \text{x}10^{24}\text{kg}$	$7.242\ 074\ \text{x}10^{27}\text{kg}$
$1.078\ 260\ \text{x}10^{22}\text{kg}$	$1.043\ 320\ \text{x}10^{25}\text{kg}$	$5.244\ 763\ \text{x}10^{28}\text{kg}$
$1.162\ 646\ \text{x}10^{22}\text{kg}$	$1.088\ 518\ \text{x}10^{25}\text{kg}$	$2.750\ 754\ \text{x}10^{29}\text{kg}$
$1.351\ 746\ \text{x}10^{22}\text{kg}$	$1.184\ 871\ \text{x}10^{25}\text{kg}$	$7.566\ 650\ \text{x}10^{29}\text{kg}$
$1.827\ 219\ \text{x}10^{22}\text{kg}$	$1.403\ 921\ \text{x}10^{25}\text{kg}$	$5.725\ 420\ \text{x}10^{30}\text{kg}$
$3.338\ 730\ \text{x}10^{22}\text{kg}$	$1.970\ 994\ \text{x}10^{25}\text{kg}$	$3.278\ 043\ \text{x}10^{31}\text{kg}$
$1.114\ 712\ \text{x}10^{23}\text{kg}$	$3.884\ 818\ \text{x}10^{25}\text{kg}$	
$1.242\ 583\ \text{x}10^{23}\text{kg}$	$1.509\ 181\ \text{x}10^{26}\text{kg}$	

Gadolinio (Gd) 152(Radiactivo). Masa atómica 151 .919787U. (1.1 x 10^{14}años)

Masa en kilogramos 1.444 967 $\text{x}10^{-17}\text{kg}^{-2}$

$2.087\ 931\ \text{x}10^{-17}\text{kg}$	$8.388\ 602\ \text{x}10^{-15}\text{kg}$	$1.707\ 155\ \text{x}10^{-10}\text{kg}$
$4.359\ 459\ \text{x}10^{-17}\text{kg}$	$7.036\ 865\ \text{x}10^{-14}\text{kg}$	$2.914\ 380\ \text{x}10^{-10}\text{kg}$
$1.900\ 488\ \text{x}10^{-16}\text{kg}$	$4.951\ 748\ \text{x}10^{-13}\text{kg}$	$8.493\ 612\ \text{x}10^{-10}\text{kg}$
$3.611\ 857\ \text{x}10^{-16}\text{kg}^2$	$2.451\ 980\ \text{x}10^{-12}\text{kg}$	$7.214\ 145\ \text{x}10^{-9}\text{kg}$
$1.304\ 551\ \text{x}10^{-15}\text{kg}$	$6.012\ 209\ \text{x}10^{-12}\text{kg}$	$5.204\ 390\ \text{x}10^{-8}\text{kg}$
$1.701\ 854\ \text{x}10^{-15}\text{kg}$	$3.614\ 666\ \text{x}10^{-11}\text{kg}$	$2.708\ 567\ \text{x}10^{-7}\text{kg}$
$2.896\ 308\ \text{x}10^{-15}\text{kg}$	$1.306\ 581\ \text{x}10^{-10}\text{kg}$	$7.336\ 338\ \text{x}10^{-7}\text{kg}$

$5.382\ 186 \times 10^{-6}\,kg$	$2.318\ 012 \times 10^{4}\,kg$	$2.211\ 364 \times 10^{18}\,kg$
$2.896\ 792 \times 10^{-5}\,kg$	$5.373\ 182 \times 10^{4}\,kg$	$4.890\ 134 \times 10^{18}\,kg$
$8.391\ 408 \times 10^{-5}\,kg$	$2.887\ 109 \times 10^{5}\,kg$	$2.391\ 341 \times 10^{19}\,kg$
$7.041\ 573 \times 10^{-4}\,kg$	$8.335\ 399 \times 10^{5}\,kg$	$5.718\ 512 \times 10^{19}\,kg$
$4.958\ 375 \times 10^{-3}\,kg$	$6.947\ 888 \times 10^{6}\,kg$	$3.270\ 138 \times 10^{20}\,kg$
$2.458\ 548 \times 10^{-2}\,kg$	$4.827\ 315 \times 10^{7}\,kg$	$1.069\ 380 \times 10^{21}\,kg$
$6.044\ 460 \times 10^{-2}\,kg$	$2.330\ 297 \times 10^{8}\,kg$	$1.143\ 574 \times 10^{21}\,kg$
$3.653\ 549 \times 10^{-1}\,kg$	$5.430\ 285 \times 10^{8}\,kg$	$1.307\ 761 \times 10^{21}\,kg^{2}$
$1.334\ 842 \times 10^{0}\,kg$	$2.948\ 799 \times 10^{9}\,kg$	$1.710\ 241 \times 10^{21}\,kg^{2}$
$1.781\ 804 \times 10^{0}\,kg$	$8.695\ 419 \times 10^{9}\,kg$	$2.924\ 924 \times 10^{21}\,kg$
$3.174\ 827 \times 10^{0}\,kg$	$7.561\ 031 \times 10^{10}\,kg$	$8.555\ 183 \times 10^{21}\,kg$
$1.007\ 952 \times 10^{1}\,kg$	$5.716\ 920 \times 10^{11}\,kg$	$7.319\ 115 \times 10^{22}\,kg$
$1.015\ 969 \times 10^{1}\,kg$	$3.268\ 317 \times 10^{12}\,kg$	$5.356\ 945 \times 10^{23}\,kg$
$1.032\ 193 \times 10^{1}\,kg$	$1.068\ 190 \times 10^{13}\,kg^{2}$	$2.869\ 686 \times 10^{24}\,kg$
$1.065\ 422 \times 10^{1}\,kg$	$1.141\ 030 \times 10^{13}\,kg^{2}$	$8.235\ 101 \times 10^{24}\,kg$
$1.135\ 125 \times 10^{1}\,kg$	$1.301\ 950 \times 10^{13}\,kg$	$6.781\ 689 \times 10^{25}\,kg$
$1.288\ 510 \times 10^{1}\,kg$	$1.695\ 074 \times 10^{13}\,kg$	$4.599\ 131 \times 10^{26}\,kg$
$1.660\ 260 \times 10^{1}\,kg$	$2.873\ 277 \times 10^{13}\,kg$	$2.115\ 200 \times 10^{27}\,kg$
$2.756\ 464 \times 10^{1}\,kg$	$8.255\ 723 \times 10^{13}\,kg$	$4.474\ 074 \times 10^{27}\,kg$
$7.598\ 098 \times 10^{1}\,kg$	$6.815\ 697 \times 10^{14}\,kg$	$2.001\ 734 \times 10^{28}\,kg$
$5.773\ 110 \times 10^{2}\,kg$	$4.645\ 373 \times 10^{15}\,kg$	$4.006\ 941 \times 10^{28}\,kg$
$3.332\ 880 \times 10^{3}\,kg$	$2.157\ 949 \times 10^{16}\,kg$	$1.605\ 558 \times 10^{29}\,kg$
$1.110\ 809 \times 10^{4}\,kg$	$4.656\ 745 \times 10^{16}\,kg$	$2.577\ 817 \times 10^{29}\,kg$
$1.233\ 897 \times 10^{4}\,kg$	$2.168\ 528 \times 10^{17}\,kg$	$6.645\ 141 \times 10^{29}\,kg$
$1.522\ 502 \times 10^{4}\,kg$	$4.702\ 515 \times 10^{17}\,kg$	$4.415\ 790 \times 10^{30}\,kg$

$1.949\ 920\ x10^{31}kg$ $3.802\ 189\ x10^{31}kg^2$

Plomo (Pb) 204(Radiactivo). Masa atómica 203.973020U. (1.4 x10^{17}años)

Masa en kilogramos 1.940 066 x10^{-17}kg^{-2}

$3.763\ 856\ x10^{-17}kg$	$5.770\ 320\ x10^{-8}kg$	$9.819\ 233\ x10^{3}kg$
$1.416\ 661\ x10^{-16}kg$	$3.329\ 659\ x10^{-7}kg$	$9.641\ 734\ x10^{4}kg$
$2.006\ 930\ x10^{-16}kg$	$1.108\ 663\ x10^{-6}kg$	$9.296\ 303\ x10^{5}kg$
$4.027\ 770\ x10^{-16}kg$	$1.229\ 134\ x10^{-6}kg$	$8.642\ 126\ x10^{6}kg$
$1.622\ 293\ x10^{-15}kg$	$1.510\ 771\ x10^{-6}kg$	$7.468\ 634\ x10^{7}kg$
$2.631\ 836\ x10^{-15}kg$	$2.282\ 430\ x10^{-6}kg$	$5.578\ 050\ x10^{8}kg$
$6.926\ 564\ x10^{-15}kg$	$5.209\ 486\ x10^{-6}kg$	$3.111\ 465\ x10^{9}kg$
$4.797\ 729\ x10^{-14}kg$	$2.713\ 875\ x10^{-5}kg$	$9.681\ 214\ x10^{9}kg$
$2.301\ 820\ x10^{-13}kg$	$7.365\ 118\ x10^{-5}kg$	$9.372\ 591\ x10^{10}kg$
$5.298\ 378\ x10^{-13}kg$	$5.424\ 497\ x10^{-4}kg$	$8.784\ 547\ x10^{11}kg$
$2.807\ 281\ x10^{-12}kg$	$2.942\ 517\ x10^{-3}kg$	$7.716\ 827\ x10^{12}kg$
$7.880\ 828\ x10^{-12}kg$	$8.658\ 409\ x10^{-3}kg$	$5.954\ 943\ x10^{13}kg$
$6.210\ 745\ x10^{-11}kg$	$7.496\ 804\ x10^{-2}kg$	$3.546\ 134\ x10^{14}kg$
$3.857\ 336\ x10^{-10}kg$	$5.620\ 208\ x10^{-1}kg$	$1.257\ 507\ x10^{15}kg$
$1.487\ 904\ x10^{-9}kg$	$3.158\ 674\ x10^{0}kg$	$1.581\ 324\ x10^{15}kg$
$2.213\ 859\ x10^{-9}kg$	$9.977\ 223\ x10^{0}kg$	$2.500\ 586\ x10^{15}kg$
$4.901\ 172\ x10^{-9}kg$	$9.954\ 498\ x10^{1}kg$	$6.252\ 931\ x10^{15}kg$
$2.402\ 149\ x10^{-8}kg$	$9.909\ 204\ x10^{2}kg$	$3.909\ 915\ x10^{16}kg$

$1.528\ 743\ \text{x}10^{17}\text{kg}$	$3.292\ 677\ \text{x}10^{23}\text{kg}$	$8.724\ 843\ \text{x}10^{27}\text{kg}$
$2.337\ 057\ \text{x}10^{17}\text{kg}$	$1.084\ 172\ \text{x}10^{24}\text{kg}$	$7.612\ 289\ \text{x}10^{28}\text{kg}$
$5.461\ 839\ \text{x}10^{17}\text{kg}$	$1.175\ 430\ \text{x}10^{24}\text{kg}$	$5.794\ 694\ \text{x}10^{29}\text{kg}$
$2.983\ 169\ \text{x}10^{18}\text{kg}$	$1.381\ 635\ \text{x}10^{24}\text{kg}$	$3.357\ 849\ \text{x}10^{30}\text{kg}$
$8.899\ 300\ \text{x}10^{18}\text{kg}$	$1.908\ 917\ \text{x}10^{24}\text{kg}$	$1.127\ 514\ \text{x}10^{31}\text{kg}$
$7.919\ 754\ \text{x}10^{19}\text{kg}$	$3.643\ 966\ \text{x}10^{24}\text{kg}$	$1.271\ 290\ \text{x}10^{31}\text{kg}$
$6.272\ 250\ \text{x}10^{20}\text{kg}$	$1.327\ 848\ \text{x}10^{25}\text{kg}$	$1.616\ 178\ \text{x}10^{31}\text{kg}$
$3.934\ 112\ \text{x}10^{21}\text{kg}$	$1.763\ 182\ \text{x}10^{25}\text{kg}$	$2.612\ 032\ \text{x}10^{31}\text{kg}$
$1.547\ 724\ \text{x}10^{22}\text{kg}$	$3.108\ 813\ \text{x}10^{25}\text{kg}$	$6.822\ 714\ \text{x}10^{31}\text{kg}$
$2.395\ 451\ \text{x}10^{22}\text{kg}$	$9.664\ 723\ \text{x}10^{25}\text{kg}$	
$5.738\ 185\ \text{x}10^{22}\text{kg}$	$9.340\ 687\ \text{x}10^{26}\text{kg}$	

Neodimio (Nd) 150(Radiactivo). Masa atómica 149.920887U.

($>1\ \text{x}10^{18}$años)

Masa en kilogramos $1.425\ 955\ \text{x}10^{-17}\text{kg}^{-2}$

$2.033\ 347\ \text{x}10^{-17}\text{kg}$	$5.315\ 510\ \text{x}10^{-14}\text{kg}$	$2.721\ 951\ \text{x}10^{-10}\text{kg}$
$4.134\ 502\ \text{x}10^{-17}\text{kg}$	$2.825\ 465\ \text{x}10^{-13}\text{kg}$	$7.409\ 018\ \text{x}10^{-10}\text{kg}$
$1.709\ 411\ \text{x}10^{-16}\text{kg}$	$7.983\ 255\ \text{x}10^{-13}\text{kg}$	$5.489\ 355\ \text{x}10^{-9}\text{kg}$
$2.922\ 086\ \text{x}10^{-16}\text{kg}$	$6.373\ 236\ \text{x}10^{-12}\text{kg}$	$3.013\ 032\ \text{x}10^{-8}\text{kg}$
$8.538\ 591\ \text{x}10^{-16}\text{kg}$	$4.061\ 814\ \text{x}10^{-11}\text{kg}$	$9.079\ 990\ \text{x}10^{-8}\text{kg}$
$7.290\ 754\ \text{x}10^{-15}\text{kg}$	$1.649\ 833\ \text{x}10^{-10}\text{kg}$	$8.244\ 622\ \text{x}10^{-7}\text{kg}$

$6.797\,380 \times 10^{-6}$ kg	$5.626\,546 \times 10^{3}$ kg	$2.326\,168 \times 10^{13}$ kg
$4.620\,437 \times 10^{-5}$ kg	$3.165\,802 \times 10^{4}$ kg	$5.411\,057 \times 10^{13}$ kg
$2.134\,844 \times 10^{-4}$ kg	$1.002\,230 \times 10^{5}$ kg	$2.927\,954 \times 10^{14}$ kg
$4.557\,560 \times 10^{-4}$ kg	$1.004\,466 \times 10^{5}$ kg	$8.572\,916 \times 10^{14}$ kg
$2.077\,135 \times 10^{-3}$ kg	$1.008\,952 \times 10^{5}$ kg	$7.349\,490 \times 10^{15}$ kg
$4.314\,491 \times 10^{-3}$ kg	$1.017\,985 \times 10^{5}$ kg	$5.401\,501 \times 10^{16}$ kg
$1.861\,484 \times 10^{-2}$ kg	$1.036\,295 \times 10^{5}$ kg	$2.917\,762 \times 10^{17}$ kg
$3.465\,122 \times 10^{-2}$ kg	$1.073\,908 \times 10^{5}$ kg	$8.512\,514 \times 10^{17}$ kg
$1.200\,707 \times 10^{-1}$ kg	$1.153\,279 \times 10^{5}$ kg	$7.246\,290 \times 10^{18}$ kg
$1.441\,698 \times 10^{-1}$ kg	$1.330\,052 \times 10^{5}$ kg	$5.250\,872 \times 10^{19}$ kg
$2.078\,495 \times 10^{-1}$ kg	$1.769\,039 \times 10^{5}$ kg	$2.757\,165 \times 10^{20}$ kg
$4.320\,144 \times 10^{-1}$ kg	$3.129\,502 \times 10^{5}$ kg	$7.601\,963 \times 10^{20}$ kg
$1.866\,364 \times 10^{0}$ kg	$9.793\,782 \times 10^{5}$ kg	$5.778\,985 \times 10^{21}$ kg
$3.483\,318 \times 10^{0}$ kg	$9.591\,818 \times 10^{6}$ kg	$3.339\,667 \times 10^{22}$ kg
$1.213\,350 \times 10^{1}$ kg	$9.200\,297 \times 10^{7}$ kg	$1.115\,337 \times 10^{23}$ kg
$1.472\,219 \times 10^{1}$ kg	$8.464\,547 \times 10^{8}$ kg	$1.243\,977 \times 10^{23}$ kg
$2.167\,429 \times 10^{1}$ kg	$7.164\,857 \times 10^{9}$ kg	$1.547\,480 \times 10^{23}$ kg
$4.697\,752 \times 10^{1}$ kg	$5.133\,517 \times 10^{10}$ kg	$2.394\,697 \times 10^{23}$ kg
$2.206\,887 \times 10^{2}$ kg	$2.635\,300 \times 10^{11}$ kg	$5.734\,575 \times 10^{23}$ kg
$4.870\,353 \times 10^{2}$ kg	$6.944\,809 \times 10^{11}$ kg	$3.288\,535 \times 10^{24}$ kg
$2.372\,034 \times 10^{3}$ kg	$4.823\,037 \times 10^{12}$ kg	$1.081\,446 \times 10^{25}$ kg

$1.169\ 527\ x10^{25}$kg	$5.073\ 774\ x10^{26}$kg	$1.915\ 970\ x10^{30}$kg
$1.367\ 794\ x10^{25}$kg	$2.574\ 318\ x10^{27}$kg	$3.670\ 942\ x10^{30}$kg
$1.870\ 861\ x10^{25}$kg	$6.627\ 117\ x10^{27}$kg	$1.347\ 581\ x10^{31}$kg
$3.500\ 122\ x10^{25}$kg	$4.391\ 868\ x10^{28}$kg	$1.815\ 976\ x10^{31}$kg
$1.225\ 085\ x10^{26}$kg	$1.928\ 850\ x10^{29}$kg	$3.297\ 769\ x10^{31}$kg
$1.500\ 834\ x10^{26}$kg	$3.720\ 464\ x10^{29}$kg	
$2.252\ 504\ x10^{26}$kg	$1.384\ 185\ x10^{30}$kg	

Gadolinio (Gd) 150. Masa atómica 149.918657U.

Masa en kilogramos 1.425 934 $x10^{-17}$kg^2

Gadolinio (Gd) 152. Masa atómica 151.919787U.

Masa en kilogramos 1.444 967 $x10^{-17}$kg^{-2}

$1.435\ 450\ x10^{-17}$kg	$2.387\ 641\ x10^{-15}$kg	$3.312\ 685\ x10^{-12}$kg
$2.060\ 518\ x10^{-17}$kg	$5.700\ 831\ x10^{-15}$kg	$1.097\ 388\ x10^{-11}$kg
$4.245\ 734\ x10^{-17}$kg	$3.249\ 947\ x10^{-14}$kg	$1.204\ 261\ x10^{-11}$kg
$1.802\ 626\ x10^{-16}$kg	$1.056\ 216\ x10^{-13}$kg	$1.450\ 245\ x10^{-11}$kg
$3.249\ 462\ x10^{-16}$kg	$1.115\ 592\ x10^{-13}$kg	$2.103\ 212\ x10^{-11}$kg
$1.055\ 900\ x10^{-15}$kg	$1.244\ 546\ x10^{-13}$kg	$4.423\ 501\ x10^{-11}$kg
$1.114\ 926\ x10^{-15}$kg	$1.548\ 896\ x10^{-13}$kg	$1.956\ 736\ x10^{-10}$kg
$1.243\ 060\ x10^{-15}$kg	$2.399\ 081\ x10^{-13}$kg	$3.828\ 819\ x10^{-10}$kg
$1.545\ 199\ x10^{-15}$kg	$5.755\ 593\ x10^{-13}$kg	$1.465\ 985\ x10^{-9}$kg

$2.149\ 113 \times 10^{-9}$kg	$2.465\ 612 \times 10^{2}$kg	$8.355\ 600 \times 10^{11}$kg
$4.618\ 689 \times 10^{-9}$kg	$6.079\ 244 \times 10^{2}$kg	$6.981\ 605 \times 10^{12}$kg
$2.133\ 228 \times 10^{-8}$kg	$3.695\ 721 \times 10^{3}$kg	$4.874\ 281 \times 10^{13}$kg
$4.550\ 665 \times 10^{-8}$kg	$1.365\ 836 \times 10^{4}$kg	$2.375\ 861 \times 10^{14}$kg
$2.070\ 855 \times 10^{-7}$kg	$1.865\ 508 \times 10^{4}$kg	$5.644\ 718 \times 10^{14}$kg
$4.288\ 443 \times 10^{-7}$kg	$3.480\ 120 \times 10^{4}$kg	$3.186\ 284 \times 10^{15}$kg
$1.839\ 074 \times 10^{-6}$kg	$1.211\ 123 \times 10^{5}$kg	$1.015\ 240 \times 10^{16}$kg
$3.382\ 195 \times 10^{-6}$kg	$1.466\ 820 \times 10^{5}$kg	$1.030\ 714 \times 10^{16}$kg
$1.143\ 924 \times 10^{-5}$kg	$2.151\ 563 \times 10^{5}$kg	$1.062\ 371 \times 10^{16}$kg
$1.308\ 563 \times 10^{-5}$kg	$4.629\ 225 \times 10^{5}$kg	$1.128\ 633 \times 10^{16}$kg
$1.712\ 339 \times 10^{-5}$kg	$2.142\ 972 \times 10^{6}$kg	$1.273\ 812 \times 10^{16}$kg
$2.932\ 105 \times 10^{-5}$kg	$4.592\ 330 \times 10^{6}$kg	$1.622\ 598 \times 10^{16}$kg
$8.597\ 243 \times 10^{-5}$kg	$2.108\ 950 \times 10^{7}$kg	$2.632\ 827 \times 10^{16}$kg
$7.391\ 259 \times 10^{-4}$kg	$4.447\ 671 \times 10^{7}$kg	$6.931\ 778 \times 10^{16}$kg
$5.463\ 071 \times 10^{-3}$kg	$1.978\ 178 \times 10^{8}$kg	$4.804\ 955 \times 10^{17}$kg
$2.984\ 515 \times 10^{-2}$kg	$3.913\ 189 \times 10^{8}$kg	$2.308\ 759 \times 10^{18}$kg
$8.907\ 332 \times 10^{-2}$kg	$1.531\ 305 \times 10^{9}$kg	$5.330\ 372 \times 10^{18}$kg
$7.934\ 056 \times 10^{-1}$kg	$2.344\ 896 \times 10^{9}$kg	$2.841\ 286 \times 10^{19}$kg
$6.294\ 925 \times 10^{0}$kg	$5.498\ 537 \times 10^{9}$kg	$8.072\ 910 \times 10^{19}$kg
$3.962\ 608 \times 10^{1}$kg	$3.023\ 391 \times 10^{10}$kg	$6.517\ 189 \times 10^{20}$kg
$1.570\ 226 \times 10^{2}$kg	$9.140\ 897 \times 10^{10}$kg	$4.247\ 375 \times 10^{21}$kg

$1.804\,019 \times 10^{22}$kg	$1.568\,677 \times 10^{25}$kg	$1.297\,974 \times 10^{28}$kg
$3.254\,487 \times 10^{22}$kg	$2.460\,749 \times 10^{25}$kg	$1.684\,738 \times 10^{28}$kg
$1.059\,168 \times 10^{23}$kg	$6.055\,289 \times 10^{25}$kg	$2.838\,344 \times 10^{28}$kg
$1.121\,838 \times 10^{23}$kg	$3.666\,652 \times 10^{26}$kg	$8.056\,199 \times 10^{28}$kg
$1.258\,520 \times 10^{23}$kg	$1.344\,434 \times 10^{27}$kg	$6.490\,235 \times 10^{29}$kg
$1.583\,874 \times 10^{23}$kg	$1.807\,503 \times 10^{27}$kg	$4.212\,315 \times 10^{30}$kg
$2.508\,659 \times 10^{23}$kg	$3.268\,068 \times 10^{27}$kg	$1.774\,360 \times 10^{31}$kg
$6.293\,372 \times 10^{23}$kg	$1.067\,373 \times 10^{28}$kg	$3.148\,354 \times 10^{31}$kg
$3.960\,653 \times 10^{24}$kg	$1.139\,286 \times 10^{28}$kg	

Neodimio (Nd) 144. Masa atómica   U.

Masa en kilogramos $1.368\,784 \times 10^{-17}$kg^{-2}

$1.873\,570 \times 10^{-17}$kg	$2.681\,178 \times 10^{-12}$kg	$1.625\,878 \times 10^{-5}$kg
$3.510\,267 \times 10^{-17}$kg	$7.188\,718 \times 10^{-12}$kg	$2.643\,481 \times 10^{-5}$kg
$1.232\,197 \times 10^{-16}$kg	$5.167\,766 \times 10^{-11}$kg	$6.987\,994 \times 10^{-5}$kg
$1.518\,310 \times 10^{-16}$kg	$2.670\,581 \times 10^{-10}$kg	$4.883\,206 \times 10^{-4}$kg
$2.305\,267 \times 10^{-16}$kg	$7.132\,004 \times 10^{-10}$kg	$2.384\,570 \times 10^{-3}$kg
$5.314\,257 \times 10^{-16}$kg	$5.086\,549 \times 10^{-9}$kg	$5.686\,175 \times 10^{-3}$kg
$2.824\,133 \times 10^{-15}$kg	$2.587\,298 \times 10^{-8}$kg	$3.233\,259 \times 10^{-2}$kg
$7.975\,728 \times 10^{-15}$kg	$6.694\,112 \times 10^{-8}$kg	$1.045\,396 \times 10^{-1}$kg
$6.361\,224 \times 10^{-14}$kg	$4.481\,114 \times 10^{-7}$kg	$1.092\,854 \times 10^{-1}$kg
$4.046\,517 \times 10^{-13}$kg	$2.008\,038 \times 10^{-6}$kg	$1.194\,330 \times 10^{-1}$kg
$1.637\,430 \times 10^{-12}$kg	$4.032\,218 \times 10^{-6}$kg	$1.426\,424 \times 10^{-1}$kg

$2.034\ 687 \times 10^{-1}$ kg	$3.982\ 199 \times 10^{13}$ kg	$1.349\ 456 \times 10^{24}$ kg
$4.139\ 953 \times 10^{-1}$ kg	$1.585\ 791 \times 10^{14}$ kg	$1.821\ 034 \times 10^{24}$ kg
$1.713\ 921 \times 10^{0}$ kg	$2.514\ 735 \times 10^{14}$ kg	$3.316\ 164 \times 10^{24}$ kg
$2.937\ 527 \times 10^{0}$ kg	$6.323\ 892 \times 10^{14}$ kg	$1.099\ 694 \times 10^{25}$ kg
$8.629\ 066 \times 10^{0}$ kg	$3.999\ 162 \times 10^{15}$ kg	$1.209\ 328 \times 10^{25}$ kg
$7.446\ 079 \times 10^{1}$ kg	$1.599\ 329 \times 10^{16}$ kg	$1.462\ 476 \times 10^{25}$ kg
$5.544\ 409 \times 10^{2}$ kg	$2.557\ 855 \times 10^{16}$ kg	$2.138\ 837 \times 10^{25}$ kg
$3.074\ 047 \times 10^{3}$ kg	$6.542\ 626 \times 10^{16}$ kg	$4.574\ 625 \times 10^{25}$ kg
$9.449\ 768 \times 10^{3}$ kg	$4.280\ 595 \times 10^{17}$ kg	$2.092\ 920 \times 10^{26}$ kg
$8.928\ 811 \times 10^{4}$ kg	$1.832\ 350 \times 10^{18}$ kg	$4.379\ 478 \times 10^{26}$ kg
$7.974\ 153 \times 10^{5}$ kg	$3.357\ 506 \times 10^{18}$ kg	$1.917\ 982 \times 10^{27}$ kg
$6.358\ 712 \times 10^{6}$ kg	$1.127\ 285 \times 10^{19}$ kg	$3.678\ 658 \times 10^{27}$ kg
$4.043\ 322 \times 10^{7}$ kg	$1.270\ 771 \times 10^{19}$ kg	$1.353\ 252 \times 10^{28}$ kg
$1.634\ 845 \times 10^{8}$ kg	$1.614\ 860 \times 10^{19}$ kg	$1.831\ 293 \times 10^{28}$ kg
$2.672\ 719 \times 10^{8}$ kg	$2.607\ 773 \times 10^{19}$ kg	$3.353\ 634 \times 10^{28}$ kg
$7.143\ 428 \times 10^{8}$ kg	$6.800\ 481 \times 10^{19}$ kg	$1.124\ 686 \times 10^{29}$ kg
$5.102\ 857 \times 10^{9}$ kg	$4.624\ 655 \times 10^{20}$ kg	$1.264\ 919 \times 10^{29}$ kg
$2.603\ 915 \times 10^{10}$ kg	$2.138\ 743 \times 10^{21}$ kg	$1.600\ 021 \times 10^{29}$ kg
$6.780\ 377 \times 10^{10}$ kg	$4.574\ 224 \times 10^{21}$ kg	$2.560\ 068 \times 10^{29}$ kg
$4.597\ 351 \times 10^{11}$ kg	$2.092\ 352 \times 10^{22}$ kg	$6.553\ 950 \times 10^{29}$ kg
$2.113\ 563 \times 10^{12}$ kg	$4.377\ 940 \times 10^{22}$ kg	$4.295\ 426 \times 10^{30}$ kg
$4.467\ 152 \times 10^{12}$ kg	$1.916\ 636 \times 10^{23}$ kg	$1.845\ 068 \times 10^{31}$ kg
$1.995\ 545 \times 10^{13}$ kg	$3.673\ 495 \times 10^{23}$ kg	$3.404\ 278 \times 10^{31}$ kg

Telurio (Te) 128. Masa atómica 127.904463U. (8 x10^{24}años)

Masa en kilogramos 1.216 548 x10^{-17}kg^{-2}

1.479 990 x10^{-17}kg	1.445 000 x10^{-7}kg	7.268 972 x10^{3}kg
2.190 372 x10^{-17}kg	2.088 026 x10^{-7}kg	5.283 796 x10^{4}kg
4.797 733 x10^{-17}kg	4.359 853 x10^{-7}kg	2.791 850 x10^{5}kg
2.301 824 x10^{-16}kg	1.900 832 x10^{-6}kg	7.794 430 x10^{5}kg
5.298 398 x10^{-16}kg	3.613 162 x10^{-6}kg	6.075 314 x10^{6}kg
2.807 302 x10^{-15}kg	1.305 494 x10^{-5}kg	3.690 945 x10^{7}kg
7.880 946 x10^{-15}kg	1.704 315 x10^{-5}kg	1.362 307 x10^{8}kg
6.210 931 x10^{-14}kg	2.904 691 x10^{-5}kg	1.855 881 x10^{8}kg
3.857 566 x10^{-13}kg	8.437 232 x10^{-5}kg	3.444 297 x10^{8}kg
1.488 082 x10^{-12}kg	7.118 690 x10^{-4}kg	1.186 318 x10^{9}kg
2.214 388 x10^{-12}kg	5.067 574 x10^{-3}kg	1.407 352 x10^{9}kg
4.903 517 x10^{-12}kg	2.568 031 x10^{-2}kg	1.980 639 x10^{9}kg
2.404 448 x10^{-11}kg	6.594 785 x10^{-2}kg	3.922 934 x10^{9}kg
5.781 373 x10^{-11}kg	4.349 119 x10^{-1}kg	1.538 941 x10^{10}kg
3.342 427 x10^{-10}kg	1.891 483 x10^{0}kg	2.368 341 x10^{10}kg
1.117 182 x10^{-9}kg	3.577 711 x10^{0}kg	5.609 042 x10^{10}kg
1.248 095 x10^{-9}kg	1.280 001 x10^{1}kg	3.146 135 x10^{11}kg
1.557 743 x10^{-9}kg	1.638 404 x10^{1}kg	9.898 167 x10^{11}kg
2.426 563 x10^{-9}kg	2.684 368 x10^{1}kg	9.797 370 x10^{12}kg
5.888 212 x10^{-9}kg	7.205 831 x10^{1}kg	9.598 847 x10^{13}kg
3.467 104 x10^{-8}kg	5.192 401 x10^{2}kg	9.213 787 x10^{14}kg
1.202 081 x10^{-7}kg	2.696 103 x10^{3}kg	8.487 388 x10^{15}kg

$7.206\,972 \times 10^{16}\text{kg}$	$2.268\,370 \times 10^{24}\text{kg}$	$1.010\,724 \times 10^{30}\text{kg}$
$5.194\,045 \times 10^{17}\text{kg}$	$5.145\,505 \times 10^{24}\text{kg}$	$1.021\,563 \times 10^{30}\text{kg}$
$2.697\,810 \times 10^{18}\text{kg}$	$2.647\,622 \times 10^{25}\text{kg}$	$1.043\,591 \times 10^{30}\text{kg}$
$7.278\,181 \times 10^{18}\text{kg}$	$7.009\,905 \times 10^{25}\text{kg}$	$1.089\,083 \times 10^{30}\text{kg}$
$5.297\,192 \times 10^{19}\text{kg}$	$4.913\,877 \times 10^{26}\text{kg}$	$1.186\,103 \times 10^{30}\text{kg}$
$2.806\,024 \times 10^{20}\text{kg}$	$2.414\,619 \times 10^{27}\text{kg}$	$1.406\,841 \times 10^{30}\text{kg}$
$7.873\,775 \times 10^{20}\text{kg}$	$5.830\,387 \times 10^{27}\text{kg}$	$1.979\,203 \times 10^{30}\text{kg}$
$6.199\,634 \times 10^{21}\text{kg}$	$3.399\,341 \times 10^{28}\text{kg}$	$3.917\,246 \times 10^{30}\text{kg}$
$3.843\,546 \times 10^{22}\text{kg}$	$1.155\,552 \times 10^{29}\text{kg}$	$1.534\,481 \times 10^{31}\text{kg}$
$1.477\,284 \times 10^{23}\text{kg}$	$1.335\,300 \times 10^{29}\text{kg}$	$2.354\,634 \times 10^{31}\text{kg}$
$2.182\,370 \times 10^{23}\text{kg}$	$1.783\,028 \times 10^{29}\text{kg}$	$5.544\,302 \times 10^{31}\text{kg}$
$4.762\,741 \times 10^{23}\text{kg}$	$3.179\,188 \times 10^{29}\text{kg}$	

Telurio (Te) 130. Masa atómica 127.904463U.

Masa en kilogramos $1.221\,312 \times 10^{-17}\text{kg}^{-2}$

$1.491\,605 \times 10^{-17}\text{kg}$	$2.853\,545 \times 10^{-14}\text{kg}$	$3.788\,994 \times 10^{-10}\text{kg}$
$2.224\,885 \times 10^{-17}\text{kg}$	$8.142\,724 \times 10^{-14}\text{kg}$	$1.435\,647 \times 10^{-9}\text{kg}$
$4.950\,116 \times 10^{-17}\text{kg}$	$6.630\,395 \times 10^{-13}\text{kg}$	$2.061\,084 \times 10^{-9}\text{kg}$
$2.450\,364 \times 10^{-16}\text{kg}$	$4.395\,214 \times 10^{-12}\text{kg}$	$4.248\,068 \times 10^{-9}\text{kg}$
$6.004\,288 \times 10^{-16}\text{kg}$	$1.932\,670 \times 10^{-11}\text{kg}$	$1.804\,608 \times 10^{-8}\text{kg}$
$3.605\,148 \times 10^{-15}\text{kg}$	$3.735\,214 \times 10^{-11}\text{kg}$	$3.256\,611 \times 10^{-8}\text{kg}$
$1.299\,709 \times 10^{-14}\text{kg}$	$1.395\,182 \times 10^{-10}\text{kg}$	$1.060\,552 \times 10^{-7}\text{kg}$
$1.689\,244 \times 10^{-14}\text{kg}$	$1.946\,533 \times 10^{-10}\text{kg}$	$1.124\,770 \times 10^{-7}\text{kg}$

$1.265\ 109\ \text{x}10^{-7}\text{kg}$	$1.751\ 565\ \text{x}10^{0}\text{kg}$	$1.983\ 593\ \text{x}10^{10}\text{kg}$
$1.600\ 502\ \text{x}10^{-7}\text{kg}$	$3.067\ 982\ \text{x}10^{0}\text{kg}$	$3.934\ 642\ \text{x}10^{10}\text{kg}$
$2.561\ 607\ \text{x}10^{-7}\text{kg}$	$9.412\ 518\ \text{x}10^{0}\text{kg}$	$1.548\ 141\ \text{x}10^{11}\text{kg}$
$6.561\ 832\ \text{x}10^{-7}\text{kg}$	$8.859\ 511\ \text{x}10^{1}\text{kg}$	$2.396\ 741\ \text{x}10^{11}\text{kg}$
$4.305\ 764\ \text{x}10^{-6}\text{kg}$	$7.849\ 164\ \text{x}10^{2}\text{kg}$	$5.744\ 370\ \text{x}10^{11}\text{kg}$
$1.853\ 961\ \text{x}10^{-5}\text{kg}$	$6.160\ 938\ \text{x}10^{3}\text{kg}$	$3.299\ 779\ \text{x}10^{12}\text{kg}$
$3.437\ 172\ \text{x}10^{-5}\text{kg}$	$3.795\ 716\ \text{x}10^{4}\text{kg}$	$1.088\ 854\ \text{x}10^{13}\text{kg}$
$1.181\ 415\ \text{x}10^{-4}\text{kg}$	$1.440\ 746\ \text{x}10^{5}\text{kg}$	$1.185\ 604\ \text{x}10^{13}\text{kg}$
$1.395\ 741\ \text{x}10^{-4}\text{kg}$	$2.075\ 749\ \text{x}10^{5}\text{kg}$	$1.405\ 657\ \text{x}10^{13}\text{kg}$
$1.948\ 095\ \text{x}10^{-4}\text{kg}$	$4.308\ 736\ \text{x}10^{5}\text{kg}$	$1.975\ 873\ \text{x}10^{13}\text{kg}$
$3.795\ 075\ \text{x}10^{-4}\text{kg}$	$1.856\ 521\ \text{x}10^{6}\text{kg}$	$3.904\ 075\ \text{x}10^{13}\text{kg}$
$1.440\ 259\ \text{x}10^{-3}\text{kg}$	$3.446\ 671\ \text{x}10^{6}\text{kg}$	$1.524\ 180\ \text{x}10^{14}\text{kg}$
$2.074\ 348\ \text{x}10^{-3}\text{kg}$	$1.187\ 954\ \text{x}10^{7}\text{kg}$	$2.323\ 126\ \text{x}10^{14}\text{kg}$
$4.302\ 921\ \text{x}10^{-3}\text{kg}$	$1.411\ 235\ \text{x}10^{7}\text{kg}$	$5.396\ 919\ \text{x}10^{14}\text{kg}$
$1.851\ 513\ \text{x}10^{-2}\text{kg}$	$1.991\ 585\ \text{x}10^{7}\text{kg}$	$2.912\ 673\ \text{x}10^{15}\text{kg}$
$3.428\ 100\ \text{x}10^{-2}\text{kg}$	$3.966\ 410\ \text{x}10^{7}\text{kg}$	$8.482\ 366\ \text{x}10^{15}\text{kg}$
$1.175\ 187\ \text{x}10^{-1}\text{kg}$	$1.573\ 241\ \text{x}10^{8}\text{kg}$	$7.197\ 260\ \text{x}10^{16}\text{kg}$
$1.381\ 065\ \text{x}10^{-1}\text{kg}$	$2.475\ 088\ \text{x}10^{8}\text{kg}$	$5.180\ 056\ \text{x}10^{17}\text{kg}$
$1.907\ 340\ \text{x}10^{-1}\text{kg}$	$6.126\ 064\ \text{x}10^{8}\text{kg}$	$2.683\ 298\ \text{x}10^{18}\text{kg}$
$3.637\ 949\ \text{x}10^{-1}\text{kg}$	$3.752\ 866\ \text{x}10^{9}\text{kg}$	$7.200\ 088\ \text{x}10^{18}\text{kg}$
$1.323\ 467\ \text{x}10^{0}\text{kg}$	$1.408\ 401\ \text{x}10^{10}\text{kg}$	$5.184\ 127\ \text{x}10^{19}\text{kg}$

$2.687\,517 \times 10^{20}$kg	$3.009\,434 \times 10^{24}$kg	$4.197\,904 \times 10^{28}$kg
$7.222\,517 \times 10^{20}$kg	$9.056\,695 \times 10^{24}$kg	$1.762\,240 \times 10^{29}$kg
$5.216\,813 \times 10^{21}$kg	$8.202\,373 \times 10^{25}$kg	$3.105\,491 \times 10^{29}$kg
$2.721\,514 \times 10^{22}$kg	$6.727\,892 \times 10^{26}$kg	$9.644\,079 \times 10^{29}$kg
$7.406\,639 \times 10^{22}$kg	$4.526\,454 \times 10^{27}$kg	$9.300\,826 \times 10^{30}$kg
$5.485\,832 \times 10^{23}$kg	$2.048\,878 \times 10^{28}$kg	

Rodio (Rh). Masa atómica 102.9055U.

Paladio (Pd). Masa atómica 106.42U.

Renio (Re). Masa atómica 186.207U.

Osmio (Os). Masa atómica 190.2U.

Iridio (Ir). Masa atómica 192.2U.

<u>**Platino (Pt). Masa atómica 195.08U.**</u>

973.0125U.

Masa en kilogramos 2.712 466 x10^{-27}kg^{-2}

$7.357\,471 \times 10^{-27}$kg	$5.821\,654 \times 10^{-20}$kg	$5.055\,451 \times 10^{-15}$kg
$5.413\,239 \times 10^{-26}$kg	$3.389\,165 \times 10^{-19}$kg	$2.555\,758 \times 10^{-14}$kg
$2.930\,315 \times 10^{-25}$kg	$1.148\,644 \times 10^{-18}$kg	$6.531\,901 \times 10^{-14}$kg
$8.586\,750 \times 10^{-25}$kg	$1.319\,384 \times 10^{-18}$kg	$4.266\,573 \times 10^{-13}$kg
$7.373\,228 \times 10^{-24}$kg	$1.740\,774 \times 10^{-18}$kg	$1.820\,365 \times 10^{-12}$kg
$5.436\,450 \times 10^{-23}$kg	$3.030\,295 \times 10^{-18}$kg	$3.313\,729 \times 10^{-12}$kg
$2.955\,498 \times 10^{-22}$kg	$9.182\,691 \times 10^{-18}$kg	$1.098\,080 \times 10^{-11}$kg
$8.734\,973 \times 10^{-22}$kg	$8.432\,182 \times 10^{-17}$kg	$1.205\,779 \times 10^{-11}$kg
$7.629\,976 \times 10^{-21}$kg	$7.110\,169 \times 10^{-16}$kg	$1.453\,905 \times 10^{-11}$kg

$2.113\,840 \times 10^{-11}\,\text{kg}$	$3.932\,712 \times 10^{5}\,\text{kg}$	$1.874\,432 \times 10^{15}\,\text{kg}$
$4.468\,320 \times 10^{-11}\,\text{kg}$	$1.546\,623 \times 10^{6}\,\text{kg}$	$3.513\,499 \times 10^{15}\,\text{kg}$
$1.996\,588 \times 10^{-10}\,\text{kg}$	$2.392\,042 \times 10^{6}\,\text{kg}$	$1.234\,467 \times 10^{16}\,\text{kg}$
$3.986\,366 \times 10^{-10}\,\text{kg}$	$5.721\,868 \times 10^{6}\,\text{kg}$	$1.523\,910 \times 10^{16}\,\text{kg}$
$1.589\,112 \times 10^{-9}\,\text{kg}$	$3.273\,978 \times 10^{7}\,\text{kg}$	$2.322\,301 \times 10^{16}\,\text{kg}$
$2.525\,277 \times 10^{-9}\,\text{kg}$	$1.071\,893 \times 10^{8}\,\text{kg}$	$5.393\,086 \times 10^{16}\,\text{kg}$
$6.377\,024 \times 10^{-9}\,\text{kg}$	$1.148\,955 \times 10^{8}\,\text{kg}$	$2.908\,537 \times 10^{17}\,\text{kg}$
$4.066\,643 \times 10^{-8}\,\text{kg}$	$1.320\,099 \times 10^{8}\,\text{kg}$	$8.459\,591 \times 10^{17}\,\text{kg}$
$1.653\,759 \times 10^{-7}\,\text{kg}$	$1.742\,661 \times 10^{8}\,\text{kg}$	$7.156\,469 \times 10^{18}\,\text{kg}$
$2.734\,919 \times 10^{-7}\,\text{kg}$	$3.036\,868 \times 10^{8}\,\text{kg}$	$5.121\,505 \times 10^{19}\,\text{kg}$
$7.479\,782 \times 10^{-7}\,\text{kg}$	$9.222\,572 \times 10^{8}\,\text{kg}$	$2.622\,981 \times 10^{20}\,\text{kg}$
$5.594\,715 \times 10^{-6}\,\text{kg}$	$8.505\,584 \times 10^{9}\,\text{kg}$	$6.880\,032 \times 10^{20}\,\text{kg}$
$3.130\,084 \times 10^{-5}\,\text{kg}$	$7.234\,496 \times 10^{10}\,\text{kg}$	$4.733\,484 \times 10^{21}\,\text{kg}$
$9.797\,425 \times 10^{-5}\,\text{kg}$	$5.233\,793 \times 10^{11}\,\text{kg}$	$2.240\,587 \times 10^{22}\,\text{kg}$
$9.598\,955 \times 10^{-4}\,\text{kg}$	$2.739\,259 \times 10^{12}\,\text{kg}$	$5.020\,232 \times 10^{22}\,\text{kg}$
$9.213\,994 \times 10^{-3}\,\text{kg}$	$7.503\,544 \times 10^{12}\,\text{kg}$	$2.520\,273 \times 10^{23}\,\text{kg}$
$8.489\,769 \times 10^{-2}\,\text{kg}$	$5.630\,318 \times 10^{13}\,\text{kg}$	$6.351\,778 \times 10^{23}\,\text{kg}$
$7.207\,618 \times 10^{-1}\,\text{kg}$	$3.170\,048 \times 10^{14}\,\text{kg}$	$4.034\,509 \times 10^{24}\,\text{kg}$
$5.194\,975 \times 10^{0}\,\text{kg}$	$1.004\,920 \times 10^{15}\,\text{kg}$	$1.627\,726 \times 10^{25}\,\text{kg}$
$2.698\,777 \times 10^{1}\,\text{kg}$	$1.009\,865 \times 10^{15}\,\text{kg}$	$2.649\,494 \times 10^{25}\,\text{kg}$
$7.283\,399 \times 10^{1}\,\text{kg}$	$1.019\,828 \times 10^{15}\,\text{kg}$	$7.019\,819 \times 10^{25}\,\text{kg}$
$5.304\,790 \times 10^{2}\,\text{kg}$	$1.040\,050 \times 10^{15}\,\text{kg}$	$4.927\,786 \times 10^{26}\,\text{kg}$
$2.814\,080 \times 10^{3}\,\text{kg}$	$1.081\,704 \times 10^{15}\,\text{kg}$	$2.428\,307 \times 10^{27}\,\text{kg}$
$7.919\,049 \times 10^{3}\,\text{kg}$	$1.170\,085 \times 10^{15}\,\text{kg}$	$5.896\,678 \times 10^{27}\,\text{kg}$
$6.271\,134 \times 10^{4}\,\text{kg}$	$1.369\,099 \times 10^{15}\,\text{kg}$	$3.477\,081 \times 10^{28}\,\text{kg}$

$1.209\ 009\ \times 10^{29}$kg	$4.564\ 968\ \times 10^{29}$kg	$1.855\ 827\ \times 10^{31}$kg
$1.461\ 704\ \times 10^{29}$kg	$2.083\ 893\ \times 10^{30}$kg	$3.556\ 344\ \times 10^{31}$kg
$2.136\ 578\ \times 10^{29}$kg	$4.342\ 611\ \times 10^{30}$kg	

Cloruro de Sodio (Na Cl). Masa atómica 58.44287U.

Sodio (Na) 22.98987U.

Cloro (Cl) 35.453U.

58.44287U.

Masa en kilogramos 4.852 330 $\times 10^{-26}$kg^{-2}

$2.354\ 510\ \times 10^{-25}$kg	$1.661\ 035\ \times 10^{-16}$kg	$4.858\ 325\ \times 10^{-10}$kg
$5.543\ 720\ \times 10^{-25}$kg	$2.759\ 037\ \times 10^{-16}$kg	$2.360\ 332\ \times 10^{-9}$kg
$3.073\ 283\ \times 10^{-24}$kg	$7.612\ 288\ \times 10^{-16}$kg	$5.571\ 168\ \times 10^{-9}$kg
$9.445\ 071\ \times 10^{-24}$kg	$5.794\ 694\ \times 10^{-15}$kg	$3.103\ 791\ \times 10^{-8}$kg
$8.920\ 938\ \times 10^{-23}$kg	$3.357\ 847\ \times 10^{-14}$kg	$9.633\ 522\ \times 10^{-8}$kg
$7.958\ 313\ \times 10^{-22}$kg	$1.127\ 514\ \times 10^{-13}$kg	$9.280\ 476\ \times 10^{-7}$kg
$6.333\ 475\ \times 10^{-21}$kg	$1.271\ 288\ \times 10^{-13}$kg	$8.612\ 723\ \times 10^{-6}$kg
$4.011\ 291\ \times 10^{-20}$kg	$1.616\ 174\ \times 10^{-13}$kg	$7.417\ 900\ \times 10^{-5}$kg
$1.609\ 045\ \times 10^{-19}$kg	$2.612\ 019\ \times 10^{-13}$kg	$5.502\ 524\ \times 10^{-4}$kg
$2.589\ 028\ \times 10^{-19}$kg	$6.822\ 643\ \times 10^{-13}$kg	$3.027\ 778\ \times 10^{-3}$kg
$6.703\ 068\ \times 10^{-19}$kg	$4.654\ 846\ \times 10^{-12}$kg	$9.167\ 440\ \times 10^{-3}$kg
$4.493\ 113\ \times 10^{-18}$kg	$2.166\ 760\ \times 10^{-11}$kg	$8.404\ 195\ \times 10^{-2}$kg
$2.018\ 806\ \times 10^{-17}$kg	$4.694\ 849\ \times 10^{-11}$kg	$7.063\ 050\ \times 10^{-1}$kg
$4.075\ 579\ \times 10^{-17}$kg	$2.204\ 160\ \times 10^{-10}$kg	$4.988\ 668\ \times 10^{0}$kg

$2.488\,681 \times 10^{1}$ kg	$7.691\,883 \times 10^{12}$ kg	$4.420\,186 \times 10^{21}$ kg
$6.193\,534 \times 10^{1}$ kg	$5.916\,507 \times 10^{13}$ kg	$1.953\,805 \times 10^{22}$ kg
$3.835\,987 \times 10^{2}$ kg	$3.500\,506 \times 10^{14}$ kg	$3.817\,354 \times 10^{22}$ kg
$1.471\,479 \times 10^{3}$ kg	$1.225\,354 \times 10^{15}$ kg	$1.457\,219 \times 10^{23}$ kg
$2.165\,252 \times 10^{3}$ kg	$1.501\,493 \times 10^{15}$ kg	$2.123\,487 \times 10^{23}$ kg
$4.688\,317 \times 10^{3}$ kg	$2.254\,483 \times 10^{15}$ kg	$4.509\,201 \times 10^{23}$ kg
$2.198\,032 \times 10^{4}$ kg	$5.082\,695 \times 10^{15}$ kg	$2.033\,289 \times 10^{24}$ kg
$4.831\,345 \times 10^{4}$ kg	$2.583\,379 \times 10^{16}$ kg	$4.134\,265 \times 10^{24}$ kg
$2.334\,190 \times 10^{5}$ kg	$6.673\,848 \times 10^{16}$ kg	$1.709\,215 \times 10^{25}$ kg
$5.448\,443 \times 10^{5}$ kg	$4.454\,025 \times 10^{17}$ kg	$2.921\,417 \times 10^{25}$ kg
$2.968\,554 \times 10^{6}$ kg	$1.983\,833 \times 10^{18}$ kg	$8.534\,677 \times 10^{25}$ kg
$8.812\,312 \times 10^{6}$ kg	$3.935\,597 \times 10^{18}$ kg	$7.284\,077 \times 10^{26}$ kg
$7.765\,685 \times 10^{7}$ kg	$1.548\,892 \times 10^{19}$ kg	$5.305\,779 \times 10^{27}$ kg
$6.030\,587 \times 10^{8}$ kg	$2.399\,067 \times 10^{19}$ kg	$2.815\,129 \times 10^{28}$ kg
$3.636\,798 \times 10^{9}$ kg	$5.755\,525 \times 10^{19}$ kg	$7.924\,951 \times 10^{28}$ kg
$1.322\,630 \times 10^{10}$ k^{2}	$3.312\,607 \times 10^{20}$ kg	$6.280\,486 \times 10^{29}$ kg
$1.749\,351 \times 10^{10}$ kg	$1.097\,337 \times 10^{21}$ kg	$3.944\,450 \times 10^{30}$ kg
$3.060\,230 \times 10^{10}$ kg	$1.204\,148 \times 10^{21}$ kg	$1.555\,869 \times 10^{31}$ kg
$9.365\,008 \times 10^{10}$ kg	$1.449\,973 \times 10^{21}$ kg	$2.420\,728 \times 10^{31}$ kg
$8.770\,338 \times 10^{11}$ kg	$2.102\,424 \times 10^{21}$ kg	$5.859\,926 \times 10^{21}$ kg

El Hidrógeno

Es un elemento de símbolo H, número atómico 1 y masa atómica 1,0080. Es el elemento más ligero y abundante en la corteza terrestre y en el Universo. Se encuentro en todos los ácidos, hidrocarburos y tejidos de los seres vivos. Se obtiene a partir del agua, por electrólisis o químicamente. Es un gas inodoro, incoloro e insípido, poco soluble en agua. En su forma molecular es de símbolo H_2, que quiere decir dos átomos del elemento en su form a mas simple.

Los múltiples del hidrógeno son:

$1.673\ 533 \times 10^{-27}$kg	$1.673\ 170 \times 10^{-22}$kg	$7.481\ 321 \times 10^{-13}$kg
$2.800\ 715 \times 10^{-27}$kg	$2.799\ 500 \times 10^{-22}$kg	$5.597\ 017 \times 10^{-12}$kg
$7.844\ 008 \times 10^{-27}$kg	$7.837\ 201 \times 10^{-22}$kg	$3.132\ 660 \times 10^{-11}$kg
$6.152\ 847 \times 10^{-26}$kg	$6.142\ 172 \times 10^{-21}$kg	$9.813\ 560 \times 10^{-11}$kg
$3.785\ 753 \times 10^{-25}$kg	$3.772\ 627 \times 10^{-20}$kg	$9.630\ 597 \times 10^{-10}$kg
$1.433\ 192 \times 10^{-24}$kg	$1.423\ 272 \times 10^{-19}$kg	$9.274\ 840 \times 10^{-9}$kg
$2.054\ 041 \times 10^{-24}$kg	$2.025\ 703 \times 10^{-19}$kg	$8.602\ 266 \times 10^{-8}$kg
$4.219\ 085 \times 10^{-24}$kg	$4.103\ 473 \times 10^{-19}$kg	$7.399\ 899 \times 10^{-7}$kg
$1.780\ 068 \times 10^{-23}$kg	$1.683\ 849 \times 10^{-18}$kg	$5.475\ 851 \times 10^{-6}$kg
$3.168\ 642 \times 10^{-23}$kg	$2.835\ 349 \times 10^{-18}$kg	$2.998\ 494 \times 10^{-5}$kg
$1.040\ 293 \times 10^{-22}$kg	$8.039\ 209 \times 10^{-18}$kg	$8.990\ 970 \times 10^{-5}$kg
$1.008\ 074 \times 10^{-22}$kg	$6.462\ 886 \times 10^{-17}$kg	$8.083\ 754 \times 10^{-4}$kg
$1.016\ 215 \times 10^{-22}$kg	$4.176\ 889 \times 10^{-16}$kg	$6.534\ 708 \times 10^{-3}$kg
$1.032\ 693 \times 10^{-22}$kg	$1.746\ 319 \times 10^{-15}$kg	$4.270\ 241 \times 10^{-2}$kg
$1.066\ 454 \times 10^{-22}$kg	$3.049\ 630 \times 10^{-15}$kg	$1.823\ 496 \times 10^{-1}$kg
$1.137\ 322 \times 10^{-22}$kg	$9.300\ 249 \times 10^{-15}$kg	$3.325\ 139 \times 10^{-1}$kg
$1.293\ 510 \times 10^{-22}$kg	$8.649\ 463 \times 10^{-14}$kg	$1.105\ 655 \times 10^{0}$kg

$1.222\,473 \times 10^{0}$kg	$2.027\,705 \times 10^{10}$kg	$1.949\,321 \times 10^{22}$kg
$1.494\,441 \times 10^{0}$kg	$4.111\,591 \times 10^{10}$kg	$3.799\,852 \times 10^{22}$kg
$2.233\,354 \times 10^{0}$kg	$1.690\,518 \times 10^{11}$kg	$1.443\,888 \times 10^{23}$kg
$4.987\,871 \times 10^{0}$kg	$2.857\,851 \times 10^{11}$kg	$2.084\,813 \times 10^{23}$kg
$2.487\,886 \times 10^{1}$kg	$8.167\,316 \times 10^{11}$kg	$4.346\,445 \times 10^{23}$kg
$6.189\,579 \times 10^{1}$kg	$6.670\,506 \times 10^{12}$kg	$1.889\,159 \times 10^{24}$kg
$3.831\,090 \times 10^{2}$kg	$4.449\,565 \times 10^{13}$kg	$3.568\,922 \times 10^{24}$kg
$1.467\,725 \times 10^{3}$kg	$1.979\,863 \times 10^{14}$kg	$1.273\,720 \times 10^{25}$kg
$2.154\,216 \times 10^{3}$kg	$3.919\,860 \times 10^{14}$kg	$1.622\,364 \times 10^{25}$kg
$4.640\,650 \times 10^{3}$kg	$1.536\,530 \times 10^{15}$kg	$2.632\,065 \times 10^{25}$kg
$2.153\,563 \times 10^{4}$kg	$2.360\,925 \times 10^{15}$kg	$6.927\,770 \times 10^{25}$kg
$4.637\,836 \times 10^{4}$kg	$5.573\,968 \times 10^{15}$kg	$4.799\,399 \times 10^{26}$kg
$2.150\,952 \times 10^{5}$kg	$3.106\,912 \times 10^{16}$kg	$2.303\,423 \times 10^{27}$kg
$4.626\,597 \times 10^{5}$kg	$9.652\,906 \times 10^{16}$kg	$5.305\,762 \times 10^{27}$kg
$2.140\,540 \times 10^{6}$kg	$9.317\,859 \times 10^{17}$kg	$2.815\,111 \times 10^{28}$kg
$4.626\,597 \times 10^{6}$kg	$8.682\,251 \times 10^{18}$kg	$7.924\,850 \times 10^{28}$kg
$2.140\,540 \times 10^{7}$kg	$7.538\,148 \times 10^{19}$kg	$6.280\,325 \times 10^{29}$kg
$4.581\,914 \times 10^{7}$kg	$5.568\,368 \times 10^{20}$kg	$3.944\,249 \times 10^{30}$kg
$2.099\,393 \times 10^{8}$kg	$3.228\,931 \times 10^{21}$kg	$1.555\,710 \times 10^{31}$kg
$4.407\,454 \times 10^{8}$kg	$1.042\,599 \times 10^{22}$kg	$2.420\,234 \times 10^{31}$kg
$1.942\,565 \times 10^{9}$kg	$1.087\,014 \times 10^{22}$kg	$5.857\,532 \times 10^{31}$kg
$3.773\,559 \times 10^{9}$kg	$1.181\,600 \times 10^{22}$kg	
$1.423\,975 \times 10^{10}$kg	$1.396\,180 \times 10^{22}$kg	

Magnetita (Fe_3O_4).

Masas atómicas:

$$Fe_3 \ (3 \times 55.847U.) = 167.541U.$$

$$O_4 \ (4 \times 15.9994U.) = 63.9974U.$$

Masa en kilogramos 3.847 988 $\times 10^{-25}kg^{-2}$

1.480 701 $\times 10^{-24}kg$	1.051 145 $\times 10^{-14}kg$	3.701 112 $\times 10^{-6}kg$
2.192 476 $\times 10^{-24}kg$	1.104 906 $\times 10^{-14}kg$	1.369 823 $\times 10^{-5}kg$
4.806 951 $\times 10^{-24}kg$	1.220 819 $\times 10^{-14}kg$	1.876 416 $\times 10^{-5}kg$
2.310 677 $\times 10^{-23}kg$	1.490 399 $\times 10^{-14}kg$	3.520 937 $\times 10^{-5}kg$
5.339 231 $\times 10^{-23}kg$	2.221 291 $\times 10^{-14}kg$	1.239 700 $\times 10^{-4}kg$
2.850 738 $\times 10^{-22}kg$	4.934 134 $\times 10^{-14}kg$	1.536 856 $\times 10^{-4}kg$
8.126 709 $\times 10^{-22}kg$	2.434 568 $\times 10^{-13}kg$	2.361 927 $\times 10^{-4}kg$
6.604 341 $\times 10^{-21}kg$	5.927 121 $\times 10^{-13}kg$	5.578 701 $\times 10^{-4}kg$
4.361 732 $\times 10^{-20}kg$	3.513 076 $\times 10^{-12}kg$	3.112 191 $\times 10^{-3}kg$
1.902 471 $\times 10^{-19}kg$	1.234 171 $\times 10^{-11}kg$	9.685 733 $\times 10^{-3}kg$
3.619 396 $\times 10^{-19}kg$	1.523 179 $\times 10^{-11}kg$	9.381 343 $\times 10^{-2}kg$
1.310 002 $\times 10^{-18}kg$	2.320 071 $\times 10^{-11}kg$	8.800 959 $\times 10^{-1}kg$
1.716 106 $\times 10^{-18}kg$	5.382 730 $\times 10^{-11}kg$	7.745 689 $\times 10^{0}kg$
2.945 021 $\times 10^{-18}kg$	2.897 378 $\times 10^{-10}kg$	5.999 569 $\times 10^{1}kg$
8.673 152 $\times 10^{-18}kg$	8.394 800 $\times 10^{-10}kg$	3.599 483 $\times 10^{2}kg$
7.522 357 $\times 10^{-17}kg$	7.047 269 $\times 10^{-9}kg$	1.295 628 $\times 10^{3}kg$
5.658 585 $\times 10^{-16}kg$	4.966 398 $\times 10^{-8}kg$	1.678 652 $\times 10^{3}kg$
3.201 958 $\times 10^{-15}kg$	2.466 511 $\times 10^{-7}kg$	2.817 873 $\times 10^{3}kg$
1.025 254 $\times 10^{-14}kg$	6.083 677 $\times 10^{-7}kg$	7.940 409 $\times 10^{3}kg$

$6.305\ 009\ \text{x}10^{4}\text{kg}$	$1.833\ 632\ \text{x}10^{14}\text{kg}$	$7.317\ 585\ \text{x}10^{22}\text{kg}$
$3.975\ 314\ \text{x}10^{5}\text{kg}$	$3.362\ 207\ \text{x}10^{14}\text{kg}$	$5.354\ 706\ \text{x}10^{23}\text{kg}$
$1.580\ 312\ \text{x}10^{6}\text{kg}$	$1.130\ 443\ \text{x}10^{15}\text{kg}$	$2.867\ 287\ \text{x}10^{24}\text{kg}$
$2.497\ 387\ \text{x}10^{6}\text{kg}$	$1.277\ 902\ \text{x}10^{15}\text{kg}$	$8.221\ 337\ \text{x}10^{24}\text{kg}$
$6.236\ 941\ \text{x}10^{6}\text{kg}$	$1.633\ 034\ \text{x}10^{15}\text{kg}$	$6.759\ 038\ \text{x}10^{25}\text{kg}$
$3.889\ 944\ \text{x}10^{7}\text{kg}$	$2.666\ 803\ \text{x}10^{15}\text{kg}$	$4.568\ 460\ \text{x}10^{26}\text{kg}$
$1.513\ 166\ \text{x}10^{8}\text{kg}$	$7.111\ 832\ \text{x}10^{15}\text{kg}$	$2.087\ 083\ \text{x}10^{27}\text{kg}$
$2.289\ 672\ \text{x}10^{8}\text{kg}$	$5.057\ 815\ \text{x}10^{16}\text{kg}$	$4.355\ 915\ \text{x}10^{27}\text{kg}$
$5.242\ 560\ \text{x}10^{8}\text{kg}$	$2.558\ 149\ \text{x}10^{17}\text{kg}$	$1.897\ 399\ \text{x}10^{28}\text{kg}$
$2.748\ 485\ \text{x}10^{9}\text{kg}$	$6.544\ 127\ \text{x}10^{17}\text{kg}$	$3.600\ 125\ \text{x}10^{28}\text{kg}$
$7.554\ 171\ \text{x}10^{9}\text{kg}$	$4.282\ 560\ \text{x}10^{18}\text{kg}$	$1.296\ 089\ \text{x}10^{29}\text{kg}$
$5.706\ 550\ \text{x}10^{10}\text{k}^{2}$	$1.834\ 032\ \text{x}10^{19}\text{kg}$	$1.679\ 847\ \text{x}10^{29}\text{kg}$
$3.256\ 472\ \text{x}10^{11}\text{kg}$	$3.363\ 674\ \text{x}10^{19}\text{kg}$	$2.821\ 887\ \text{x}10^{29}\text{kg}$
$1.060\ 461\ \text{x}10^{12}\text{kg}$	$1.131\ 430\ \text{x}10^{20}\text{kg}$	$7.963\ 045\ \text{x}10^{29}\text{kg}$
$1.124\ 577\ \text{x}10^{12}\text{kg}$	$1.280\ 135\ \text{x}10^{20}\text{kg}$	$6.341\ 059\ \text{x}10^{30}\text{kg}$
$1.264\ 674\ \text{x}10^{12}\text{kg}$	$1.638\ 745\ \text{x}10^{20}\text{kg}$	$4.020\ 838\ \text{x}10^{31}\text{kg}$
$1.599\ 399\ \text{x}10^{12}\text{kg}$	$2.685\ 486\ \text{x}10^{20}\text{kg}$	$1.616\ 716\ \text{x}10^{32}\text{kg}$
$2.558\ 079\ \text{x}10^{12}\text{kg}$	$7.211\ 838\ \text{x}10^{20}\text{kg}$	$2.613\ 764\ \text{x}10^{32}\text{kg}$
$6.543\ 770\ \text{x}10^{12}\text{kg}$	$5.201\ 061\ \text{x}10^{21}\text{kg}$	$6.831\ 763\ \text{x}10^{32}\text{kg}$
$4.282\ 093\ \text{x}10^{13}\text{kg}$	$2.705\ 104\ \text{x}10^{22}\text{kg}$	

Dos Moléculas de Agua ($2H_2O$)

$2H_2O=$

$2 \times H_2 = 2 \times 2.01565U = 4.0313U.$

$2 \times O = 2 \times 15.9994U = 31.9988U.$

Masa en kilogramos 5.317 906 x10^{-26}kg^{-2}

2.828 012 x10^{-25}kg	1.716 102 x10^{-16}kg	1.512 428 x10^{-9}kg
7.997 654 x10^{-25}kg	2.945 007 x10^{-16}kg	2.287 439 x10^{-9}kg
6.396 247 x10^{-24}kg	8.673 068 x10^{-16}kg	5.232 377 x10^{-9}kg
4.091 198 x10^{-23}kg	7.522 211 x10^{-15}kg	2.737 777 x10^{-8}kg
1.673 790 x10^{-22}kg	5.658 366 x10^{-14}kg	7.495 421 x10^{-8}kg
2.801 573 x10^{-22}kg	3.201 710 x10^{-13}kg	5.618 133 x10^{-7}kg
7.848 814 x10^{-22}kg	1.025 095 x10^{-12}kg	3.156 342 x10^{-6}kg
6.160 394 x10^{-21}kg	1.050 827 x10^{-12}kg	9.962 496 x10^{-6}kg
3.795 038 x10^{-20}kg	1.104 222 x10^{-12}kg	9.925 133 x10^{-5}kg
1.440 231 x10^{-19}kg	1.219 307 x10^{-12}kg	9.850 827 x10^{-4}kg
2.074 265 x10^{-19}kg	1.486 709 x10^{-12}kg	9.703 889 x10^{-3}kg
4.302 577 x10^{-19}kg	2.210 303 x10^{-12}kg	9.416 526 x10^{-2}kg
1.851 217 x10^{-18}kg	4.885 440 x10^{-12}kg	8.867 097 x10^{-1}kg
3.427 006 x10^{-18}kg	2.386 754 x10^{-11}kg	7.862 541 x10^{0}kg
1.174 436 x10^{-17}kg	5.696 588 x10^{-11}kg	6.181 954 x10^{1}kg
1.379 301 x10^{-17}kg	3.245 112 x10^{-10}kg	3.821 656 x10^{2}kg
1.902 470 x10^{-17}kg	1.053 075 x10^{-9}kg	1.460 506 x10^{3}kg
3.619 393 x10^{-17}kg	1.108 967 x10^{-9}kg	2.133 078 x10^{3}kg
1.310 000 x10^{-16}kg	1.229 808 x10^{-9}kg	4.550 023 x10^{3}kg

$2.070\ 269 \times 10^{4}\text{kg}$	$1.201\ 718 \times 10^{13}\text{kg}$	$6.690\ 596 \times 10^{23}\text{kg}$
$4.286\ 013 \times 10^{4}\text{kg}$	$1.444\ 126 \times 10^{13}\text{kg}$	$4.476\ 403 \times 10^{24}\text{kg}$
$1.836\ 991 \times 10^{5}\text{kg}$	$2.085\ 496 \times 10^{13}\text{kg}$	$2.003\ 818 \times 10^{25}\text{kg}$
$3.374\ 536 \times 10^{5}\text{kg}$	$4.349\ 294 \times 10^{13}\text{kg}$	$4.015\ 289 \times 10^{25}\text{kg}$
$1.138\ 749 \times 10^{6}\text{kg}$	$1.891\ 638 \times 10^{14}\text{kg}$	$1.612\ 255 \times 10^{26}\text{kg}$
$1.296\ 750 \times 10^{6}\text{kg}$	$3.578\ 294 \times 10^{14}\text{kg}$	$2.599\ 366 \times 10^{26}\text{kg}$
$1.681\ 565 \times 10^{6}\text{kg}$	$1.280\ 413 \times 10^{15}\text{kg}$	$6.756\ 702 \times 10^{26}\text{kg}$
$2.827\ 652 \times 10^{6}\text{kg}$	$1.639\ 458 \times 10^{15}\text{kg}$	$4.565\ 309 \times 10^{27}\text{kg}$
$7.995\ 608 \times 10^{6}\text{kg}$	$2.687\ 823 \times 10^{15}\text{kg}$	$2.084\ 198 \times 10^{28}\text{kg}$
$6.392\ 975 \times 10^{7}\text{kg}$	$7.224\ 395 \times 10^{15}\text{kg}$	$4.343\ 881 \times 10^{28}\text{kg}$
$4.087\ 013 \times 10^{8}\text{kg}$	$5.219\ 189 \times 10^{16}\text{kg}$	$1.886\ 930 \times 10^{29}\text{kg}$
$1.670\ 368 \times 10^{9}\text{kg}$	$2.723\ 996 \times 10^{17}\text{kg}$	$3.560\ 506 \times 10^{29}\text{kg}$
$2.790\ 129 \times 10^{9}\text{kg}$	$7.420\ 138 \times 10^{17}\text{kg}$	$1.267\ 720 \times 10^{30}\text{kg}$
$7.784\ 818 \times 10^{9}\text{kg}$	$5.505\ 844 \times 10^{18}\text{kg}$	$1.607\ 114 \times 10^{30}\text{kg}$
$6.060\ 339 \times 10^{10}\text{kg}$	$3.031\ 432 \times 10^{19}\text{kg}$	$2.582\ 816 \times 10^{30}\text{kg}$
$3.672\ 772 \times 10^{11}\text{kg}$	$9.189\ 582 \times 10^{19}\text{kg}$	$6.670\ 939 \times 10^{30}\text{kg}$
$1.348\ 924 \times 10^{12}\text{kg}$	$8.444\ 842 \times 10^{20}\text{kg}$	$4.450\ 143 \times 10^{31}\text{kg}$
$1.819\ 597 \times 10^{12}\text{kg}$	$7.131\ 536 \times 10^{21}\text{kg}$	$1.980\ 377 \times 10^{32}\text{kg}$
$3.310\ 934 \times 10^{12}\text{kg}$	$5.085\ 880 \times 10^{22}\text{kg}$	$3.921\ 895 \times 10^{32}\text{kg}$
$1.096\ 229 \times 10^{13}\text{kg}$	$2.586\ 618 \times 10^{23}\text{kg}$	

GLOSARIO DE ELEMENTOS UTILIZADOS

Actinio.

(Del gr. ἀκτί ς, -ῖ νος, rayo luminoso).

Elemento químico radiactivo de núm. atóm. 89. Metal de las tierras raras muy escaso en la corteza terrestre, se encuentra en la pecblenda, y todos sus isotopos son radiactivos. (Símb. Ac).

Aluminio.

(Del ingl. aluminium, y este del lat. alumen, -inis).

Elemento químico de núm. atóm. 13. Metal muy abundante en la corteza terrestre, se encuentra en el caolín, la arcilla, la alúmina y la bauxita. Es ligero, tenaz, dúctil y maleable, y posee color y brillo similares a los de la plata. Se usa en las industrias eléctrica, aeronáutica, de los transportes, de la construcción y del utillaje doméstico. (Símb. Al).

Americio.

(De América).

Elemento químico de núm. atóm. 95. Metal de color y brillo semejantes a los de la plata y radiotoxicidad muy elevada, se obtiene artificialmente por bombardeo de plutonio con neutrones, y se encuentra en los residuos industriales de la fisión nuclear. (Símb. Am).

Antimonio.

(Del b. lat. antimonĭum, este del ár. iṯ mid o uṯ mud, y este del egipcio smty).

Elemento químico de núm. atóm. 51. Semimetal escaso en la corteza terrestre, se encuentra nativo o en forma de sulfuro. Es duro, quebradizo y de color blanco azulado, aunque algunas variedades alotrópicas son oscuras o casi negras. Fue utilizado como cosmético, y aleado con diversos metales en pequeñas cantidades les da dureza, como al plomo en los caracteres de imprenta. (Símb. Sb, de su denominación latina stibium).

Argón.

(Del gr. ἀργόν, n. de ἀργός, inactivo).

Elemento químico de núm. atóm. 18. Gas abundante en la atmósfera y en las emanaciones volcánicas que, como todos los gases nobles, es químicamente inactivo. Se usa en el llenado de bombillas, la industria metalúrgica y la tecnología nuclear. (Símb. Ar).

Arsénico.

(Del lat. arsenĭcum, y este del gr. ἀρσενικόν, de ἄρσην, varonil, macho).

Elemento químico de núm. atóm. 33. Escaso en la corteza terrestre, se encuentra nativo o combinado con azufre en el oropimente y el rejalgar, y presenta varias formas alotrópicas. Su color, brillo y densidad son muy semejantes a los del hierro colado, y muchos de sus derivados sirven como plaguicidas o germicidas por su toxicidad. Se utiliza en medicina y en las industrias electrónicas y del vidrio (Símb. As).

Ástato.

(Del gr. ἄστατος, inestable).

Elemento químico radiactivo obtenido artificialmente, de núm. atóm. 85. De propiedades químicas similares a las del yodo, todos sus isotopos son inestables. (Símb. At).

Azufre.

(Del lat. sulphur, -ŭris).

Elemento químico de núm. atóm. 16. Muy abundante en la corteza terrestre, se encuentra nativo o en forma de sulfuros, como la pirita o la galena, o de sulfatos, como el yeso. Es frágil, craso, se electriza fácilmente por frotamiento y tiene olor característico. Se usa para la vulcanización del caucho, como fungicida e insecticida y para la fabricación de pólvora, plásticos, productos farmacéuticos y ácido sulfúrico. (Símb. S, de su denominación latina sulphur).

Bario.

(De barita, por haberse extraído de este mineral).

Elemento químico de núm. atóm. 56. Metal abundante en la corteza terrestre, se encuentra en minerales como la barita y la baritina. Es de color blanco amarillento, blando, pesado, especialmente reactivo y se oxida con rapidez. Se usa para desgasificar tubos de vacío, y alguno de sus derivados, en el blindaje de muros contra radiaciones y como medio de contraste en radiología. (Símb. Ba).

Berilio.

(Cf. berilo).

Elemento químico de núm. atóm. 4. Metal escaso en la corteza terrestre, se encuentra en el berilo y la esmeralda. Es ligero, duro, no corrosible, de color gris negruzco y muy tóxico. Se usa en las industrias nuclear y aeroespacial. (Símb. Be).

Berkelio.

(Del lat. cient. berkelium, y este de la universidad de California, en Berkeley, donde se descubrió en 1950).

Elemento químico radiactivo de núm. atóm. 97. Metal de la serie de los actínidos, se obtiene artificialmente por bombardeo de americio con partículas alfa, y todos sus isotopos son radiactivos. (Símb. Bk).

Bismuto.

(Del lat. cient. bismut[h]um, y este del al. Wismut).

Elemento químico de núm. atóm. 83. Metal escaso en la corteza terrestre, se encuentra nativo o combinado con oxígeno y azufre. Es de aspecto plateado o grisáceo, más pesado que el hierro, muy frágil y fácilmente fusible. Se usa en odontología y como metal de imprenta, y algunas de sus sales se emplean en medicina. (Símb. Bi).

Boro.

(De bórax).

Elemento químico de núm. atóm. 5. Semimetal escaso en la corteza terrestre, aunque muy extendido, se encuentra como polvo amorfo o cristalizado en formas que recuerdan al diamante, en el ácido bórico y en el bórax. Se usa en la fabricación de esmaltes y vidrios, como catalizador industrial, en la industria nuclear y en medicina. (Símb. B).

Bromo

(Del gr. βρῶμος, fetidez).

Elemento químico de núm. atóm. 35. Escaso en la corteza terrestre, se encuentra en el mar y en depósitos salinos en forma de bromuros. Líquido de color rojo parduzco y olor fuerte, despide vapores tóxicos. Entra en la composición de la púrpura, y actualmente se usa en la fabricación de antidetonantes, fluidos contra incendios, productos farmacéuticos y gases de combate. (Símb. Br).

Cadmio.

(Del lat. cient. cadmium).

Elemento químico de núm. atóm. 48. Metal escaso en la corteza terrestre, se encuentra en forma de sulfuro junto a minerales de cinc. De color blanco azulado, brillante, dúctil y maleable. Se usa como recubrimiento electrolítico de metales, en baterías y acumuladores, fotografía e industria nuclear. (Símb. Cd).

Calcio.

(Del lat. cient. calcium, de calx, calcis, cal).

Elemento químico de núm. atóm. 20. Metal muy abundante en la corteza terrestre, se encuentra principalmente en forma de carbonato, como la calcita, o de sulfato, como el yeso, y es un componente esencial de huesos, dientes, caparazones, arrecifes coralinos y estructuras vegetales. De color blanco o gris, blando y muy ligero, combinado con el oxígeno forma la cal y tiene gran importancia en el metabolismo celular. (Símb. Ca).

Californio

(Del lat. mod. californium, por alus. a la Universidad de California, donde se descubrió).

Elemento químico radiactivo obtenido artificialmente, de núm. atóm. 98. Metal del grupo de los actínidos, alguno de sus derivados se usa en la industria nuclear. (Símb. Cf).

Carbono.

(Del lat. carbo, -ōnis, carbón).

Elemento químico de núm. atóm. 6. Es extraordinariamente abundante en la naturaleza, tanto en los seres vivos como en el mundo mineral y en la atmósfera. Se presenta en varias formas alotrópicas, como el diamante, el grafito y el carbón. Constituye la base de la química orgánica, y además de su importancia biológica, tiene gran variedad de usos y aplicaciones en sus distintas formas. Uno de sus isotopos, el carbono 14, es radiactivo y se utiliza para fechar objetos y restos antiguos, y como trazador en la investigación biológica. (Símb. C).

Cerio.

(De Ceres, diosa romana).

Elemento químico de núm. atóm. 58. Metal de las tierras raras, es muy escaso en la corteza terrestre, donde aparece disperso en diversos minerales. De color pardo rojizo, arde como el magnesio, y algunos de sus derivados se usan en pirotecnia y como materiales cerámicos. (Símb. Ce).

Cesio.

(Del lat. caesĭus, azul).

Elemento químico de núm. atóm. 55. Metal alcalino, escaso en la corteza terrestre, se encuentra en aguas minerales y en las cenizas de algunas plantas. De color plateado, dúctil y blando, reacciona violentamente con el agua. Se usa en la fabricación de células fotoeléctricas. (Símb. Cs).

Cloro.

(Del gr. χλωρό ς, de color verde amarillento).

Elemento químico de núm. atóm. 17. Muy abundante en la corteza terrestre, se encuentra en forma de cloruros en el agua de mar, en depósitos salinos y en tejidos animales y vegetales. Gas de color verde amarillento y olor sofocante, es muy venenoso, altamente reactivo y se licua con facilidad. Se usa para blanquear y como plaguicida, en la desinfección de aguas y en la industria de los plásticos. (Símb. Cl).

Cobalto.

(Del al. Kobalt).

Elemento químico de núm. atóm. 27. Metal escaso en la corteza terrestre, se encuentra muy diseminado en diversos minerales, en forma de sulfuros y arseniuros. De color gris o blanco rojizo, se parece al hierro en muchas propiedades. Se utiliza en la industria metalúrgica, y algunos de sus derivados, de color azul, se usan como colorantes en la fabricación de vidrios, esmaltes y pinturas. Uno de sus isotopos, el cobalto 60, es radiactivo y tiene aplicaciones industriales y médicas, como la bomba de cobalto. (Símb. Co).

Cobre

(Del lat. cuprum).

Elemento químico de núm. atóm. 29. Metal abundante en la corteza terrestre, se encuentra nativo o, más corrientemente, en forma de sulfuro. De color rojo pardo, brillante, maleable y excelente conductor del calor y la electricidad. Forma aleaciones como el latón o el bronce, y se usa en la industria eléctrica, así como para fabricar alambre, monedas y utensilios diversos. (Símb. Cu).

Cromo

(Del fr. chrome).

Elemento químico de núm. atóm. 24. Metal escaso en la corteza terrestre, se encuentra generalmente en forma de óxido. De color blanco plateado, brillante, duro y quebradizo, es muy resistente a la corrosión, por lo que se emplea como protector de otros metales. Sus sales, de variados colores, se usan como mordientes. (Símb. Cr).

Curio

(Del lat. cient. curium, y este de M. Curie, 1867-1934, y P. Curie, 1859-1906, científicos franceses).

Quím. Elemento químico radiactivo producido artificialmente, de núm. atóm. 96. Metal de color y brillo parecidos a los del acero, tiene una elevada toxicidad, y alguno de sus isotopos se utiliza como fuente de energía termoeléctrica en vehículos espaciales. (Símb. Cm, del latín científico curium).

Disprosio.

(Del lat. cient. dysprosium, y este del gr. δυσπροσιτό ς, difícil de alcanzar).

Elemento químico de núm. atóm. 66. Metal de las tierras raras, escaso en la naturaleza, se encuentra con otros lantánidos en ciertos minerales. Sus sales son de color amarillo verdoso, y se utiliza en la industria nuclear. (Símb. Dy).

Einstenio.

(De Einstein, físico alemán).

Elemento químico radiactivo obtenido artificialmente, de núm. atóm. 99. Pertenece al grupo de los actínidos y se descubrió en los residuos de la primera bomba termonuclear. (Símb. Es).

Erbio.

(Cf. terbio).

Elemento químico de núm. atóm. 68. Metal de las tierras raras, muy escaso en la corteza terrestre, se encuentra unido al itrio y al terbio en ciertos minerales. De color gris oscuro, sus sales son rojas, y se ha utilizado para fabricar filamentos de lámparas incandescentes. (Símb. Er).

Escandio.

(Del lat. cient. scandĭum).

Elemento químico de núm. atóm. 21. Metal escaso en la corteza terrestre, se encuentra disperso en algunos minerales. De color gris con tintes rosáceos, sus sales son incoloras y su óxido tiene las mismas propiedades que los de las tierras raras. (Símb. Sc).

Estaño

(Del lat. stagnum, voz de or. celta; cf. irl. stán).

Elemento químico de núm. atóm. 50. Metal escaso en la corteza terrestre, se encuentra en la casiterita en forma de dióxido. De color y brillo como la plata, es duro, dúctil y maleable. Se emplea para recubrir y proteger otros metales y en el envasado de alimentos; aleado con el cobre forma el bronce, y con otros metales, se aplica en soldaduras y en odontología. (Símb. Sn).

Estroncio.

(De estronciana).

Elemento químico de núm. atóm. 38. Metal abundante en la corteza terrestre, se encuentra en forma de carbonato en la estroncianita y como sulfato en la celestina. De color blanco brillante, es blando y se oxida con facilidad. Sus derivados se usan en pirotecnia para dar color rojo, y en las industrias cerámica y del vidrio. Su isotopo radiactivo, estroncio 90, es el más radiotóxico de los productos de fisión, por su fácil incorporación a la cadena alimentaria. (Símb. Sr).

Europio.

(De Europa).

Elemento químico de núm. atóm. 63. Metal de las tierras raras, escaso en la corteza terrestre, aparece con otros metales del mismo grupo en ciertos minerales. Algunos de sus derivados tienen color y se usan en las industrias electrónica y nuclear. (Símb. Eu).

Fermio.

(De E. Fermi, 1901-1954, físico italiano).

Elemento químico de núm. atóm. 100. Pertenece al grupo de los actínidos y fue hallado en los residuos de la primera bomba termonuclear. (Símb. Fm).

Flúor.

(Del lat. fluor, -ōris, flujo).

Elemento químico de núm. atóm. 9. Del grupo de los halógenos, abundante en la corteza terrestre, se encuentra en forma de fluoruros en minerales como la fluorita. Gas de color amarillo verdoso, olor sofocante, tóxico y muy reactivo, se usa para obtener fluoruros metálicos, que se añaden al agua potable y a los productos dentífricos para prevenir la caries dental. (Símb. F).

Fósforo.

(Del lat. phosphŏrus, y este del gr. φωσφόρος, portador de luz).

Elemento químico de núm. atóm. 15. Muy abundante en la corteza terrestre, tanto en los seres vivos como en el mundo mineral, se presenta en varias formas alotrópicas, todas inflamables y fosforescentes. Además de su importancia biológica como constituyente de huesos, dientes y tejidos vivos, se usa en la industria fosforera, en la pirotecnia, en la síntesis de compuestos orgánicos y, en forma de fosfatos, entra en la composición de fertilizantes agrícolas y detergentes. (Símb. P).

Francio.

(Del lat. mod. francium, por alus. a Francia, país de su descubridor).

Elemento químico de núm. atóm. 87. Metal alcalino raro en la corteza terrestre, posee el equivalente químico más elevado de todos los elementos y todos sus isotopos son inestables. (Símb. Fr).

Gadolinio.

(De Gadolin, químico finlandés).

Quím. Elemento químico de núm. atóm. 64. Metal de las tierras raras, muy escaso en la corteza terrestre, donde aparece en algunos minerales. De aspecto similar al acero, su obtención es una de las más costosas de todos los elementos. Se utiliza en la industria nuclear, y alguno de sus derivados se usa como catalizador. (Símb. Gd).

Galio

(Der. del lat. gallus, gallo, traducción al lat. del apellido de P. E. Lecoq de Boisbaudran, 1838-1912, descubridor de este elemento).

Elemento químico de núm. atóm. 31. Metal escaso en la corteza terrestre, se encuentra en minerales de aluminio y de cinc. De color gris, funde alrededor de los 30°C. Se usa en la fabricación de semiconductores, de termómetros de cuarzo, en las lámparas de arco y en odontología. (Símb. Ga).

Germanio

(De Germania, Alemania, donde fue descubierto).

Elemento químico de núm. atóm. 32. Metal escaso en la corteza terrestre, se encuentra en los residuos de la metalurgia del cinc y en las cenizas de algunos carbones. De color gris, brillante y frágil, se usa en la fabricación de transistores y detectores de radiación, y aleado, para dar resistencia al aluminio y dureza al magnesio. (Símb. Ge).

Hafnio.

(De Hafnia, nombre lat. de Copenhague).

Elemento químico de núm. atóm. 72. Metal escaso en la corteza terrestre, se encuentra generalmente acompañando al circonio. Dúctil, brillante y de excelentes cualidades mecánicas. Se usa en el control de los reactores nucleares. (Símb. Hf).

Helio.

(Del gr. ἥλιος, Sol).

Elemento químico de núm. atóm. 2. Gas noble escaso en la corteza terrestre, muy abundante en el universo, se encuentra en el Sol y en otras estrellas, en el aire atmosférico y en algunos yacimientos de gas natural; se usa para llenar lámparas incandescentes y globos aerostáticos y como diluyente de algunos gases medicinales. (Símb. He).

Hidrógeno.

(De hidro- y □geno).

Elemento químico de núm. atóm. 1. Es el más abundante de la corteza terrestre y del universo. En la atmósfera se encuentra en su forma molecular $H2$, gas inflamable, incoloro e inodoro. El más ligero de los elementos, combinado con el oxígeno forma el agua. Entra en la composición de todos los ácidos y sustancias orgánicas. Se utiliza como combustible, y en la industria química para la hidrogenación de distintos productos como grasas o petróleos. Tiene dos isotopos naturales, protio y deuterio, y uno artificial, el tritio. (Símb. H).

Hierro.

(Del lat. ferrum).

Elemento químico de núm. atóm. 26. Metal muy abundante en la corteza terrestre, se encuentra en la hematites, la magnetita y la limonita, y entra en la composición de sustancias importantes en los seres vivos, como las hemoglobinas. De color negro lustroso o gris azulado, dúctil, maleable y muy tenaz, se oxida al contacto con el aire y tiene propiedades ferromagnéticas. Es el metal más empleado en la industria; aleado con el carbono forma aceros y fundiciones. (Símb. Fe).

Holmio.

(De la última sílaba de la voz sueca Stockholm, Estocolmo).

Elemento químico de núm. atóm. 67. Metal de las tierras raras escaso en la corteza terrestre, se encuentra muy disperso en algunos minerales y generalmente acompañando al itrio. De brillo metálico, tiene propiedades eléctricas y magnéticas peculiares. (Símb. Ho).

Indio

(De índigo).

adj. De color azul.

Elemento químico de núm. atóm. 49. Metal escaso en la corteza terrestre, se encuentra en la blenda y otros minerales de hierro, plomo, cobre y estaño. Dúctil, blando y maleable, sus derivados producen a la llama un intenso color índigo. Se usa en la fabricación de rodamientos y semiconductores. (Símb. In).

Iridio.

(De íride y -io).

Elemento químico de núm. atóm. 77. Metal escaso en la corteza terrestre, se encuentra nativo, unido al platino y al rodio, y en minerales de níquel, hierro y cobre. De color blanco amarillento, quebradizo, pesado, difícilmente fusible y muy resistente a la corrosión. Se usa, aleado con platino u osmio, en joyería y en materiales especiales. Uno de sus isotopos es muy utilizado en radioterapia. (Símb. Ir).

Iterbio.

(De Ytterby, población de Suecia).

Elemento químico de núm. atóm. 70. Metal de las tierras raras muy escaso en la corteza terrestre, se encuentra en ciertos minerales acompañando al itrio. Sus sales son incoloras y su conductividad eléctrica depende de la presión; algunos de sus derivados se usan en la industria electrónica, del vidrio y como catalizadores. (Símb. Yb).

Itrio.

(Cf. iterbio).

Elemento químico de núm. atóm. 39. Metal de las tierras raras escaso en la corteza terrestre, de color gris de hierro y fácilmente oxidable. Se usa en la fabricación de componentes electrónicos. (Símb. Y).

Kriptón.

(Del gr. κρυπτό ν, oculto).

Elemento químico de núm. atóm. 36. Gas noble raro en la atmósfera terrestre, se encuentra en los gases volcánicos y en algunas aguas termales. Se emplea en la fabricación de lámparas de fluorescencia. (Símb. Kr).

Lantano.

(Del gr. λανθά νω, estoy oculto).

Elemento químico de núm. atóm. 57. Metal de las tierras raras escaso en la corteza terrestre, se encuentra disperso en ciertos minerales junto con otros lantánidos. De color blanco grisáceo, es maleable y arde fácilmente. Alguno de sus derivados se usa en metalurgia y en cerámica. (Símb. La).

Lawrencio.

(De E. O. Lawrence, 1901-1958, físico norteamericano, fundador del laboratorio donde se descubrió).

Elemento químico transuránico de núm. atóm. 103. Se obtiene artificialmente por bombardeo de californio con iones de boro, pertenece a la serie de los actínidos, y su vida media es de ocho segundos. (Símb. Lr).

Litio.

(Del gr. λιθί ov, piedrecita).

Elemento químico de núm. atóm. 3. Metal escaso en la corteza terrestre, se encuentra disperso en ciertas rocas y muy poco denso. Se utiliza en la fabricación de aleaciones especiales y acumuladores eléctricos, y sus sales se usan como antidepresivos y para fabricar jabones y lubricantes. (Símb. Li).

Lutecio.

(Del lat. Lutetĭa, París).

Elemento químico de núm. atóm. 71. Metal de las tierras raras muy escaso en la corteza terrestre, se encuentra muy disperso y acompañando al itrio. Sus óxidos se utilizan en las industrias electrónica y del vidrio. (Símb. Lu).

Magnesio.

(De magnesia).

Elemento químico de núm. atóm. 12. Metal muy abundante en la corteza terrestre, se encuentra en la magnesita, el talco, la serpentina y, en forma de cloruro, en el agua de mar, y entra en la composición de sustancias importantes en los vegetales, como las clorofilas. Maleable y poco tenaz, arde con luz clara y brillante y se usa en metalurgia, en pirotecnia, en medicina, en la fabricación de acumulador eléctrico y, aleado con aluminio, en la industria aeronáutica y la automoción. (Símb. Mg).

Manganeso.

(De manganesa).

Elemento químico de núm. atóm. 25. Metal de color y brillo acerados, quebradizo, pesado y muy refractario, que se usa aleado con el hierro para la fabricación de acero. (Símb. Mn).

Mendelevio.

(De D. I. Mendeléiev, 1834-1907, químico ruso).

Elemento químico radiactivo de núm. atóm. 101. Metal del grupo de los actínidos, se obtiene artificialmente por bombardeo de einstenio con partículas alfa. Su vida media es de 90 min, y todos sus isotopos son radiactivos. (Símb. Md).

Mercurio.

(Del lat. Mercurĭus).

Elemento químico de núm. atóm. 80. Metal poco abundante en la corteza terrestre, se encuentra nativo o, combinado con el azufre, en el cinabrio. Líquido en condiciones normales, de color blanco y brillo plateado, es muy pesado, tóxico, mal conductor del calor y muy bueno de la electricidad. Se usa en la fabricación de plaguicidas, instrumentos, espejos y, aleado con el oro y la plata, en odontología. Algunas de sus sales tienen aplicaciones médicas. (Símb. Hg, de hidrargirio, otro de sus nombres).

Molibdeno.

(Del lat. molybdaena, y este del gr. μολύ βδαινα, trocito de plomo).

Elemento químico de núm. atóm. 42. Metal escaso en la corteza terrestre, se encuentra generalmente en forma de sulfuro. De color gris o negro y brillo plateado, pesado y con un elevado punto de fusión, es blando y dúctil en estado puro, pero quebradizo si presenta impurezas. Se usa en la fabricación de aceros y filamentos resistentes a altas temperaturas. (Símb. Mo).

Neodimio.

(De neo- y dimio, segundo elem. de praseodimio).

Elemento químico de núm. atóm. 60. Metal de las tierras raras escaso en la corteza terrestre, se encuentra muy disperso y siempre asociado a otros lantánidos. De color blanco plateado, amarillea al contacto con el aire, y sus sales son de color rosa y fluorescentes. Se usa, puro o aleado, en metalurgia, y sus óxidos se emplean en la industria del vidrio. (Símb. Nd).

Neón.

(Del gr. vέ oς, nuevo, y -ón2).

Elemento químico de núm. atóm. 10. Gas noble escaso en la Tierra, pero muy abundante en el universo, se encuentra en el aire atmosférico y, como todos los elementos de su grupo, es químicamente inactivo. Se usa como gas de llenado de tubos fluorescentes. (Símb. Ne).

Neptunio.

(De Neptuno y -io).

Elemento químico radiactivo de núm. atóm. 93. Metal del grupo de los actínidos, de color blanco plateado, se asemeja al uranio en sus propiedades químicas. Se usa en la industria nuclear y se obtiene artificialmente por bombardeo de uranio con neutrones. (Símb. Np).

Niobio.

(De Níobe, hija de Tántalo, y -io).

Elemento químico de núm. atóm. 41. Metal escaso en la corteza terrestre, se encuentra en algunos minerales, siempre junto al tantalio. De color gris brillante, blando, dúctil, maleable y resistente a la corrosión. Se usa en la industria nuclear y, aleado con hierro, en metalurgia. También se conoció como columbio. (Símb. Nb).

Níquel.

(Del al. Nickel).

Elemento químico de núm. atóm. 28. Metal escaso en la corteza terrestre, constituye junto con el hierro el núcleo de la Tierra, y se encuentra nativo en meteoritos y, combinado con azufre y arsénico, en diversos minerales. De color y brillo de plata, duro, tenaz y resistente a la corrosión. Se usa en el recubrimiento de superficies o niquelado, en la fabricación de baterías, y aleado, para fabricar monedas y aceros inoxidables. (Símb. Ni).

Nitrógeno.

(De nitro- y □geno).

Elemento químico de núm. atóm. 7. Gas abundante en la corteza terrestre, constituye las cuatro quintas partes del aire atmosférico en su forma molecular N2, y está presente en todos los seres vivos. Inerte, incoloro, inodoro e insípido, se licua a muy baja temperatura. Se usa como refrigerante, en la fabricación de amoniaco, ácido nítrico y sus derivados, explosivos y fertilizantes. (Símb. N).

Nobelio.

(De A. Nobel, 1833-1896, científico sueco que da nombre al instituto de Estocolmo donde fue descubierto en 1957).

Elemento químico radiactivo de núm. atóm. 102. Metal de la serie de los actínidos, se obtiene artificialmente por bombardeo de curio con núcleos de carbono, nitrógeno o boro. (Símb. No).

Oro.

(Del lat. aurum).

Elemento químico de núm. atóm. 79. Metal escaso en la corteza terrestre, que se encuentra nativo y muy disperso. De color amarillo brillante e inalterable por casi todos los reactivos químicos, es el más dúctil y maleable de los metales, muy buen conductor del calor y la electricidad y uno de los más pesados. Se usa como metal precioso en joyería y en la fabricación de monedas y, aleado con platino o paladio, en odontología. (Símb. Au).

Osmio.

(Del gr. ό σμή , olor).

Elemento químico de núm. atóm. 76. Metal escaso en la corteza terrestre, que se encuentra nativo en minerales de cromo, hierro, cobre y níquel. De color blanco azulado, duro y poco dúctil, tiene un punto de fusión elevado y es el elemento más denso. Se usa en la fabricación de filamentos incandescentes y como catalizador, y uno de sus derivados se emplea como fijador en histología. (Símb. Os).

Oxígeno.

(Del gr. □ξ□ς, ácido, y □geno).

Elemento químico de núm. atóm. 8. Muy abundante en la corteza terrestre, constituye casi una quinta parte del aire atmosférico en su forma molecular O2. Forma parte del agua, de los óxidos, de casi todos los ácidos y sustancias orgánicas, y está presente en todos los seres vivos. Gas más pesado que el aire, incoloro, inodoro, insípido y muy reactivo, es esencial para la respiración y activa los procesos de combustión. (Símb. O).

Paladio.

(De Palas, asteroide).

Elemento químico de núm. atóm. 46. Metal escaso en la corteza terrestre, se encuentra nativo, acompañado del platino. De color blanco plateado, dúctil y maleable. Se usa como catalizador; aleado con plata se ha utilizado en la construcción de instrumentos astronómicos y quirúrgicos, y, en aleación con oro, como oro blanco, o con platino, se emplea en joyería, en odontología y en relojería. (Símb. Pd).

Plata.

(Del lat. *plattus, *platus, plano, del gr. πλά τος).

Elemento químico de núm. atóm. 47. Metal escaso en la corteza terrestre, se encuentra nativo, en granos o vetas, y en algunos minerales. De color blanco, brillante, con sonoridad peculiar, muy dúctil y maleable y muy buen conductor del calor y la electricidad. Se usa como catalizador, en la fabricación de utensilios y monedas, en joyería y en odontología, y muchas de sus sales tienen empleo en fotografía por ser sensibles a la luz. (Símb. Ag, de su denominación latina argentum).

Platino.

(De platina1).

Elemento químico de núm. atóm. 78. Metal escaso en la corteza terrestre, se encuentra siempre nativo, sea en granos, incluido en ciertos minerales o aleado con otros metales. De color plateado, más pesado que el oro, dúctil y maleable, es prácticamente inatacable y funde a temperatura muy elevada. Se usa para fabricar termómetros especiales, crisoles y prótesis, y sus aleaciones tienen empleo en joyería, en electrónica y en la fabricación de instrumentos científicos. (Símb. Pt).

Plomo.

(Del lat. plumbum, voz de or. hisp.).

Elemento químico de núm. atóm. 82. Metal escaso en la corteza terrestre, se encuentra en la galena, la anglesita y la cerusita. De color gris azulado, dúctil, pesado, maleable, resistente a la corrosión y muy blando, funde a bajas temperaturas y da lugar a intoxicaciones peculiares. Se usa en la fabricación de canalizaciones, como antidetonante en las gasolinas, en la industria química y de armamento y como blindaje contra radiaciones. (Símb. Pb).

Plutonio.

(Del lat. Pluto, -ōnis).

Elemento químico radiactivo obtenido artificialmente, de núm. atóm. 94. Metal del grupo de los actínidos, es muy reactivo, de radiotoxicidad elevada y propiedades semejantes a las del uranio. Todos sus isotopos son radiactivos y se emplean como explosivos y combustibles en la industria nuclear. (Símb. Pu).

Polonio.

Elemento químico radiactivo de núm. atóm. 84. Metal raro en la corteza terrestre, se encuentra en minerales de uranio. De gran radiotoxicidad, se usa como fuente de radiaciones y en instrumentos de calibración. (Símb. Po).

Potasio.

(Del lat. cient. potassium, y este del neerl. pottaschen, ceniza de pote, término acuñado en 1807 por H. Davy, 1778-1829, químico y físico inglés que lo descubrió).

Elemento químico de núm. atóm. 19. Metal muy abundante en la corteza terrestre; se encuentra en forma de sales, generalmente silicatos, en muchos minerales y en el agua del mar. De color blanco argénteo, blando y con punto de fusión muy bajo, su hidróxido, la potasa, era conocido de antiguo como el álcali vegetal. Es un oligoelemento fundamental en el metabolismo celular, y algunos de sus derivados se usan como fertilizantes. (Símb. K, de Kalǐum, denominación latina de la potasa).

Praseodimio.

(Del gr. πρά σιος, verde pálido, y δί δυμος, hermano gemelo).

Elemento químico radiactivo de núm. atóm. 59. Metal de las tierras raras escaso en la corteza terrestre, se encuentra disperso y acompañado de otros lantánidos en minerales como la cerita. De color verde, al igual que sus sales, tiene propiedades paramagnéticas. Sus óxidos se usan en metalurgia, como catalizadores, y en las industrias cerámicas y del vidrio. (Símb. Pr).

Prometio.

(Del gr. Προμηθεύ ς, Prometeo).

Elemento químico radiactivo de núm. atóm. 61. Metal de las tierras raras muy escaso en la corteza terrestre, la radiación de alguno de sus isotopos se utiliza en la fabricación de pinturas luminiscentes, generadores de potencia para usos espaciales, y fuentes de rayos X. (Símb. Pm).

Protactinio

(De proto- y actinio, cuerpo simple radiactivo).

Elemento químico radiactivo de núm. atóm. 91. Metal raro en la corteza terrestre, se encuentra en minerales de uranio, y su vida media es de unos 30 000 años. (Símb. Pa).

Radio

(Del lat. cient. radium, y este acrón. del fr. radioactif, radioactivo, y el suf. lat. -ium, nombre dado por sus descubridores en 1898).

Elemento químico radiactivo de núm. atóm. 88. Metal raro en la corteza terrestre, se encuentra acompañando a los minerales de uranio, elemento del que procede por desintegración. De color blanco brillante y radiotoxicidad muy elevada, su descubrimiento significó el origen de la física nuclear y sus aplicaciones. Se usa en la industria nuclear y en la fabricación de pinturas fosforescentes. (Símb. Ra).

Radón.

(Acrón. de radio2 y -ón2).

Elemento químico radiactivo de núm. atóm. 86. Gas noble presente en el aire en pequeñísima cantidad, incoloro, muy pesado y radiotóxico. Se usa en radioterapia, y como indicio de la existencia de uranio y de la inminencia de actividades sísmicas. (Símb. Rn).

Renio.

(Del lat. Rhenus, el Rin).

Elemento químico de núm. atóm. 75. Metal raro en la corteza terrestre, se encuentra asociado a los minerales de molibdeno y platino. Tiene las mismas propiedades que este último, y sus derivados son parecidos a los del manganeso. Se usa en la construcción de termopares, para fabricar contactos eléctricos, y como catalizador. (Símb. Re).

Rodio

(Del gr. ῥ ó δον, rosa, por el color de las sales del metal).

Elemento químico de núm. atóm. 45. Metal escaso en la corteza terrestre, se encuentra nativo y a veces asociado al oro y al platino. De color plateado, dúctil, maleable y muy pesado, tiene un elevado punto de fusión. Se usa como catalizador y para fabricar espejos especiales, y, aleado con platino, se emplea en joyería y para la construcción de diversos instrumentos y aparatos. (Símb. Rh, del griego científico Rhodium).

Rubidio.

(Del lat. rubĭdus, rubio, porque en el análisis espectroscópico presenta dos rayas rojas).

Elemento químico de núm. atóm. 37. Metal raro en la corteza terrestre, se encuentra como traza en algunas aguas minerales, en ciertas plantas y en minerales de potasio. De color blanco de plata, blando y pesado, es muy reactivo y se oxida rápidamente. Se usa en la fabricación de células fotoeléctricas. (Símb. Rb).

Rutenio.

(De Ruthenia, nombre de Rusia en lat. medieval).

Elemento químico de núm. atóm. 44. Metal raro en la corteza terrestre, se encuentra en los minerales de platino. De color grisáceo, duro y quebradizo, se usa como catalizador y como endurecedor en joyería y odontología. (Símb. Ru).

Samario

(De Samarsky, científico ruso).

Elemento químico de núm. atóm. Metal de las tierras raras escaso en la corteza terrestre, se encuentra en ciertos minerales junto con otros elementos de su grupo. De color gris, duro y quebradizo. Se emplea en la industria electrónica, del vidrio y de la cerámica. (Símb. Sm).

Selenio.

(Del gr. σελήνιον, resplandor de la Luna).

Elemento químico de núm. atóm. 34. Escaso en la corteza terrestre; se encuentra nativo junto al azufre, y en forma de seleniuro, en la pirita y otros minerales. Presenta varias formas alotrópicas de color rojo y una de color gris. Por sus propiedades semiconductoras tiene gran aplicación en la fabricación de equipos electrónicos, y se usa para dar color rojo en la industria del vidrio, de los esmaltes, y de la cerámica. (Símb. Se).

Silicio.

Elemento químico de núm. atóm. 14. Extraordinariamente abundante en la corteza terrestre, de la que constituye más de la cuarta parte, se encuentra principalmente en forma de sílice, como en el cuarzo y sus variedades, y de silicatos, como en la mica, el feldespato y la arcilla. Posee un elevado punto de fusión, y por sus propiedades semiconductoras, tiene gran aplicación en la industria electrónica y como detector de radiaciones. Sus derivados presentan gran variedad de usos, desde las industrias del vidrio a las de los polímeros artificiales, como las siliconas. (Símb. Si).

Sodio.

(Del lat. cient. sodium, y este del it. soda, sosa, término acuñado en 1807 por H. Davy, 1778-1829, químico y físico británico que lo descubrió).

Elemento químico de núm. atóm. 11. Metal muy abundante en la corteza terrestre, principalmente en forma de sales, como el cloruro sódico o sal común. De color blanco brillante, blando como la cera, muy ligero y con un punto de fusión muy bajo, es un elemento fundamental en el metabolismo celular, se usa en la fabricación de células fotoeléctricas, y aleado con plomo, como antidetonante de las gasolinas. (Símb. Na, de natrĭum, nombre latino de su hidróxido, la sosa).

Talio.

(Del gr. θαλλό ς, rama verde).

Elemento químico de núm. atóm. 81. Metal escaso en la corteza terrestre, sus sales se encuentran junto con minerales potásicos. De color blanco azulado, ligero y muy tóxico, se usa como catalizador, y en la fabricación de vidrios protectores, insecticidas y raticidas. (Símb. Tl).

Tantalio.

(De Tántalo, personaje mitológico).

Elemento químico de núm. atóm. 73. Metal escaso en la corteza terrestre, sus sales aparecen en ciertos minerales, siempre acompañando al niobio. De color gris, pesado, duro, dúctil, y muy resistente a la corrosión. Se usa para fabricar material quirúrgico y dental, así como prótesis e injertos, y como catalizador y en la industria electrónica. (Símb. Ta).

Tecnecio.

(Del gr. τεχνητό ς, artificial).

Elemento químico radiactivo de núm. atóm. 43. Metal del grupo del manganeso, se encontró en los residuos industriales de la fisión nuclear. Uno de sus isotopos se usa para el diagnóstico de tumores. También se conoció como masurio. (Símb. Tc).

Telurio.

(Del lat. Tellus, Tellūris, la Tierra).

Elemento químico de núm. atóm. 52. Escaso en la corteza terrestre, se encuentra nativo o formando sales. De color grisáceo o pardo, sus propiedades son similares a las del azufre. Se usa como aditivo en metalurgia, y como colorante en las industrias cerámicas y del vidrio. (Símb. Te).

Terbio.

(De Ytterby, pueblo de Suecia, nombre del cual se han formado también el de itrio y el de erbio.).

Elemento químico de núm. atóm. 65. Metal de las tierras raras muy escaso en la corteza terrestre, se encuentra en ciertos minerales de Suecia unido al itrio y al erbio. De brillo metálico y muy reactivo, forma sales incoloras, y se usa en la producción de rayos láser. (Símb. Tb).

Titanio.

(Del lat. Titan).

Elemento químico de núm. atóm. 22. Metal abundante en la corteza terrestre, se encuentra en el rutilo en forma de óxido, en la escoria de ciertos minerales de hierro y en cenizas de animales y plantas. De color gris oscuro, de gran dureza, resistente a la corrosión y de propiedades físicas parecidas a las del acero, se usa en la fabricación de equipos para la industria química y, aleado con el hierro y con otros metales, se emplea en la industria aeronáutica y aeroespacial. Algunos de sus compuestos son muy opacos y, por su blanco intenso, se utilizan en la fabricación de pinturas. (Símb. Ti).

Torio.

(De Tor, dios de la mitología escandinava).

Elemento químico radiactivo de núm. atóm. 90. Metal del grupo de los actínidos escaso en la corteza terrestre, se encuentra en minerales de las tierras raras. De color plomizo, dúctil y maleable, arde muy fácilmente en el aire. Se usa en la industria nuclear y, aleado, para proporcionar dureza a ciertos metales. (Símb. Th, del latín científico thorium).

Tulio.

(Del lat. Thule, región hiperbórea de Europa).

Elemento químico de núm. atóm. 69. Metal de las tierras raras muy escaso en la corteza terrestre, se encuentra en ciertos minerales de Suecia. De brillo metálico, denso y fácilmente inflamable, sus sales tienen color verde grisáceo. Se usa en la industria nuclear y como fuente de rayos X. (Símb. Tm, del latín científico thulium).

Tungsteno.

(Del sueco tungsten, piedra pesada, de tung, pesado, y sten, piedra).

Wolframio.

(Del al. Wolfram).

Elemento químico de núm. atóm. 74. Metal escaso en la corteza terrestre, se encuentra en forma de óxido y de sales en ciertos minerales. De color gris acerado, muy duro y denso, tiene el punto de fusión más elevado de todos los elementos. Se usa en los filamentos de las lámparas incandescentes, en resistencias eléctricas y, aleado con el acero, en la fabricación de herramientas. (Símb. W).

Uranio

(De Urano).

Elemento químico radiactivo de núm. atóm. 92. Metal abundante en la corteza terrestre, se encuentra principalmente en la pecblenda. De color blanco argénteo, muy pesado, dúctil y maleable, es fácilmente inflamable, muy tóxico y se puede fisionar. Se usa como combustible nuclear, y sus sales se emplean en fotografía y en la industria del vidrio; uno de sus isotopos se utilizó en la fabricación de la primera bomba atómica. (Símb. U).

Vanadio.

(De Vanadis, diosa de la mitología escandinava).

Elemento químico de núm. atóm. 23. Metal escaso en la corteza terrestre, se encuentra disperso en minerales de hierro, titanio y fósforo, y en forma de óxido, asociado al plomo. De color gris claro, dúctil y resistente a la corrosión, se usa como catalizador, y, aleado con aluminio o con hierro, mejora las propiedades mecánicas del hierro, el acero y el titanio. (Símb. V).

Xenón.

(Del gr. ξέ νος, extraño).

Elemento químico de núm. atóm. 54. Gas noble presente en el aire en pequeñísima cantidad, denso, incoloro y no del todo inerte. Se emplea como gas de llenado de lámparas y tubos electrónicos. (Símb. Xe).

Yodo.

(Del gr. ἰ ώδης, violado).

Elemento químico de núm. atóm. 53. Relativamente escaso en la corteza terrestre, se encuentra principalmente en el nitrato de Chile, en el agua del mar, concentrado en ciertas algas marinas y forma parte de la estructura de las hormonas tiroideas. De color azul violeta y muy reactivo, se sublima fácilmente, desprendiendo vapores azules y olor penetrante; se usa como colorante, como reactivo en química y fotografía, y en medicina como desinfectante. (Símb. I).

Zinc.

(Del al. Zink).

Elemento químico de núm. atóm. 30. Metal abundante en la corteza terrestre; se encuentra en forma de sulfuro, carbonato o silicato. De color blanco, brillante y blando, se usa desde antiguo en la fabricación de pilas eléctricas, para formar aleaciones como el latón, y para galvanizar el hierro y el acero. (Símb. Zn).

Zirconio.

(De circón).

Elemento químico de núm. atóm. 40. Metal no muy abundante en la corteza terrestre, se encuentra casi siempre en forma de silicato, en el circón. De color negro o gris acerado, es refractario, mal conductor de la electricidad y de gran resistencia mecánica y a la corrosión. Se usa en lámparas de incandescencia, tubos de vacío y en las industrias cerámica, química, aeronáutica y nuclear. (Símb. Zr).

TABLA PERIÓDICA DE LOS ELEMENTOS QUÍMICOS

Bibliografía

➢ Chang, Raymond. Química, Séptima Edición, McGraw Hill Companies, Inc, Impreso en Colombia, 2005.

➢ Ford, Kenneth W. The Quantum World, Quantum Physics for Everyone. Harvard Universtty Press. Cambridge Massachusetts, London, England, 2004.

➢ Galileo/ Kepler, "El mensaje y el mensajero sideral", editorial Alianza, S.A., Madrid 1984, 1990.

➢ Geoff Rayner – Canham, Química inorgánica descriptiva, Segunda Edición. Editora, Pearson Educación, México, 2000.

➢ Hewitt, Paul G. "Conceptos de Físca", Limusa, Noriega Editores, México, 2002.

➢ Moore, Sir Pactrick, "Atlas del Universo", edición Philies, Border, 2005.

➢ Pauling, Linus. "General Chemistry", Dover Publication, Inc; Mineola, New York. 1970.

➢ Raymond A. Serway / Robert J. Beichner, "Física para Ciencias e Ingenierías, Quinta Edición, Volúmen I y II. Ultra editorial, México, Noviembre, 2001.